U0681890

Chapter 10 初相识——了解PPT的设计要领

Chapter 11 浅相知——提升PPT的表达效果

Chapter 22 员工招聘与录用管理

案例效果展示图

Chapter 23 员工培训管理与岗位评定等级

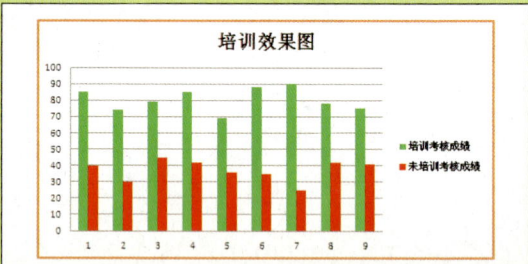

Chapter 24 人事信息管理与分析

Chapter 25 员工考勤、值班与加班管理

II

案例效果展示图

Chapter 26 员工薪酬、福利与社保管理

Chapter 27 员工绩效考核与离职管理

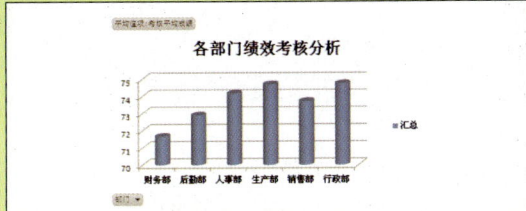

Chapter 28 入职必备——公司新员工入职培训PPT

案例效果展示图

Chapter 29 优秀员工必备——公司企业文化PPT

Chapter 30 沟通必备——公司礼仪文化培训PPT

Chapter 31 营销必备——公司销售技能培训PPT

办公高手"职"通车

凌弓创作室 / 编 著

Excel/PowerPoint 2010
人力资源与教育培训

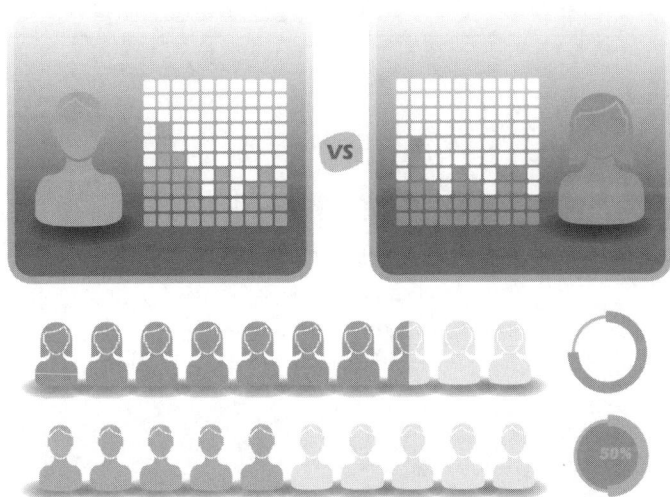

2010

科学出版社
北京

内 容 简 介

　　本书基于对一、二线城市办公室人员的调查结果，以真正满足HR和培训师的信息录入、数据统计、表格处理、图表展示、培训演示等工作需求为出发点，采用"基础知识→技巧点拨→行业应用"的三步学习法，全面涵盖了读者在人力资源管理和培训工作中使用Excel/PowerPoint 2010时可能遇到的问题及解决方案。

　　全书包括3篇，共分31章，第1～2篇先带领读者了解Excel/PowerPoint 2010的基本操作，再依次介绍Excel及PowerPoint的功能和技巧，包括Excel工作簿、工作表和单元格基本操作，工作表页面布局和打印技巧，数据编辑技巧，数据收集与整理、条件格式、有效性设置，名称、公式与函数的应用，排序、筛选、分类汇总、合并计算、假设分析、分析工具库，数据透视表、数据透视图及图表的应用和技巧；PPT的基本概念，PPT的设计要领，提升表达效果的原则，文本的输入、编辑与设置，主题、背景、母版设计技巧，图形、图片、表格与图表、动画和多媒体声音的设置方法及技巧，演示文稿的放映、打包和输出的方法及技巧。第3篇将这些基础知识和核心技能贯穿于精心挑选的招聘与录用管理、培训与岗位评定、人事信息管理、考勤/值班与加班管理、薪酬/福利与社保管理、绩效考核与离职管理、员工入职培训、企业文化培训、礼仪培训、销售技能培训等实战案例中，确保读者能系统性学习，迅速解决问题，成为办公高手。

　　本书在配套光盘（1DVD）中收录了所有实例的素材文件和同步教学视频，还赠送办公视频、Word/Excel/PPT模板和素材、实用软件、Word/Excel/Windows 7使用技巧，以及Excel函数查询电子书。读者也可通过新浪微博提问及获得最新的教学资源。

　　本书既适合刚接触Excel和PowerPoint的初学者阅读，也适合与人力资源和培训工作相关的总监、经理、数据分析人员、报表编制者、教务或公务员阅读，还适合作为大中专、高职院校或办公/管理类培训班、企业的教材使用。

图书在版编目（CIP）数据

办公高手"职"通车：Excel/PowerPoint 2010 人力
资源与教育培训/凌弓创作室编著. —北京：科学出
版社，2014.10
　ISBN 978-7-03-041856-2

　Ⅰ. ①办… Ⅱ. ①凌… Ⅲ. ①表处理软件 ②图形软件
Ⅳ. ①TP391

中国版本图书馆CIP数据核字（2014）第209408号

责任编辑：刘　洁　吴俊华　　/ 责任校对：杨慧芳
责任印刷：华　程　　　　　　/ 封面设计：彭琳君

科 学 出 版 社 出版

北京东黄城根北街16号
邮政编码：100717
http://www.sciencep.com

北京市鑫山源印刷有限公司

中国科技出版传媒股份有限公司新世纪书局发行　　各地新华书店经销

*

2014年11月 第 一 版　　　　开本：787×1092 1/16
2014年11月第一次印刷　　　　印张：28 1/2
字数：693 000

定价：59.90元（含1DVD价格）
（如有印装质量问题，我社负责调换）

前　言

如今，绝大多数的招聘启示中都会强调应聘者具备沟通能力和熟练操作办公软件的能力，而作为招聘、考核、培训和管理员工的HR或培训师，更是在此项上不甘落后于求职者。在注重效率的职场中，在尽可能用简便工具实现工作目标的时代背景下，Office演变成我们展示自己、获得职业发展的利器，而Excel和PowerPoint是HR或培训师在工作中经常用到的工具。

"Office软件常听人提起，但它们都是干什么用的？都有什么功能？"

"有没有轻松简便的方法？不想拿起一本书就看不进去！"

"该学些什么？如何立刻解决我现在的问题？"

"这些数据好麻烦，怎样可以避免重复，实现自动化操作？"

"那些网上的大图真好看，怎么做出来的？那些图表和表格说明了什么？"

……

针对这些基于一、二线城市读者的实际调查，以真正满足白领、金领的工作需要为出发点，以确保读者在较短时间内掌握最实用的技能为原则，我们推出了本书，它秉承了《办公高手"职"通车》系列畅销书的一贯特色，希望帮助您驰骋职场。

一、本书特色

1. 采用全新的"三步学习法"，有目的、分阶段学习

第一步：基础知识学习　突出"基础"，强调"实用"，以全图解的方式讲解最常用的软件功能。

第二步：实战技巧学习　提供实用的操作技巧，以提高工作效率。

第三步：行业应用学习　紧密结合行业领域实际问题，有针对性地讲解各行业中的相关大型案例。将基础知识与技巧融合，前后呼应，贯穿始终，即使是零基础的读者也不会觉得晦涩难懂，还能学会如何将案例移植到不断涌现的实际工作中。

注意：本书具体内容请查阅目录。

2. 模拟真实的应用环境，明确技能的应用领域

坚持每个技能与案例操作的配图都不是拼凑的枯燥数据，而是模拟实际的应用环境，这一特点可以让读者在学习之前就能了解该项技能应用到哪里，了解该项技巧能为自己解决实际工作的哪些问题。

3. 编排精美，结合超大容量教学光盘，全面提高学习效果

文字和步骤图、效果图的合理搭配，提示、知识要点、公式分析等模块的穿插，使本书内容丰富、阅读方便，避免视觉疲劳。为了使读者如同听课一样轻松，我们全程录制了长达400分钟的教学录像，包含基础知识和行业案例的视频，结合素材和模板的使用，带领您边学习边操作，极大地提高学习效果。光盘的具体使用方法请参考后面的"光盘使用说明"。

二、特别提示

● 本书中部分实例采用了真实厂商或产品的名称，只为了最大程度模拟真实应用环境，便于读者进入实际工作，这些仅作为教学使用，实例中的数据也不是实际商业信息，请读者不要"对号入座"。

● 由于笔者编写时使用的文件路径与读者放置素材的路径可能不一致，部分实例素材打开后会报告错误，如发生此种情况，建议读者按照步骤介绍或者错误提示，实际操作后重新链接文件或者保存即可。

● 随书光盘中赠送的模板、素材、办公视频和电子书，小部分为网上收集的免费资源，大部分为笔者制作，在此提供给您仅作为学习使用，请勿移为他用，避免相关的法律纠纷。

三、作者团队和联系方式

本书由凌弓创作室策划与编写，参与编写、校对、整理与排版的人员有张发凌、吴祖珍、韦余靖、林小艳、邹县芳、许艳、陈伟、李勇、张铁军、李培静、徐全锋、郝朝阳、张报、郭伟民、孙健康、王波、魏勇、吴保琴、郑发建、音凤琴、张雨晴、余杭等，在此对他们表示深深的谢意！

读者在学习的过程中，如果遇到一些难题或是有一些好的建议，请随时与我们交流（新浪微博 @凌弓创作室http://weibo.com/u/2438386835），我们真诚地感激您的支持和鼓励，将及时解答您提出的问题，并定期通过微博发布一些行业应用技能和资料，供广大读者学习。同时读者也可以发送邮件到linggong2011@sina.cn邮箱中。由于编写时间仓促，书中难免会有疏漏和不足之处，恳请专家和读者不吝赐教。

编著者
2014年10月

光盘使用说明

一、光盘内容

- 328个视频教程：视频教程对应书中各实例的内容，为实例操作步骤的配音视频演示录像，播放时间长达400分钟。
- 81个素材文件：实例操作时用到的文件。
- 超值附赠：办公软件视频＋Word/Excel/PPT模板和素材＋实用软件＋Word/Excel/Windows 7和常用工具的使用技巧＋Excel函数查询电子书等。

二、视频浏览方法

STEP 01 打开主界面。

通常情况下，将光盘放入光驱后会自动弹出光盘的主界面，如图1所示。如果光盘没有自动运行，Windows XP用户在"我的电脑"中双击光驱盘符（Windows 7 在"计算机"窗口中双击光驱盘符），然后双击 start.exe图标。

STEP 02 确保正常播放请留意以下操作。

❶ 单击"视频播放插件安装"按钮安装视频解码程序。

❷ 单击"使用说明"按钮，查看使用光盘的设备要求及使用方法。

❸ 单击"多媒体视频教学"按钮，进入多媒体视频教学界面，如图2所示。在"多媒体视频教学目录"中有以章序号排列的按钮，单击按钮，将在下方显示以小节标题命名的视频文件的链接。

图1　光盘主界面

STEP 03 多媒体教程讲解演示。

❶ 单击链接可在右侧播放视频。

❷ 单击可播放/暂停播放视频。

❸ 拖动滑块可调整播放进度。

❹ 单击喇叭标志可以开启或者关闭声音，拖动喇叭右侧滑块可以控制声音大小。

❺ 单击可查看当前视频文件的光盘路径和文件名。

❻ 双击播放画面可以全屏播放视频，再次双击可以退出全屏播放。

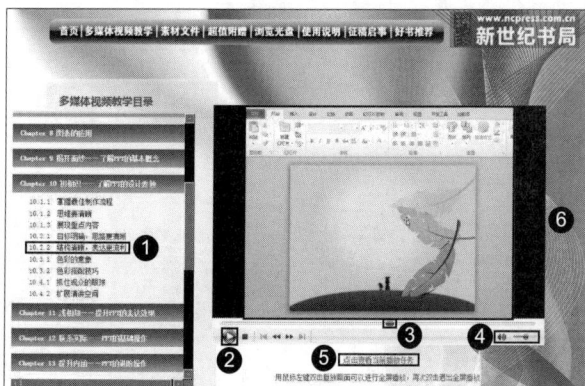

图2　播放界面

◎ 三、实例文件使用方法

光盘里"素材"文件夹中为本书所有素材，具体实例对应的素材可通过素材文件名查找。

打开素材的方法：单击导航栏的"素材文件"按钮进入"素材"文件夹（见图3），或者先进入Excel/PowerPoint，按【Ctrl+O】快捷键打开"打开"对话框，通过路径"F:\素材\第X章"（此处F为光驱盘符，X为具体章序号）找到并选择与实例标题名对应的素材文件名，再单击"打开"按钮。

图3 查看光盘中的素材文件

◎ 四、附赠的模板、办公视频、实用工具等内容说明

单击 "超值附赠" 按钮，可以看到本书附赠的办公视频、Word/Excel/PPT模板和素材、实用软件、Word/Excel/Windows 7和常用工具的使用技巧，以及Excel函数查询电子书，如图4所示。

- 【Excel使用技巧106个】、【Word使用技巧68个】等中共包含300个PDF格式的文件，讲解Word/Excel/Windows 7使用技巧等内容。

- 【实用软件9款】中包括修复数据、保护工作簿、破解密码、屏幕录像及视频编辑等工具。

- 【模板和素材2180个】中包含2180个Word/Excel/PPT实用模板，具体包括官方模板和生活日用、行政、文秘、人力资源、医疗、保险、教务、财务、政府机关、市场营销等模板，如图5所示。

- 【办公视频52个】中包含52个AVI格式的视频文件，双击后可播放。具体办公视频名称如图6所示。

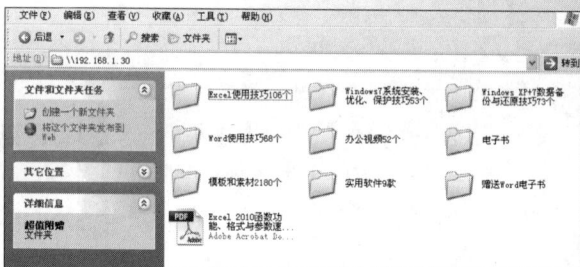

图4 查看附赠文件

图5 赠送的模板和素材

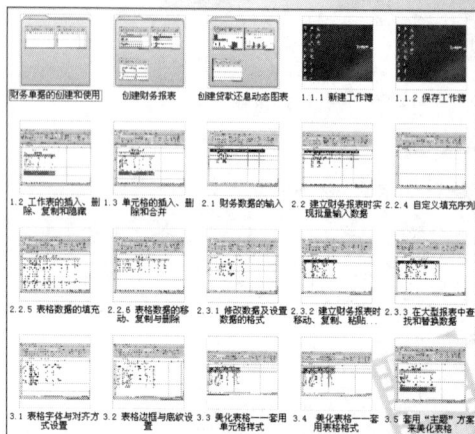

图6 附赠的办公视频列表

附赠模板及素材展示

附赠模板及素材展示

目 录

Part 1　基础知识

Chapter 1　初识Excel/PowerPoint 2010及其新功能

素材路径：随书光盘\素材\第1章
视频路径：随书光盘\视频教程\第1章\1.1.mp4、1.2.mp4、1.3.1.mp4～1.3.10.mp4、1.4.mp4

Chapter 2　Excel基本操作

素材路径：随书光盘\素材\第2章
视频路径：随书光盘\视频教程\第2章\2.1.1.mp4～2.1.4.mp4、
2.2.1.mp4～2.2.3.mp4、2.3.mp4、2.4.1.mp4～2.4.7.mp4、2.5.1.mp4～2.5.3.mp4

Chapter 3 数据的收集与整理

素材路径：随书光盘\素材\第3章
视频路径：随书光盘\视频教程\第3章\3.1.1.mp4～3.1.5.mp4、
3.2.1.mp4～3.2.7.mp4

Chapter 4 数据条件设置

素材路径：随书光盘\素材\第4章
视频路径：随书光盘\视频教程\第4章\4.1.1.mp4～4.1.6.mp4、
4.2.1.mp4～4.2.7.mp4

Chapter 5 名称、公式与函数的应用

素材路径：随书光盘\素材\第5章
视频路径：随书光盘\视频教程\第5章\5.1.4.mp4、5.3.1.mp4～5.3.3.mp4、
5.4.1.mp4～5.4.7.mp4

Chapter 6 数据的处理与分析

素材路径：随书光盘\素材\第6章
视频路径：随书光盘\视频教程\第6章\6.1.1.mp4~6.1.4.mp4、
6.2.1.mp4~6.2.4.mp4、6.3.1.mp4~6.3.4.mp4、6.4.1.mp4~6.4.3.mp4、
6.5.1.mp4~6.5.3.mp4

Chapter 7 数据透视表及数据透视图的应用

素材路径：随书光盘\素材\第7章
视频路径：随书光盘\视频教程\第7章\7.1.1.mp4、7.1.2.mp4、
7.2.1.mp4~7.2.5.mp4、7.3.1.mp4、7.3.2.mp4、7.4.1.mp4~7.4.3.mp4

Chapter 8 图表的应用

素材路径：随书光盘\素材\第8章
视频路径：随书光盘\视频教程\第8章\8.1.1.mp4、8.1.2.mp4、
8.2.1.mp4~8.2.7.mp4、8.3.1.mp4~8.3.5.mp4、8.4.1.mp4、8.4.2.mp4、
8.5.1.mp4~8.5.3.mp4

Chapter 9 揭开面纱——了解PPT的基本概念

素材路径：随书光盘\素材\第9章
视频路径：随书光盘\视频教程\第9章\9.1.1.mp4、9.1.3.mp4、9.2.1.mp4

Chapter 10　初相识——了解**PPT**的设计要领

素材路径：随书光盘\素材\第10章
视频路径：随书光盘\视频教程\第10章\10.1.2.mp4、10.1.3.mp4、10.2.1.mp4、
10.2.2.mp4、10.3.1.mp4、10.3.2.mp4

Chapter 11　浅相知——提升**PPT**的表达效果

素材路径：随书光盘\素材\第11章
视频路径：随书光盘\视频教程\第11章\11.1.1.mp4、11.1.2.mp4、11.2.4.mp4、
11.4.1.mp4、11.4.2.mp4、11.5.1.mp4、11.5.2.mp4

Chapter 12 联系实际——PPT的基础操作

素材路径:随书光盘\素材\第12章
视频路径:随书光盘\视频教程\第12章\12.1.1.mp4~12.1.4.mp4、12.2.1.mp4、12.2.2.mp4、12.3.1.mp4、12.3.2.mp4、12.4.1.mp4~12.4.4.mp4

Chapter 13 提升内涵——PPT的进阶操作

素材路径:随书光盘\素材\第13章
视频路径:随书光盘\视频教程\第13章\13.1.1.mp4~13.1.7.mp4、13.2.1.mp4~13.2.4.mp4、13.3.1.mp4、13.3.2.mp4、13.4.mp4

Part 2　技巧点拨

Chapter 14　Excel工作表页面布局和打印技巧

素材路径：随书光盘\素材\第14章

Chapter 15　Excel表格数据编辑技巧

素材路径：随书光盘\素材\第15章

Chapter 16　数据透视表/图使用技巧

素材路径：随书光盘\素材\第16章

Chapter 17 图表的使用技巧

素材路径：随书光盘\素材\第17章

Chapter 18 PowerPoint版式设置技巧

素材路径：随书光盘\素材\第18章

Chapter 19 PowerPoint文本、图形、表格和图表设置技巧

素材路径：随书光盘\素材\第19章

Chapter 20	PowerPoint动画、视频与多媒体声音设置技巧

素材路径：随书光盘\素材\第20章

Chapter 21	PowerPoint放映、打包与输出设置技巧

素材路径：随书光盘\素材\第21章

Part 3　行业应用

Chapter 22　员工招聘与录用管理

素材路径：随书光盘\素材\第22章
视频路径：随书光盘\视频教程\第22章\22.1.1.mp4～22.1.5.mp4、
22.2.1.mp4～22.2.3.mp4、22.3.1.mp4、22.3.2.mp4、22.4.mp4、22.5.mp4、
22.6.mp4、22.7.1.mp4～22.7.3.mp4、22.8.mp4

Chapter 23　员工培训管理与岗位评定等级

素材路径：随书光盘\素材\第23章
视频路径：随书光盘\视频教程\第23章\23.1.1.mp4、23.1.2.mp4、23.2.1.mp4、
23.2.2.mp4、23.3.mp4、23.4.mp4、23.5.mp4

Chapter 24 人事信息管理与分析

素材路径：随书光盘\素材\第24章
视频路径：随书光盘\视频教程\第24章\24.1.1.mp4～24.1.5.mp4、
24.2.1.mp4～24.2.4.mp4、24.3.1.mp4～24.3.4.mp4、24.4.1.mp4、24.4.2.mp4、
24.5.mp4、24.6.mp4、24.7.mp4

Chapter 25 员工考勤、值班与加班管理

素材路径：随书光盘\素材\第25章
视频路径：随书光盘\视频教程\第25章\25.1.1.mp4～25.1.3.mp4、
25.2.1.mp4～25.2.3.mp4、25.3.1.mp4、25.3.2.mp4、25.4.1.mp4、25.4.2.mp4、
25.5.1.mp4、25.5.2.mp4

Chapter 26 员工薪酬、福利与社保管理

素材路径：随书光盘\素材\第26章
视频路径：随书光盘\视频教程\第26章\26.1.mp4、26.2.1.mp4~26.2.3.mp4、
26.3.1.mp4、26.3.2.mp4、26.4.1.mp4、26.4.2.mp4、26.5.1.mp4~26.5.3.mp4、
26.6.1.mp4、26.6.2.mp4、26.7.1.mp4、26.7.2.mp4

Chapter 27 员工绩效考核与离职管理

素材路径：随书光盘\素材\第27章
视频路径：随书光盘\视频教程\第27章\27.1.mp4、27.2.mp4、27.3.mp4、
27.4.1.mp4、27.4.2.mp4、27.5.1.mp4、27.5.2.mp4、27.6.1.mp4~27.6.3.mp4、
27.7.mp4、27.8.1.mp4、27.8.2.mp4、27.8.4.mp4

Chapter 28 入职必备——公司新员工入职培训PPT

素材路径：随书光盘\素材\第28章

视频路径：随书光盘\视频教程\第28章\28.1.1.mp4～28.1.4.mp4、
28.2.1.mp4～28.2.7.mp4、28.3.1.mp4～28.3.4.mp4、28.4.1.mp4～28.4.3.mp4、
28.5.1.mp4～28.5.4.mp4

提示：为确保阅读效果，以下内容为彩色排版，请在光盘中查阅。

Chapter 29 优秀员工必备——公司企业文化PPT

素材路径：随书光盘\素材\第29章

视频路径：随书光盘\视频教程\第29章\29.1.1.mp4～29.1.5.mp4、
29.2.1.mp4～29.2.7.mp4、29.3.1.mp4、29.3.3.mp4、29.4.1.mp4～29.4.3.mp4、
29.5.1.mp4～29.5.4.mp4

Chapter 30 沟通必备——公司礼仪文化培训PPT

素材路径：随书光盘\素材\第30章
视频路径：随书光盘\视频教程\第30章\30.1.1.mp4~30.1.4.mp4、
30.2.1.mp4~30.2.4.mp4、30.3.1.mp4~30.3.3.mp4、30.4.1.mp4、30.4.2.mp4、
30.5.1.mp4~30.5.5.mp4

Chapter 31 营销必备——公司销售技能培训PPT

素材路径：随书光盘\素材\第31章
视频路径：随书光盘\视频教程\第31章\31.1.1.mp4~31.1.4.mp4、
31.2.1.mp4~31.2.7.mp4、31.3.1.mp4、31.3.2.mp4、31.4.1.mp4、31.4.2.mp4、
31.5.1.mp4~31.5.4.mp4

Chapter

1

初识Excel/PowerPoint 2010及其新功能

∷ 重点知识

- 启动和退出Excel/PowerPoint 2010
- 认识Excel/PowerPoint 2010操作界面
- Excel/PowerPoint 2010新功能
- 通过"帮助"学习Excel/PowerPoint 2010

∷ 应用效果

添加切片器

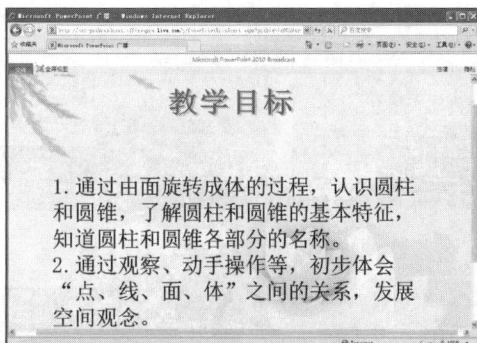

广播幻灯片同步观看

通过帮助学习PowerPoint

∷ 参见光盘

素材路径：随书光盘\素材\第1章

视频路径：随书光盘\视频教程\第1章

1.1 启动和退出Excel/PowerPoint 2010

要使用Excel/PowerPoint 2010对文档进行编辑操作，就要事先学会如何启动和退出软件，这是学习使用办公软件的第一步。下面以Excel 2010为例进行讲解。

1. 启动Excel 2010程序

要想快速启动空白文档，可以按多个方法来操作。

通过"开始"菜单中的Microsoft Excel 2010启动程序

❶ 在桌面上单击左下角的"开始"按钮，在展开的菜单中指向"所有程序"选项，再次展开"所有程序"子菜单。

❷ 在子菜单中，依次单击Microsoft Office→Microsoft Excel 2010，如图1-1所示，可启动Microsoft Excel 2010主程序，打开Excel编辑界面。

图1-1

通过桌面上Microsoft Excel 2010快捷方式启动程序

❶ 在桌面上单击左下角的"开始"按钮，在展开的菜单中依次单击"所有程序"→Microsoft Office →Microsoft Excel 2010，再右击鼠标，在展开的快捷菜单中选择"发送到"→"桌面快捷方式"，如图1-2所示。

图1-2

❷ 完成在桌面上创建Microsoft Excel 2010快捷方式后，双击桌面上的快捷方式，即可快速启动Microsoft Excel 2010软件，如图1-3所示。

提示

Microsoft PowerPoint 2010应用程序同样可以采用打开Microsoft Excel 2010的方法完成快速启动，用户可以灵活运用。

图1-3

2. 退出Excel 2010程序

退出主程序同样也有较多的方法，用户可以自由选择。

快速退出Microsoft Excel 2010程序

打开Microsoft Excel 2010 程序后，单击程序标题栏的"关闭"按钮 ⊠ ，可快速退出主程序，如图1-4所示。

通过任务栏退出Microsoft Excel 2010程序

打开Microsoft Excel 2010 程序后，右击任务栏中的程序图标，打开快捷菜单，选择"关闭"选项，如图1-5所示，可快速关闭当前开启的Excel工作簿；如果同时开启了较多工作簿，可用该方式分别进行关闭。

图1-4

图1-5

通过任务管理器退出Microsoft Excel 2010程序

按【Ctrl+Alt+Delete】组合键，调出"Windows任务管理器"对话框。在"应用程序"选项卡下，选择需要关闭的正在运行的Excel工作簿，如图1-6所示，单击"结束任务"按钮，退出Excel工作簿。

> **提示**
>
> Microsoft PowerPoint 2010应用程序可以采用关闭Microsoft Excel 2010的方法关闭，用户可以自己灵活运用。

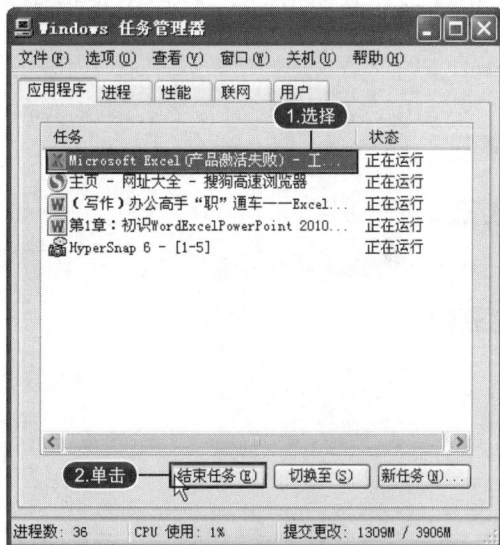

图1-6

1.2 认识Excel/PowerPoint 2010操作界面

Microsoft Excel/PowerPoint 2010的操作界面较之前的版本有较大的改变，下面就分别认识这些办公软件的操作界面。

认识Microsoft Excel 2010操作界面

通过1.1节的方法，快速启动Excel 2010程序，打开操作界面如图1-7所示。

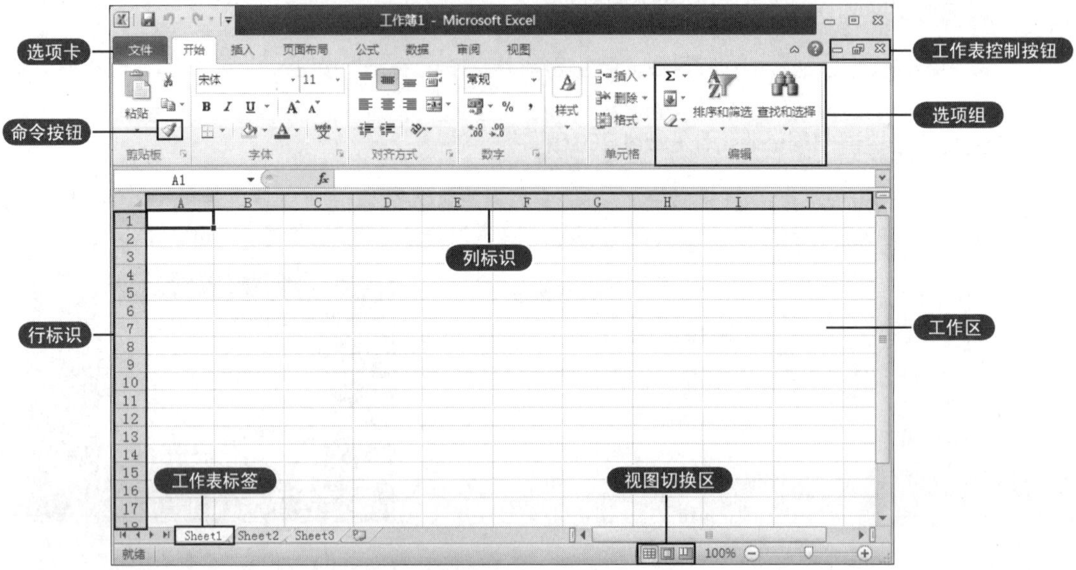

图1-7

认识Microsoft PowerPoint 2010操作界面

通过1.1节的方法，快速启动PowerPoint 2010程序，打开操作界面如图1-8所示。

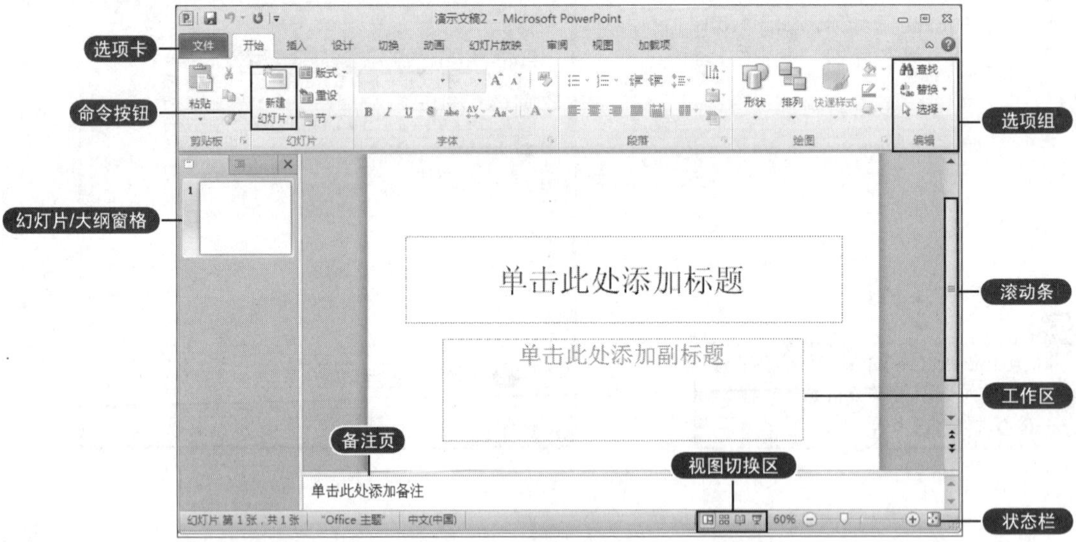

图1-8

1.3 Excel/PowerPoint 2010的新功能

在Excel 2010和PowerPoint 2010中，新增或改进的功能包括"文件"选项卡、"迷你图"、"切片器"等功能，本节将分别进行介绍。

1.3.1 重新认识Office 2010的"文件"选项卡

Excel/PowerPoint 2010的"文件"选项卡（也称为"文件"面板或者Backstage视图）与以往的版本有所不同，下面以Microsoft Excel 2010为例，重新认识Office 2010的"文件"选项卡。

❶ 启动Excel 2010程序，单击"文件"标签切换到"文件"选项卡，单击"选项"选项，如图1-9所示。

❷ 打开"Excel 选项"对话框，单击不同的选项，进行需要的文件选项设置，如单击"常规"标签，在"用户界面选项"选项区下的"配色方案"下拉列表中选择"银色"，单击"确定"按钮，如图1-10所示。

> **提示**
>
> PowerPoint 2010"文件"选项卡和"PowerPoint 选项"对话框的打开方式与Excel 2010相似。

图1-9　　　　　　　　　　　图1-10

1.3.2 使用"迷你图"快速创建图表

迷你图是Excel 2010中的一项新功能，是工作表单元格中的一种微型图表，可提供数据的直观表示。使用迷你图可以显示一系列数值的趋势（如季节性增加或减少、经济周期），或者可以突出显示最大值和最小值。使用"迷你图"快速创建图表的具体操作方法如下。

❶ 在Excel 2010工作表中单击"插入"标签，在"迷你图"选项组中单击"迷你图"下拉按钮，在弹出的下拉菜单中选择"柱形图"选项，如图1-11所示。

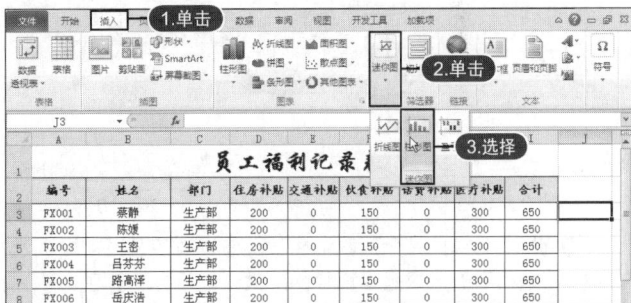

图1-11

❷ 弹出"创建迷你图"对话框，从中设置正确的数据范围和位置范围，如在"数据范围"文本框右侧单击▣按钮，选择D3:I3，在"位置范围"文本框右侧单击▣按钮，选择$J$3，单击"确定"按钮，如图1-12所示。

❸ 这时，基于选中数据所绘制的迷你图自动显示在指定的单元格中，如图1-13所示。

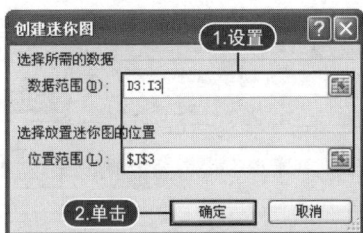

图1-12

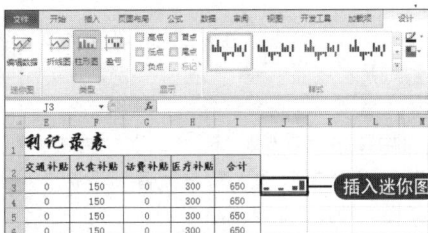

图1-13

5

1.3.3 使用"切片器"快速分段和筛选数据

切片器是Excel 2010中新增的一项非常实用的功能，实际上就是将数据透视表中的每个字段单独创建为一个选取器，然后在不同的选取器中对字段进行筛选，实现与数据透视表字段中的筛选按钮相同的功能，但是切片器使用起来更加方便、灵活。另外，创建的切片器可以应用到多个数据透视表中，或在当前数据透视表中使用其他数据透视表中创建的切片器。要为如图1-14所示的数据透视表创建切片器，具体操作方法如下。

❶ 选中数据透视表数据区域内的任意一个单元格，切换到"数据透视表工具"-"选项"选项卡，在"排序和筛选"选项组中单击"插入切片器"下拉按钮（见图1-14），在其下拉菜单中选择"插入切片器"选项。

❷ 打开"插入切片器"对话框，根据要筛选数据的类别，选中要创建切片器的字段名称，单击"确定"按钮，如图1-15所示。

❸ 在当前工作表中创建与所选字段对应的切片器，效果如图1-16所示。

图1-14

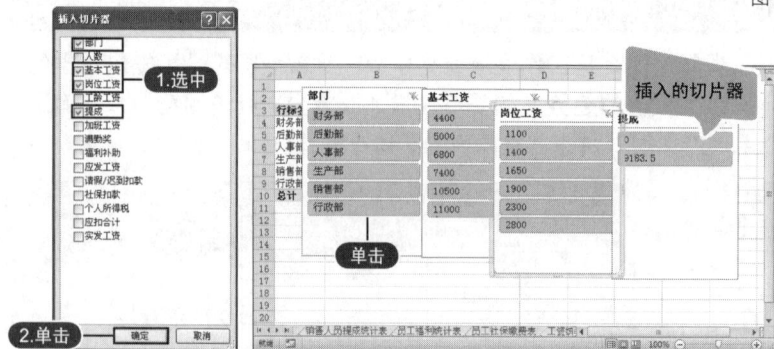

图1-15　　　　　　　　　图1-16

> **提示**
>
> 如果需要清除切片器中的筛选，则单击切片器右上角的"清除筛选器"按钮，原先筛选出的结果将取消。拖动切片器可以调整切片器的位置。

❹ 此时可以单击不同切片器中的选项来筛选当前数据透视表，其效果与直接单击数据透视表中的字段筛选按钮是相同的，只是在切片器中进行该操作更直观，也更方便。

1.3.4 在PowerPoint中快速插入剪辑视频或音频

如果需要将向幻灯片中插入的视频或音频存储于剪辑管理器中，可以通过剪辑管理器方便地插入。下面以插入剪辑管理器中的音频为例进行介绍。

❶ 定位到需要插入剪辑管理器中音频的幻灯片。

❷ 单击"插入"标签，在"媒体"选项组中单击"音频"下拉按钮，在打开的下拉菜单中选择"剪贴画音频"选项，如图1-17所示。

图1-17

❸ 在PowerPoint窗口右侧会显示出"剪贴画"窗格,在下方"剪辑管理器"列表框中单击需要插入到幻灯片的音频,即可将该音频插入到幻灯片中,如图1-18所示。

❹ 插入音频后,在幻灯片中会出现一个"小喇叭"图标,如图1-19所示。选中该图标,在其下方会出现一个工具栏,单击"播放"按钮,即可试听插入的音频。

图1-18

图1-19

提示

向剪辑管理器中插入视频的方法和插入音频的方法基本相同,不同之处在于需要单击"视频"下拉按钮,在打开的下拉菜单中选择"剪贴画视频"选项。

1.3.5 对PowerPoint演示文稿进行压缩处理

为了方便用户存储、播放幻灯片,PowerPoint 2010 中还提供了针对不同应用环境的文档压缩功能,该功能对于包含有大量图片的幻灯片效果尤其明显。PowerPoint 2010提供了3种压缩方式,这里以节省磁盘空间,同时保证视频和音频整体质量为例进行介绍。

❶ 单击"文件"标签,切换到Backstage视图,单击左侧的"信息"选项,接着单击"压缩媒体"下拉按钮,在打开的下拉菜单中选择"演示文稿质量"命令,如图1-20所示。

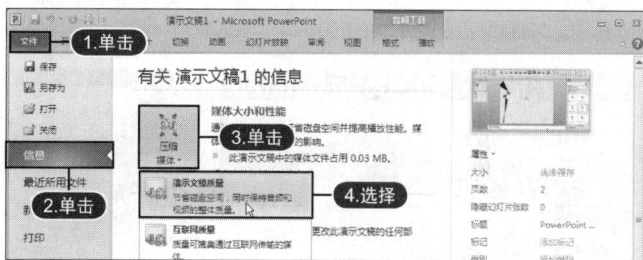

图1-20

❷ 弹出"压缩媒体"对话框进行压缩操作,如图1-21所示,压缩完成后单击"关闭"按钮,保存演示文稿即可。

提示

需要注意的是,PowerPoint 2010 会对演示文稿大小做自动判断,只有当文件大于一定容量时,才会出现"压缩媒体"按钮。

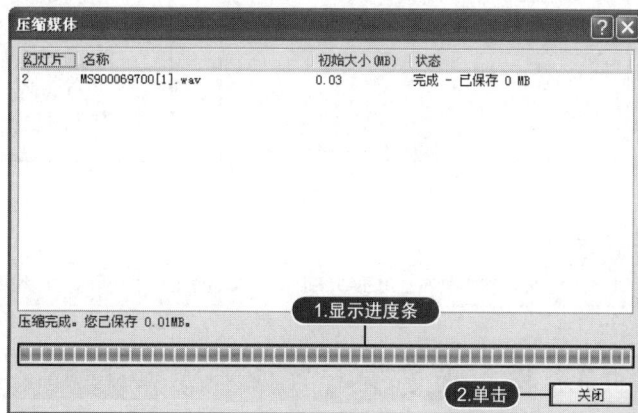

图1-21

1.3.6 利用"广播幻灯片"同步观看互联网主机中的幻灯片

广播幻灯片是PowerPoint 2010中新增加的一项功能，该功能允许其他用户通过互联网同步观看主机中播放的幻灯片。

❶ 单击"幻灯片放映"标签，接着在"开始放映幻灯片"选项组中单击"广播幻灯片"按钮，在弹出的"广播幻灯片"对话框中单击"启动广播"按钮，如图1-22所示。

❷ 稍后PowerPoint 2010将自动连接到PowerPoint Broadcast Service（广播服务），如图1-23所示。

图1-22

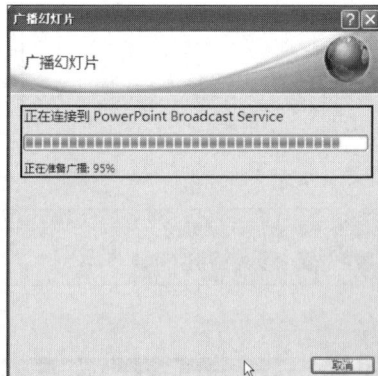

图1-23

❸ 创建共享广播链接需要Windows Live ID账户，输入账户名和密码。成功登录Windows Live ID后，PowerPoint 2010 便开始准备广播的相关操作。准备完成后，便可看到创建好的共享广播链接，复制这个链接并将链接发给互联网中需要观看放映的用户，如图1-24所示。

❹ 单击"开始放映幻灯片"按钮，即可开始放映，此时互联网中的其他用户可以通过共享广播链接在浏览器中观看放映，如图1-25所示。

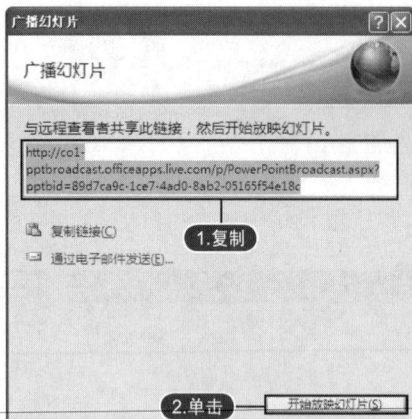

图1-24

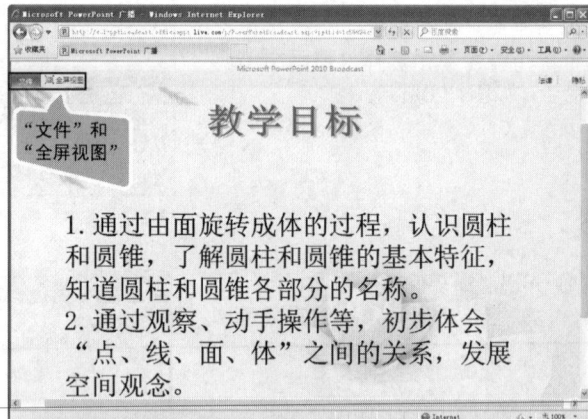

图1-25

> **提示**
>
> 在播放时，在网页左上角还提供了"文件"按钮及"全屏视图"按钮，当主机结束放映后，广播也会随之停止。

1.3.7 录制演示文稿

录制演示文稿功能使得用户不仅能够观看幻灯片，还能够听到讲解等，给用户以身临其境，如同处在会议现场的感受。使用录制演示文稿功能，可以实现幻灯片和动画计时，以及旁白和注释的添加。

❶ 单击"幻灯片放映"标签,在"设置"选项组中单击"录制幻灯片演示"下拉按钮,在打开的下拉菜单中选择"从头开始录制"命令,如图1-26所示。

❷ 在打开的"录制幻灯片演示"对话框中选中"幻灯片和动画计时"复选框和"旁白和激光笔"复选框,单击"开始录制"按钮,此时会切换到幻灯片放映状态,如图1-27所示。

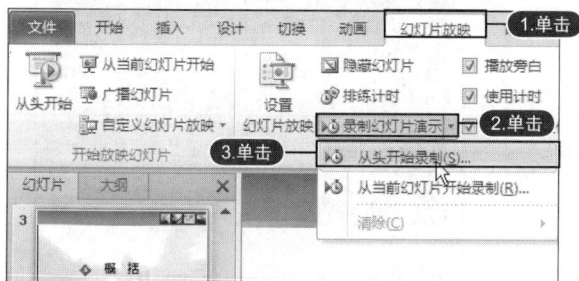

图1-26

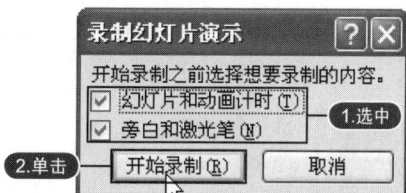

图1-27

❸ 在屏幕左上角有一个"录制"对话框,在这个对话框中可以看到当前幻灯片放映的时间,如图1-28所示。

❹ 使用麦克风录制旁白,在当前幻灯片录制旁白的时间达到要求后,单击鼠标切换到下一张幻灯片,"录制"对话框中的时间就会从0开始计时,在录制的时间达到要求后,再次单击鼠标切换到下一张幻灯片……

❺ 录制完成后按【Esc】键退出,接着PowerPoint会自动切换到"幻灯片浏览"视图,我们可以看到,在添加了旁白的幻灯片右下角会出现一个"小喇叭"图标,如图1-29所示。

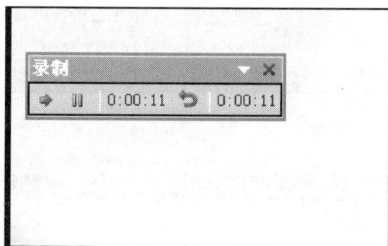

图1-28

图1-29

提示

如果需要从某一张幻灯片开始录制,只需定位到此幻灯片,在"设置"选项组中单击"录制幻灯片演示"下拉按钮,在弹出的菜单中选择"从当前幻灯片开始录制"命令即可。

1.3.8 直接在PowerPoint中剪裁音/视频文件

剪裁音/视频功能是PowerPoint 2010功能中的一个亮点。下面以剪裁视频为例,介绍在PowerPoint 2010中剪裁音/视频的方法。

❶ 选中需要剪裁的视频,在功能区中单击"播放"标签,接着在"编辑"选项组中单击"剪裁视频"按钮,如图1-30所示。

❷ 在打开的"剪裁视频"对话框中拖动进度条上的两个"标尺"确定剪裁位置(绿色标尺为开始位置,红色标尺为结束位置,两个标尺中间的部分保留,其他部分均会被剪裁掉),也可以在"开始时间"微调框和"结束时间"微调框中分别输入截取的视频的开始时间和结束时间,如图1-31所示。

❸ 单击▶按钮，即可预览截取的视频，如果截取的视频不符合要求，可以继续调整，再单击▶按钮进行预览，直至满意为止。

❹ 确定了截取位置后，单击"确定"按钮，即可完成视频的截取。

提示

> 在截取视频后，如果想恢复视频原有的长度，则以相同的方法打开"剪裁视频"对话框，使用鼠标将两个标尺拖至进度条两端即可。

图1-30

图1-31

1.3.9 利用"比较"功能比较两个演示文稿

使用PowerPoint 2010 中的"比较"功能，可以比较当前演示文稿并使用电子邮件和网络共享与他人交换更改，此功能在工作中非常实用。下面比较两份演示文稿的不同之处，例如"演示文稿2"相对于"演示文稿1"所做的更改。

❶ 打开"演示文稿1"，单击"审阅"选项卡下"比较"选项组中的"比较"按钮，如图1-32所示。

图1-32

❷ 在打开的"选择要与当前演示文稿合并的文件"对话框中，选中演示文稿，单击"合并"按钮，如图1-33所示。

图1-33

❸ 在窗口右侧会出现"修订"窗格，并显示出两个演示文稿的不同之处，以及更改的地方，如图1-34所示。

提示

单击快速访问工具栏中"保存"按钮可将两个文稿合并，合并后会保留源幻灯片的模板和动画效果。

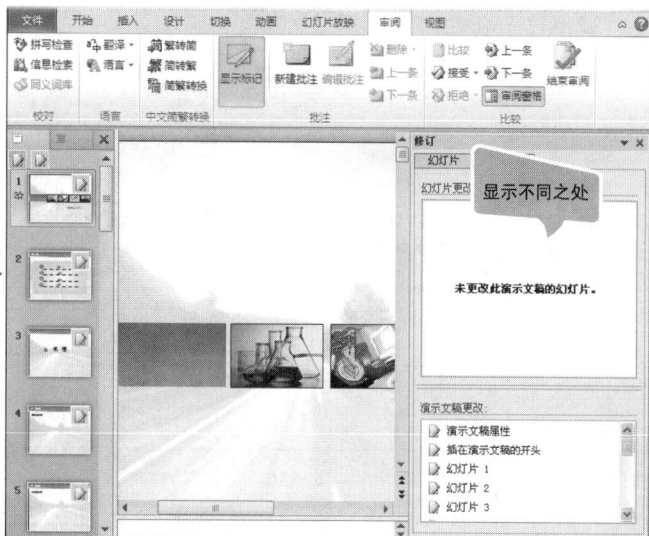

图1-34

1.3.10 直接将PowerPoint文件转换为视频文件

使用PowerPoint 2010可以将现有演示文稿直接转换为视频文件，这样就可以让演示文稿在不同的播放器中播放了。以将演示文稿转换为在计算机显示器、投影仪或高分辨率显示器上查看的视频为例，介绍将演示文稿转换为视频的方法。

❶ 打开需要转换为视频的演示文稿，单击"文件"标签，切换到Backstage视图。

❷ 单击左侧的"保存并发送"选项，在中间窗格中单击"创建视频"选项，在右侧分别单击两个下拉按钮，从打开的下拉菜单中设置，这里选择"计算机和HD显示"和"不要使用录制的计时和旁白"选项，如图1-35所示。

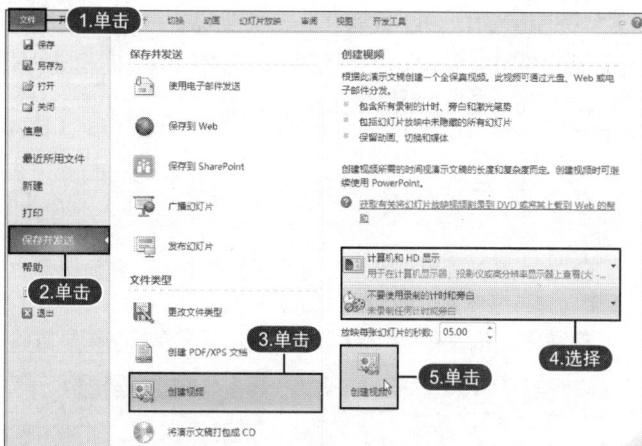

图1-35

❸ 单击"创建视频"按钮，弹出"另存为"对话框，设置视频文件名和文件保存路径，单击"保存"按钮，开始生成视频文件，如图1-36所示。

图1-36

❹ 在PowerPoint状态栏中可以看到转换进度，如图1-37所示。

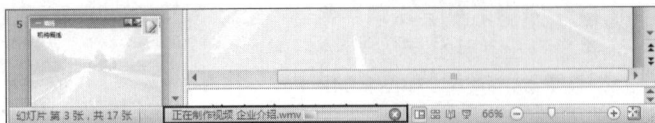

图1-37

❺ 转换完成后，在设置的视频文件保存位置即可找到并播放生成的视频，如图1-38所示。

图1-38

1.4 通过"帮助"功能学习Excel/PowerPoint 2010

在使用Office的过程中如果遇到问题，用户可以查阅相关资料或请教高手，最常用的办法还是使用Office 2010的"帮助"功能。本节以PowerPoint 2010为例介绍利用"帮助"功能来解决Office常见问题的方法。

❶ 单击PowerPoint 2010主界面右上角的 ❓ 按钮，或按【F1】键，打开"PowerPoint帮助"窗口，如图1-39所示。

❷ 在"键入要搜索的关键词"文本框中输入需要搜索的关键词，如"插入图表"，单击"搜索"按钮，即可显示出搜索结果，如图1-40所示。

❸ 单击搜索结果中需要的链接，在打开的窗口中即可看到具体内容，如图1-41所示。

图1-39

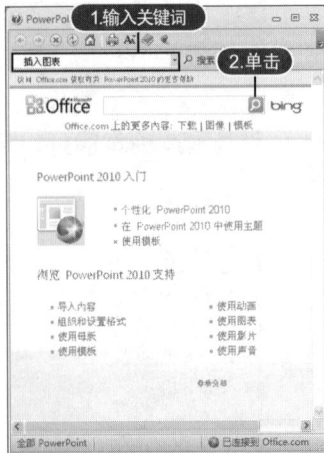

图1-40

图1-41

2 Excel基本操作

∷ 重点知识

- ⚒ 工作簿共享
- ⚒ 工作簿保护
- ⚒ 工作表操作
- ⚒ 单元格操作

∷ 应用效果

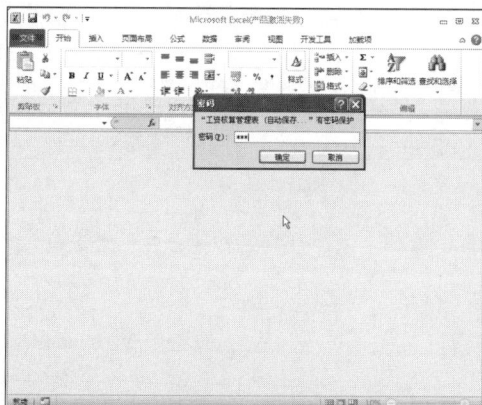

解除工作簿限制

插入超链接

调整单元格行高和列宽

∷ 参见光盘

素材路径：随书光盘\素材\第2章

视频路径：随书光盘\视频教程\第2章

2.1 工作簿共享

当需要多人共同完成一个文件的录入和编辑工作，或者每个人需要处理多个项目并需要知道相互的工作状态时，可以利用Excel 的工作簿共享功能，提高办公效率，还可以为共享工作簿设置用户权限以及取消共享等。

2.1.1 共享工作簿

共享工作簿就是可以将当前工作簿设置为多个用户共同享用，从而允许网络上其他的用户一起阅读或编辑工作簿。创建共享工作簿是一件非常容易的事，具体操作方法如下。

❶ 打开要设置共享的工作簿，切换到"审阅"选项卡，在"更改"选项组中单击"共享工作簿"按钮，如图2-1所示。

图2-1

❷ 打开"共享工作簿"对话框，选中"允许多用户同时编辑，同时允许工作簿合并"复选框，单击"确定"按钮，如图2-2所示。

❸ 弹出如图2-3所示的提示对话框，单击"确定"按钮，即可共享该工作簿。

图2-2

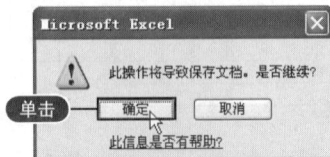

图2-3

2.1.2 编辑共享工作簿

将工作簿设置为共享工作簿后，用户可以设置用户名，以标识不同用户在共享工作簿中所做的工作。

❶ 打开保存的共享工作簿，单击"文件"标签，切换到Backstage视图，在左侧单击"选项"选项，如图2-4所示。

❷ 打开"Excel选项"对话框，在左侧窗格中单击"常规"标签，在右侧窗格的"对Microsoft Office进行个性化设置"下"用户名"文本框中输入用户名，单击"确定"按钮，如图2-5所示。

❸ 设置完成后，即可对工作簿进行输入并编辑，默认情况下每个用户的设置都会被单独保存。

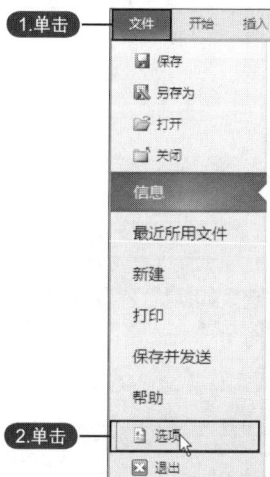

图2-4

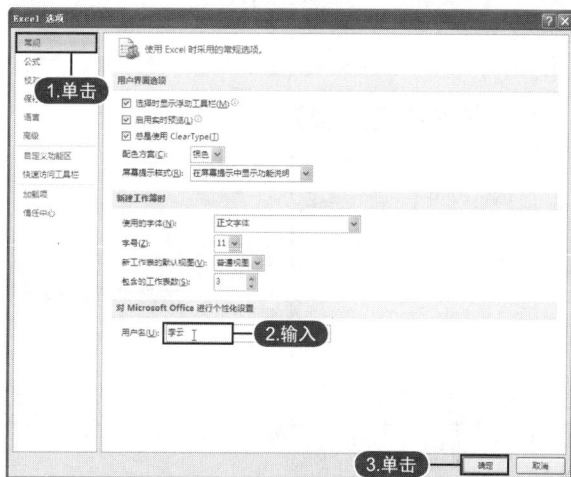

图2-5

2.1.3　设置共享用户权限

对工作簿设置共享功能后，网络上的任何人都可以访问并更改，如果希望工作簿只能供一些人使用，可以为工作簿设置保护密码，但是设置保护密码必须是在设置共享功能之前，具体操作方法如下。

❶ 打开Excel工作簿，切换到"审阅"选项卡，在"更改"选项组中单击"保护并共享工作簿"按钮，如图2-6所示。

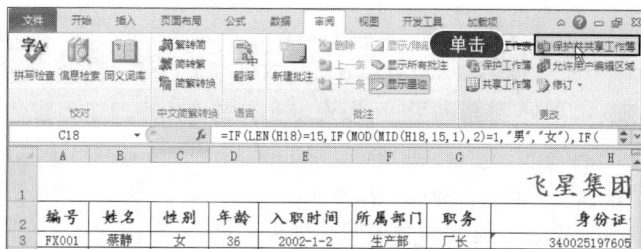

图2-6

❷ 打开"保护共享工作簿"对话框，选中"以跟踪修订方式共享"复选框，并输入密码，单击"确定"按钮，如图2-7所示。

❸ 打开"确认密码"对话框，再次输入密码，单击"确定"按钮，保存设置，即可为工作簿设置密码。如图2-8所示。

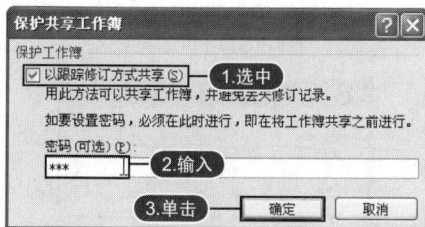

图2-7

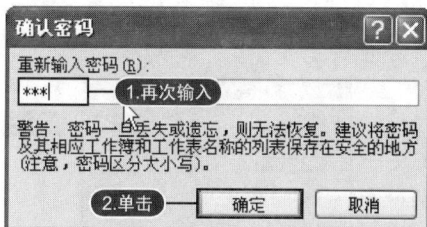

图2-8

2.1.4 停止共享工作簿

在合并了所有的修订后，可以停止共享工作簿，具体操作方法如下。

❶ 打开Excel工作簿，切换到"审阅"选项卡，在"更改"选项组中单击"共享工作簿"按钮。

❷ 打开"共享工作簿"对话框，取消选中"允许多用户同时编辑，同时允许工作簿合并"复选框，单击"确定"按钮，如图2-9所示。

❸ 弹出如图2-10所示的提示对话框，单击"是"按钮，即可停止共享工作簿。

图2-9

图2-10

2.2 工作簿保护

在工作表中输入了数据后，可以对工作簿进行保护，防止他人更改内容，可以设置工作簿的编辑权限和访问权限等。当不需要对工作簿的内容进行保护时，还可以解除保护限制。

2.2.1 工作簿的编辑权限

创建好工作簿后，可以设置允许其他用户对工作簿的某一部分进行编辑。

❶ 打开要设置编辑权限的工作簿，切换到"审阅"选项卡，在"更改"选项组中单击"允许用户编辑区域"按钮，如图2-11所示。

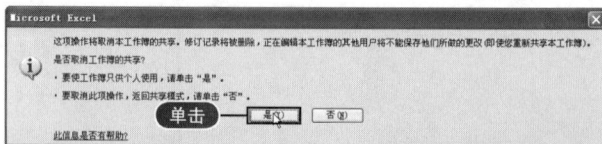

图2-11

❷ 打开"允许用户编辑区域"对话框，单击"新建"按钮，如图2-12所示。

❸ 打开"新区域"对话框，设置区域标题，将光标定位到"引用单元格"框中，在工作表中选择区域，接着输入区域密码，单击"确定"按钮，如图2-13所示。

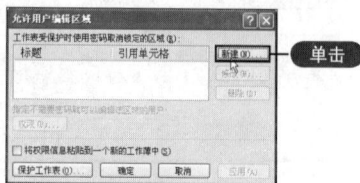

图2-12

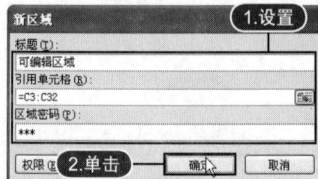

图2-13

❹ 打开"确认密码"对话框，再次输入密码，单击"确定"按钮，如图2-14所示。

❺ 返回到"允许用户编辑区域"对话框，即可看到添加了可编辑区域，如图2-15所示。

❻ 单击"确定"按钮，保存设置后，可以使用密码对设置的单元格区域进行保护。

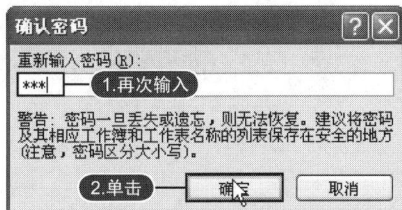

图2-14

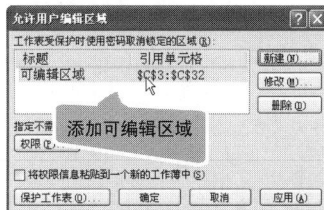

图2-15

提示

如果要设置多处可编辑区域，可以再次单击"新建"按钮，在"新区域"对话框里按照相同的方法设置其他的编辑区域。

2.2.2 工作簿访问权限设置

如果工作簿中涉及重要信息，用户可以通过为工作簿加密来限制其他用户进行访问、修改等操作，具体操作方法如下。

❶ 打开需要加密的工作簿，单击"文件"标签，切换到Backstage视图，在左侧单击"信息"选项，在中间单击"保护工作簿"下拉按钮，在下拉菜单中选择"用密码进行加密"选项，如图2-16所示。

❷ 打开"加密文档"对话框，在"密码"文本框中输入密码，单击"确定"按钮，如图2-17所示。

❸ 打开"确认密码"对话框，在"重新输入密码"文本框中再次输入密码（见图2-18），单击"确定"按钮，即可设置工作簿的访问权限。

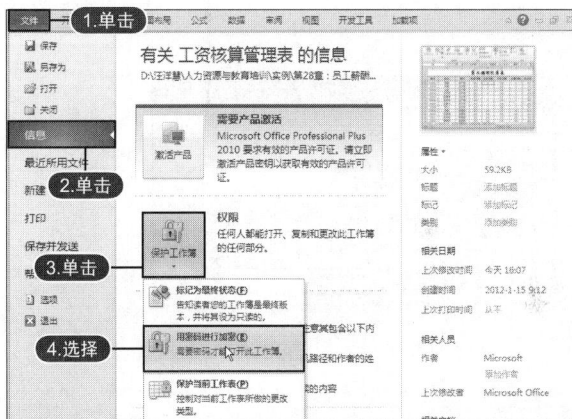

图2-16

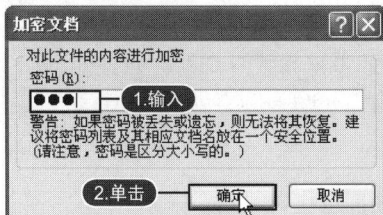

图2-17

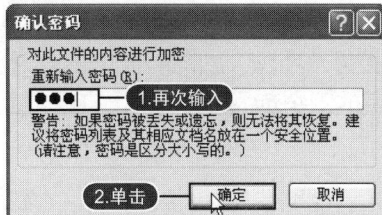

图2-18

提示

当用户再次打开该工作簿时，便会弹出"密码"提示框，提示该工作簿有密码，用户只需在"密码"文本框中输入正确的密码，单击"确定"按钮，才可打开工作簿。

2.2.3 解除工作簿限制

当不需要对工作簿进行保护时，可以解除工作簿的访问限制，具体操作方法如下。

❶ 找到保存的工作簿，双击鼠标，会弹出如图2-19所示的"密码"对话框，输入密码，打开工作簿。

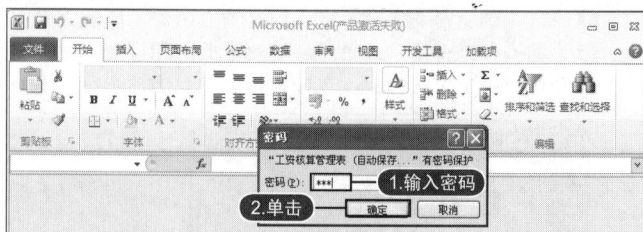

图2-19

❷ 单击"文件"标签，切换到Backstage视图，再次在"保护工作簿"下拉菜单中选择"用密码进行加密"选项，如图2-20所示。

❸ 打开"加密文档"对话框，在"密码"文本框中删除密码，单击"确定"按钮（见图2-21），即可解除工作簿的访问限制，如图2-22所示。

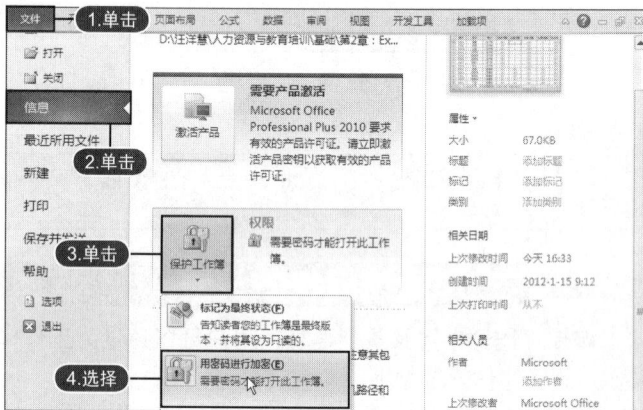

图2-20

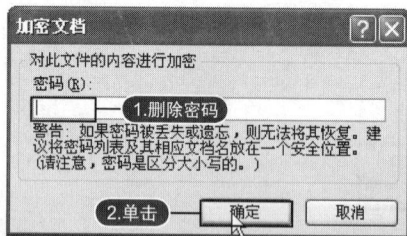

图2-21

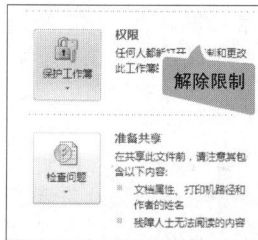

图2-22

2.3 超链接的使用

超链接是一种快速访问表格中设置的数据或文件的链接方式。用户在编辑数据时，如果需要引用到其他工作簿中的单元格，可以为其设置超链接，快速地链接到指定内容。

❶ 打开工作表，要插入超链接的单元格，如"蔡静"，切换到"插入"选项卡，在"链接"选项组中单击"超链接"按钮，如图2-23所示。

图2-23

❷ 打开"插入超链接"对话框,在"链接到"列表框中选择"现有文件或网页"选项,接着找到需要链接的工作簿,单击"确定"按钮,如图2-24所示。

❸ 返回工作表中,可以看到设置了超链接的单元格变成蓝色,将鼠标指针移动到单元格时,鼠标指针变为小手形状(见图2-25),单击鼠标,即可链接到指定的工作表中。

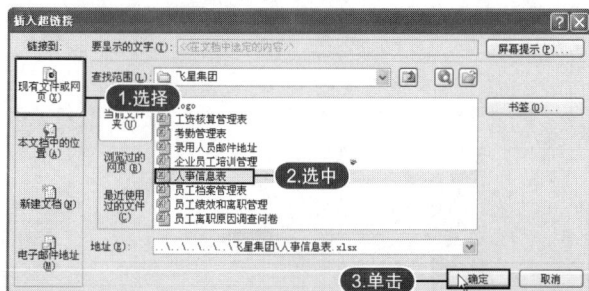

图2-24 图2-25

2.4 工作表操作

工作簿是由多张工作表组成的,对工作表的基本操作包括工作表的插入与删除、重命名、复制或移动等。

2.4.1 插入与删除表格

Excel工作簿默认只有3张工作表,当需要使用的工作表超过3张时,可以插入工作表;如果某些工作表不需要使用时,可以删除工作表。

1.插入工作表

打开工作簿,单击工作表标签最右侧的"插入工作表"按钮(见图2-26),即可在当前工作表的最后插入新工作表,如图2-27所示。

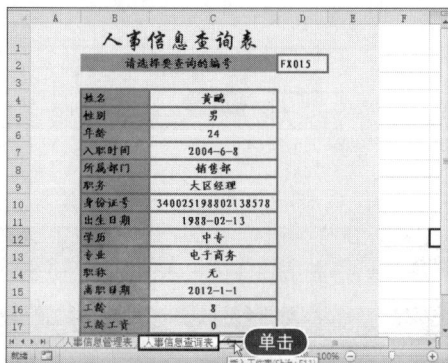

图2-26

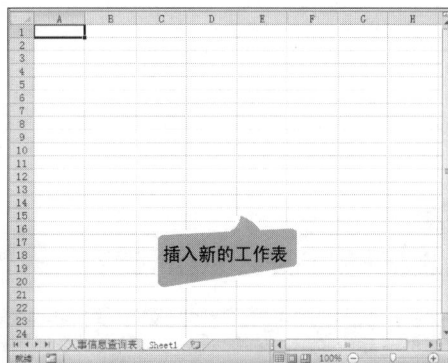

图2-27

19

> **提示**
>
> 如果在指定的工作表标签上右击鼠标，在弹出的快捷菜单中选择"插入"命令，即可在当前工作表之前插入一张新工作表。

2．删除工作表

在要删除的工作表标签上右击鼠标，在弹出的快捷菜单中选择"删除"命令，即可将该工作表删除，如图2-28所示。

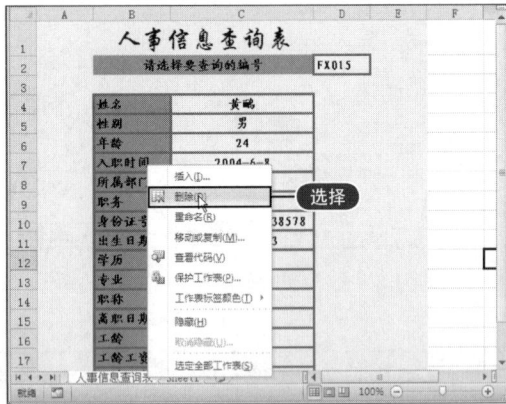

图2-28

2.4.2　重命名工作表

Excel默认的3张工作表的名称分别为Sheet1、Sheet2和Sheet3，根据当前工作表中的内容不同，可以重新为其设置名称，以达到标识的作用。

❶ 打开工作簿，在需要重命名的工作表标签上右击鼠标，在弹出的快捷菜单中选择"重命名"命令，如图2-29所示。

❷ 进入文字编辑状态，输入新名称，按【Enter】键，即可完成对该工作表的重命名，如图2-30所示。

图2-29

图2-30

> **提示**
>
> 在需要重命名的工作表标签上双击鼠标，也可以进入文字编辑状态。

2.4.3　设置工作表标签颜色

在Excel 2010中，用户可以根据工作需要，设置工作表标签的颜色。

打开工作簿，在需要设置的工作表标签上右击鼠标，在弹出的快捷菜单中选择"工作表标签颜色"命令，在打开的子菜单中选择一种颜色，如：红色（见图2-31），即可将工作表的标签改为红色，如图2-32所示。

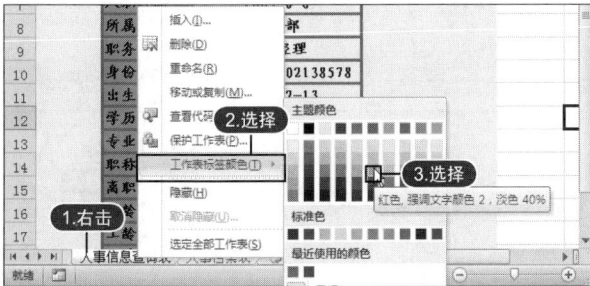

图2-31

图2-32

2.4.4　设置工作表默认数

在启动Excel 时，默认打开的空白工作簿中包含3个工作表。用户可以根据工作需要，更改默认工作表的数量，具体操作方法如下。

❶ 打开工作簿，单击"文件"标签，切换到Backstage视图，单击"选项"选项，如图2-33所示。

❷ 打开"Excel选项"对话框，在右侧窗格的"新建工作簿时"选项区下"包含的工作表数"文本框中输入要更改的数目，单击"确定"按钮即可，如图2-34所示。

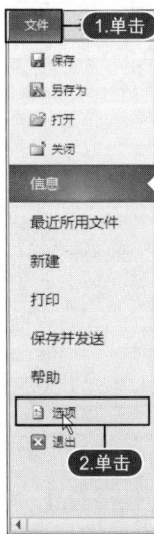

图2-33

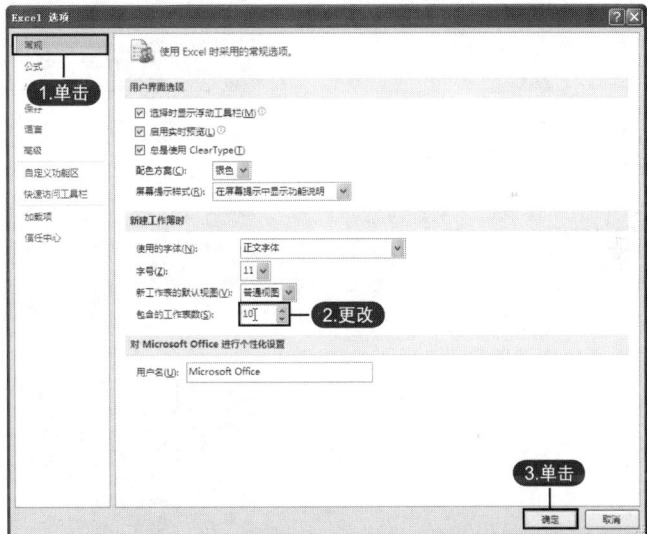

图2-34

2.4.5　移动或复制工作表

在Excel 2010中，用户可以根据工作需要，调整工作表与工作表之间的排列顺序或对工作表进行复制。

❶ 打开工作簿，选择需要移动或复制的工作表标签，右击鼠标，在弹出的快捷菜单中选择"移动或复制"命令，如图2-35所示。

❷ 打开"移动或复制工作表"对话框，在"下列选定工作表之前"列表框中选择要移动的位置，选中"建立副本"复选框，单击"确定"按钮，即可复制工作表，如图2-36所示。

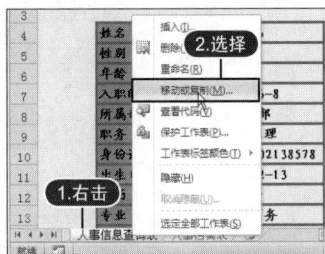

图2-35

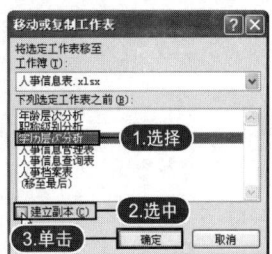

图2-36

21

2.4.6 隐藏与显示工作表的行和列

在Excel 2010中，用户可以将含有重要数据的工作表行/列隐藏起来，具体操作方法如下。

1. 隐藏工作表的行和列

❶ 打开工作表，选择需要隐藏的行或列，切换到"开始"选项卡，在"单元格"选项组中单击"格式"下拉按钮，在其下拉菜单中选择"隐藏和取消隐藏"选项，在打开的子菜单中选择"隐藏行"或"隐藏列"命令，如图2-37所示。

图2-37

❷ 选择"隐藏行"或"隐藏列"命令后，即可将选中的行/列隐藏起来，如图2-38所示。

图2-38

2. 显示工作表的行和列

❶ 打开工作表，切换到"开始"选项卡，在"单元格"选项组中单击"格式"下拉按钮，在其下拉列表中选择"隐藏和取消隐藏"选项，在打开的子菜单中选择"取消隐藏行"命令或"取消隐藏列"命令，如图2-39所示。

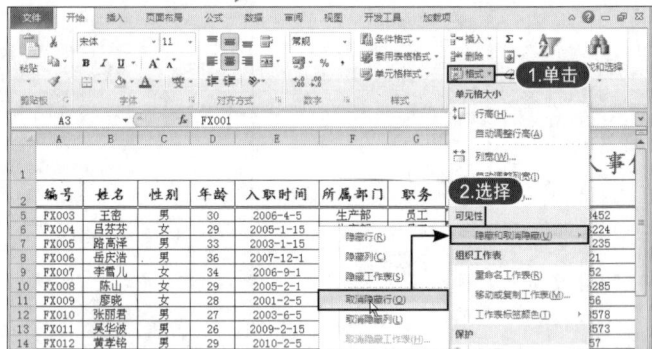

图2-39

❷ 打开"取消隐藏"对话框，选中要显示的工作表，单击"确定"按钮即可，显示效果如图2-40所示。

图2-40

> **提示**
>
> 在选中需要隐藏的行/列后右击，还可以在快捷菜单中选择"隐藏"命令，隐藏行/列；当需要显示隐藏的行/列时，可以选中其他的行/列并右击，在快捷菜单中选择"取消隐藏"命令。

2.4.7　保护工作表

如果用户不希望其他人对工作中的数据进行更改、移动或删除，可以对工作表进行保护，限制其他人的访问，具体操作方法如下。

❶ 打开要保护的工作表，切换到"审阅"选项卡，在"更改"选项组中单击"保护工作表"按钮，如图2-41所示。

❷ 打开"保护工作表"对话框，在"取消工作表保护时使用的密码"文本框中输入密码，接着在下面的列表框中选择允许用户操作的选项，单击"确定"按钮，如图2-42所示。

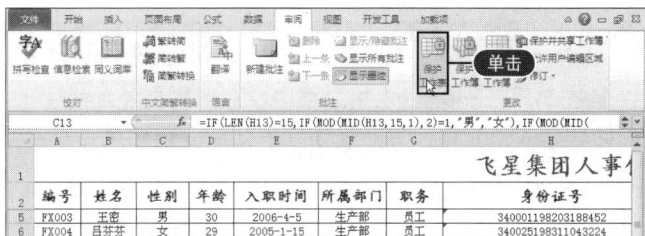

图2-41

❸ 弹出"确认密码"对话框，在"重新输入密码"文本框中重新输入密码，单击"确定"按钮，完成设置，如图2-43所示。

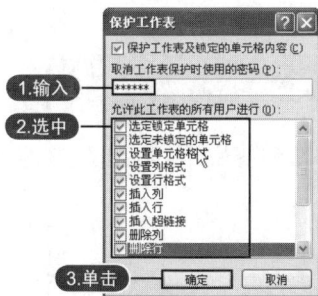

图2-42

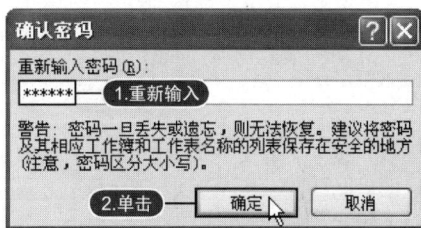

图2-43

❹ 返回到工作表中，如果要编辑其中的数据，将会弹出如图2-44所示的提示对话框，提示用户该工作表已受保护，单击"确定"按钮，返回工作表中。

图2-44

❺ 在"审阅"选项卡的"更改"选项组中单击"撤销工作表保护"按钮（见图2-45），在打开的"撤销工作表保护"对话框中输入设置的密码，单击"确定"按钮，即可取消工作表的保护，开始进行数据修改，如图2-46所示。

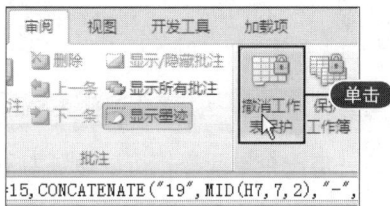

图2-45

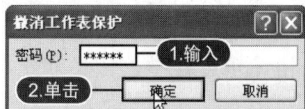

图2-46

2.5 单元格操作

单元格是组成工作表的元素，对工作表的操作实际就是对单元格的操作。对单元格的基本操作有插入/删除单元格、合并/拆分单元格、设置单元格大小等，熟练掌握单元格的基本操作，可以有效提高工作效率。

2.5.1 插入、删除单元格

在编辑Excel电子表格过程中，有时需要不断地更改，如规划好框架后发现漏掉一个元素，此时需要插入单元格；有时规划好框架后发现多余一个元素，此时需要删除单元格。

❶ 打开工作表，选中要在其前面或上面插入单元格的单元格，例如切换到"开始"选项卡，在"单元格"选项组中单击"插入"下拉按钮，在其下拉菜单中选择"插入单元格"命令，如图2-47所示。

❷ 打开"插入"对话框，选择是在选定单元格之前还是上面插入单元格，单击"确定"按钮，如图2-48所示。

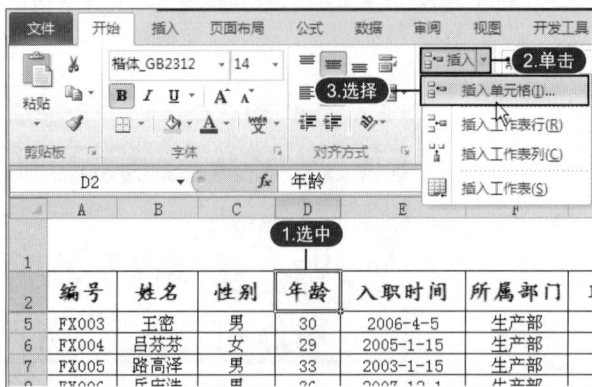

图2-47

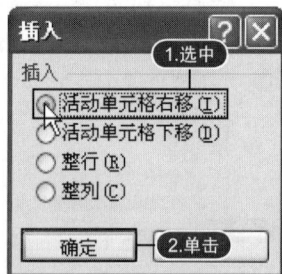

图2-48

❸ 插入单元格后，效果如图2-49所示。

图2-49

> **提示**
>
> 删除单元格时，先选中要删除的单元格，右击，在快捷菜单中选择"删除"命令，接着在弹出的"删除"对话框中选择"右侧单元格左移"单选按钮或"下方单元格上移"单选按钮即可。

2.5.2 合并与拆分单元格

在表格编辑过程中，如果需要将两个或多个单元格合并成一个单元格，可以通过如下方法来实现。

1. 合并单元格

❶ 选中需要合并的单元格，切换到"开始"选项卡，在"对齐方式"选项组中单击"合并后居中"下拉按钮，在其下拉菜单中选择一种合并方式，如"合并后居中"，如图2-50所示。

❷ 选中合并方式后，即可合并所选单元格，合并后的效果如图2-51所示。

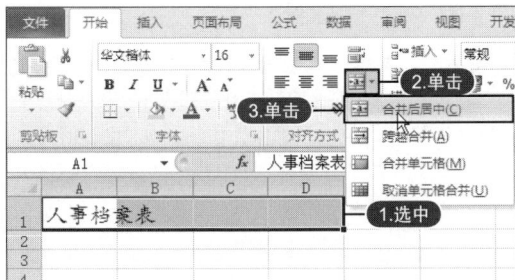

图2-50

图2-51

2. 拆分单元格

❶ 选中需要拆分的单元格，切换到"开始"选项卡，在"对齐方式"选项组中单击"合并后居中"下拉按钮，在其下拉菜单中选择"取消单元格合并"命令，如图2-52所示。

❷ 选中"取消单元格合并"命令后，即可拆分所选单元格，拆分后的效果如图2-53所示。

图2-52

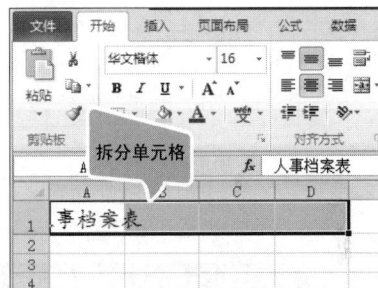

图2-53

2.5.3 设置单元格行高或列宽

在工作表的编辑过程中需要设置单元格的大小，此时可以调整单元格的行高或列宽，具体操作方法如下。

❶ 打开工作表，选中需要设置大小的单元格，切换到"开始"选项卡，在"单元格"选项组中单击"格式"下拉按钮，在其下拉菜单中选择"行高"选项，如图2-54所示。

❷ 打开"行高"对话框，在"行高"文本框中输入要设置的行高值，单击"确定"按钮，如图2-55所示。

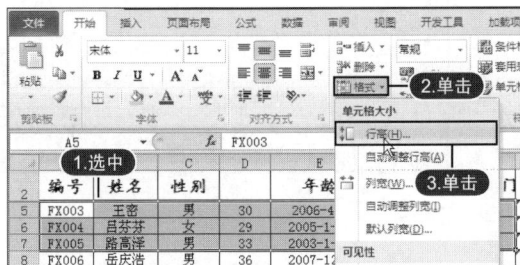

图2-54

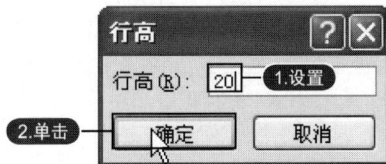

图2-55

❸ 完成对所选单元格的行高调整，
效果如图2-56所示。

图2-56

❹ 在"格式"选项组中单击"单元格"下拉按钮，在其下拉列表菜单中选择"列宽"选项，如图2-57所示。

❺ 打开"列宽"对话框，在"列宽"文本框中输入要设置的列宽值，单击"确定"按钮，如图2-58所示。

图2-57

图2-58

❻ 完成对所选单元格列宽的调整，
效果如图2-59所示。

图2-59

2.5.4 查找和替换单元格格式

在单元格中可以对单元格格式进行替换，具体操作方法如下。

❶ 打开工作表，选中任意单元格，切换到"开始"选项卡，在"编辑"选项组中单击"查找和选择"下拉按钮，在其下拉菜单中选择"替换"选项，如图2-60所示。

❷ 打开"查找和替换"对话框，单击"查找内容"框后的"格式"按钮，如图2-61所示。

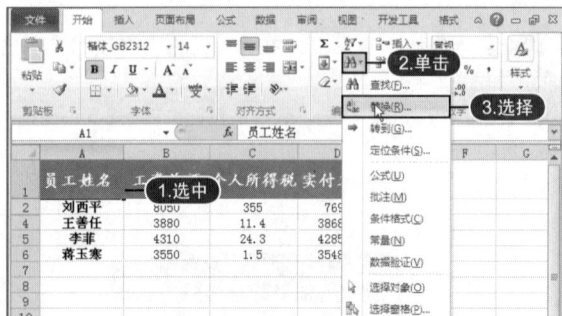

图2-60

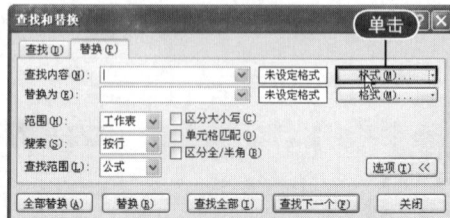

图2-61

❸ 打开"查找格式"对话框，在"字体"列表框中选择楷体，单击"确定"按钮，如图2-62所示。

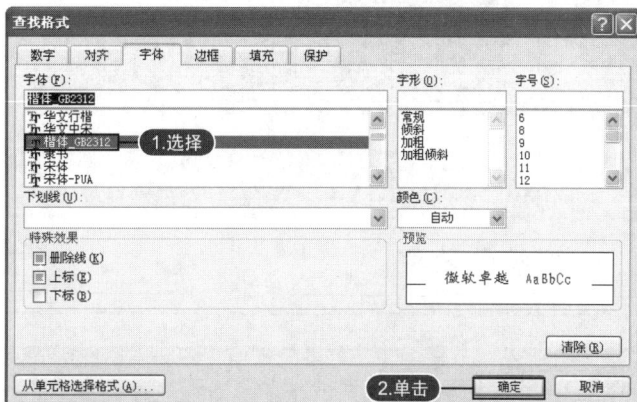

图2-62

❹ 返回"查找和替换"对话框，接着单击"替换为"文本框后的"格式"按钮，如图2-63所示。

图2-63

❺ 打开"替换格式"对话框，在"字体"列表框中选择"华文中宋"，接着在"自行"列表框中选择"加粗"，单击"确定"按钮，如图2-64所示。

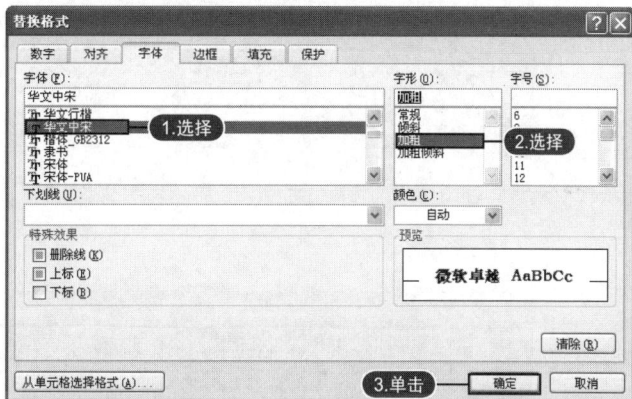

图2-64

❻ 返回"查找和替换"对话框，单击"全部替换"按钮，即可对单元格格式进行替换，如图2-65所示。

❼ 弹出对话框提示替换情况，单击"确定"按钮，如图2-66所示。

图2-65

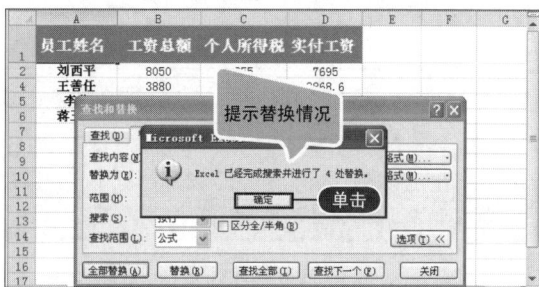

图2-66

Chapter

3 数据的收集与整理

∷ 重点知识

※ 数据的收集　　　　　　　　※ 数据的整理

∷ 应用效果

收集Word数据

数据的行/列互换

∷ 参见光盘

素材路径：随书光盘\素材\第3章

视频路径：随书光盘\视频教程\第3章

3.1 数据收集

　　利用Excel工作表可以创建报表、完成相关数据的计算和分析。在进行这些工作之前，首先要将相关的数据导入到工作表中。根据实际操作的需要，可能需要导入不同的数据，如从Word、从网页、从PowerPoint或文本中导入数据。针对不同的数据，导入时需要掌握其要点。

3.1.1 收集Word数据

　　用户可以收集Word文档中编辑好的数据，通过"复制"和"粘贴"功能或"选择性粘贴"功能引用到Excel表格中，具体操作方法如下。

❶ 在Word中选中需要复制的数据并右击，在快捷菜单中选择"复制"命令，如图3-1所示。

图3-1

❷ 打开所有引用数据的Excel工作表，指定位置，切换到"开始"选项卡，在"剪贴板"选项组中单击"粘贴"下拉按钮，选择"选择性粘贴"命令，如图3-2所示。

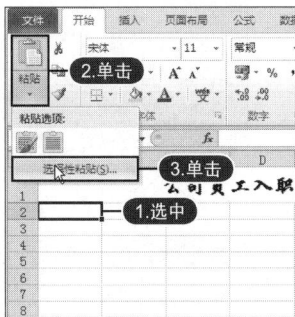

❸ 打开"选择性粘贴"对话框，在"方式"列表框中选择粘贴方式，如HTML，如图3-3所示，单击"确定"按钮将Word文档中的数据复制到Excel表格中。

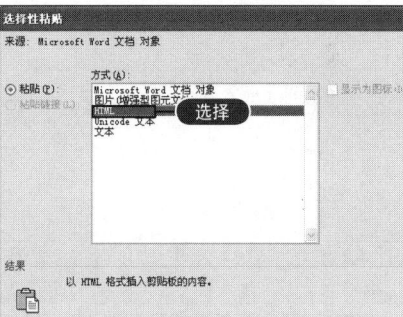

图3-2

图3-3

❹ 粘贴后效果如图3-4所示。

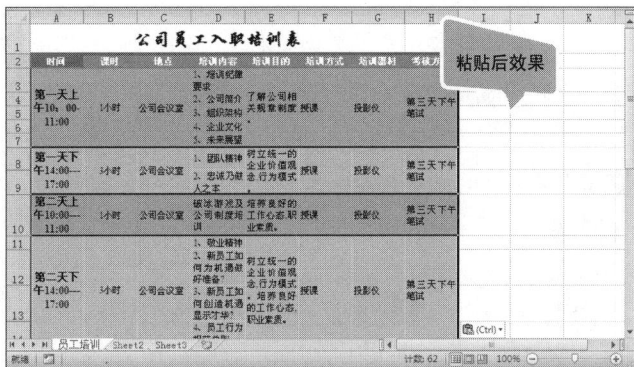

图3-4

3.1.2 收集Excel数据

在编辑工作表时，用户还可以有选择地将其他工作表的数据导入到Excel中，具体操作方法如下。

❶ 打开要导入数据的工作表，选中数据存放的位置，切换到"数据"选项卡，在"获取外部数据"下拉菜单中单击"现有连接"选项，如图3-5所示。

❷ 打开"现有连接"对话框，单击"浏览更多"按钮，如图3-6所示。

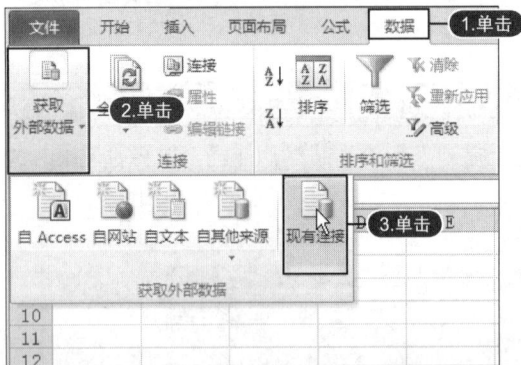

图3-5

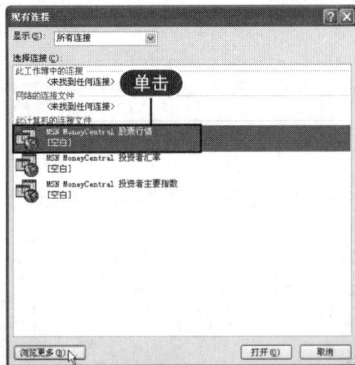

图3-6

❸ 打开"选取数据源"对话框，找到需要导入的工作簿，如"企业员工培训管理"，单击"打开"按钮，如图3-7所示。

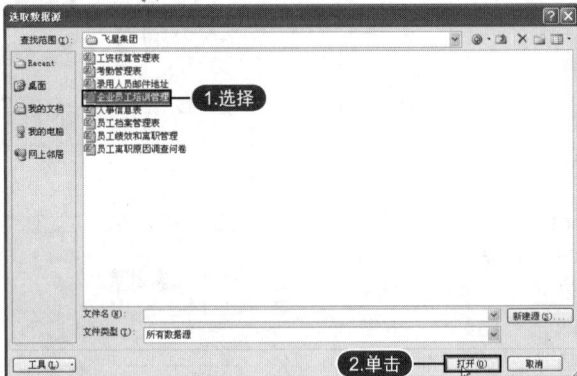

图3-7

❹ 打开"选择表格"对话框，选中要导入的数据表，如"员工考核统计表"，单击"确定"按钮，如图3-8所示。

❺ 打开"导入数据"对话框，在"数据的放置位置"中设置导入数据显示的位置，单击"确定"按钮，如图3-9所示。

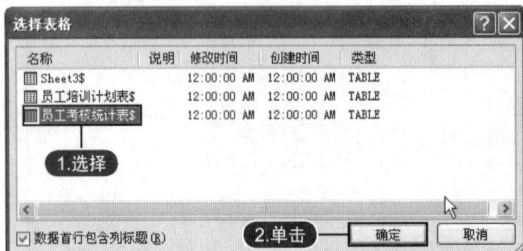

图3-8

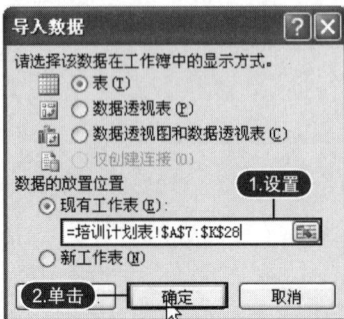

图3-9

⑥ 将选择的工作表中的数据导入现有的工作表中，导入效果如图3-10所示。

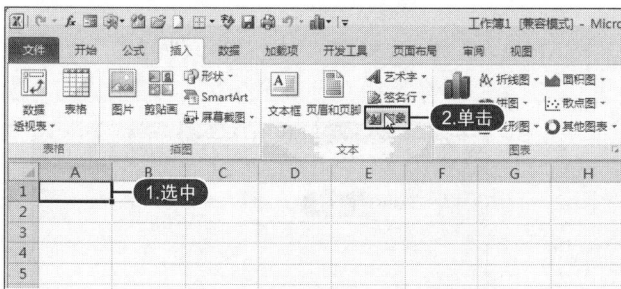

图3-10

3.1.3 收集PPT数据

在编辑Excel文档时，有时需要从PowerPoint文件中引用一些图表或图形，用户可以使用"插入对象"的方法将它们引用到Excel表格中，具体操作方法如下。

❶ 打开一个Excel工作表，选中要放置图表或表格的单元格，切换到"插入"选项卡，在"文本"选项组中单击"对象"按钮，如图3-11所示。

❷ 弹出"对象"对话框，单击"由文件创建"标签，单击"浏览"按钮，如图3-12所示。

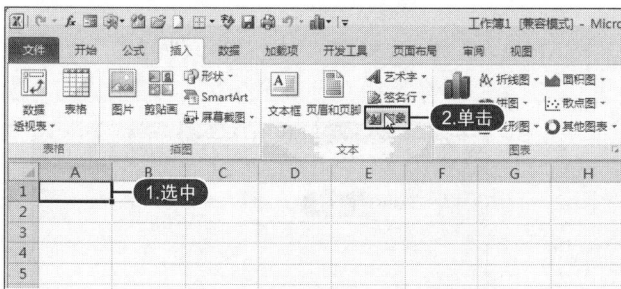

图3-11

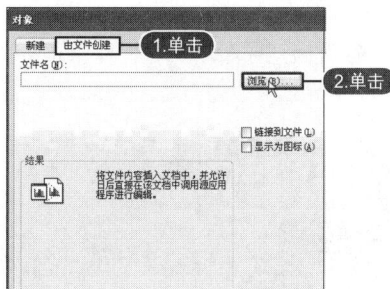

图3-12

❸ 弹出"浏览"对话框，查找需要插入的PowerPoint文件并选中，如"销售明细图表"，单击"插入"按钮，如图3-13所示。

❹ 返回到"对象"对话框中，单击"确定"按钮，即可将图表或表格引用到Excel工作表中，如图3-14所示。

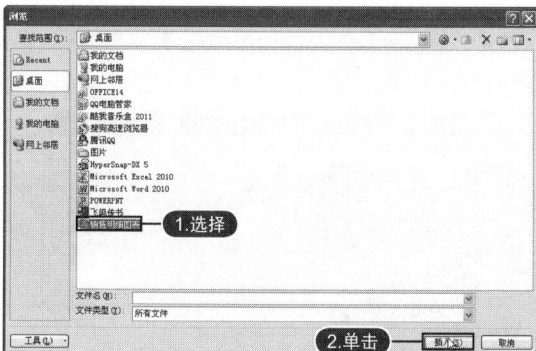

图3-13

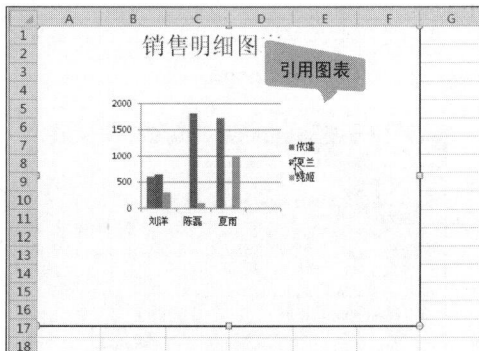

图3-14

❺ 选中图表或表格，右击鼠标，在快捷菜单中选择"演示文稿 对象"选项，在弹出的子菜单选择"编辑"命令，则可对工作表中的表格或图片进行编辑操作，如图3-15所示。

❻ 在空白处单击鼠标一次，即可回到Excel编辑界面，如图3-16所示。

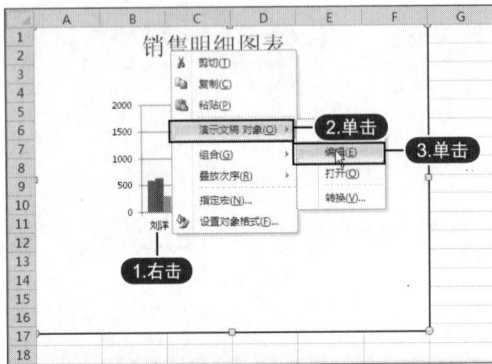

图3-15

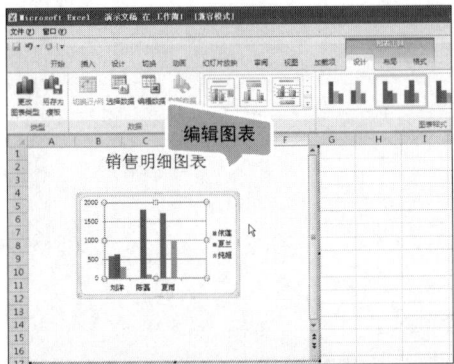

图3-16

3.1.4 收集文本数据

在编辑工作表时，可以导入Word文档数据到Excel工作表中，同时也可以将文本文件中的数据导入到Excel中，具体操作方法如下。

❶ 打开要导入数据的工作表，选中数据存放的位置，切换到"数据"选项卡，在"获取外部数据"选项组中单击"自文本"按钮，如图3-17所示。

❷ 弹出"导入文本文件"对话框，找到需要导入的文本，如"文档1"，单击"导入"按钮，如图3-18所示。

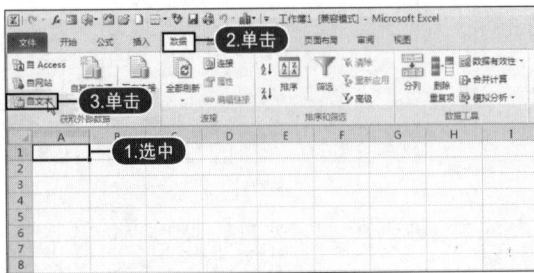

图3-17

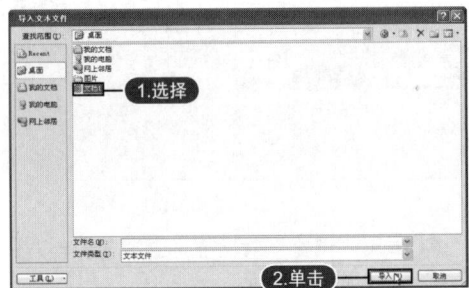

图3-18

❸ 弹出"文本导入向导—第1步，共3步"对话框，保持默认设置不变，单击"下一步"按钮，如图3-19所示。

❹ 弹出"文本导入向导—第2步，共3步"对话框，选中"分隔符号"列表框中"Tab键"复选框，单击"下一步"按钮，如图3-20所示。

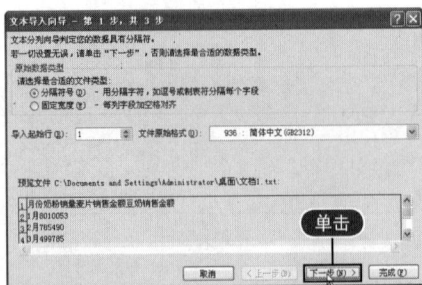

图3-19

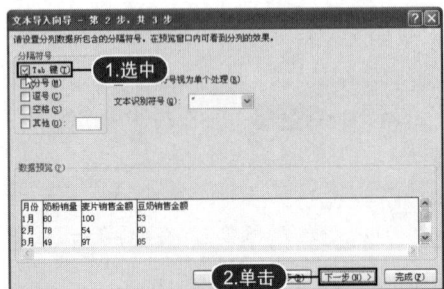

图3-20

❺ 弹出"文本导入向导—第3步，共3步"对话框，保持默认设置不变，单击"完成"按钮，如图3-21所示。

❻ 弹出"导入数据"对话框，在"数据的放置位置"中设置导入数据显示的位置，单击"确定"按钮，即可将文本文件中的数据导入到Excel工作表中，如图3-22所示。

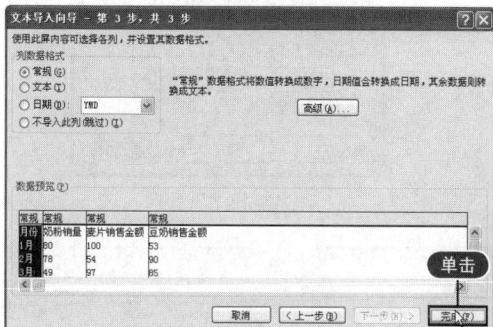

图3-21

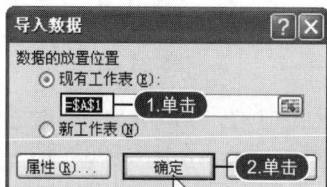

图3-22

❼ 导入效果如图3-23所示。

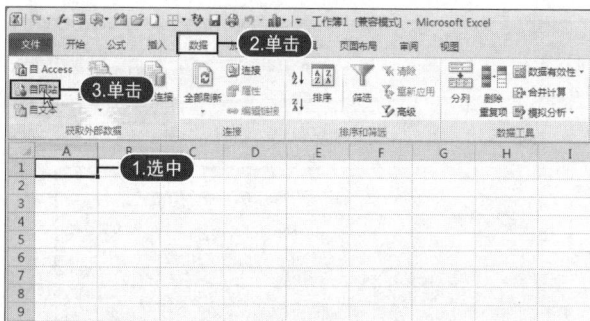

图3-23

3.1.5 收集网页数据

在编辑Excel工作表时，需要引用网页中的数据，可以直接将Internet网页中的数据导入到Excel工作表中。

❶ 打开要导入数据的工作表，选中数据存放的位置，切换到"数据"选项卡，在"获取外部数据"选项组中单击"自网站"按钮，如图3-24所示。

❷ 弹出"新建Web查询"对话框，在"地址"文本框中输入网站的网址，单击"导入"按钮，如图3-25所示。

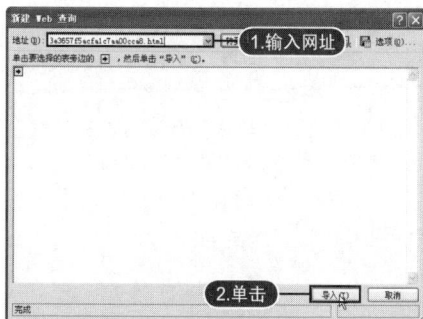

图3-24

图3-25

❸ 找到需要导入的内容，单击内容前的 按钮，使其变为 ，即可选中内容，接着单击"导入"按钮，如图3-26所示。

❹ 弹出"导入数据"对话框，在"数据的放置位置"中设置导入数据显示的位置，单击"确定"按钮，如图3-27所示。

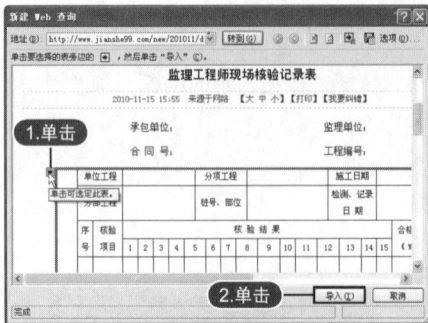

图3-26

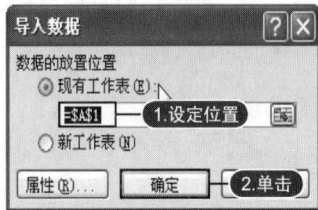

图3-27

❺ 返回工作表，即可将网站中选定部分的数据导入工作表，如图3-28所示。

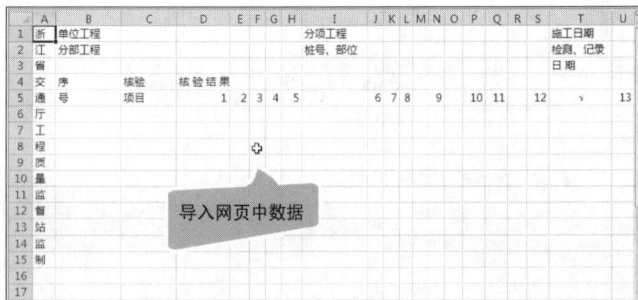

图3-28

3.2 数据的整理

在工作表中输入数据或将其他地方的数据引用到工作表后，根据工作要求需要对数据进行整理，如清除数据的格式、更改输入数据的类型、查找和替换工作表中的数据、定义数据的名称等。

3.2.1 一次性清除数据的格式

当在工作表中进行了格式设置，或引用的数据带有格式时，如果不再需要这些格式了，可以一次性清除所有的格式。

❶ 打开工作表，按【Ctrl+A】组合键，选中整张工作表，或者选中要清除格式的单元格区域。

❷ 切换到"开始"选项卡，在"编辑"选项组中单击"清除"按钮，在打开的下拉菜单中选择"清除格式"命令，如图3-29所示。

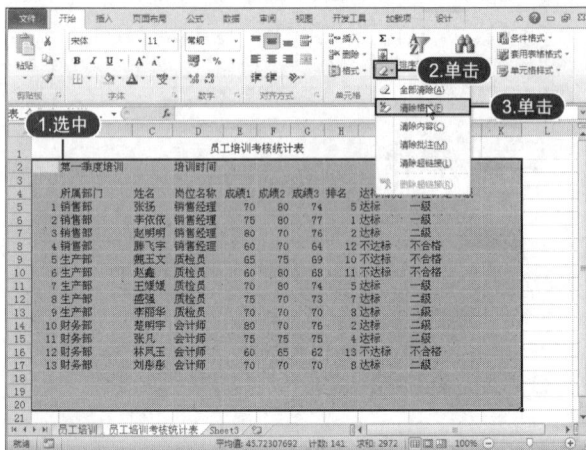

图3-29

❸ 选中"清除格式"命令后，即可将工作表中使用的所有格式全部清除，清除后效果如图3-30所示。

图3-30

3.2.2 自定义数字格式的用法

在Excel表格中也可以自定义数字格式，比如输入特定的数据，输入以0开头的数据，用户也可以在单元格中输入特殊符号。

1. 轻松输入特定数据

❶ 打开工作表，选中需要输入特定数据的单元格区域，切换到"开始"选项卡，在"数字"选项组中单击 按钮，如图3-31所示。

❷ 打开"设置单元格格式"对话框，在"数字"选项卡下单击"分类"列表框中的"自定义"选项，在右侧的"类型"文本框中输入"201108110"并选择格式，单击"确定"按钮，如图3-32所示。

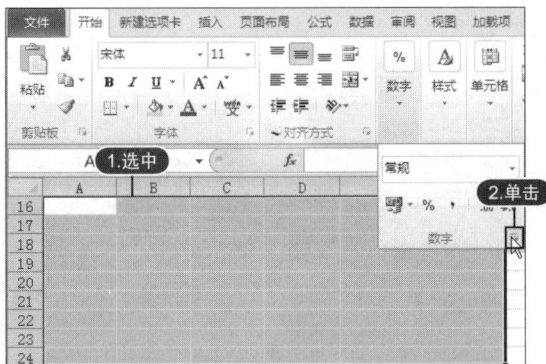

图3-31

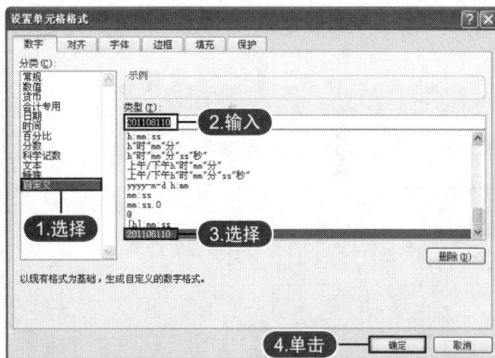

图3-32

❸ 在要输入的单元格中输入1，按【Enter】键，即可得到201108111，依次输入2、3，按【Enter】键，可以得到相应的数字，如图3-33所示。

图3-33

2. 输入以0为开头的数据

❶ 打开工作表，选中要设置为特定时间格式的单元格区域，切换到"开始"选项卡，在"数字"选项组中单击 按钮，如图3-34所示。

❷ 打开"设置单元格格式"对话框，在"分类"列表框中选择"文本"选项，如图3-35所示。

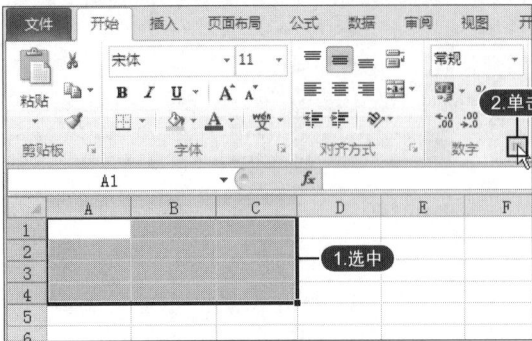

图3-34

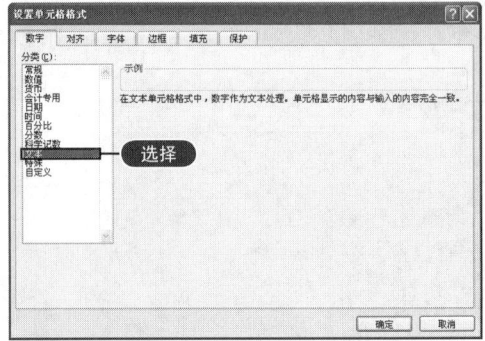

图3-35

❸ 单击"确定"按钮，则选中的单元格区域中的日期数据更改为指定的格式，如图3-36所示。

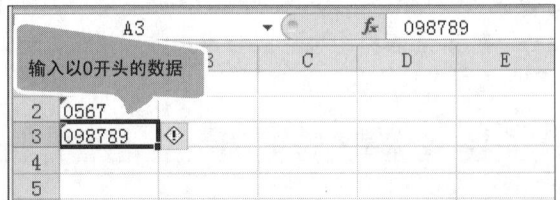

图3-36

3. 快速输入特殊字符

当用户在编辑工作表时，有时会遇到一些特殊符号的输入，如序列号、注册、商标等符号，这时候用户可以通过插入符号来完成，具体操作方法如下。

❶ 打开工作表，选中要插入字符的位置，切换到"插入"选项卡，单击"符号"下拉菜单中的"符号"按钮，如图3-37所示。

图3-37

❷ 弹出"符号"对话框，单击"符号"选项卡下"字体"下拉按钮，在下拉列表中单击Wingdings选项，如图3-38所示。

❸ 选中需要插入的符号，如②，单击"插入"按钮（见图3-39），即可在单元格内插入符号。

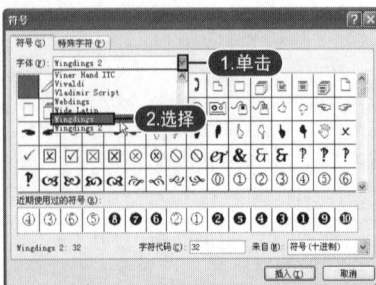

图3-38

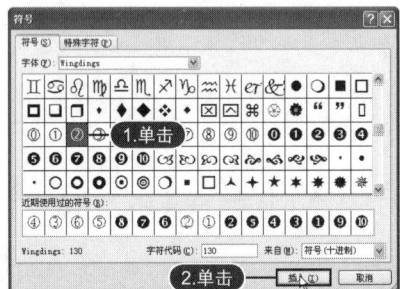

图3-39

3.2.3 数据的查找和替换

1. 模糊查找

Excel 表格中数据含量很大的时候一眼不容易看到所想要找到的数据，这时候可以利用"查找"和"替换"方法来查找数据（不仅可以查找出精确的数据，还可以查找模糊的数据）。

❶ 打开工作表，切换到"开始"选项卡，在"编辑"选项组中单击"查找和选择"按钮，在其下拉菜单中选择"查找"命令，如图3-40所示。

❷ 打开"查找和替换"对话框，在"查找内容"文本框中输入数据，如输入"王"，单击"查找全部"按钮，则工作表中所有包含"王"的单元格被选中，如图3-41所示。

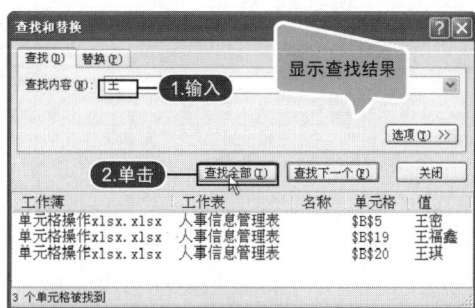

图3-40　　　　　　　　　　　　　　图3-41

2. 精确查找和替换

在日常办公中，可能需要从庞大的数据中查找相关的记录或者对数据进行修改，如果采用手工的方法来查找或修改，效率会很低，此时可以使用"查找"和"替换"功能。

❶ 打开工作表，按【Ctrl+F】组合键，打开"查找和替换"对话框，在"查找内容"文本框中输入查找信息，如图3-42所示。

❷ 单击"查找全部"按钮，即可将满足条件的记录显示出来，如图3-43所示。

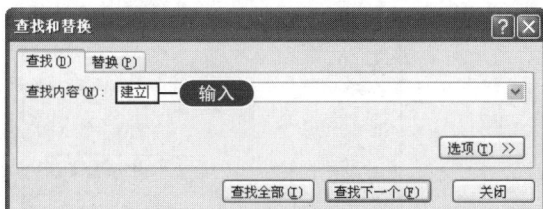
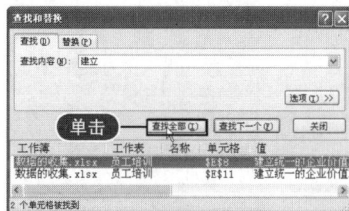

图3-42　　　　　　　　　　　　　　图3-43

❸ 单击"替换"标签，在"替换为"文本框中输入需要替换的信息，单击"替换"按钮，即可替换当前选定的数据，如图3-44所示。

❹ 单击"全部替换"按钮，即可将满足条件的记录全部替换为设定的内容，如图3-45所示。

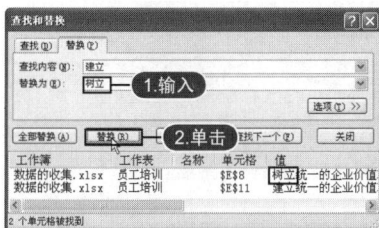

图3-44　　　　　　　　　　　　　　图3-45

3.2.4　数据的行/列互换

在Excel中实现表格的行/列互换，即把表格的顶行转换至最左列，同时，对应的表格单元内容也做相应的位置置换，就如同矩阵的转置一样，具体操作方法如下。

❶ 打开工作表，选中要设置行/列互换的内容，右击，在快捷菜单中选择"复制"命令，如图3-46所示。

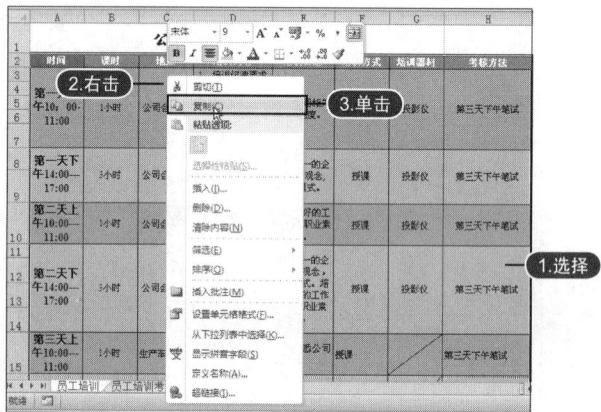

图3-46

❷ 选中要粘贴的区域，切换到"开始"选项卡，在"剪贴板"选项组中单击"粘贴"下拉按钮，在其下拉列表中选择"选择性粘贴"命令，如图3-47所示。

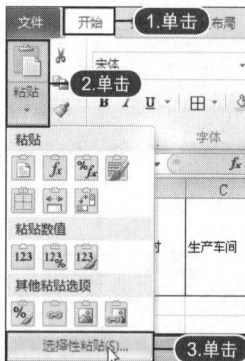

❸ 打开"选择性粘贴"对话框，选中"转置"复选框，如图3-48所示。

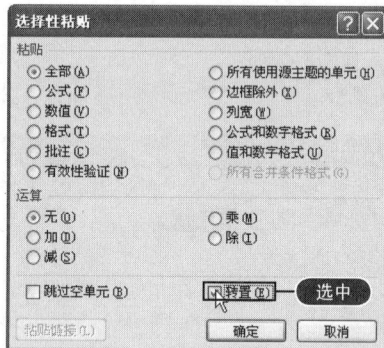

图3-47

图3-48

❹ 单击"确定"按钮，完成对复制表格的行/列互换，互换效果如图3-49所示。

图3-49

3.2.5 将多列数据合并成一列

在对表格数据进行整理时，有时需要将多列数据合并成一列，具体操作方法如下。

❶ 打开工作表，选中D1单元格，在公式编辑栏中输入公式"=A1&B1&C1"（见图3-50），按【Enter】键，即可将A1、B1、C1三个单元格中的数据合并到D1单元格中，如图3-51所示。

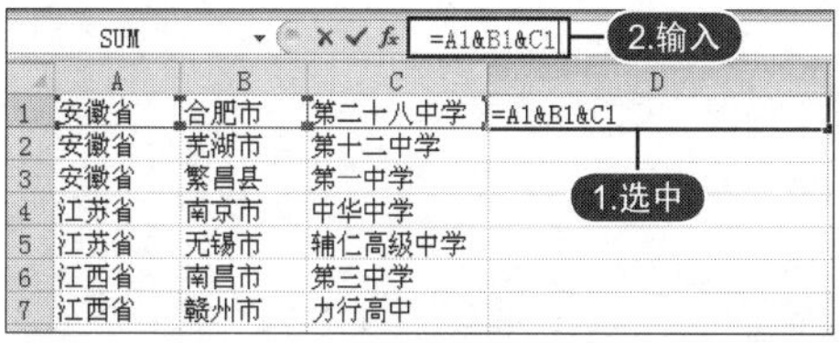

图3-50

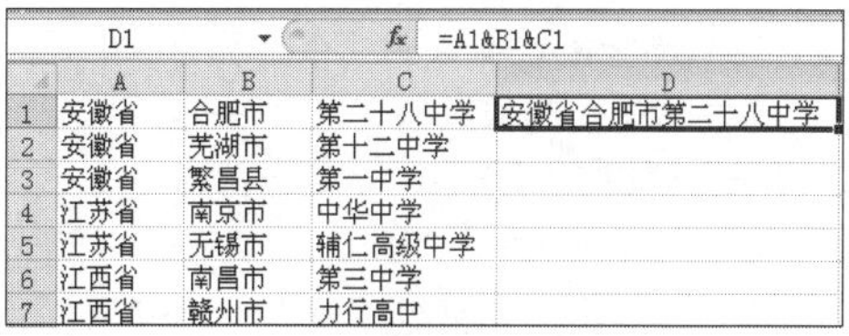

图3-51

❷ 选中D1单元格，向下拖动填充柄到合适的位置，即可将A、B、C三列合并的数据合并到D列中，如图3-52所示。

公式分析

公式"=A1&B1&C1"中的"&"是连字符，意思是将A1、B1、C1三个单元格中的数据连接到一起，用同样的公式还可以将多行数据合并成一行。

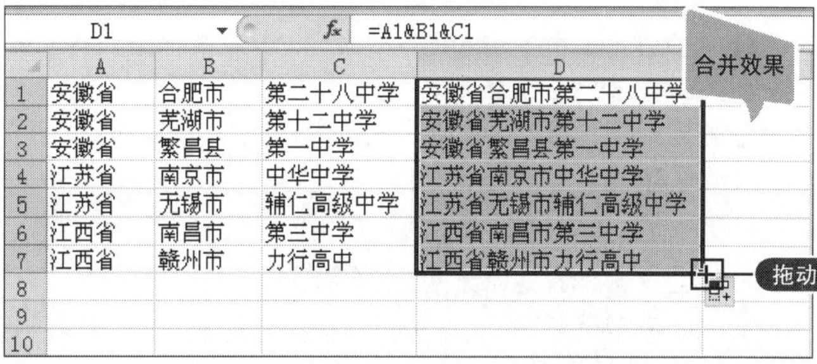

图3-52

3.2.6 冻结窗格方便数据的查看

当工作表中含有大量数据时，数据不能在同一界面显示，如果想要在查看数据时始终显示标识项，可以冻结窗格来方便数据查看。

❶ 选中要冻结的单元格所在行的下一行单元格，切换到"视图"选项卡，在"窗口"选项组中单击"冻结窗格"下拉按钮，在其下拉菜单中选择"冻结拆分窗格"选项，即可冻结窗格，如图3-53所示。

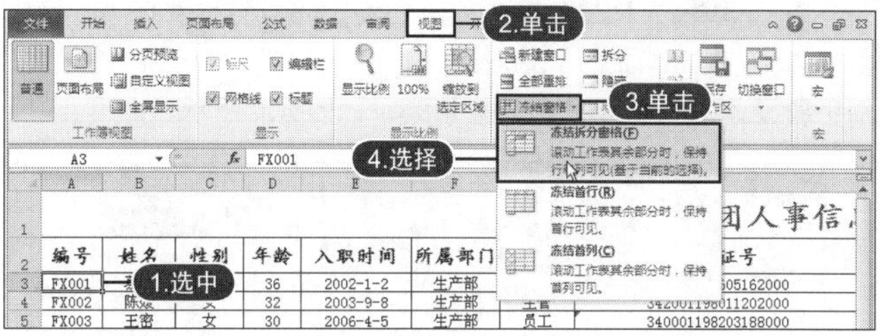

图3-53

❷ 冻结窗格后，向下滚动鼠标查看数据时，冻结的窗格始终显示，如图3-54所示。

图3-54

3.2.7 插入与删除批注

为了方便查看工作表中的数据，用户可以为一些单元格添加批注，具体操作方法如下。

1. 插入批注

❶ 在工作表中选中要添加批注的单元格，如B12单元格，切换到"审阅"选项卡，在"批注"选项组中单击"新建批注"按钮（见图3-55），即可显示批注编辑框。

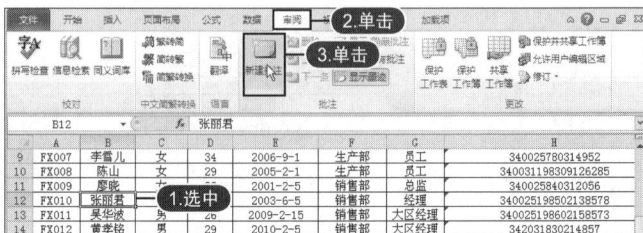

图3-55

❷ 在批注编辑框中输入批注的内容，并在其他单元格中单击，即可看到添加批注的单元格的右上方显示红色小三角，如图3-56所示。

❸ 将鼠标指针移动到添加批注的单元格上，即可显示批注的内容，如图3-57所示。

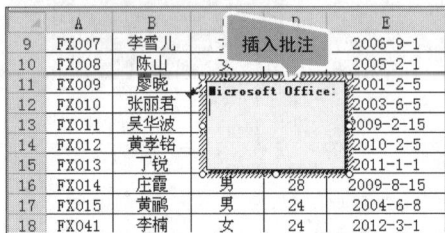

图3-56

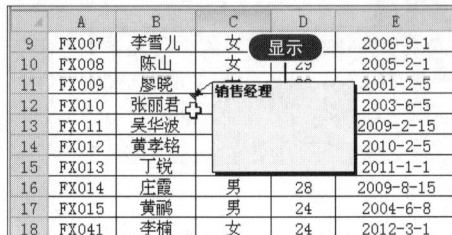

图3-57

2. 删除批注

❶ 选中插入批注的单元格，切换到"审阅"选项卡，在"批注"选项组中单击"删除"按钮，即可将插入的批注删除，如图3-58所示。

❷ 删除后红色小三角就会消失，如图3-59所示。

图3-58

图3-59

提示

选中插入的批注，右击鼠标，在快捷菜单中选择"删除批注"命令，也可将插入的批注删除。

4 数据条件设置

∷ 重点知识

✕ 条件格式的使用   ✕ 数据有效性设置

∷ 应用效果

销售人员提成统计

2012年3月

编号	姓名	所属部门	职务	月销售额
FX009	廖晓	销售部	总监	70500
FX010	张丽君	销售部	经理	68500
FX011	吴华波	销售部	大区经理	35000
FX012	黄孝铭	销售部	大区经理	50600
FX013	丁锐	销售部	大区经理	18000
FX014	庄霞	销售部	大区经理	26000
FX015	黄鹂	销售部	大区经理	9000

标识出大于5000的数值

学生成绩表

姓名	平时成绩	作业设计	期末考试	总评成绩
丁挺	88	91	83	87.33
罗明峰	88	77	74	79.67
陈艳	86	80	75	80.33
许星	85	82	80	82.33
尹益君	91	85	89	88.33
宗海洋	84	82	84	83.33
杨国新	90	81	77	82.67
黄河平	78	82	79	79.67
桂天培	82	89	78	83.00
曹鹏	71	84	81	78.67
潘淼焘	86	90	76	84.00
张斌华	75	90	87	84.00

标识出前3名

H3   fx   342532555

飞星集团人事信息管

职务	身份证号	出
厂长	342532555	
主管		
员工		
员工		
员工		
员工		
员工		
员工		
总监		
经理		
大区经		
大区经		
大区经理		

输入身份证号码
请输入15-
18位身份证号码！

错误

输入错误，请重新检查！！！

重试(R)   取消   帮助(H)

此信息是否有帮助?

设置出错警告信息

本工资记录表

入职时间	工龄	基本工资	岗位工资	工龄工资
2002-1-2	10	3000	800	450
2003-9-8	9	2000	200	400
2006-4-5	6	1500	300	250
2005-1-15	7	1500	300	300
2003-1-15	9	1500	300	400
2007-12-1	5	1500	250	200
2006-9-1	6	1500	280	250
2005-2-1	7	1500	300	300
2001-2-5	11	3000	900	500
2003-6-5	9	2500	500	400
2009-2-15	3	1000	850	100
2010-2-5	2	1000	300	50
2011-1-1	1	1000	300	0
2009-8-15	3	1000	300	100

圈释无效数据

∷ 参见光盘

素材路径：随书光盘\素材\第4章

视频路径：随书光盘\视频教程\第4章

4.1 条件格式的使用

在Excel记录的众多数据中，用户往往关注更多的是异常数据，比如大于标准值、小于标准值、等于某些值的数据，或发生在特定日期的数据等。使用"条件格式"功能，可以突出显示这些数据，从而用更少的时间关注更重要的信息。

4.1.1 标识大于指定数值的数据

在Excel 2010中通过"条件格式"功能可以对数据进行有效的条件格式设置，将单元格中满足大于指定数值的数据以特殊的标记显示出来，具体操作方法如下。

❶ 打开工作表，选中要设置条件格式的单元格区域，切换到"开始"选项卡，在"样式"选项组中单击"条件格式"下拉按钮，在下拉菜单中选择"突出显示单元格规则"选项，在弹出的子菜单中选择"大于"命令，如图4-1所示。

图4-1

❷ 打开"大于"对话框，在"为大于以下值的单元格设置格式"文本框中输入大于条件值，如50000，在"设置为"下拉列表中选择颜色效果，如"黄填充色深黄色文本"，如图4-2所示。

❸ 单击"确定"按钮，返回工作表，则大于50000的数据被标识出来，标识效果如图4-3所示。

提示

除了"大于"某个数值以外，还有"介于"、"小于"、"等于"等命令，用户可以根据需要进行设置。

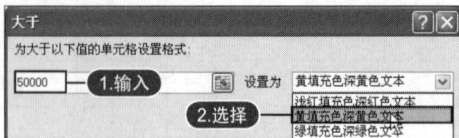

图4-2

图4-3

4.1.2 标识前3名学生成绩

❶ 打开工作表，选中要设置条件格式的单元格区域，切换到"开始"选项卡，在"样式"选项组中单击"条件格式"下拉按钮，在下拉菜单中选择"项目选取规则"选项，在弹出的子菜单中选择"值最大的10项"命令，如图4-4所示。

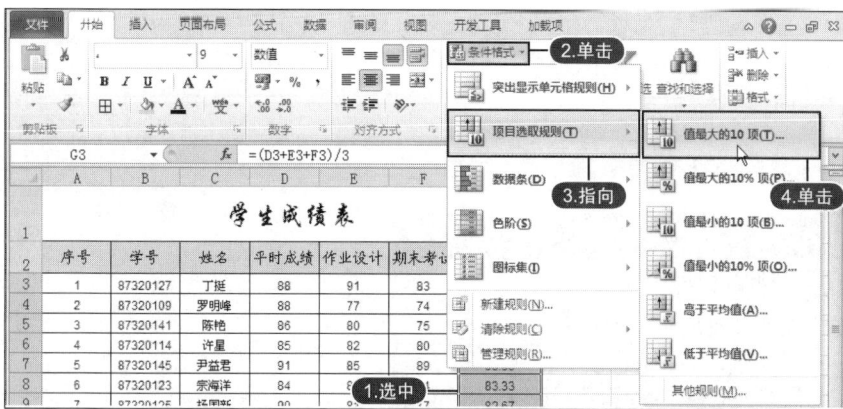

图4-4

❷ 打开"10个最大的项"对话框,将"10"数值更改为"3",接着在"设置为"下拉列表中选择一种合适的单元格样式,如"浅红填充色深红色文本",如图4-5所示。

❸ 单击"确定"按钮,即可将"值最大的10项"用指定的格式标识出来,效果如图4-6所示。

提示

如果需要标识值最大的其他项,只需要在"10个最大的项"对话框中左侧的文本框中更改数值,然后在"设置为"下拉列表中选择一种合适的单元格样式即可。

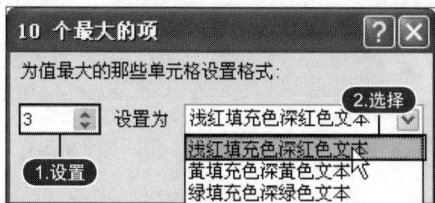

图4-5

图4-6

4.1.3 标识出高于平均值的学生成绩

在处理学生成绩时,有时需要了解表格中高于平均成绩的数值,也可以用"条件格式"功能标识出来,具体操作方法如下。

❶ 打开工作表,选中要设置条件格式的单元格区域,切换到"开始"选项卡,在"样式"选项组中单击"条件格式"下拉按钮,在下拉菜单中选择"项目选取规则"选项,在弹出的子菜单中选择"高于平均值"命令,如图4-7所示。

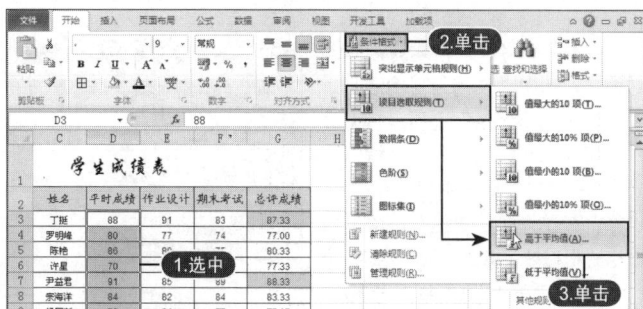

图4-7

43

❷ 打开"高于平均值"对话框，在"针对选定区域，设置为"下拉列表中选择一种合适的单元格样式，如"绿填充色深绿色文本"，如图4-8所示。

❸ 单击"确定"按钮，即可将高于平均值的成绩用指定的格式标识出来，效果如图4-9所示。

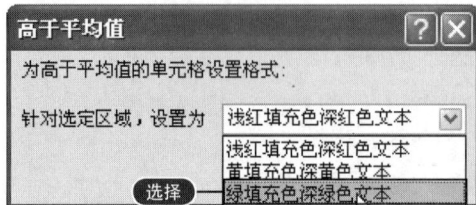

图4-8

图4-9

4.1.4 凸显出周六、周日

在需要按日期编排工作时，往往要避免将工作安排在双休日。使用"条件格式"功能设置可以标识出日期中的双休日，从而避免安排出错。

❶ 打开工作表，选中要设置条件格式的单元格区域，切换到"开始"选项卡，在"样式"选项组中单击"条件格式"下拉按钮，在下拉菜单中选择"新建规则"命令，如图4-10所示。

图4-10

❷ 打开"新建格式规则"对话框，选中"使用公式确定要设置格式的单元格"选项，将输入法切换到半角状态，在"编辑规则说明"文本框中输入公式"=WEEKDAY(A1,2)>5"，单击"格式"按钮，如图4-11所示。

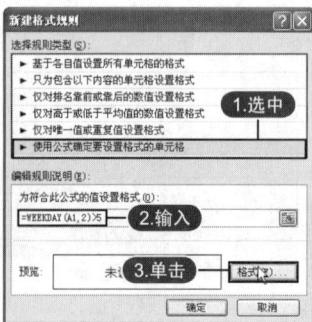

❸ 打开"设置单元格格式"对话框，单击"填充"标签，选择一种颜色，如"紫色"，如图4-12所示。

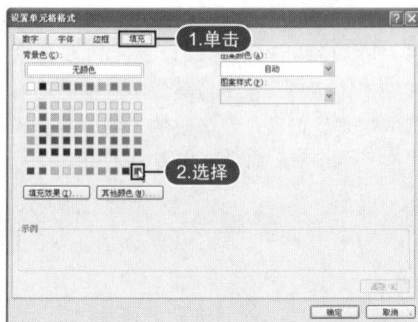

图4-11

图4-12

❹ 单击"确定"按钮，返回到"新建格式规则"对话框，再次单击"确定"按钮，返回工作表中，即可看见所有周六、周日的日期被凸显出来，如图4-13所示。

图4-13

4.1.5 根据数值大小填充数据条

使用数据条来表示和比较数值的大小，可以更直观地查看数据间的区别，设置的具体操作方法如下。

❶ 打开工作表，选中要设置条件格式的单元格区域，切换到"开始"选项卡，在"样式"选项组中单击"条件格式"下拉按钮，在其下拉菜单中选择"数据条"选项，在弹出的子菜单中选择数据条的样式，如图4-14所示。

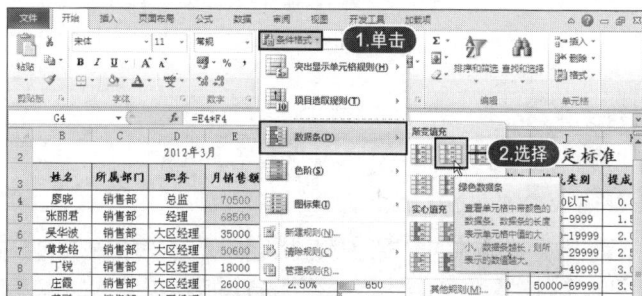

图4-14

❷ 选择数据条的样式后，即可为选中的数据填充数据条，填充效果如图4-15所示。

图4-15

4.1.6 根据数值大小填充不同符号

根据数值大小的不同，还可以为数据填充不同的符号来显示，具体操作方法如下。

45

❶ 打开工作表，选中要设置条件格式的单元格区域，切换到"开始"选项卡，在"样式"选项组中单击"条件格式"下拉按钮，在其下拉菜单中选择"图标集"选项，在弹出的子菜单中选择图标集的样式，如图4-16所示。

提示

除了使用数据条和符号填充外，用户还可以在"条件格式"下拉菜单中选择"色阶"选项，在子菜单中选择一种色阶方式来填充数据，以显示出数据的大小。

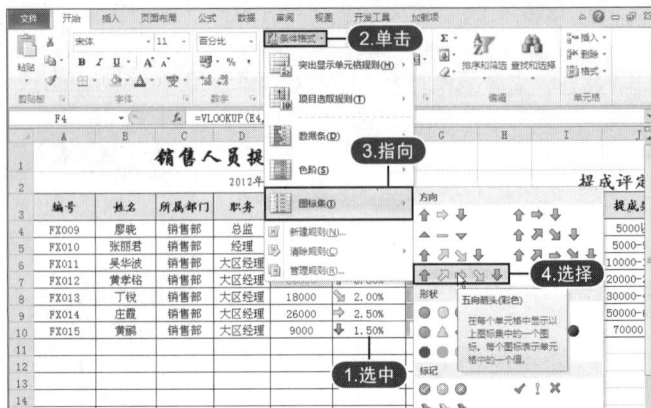

图4-16

❷ 选择图标集的样式后，即可为选中的数据填充不同的符号，填充效果如图4-17所示。

图4-17

4.2 数据有效性设置

数据有效性的设置是指让指定单元格中所输入的数据满足一定的要求，如只能输入指定范围的整数、只能输入小数、只能输入特定长度的文本等，根据实际情况设置数据有效性后，可以有效地防止在单元格中输入无效的数据。

4.2.1 设置数据有效性

设置数据有效性，可以建立一定的规则来限制向单元格内输入内容，也可以有效地防止输入错误，例如在员工基本工资管理表中，可以设置数据有效性来限制单元格中只输入部门，具体操作方法如下。

❶ 选中要设置数据有效性的单元格区域H3:H33，切换到"数据"选项卡下，在"数据工具"选项组中单击"数据有效性"按钮，如图4-18所示。

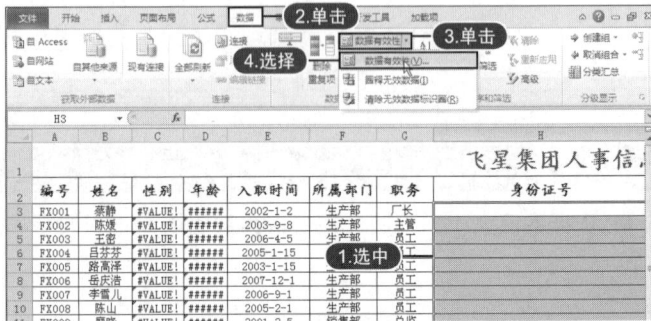

图4-18

❷ 打开"数据有效性"对话框，在"允许"下拉列表中选择"文本长度"选项，如图4-19所示。

❸ 在"数据"下拉列表中选择"介于"，在"最小值"文本框中输入15，在"最大值"文本框中输入18，如图4-20所示，单击"确定"按钮，即可完成设置。

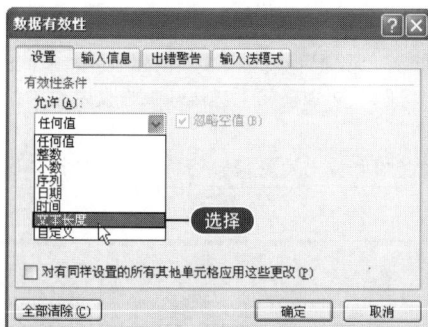

图4-19

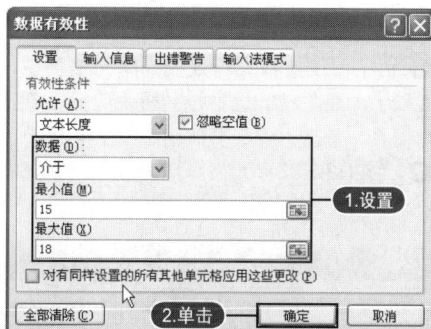

图4-20

❹ 此时，如果设置了数据有效性的单元格中输入的序列不在设置的序列中，会弹出错误信息提示对话框，如图4-21所示。

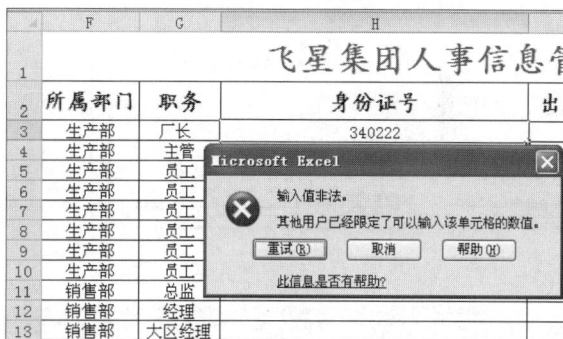

图4-21

4.2.2 设置输入提示信息

通过"数据有效性"对话框，可以设置在单元格中输入数据时，提示用户输入数据的信息，具体操作方法如下。

❶ 选中要设置数据有效性的单元格区域，如H3:H33，打开"数据有效性"对话框，切换到"输入信息"选项卡，在"标题"文本框和"输入信息"文本框中输入要提示的信息，单击"确定"按钮，如图4-22所示。

❷ 在H3:H33单元格区域的任意一个单元格中单击，即可在其旁边显示出提示信息，如图4-23所示。

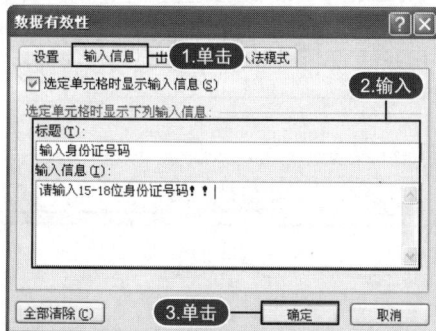

图4-22

图4-23

4.2.3 设置出错警告信息

用户还可以在"数据有效性"对话框中设置出错警告，即当输入单元格的数据不符合有效条件时，即可弹出出错警告对话框，具体操作方法如下。

❶ 选中要设置数据有效性的单元格区域，如H3:H33，打开"数据有效性"对话框，切换到"出错警告"选项卡，在"样式"下拉列表中选择"停止"选项，在"标题"文本框和"错误信息"文本框中输入要提示的信息，单击"确定"按钮，如图4-24所示。

❷ 当在H3:H33单元格区域内输入不在限制范围的数据时，即可弹出设置警告信息的对话框，如图4-25所示。

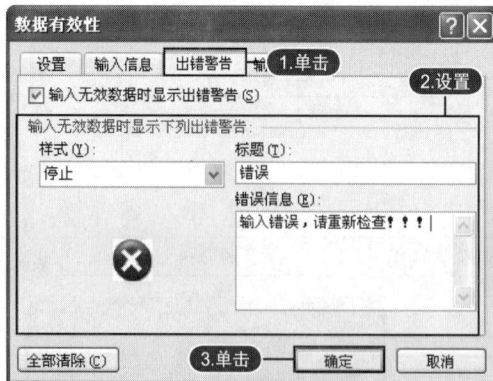

图4-24

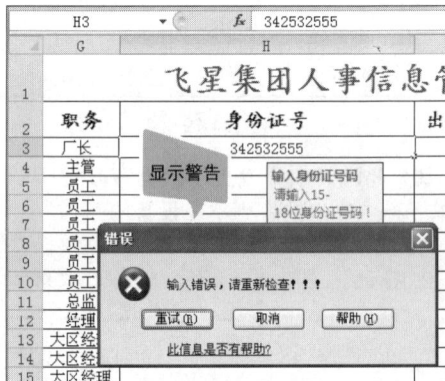

图4-25

4.2.4 在Excel工作表中添加下拉列表

在制作Excel表格时，如果希望使用某一列中的数据可以通过下拉列表选择，而不是直接输入，可以按照如下方法进行设置。

❶ 选中要设置数据有效性的单元格区域，如C3:C32，打开"数据有效性"对话框，在"允许"下拉列表中选择"序列"选项，如图4-26所示。

❷ 在"来源"文本框中输入"生产部,销售部,人事部,行政部,财务部,后勤部"，单击"确定"按钮，如图4-27所示。

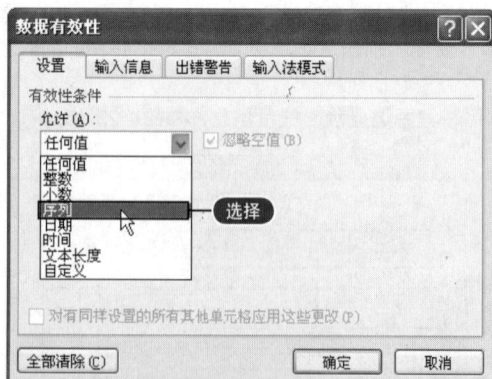

图4-26

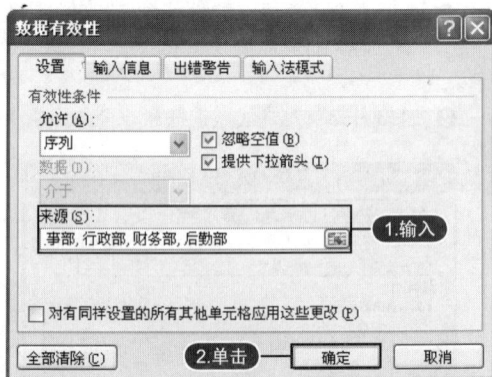

图4-27

❸ 在C3:C32单元格区域中单击任意一个单元格，在右侧单击出现的下拉按钮，即可在下拉列表中选择相应的数据，如图4-28所示。

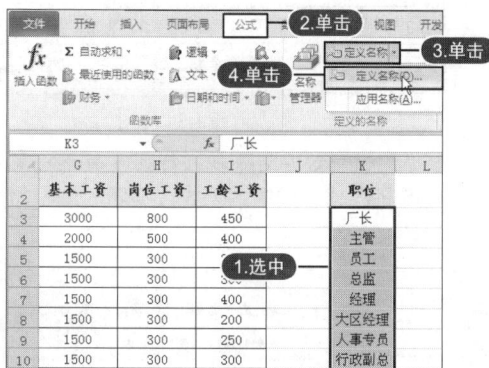

图4-28

4.2.5 通过定义名称创建下拉列表

在制作Excel表格时，如果希望使用某一列中的数据，还可以通过设置名称的方式实现，具体操作方法如下。

❶ 选中要定义名称的数据区域，如K3:K14单元格区域，切换到"公式"选项卡，在"定义的名称"选项组中单击"定义名称"下拉按钮，在其下拉菜单中选择"定义名称"命令，如图4-29所示。

❷ 打开"新建名称"对话框，在"名称"文本框中输入为单元格区域定义的名称，如"职位"，单击"确定"按钮，如图4-30所示。

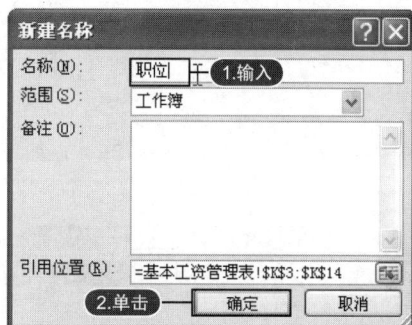

图4-29　　　　图4-30

❸ 返回工作表中，在其中选择要添加下拉列表的单元格区域，如D3:D32单元格区域，打开"数据有效性"对话框，在"允许"下拉列表中选择"序列"选项，在"来源"文本框中输入"=职位"，单击"确定"按钮，如图4-31所示。

❹ 在D3:D32单元格区域中单击任意一个单元格，在右侧单击出现的下拉按钮，即可在下拉列表中选择相应的数据，如图4-32所示。

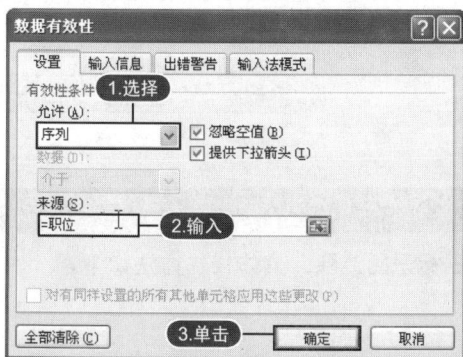

图4-31　　　　图4-32

4.2.6　圈释无效数据

在"数据有效性"对话框中为数据设置了有效的范围后，当输入的数据不在这个范围内时，会弹出提示信息，但用户可以正常地输入无效的数据，这时利用"圈释无效数据"功能即可将其中的无效数据标识出来，具体操作方法如下。

❶ 选择需要设置数据有效性的单元格区域，如H3:H32单元格区域，打开"数据有效性"对话框，在"允许"下拉列表中选择"整数"选项，如图4-33所示。

❷ 在"数据"下拉列表中选择"介于"，在"最小值"文本框中输入300，在"最大值"文本框中输入800，如图4-34所示，单击"确定"按钮，即可完成设置。

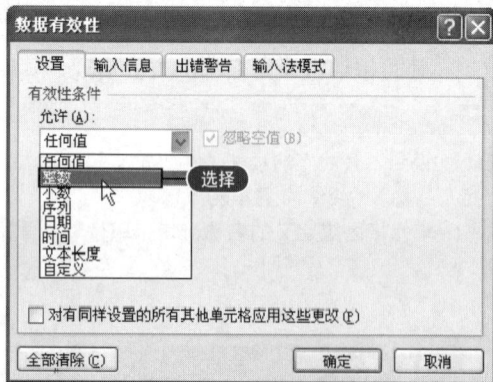

图4-33

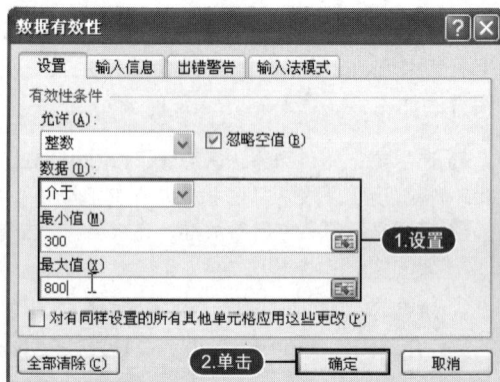

图4-34

❸ 选中任意单元格，在"数据工具"选项组中单击"数据有效性"下拉按钮，在其下拉菜单中选择"圈释无效数据"选项（见图4-35），即可用红色的椭圆将数据区域中的无效数据圈出来，如图4-36所示。

图4-35

图4-36

4.2.7　清除无效数据标识圈

圈释出了无效数据后，用户还可以将其无效数据标识圈清除，具体操作方法如下。

要取消圈释出的无效标识，可以直接单击“数据有效性”下拉按钮，在下拉菜单中单击“清除无效数据标识圈”选项（见图4-37），清除后如图4-38所示。

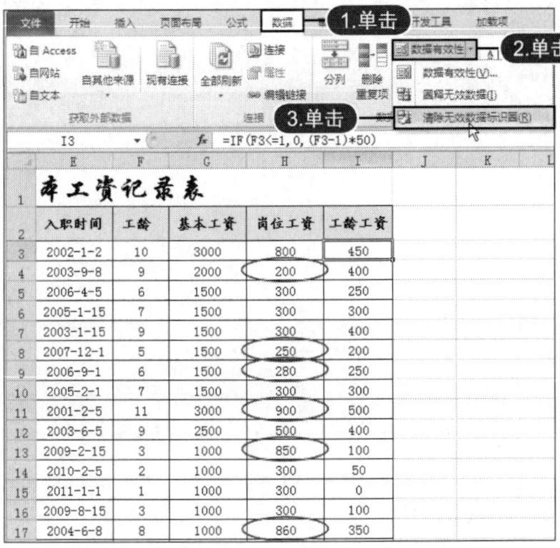

图4-37

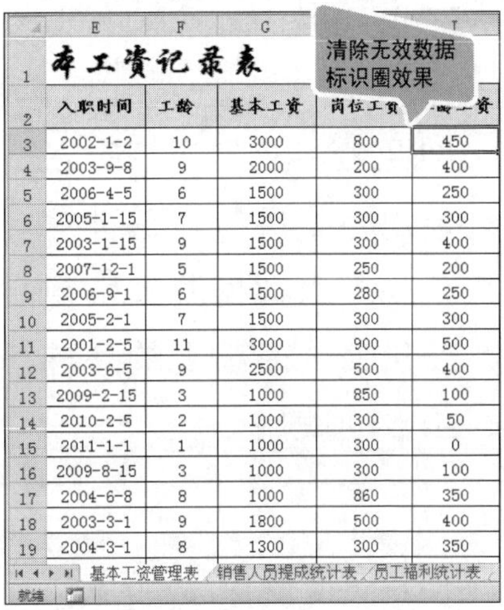

图4-38

Notes 读书笔记

Chapter

5

名称、公式与函数的应用

∷ 重点知识

- ※ 使用公式进行数据计算
- ※ 公式中对数据源的引用
- ※ 使用公式时出现的几种错误值分析
- ※ 函数的使用

∷ 应用效果

I5		fx	=IF(F5<=1,0,(F5-1)*50)		

本工资记录表

入职时间	工龄	基本工资	岗位工资	工龄工资
2002-1-2	10	3000	800	450
2003-9-8	9	2000	500	400
2006-4-5	6	1500	300	250
2005-1-15	7	1500	300	300
2003-1-15	9	1500	300	400
2007-12-1	5	1500	300	200

引用相对数据源

F5		fx	=VLOOKUP(E5,$I$4:$K$10	

销售人员提成统计表

2012年3月

姓名	所属部门	职务	月销售额	提成比例
廖晓	销售部	总监	70500	4.00%
张丽君	销售部	经理	68500	3.50%
吴华波	销售部	大区经理	35000	3.00%
黄孝铭	销售部	大区经理	50600	3.50%

引用绝对数据源

C10		fx	=VLOOKUP(B10,A2:E7,5,FALSE)	

员工姓名	出生日期	性别	学历	年龄
蔡静	1976-05-16	女	本科	36
陈嫒	1980-11-20	女	本科	32
王宓	1982-03-18	男	本科	30
吕芬芬	1983-11-04	女	本科	29
路高泽	1979-08-23	男	本科	33
岳庆浩	1976-06-12	男	本科	36
员工姓名	年龄			
李丽丽①	#N/A			

"#N/A" 错误值

销售员	销售数量	销售单价	销售金额
廖晓	78件	88	#VALUE!
张丽君	58	90元	#VALUE!
吴华波	76	88	6688

"#VALUE!" 错误值

∷ 参见光盘

素材路径：随书光盘\素材\第5章

视频路径：随书光盘\视频教程\第5章

5.1 使用公式进行数据计算

要在Excel表格中进行数据的计算，是需要依赖公式来完成的。在使用公式时，需要引用单元格的值，并使用相关的函数来完成特定的计算。在公式中使用特定的函数可以简化公式的输入，同时完成一些特定的计算需求。

5.1.1 公式概述

公式是Excel中由用户自行设计对工作表进行计算和处理的计算式，如"=SUM(B1:B5)*C2-50"。

这种表达式就称为公式，它要以"="开始（不以"="开头的不能算公式），等号后面可以包括函数、引用、运算符和常量。上述公式中的SUM(B1:B5)是函数；C2是对单元格C2值的引用；50为常量；"*"和"-"则是运算符。

5.1.2 函数及参数的说明

函数是应用于公式中的一个最重要的元素。有了函数的参与，可以解决很多复杂的运算，甚至是手工无法完成的运算。

函数的结果是以"函数名称"开始的，如SUM、IF、COUNT等，接下来分别是左圆括号、以逗号分隔的参数和标识函数结束的右圆括号。如果函数以公式的形式出现，则需要在函数前面输入"="，如下所示为函数的结构。

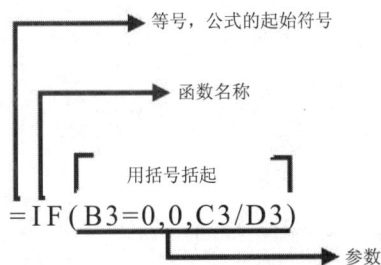

等号，公式的起始符号

函数名称

用括号括起

=IF(B3=0,0,C3/D3)

参数

函数分为有参数函数和无参数函数。当函数有参数时，其参数就是指函数名称后圆括号内的常量、变量、表达式或函数，多个参数间使用逗号分隔；无参数的函数只有函数名称和圆括号"()"组成，如NA()。

在公式编辑栏中输入函数名称时，系统会显示出函数的参数名称，如图5-1所示。

图5-1

如果想更加清楚地了解每个参数的设置方法，可以单击公式编辑栏右侧的 f_x 按钮，打开"函数参数"对话框，将光标定位到不同参数文本框中，可以看到该参数设置的提示文字，如图5-2所示。

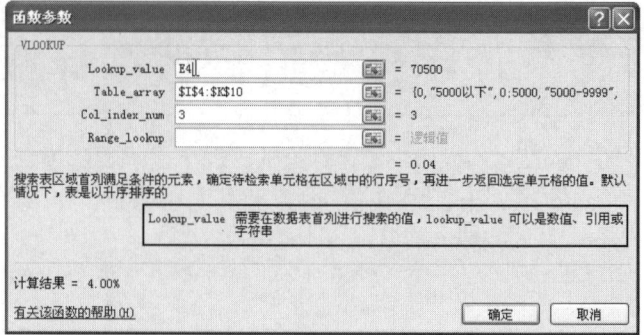

图5-2

5.1.3 公式的运算符

运算符是公式的基本元素，也是必不可少的元素，每一个运算符代表一种运算。Excel 2010中有4种运算类型，每种运算符的类型及说明如表5-1所示。

表5-1 运算符的类型及说明

运算符类型	运 算 符	作 用	示 例
算术运算符	+	加法运算	6+1 或 A1+B1
	−	减号运算	6-1 或 A1-B1或 -A1
	*	乘法运算	6*1 或 A1*B1
	/	除法运算	6/1 或 A1/B1
	%	百分比运算	80%
	^	乘幂运算	6^3
比较运算符	=	等于运算	A1=B1
	>	大于运算	A1>B1
	<	小于运算	A1<B1
	>=	大于或等于运算	A1>=B1
	<=	小于或等于运算	A1<=B1
	<>	不等于运算	A1<>B1
文本连接运算符	&	用于连接多个单元格中的文本字符串，产生一个文本字符串	A1&B1
引用运算符	:（冒号）	特定区域引用运算	A1:D8
	,（逗号）	联合多个特定区域引用运算	SUM(A1:B8,C5:D8)
	（空格）	交叉运算，即对两个共引用区域中共有的单元格进行运算	A1:B8 B1:D8

5.1.4 输入公式

要采用公式进行数据运算、统计、查询，首先要学习公式的输入与编辑，输入公式的方法有以下两种。

1. 配合"插入函数"向导输入公式

❶ 选中要输入公式的单元格，单击公式编辑栏右侧的 f_x 按钮，如图5-3所示。

❷ 打开"插入函数"对话框，在"选择函数"列表中选择需要使用的函数VLOOKUP并双击，打开"函数参数"对话框，将光标定位到第一参数文本框中，设置参数，按照相同的方法设置其他参数，如图5-4所示。

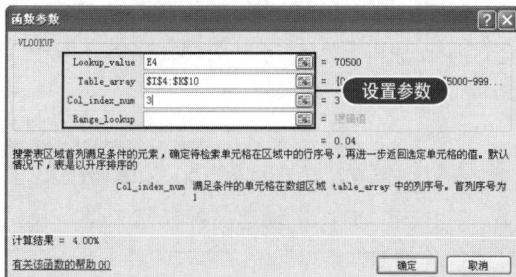

图5-3　　　　　　　　　　　　　　　　　　图5-4

❸ 设置完成后，单击"确定"按钮，即可返回正确结果，且在公式编辑栏中看到完成的公式，如图5-5所示。

图5-5

2. 手动输入公式

❶ 选中要输入公式的单元格，在公式编辑栏中输入"="，输入公式，如图5-6所示，此时可以看到该函数的所有参数，同时提示要设置的第一个参数。

图5-6

❷ 输入第一个参数，输入参数分隔符"，"，此时第二个参数加粗显示，提示要设置第二个参数，如图5-7所示。

图5-7

❸ 按照相同的方法，依次设置每个参数。参数设置完成后，输入右括号表示该函数引用完成，如图5-8所示。

> **提示**
>
> 　　如果公式后面还有一些需要计算的表达式，则继续输入运算符、表达式等，直至完成公式的输入，按【Enter】键即可得到计算结果。

图5-8

5.2 名称的定义和应用

在使用公式进行数据运算时，除了将一些常量运用到公式中外，最主要的是引用单元格中的数据进行计算。在引用其他工作表数据时，如果手动输入会容易出错，而对于一些比较复杂的数据也可以使用定义名称，对单元格数据或单元格区域数据进行定义名称，方便在公式中的引用。

5.2.1 利用名称框来定义名称

在Excel 2010中创建名称非常方便，使用名称框来定义名称是一种最简单的方法，下面介绍具体操作方法。

选中需要定义名称的单元格或单元格区域，如B1:E1，在名称框中输入需要的名称，如"科目"，再按【Enter】键即可，如图5-9所示。

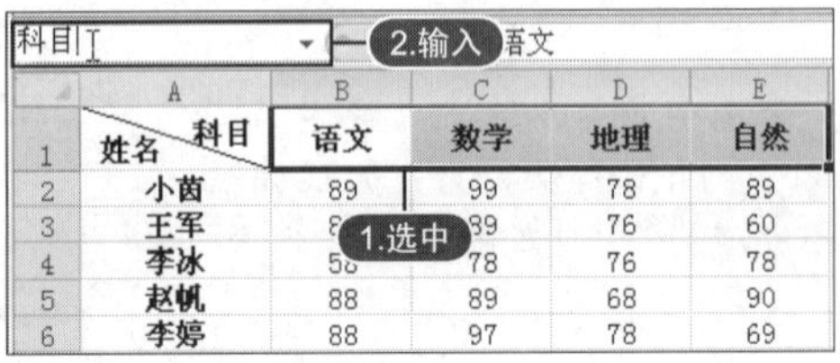

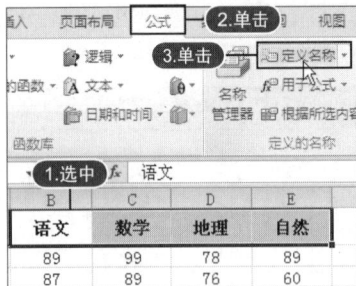

图5-9

5.2.2 使用"名称定义"功能来定义名称

在Excel中除了可以使用名称框来定义名称外，对于复杂的数据，还可以使用"定义名称"功能来定义名称。

❶ 选中需要定义名称的单元格或单元格区域，如B1:E1，切换到"公式"选项卡，在"定义的名称"选项组中单击"定义名称"按钮，如图5-10所示。

❷ 打开"新建名称"对话框，在"新建名称"对话框的"名称"文本框中输入要作为名称的内容，如"科目"；在"范围"下拉列表中可以选择该名称的适用范围，这里选择"工作簿"，表示该名称的适用范围是整个工作簿，单击"确定"按钮，完成设置，如图5-11所示。

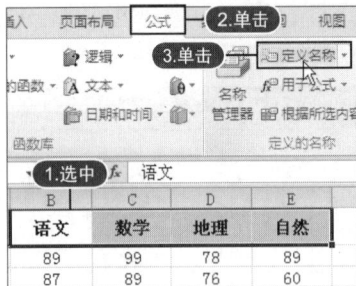

图5-10

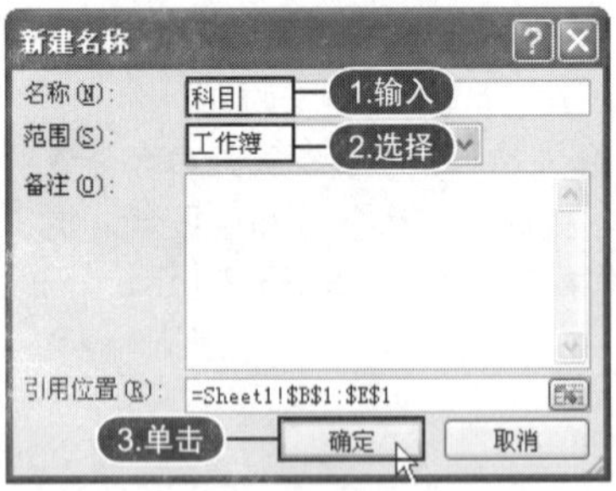

图5-11

5.2.3 在公式中使用定义的名称

在进行公式运算时，很多时候都需要使用其他工作表中的数据源来参与计算。在引用其他工作表的数据进行计算时，需要按格式来引用：'工作表名'！数据源地址。

❶ 打开工作表，切换到"公式"选项卡，在"定义的名称"选项组中单击"定义名称"下拉按钮，在其下拉菜单中选择"定义名称"选项，如图5-12所示。

❷ 打开"新建名称"对话框，在"名称"文本框中输入"tc"，接着设置"引用位置"为"=销售人员提成统计表!\$I\$4:\$K\$10"，单击"确定"按钮，如图5-13所示。

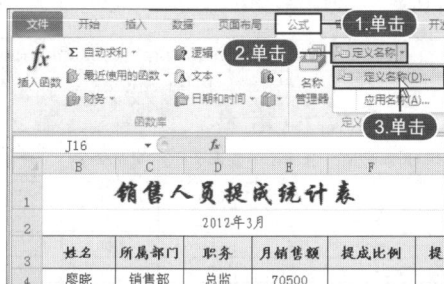

图5-12

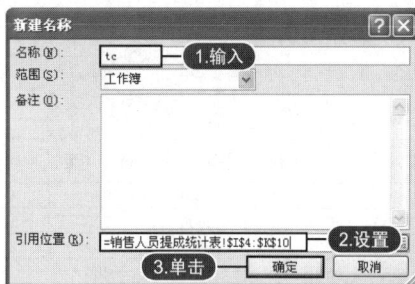

图5-13

❸ 选中F4单元格，在公式编辑栏中输入公式"=VLOOKUP(E4,tc,3)"，按【Enter】键，即可得到计算结果；选中F4单元格，将光标移到单元格右下角，拖动填充柄向下填充公式，即可得到相应的计算结果，如图5-14所示。

图5-14

5.3 对数据源的引用

在使用公式进行数据运算时，引用单元格中的数据进行计算，称为对数据源的引用。在引用数据源计算时，可以采用相对引用、绝对引用方式，还可以引用到其他工作表或工作簿中的数据。

5.3.1 引用相对数据源

在编辑公式时，当选择某个单元格或单元格区域参与运算时，其默认的引用方式是相对引用的方式，其显示为A1、A3:C3形式。采用相对方式引用的数据源，当将其公式复制到其他位置时，公式中的单元格地址会随着改变。

❶ 选中I3单元格，在公式编辑栏中输入公式"=IF(F3<=1,0,(F3-1)*50)"，如图5-15所示，可以看到公式引用了F3单元格的数据源。

❷ 按【Enter】键，即可得到运算结果。将光标定位到单元格右下角，当出现黑色十字形状时，按住鼠标向下拖动复制公式，如图5-16所示。

图5-15

图5-16

❸ 释放鼠标后，即可显示复制公式后的运算结果，选中I5单元格，在公式编辑栏中可以看到公式为"=IF(F5<=1,0,(F5-1)*50)"，如图5-17所示。

❹ 选中I7单元格，在公式编辑栏中看到公式更改为"=IF(F7<=1,0,(F7-1)*50)"，如图5-18所示。

	I5		f_x	=IF(F5<=1,0,(F5-1)*50)
	E	F	G	H	I

本工资记录表 — I5单元格的公式

	入职时间	工龄	基本工资	岗位工资	工龄工资
3	2002-1-2	10	3000	800	450
4	2003-9-8	9	2000	500	400
5	2006-4-5	6	1500	300	250
6	2005-1-15	7	1500	300	300
7	2003-1-15	9	1500	300	400
8	2007-12-1	5	1500	300	200

图5-17

	I7		f_x	=IF(F7<=1,0,(F7-1)*50)
	E	F	G	H	I

本工资记录表 — I7单元格的公式

	入职时间	工龄	基本工资	岗位工资	工龄工资
3	2002-1-2	10	3000	800	450
4	2003-9-8	9	2000	500	400
5	2006-4-5	6	1500	300	250
6	2005-1-15	7	1500	300	300
7	2003-1-15	9	1500	300	400
8	2007-12-1	5	1500	300	200

图5-18

5.3.2 引用绝对数据源

绝对数据源引用是指把公式复制或者填充到新位置，公式中的固定单元格地址保持不变。要对数据源采用绝对引用方式，需要使用"$"来标注，其显示为$I$4、$I$4:$K$10形式。

❶ 选中F4单元格，在编辑栏中输入公式"=VLOOKUP(E4,$I$4:$K$10,3)"，如图5-19所示，可以看到公式引用了I4:K10单元区域的数据源。

	SUM		× ✓ f_x	=VLOOKUP(E4, $I$4:$K$10,3)	2.输入
	A	B	C	D	E	F	G	H

销售人员提成统计表

2012年3月

	编号	姓名	所属部门	职务	月销售额	提成比例	提成金额
4	FX009	廖晓	销售部	总监	70500	:$K$10,3)	
5	FX010	张丽君	销售部	经理	68500		
6	FX011	吴华波	销售部	大区经理	35000	1.选择	
7	FX012	黄孝铭	销售部	大区经理	50600		
8	FX013	丁锐	销售部	大区经理	18000		

图5-19

❷ 按【Enter】键，即可得到运算结果。将光标定位到单元格右下角，当出现黑色十字形状时，按住鼠标向下拖动复制公式，释放鼠标后，即可显示复制公式后的运算结果。

❸ 选中F5单元格，在公式编辑栏中可以看到公式为"=VLOOKUP(E5,$I$4:$K$10,3)"（见图5-20）；选中F6单元格，在公式编辑栏中看到公式更改为"=VLOOKUP(E6,$I$4:$K$10,3)"，如图5-21所示。

	F5		f_x	=VLOOKUP(E5,$I$4:$K$10,3)
	B	C	D	E	F

销售人员表 — F5单元格的公式

2012年3月

	姓名	所属部门	职务	月销售额	提成比例
4	廖晓	销售部	总监	70500	4.00%
5	张丽君	销售部	经理	68500	3.50%
6	吴华波	销售部	大区经理	35000	3.00%
7	黄孝铭	销售部	大区经理	50600	3.50%

图5-20

	F6		f_x	=VLOOKUP(E6,$I$4:$K$10,3)
	B	C	D	E	F

销售人员表 — F6单元格的公式

2012年3月

	姓名	所属部门	职务	月销售额	提成比例
4	廖晓	销售部	总监	70500	4.00%
5	张丽君	销售部	经理	68500	3.50%
6	吴华波	销售部	大区经理	35000	3.00%
7	黄孝铭	销售部	大区经理	50600	3.50%

图5-21

提示

在引用绝对数据源时，当向下复制公式时，绝对引用的数据源未发生任何变化；相对引用的E4单元格则会随着公式而发生相应的变化。

5.3.3　引用当前工作表之外的单元格

在进行公式运算时，很多时候都需要使用其他工作表中的数据源来参与计算。在引用其他工作表的数据进行计算时，需要按格式来引用："工作表名"！数据源地址。

❶ 选中D3单元格，在公式编辑栏中输入"="及函数，如图5-22所示。

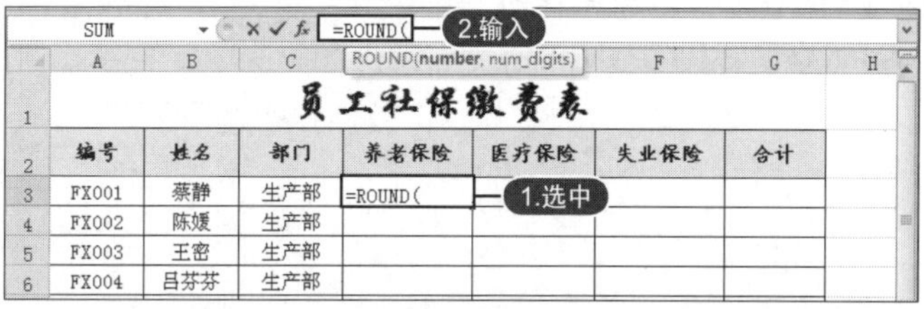

图5-22

❷ 单击"基本工资管理表"工作标签，切换到"基本工资管理表"中，选中参与计算的单元格，如图5-23所示。

图5-23

❸ 再输入其他预算符号和引用的数据源，如果还需要引用其他工作表中的数据来运算，可以按照相同的方法选取，按【Enter】键，即可得到计算结果，如图5-24所示。

图5-24

提示

引用其他工作簿中数据源的格式为"[工作簿名称]工作表名!数据源地址"，即打开要引用数据的工作簿，找到数据所在工作表，接着对数据进行引用。

5.4 公式中常见的几种错误值分析

在使用公式进行运算、统计、查询时，经常会因为操作不当或设置失误而不能返回正确结果，此时在单元格中会显示出相应的错误值信息。当发现错误值时，要善于根据一些经常出现的错误信息分析检查公式，以便快速找到错误发生的原因。

5.4.1　"#DIV/0!"错误值

该错误值是由公式中包含除数为0或空白单元格所致。当公式中的除数为0值或空白单元格时，将返回"#DIV/0!"错误值，如图5-25所示。

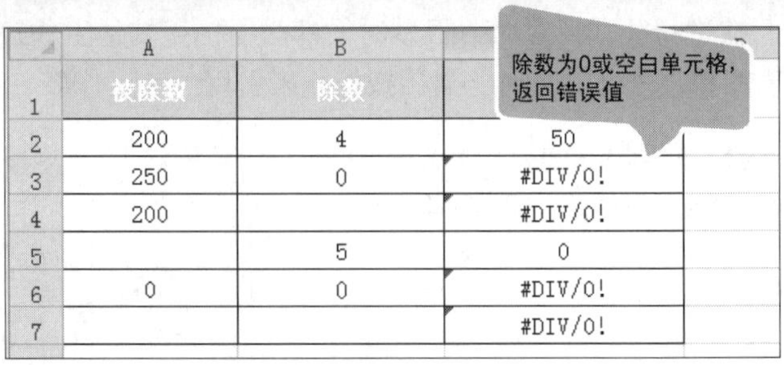

	A	B	
1	被除数	除数	
2	200	4	50
3	250	0	#DIV/0!
4	200		#DIV/0!
5		5	0
6	0	0	#DIV/0!
7			#DIV/0!

> 除数为0或空白单元格，返回错误值

图5-25

5.4.2　"#N/A"错误值

该错误值产生原因是由于公式中引用的数据源不正确，或者不能使用。（在使用VLOOKUP函数或其他函数进行数据查找时，找不到匹配的值就会返回"#N/A"错误值）。

❶ 在使用VLOOKUP函数进行数据查找时，找不到匹配的值就会返回"#N/A"错误值，如图5-26所示。

❷ 选中B10单元格，在单元格中将错误的员工姓名"李丽丽"更改为正确的"蔡静"，即可解决公式返回结果为"#N/A"错误值，如图5-27所示。

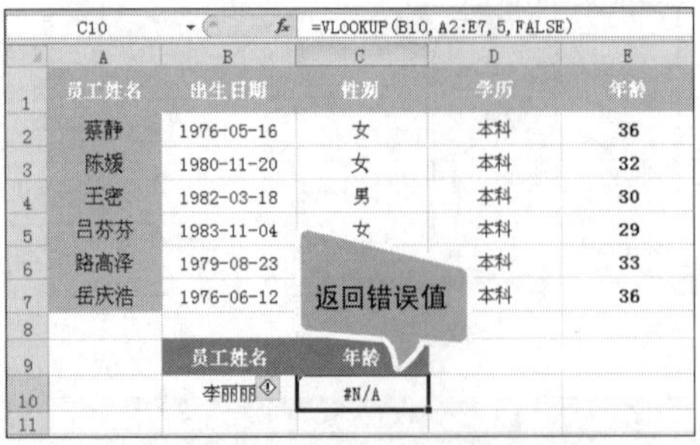

图5-26

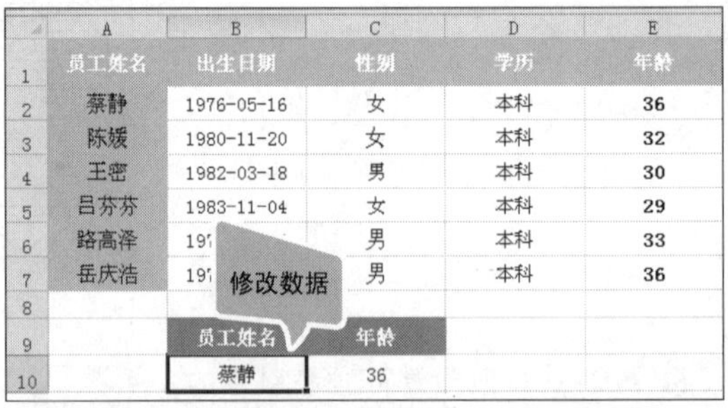

图5-27

5.4.3　"#NAME?"错误值

出现"#NAME?"错误值有多种原因，比如输入的函数和名称拼写错误或者在公式中引用文本时没有加双引号等。

❶ 在使用AVERAGE函数进行数据查找时，如果函数输入错误为"AVERVGE"，返回"#NAME?"错误值，如图5-28所示。

❷ 选中E2单元格，重新将"AVERVGE"改写为"AVERAGE"，按【Enter】键，即可正确计算出学生平均成绩，如图5-29所示。

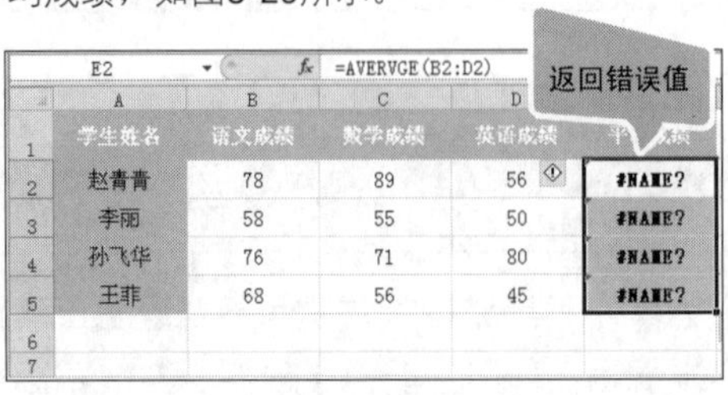

图5-28

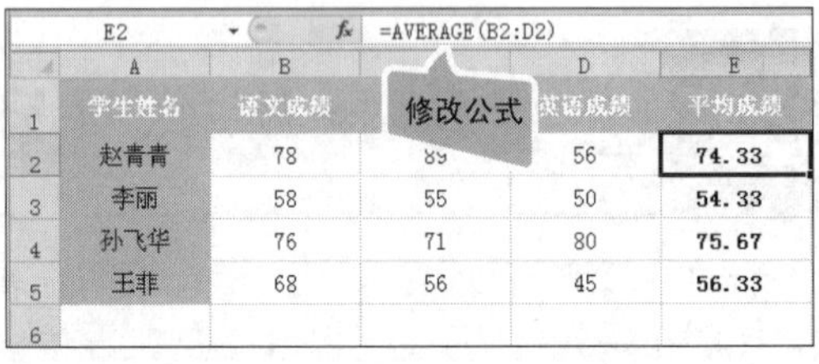

图5-29

5.4.4 "#NUM!"错误值

通常出现"#NUM!"错误值有两种原因：在公式中的函数引用了一个无效的参数或输入的公式所得出的数字太大或太小，无法在Excel中表示。

1. 引用无效参数

❶ 在求某数值的算术平均根时，引用的数据为负数则会返回为"#NUM！"错误值，如图5-30所示。

❷ 选中B3单元格，重新将公式更改为"=SQRT(ABS(A3))"，按【Enter】键即可返回正确结果，如图5-31所示。

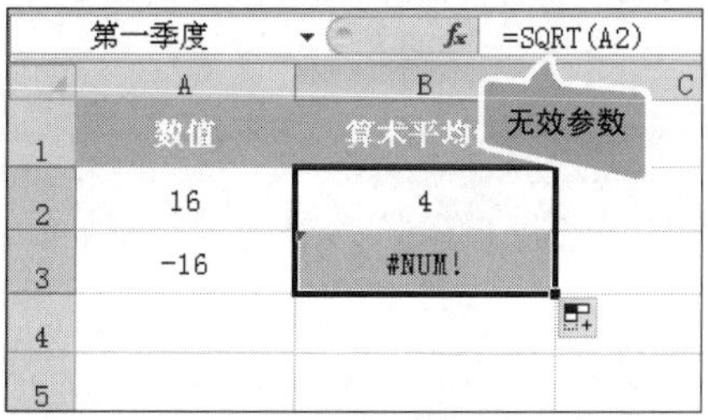

图5-30

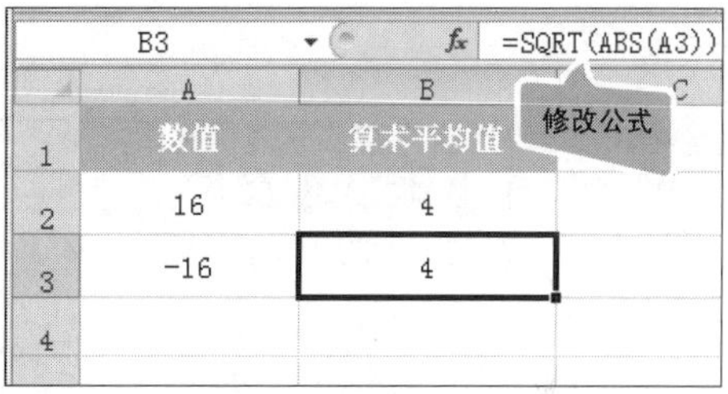

图5-31

2. 输入公式所得工资太大或太小

❶ 在进行方根计算时，使用了较大的指数后也会返回为"#NUM！"错误值，如图5-32所示。

❷ 分别修改B2和B3单元格中的指数，使计算结果介于 $-10^{309} \sim +10^{309}$ 之间，即可返回正确结果，如图5-33所示。

图5-32

图5-33

5.4.5 "#VALUE!"错误值

出现"#VALUE!"错误值有多种原因，比如在公式中将文本类型的数据参与了数值运算或者在公式中函数引用的参数与语法不一致等。

1. 在公式中将文本类型的数据参与了数值运算

❶ 在计算销售员的销售金额时，参与计算的数值带上产品单位或单价单位，导致返回的结果出现"#VALUE!"错误值，如图5-34所示。

❷ 在B2和C3单元格中，分别将"件"和"元"文本去掉，即可返回正确的计算结果，如图5-35所示。

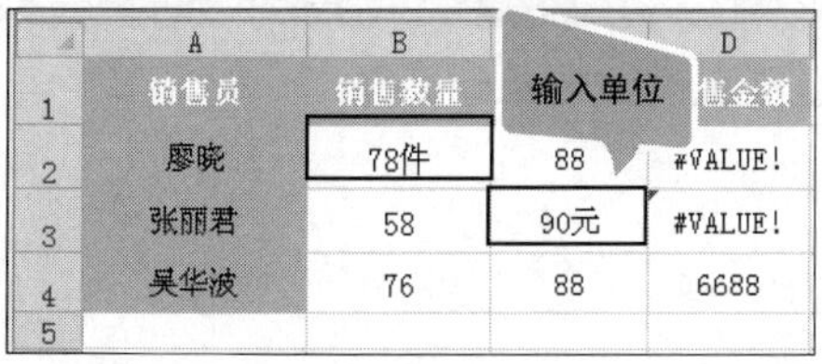

图5-34

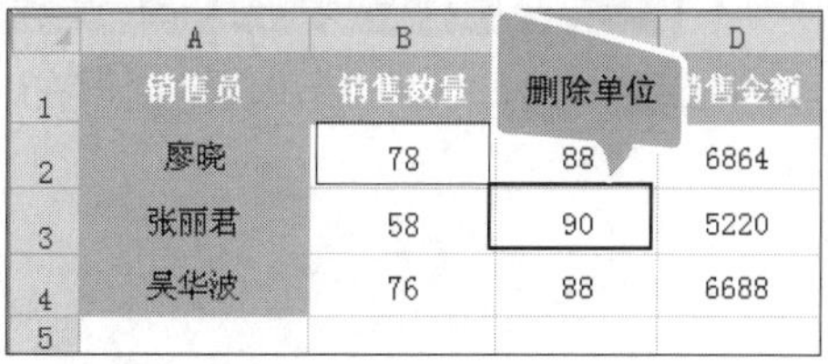

图5-35

61

2．在公式中函数引用的参数与语法不一致

❶ 在计算上半年产品销售量时，在C6单元格中输入的公式为"=SUM(B2:B5+C2:C5)"，按【Enter】键，返回"#VALUE!"错误值，如图5-36所示。

图5-36

❷ 选中C6单元格，在公式编辑栏中重新更改公式为"=SUM(B2:B4:C2:C4)"，按【Enter】键，即可返回正确的计算结果，如图5-37所示。

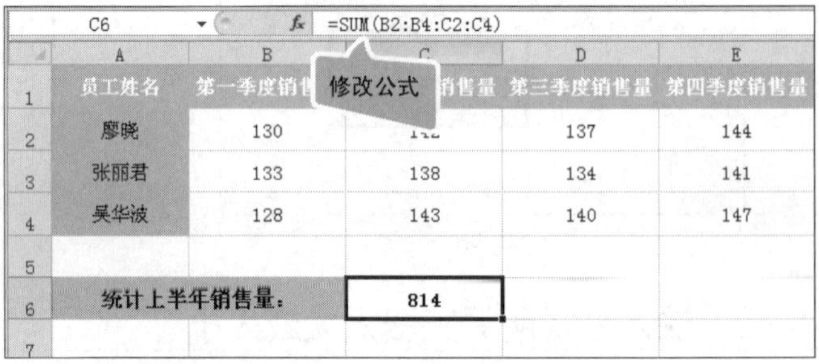

图5-37

5.4.6 "#REF!"错误值

通常出现"#REF!"错误值是由于在公式计算中引用了无效的单元格。

❶ 在进行员工销售额计算时，公式中使用了无效的单元格引用（这由于原本引用了正确数据源，之后因误操作将其删除所致），会使计算结果返回"#REF!"样错误值，如图5-38所示。

❷ 如果"销售单价"列的数据在之前的操作中不小心删除，只要使用"撤销" 按钮来恢复误删除的数据单元格即可，如图5-39所示。

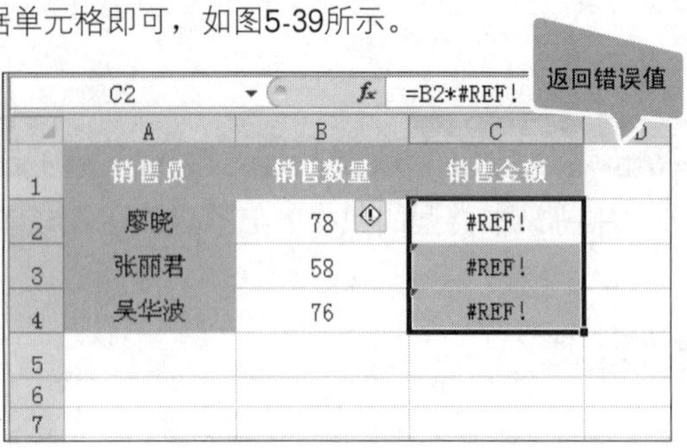

图5-38

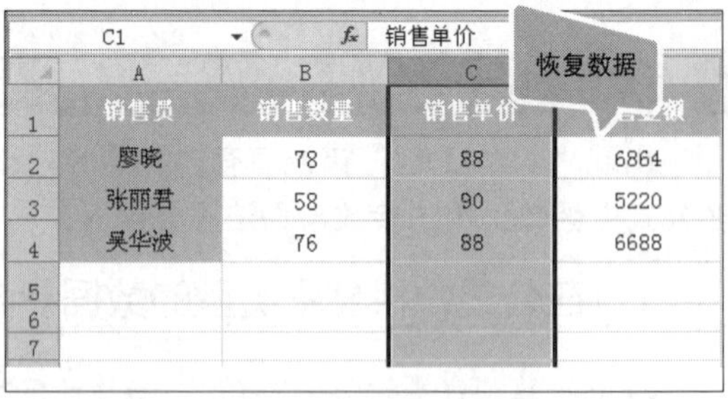

图5-39

5.4.7 "#NULL!"错误值

通常出现"#NULL!"错误值是由于在公式中使用了不正确的区域运算符。

❶　在产品销售报表中，统计所有销售员的总销售金额时，使用的公式为"=SUM(B2:B4 C2:C4)"（中间没有使用正常的运算符"*"），按【Ctrl＋Shift＋Enter】组合键后返回"#NULL!"错误值，如图5-40所示。

❷　选中C6单元格，将公式重新输入为"=SUM(B2:B4*C2:C4)"（添加"*"运算符），按【Ctrl＋Shift＋Enter】组合键，即可返回正确的计算结果，如图5-41所示。

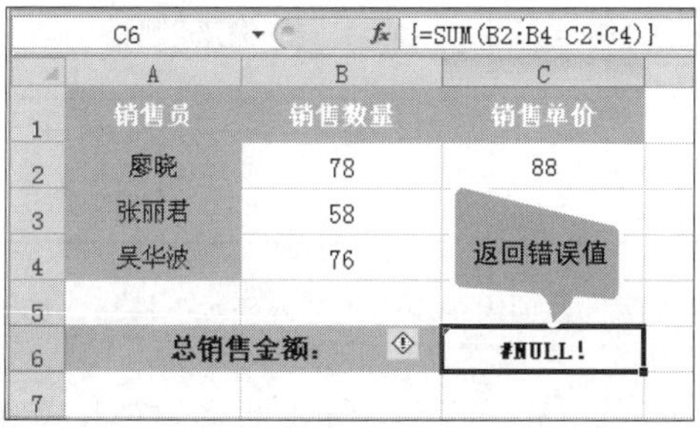

图5-40

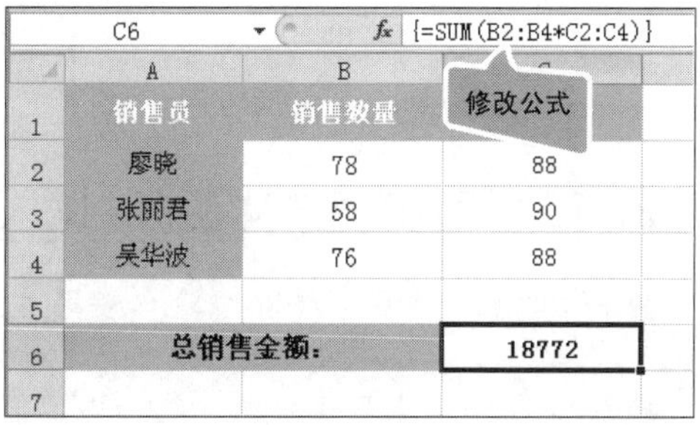

图5-41

5.5　函数的使用

函数在一定程度上与公式有着密切的联系，但是函数功能比公式强大，可以解决很多公式不能解决的问题。在人力资源管理中会经常应用到函数，因此需要掌握函数的输入技巧。

5.5.1　函数的输入

函数的输入与公式输入的过程类似，根据用户对函数的熟练程度，输入函数分为在"插入函数"对话框中选择函数和直接在单元格中输入函数两种方式。

1．直接输入函数

❶　打开开工作表，选中要插入函数的单元格，如C6单元格，在C6单元格中输入"="，然后输入函数的开始部分"SU"，此时系统会自动展开一个下拉列表，显示为"SU"开头的函数，找到需要的SUM函数，如图5-42所示。

❷　选择好函数后，输入左括号，然后按住鼠标左键进行拖动选择参与运算的单元格区域，如B2:C4单元格区域，如图5-43所示。

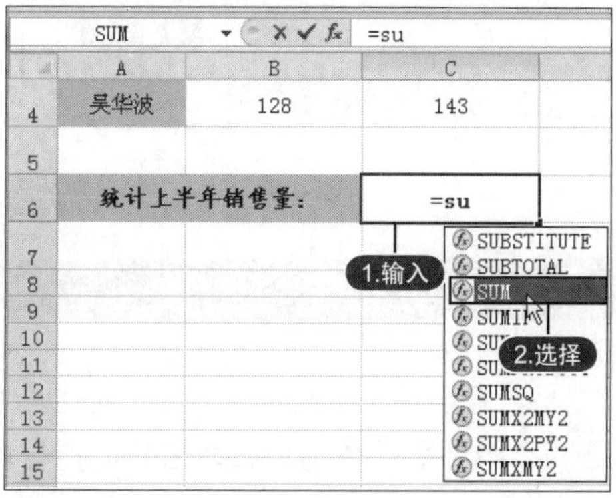

图5-42

图5-43

❸ 选择好参数后，继续输入右括号，然后按【Enter】键，即可计算出总的销售数量，如图5-44所示。

图5-44

2. 在"插入函数"对话框中输入函数

❶ 选中C6单元格，切换到"公式"选项卡，在"函数库"选项组中单击"插入函数"按钮，如图5-45所示。

❷ 弹出"插入函数"对话框，在"选择函数"列表框中找到SUM函数，单击"确定"按钮，如图5-46所示。

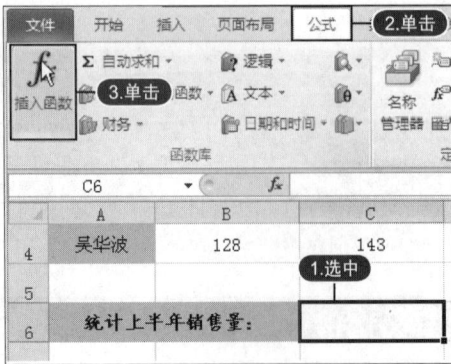

图5-45

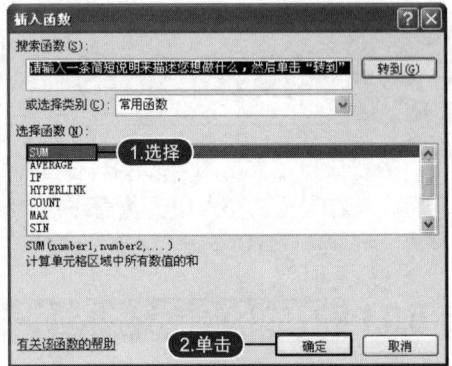

图5-46

❸ 弹出"函数参数"对话框，将光标定位在Number1文本框中，在工作表中选取B2:B4单元格区域，接着在Number2文本框中选取C2:C4单元格区域，单击"确定"按钮，如图5-47所示。

❹ 计算出总销售金额如图5-48所示。

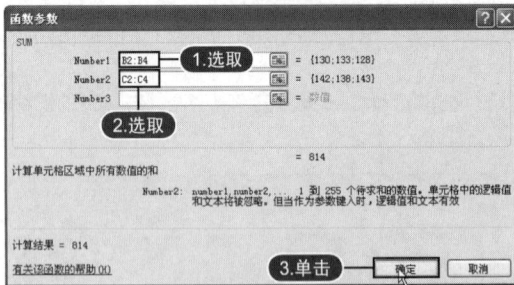

图5-47

图5-48

5.5.2 认识常见的函数种类及通过"帮助"功能学习函数

1. 常见的函数种类

为了满足不同群体用户的运算要求，Excel 2010提供了13种函数类别，具体函数类别与功能如表5-2所示。

表5-2 常见的函数类别及功能

函 数 类 别	功 能
逻辑函数	常用于判断真/假值，或进行复合检验的函数
日期与时间函数	通过使用日期与时间函数，可以在公式中分析，并处理日期值和时间值的函数
数学和三角函数	对现有数据进行数字取整、求和、求平均值以及复杂运算的函数
查询和引用函数	在现有数据中查找特定数值和单元格的引用函数
信息函数	用于确定存储在单元格中的数据类型的函数
财务函数	进行财务运算的函数，例如，确定贷款的支付额、投资的未来值、债券价值等
统计函数	用于对当前数据区域进行统计分析的函数
文本函数	用于对字符串进行提取、转换等的函数
数据库函数	按照特定条件对现有的数据进行分析的函数
工程函数	用于工程分析的函数
多维数据集函数	用于联机分析处理（OLAP）数据库的函数
加载宏的自定义函数	用于加载宏、自定义函数等
兼容性函数	新函数，可以提供改进的精确度，可以兼容以前版本的函数

2. 通过"帮助"功能学习函数

在Excel 2010中，如果不知道或不了解某个函数的使用方法，可以使用Excel的帮助功能来实现。

❶ 打开工作表，切换到"公式"选项卡，单击"插入函数"按钮，弹出"插入函数"对话框，在"选择函数"列表框中选择需要了解的函数，如HYPERLINK函数，然后单击对话框左下角的"有关该函数的帮助"链接，如图5-49所示。

❷ 弹出"Excel帮助"窗口，其中显示该函数的作用、语法及使用示例，如图5-50所示。

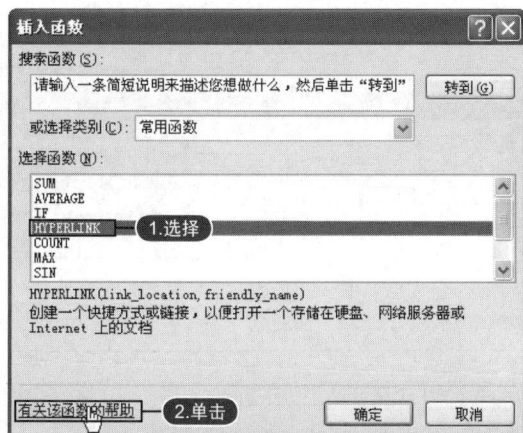

图5-49

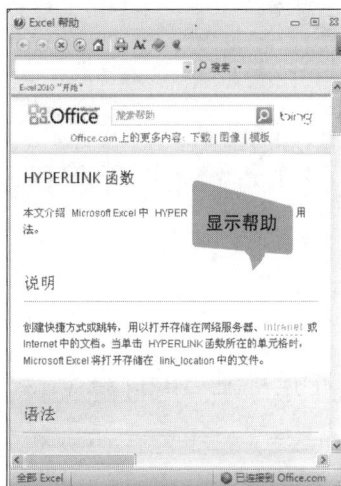

图5-50

5.5.3 与HR工作相关的常用函数

人力资源和信息管理人员通常需要创建员工档案表，在"员工档案表"中常常包含所有员工的出生日期，利用YEAR函数可以根据出生日期快速计算出员工的年龄。

1. 根据身份证号码自动返回性别

❶ 选中C2单元格，在编辑栏中输入公式：=IF(LEN(E2)=15,IF(MOD(MID(E2,15,1),2)=1,"男","女"),IF(MOD(MID(E2,17,1),2)=1,"男","女"))，按【Enter】键，即可从第一位员工的身份证号码中判断出该员工的性别，如图5-51所示。

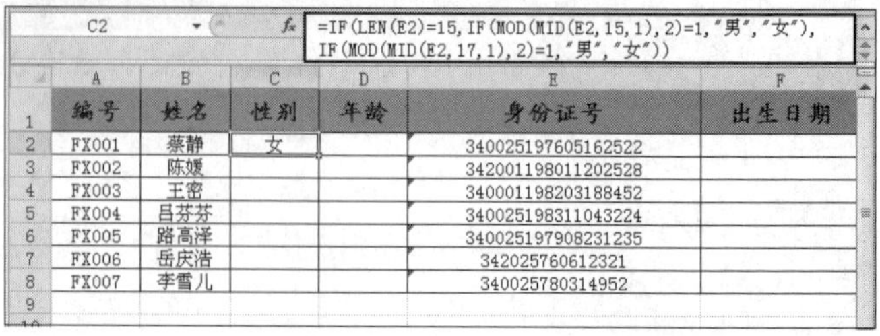

C2 =IF(LEN(E2)=15,IF(MOD(MID(E2,15,1),2)=1,"男","女"),IF(MOD(MID(E2,17,1),2)=1,"男","女"))

编号	姓名	性别	年龄	身份证号	出生日期
FX001	蔡静	女		340025197605162522	
FX002	陈媛			342001198011202528	
FX003	王密			340001198203188452	
FX004	吕芬芬			340025198311043224	
FX005	路高泽			340025197908231235	
FX006	岳庆浩			342025760612321	
FX007	李雪儿			340025780314952	

图5-51

❷ 选中C2单元格，将鼠标指针移至单元格右下角，光标变成黑色十字形时，按住鼠标向下拖动填充柄进行公式填充，从而快速得出每位员工的性别，如图5-52所示。

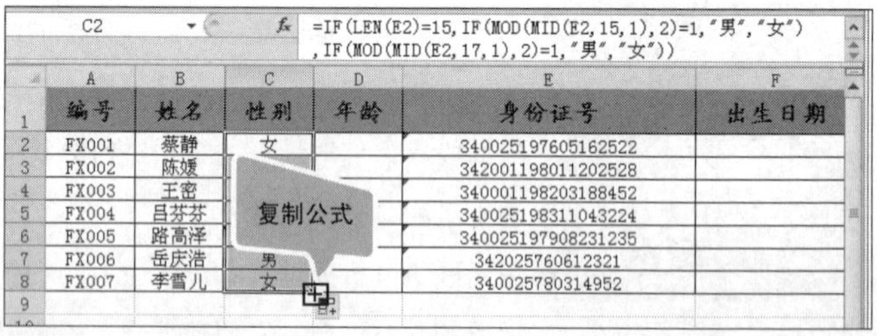

C2 =IF(LEN(E2)=15,IF(MOD(MID(E2,15,1),2)=1,"男","女"),IF(MOD(MID(E2,17,1),2)=1,"男","女"))

编号	姓名	性别	年龄	身份证号	出生日期
FX001	蔡静	女		340025197605162522	
FX002	陈媛			342001198011202528	
FX003	王密			340001198203188452	
FX004	吕芬芬			340025198311043224	
FX005	路高泽			340025197908231235	
FX006	岳庆浩	男		342025760612321	
FX007	李雪儿	女		340025780314952	

图5-52

2. 根据身份证号码自动返回出生日期

❶ 选中F2单元格，输入公式：=IF(LEN(E2)=15,CONCATENATE("19",MID(E2,7,2),"-",MID(E2,9,2),"-",MID(E2,11,2)),CONCATENATE(MID(E2,7,4),"-",MID(E2,11,2),"-",MID(E2,13,2)))，按【Enter】键，即可从第一位员工的身份证号码中判断出该员工的出生日期，如图5-53所示。

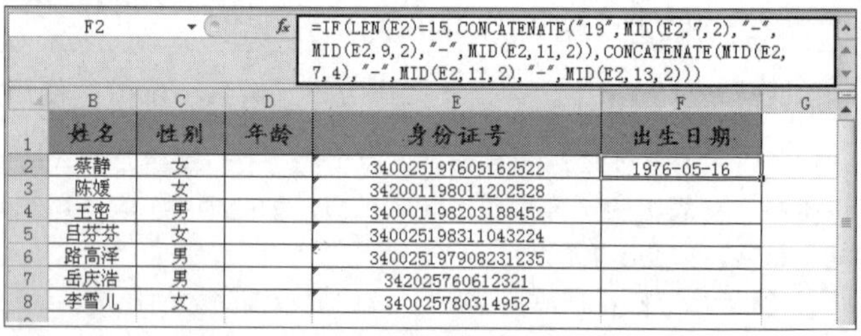

F2 =IF(LEN(E2)=15,CONCATENATE("19",MID(E2,7,2),"-",MID(E2,9,2),"-",MID(E2,11,2)),CONCATENATE(MID(E2,7,4),"-",MID(E2,11,2),"-",MID(E2,13,2)))

姓名	性别	年龄	身份证号	出生日期
蔡静	女		340025197605162522	1976-05-16
陈媛	女		342001198011202528	
王密	男		340001198203188452	
吕芬芬	女		340025198311043224	
路高泽	男		340025197908231235	
岳庆浩	男		342025760612321	
李雪儿	女		340025780314952	

图5-53

❷ 选中F2单元格，将鼠标指针移至单元格右下角，光标变成黑色十字形时，按住鼠标向下拖动填充柄进行公式填充，从而快速得出每位员工的出生日期，如图5-54所示。

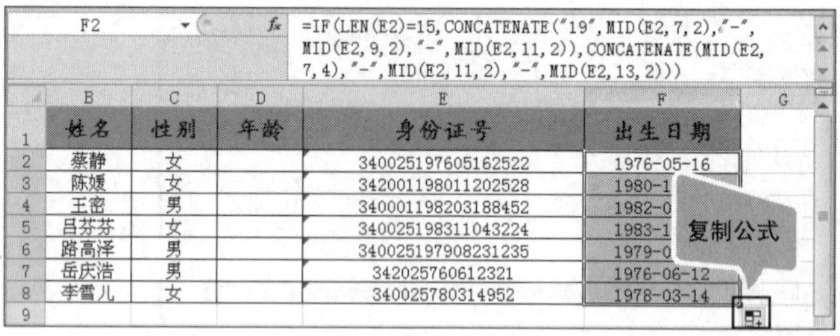

F2 =IF(LEN(E2)=15,CONCATENATE("19",MID(E2,7,2),"-",MID(E2,9,2),"-",MID(E2,11,2)),CONCATENATE(MID(E2,7,4),"-",MID(E2,11,2),"-",MID(E2,13,2)))

姓名	性别	年龄	身份证号	出生日期
蔡静	女		340025197605162522	1976-05-16
陈媛	女		342001198011202528	1980-1
王密	男		340001198203188452	1982-0
吕芬芬	女		340025198311043224	1983-1
路高泽	男		340025197908231235	1979-0
岳庆浩	男		342025760612321	1976-06-12
李雪儿	女		340025780314952	1978-03-14

图5-54

3. 根据出生日期计算年龄

❶ 选中D2单元格，输入公式：=YEAR(TODAY())-YEAR(F2)，按【Enter】键，即可计算出第一位员工的年龄，如图5-55所示。

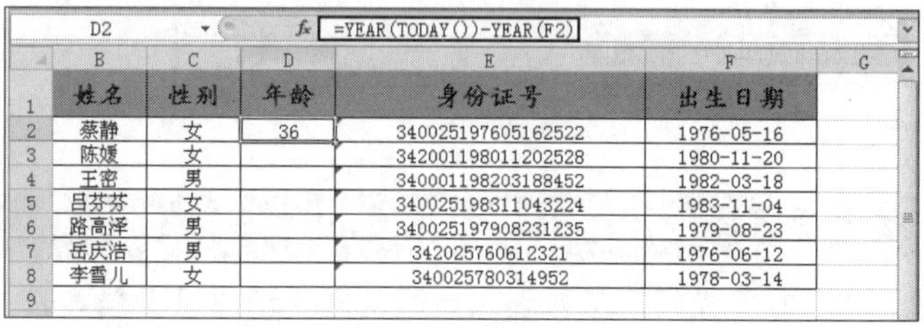

D2 =YEAR(TODAY())-YEAR(F2)

姓名	性别	年龄	身份证号	出生日期
蔡静	女	36	340025197605162522	1976-05-16
陈媛	女		342001198011202528	1980-11-20
王密	男		340001198203188452	1982-03-18
吕芬芬	女		340025198311043224	1983-11-04
路高泽	男		340025197908231235	1979-08-23
岳庆浩	男		342025760612321	1976-06-12
李雪儿	女		340025780314952	1978-03-14

图5-55

❷ 选中D2单元格，向下复制公式，即可得到所有员工的年龄，如图5-56所示。

图5-56

4. 使用RANK函数求排名

❶ 选中C2单元格，输入公式：=RANK(B2,$B$2:$B$8,0)，按【Enter】键，即可计算出第一位员工的销售排名，如图5-57所示。

❷ 选中C2单元格，向下复制公式，即可得到所有员工的销售排名，如图5-58所示。

图5-57

图5-58

5. 在考勤表中自动返回指定年/月对应天数

❶ 选中C2单元格，输入公式：=IF(MONTH(DATE($B$1,$D$1,COLUMN(A1)))=$D$1,DATE($B$1,$D$1,COLUMN(A1)),"")，按【Enter】键，返回当前指定年、月下第一日对应的日期序号，如图5-59所示。

图5-59

❷ 选中C2单元格，在"开始"选项卡的"数字"选项组中单击 按钮，打开"设置单元格格式"对话框。在"分类"列表框中选中"自定义"选项，设置"类型"为d，表示只显示日，单击"确定"按钮，如图5-60所示。

❸ 可以看到C2单元格显示出指定年、月下的第一日，如图5-61所示。

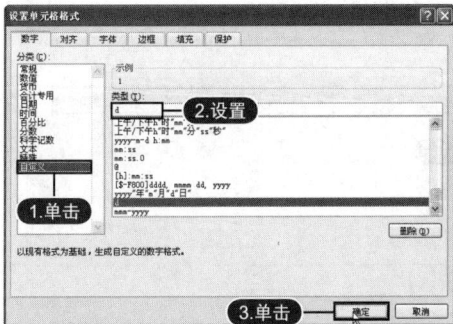

图5-60

图5-61

❹ 选中C2单元格，将光标定位到右下角，当出现黑色十字形时，按住鼠标向右拖动至AH单元格，可以返回指定年、月下的所有日期，如图5-62所示。

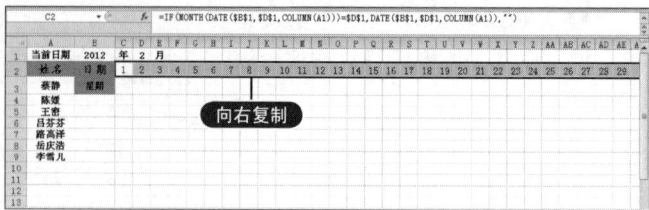

图5-62

6. 在考勤表中自动返回指定年/月对应星期

❶ 选中C3单元格，在公式编辑栏中输入公式：=IF(MONTH(DATE($B$1,$D$1,COLUMN(A1)))=$D$1,DATE($B$1,$D$1,COLUMN(A1)),"")，按【Enter】键，返回当前指定年、月下第一日对应的日期序号，如图5-63所示。

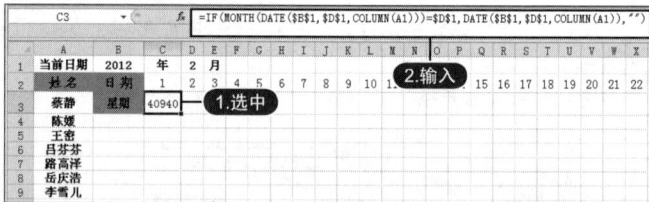

图5-63

❷ 将返回的日期序号的单元格格式设置为显示星期数。选中C3单元格，在"开始"选项卡的"数字"选项组中单击 按钮，打开"设置单元格格式"对话框。在"分类"列表框中选中"日期"选项，设置"类型"为"周三"，表示显示星期数，单击"确定"按钮，如图5-64所示。

❸ 可以看到C3单元格显示出指定年、月下第一日对应的星期数，如图5-65所示。

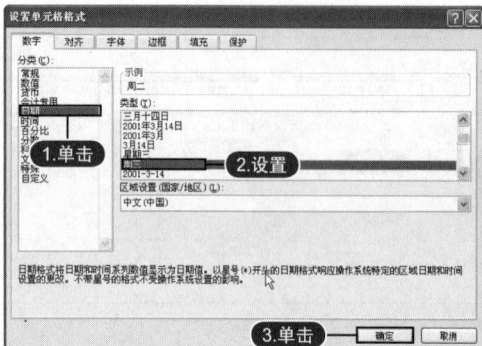

图5-64

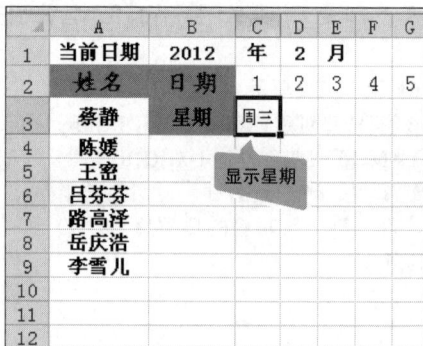

图5-65

❹ 选中C3单元格，将光标定位到右下角，当出现黑色十字形时，按住鼠标向右拖动至AE单元格，可以返回指定年、月下的所有日期对应的星期数，如图5-66所示。

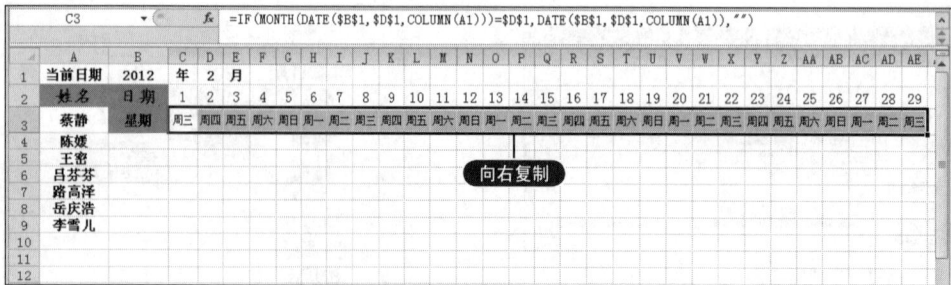

图5-66

Chapter

6 数据的处理与分析

重点知识

- 数据的排序
- 数据的筛选
- 数据的分类汇总
- 数据的合并计算

应用效果

	A	B	C	D	E	F
1			3月份销售数据			
2	销售日期	产品名称	销售区域	销售数量	产品单价	销售额
6	2012-3-9	冰箱	广州分部	30台	￥4,100	￥123,000
11	2012-3-19	冰箱	北京分部	39台	￥4,100	￥159,900
29	2012-3-24	冰箱	北京分部	21台	￥4,100	￥86,100
32	2012-3-30	冰箱	广州分部	87台	￥4,100	￥356,700
33						

筛选出特定记录

	A	B	C	D	E	F
			A1		fx	
2		方案摘要				
3				当前值：	方案1	方案2
5		可变单元格：				
6		$B$9		200	250	400
7		结果单元格：				
8		$B$2		196000	233500	346000
9		$B$5		240000	300000	480000
10		$B$6		182000	242000	422000
11		注释："当前值"这一列表示的是在				
12		建立方案汇总时，可变单元格的值。				
13		每组方案的可变单元格均以灰色底纹突出显示。				

3、4月份销售汇总 / 汇总 / 单变量求解 / 模拟运算表 / 模拟运算表2 / 方案摘要 / 方案仿

方案管理器的使用

参见光盘

素材路径：随书光盘\素材\第6章

视频路径：随书光盘\视频教程\第6章

6.1 数据的排序

在Excel 2010中处理数据时，时常需要进行排序，以方便对其进行分析。

6.1.1 快速对单列进行排序

利用Excel的"排序"功能可以快速对某列数据按照升序或降序进行排列，具体操作方法如下。

❶ 打开工作表，将光标定位到需要进行排序的所在列的任意一个单元格，如"销售日期"所在列的任意单元格，切换到"数据"选项卡，单击"排序和筛选"选项组中的"升序"按钮，如图6-1所示。

❷ 对"销售日期"所在的列中的数据按照日期从小到大的顺序重新排序后，效果如图6-2所示。

图6-1

图6-2

6.1.2 快速对多行进行排序

在Excel 2010中不仅可以对单列进行排序，还可以使用关键字同时对数据区域中的多列进行排序，具体操作方法如下。

❶ 打开工作表，选中A3:F32单元格区域，切换到"数据"选项卡，单击"排序和筛选"选项组中的"排序"按钮，如图6-3所示。

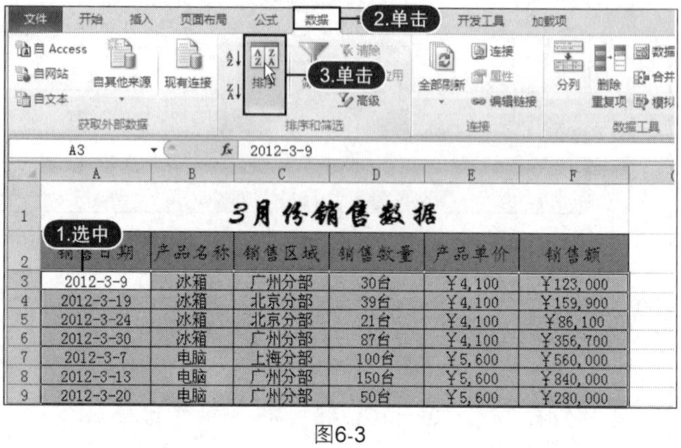

图6-3

❷ 弹出"排序"对话框,在"主要关键字"下拉列表中选择"销售数量",在"次序"下拉列表中选择"升序",单击"添加条件"按钮,如图6-4所示。

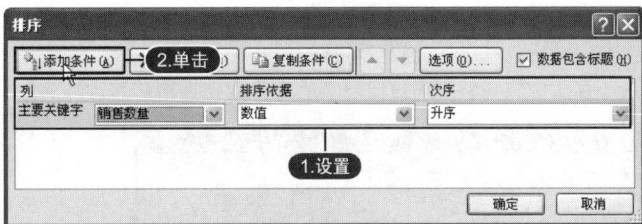

图6-4

❸ 在"次要关键字"下拉列表中选择"产品单价",在"次序"下拉列表中选择"降序",单击"确定"按钮,如图6-5所示。

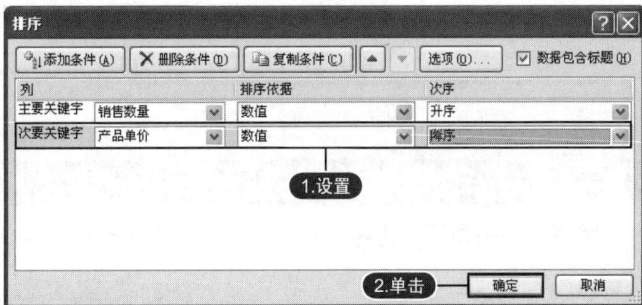

图6-5

❹ 系统在工作表中对销售数量进行从小到大的升序排列,依据销售数量的升序排列对产品单价进行从大到小的降序排列,效果如图6-6所示。

图6-6

6.1.3 自定义排序

用户还可以自己定义一个数据系列,按照自定义的序列对数据进行排序,具体操作方法如下。

❶ 打开工作表,选中A3:F32单元格区域,切换到"数据"选项卡,在"排序和筛选"选项组中单击"排序"按钮。

❷ 打开"排序"对话框,在"主要关键字"下拉列表中选择"销售日期",接着在"次序"下拉列表中选择"自定义序列"选项,如图6-7所示。

❸ 打开"自定义序列"对话框,在"输入序列"列表框中输入自定义序列,并单击"添加"按钮,如图6-8所示。

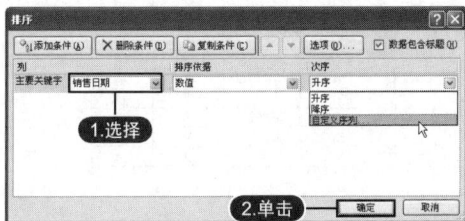

图6-7

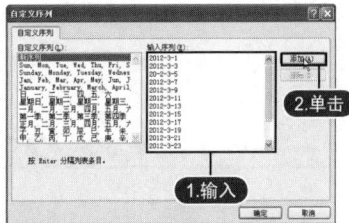

图6-8

❹ 在打开的对话框中单击"确定"按钮，返回"排序"对话框，可以看到在"次序"下拉列表中显示自定义的序列，单击"确定"按钮，如图6-9所示。

❺ 工作表中的"销售日期"所在列数据按用户自定义的序列进行排序，效果如图6-10所示。

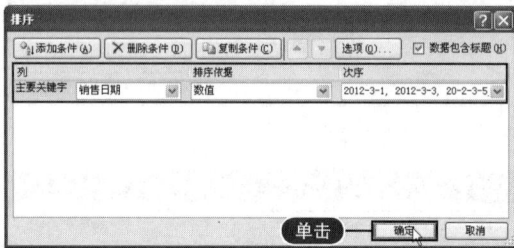

图6-9   图6-10

6.1.4 按笔画对数据进行排列

如果工作表中需要排序的数据是中文，则可以按照中文的笔画进行排序，具体操作方法如下。

❶ 打开"人事信息表"工作表，选中A3:R34单元格区域，切换到"数据"选项卡，在"排序和筛选"选项组中单击"排序"按钮。

❷ 打开"排序"对话框，单击"选项"按钮，如图6-11所示。

❸ 打开"排序选项"对话框，在"方向"选项区中选中"按列排序"单选按钮，接着在"方法"选项区中选中"笔画排序"单选按钮，如图6-12所示。

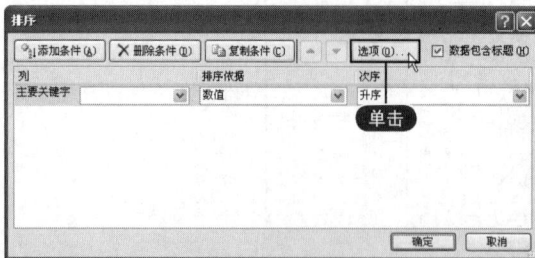

图6-11   图6-12

❹ 单击"确定"按钮，返回"排序"对话框，在"主要关键字"下拉列表中选择"姓名"，其他参数保持默认设置，单击"确定"按钮，则工作表中的"姓名"所在列数据按照首字的笔画从少到多进行排序，如图6-13所示。

❺ 效果如图6-14所示。

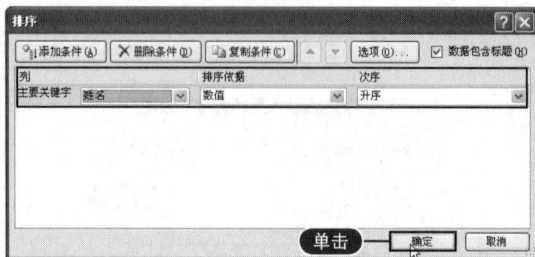

图6-13   图6-14

6.2 数据的筛选

筛选是指暂时隐藏不必显示的行/列，而只显示需要的行/列。执行筛选操作后，筛选出来的数据都是符合一定条件的。

6.2.1 快速进行自动筛选

Excel的"自动筛选"功能可以把暂时不需要的数据隐藏起来，而只显示符合条件的数据记录，这在管理大型工作表时相当有用。

❶ 选中用来存放"筛选"下拉按钮的单元格或行，切换到"数据"选项卡，在"排序和筛选"选项组中单击"筛选"按钮，如图6-15所示。

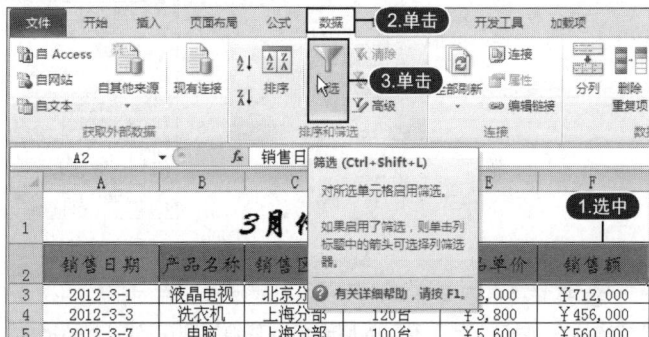

图6-15

❷ 此时工作表会进入自动筛选状态，标题栏中每一个单元格旁都会有一个下拉按钮，这是自动筛选的标志，如图6-16所示。

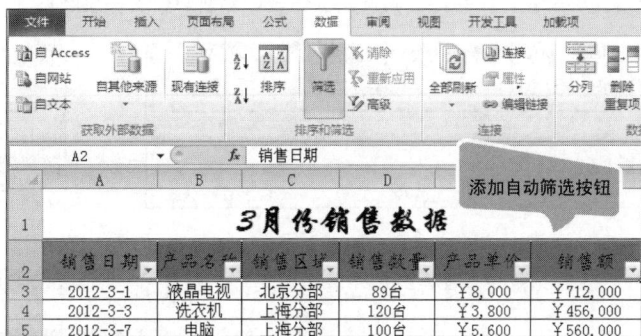

图6-16

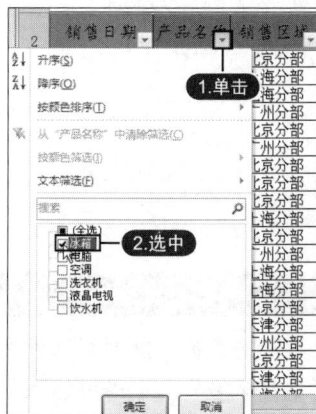

图6-17

❸ 单击某一个单元格旁的下拉按钮，如"产品名称"，在弹出的下拉菜单中取消选中"全选"复选框，只选中要显示的项，如"冰箱"，单击"确定"按钮，如图6-17所示。

❹ 其他记录会被隐藏，只显示被选择的记录，如图6-18所示。

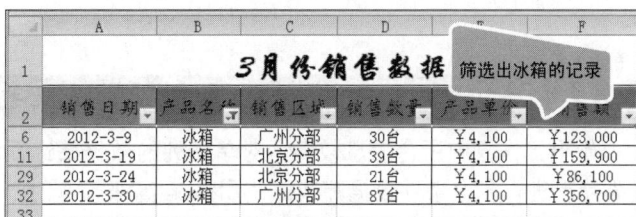

图6-18

6.2.2 自定义筛选的使用

在Excel 2010中，用户还可以在"自动筛选"功能下通过自定义筛选来设置筛选的条件，选择"或"条件或者"与"条件，具体操作方法如下。

❶ 打开工作表，单击"产品单价"筛选按钮，在下拉菜单中选择"数字筛选"选项，在弹出的子菜单中选择"自定义筛选"选项，如图6-19所示。

图6-19

❷ 打开"自定义自动筛选方式"对话框，在对话框中选择"或"单选按钮，在左边下拉列表中分别选择"大于"选项，在右边文本框中输入数值5000，如图6-20所示。

❸ 在"或"单选按钮下左边下拉列表中分别选择"小于"选项，在右边文本框中输入数值2000，单击"确定"按钮，则系统会筛选出工作表中销售单价大于5000或小于2000的数据，如图6-21所示。

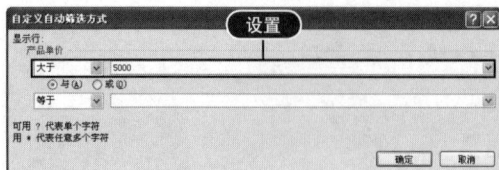

图6-20

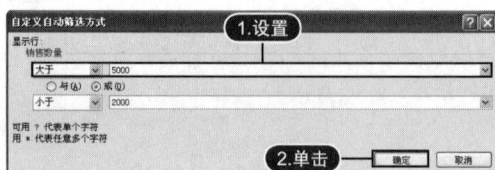

图6-21

❹ 筛选效果如图6-22所示。

	A	B	C	D	E	F	G
1		3月份销售数据				筛选结果	
2	销售日期	产品名称	销售区域	销售数量	产品单价		
3	2012-3-1	液晶电视	北京分部	89台	¥8,000	¥712,000	
5	2012-3-7	电脑	上海分部	100台	¥5,600	¥560,000	
8	2012-3-13	电脑	广州分部	150台	¥5,600	¥840,000	
9	2012-3-15	液晶电视	北京分部	11台	¥8,000	¥88,000	
12	2012-3-21	电脑	上海分部	21台	¥5,600	¥117,600	
13	2012-3-23	饮水机	北京分部	21台	¥1,200	¥25,200	
16	2012-3-3	饮水机	上海分部	54台	¥1,200	¥64,800	
19	2012-3-5	液晶电视	广州分部	38台	¥8,000	¥304,000	
21	2012-3-8	饮水机	天津分部	50台	¥1,200	¥60,000	
24	2012-3-14	饮水机	天津分部	24台	¥1,200	¥28,800	
26	2012-3-18	饮水机	天津分部	24台	¥1,200	¥28,800	
27	2012-3-20	电脑	广州分部	50台	¥5,600	¥280,000	
28	2012-3-22	液晶电视	天津分部	31台	¥8,000	¥248,000	
31	2012-3-28	电脑	广州分部	67台	¥5,600	¥375,200	
33							

图6-22

6.2.3 利用高级筛选工具

如果工作表中所含信息较多，对单一列的数据筛选很难找到自己想要的数据，此时可以利用高级筛选进行多个条件数据筛选。使用Excel高级筛选时，工作表的"数据区域"与"条件区域"之间至少要有一个空行作为分隔，而且"条件区域"必须有列标志，具体操作方法如下。

❶ 打开工作表，在需要筛选的单元格区域隔一列的单元格输入高级筛选条件，切换到"数据"选项卡，单击"排序和筛选"选项组中的"高级"按钮，如图6-23所示。

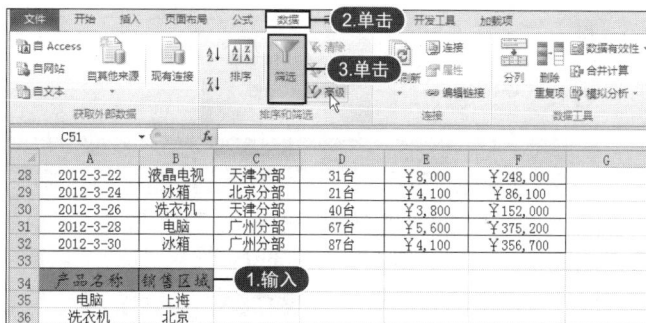

图6-23

❷ 打开"高级筛选"对话框，将光标定位在"列表区域"文本框中，然后在工作表中拖动鼠标选中A2:F32单元格区域，如图6-24所示。

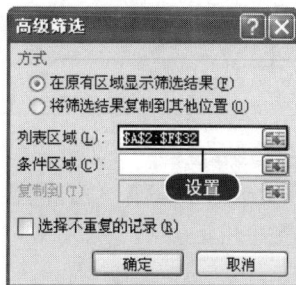

❸ 将光标定位在"条件区域"文本框中，然后在工作表中拖动鼠标选中A34:B36单元格区域，单击"确定"按钮，则系统会筛选出上海分部电脑、北京分部洗衣机的销售情况，如图6-25所示。

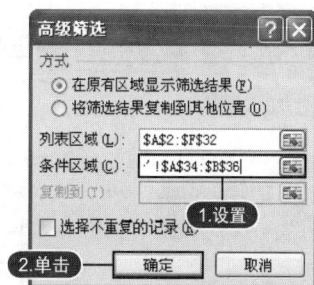

图6-24   图6-25

❹ 效果如图6-26所示。

图6-26

6.2.4 使用通配符进行筛选

在Excel 2010中，用户还可以利用"*"、"？"通配符对工作表数据进行模糊筛选，例如要筛选出工作中所有姓"陈"的员工的信息，具体操作方法如下。

❶ 打开工作表，单击"姓名"筛选按钮，在下拉菜单中选择"文本筛选"选项，在弹出的子菜单中选择"自定义筛选"选项，如图6-27所示。

图6-27

❷ 打开"自定义自动筛选方式"对话框,单击"显示行"栏下的下拉按钮,选择"等于"选项,在后面的文本框中输入"陈*",如图6-28所示。

❸ 效果如图6-29所示。

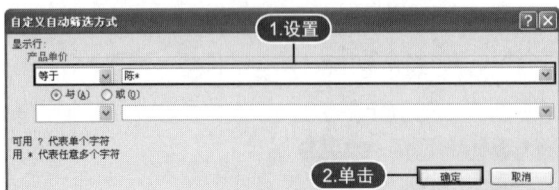

图6-28　　　　　　　　　　　　　　　　　　图6-29

6.3 数据的分类汇总

　　"分类汇总"功能是数据库分析过程中一项非常实用的功能。所谓"分类汇总"是指将数据按指定的类进行汇总。在进行分类汇总前,首先需要进行排序,将同一类的数据记录连续显示,然后将各个类型数据按指定条件汇总。

6.3.1 简单的分类汇总

　　进行分类汇总之前需要对所汇总的数据进行排序,即将同一类别的数据排列在一起,然后将各个类别的数据按指定方式汇总。

❶ 打开工作表,选中"所属部门"列中任意单元格,如F3单元格,切换到"数据"选项卡,单击"排序和筛选"选项组中的"降序"按钮,如图6-30所示。

❷ 对数据进行排序后,单击"分级显示"选项组中的"分类汇总"按钮,如图6-31所示。

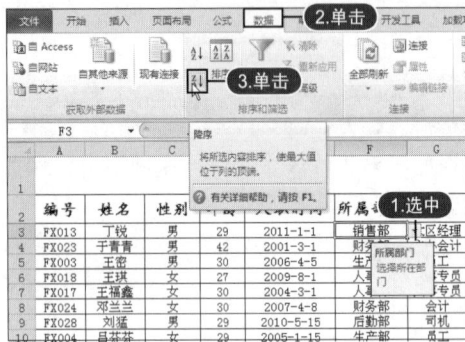

图6-30　　　　　　　　　　　　　　　　　　图6-31

❸ 弹出"分类汇总"对话框,单击"分类字段"下拉按钮,在下拉列表中选中分类字段"所属部门"(见图6-32),设置"汇总方式"为"平均值",在"选定汇总项"列表框下选中"年龄"复选框,单击"确定"按钮,返回工作表,如图6-33所示。

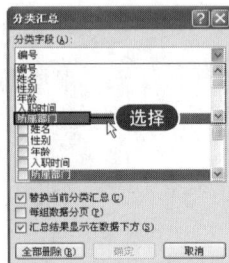

图6-32

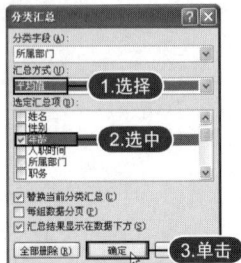

图6-33

❹ 汇总效果如图6-34所示。

图6-34

6.3.2 嵌套分类汇总

所谓"嵌套分类汇总",是指在分类汇总里进行一次或几次其他方式的汇总,几种汇总方式同时存在于工作表中,具体操作方法如下。

❶ 打开工作表,按"销售日期"进行升序排序,切换到"数据"选项卡,在"分级显示"选项组中单击"分类汇总"按钮。

❷ 打开"分类汇总"对话框,单击"分类字段"下拉按钮,在下拉列表中选中分类字段"部门"(见图6-35),在"选定汇总项"列表框下选中"基本工资"复选框,单击"确定"按钮,返回工作表,如图6-36所示。

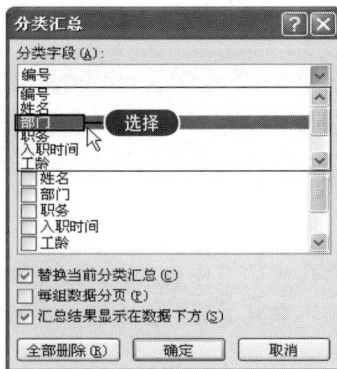

图6-35

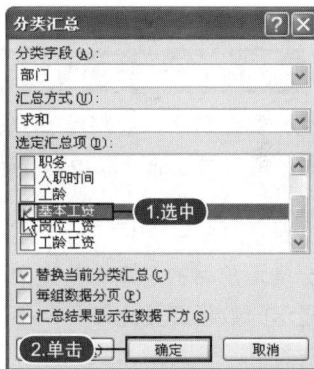

图6-36

❸ 汇总效果如图6-37所示。

图6-37

❹ 再次打开"分类汇总"对话框，选择"汇总方式"为"平均值"（见图6-38），在"选定汇总项"列表框下选中"岗位工资"复选框，取消"替换当前分类汇总"复选框，单击"确定"按钮，返回工作表，如图6-39所示。

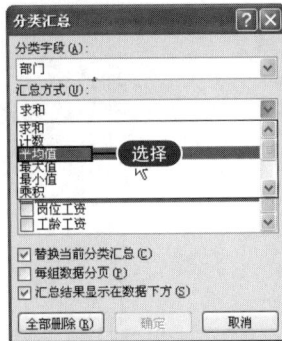
图6-38

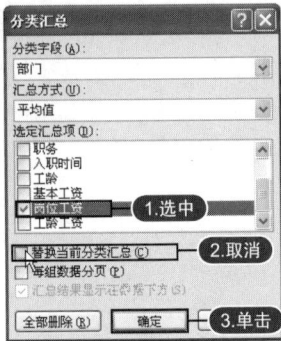
图6-39

❺ 嵌套汇总效果如图6-40所示。

图6-40

6.3.3 隐藏和显示汇总结果

创建完分类汇总后，会将所有分类汇总的数据显示在工作表中。为了在庞大的数据中查看分类汇总数据，用户可以通过隐藏和显示来辅助查看。

1. 隐藏分类汇总信息

通过分类汇总目的是查看特定的数据，但对于数据比较庞大的工作表来说，即使进行了分类汇总，其显示的数据还是比较多，不便于查看。此时可以将不需要查看的分类汇总进行隐藏，具体操作方法如下。

❶ 如果要隐藏某个字段的信息，将光标移动到左侧需要隐藏分类汇总数据的隐藏明细数据按钮━上（见图6-41），单击即可隐藏该字段的分类汇总，效果如图6-42所示。

图6-41

图6-42

❷ 如果要隐藏所有部门的信息，只显示总的数值，可以依次单击左侧所有数据的隐藏明细数据按钮，如图6-43所示。

图6-43

2. 显示分类汇总信息

当分类数据隐藏后，如果用户需要查看数据，可以将其显示。

❶ 如果要显示某个字段的信息，将光标移动到左侧需显示分类汇总数据的显示明细数据按钮➕上，单击即可显示该字段的分类汇总，如图6-44所示。

❷ 如果要显示其他部门的信息，可以依次单击左侧所有数据的显示明细数据按钮，显示其他部门的分类汇总。

图6-44

6.3.4 让每页显示固定数量的汇总记录

在打印分类汇总数据时，希望每页中都显示固定数量的记录，可以通过如下方式实现这一操作。

❶ 打开"员工福利记录"工作表，若要每页显示5条记录，可将光标定位在K3单元格中，在编辑栏中输入公式"=INT((ROW(A3)-3)/5)"，如图6-45所示。

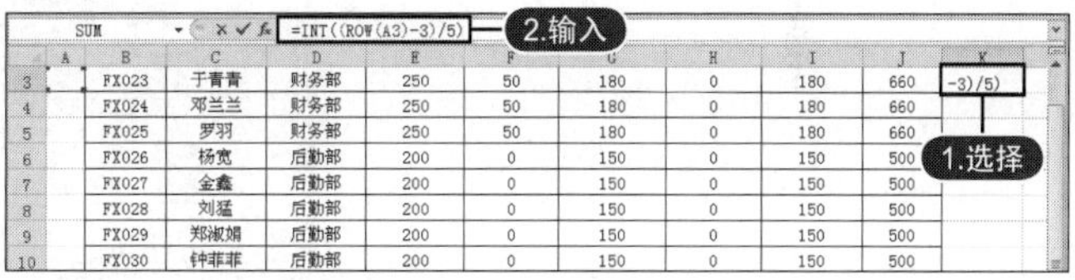

图6-45

❷ 按【Enter】键，得到公式结果。选中K3单元格，将光标定位到单元格右下角，向下拖动填充柄复制公式，如图6-46所示。

图6-46

79

❸ 选中数据区域的任意单元格，切换到"数据"选项卡，单击"分级显示"选项组的"分类汇总"按钮，打开"分类汇总"对话框，在"分类字段"下拉列表中选择"（列K）"（见图6-47），接着在"选定汇总项"列表框中选中"合计"复选框，并选中"每组数据分页"复选框，单击"确定"按钮，即可创建分类汇总，如图6-48所示。

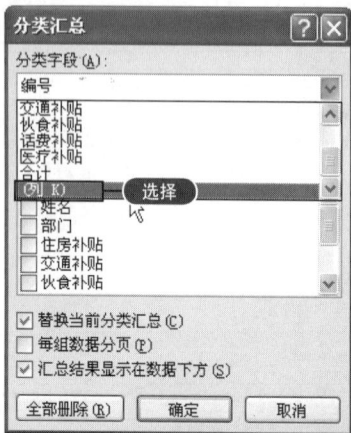

图6-47

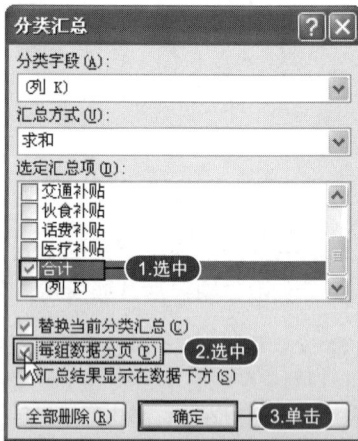

图6-48

❹ 切换到"视图"选项卡，在"工作簿视图"选项组中单击"分页预览"按钮，即可切换到分页视图中查看分页的结果，如图6-49所示。

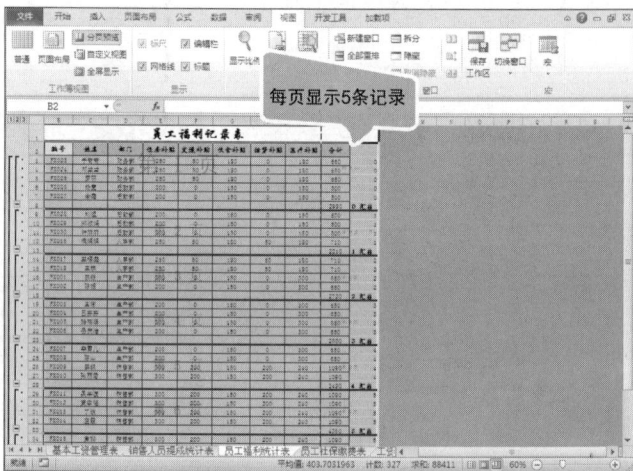

图6-49

6.4 数据的合并计算

合并计算的目的就是将不同数据区域中的数据组合在一起，以方便用户对数据进行更新和汇总。

6.4.1 对数据进行合并计算

"合并计算"功能是将多个区域中的值合并到一个新的区域中，从而为数据计算提供很大便利。合并计算的种类有很多种，利用合并求和计算可以将几个工作表中的数据在新的工作表中合并计算，具体操作方法如下。

❶ 打开工作簿，选中合并计算后数据存放的起始单元格，如D3单元格，切换到"数据"选项卡，在"数据工具"选项组中单击"合并计算"按钮，如图6-50所示。

图6-50

❷ 打开"合并计算"对话框，在"函数"下拉列表中选中"求和"选项，接着将光标定位到"引用位置"栏中，切换到"3月份销售数据"工作表，在工作表中拖动鼠标选取各产品的销售数量区域，在"合并计算"对话框中单击"添加"按钮，如图6-51所示。

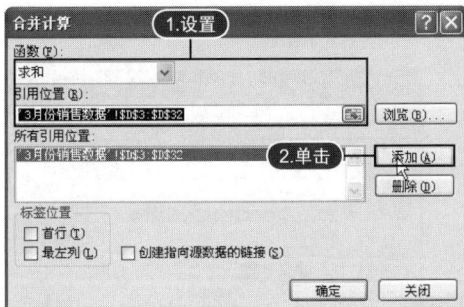

❸ 根据同样的操作，逐一将4月份销售数量单元格区域添加到"所有引用位置"列表框中，如图6-52所示。

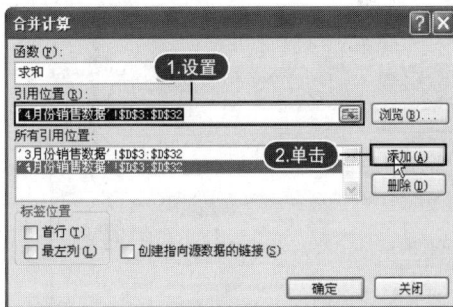

图6-51

图6-52

❹ 单击"确定"按钮，即可算出3、4月份各产品不同分部的总销售数量，效果如图6-53所示。

图6-53

6.4.2 按类合并各类产品的销售情况

通过分类来合并计算数据的特点是当选定的表格中具有不同的内容时，可以根据这些内容的分类，分别进行合并操作，具体操作方法如下。

❶ 新建工作表，设置工作表标题为"3、4月份各产品销售汇总"，选中A2单元格，切换到"数据"选项卡，在"数据工具"选项组中单击"合并计算"按钮，如图6-54所示。

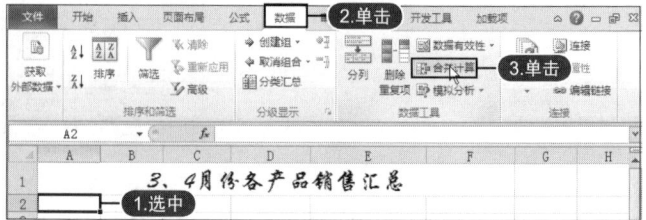

图6-54

❷ 打开"合并计算"对话框，在"函数"下拉列表中选中"求和"选项，接着将光标定位到"引用位置"栏中，切换到"3月份销售数据"工作表，在工作表中拖动鼠标选取各产品的销售数量区域，在"合并计算"对话框中单击"添加"按钮，如图6-55所示。

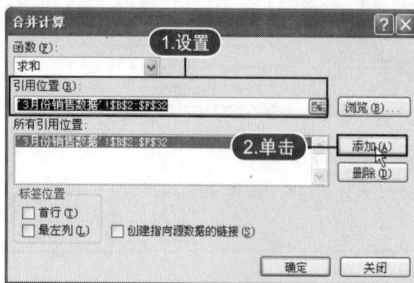

❸ 根据同样的操作，逐一将4月的销售数量单元格区域添加到"所有引用位置"列表框中，并在"标签位置"中选中"首行"复选框和"最左列"复选框，如图6-56所示。

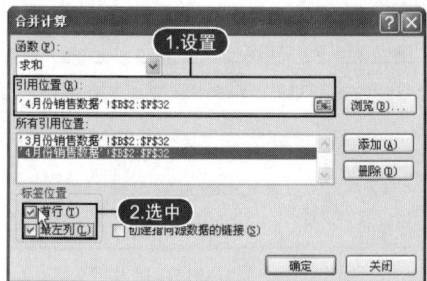

图6-55

图6-56

❹ 单击"确定"按钮，即可算出3、4月份各产品销售情况（见图6-57），删除"销售区域"和"产品单价"列，并对单元格进行美化设置，设置后效果如图6-58所示。

图6-57

图6-58

提示

在"合并计算"对话框中选中"创建指向源数据的链接"复选框，可以使合并计算的结果依据源数据的更新而自动更新。

6.4.3 删除任意行/列

利用"合并计算"功能还能够删除数据区域中的任意列，比如上一个例子，可以直接删除"销售区域"和"产品单价"列，具体操作方法如下。

❶ 打开"3月份销售数据"工作表，将C2和E2 单元格的列标识删除，如图6-59所示，删除"4月份销售数据"工作表中的C2和E2 单元格的列标。

	A	B	C	D	E	F
1			*3月份销售数据*			
2	销售日期	产品名称		销售数量		销售额
3	2012-3-19	冰箱	北京分部	39台	￥4,100	￥159,900
4	2012-3-24	冰箱	北京分部	21台	删除	￥86,100
5	2012-3-17	空调	北京分部	38台	￥3,500	￥133,000
6	2012-3-2	空调	北京分部	35台	￥3,500	￥122,500
7	2012-3-6	空调	北京分部	90台	￥3,500	￥315,000
8	2012-3-11	洗衣机	北京分部	39台	￥3,800	￥148,200

图6-59

❷ 切换到新建的工作表中选中A2单元格，单击"合并计算"按钮，打开"合并计算"对话框，添加引用位置，并选中"首行"复选框和"最左列"复选框，单击"确定"按钮，如图6-60所示。

❸ 得到合并结果，并可以删除"销售区域"和"产品单价"列，效果如图6-61所示。

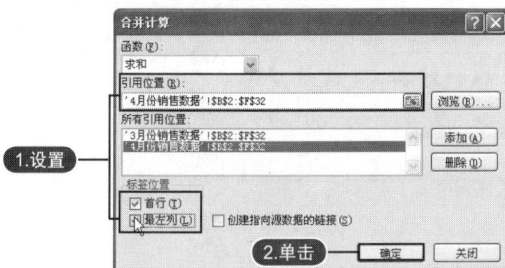

图6-60

	A	B	C
1		*3、4月份各产品销售汇总*	
2		销售数量	销售额
3	冰箱	510台	￥2,091,000
4	空调	731台	￥2,558,500
5	洗衣机	716台	￥2,720,800
6	液晶电视	513台	￥4,104,000
7	饮水机	627台	￥752,400
8	电脑	749台	￥4,194,400
9			合并计算结果
10			

图6-61

6.5 假设分析数据

Excel 2010提供了与假设前提相关的3种简单的数据分析方法：单变量求解、模拟运算表和方案管理器。

6.5.1 单变量求解预计销售量

单变量求解是根据提供的目标值，将引用单元格的值不断调整，直至达到所要的公式目标值，变量的值才能确定。假设冰箱的利润为1600元，根据4、5月份的销售量，求6月份销售量为多少才能使利润达到100万元。

❶ 打开工作表，选中D3单元格，在编辑栏中输入公式：=(A3+B3+C3)*1600，按【Enter】键，即可求出4、5月份销售量的利润额，如图6-62所示。

❷ 选中C3单元格，切换到"数据"选项卡，在"数据工具"选项组中单击"模拟分析"按钮，在其下拉菜单中选择"单变量求解"选项，如图6-63所示。

D3			fx	=(A3+B3+C3)*1600	
	A	B	C	D	E
1		*预计冰箱6月销售量*			
2	4月销售量	5月销售量	6月销售量	利润额	
3	158	266		678400	
4					
5			利润额		
6					

图6-62

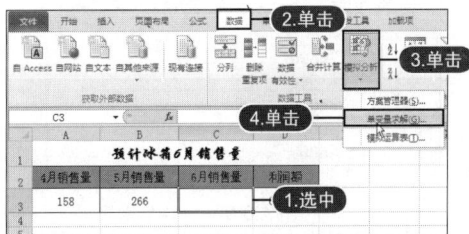

图6-63

❸ 打开"单变量求解"对话框，在"目标值"文本框中输入1000000，设置"可变单元格"为$C$3，单击"确定"按钮，如图6-64所示。

❹ 即可根据设置的参数条件进行单变量求解计算，在打开的"单变量求解状态"对话框中，提示找到解，单击"确定"按钮，如图6-65所示。

图6-64

图6-65

❺ 求得当产品最大利润为100万元时，6月份产品销售量应为201台，如图6-66所示。

图6-66

6.5.2 模拟运算表的使用

模拟运算表是一个单元格区域，它可以现实一个或多个公式中替换不同值时的结果。模拟运算表有两种类型，分别为单变量模拟运算表和双变量模拟运算表。

1. 单变量模拟运算表运算

在单变量模拟运算表中，可以对一个变量输入不同的值，从而看它对一个或多个公式的影响。例如根据产品的销售金额和奖金提成率，计算员工的业绩奖金。

❶ 打开工作表，输入相关的销售金额、奖金提成率等数据到表格中，并对单元格进行初始化设置，如图6-67所示。

❷ 分别在B4和B7单元格中设置公式为"=B2*B3"，如图6-68所示。

图6-67

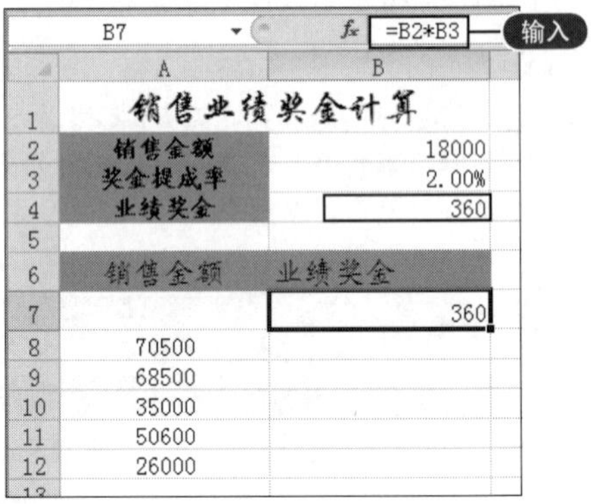

图6-68

❸ 选中A7:B12单元格区域，切换到"数据"选项卡，在"数据工具"选项组中单击"模拟分析"下拉按钮，在其下拉菜单中选择"模拟运算表"选项，如图6-69所示。

图6-69

❹ 打开"模拟运算表"对话框，设置"输入引用列的单元格"为$B$2，单击"确定"按钮，如图6-70所示。

❺ 求出不同销售金额时的员工业绩奖金，如图6-71所示。

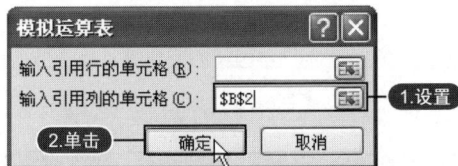

图6-70

图6-71

2. 双变量模拟运算表运算

在双变量模拟运算表中，可以对两个变量输入不同值，从而查看它对一个公式的影响，例如当奖金提成率浮动变化时，计算员工的业绩奖金。

❶ 打开工作表，输入相关的销售金额、奖金提成率等数据到表格中，并对单元格进行初始化设置。

❷ 分别在B4和A7单元格中设置公式为"=B2*B3"，按【Enter】键，计算出奖金提成率为2.00%时销售金额为18000元的业绩奖金，如图6-72所示。

图6-72

❸ 选中A7:E12单元格区域,切换到"数据"选项卡,在"数据工具"选项组中单击"模拟分析"下拉按钮,在其下拉菜单中选择"模拟运算表"选项,如图6-73所示。

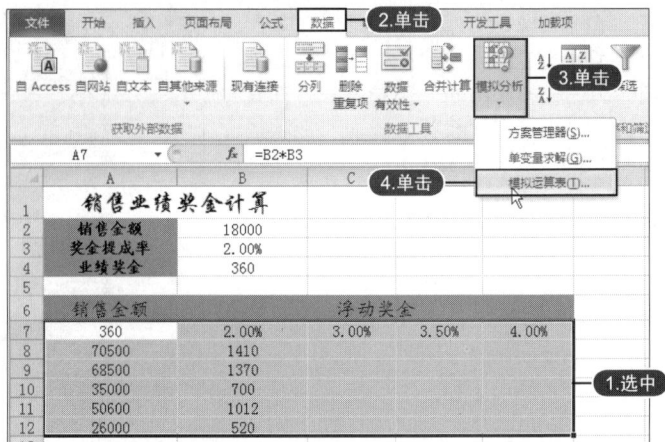

图6-73

❹ 打开"模拟运算表"对话框,设置"输入引用行的单元格"为$B$3,设置"输入引用列的单元格"为$B$2,单击"确定"按钮,如图6-74所示。

❺ 根据销售金额计算出浮动奖金提成率情况时的员工业绩奖金,如图6-75所示。

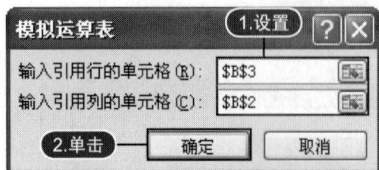

图6-74

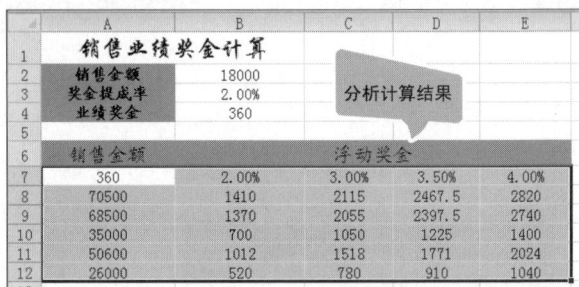

图6-75

6.5.3 方案管理器

方案是一组成为可变单元格的输入值,并按用户指定的名称保存起来。每个可变单元格的集合代表一组假设分析,可以将其用于一个工作簿模型,以便观察它对模型其他部分的影响,而管理这些方案的工具就是方案管理器。

❶ 打开"企业产品销售利润计算"工作表,切换到"数据"选项卡,在"数据工具"选项组中单击"模拟分析"下拉按钮,在其下拉菜单中选择"方案管理器"选项,如图6-76所示。

❷ 打开"方案管理器"对话框,单击"添加"按钮,如图6-77所示。

图6-76

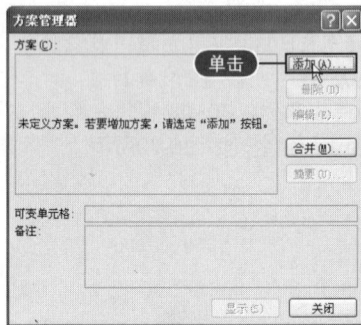

图6-77

❸ 打开"添加方案"对话框，输入方案名称，如"方案1"，设置"可变单元格"为$B$9，单击"确定"按钮，如图6-78所示。

❹ 打开"方案变量值"对话框，设置目标值为250，如图6-79所示。

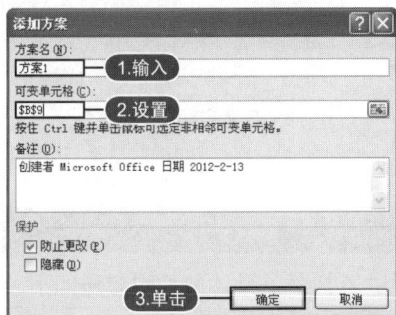

图6-78

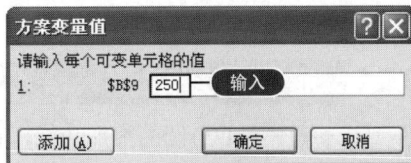

图6-79

❺ 按相同的方法，添加"方案2"，设置"可变单元格"值为400，单击"确定"按钮，即可显示工作表中所有方案。

❻ 在"方案管理器"对话框中，单击"摘要"按钮，如图6-80所示。

❼ 打开"方案摘要"对话框，设置"结果单元格"为"B2,$B$5:$B$6"，单击"确定"按钮，即可新建摘要信息，如图6-81所示。

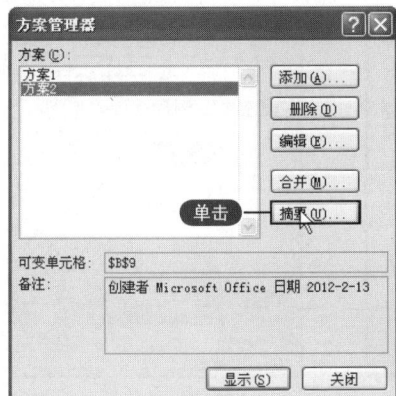

图6-80

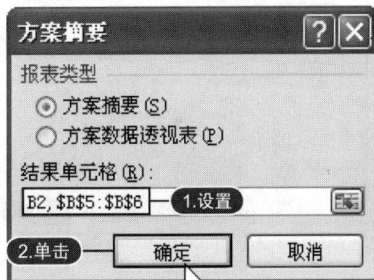

图6-81

❽ 显示不同销售量下对应的总成本、销售金额和利润额，如图6-82所示。

图6-82

6.6 高级分析工具的添加和使用

分析工具库中聚集了很多进行数据分析和处理的工具，包括规划求解加载项和分析工具库等。Excel中的"规划求解"功能有时也称为"假设分析"，借助"规划求解"，可求得工作表上某个单元格中公式的最优值。而合理使用分析工具库可以更好地对数据进行分析。

6.6.1 加载规划求解

规划求解是Excel 2010的附加功能，首次使用时需要进行加载，具体的加载方法如下。

❶ 在"文件"选项卡下选择"选项"选项。

❷ 打开"Excel选项"对话框，在"加载项"选项卡下，单击"转到"按钮，如图6-83所示。

❸ 打开"加载宏"对话框，选中"规划求解加载项"复选框，单击"确定"按钮，如图6-84所示。

图6-83

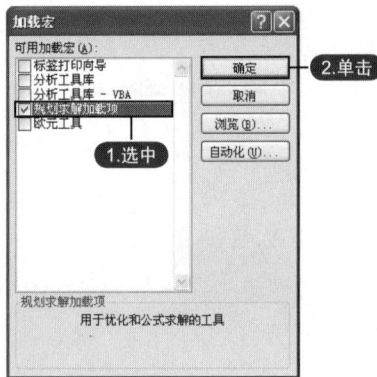

图6-84

❹ 在"数据"选项卡中，添加了"分析"选项组，并显示"规划求解"按钮，如图6-85所示。

图6-85

6.6.2 使用"规划求解"求解出所有产品利润最大化生产方案

针对企业来说，要求出所有产品的最大化生产利润方案，可以先建立"产品利润最大化生产方案"规划求解模型，然后使用"规划求解"功能来实现，具体操作方法如下。

1. 创建规划求解模型

❶ 新建一个工作簿，在Sheet1工作表中输入与各种产品相关的数据，并对单元格进行初始化设置，完成"产品利润最大化生产方案"计算模型框架创建，如图6-86所示。

图6-86

❷ 选中B9单元格，在公式编辑栏中输入公式：=SUMPRODUCT(B6:C6,B8:C8)，按【Enter】键，即可利用公式完成产品总利润创建。因为B8:C8单元格中没有数值，所以B9中的结果为0，如图6-87所示。

图6-87

2. 使用"规划求解"求解

❶ 选中B9单元格，切换到"数据"选项卡，在"分析"选项组中单击"规划求解"按钮（见图6-88），打开"规划求解参数"对话框。

图6-88

❷ 在"设置目标"文本框中选择"$B$9"单元格，在"通过更改可变单元格"文本框中单击右侧的拾取器，选择$B$8:$C$8，在"遵守约束"选项区中单击"添加"按钮，如图6-89所示

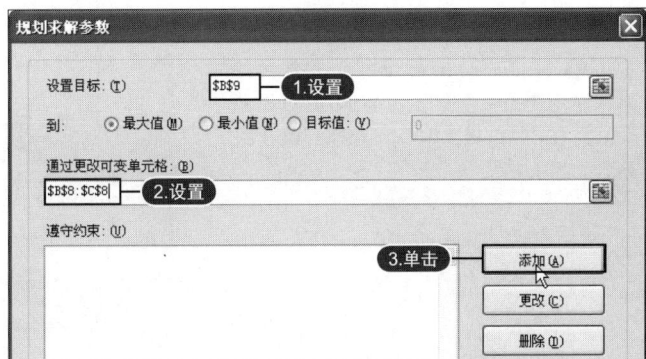

图6-89

❸ 打开"添加约束"对话框，在"单元格引用"中输入"$D$3"；将"<="更改为">="；在"约束"中输入"=$B$8*$B$3+$C$8*$C$3"，设置完成后，单击"添加"按钮，如图6-90所示。

❹ 在"单元格引用"中输入"$D$4"；将"<="更改为">="；在"约束"中输入"=$B$8*$B$4+$C$8*$C$4"，设置完成后，单击"添加"按钮，如图6-91所示。

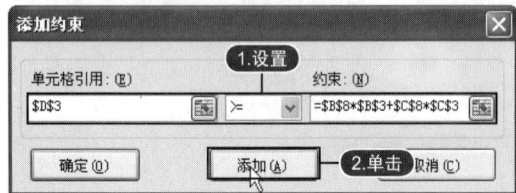

图6-90

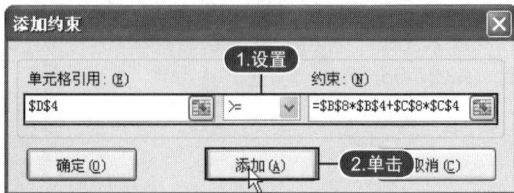

图6-91

❺在"单元格引用"中输入"$D$5"；将"<="更改为">="；在"约束"中输入"=$B$8*$B$5+$C$8*$C$5"，设置完成后，单击"确定"按钮，如图6-92所示。

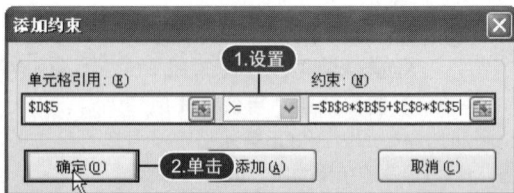

图6-92

❻ 返回到"规划求解参数"对话框中，在"遵守约束"列表框中显示添加的约束条件，选中"使无约束变量为非负数"复选框，单击"选择求解方法"下拉列表框右侧下拉按钮，选择"单纯线性规划"选项，单击"求解"按钮，如图6-93所示。

❼ 设置完成后，即可根据设置条件进行规划求解，并弹出"规划求解结果"对话框，单击"确定"按钮，如图6-94所示。

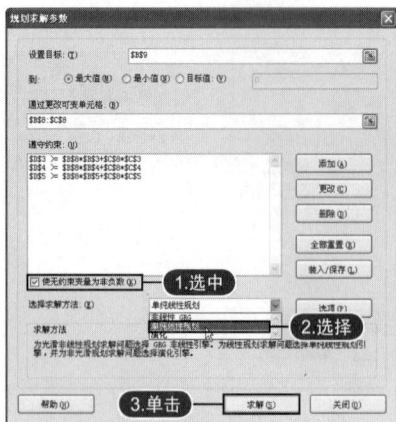

图6-93

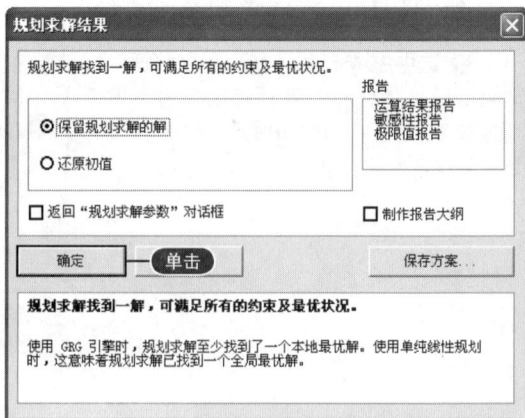

图6-94

❽ 完成后，即可看到规划求解结果。显示产品甲生产量为479、产品乙生产量为156时，最大利润为49147058.82元，如图6-95所示。

	产品甲	产品乙	现有原料	规划求解结果
产品利润最大化生产方案				
原材料A	5	9	3800	
原材料B	6	4	3500	
原材料C	7	6	4600	
利润	70000	100000		
生产量	479.4117647	156		
总利润	49147058.82			

图6-95

6.6.3 加载分析工具库

要使用分析工具库，首先要将Excel中的分析工具库加载到功能区，加载的方法如下。

❶ 切换到"文件"选项卡，在左侧单击"选项"选项，打开"Excel选项"对话框，在左侧单击"加载项"标签，然后在右侧的"加载项"选项区中的"管理"下拉列表中选择"Excel加载项"选项，单击"转到"按钮，如图6-96所示。

❷ 弹出"加载宏"对话框，从中选中"分析工具库"复选框，单击"确定"按钮，开始加载，如图6-97所示。

图6-96

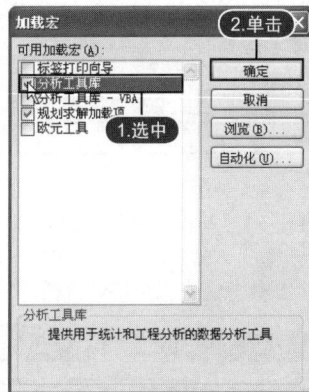

图6-97

❸ 加载完成后，将在"数据"选项卡下出现"分析"选项组和"数据分析"按钮，如图6-98所示。

图6-98

6.6.4 用描述统计分析培训成绩

样本数据分布区域、标准差等都是描述样本数据范围及波动大小的统计量，计算十分烦琐。使用Excel数据分析中的"描述统计"即可一次完成。下面以描述统计分析培训成绩为例，介绍具体描述统计的方法。

❶ 在"员工培训成绩表"中，切换到"数据"选项卡，单击"分析"选项组中的"数据分析"按钮，如图6-99所示。

❷ 弹出"数据分析"对话框，从中选择"描述统计"选项，单击"确定"按钮，如图6-100所示。

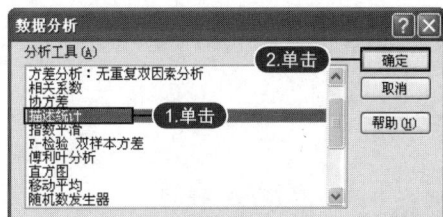

图6-99

图6-100

❸ 弹出"描述统计"对话框，在"输入区域"文本框中输入单元格区域，选中"逐列"单选按钮和"标志位于第一行"复选框，并设置其他的选项参数，单击"确定"按钮，如图6-101所示。

❹ 在单元格区域F2:G18中显示描述统计结果，如图6-102所示。

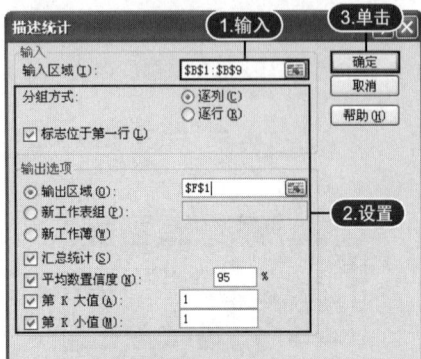

图6-101

	A	B	C	D	E	
1	姓名	笔试成绩	上机考试	综合成绩		显示结果
2	张扬	70	80	75		
3	李依依	70	80	75		平均	71.875
4	赵明明	80	70	75		标准误差	2.302464
5	李丽华	70	70	70		中位数	70
6	楚明宇	80	70	75		众数	70
7	张凡	75	75	75		标准差	6.512351
8	林凤玉	60	65	62.5		方差	42.41071
9	刘彤彤	70	70	70		峰度	0.579546
10						偏度	-0.41217
11						区域	20
12						最小值	60
13						最大值	80
14						求和	575
15						观测数	8
16						最大(1)	80
17						最小(1)	60
18						置信度(95	5.444462
19							

图6-102

❺ 以上是对"笔试成绩"列进行统计，使用描述统计工具，还可以对多列数据进行分析，只要在"描述统计"对话框的"输入区域"文本框中输入多列的单元格区域，单击"确定"按钮，如图6-103所示。

❻ 对多列数据进行描述统计分析的结果如图6-104所示。

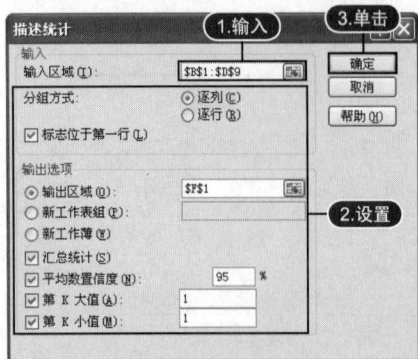

图6-103

	F	G	H	I	J	
1	笔试成绩		上机考试		综合成绩	显示结果
2						
3	平均	71.875	平均	72.5	平均	72.1875
4	标准误差	2.302464	标准误差	1.889822	标准误差	1.597815
5	中位数	70	中位数	70	中位数	75
6	众数	70	众数	70	众数	75
7	标准差	6.512351	标准差	5.345225	标准差	4.519304
8	方差	42.41071	方差	28.57143	方差	20.42411
9	峰度	0.579546	峰度	-0.83125	峰度	2.633701
10	偏度	-0.41217	偏度	0.467707	偏度	-1.68978
11	区域	20	区域	15	区域	12.5
12	最小值	60	最小值	65	最小值	62.5
13	最大值	80	最大值	80	最大值	75
14	求和	575	求和	580	求和	577.5
15	观测数	8	观测数	8	观测数	8
16	最大(1)	80	最大(1)	80	最大(1)	75
17	最小(1)	60	最小(1)	65	最小(1)	62.5
18	置信度(95	5.444462	置信度(95	4.46872	置信度(95	3.778233
19						

图6-104

Notes　　　读书笔记

Chapter

7 数据透视表及数据透视图的应用

∷ 重点知识

- ※ 创建数据透视表
- ※ 数据透视表的基本操作
- ※ 调整数据透视表布局
- ※ 创建和美化数据透视图

∷ 应用效果

添加字段显示信息

更改显示方式

美化数据透视表

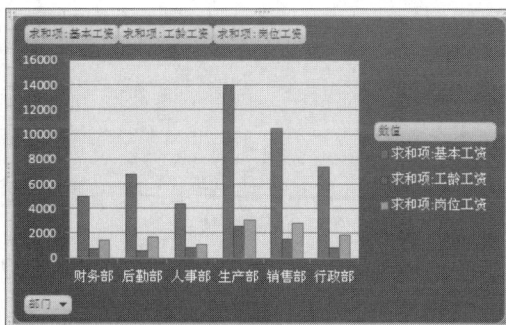

美化数据透视图

∷ 参见光盘

素材路径：随书光盘\素材\第7章

视频路径：随书光盘\视频教程\第7章

7.1 创建数据透视表

数据透视表是一种对大量数据进行快速汇总和创建交叉列表的交互式表格。它不仅可以转换行和列以查看数据源的不同汇总结果，也可以显示不同页面以筛选数据，还可以根据需要显示区域中的细节数据。

7.1.1 创建空白数据透视表

创建数据透视表的方法很简单，用户只需要选择创建数据透视表的单元格区域，然后将要分析的字段添加到数据透视表中即可。

❶ 打开数据源所在的工作表，切换到"插入"选项卡，在"表格"选项组中单击"数据透视表"下拉按钮，在其下拉菜单中选择"数据透视表"选项，如图7-1所示。

图7-1

❷ 弹出"创建数据透视表"对话框，默认选中"选择一个表或区域"单选按钮，在"表/区域"文本框中显示了当前要创建为数据透视表的数据源，如图7-2所示。

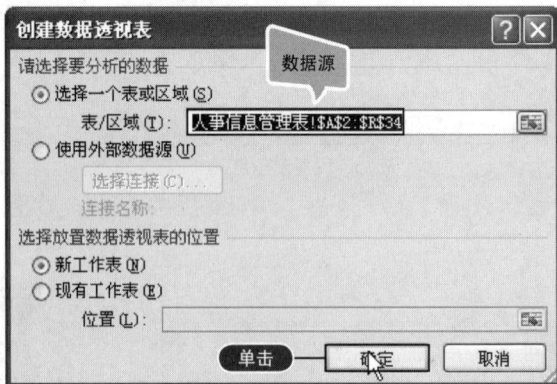

图7-2

❸ 保持默认设置，单击"确定"按钮，即可在当前工作表前面新建一个工作表，即创建了一个空白数据透视表，如图7-3所示。

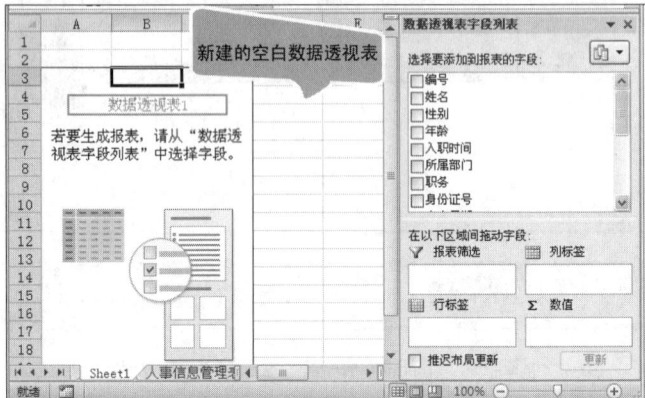

图7-3

7.1.2 使用外部数据源创建数据透视表

在Excel 2010中，创建数据透视表时，可以应用本工作簿中的数据资料创建数据透视表，也可以导入外部的数据用于创建数据透视表，具体操作方法如下。

❶ 打开工作表，切换到"插入"选项卡，在"表格"选项组中单击"数据透视表"下拉按钮，选择"数据透视表"选项。

❷ 打开"创建数据透视表"对话框，先选中"使用外部数据源"单选按钮，单击"选择连接"按钮，如图7-4所示。

❸ 打开"现有连接"对话框，单击"浏览更多"按钮，如图7-5所示。

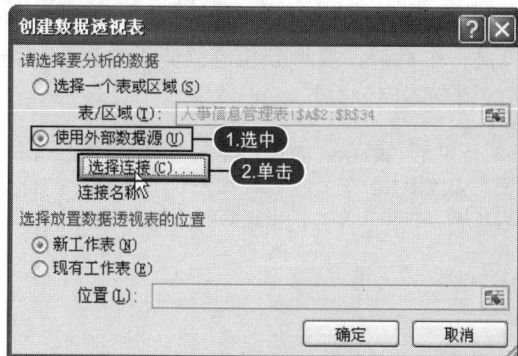

图7-4

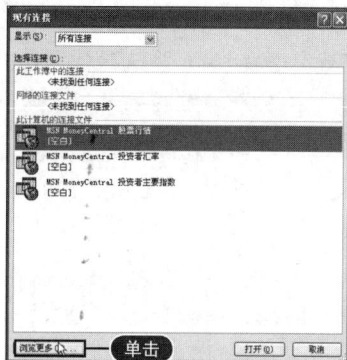

图7-5

❹ 打开"选取数据源"对话框，找到需要的数据源，单击"打开"按钮，如图7-6所示。

❺ 打开"选择表格"对话框，找到数据源所在工作表，单击"确定"按钮，如图7-7所示。

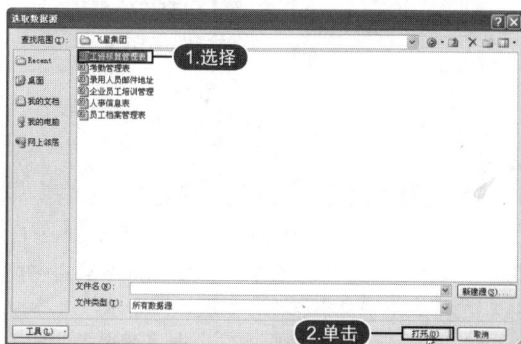

图7-6

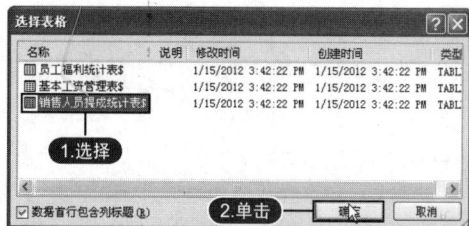

图7-7

❻ 返回"创建数据透视表"对话框中，可以看到连接到的工作表（见图7-8），单击"确定"按钮，即可在新工作表中使用选择的数据创建数据透视表，如图7-9所示。

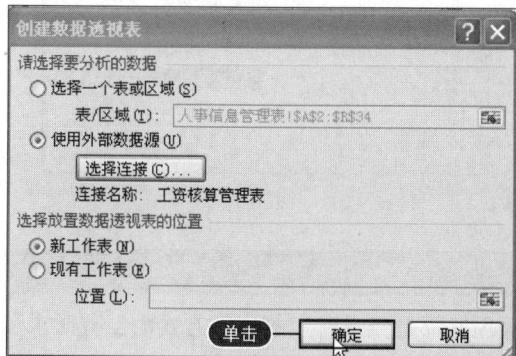

图7-8

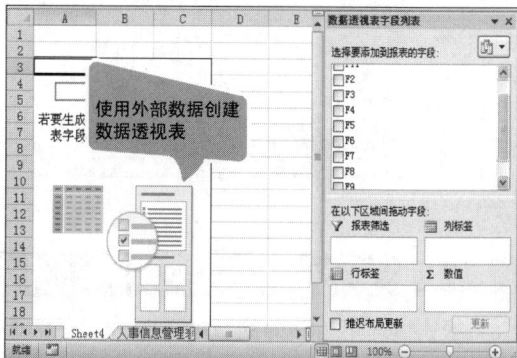

图7-9

7.2 数据透视表的基本操作

创建好数据透视表后，需要在数据透视表中添加字段进行分析，对数据透视表的版式进行更改，对计算方式和显示格式进行更改等。

7.2.1 调整数据透视表获取不同分析结果

在Excel 2010中，系统默认创建的数据透视表只是一个框架。要得到相应的分析数据，则需要根据实际，合理地设置字段，选择不同的字段，可以得到不同的分析结果。

❶ 打开工作表，在"数据透视表字段列表"任务窗格下单击"选择要添加到报表的字段"栏下的字段，如：部门，右击鼠标，在快捷菜单中选择添加到的位置，如"添加到行标签"，如图7-10所示。

❷ 选择要添加的位置后，字段显示在指定位置，同时数据透视表里也相应的出现数据，如图7-11所示。

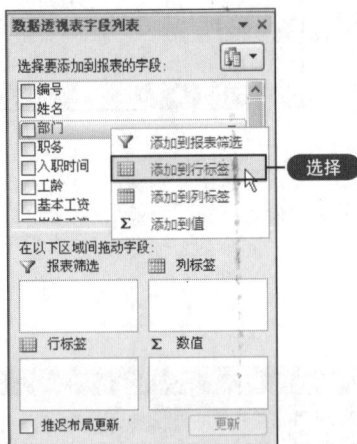

图7-10

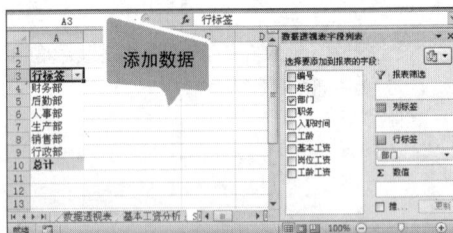

图7-11

❸ 若要在数据透视表中显示其他字段信息，按照同样的方法进行设置，选中"基本工资"并右击鼠标，在快捷菜单中选择"添加到值"选项，即可显示不同部门的基本工资分析结果，如图7-12所示。

❹ 用户可以更改字段获取不同的分析结果，如将"行标签"字段更换为"职务"，即可获得各个职务基本工资分析结果，如图7-13所示。

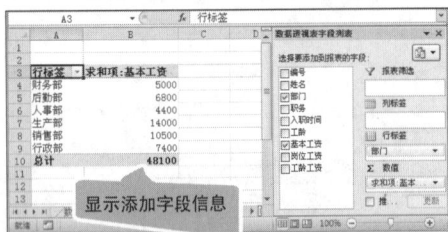

图7-12

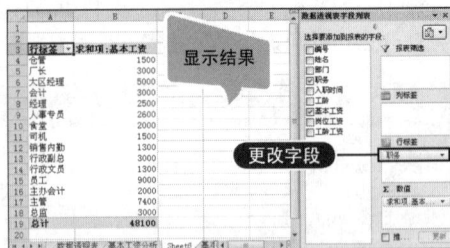

图7-13

7.2.2 更改数据透视表的计算方式

默认情况下，创建的数据透视表对于汇总字段采用的都是"求和"的计算方式，但有时求和方式不能满足用户的要求，此时用户可以更改字段的分类汇总方式。

❶ 打开数据透视表，在"数据透视表字段列表"任务窗格中选中"求和项：年龄"，在下拉菜单中选择"值字段设置"选项，如图7-14所示。

❷ 打开"值字段设置"对话框，在"值汇总方式"选项卡下的"计算类型"列表框中选择要显示的计算方式为"平均值"，单击"确定"按钮，如图7-15所示。

图7-14

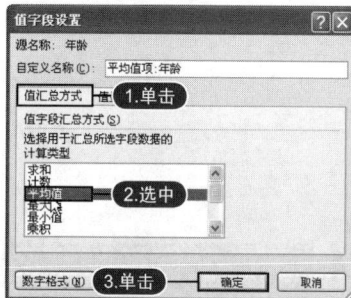

图7-15

❸ 返回数据透视表，此时可以看到不同部门人员年龄的平均值，如图7-16所示。

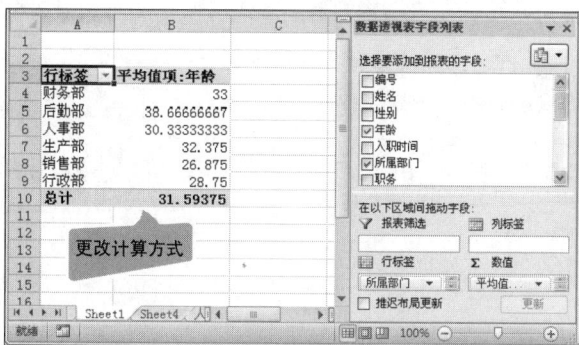

图7-16

7.2.3 更改数据透视表的数字格式

默认情况下数据透视表中的数字格式为常规格式，用户可重新设置数据透视表中的数字格式。

❶ 打开数据透视表，在"数据透视表字段列表"任务窗格中选中"求和项：年龄"，在下拉菜单中选择"值字段设置"选项。

❷ 打开"值字段设置"对话框，单击"数字格式"按钮，如图7-17所示。

❸ 打开"设置单元格格式"对话框，从"分类"列表框中选中"数值"，设置"小数位数"2，单击"确定"按钮，如图7-18所示。

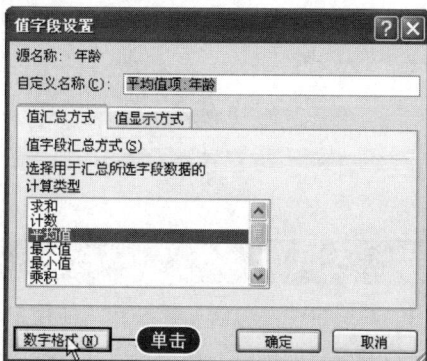

图7-17

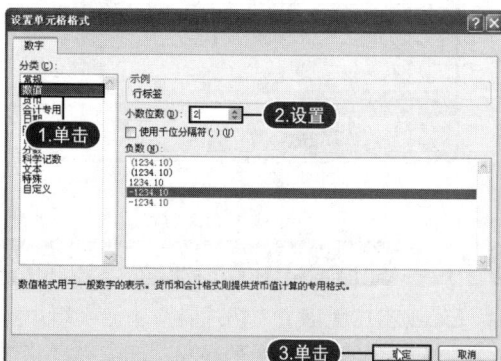

图7-18

❹ 返回数据透视表，此时可以看到数字显示为两位小数，如图7-19所示。

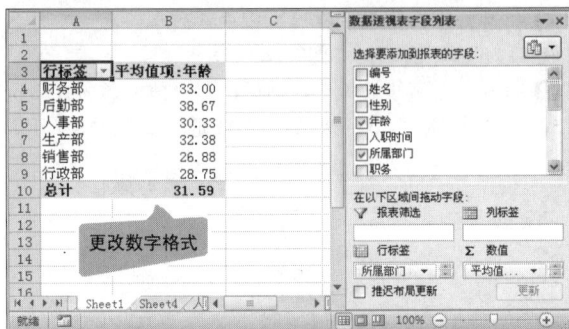

图7-19

7.2.4 更改数据透视表的显示方式

默认情况下，数据透视表中的汇总结构都是以"无计算"的方式显示的。用户根据工作需求，可以更改这些汇总结构的显示方式，如将汇总结果以百分比方式显示出来，具体操作方法如下。

❶ 打开数据透视表，在"数据透视表字段列表"任务窗格中选中"计数项：职称"，在下拉菜单中选择"值字段设置"选项，如图7-20所示。

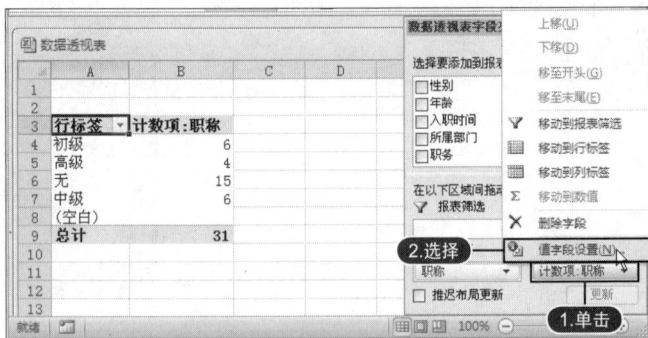

图7-20

❷ 打开"值字段设置"对话框，切换到"值显示方式"选项卡，在"值显示方式"下拉列表中选择"全部汇总百分比"选项，单击"确定"按钮，如图7-21所示。

❸ 返回数据透视表，此时可以看到数值以百分比方式显示，效果如图7-22所示。

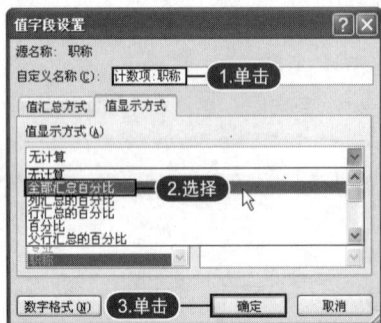

图7-21

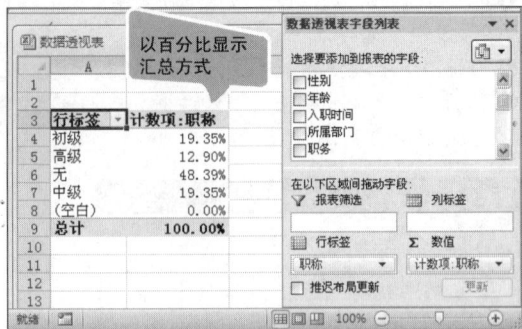

图7-22

7.2.5 插入切片器筛选数据透视表数据

Excel 2010新增了"切片器"功能，切片器是易于使用的筛选组件，包含一组按钮，使用户可以快速地筛选数据透视表中的数据，而无须打开下拉列表以查找要筛选的项目。用户可以在数据透视表中插入"切片器"，快速地查看筛选的详细信息，还可以通过不同的选择对数据进行动态分割。

1. 插入切片器

❶ 打开数据透视表，切换到"数据透视表工具"-"选项"选项卡，在"排序和筛选"选项组中单击"插入切片器"下拉按钮，在其下拉菜单中选择"插入切片器"选项，如图7-23所示。

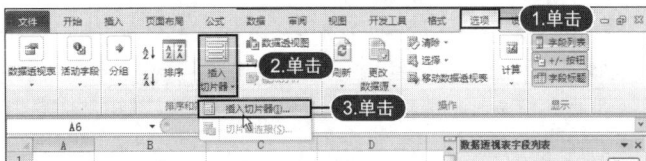

图7-23

❷ 打开"插入切片器"对话框，在对话框中选择需要链接的字段，如"部门"、"基本工资"、"岗位工资"、"工龄工资"等，单击"确定"按钮，如图7-24所示。

❸ 返回数据透视表，则在数据透视表中添加相应的切片器，如图7-25所示。

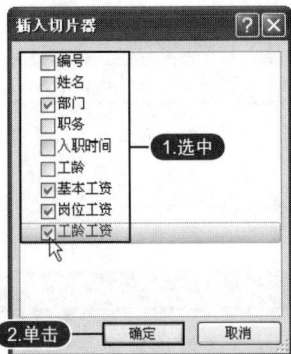

图7-24

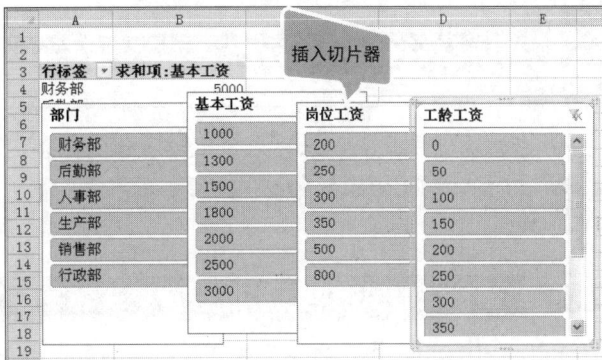

图7-25

2. 利用"切片器"对数据进行动态分析

❶ 单击"基本工资"切片器中的1000选项，即可显示出基本工资为1000的部门，以及部门的岗位工资和工龄工资，如图7-26所示。

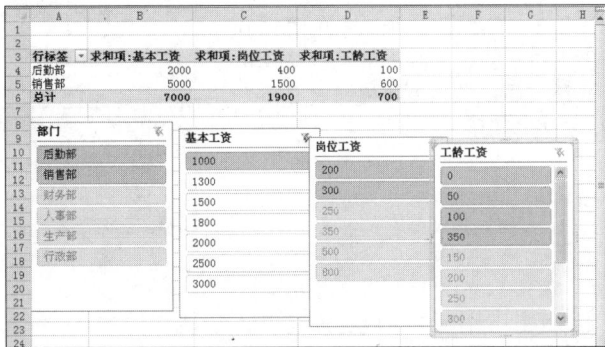

图7-26

❷ 单击"工龄工资"切片器中的200选项，即可显示出工龄工资为200的部门，以及部门的岗位工资和基本工资，如图7-27所示。

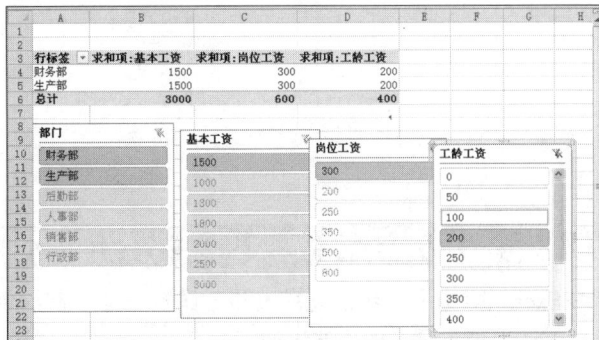

图7-27

❸ 单击"部门"切片器中的"人事部"选项，即可显示出人事部的基本工资、岗位工资和工龄工资，如图7-28所示。

图7-28

7.3 调整数据透视表布局

为某数据源创建的数据透视表会以默认布局和样式显示，用户可以根据实际需要，更改数据透视表的布局、为数据透视表套用样式。

7.3.1 更改数据透视表布局

在Excel 2010中，用户为某个数据源创建的数据透视表会以系统默认布局显示，用户可以根据需要更改其默认布局，具体操作方法如下。

❶ 打开工作表，选中数据透视表，切换到"数据透视表工具"-"设计"选项卡，单击"布局"选项组中的"报表布局"下拉按钮，在弹出的下拉菜单中选择一种布局，如"以表格形式显示"选项，如图7-29所示。

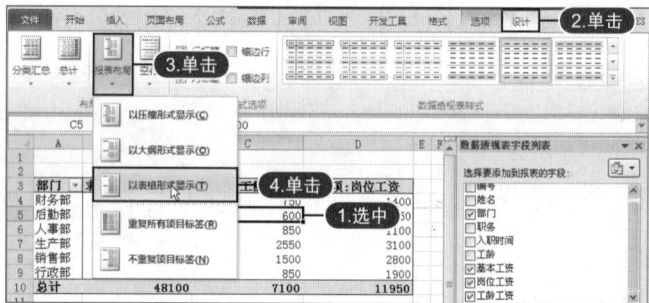

图7-29

❷ 返回工作表中，数据透视表的布局以表格形式显示出来，如图7-30所示。

图7-30

7.3.2 通过套用样式快速美化数据透视表

在Excel 2010中，数据透视表和工作表一样，都提供了多种样式，用户可以通过套用样式来美化数据透视表，具体操作方法如下。

❶ 打开工作表，选中数据透视表，切换到"数据透视表工具"-"设计"选项卡，单击"数据透视表样式"选项组的下拉按钮，如图7-31所示。

❷ 在弹出的库中选择一种样式，如"数据透视表样式深色6"样式选项，如图7-32所示。

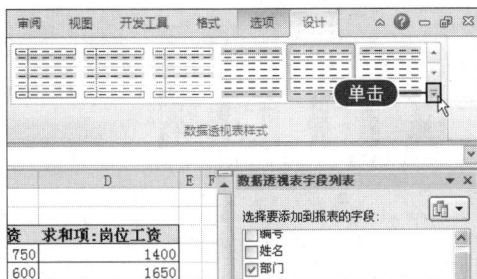

图7-31

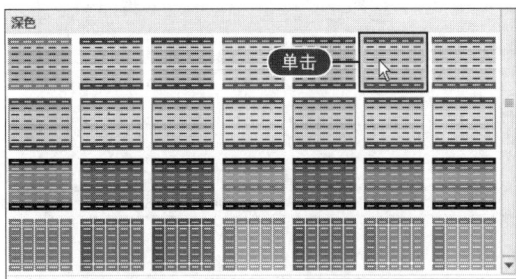

图7-32

❸ 返回工作表中，数据透视表依据所选样式美化，如图7-33所示。

图7-33

7.4　创建和美化数据透视图

　　虽然数据透视表具有比较全面的分析汇总功能，但是对于一般用户来说，它的布局显得很凌乱，很难一目了然。而采用数据透视图，则可以让用户非常直观地了解所需要的数据信息。

7.4.1　制作数据透视图

　　数据透视图可以直观地显示出数据透视表的内容，创建数据透视图的方法与创作图表的方法类似，具体操作方法如下。

❶ 选中数据透视表中任意单元格，切换到"数据透视图工具"-"选项"选项卡，在"工具"选项组中单击"数据透视图"按钮，如图7-34所示。

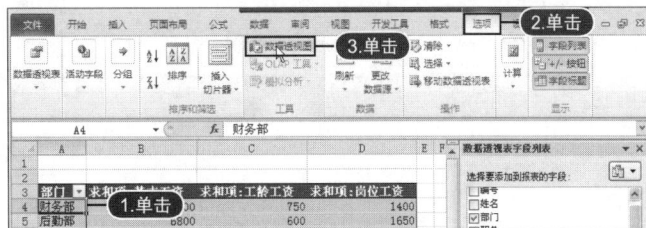

图7-34

❷ 打开"插入图表"对话框，在左边窗格中选择"柱形图"，接着在右侧窗格中选择"堆积柱形图"，单击"确定"按钮，如图7-35所示。

❸ 返回数据透视表中，系统会依据选择的图形创建数据透视图，效果如图7-36所示。

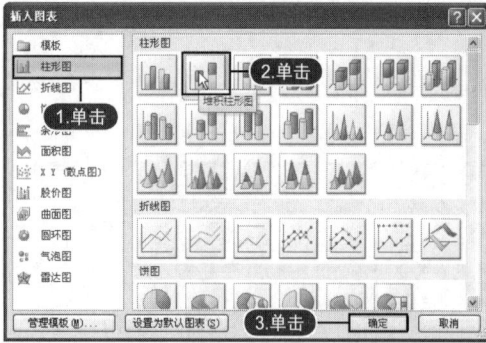

图7-35

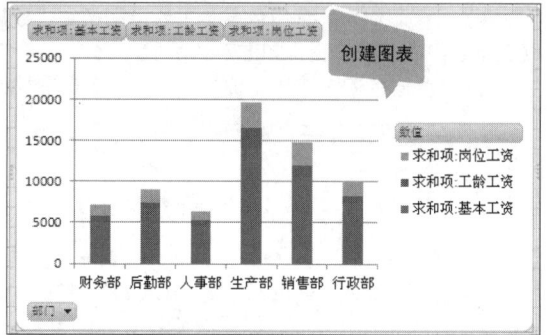

图7-36

7.4.2 更改数据透视图类型

对于创建好的数据透视图，若是用户觉得图表的类型不能很好地满足其所表达的含义，可以重新更改图表的类型，具体操作方法如下。

❶ 打开数据透视表，选中创建的数据图，右击，在快捷菜单中选择"更改图表类型"选项，如图7-37所示。

❷ 打开"更改图表类型"对话框，在对话框中重新选择图表的类型，如"簇状柱形图"，单击"确定"按钮，如图7-38所示。

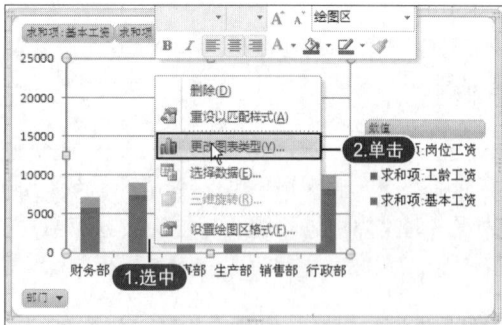

图7-37

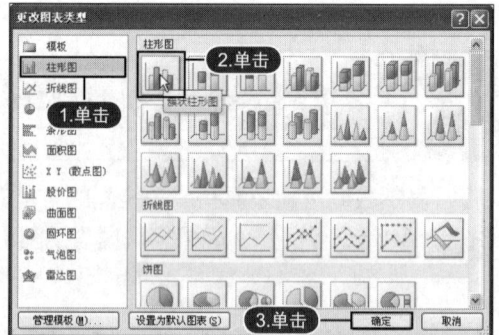

图7-38

❸ 返回数据透视表中，系统会依据选择的图形创建数据透视图，效果如图7-39所示。

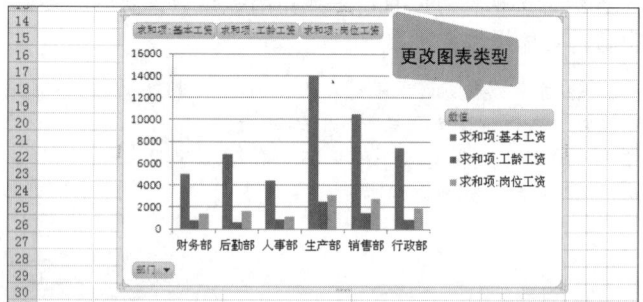

图7-39

7.4.3 美化数据透视图

为了使数据透视图更加美观，用户还可以应用Excel 2010中提供的精美样式，快速美化数据透视图，具体操作方法如下。

❶ 打开数据透视表，选中创建的数据图，切换到"数据透视图工具"–"设计"选项卡，在"图表样式"选项组中单击"其他"按钮，如图7-40所示。

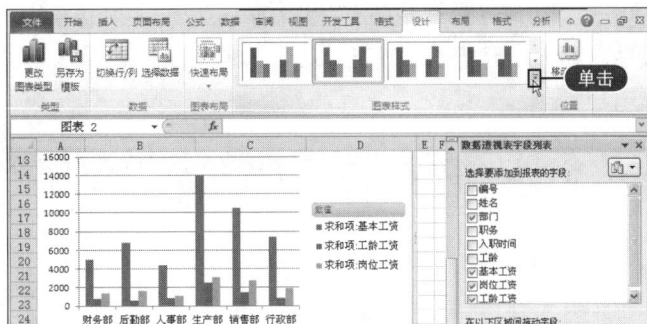

图7-40

❷ 在展开的样式类型中选择一种样式，如"样式34"，如图7-41所示。

❸ 套用了上一步选择的图表样式后，数据透视图样式效果如图7-42所示。

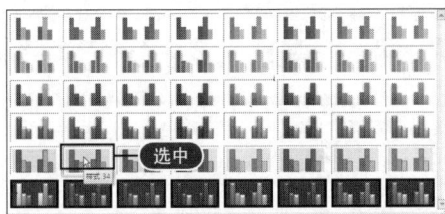

图7-41

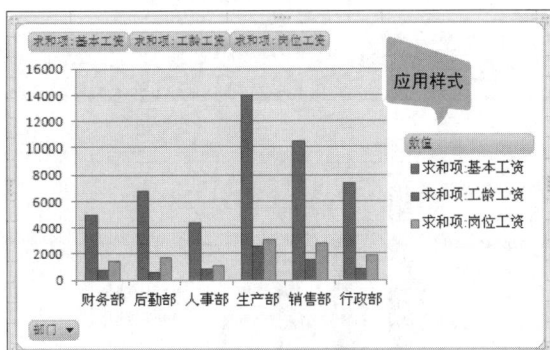

图7-42

❹ 切换到"数据透视图工具"–"格式"选项卡，在"形状样式"选项组中单击"其他"按钮，在库中选择一种样式（见图7-43），即可为数据透视图更改样式，美化效果如图7-44所示。

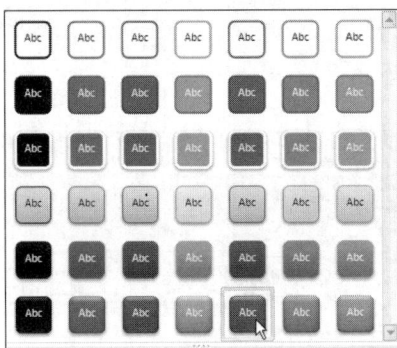

图7-43

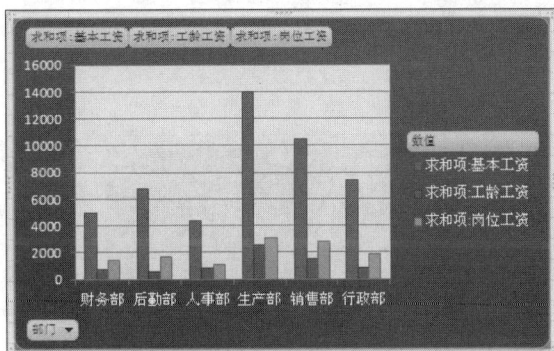

图7-44

Chapter 8 图表的应用

∷ 重点知识

- ⬡ 了解图表
- ⬡ 图表的基本操作
- ⬡ 设置图表格式
- ⬡ 设置图表数据标签

∷ 应用效果

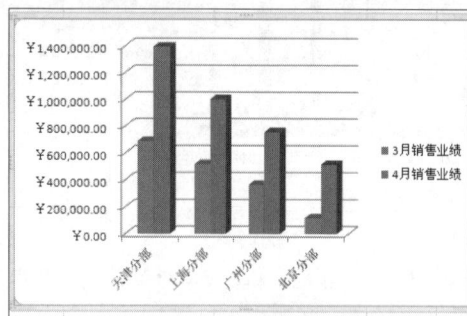

创建图表

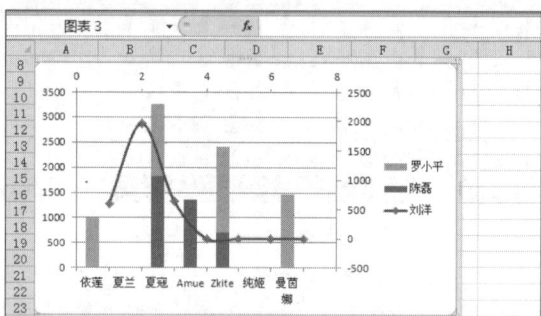

创建混合型图表

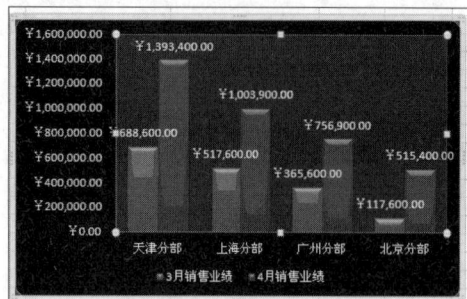

套用图表样式

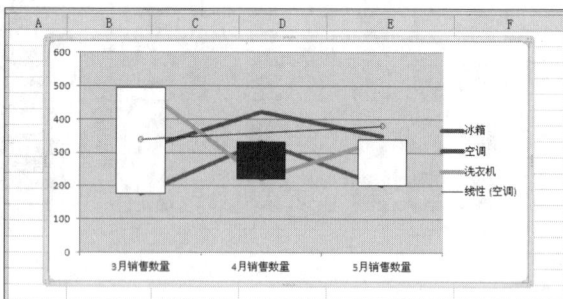

涨/跌柱线的应用

∷ 参见光盘

素材路径：随书光盘\素材\第8章

视频路径：随书光盘\视频教程\第8章

8.1 了解图表

图表具有直观地反映数据的作用。在日常生活中，用户在分析数据时，经常会用到一些图表来说明。在工作中图表使用的频率也很高，有时候还会应用到其他软件（如Word和PowerPoint）中。

8.1.1 了解图表的构成

图表由多个部分组成，一张新建的图表中包含一些特定部分，用户可以通过相关的编辑操作添加其他部分或者删除不需要的部分。了解图表的各个组成部分，以及学会如何准确地表达，通常需按实际需要进行一系列的编辑操作，而所有的编辑操作都需要首先准确地选中要编辑的对象，图表各部分的名称如图8-1所示。

图8-1

8.1.2 准确选中图表中的对象

想要准确选中图表中的对象有两种方法，一种是利用鼠标选取，另一种是利用功能区选择，具体操作方法如下。

1. 利用鼠标选择图表的各个对象

在图表的边上单击鼠标选中整张图表，然后将鼠标指针移动到要选中的对象上，停顿两秒，可以出现提示文字（见图8-2），单击鼠标即可选中对象。

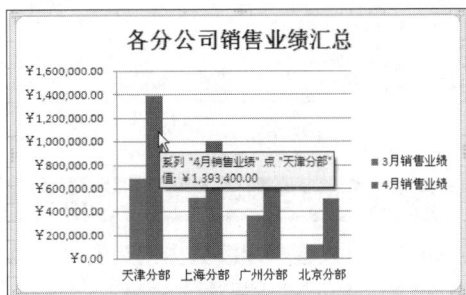

图8-2

2．利用功能区选择图表的各个对象

选中整张图表，切换到"格式"选项卡，在"当前所选内容"选项组中单击"图表区"下拉按钮，在其下拉列表中单击所需要选择的对象即可选中，如图8-3所示。

图8-3

8.2 图表的基本操作

用户在创建图表时，要注意选择适当的图表类型。当然，在创建图表后还可以更改图表的类型，以不同的方式显示数据源。

8.2.1 创建图表

在Excel 2010中，图表包括柱形图、折线图、饼图、条形图、面积图、散点图和其他图表等几大类。每种图表类型都有各自的特点，创建图表时，用户可以为数据源选择适当的图表。

❶ 选中创建图表所需数据的单元格区域，如A2:C6，切换到"插入"选项卡，在"图表"选项组中单击"柱形图"下拉按钮，在其下拉菜单中选择"三维簇状柱形图"选项，如图8-4所示。

❷ 返回工作表中，则可以看到在表格中插入选择的柱形图，如图8-5所示。

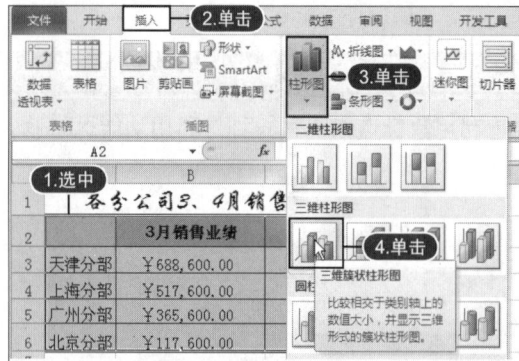

图8-4

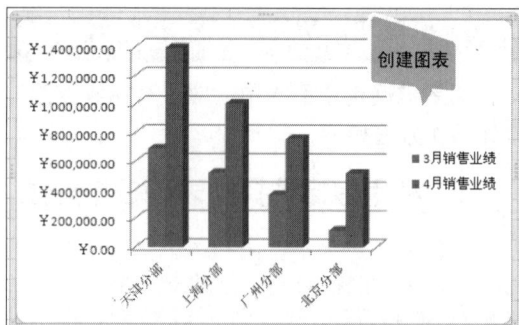

图8-5

8.2.2 选择不连续的数据源创建图表

在Excel中，可以选择连续数据创建图表，也可以选择不连续的数据创建图表，以达到两组或三组数据比较的目的，具体操作方法如下。

❶ 打开工作表，按住【Ctrl】键选中不连续的数据，如工作表中的2、3、5、7行。

❷ 切换到"插入"选项卡，单击"图表"选项组中的"柱形图"下拉按钮，在其下拉列表的"二维柱形图"栏中单击"堆积柱形图"选项，如图8-6所示。

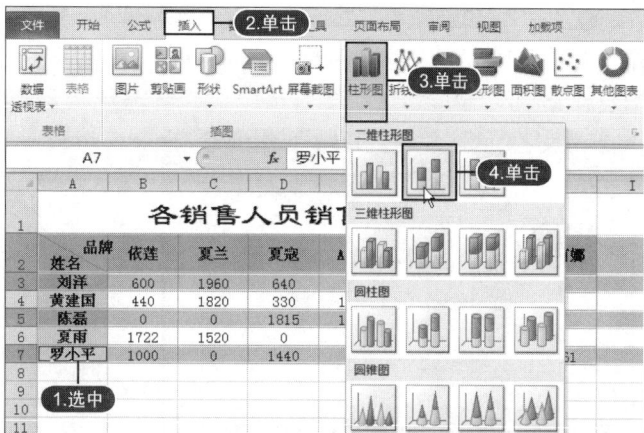

图8-6

❸ 返回工作表中，即可为选中的不连续数据创建图表，如图8-7所示。

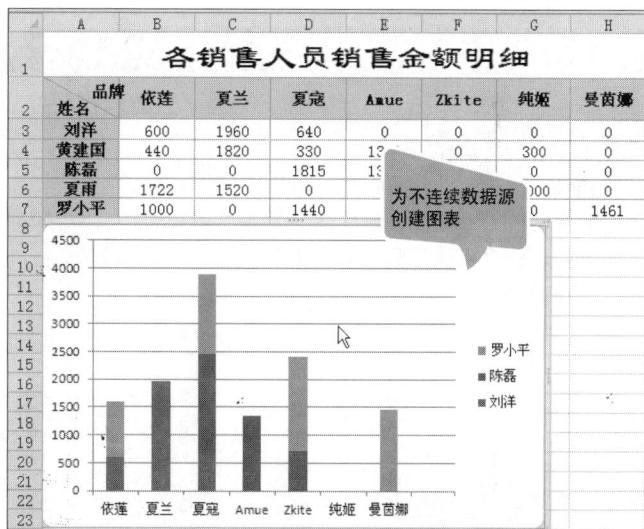

图8-7

8.2.3 更改图表类型

在为工作表的数据创建图表后，如果感觉图表类型不利于观察，可以快速地更改其类型，具体操作方法如下。

❶ 打开工作表，选中要更改的图表，切换到"图表工具"–"设计"选项卡，在"类型"选项组中单击"更改图表类型"按钮，如图8-8所示。

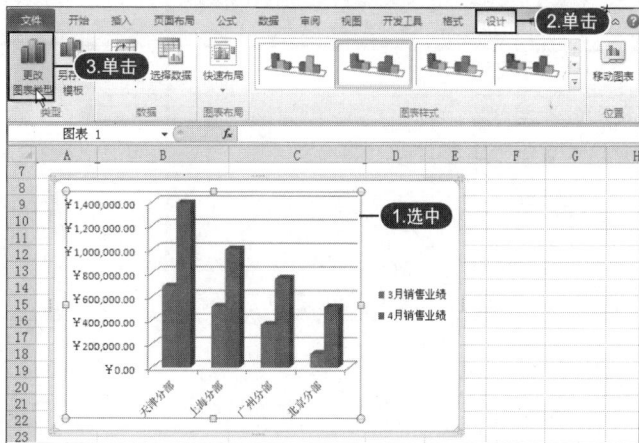

图8-8

❷ 打开"更改图表类型"对话框，在其中选中一种要更改的图表类型，如"百分比堆积柱形图"，单击"确定"按钮，即可更改图表类型，如图8-9所示。

❸ 更改后效果如图8-10所示。

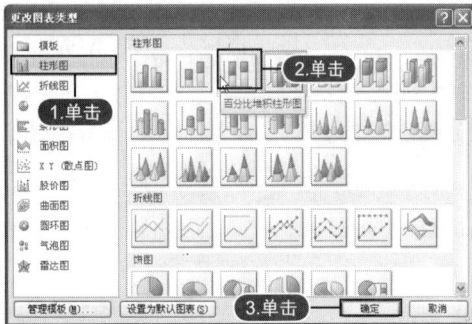

图8-9

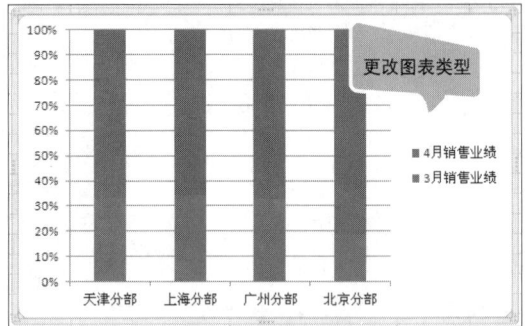

图8-10

8.2.4 创建混合型图表

在同一个图表中，还可以将不同类型的图表搭配在一起，形成混合型图表，使图表表达的内容更加清晰，具体操作方法如下。

❶ 打开工作表，选中图表中的某一数据系列（如"刘洋"），右击，在快捷菜单中选择"更改系列图表类型"选项，如图8-11所示。

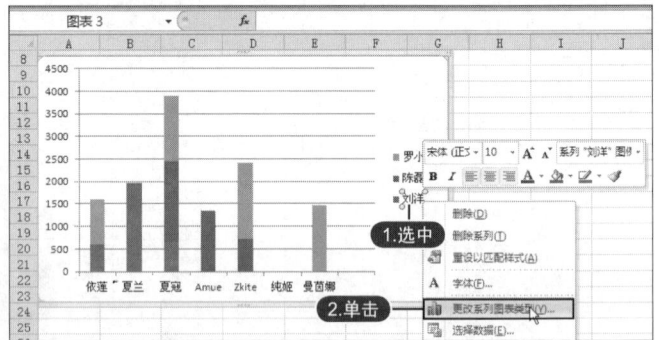

图8-11

❷ 打开"更改图表类型"对话框，在对话框中选择一种图表类型作为选中系列的图表，如"XY（散点图）"，单击"确定"按钮，如图8-12所示。

❸ 返回工作表中，则为选中数据系列应用了选择的图表类型，如图8-13所示。

图8-12

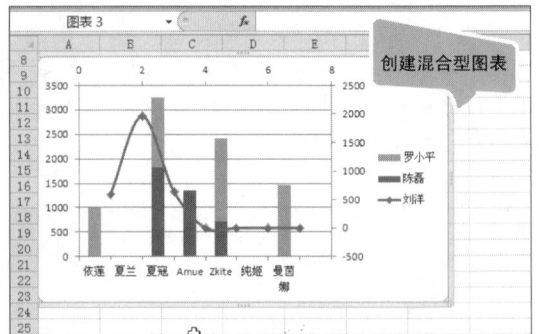

图8-13

8.2.5 移动图表

图表创建完毕后，会自动显示在数据所在的工作表中，用户可以根据需要将图表移动到新的工作表中，或是移动到专门放置图表的Chart工作表中，具体操作方法如下。

❶ 打开工作表，选中要移动的图表，切换到"图表工具"-"设计"选项卡，在"位置"选项组中单击"移动图表"按钮，如图8-14所示。

❷ 打开"移动图表"对话框，选中"新工作表"单选按钮，接着在该单选按钮所对应的文本框中输入工作表的名称，单击"确定"按钮，即可将选中的工作表移动到新工作表中，如图8-15所示。

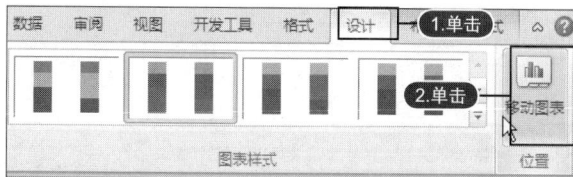

图8-14

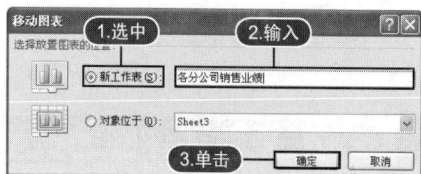

图8-15

❸ 效果如图8-16所示。

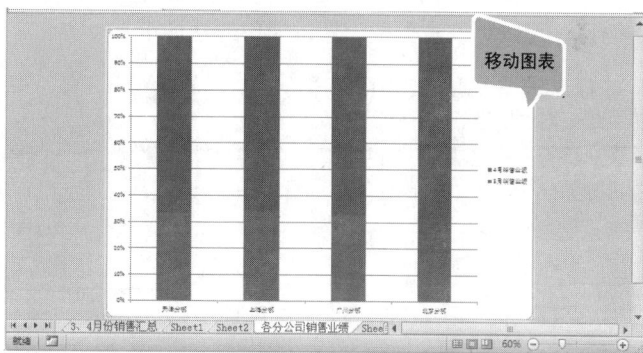

图8-16

8.2.6 快速创建迷你图

迷你图是Excel 2010中的一项新功能，可以提供数据的直观表示。与Excel工作表上的图表不同，迷你图不是对象，而是单元格背景中的一个微型图。创建迷你图的方式也很简单，具体操作方法如下。

❶ 打开工作表，选中要插入迷你图的单元格，如D3单元格，切换到"插入"选项卡，在"迷你图"选项组中选择一种迷你图，如"折线图"，如图8-17所示。

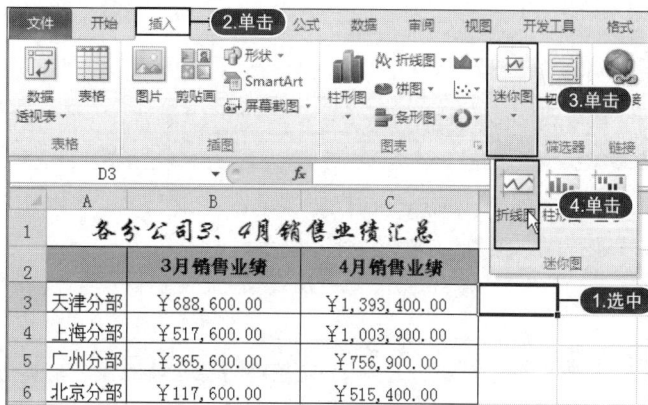

图8-17

109

❷ 弹出"创建迷你图"对话框，将光标放置在"数据范围"文本框中，在工作表中拖动鼠标选择数据范围所在的单元格区域，如B3:C3单元格区域，单击"确定"按钮，如图8-18所示。

❸ 返回工作表中，即可在工作表中创建迷你图，如图8-19所示。

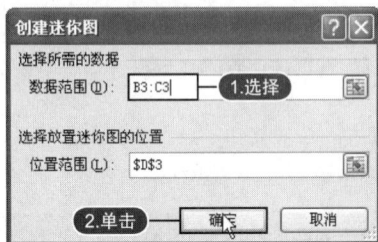

图8-18

图8-19

8.2.7 更改迷你图的类型

在Excel 2010中提供了3种类型的迷你图，分别是"折线迷你图"、"柱形迷你图"和"盈亏迷你图"。用户可以根据需要选择要插入的迷你图样式，如果用户对插入工作表中的迷你图样式不满意，可以更改其类型，具体操作方法如下。

❶ 打开工作表，选中已经插入迷你图的单元格，切换到"迷你图工具"-"设计"选项卡，在"类型"选项组中选中需要更改的样式，如"柱形图"，如图8-20所示。

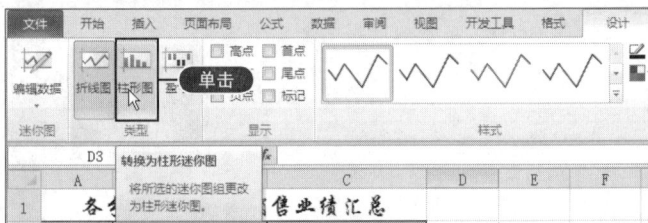

图8-20

❷ 返回工作表中，即可看到迷你图由"折线迷你图"类型变为"柱形迷你图"类型，如图8-21所示。

图8-21

8.3 设置图表格式

图表创建完毕后会应用默认的格式。为了让图表更符合要求，也更加美观，用户可以对图表的布局、系列、背景等进行设置。

8.3.1 更改图表布局

在Excel2010中根据数据源创建图表后，图表会保持其默认的布局，用户可以根据实际需要选择中自带的图表布局，具体操作方法如下。

❶ 打开工作表，选中图表，单击"设计"选项卡下"图表布局"选项组中的"快速布局"下拉按钮，在其下拉菜单中选择需要的布局，如图8-22所示。

❷ 选择布局样式后，即可更改选中图表的布局，效果如图8-23所示。

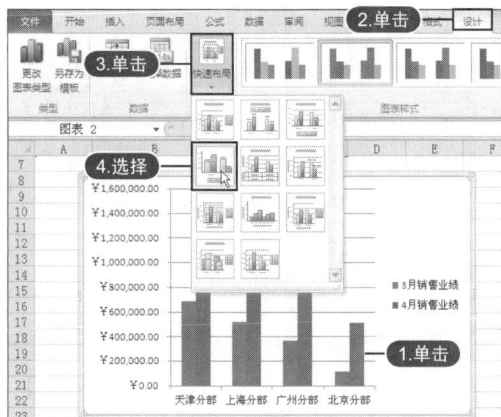

图8-22

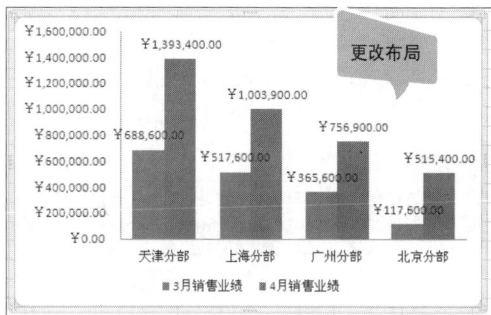

图8-23

8.3.2 套用图表样式

为了能够使创建的图表有更好的视觉效果，还可以为图表设置喜欢的样式，其操作方法如下。

❶ 打开工作表，选中图表，单击"图表工具"－"设计"选项卡下"图表样式"选项组中的"快速样式"下拉按钮，在其下拉菜单中选择一种喜欢的样式，如图8-24所示。

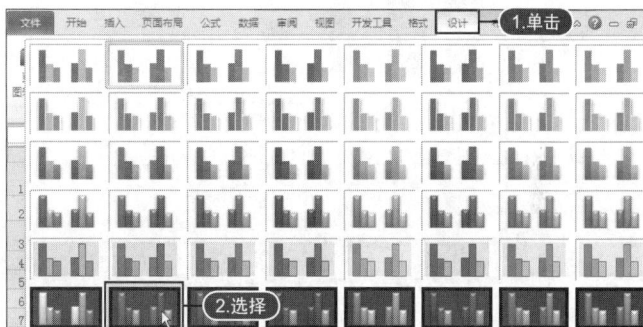

图8-24

❷ 选择布局样式后，即可更改选中图表的样式，效果如图8-25所示。

图8-25

8.3.3 为图表添加标题

在制作图表时，为使图表能够更清晰地表达数据源，便于用户理解，可以为图表添加图表标题，图表标题用于表达图表反映的主题。默认创建的图表不包含标题，可通按下面方法来添加。

❶ 选中未包含标题的图表，切换到"图表工具"–"布局"选项卡，在"标签"选项组中单击"图表标题"下拉按钮，在下拉菜单中选择标题的位置，如"图表上方"，如图8-26所示。

提示

为图表添加标题后，还可以为图表的标题设置格式、艺术字效果，以及边框等。

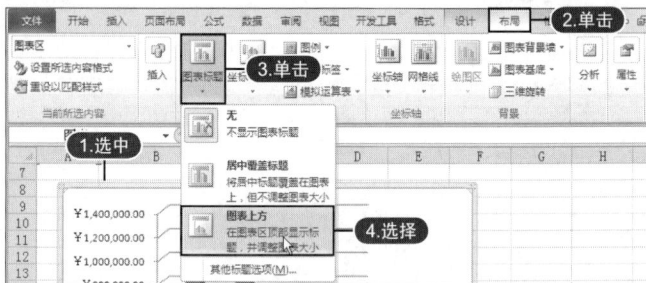

图8-26

❷ 此时，图表中会显示"图表标题"编辑框（见图8-27），直接在标题框中输入标题，完成设置，如图8-28所示。

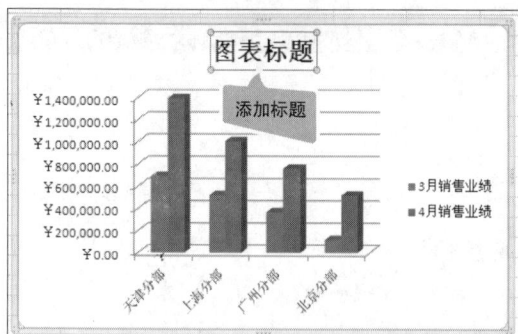

图8-27

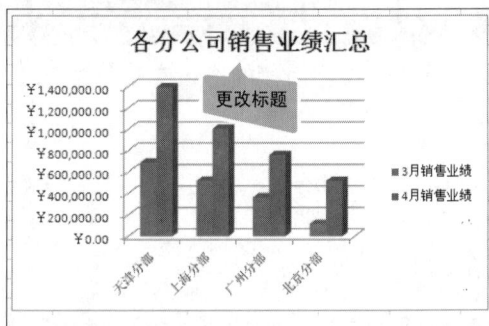

图8-28

8.3.4 设置图表区的颜色填充

在Excel 2010中，用户在为数据源创建图表后，可以设置图表区的填充颜色以美化图表，下面介绍具体操作方法。

❶ 打开工作表，选中图表，切换到"图表工具"–"格式"选项卡，在"形状样式"选项组中单击"形状填充"下拉按钮，在其下拉菜单中选择一种颜色，如红色，如图8-29所示。

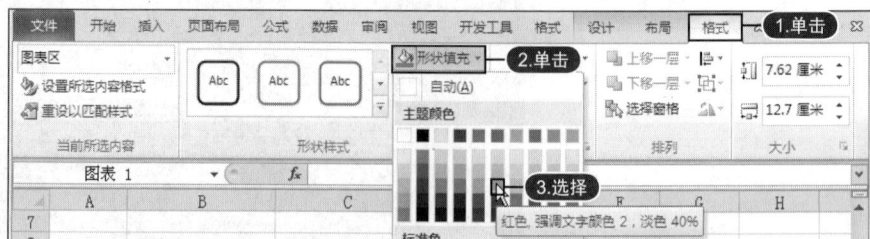

图8-29

❷ 返回工作表中，即可看到为图表区填充了红色，如图8-30所示。

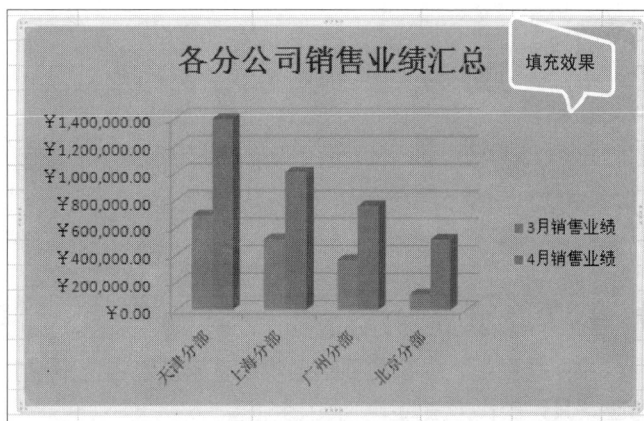

图8-30

8.3.5 设置图表纹理填充

用户还可以设置图表的纹理填充效果，下面介绍具体的操作方法。

❶ 打开工作表，选中图表，切换到"图表工具"-"格式"选项卡，在"形状样式"选项组中单击 按钮，弹出"设置图表区格式"对话框，单击"填充"标签，选中"图片或纹理填充"单选按钮，单击"纹理"按钮，如图8-31所示。

❷ 在"纹理"下拉菜单中选择一种纹理，如图8-32所示。

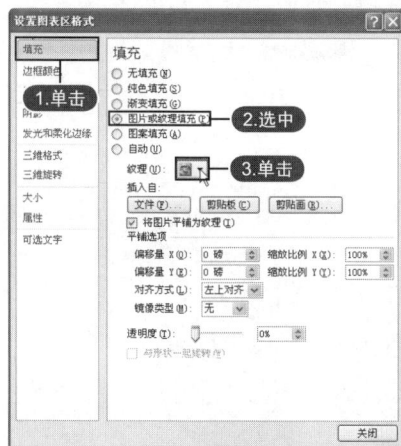

图8-31

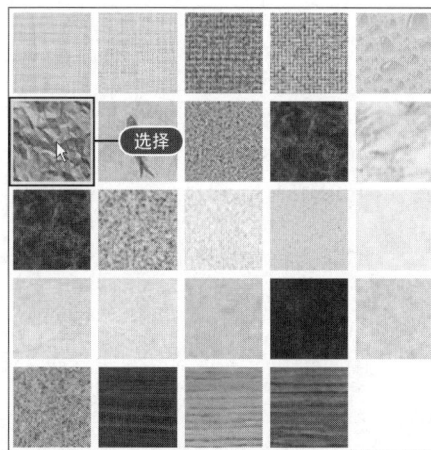

图8-32

❸ 单击"关闭"按钮，返回工作表中，即可看到图表显示的纹理填充效果，如图8-33所示。

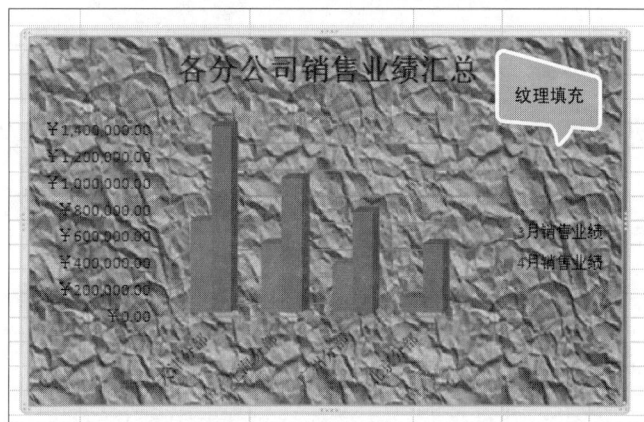

图8-33

113

8.4 设置图表数据标签

在插入图表后还可以为图表添加数据标签，并设置数据标签的格式，使图表的数据以一定的形式表现出来，下面以饼图为例具体介绍。

8.4.1 添加数据标签

插入饼图后，如果需要更直观地显示出饼图每个扇面所占饼图的比例，可以为饼图添加数据标签，具体操作方法如下。

❶ 打开工作表，选中图表，切换到"图表工具"–"布局"选项卡，在"标签"选项组中单击"数据标签"下拉按钮，在其下拉菜单中选择一种数据标签显示样式，如图8-34所示。

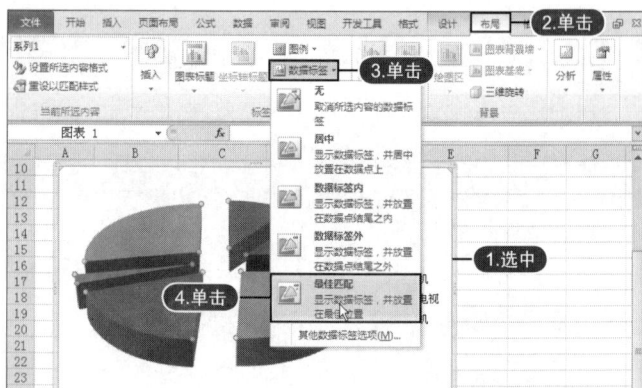

图8-34

❷ 为图表添加数据标签后，效果如图8-35所示。

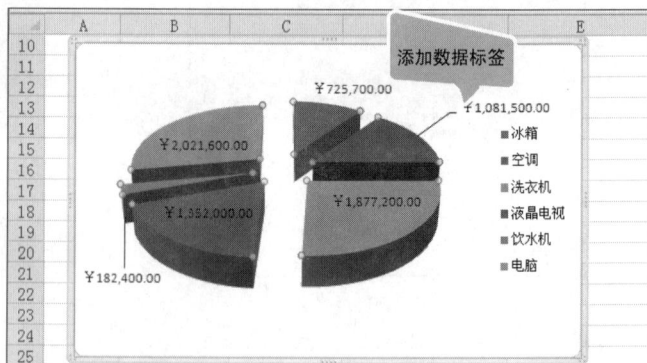

图8-35

8.4.2 设置数据标签格式

为饼图添加数据标签后，还可以为饼图设置数据标签格式，使其以百分比形式显示各扇面所占面积，具体操作方法如下。

❶ 打开工作表，选中图表，右击，在快捷菜单中选择"设置数据标签格式"选项，如图8-36所示。
❷ 打开"设置数据标签格式"对话框，取消选中"值"复选框，接着选中"百分比"复选框，如图8-37所示。

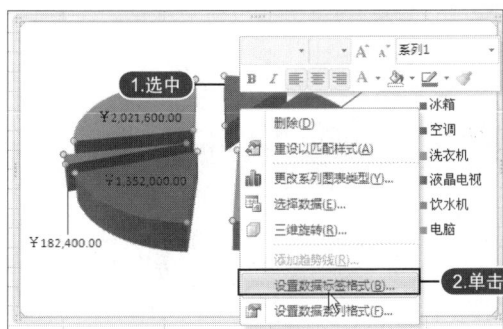

图8-36

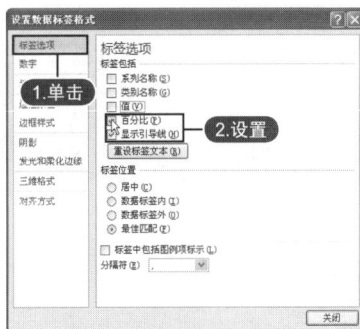

图8-37

❸ 单击"关闭"按钮，返回工作表中，即可看到图表按百分比显示，效果如图8-38所示。

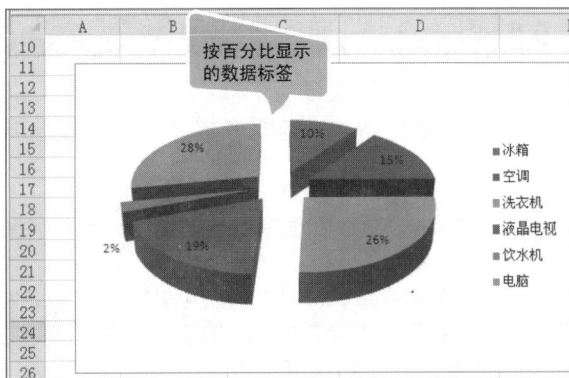

图8-38

8.5 趋势线、误差线和涨/跌柱线的应用

为了使图表更好地表达信息，还需要对图表进一步完善，如为图表添加趋势线、误差线等。

8.5.1 趋势线的应用

趋势线是用图形的方式显示数据的预测趋势。利用预测分析，可以根据实际数据预测未来数据。要向图表中添加趋势线，其操作方法如下。

❶ 打开工作表，选中要为其添加趋势线的数据系列，右击，在快捷菜单中选择"添加趋势线"命令，如图8-39所示。

❷ 弹出"设置趋势线格式"对话框，在"趋势线选项"下选择一种趋势线的样式，如：指数，如图8-40所示。

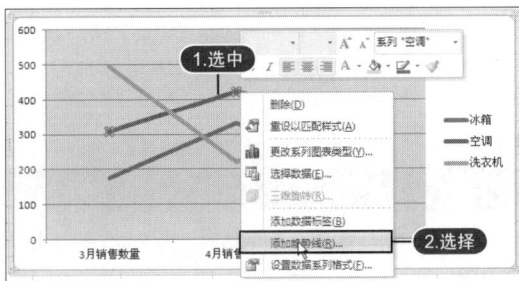

图8-39

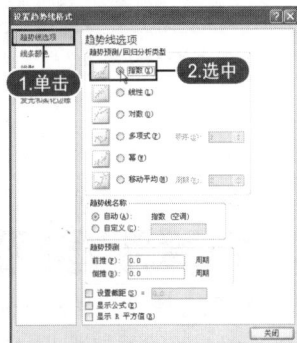

图8-40

❸ 单击"关闭"按钮，返回工作表中，即可看到为图表添加了趋势线，如图8-41所示。

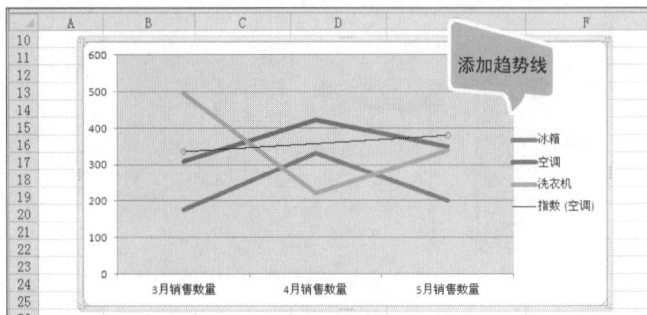

图8-41

8.5.2 误差线的应用

误差线是以图形形式显示了与数据系列中每个数据标记相关的可能误差量。用户可以为某项数据设置一个固定值，然后允许其有多少的可能误差量。向图表中添加误差线的具体操作方法如下。

❶ 打开工作表，选中图表中的数据系列，切换到"图表工具"-"布局"选项卡，单击"分析"选项组中的"误差线"下拉按钮，在其下拉菜单中选择要添加的误差线，如"标准误差误差线"，如图8-42所示。

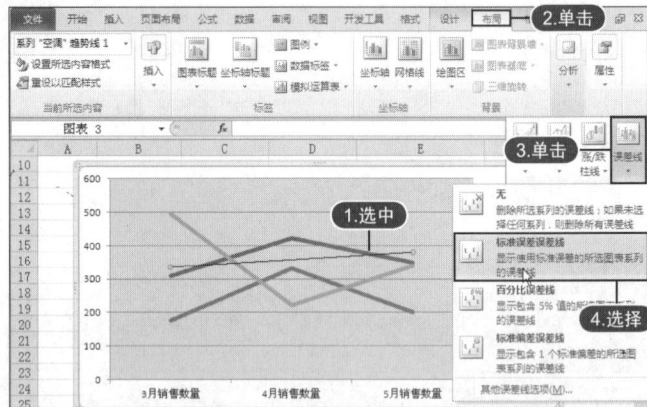

图8-42

❷ 选中误差线，返回工作表中，图表中即可添加相应的误差线，如图8-43所示。

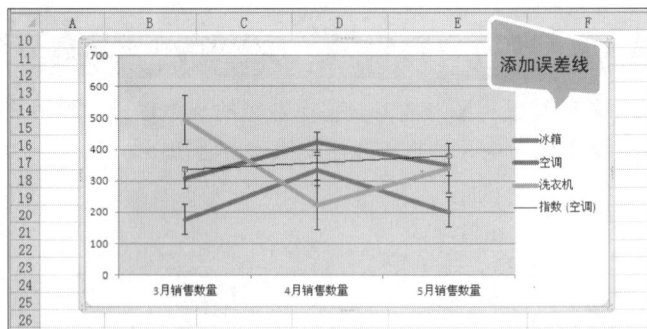

图8-43

8.5.3 涨/跌柱线的应用

涨/跌柱线可以形象地表示系列的涨/跌情况。若要快速地反映出数据各个系列间的涨/跌情况，可以为图表添加涨/跌柱线，具体操作方法如下。

❶ 打开工作表，选中数据系列，切换到"图表工具"-"布局"选项卡，单击"分析"选项组中的"涨/跌柱线"下拉按钮，在其下拉菜单中选择"涨/跌柱线"选项，如图8-44所示。

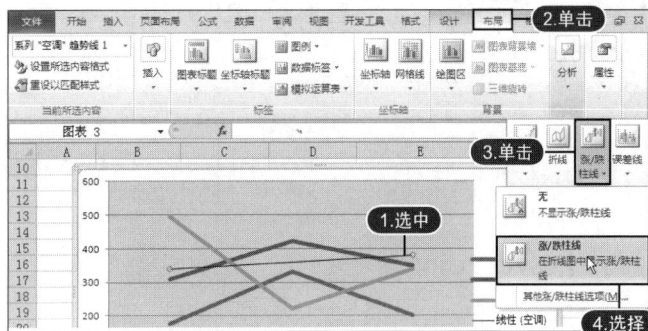

图8-44

❷ 设置完成后，返回工作表，即可为图表中各个数据点添加涨/跌柱线，如图8-45所示。

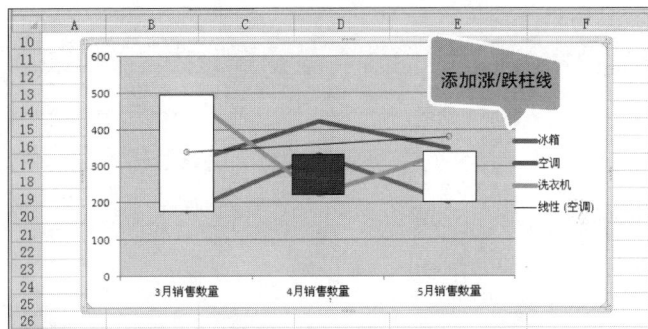

图8-45

技术看板

　　为图表添加涨/跌柱线后，可以看到当图表的数据点上的数据呈上涨趋势时，显示实心的实体；当数据呈下降趋势时，显示空心的实体。

Notes　　读书笔记

Chapter 9 揭开面纱
——了解PPT的基本概念

∷ 重点知识

- ※ PowerPoint概述
- ※ PowerPoint 2010主界面构成
- ※ PowerPoint 2010的模板、主题、版式和母版

∷ 应用效果

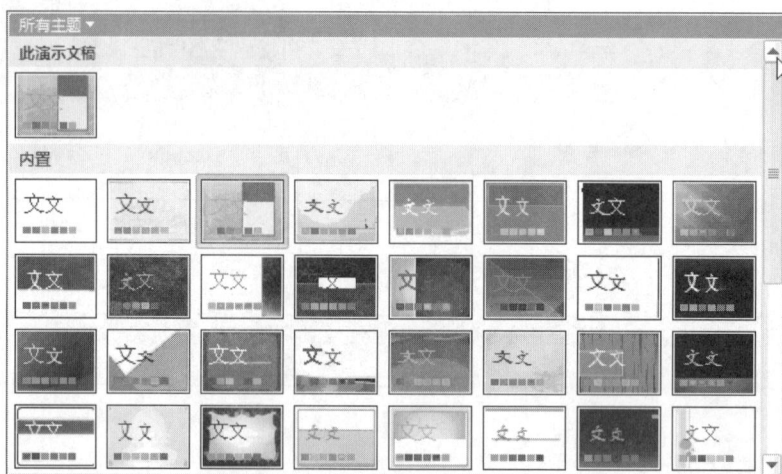

所有PPT主题

Office官方网站上的PPT模板

使用本地计算机PPT模板

∷ 参见光盘

素材路径：随书光盘\素材\第9章

视频路径：随书光盘\视频教程\第9章

9.1 什么是PowerPoint

使用PowerPoint能够绘制出图、文、声、像并茂的动态演示文稿。熟练掌握PowerPoint的编辑技巧可以快速制作出精美的幻灯片，使信息表达更生动、准确。

9.1.1 PowerPoint概述

1. 软件简介

PowerPoint（简称为PPT）是美国微软公司出品的办公软件系列的重要组件之一，是一种演示文稿制作程序。

PowerPoint具有功能强大的特点，可协助用户脱机或联机创建永恒的视觉效果。它增强了多媒体支持功能，利用PowerPoint制作的文稿可以通过不同的方式播放，也可将演示文稿打印成一页一页的幻灯片，使用幻灯片机或投影仪播放，可以将演示文稿保存到光盘中以进行分发，并可在幻灯片放映过程中播放音频流或视频流。PowerPoint 2010版对用户界面进行了改进并增强了对智能标记的支持，可以方便用户更加便捷地查看和创建高品质的演示文稿。

2. 构成内容与应用

一套完整的PPT文件一般包括片头动画、封面、前言、目录、过渡页、图表页、图片页、文字页、封底、片尾动画等，所采用的素材包括文字、图片、图表、动画、声音、影片等。

目前，我国的PPT应用水平逐步提高，应用领域越来越广。PPT正成为人们工作与生活的重要组成部分，被广泛应用于工作汇报、企业宣传、产品推介、婚礼庆典、项目竞标、管理咨询等方面。

9.1.2 用PPT可以做什么

向观众介绍一个计划、一款产品，做报告或是进行员工培训，都可以使用PowerPoint做一个演示文稿，并且可以利用PowerPoint的各种功能轻松、高效地制作出图文并茂、声形兼备、变化效果丰富多彩的多媒体演示文稿。

1. 制作课件

无论是教学课件还是各类培训课件，PPT都是首选的制作软件。一个带有动画、音乐等多媒体元素的幻灯片能够激发听众的学习兴趣。

在制作此类型的演示文稿时，要善于用举实例的方法，使复杂的道理简单化。在向听众讲解比较陌生的内容时，还要善于用比喻，使听众易于理解。

2. 制作报告

利用PPT制作的各种工作报告，可以使与会者集中精力听介绍者解说。在制作政府、企事业单位以及大型企业的工作报告时，在用色上要以传统为主，比如红色、蓝色等，背景的使用要简洁大方，做到画面丰富而不花哨；多利用图表来增强说服力，适当地用动画起到锦上添花的作用。

3. 企业宣传

销售人员、售前工程师经常要为客户介绍公司的背景和产品，这时可以使用PPT将介绍性的文字制作成演示文稿，并将公司图片和产品图片放在演示文稿中，既可以加深对公司产品的认识，又可以提高公司的可信度。

在制作此类型的演示文稿时，要给听众留下一种印象——专业性的企业形象，并且要直观地将企业信息展现给听众。

4．咨询方案

用户可以将自己的咨询报告清晰明了地用PPT表现出来，让客户在较短的时间内掌握核心的观点，提升工作效率。

制作此类型的演示文稿时，要善于用图片、表格和图表，使客户从这些数据中得到有用的信息，认同你的观点，还要做到画面简洁，给客户留下专业与可信的印象。

5．财务分析

不论是公司的财务总监、财务经理、财务主管还是财务分析人员，都可能需要经常向其他部门的同事、老板或董事会汇报公司的财务状况，说明公司取得的成绩或控制尚存的问题等。PPT能帮助用户在较短的时间内清晰、直观地向受众阐明个人观点。

6．休闲娱乐

随着PowerPoint软件的普及与完善，给予了很多PPT爱好者发挥的空间，可以尝试制作各种各样的PPT娱乐产品，比如个性相册、音乐动画和游戏等。

9.1.3 快速认识PowerPoint 2010

PowerPoint 2010专门用于制作演示文稿，被广泛应用于各种会议、教学和产品演示等，其主界面主要由大纲区、备注区和幻灯片区组成，如图9-1所示。下面介绍主界面各个区域的主要功能。

- PowerPoint按钮：单击该按钮，在弹出的下拉菜单中选择不同的命令，可以对正在编辑的工作表窗口进行移动、最大化、最小化和关闭等操作，这个按钮极大地方便了用户最大化状态下编辑文稿。
- 快速访问工具栏：包含了常用的工具按钮，默认状态下有"保存"、"撤销"、"恢复"按钮，单击其右边的下拉按钮，在下拉菜单中可对快速访问工具栏进行自定义。
- 标题栏：显示演示文稿的名称。
- 窗口控制按钮：使窗口最小化、最大化、还原或关闭。
- "文件"标签：单击该标签，在选项卡中可对文件进行保存、打开、关闭、新建、打印、共享等操作。
- 选项卡标签：每个选项卡中汇集了该功能的全部操作命令，单击选项卡标签，即可切换到相应的选项卡。
- "帮助"按钮：单击该按钮，可以获取关于PowerPoint 2010的帮助内容。
- 功能区：排列着PowerPoint 2010的各个功能。
- 幻灯片窗口：显示当前幻灯片，是主要的编辑幻灯片的区域。
- 备注窗格：用于添加与幻灯片内容相关的注释，供演讲者演示文稿时参考所用。
- 状态栏：显示当前状态信息，如页数和所使用的设计模板等。
- 视图按钮：可切换不同的视图效果对幻灯片进行查看。
- 显示比例滑块：用于显示文稿编辑区的显示比例，拖动显示比例滑块即可放大或缩小演示文稿显示比例。
- 适应窗口大小按钮：调整幻灯片与窗口大小达到最佳比例。

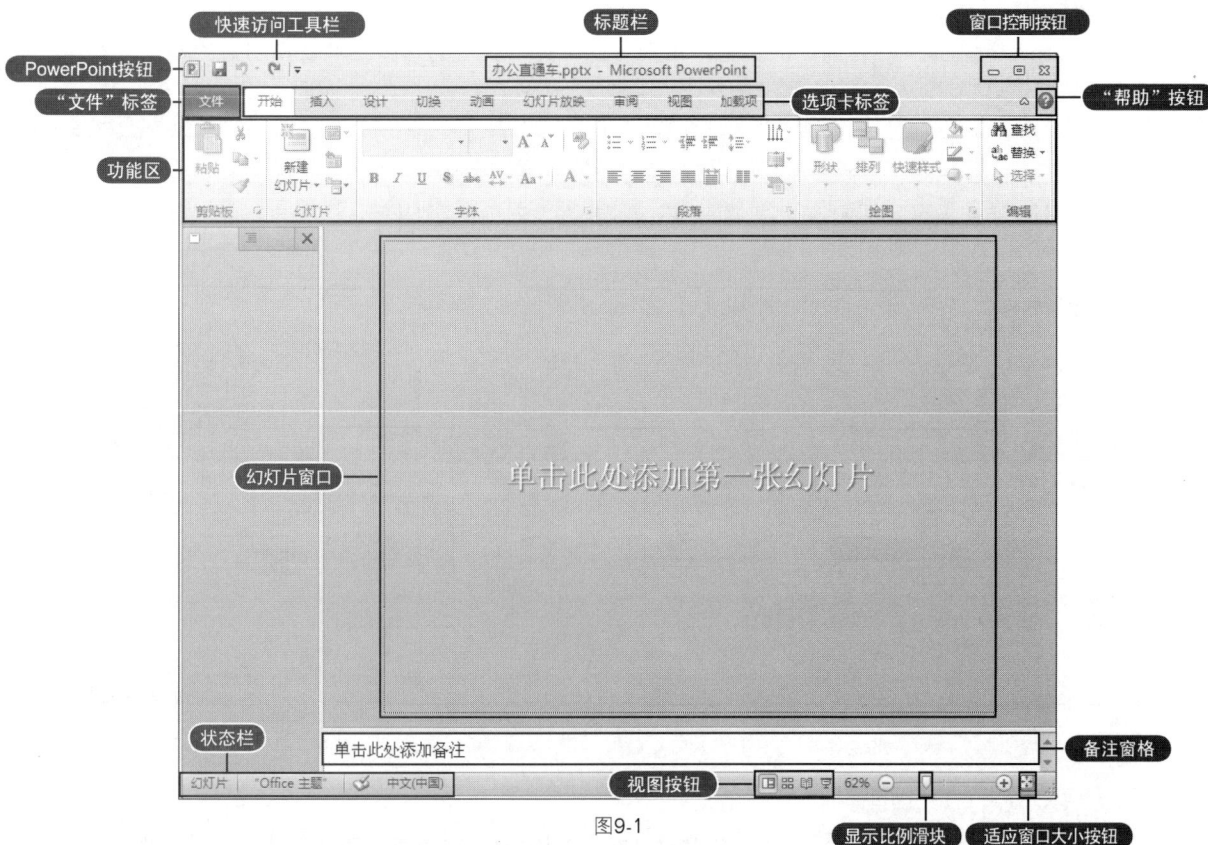

图9-1

9.2 关于PPT模板、主题、版式和母版的概念

初学者总是会对模板、主题、版式、母版这几个名词带有疑问，它们又是跟设计和制作PPT息息相关的，下面我们先来了解这几个名词所代表的含义。

9.2.1 什么是PPT模板

1. PPT模板的概念

模板是PPT的骨架性组成部分。传统上的PPT模板包括封面、内页两张背景，用户可以根据模板添加PPT内容；近年来，国内外的专业PPT设计公司对PPT模板进行了提升和发展，内含：片头动画、封面、目录、过渡页、内页、封底、片尾动画等页面，使PPT演示文稿更美观、清晰、动人。

2. PPT模板的设计与应用

利用PPT模板可以使PPT制作简单化，PowerPoint 2010内置了不同类型的模板，网络上也有很多PPT模板样式，巧妙地利用PowerPoint模板，可以帮助初学人士快速掌握PPT的操作，也可以为有一定使用经验的用户带来极大的方便，提升工作效率。

使用本地计算机模板

PowerPoint内置了一些模板的类型，用户可以根据需要，有选择性地使用内置的模板，具体操作方法如下。

❶ 启动PowerPoint程序，单击"文件"标签，切换到Backstage视图，在左侧单击"新建"选项，在打开的"可用的模板和主题"窗格中单击"样本模板"按钮，如图9-2所示。

❷ 打开"样本模板"列表框，选中需要的样本模板，单击"创建"按钮，即可根据所选模板来创建演示文稿，如图9-3所示。

图9-2

图9-3

使用Office.com上的模板

在连网的情况下，用户还可以使用Office.com中的模板创建演示文稿，具体操作方法如下。

❶ 启动PowerPoint程序，单击"文件"标签，切换到Backstage视图，在左侧单击"新建"选项，在打开的"可用的模板和主题"窗格的"Office.com模板"列表框中选择一种模板类型（此处为"演示文稿"），如图9-4所示。

❷ 单击"学术演示文稿"文件夹，链接到Office.com，选择模板类型（此处为"迎接新学年演示文稿（教师用）"），单击"下载"按钮，即可下载选定的模板来创建演示文稿，如图9-5所示。

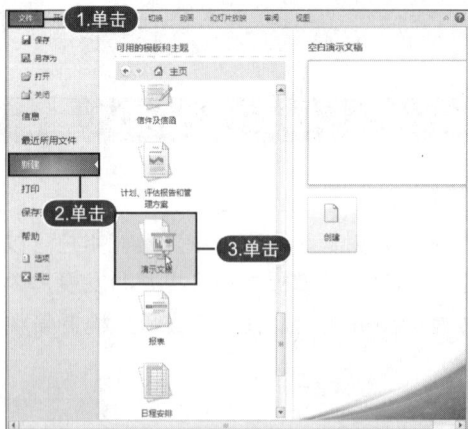

图9-4

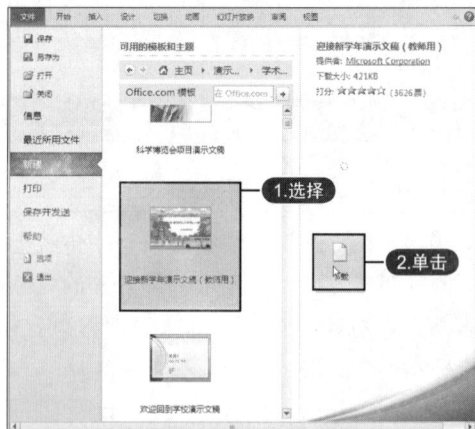

图9-5

在同一演示文稿中使用不同的模板

在PowerPoint 2010中可以给幻灯片选用不同主题的模板，具体操作方法如下。

❶ 打开演示文稿，切换到"幻灯片"窗格，如果有多个幻灯片要应用同一模板，可以在"普通"视图下按【Ctrl】键逐个选中要应用模板的幻灯片。

❷ 切换到"设计"选项卡，在"主题"库中选择要更改的模板，右击鼠标，在快捷菜单中选择"应用于选定幻灯片"选项（见图9-6），更改后的效果如图9-7所示。

图9-6

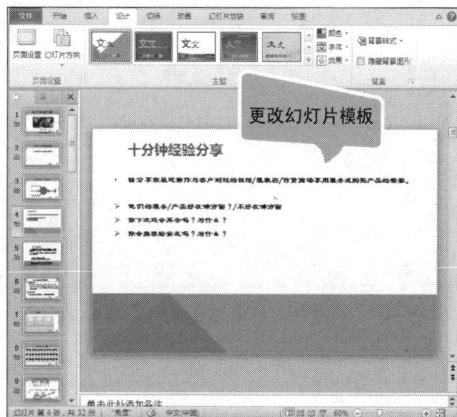

图9-7

使用自己保存的模板

在PowerPoint 2010中可以根据自己保存的模板创建PPT演示文稿，具体操作方法如下。

❶ 打开演示文稿，单击"文件"标签，切换到Backstage视图，单击"另存为"选项，如图9-8所示。

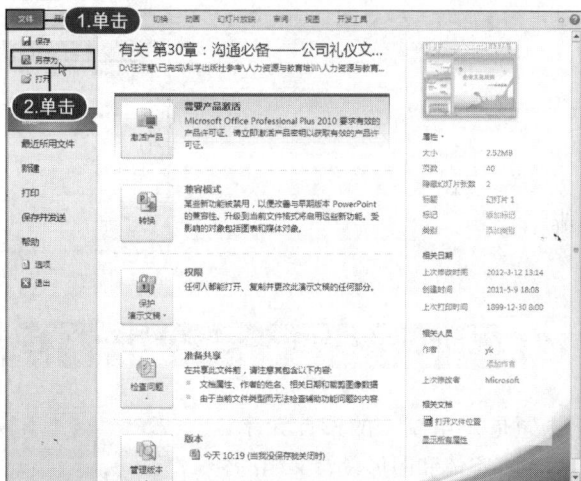

图9-8

❷ 打开"另存为"对话框，在"保存类型"下拉列表中选择"PowerPoint模板（*.potx）"选项，单击"保存"按钮，如图9-9所示。

图9-9

❸ 在需要使用保存的幻灯片作为模板时，切换到Backstage视图，单击"新建"选项，在"可用的模板和主题"列表框中单击"我的模板"按钮，如图9-10所示。

图9-10

❹ 打开"新建演示文稿"对话框，在"个人模板"选项卡的列表框中找到保存的"公司礼仪文化培训PPT.potx"模板，单击"确定"按钮，即可根据保存的模板创建PPT演示文稿，如图9-11所示。

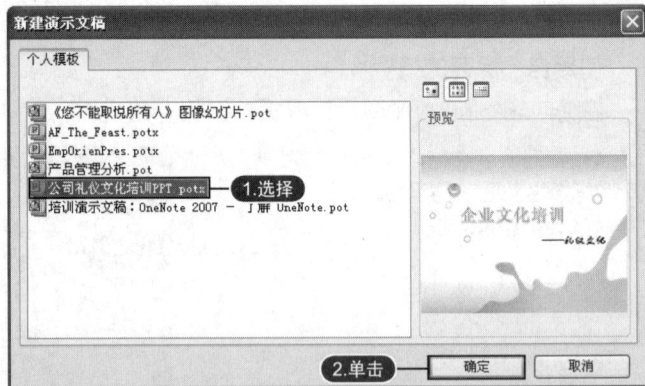

图9-11

9.2.2 什么是主题

主题是一组统一的设计元素，使用颜色、字体和图形设置文档的外观。PowerPoint 提供了多种设计主题，包括调整配色方案、背景、字体样式和占位符位置等。使用预先设计的主题，可以轻松、快捷地更改演示文稿的整体外观。

默认情况下，PowerPoint 会将普通Office 主题应用于新建的空白演示文稿，如图9-12所示。

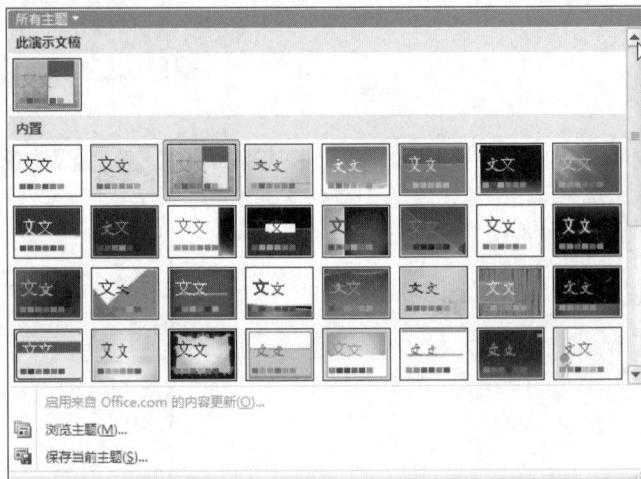

图9-12

9.2.3 什么是版式

版式是幻灯片上标题和副标题文本、列表、图片、表格、图表、自选图形和视频等元素的排列方式。在新建幻灯片的时候，系统默认打开的都是只包含标题和文本内容的幻灯片，我们可以根据设计的需求来重新设置幻灯片版式。

单击"开始"标签，在"幻灯片"选项组中单击"版式"下拉按钮，在打开的下拉菜单中选择一个选项即可应用不同的版式，此处选择"标题幻灯片"选项，该张幻灯片适合放在演示文稿的最开始，如图9-13所示。

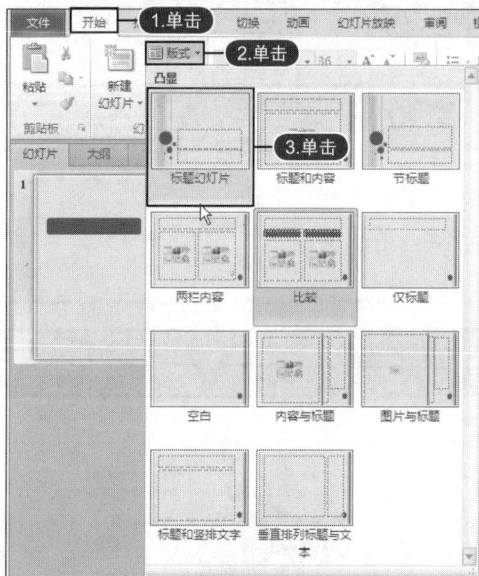

图9-13

9.2.4 什么是母版

幻灯片母版是幻灯片层次结构中的顶层幻灯片，用于存储有关演示文稿的主题和幻灯片版式的信息，包括背景、颜色、字体、效果、占位符大小和位置。由于幻灯片母版影响整个演示文稿的外观，因此在创建和编辑幻灯片母版或相应版式时，需要在"幻灯片母版视图"下操作。

图9-14显示一个应用了"奥斯汀"主题的幻灯片母版，以及3个支持版式。

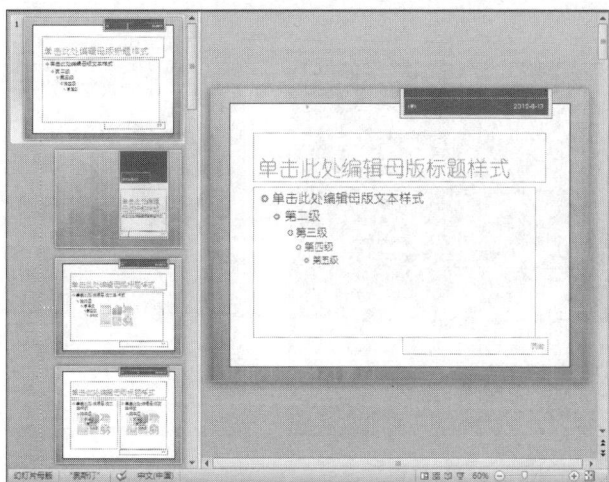

图9-14

每个演示文稿至少包含一个幻灯片母版。修改和使用幻灯片母版的主要优点是可以对演示文稿中的每张幻灯片进行统一的样式更改。使用幻灯片母版时，由于无须在多张幻灯片上输入相同的信息，因此节省了时间。

如果希望演示文稿中包含两种或更多种不同的样式或主题（如背景、配色方案、字体和效果），则需要为每种不同的主题插入一个幻灯片母版。

Chapter

10

初相识

——了解PPT的设计要领

:: 重点知识

- ※ 明确设计的目的
- ※ 色彩的魅力
- ※ 多元素的搭配
- ※ 避免要出现的问题

:: 应用效果

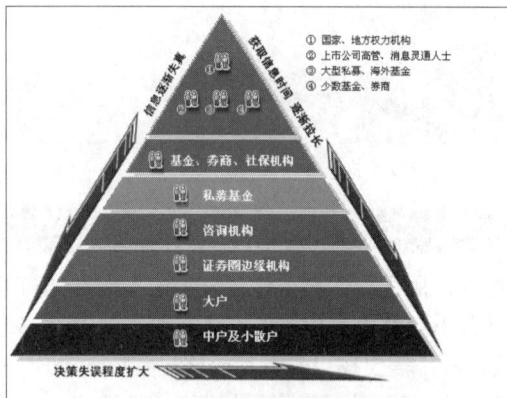
用思维导图体现逻辑

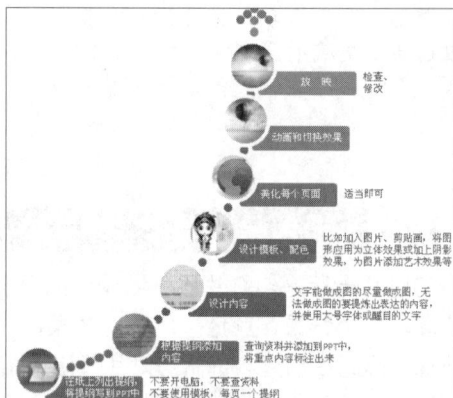
PPT制作流程示意图

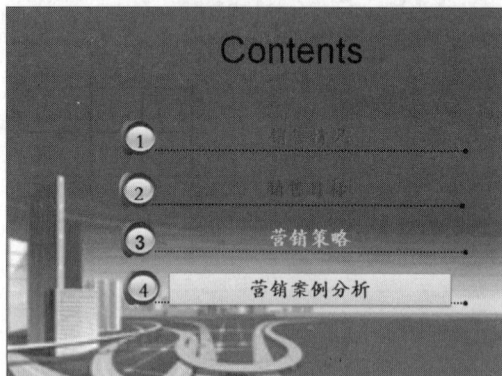
使用颜色及标注突出重点

使用形象的图片美化PPT

:: 参见光盘

素材路径：随书光盘\素材\第10章

视频路径：随书光盘\视频教程\第10章

10.1 了解PPT的设计思路

一位优秀的PPT设计者，不仅可以制作出漂亮的PPT演示文稿，更应该有一个完整的设计理念。为了更好地学习本节内容，可参考随书光盘中赠送的电子书。

10.1.1 掌握最佳制作流程

PPT制作，不仅靠技术，而且靠创意、理念及内容的展现方式，PPT最佳制作流程如图10-1所示。

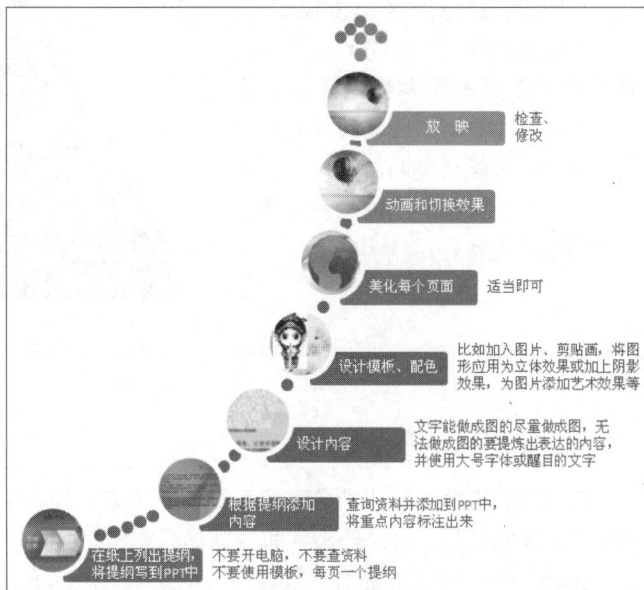

图10-1

10.1.2 思维要清晰

制作PPT之前，首先要理清头绪，要清楚地知道做PPT的目的，以及要通过PPT传达给受众什么样的信息。

清楚了要表达的内容后，就先将这些记录在纸上，然后回过头再看一遍，检查有没有遗漏内容或者不妥的内容。

优秀的演示文稿要具备如图10-2所示的条件。

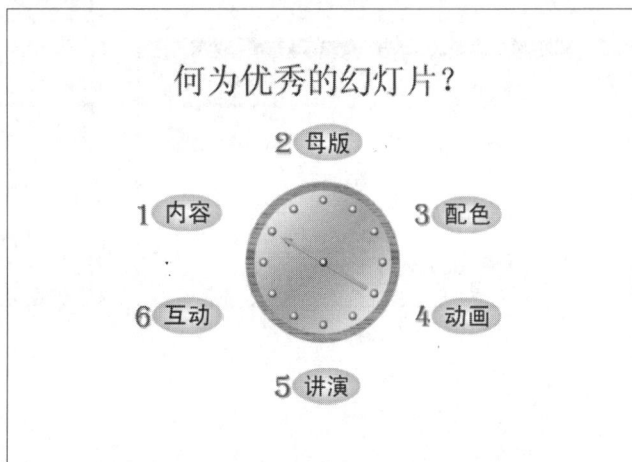

图10-2

10.1.3 展现重点内容

如果需要使用PPT传达大量的信息，就需要考虑如何将重点内容在PPT中演示，再考虑如何更好地展现出这些重点，以使受众乐意去看。

1. 用思维导图体现逻辑

制作PPT之前，在梳理PPT观点时，如果有逻辑混乱的情况，可以尝试使用金字塔原理创建思维导图。用金字塔原理做的思维导图如图10-3所示。

在理清PPT制作思路后，可以运用此原理将要表现内容的提纲列出来，并在PPT中制成目录和导航的形式，使受众也能快速明白制作者的意图。更多关于金字塔原理的用法请参考第11章的内容。

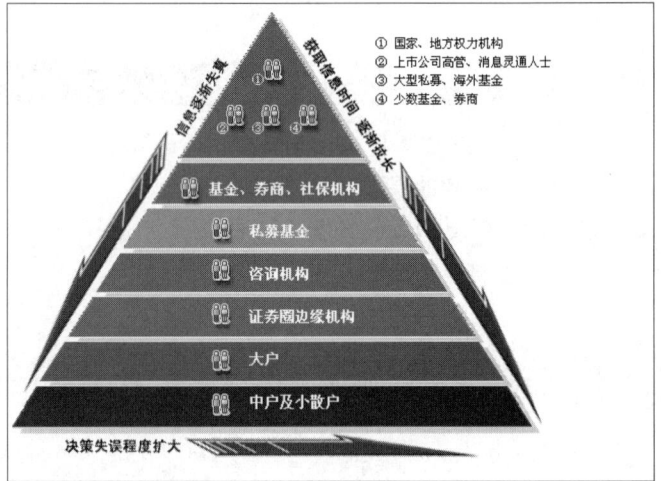

图10-3

2. 更好地展现主题

PPT中的内容展现原则是"能用图，不用表；能用表，不用字"，所以要尽量避免大段落的文字和密集的数据，将这些文字和数据尽可能使用图示、图表和图片展示出来。

图示

PowerPoint 2010中提供了大量美观的SmartArt图形（见图10-4），可以使用这些图形展示出列表、流程、循环、层次结构、关系等形式，也可以将插入PPT的图片直接转换为上述形式，图10-5所示为使用了层次结构类型的SmartArt图形来展示组织结构图。

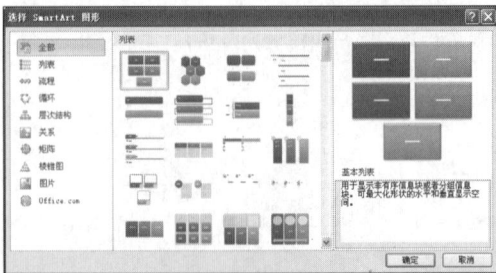

图10-4

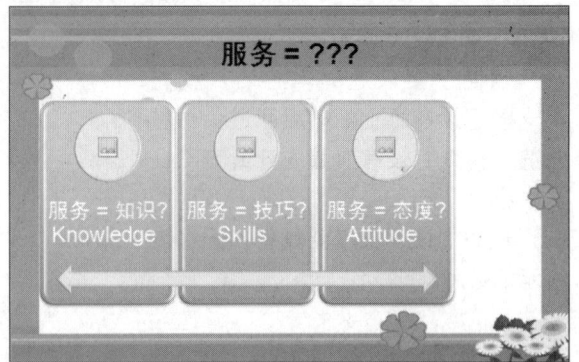

图10-5

图表

使用图表可以直观地展示数据，使受众一目了然，不再需要去看枯燥无味的数据，为此PowerPoint 2010中提供了大量的图表类型（见图10-6）。使用图表时，需要根据数据的类型和对比方式来选择图表类型，图10-7所示为用饼图展示的公司职员学历层次分析情况。

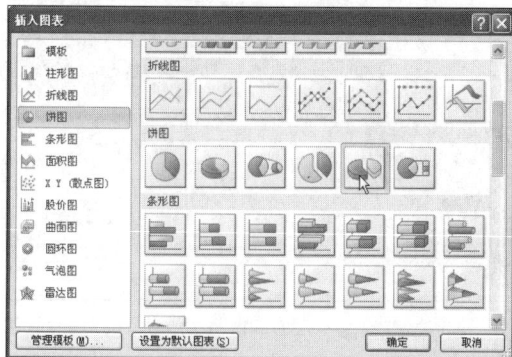

图10-6

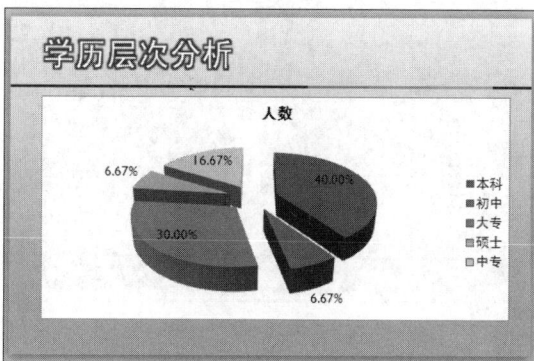

图10-7

图片

枯燥的文字容易使人昏昏欲睡，使用图片替代部分文字，可以事半功倍，如图10-8所示的幻灯片中使用图片表现提供卓越客户服务的好处。PowerPoint 2010中提供了大量的剪贴画（见图10-9），充分利用这些素材，可以使自己制作的PPT内容更加丰富。

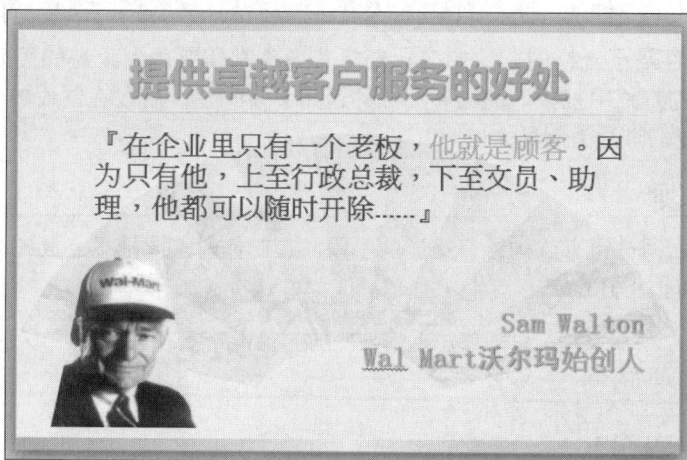

图10-8

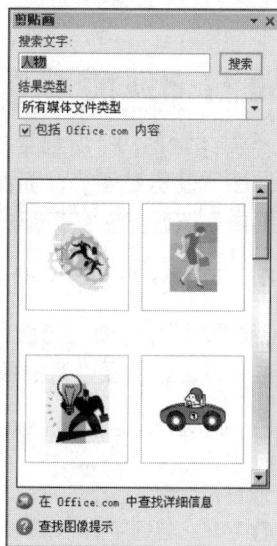

图10-9

3. 简洁而不简单

制作PPT时，要力求做到中心思想突出，能够表达最主要的内容，可以按下面的方法在PPT中展示重点内容。

只展示中心思想，以少胜多

在如图10-10所示的幻灯片中，以大字体、不同的字色来显示所要表达的中心思想，这比长篇大论更容易让人接受。

使用颜色及标注吸引观众注意

在比较多的文字或数据中，观众需要看完才能了解到重点。在制作PPT时，可以使用不同的颜色、字号或标注将重点突出出来，使内容一目了然，如图10-11所示。

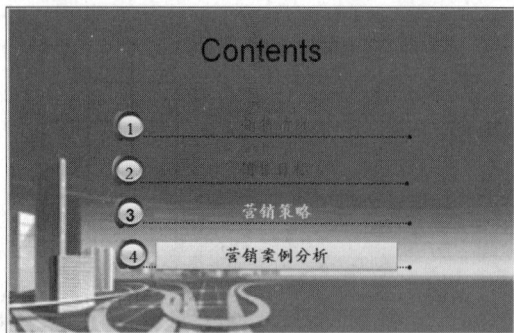

图10-10

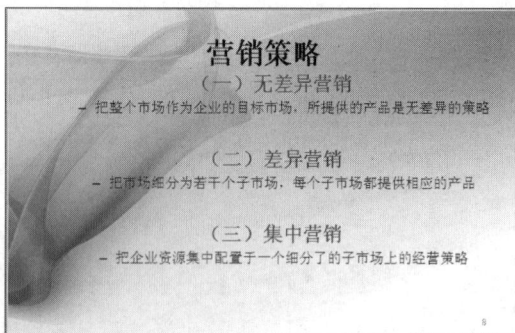

图10-11

10.2 明确设计的目的

"有目标，才有动力"，同样对于PPT的设计，有了明确的目的，才可以勾勒出清晰的思路，进而策划出好的设计方案。

10.2.1 目标明确，思路更清晰

不同类型的PPT所包含的内容是不一样的，比如商业幻灯片中常常需要用到大量的图表、图解、图示及剪贴画等，而课件幻灯片中视频、动画和图片的运用会多一些，所以在制作PPT之前，要做好调研工作。下面以商业幻灯片为例具体说明。

1. 商业幻灯片的设计原则

商业幻灯片是公司内部员工之间进行有效沟通、交流的手段。在制作时，要把重点放在内容的精准传达上，需要注意的原则有以下几点。

❶ 设计理念：根据不同商业目的，设计类型，如员工培训、会议、新产品推广等。
❷ 布局：保持整体风格，各页面灵活处理，注意变化。
❸ 配色方案：灵活运用公司主题色与子色彩。
❹ 字体：普通字体，种类限3~4种，注意字体的可读性。
❺ 设计要素：装饰元素最少化，设计重点放在图表、图解上。

2. 商业幻灯片的设计理念

在商业幻灯片制作过程中，数字占有十分重要的地位，盈亏分析、损益对照、营销战略、事业计划等都是借助数字来表现的，在设计时需要把数字表达得更清晰、便于理解，可以使用图片代替图表，如图10-12所示。在使用文本时，可以提取关键字，兼顾文本的简单性和直观性，如图10-13所示。

图10-12

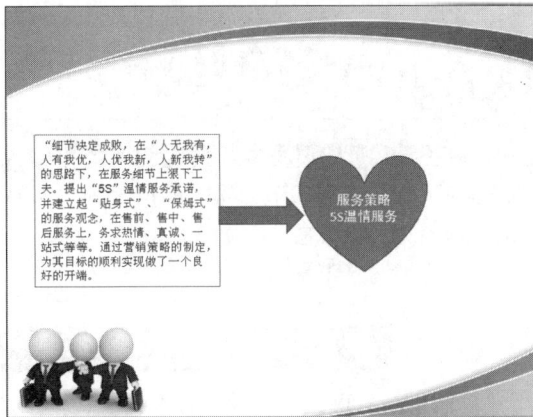

图10-13

3. 商业幻灯片的设计要求

商业幻灯片是公司内部各部门间进行有效沟通、交流的媒介，如业绩报告、事业计划、营销计划等，设计时不需要超"炫"的设计，只需要将公司的整体性表达出来即可。

10.2.2　结构清晰，表达更流利

在设计幻灯片时，力求做到语言简洁、通俗易懂，使受众能够很好地理解幻灯片所需要表达的内容，例如在制作课件幻灯片时，需要将深奥、难懂的语言，用浅显的方式表达出来。

1. 少用文字，多元素结合

在制作幻灯片时，尽量使用常规化的语言，尤其是对于非专业人士，要尽量少用专业术语，或者用很长的文字来表述，可以将文字转换为图片或动画的方式表现出来。

2. 画面简洁，层次清晰

在幻灯片的制作过程中，常常会使用强烈的颜色来强调突出关键内容，吸引受众视线，但如果掌握不好配色的技巧，在颜色设置中出现问题，反而会使幻灯片的画面十分不自然，因此需要学会一些简单的色彩搭配。

如使用浅黄褐色和深褐色（见图10-14）可以将古韵之风表达得淋漓尽致，使用浅蓝色可以将天空的广阔呈现出来（见图10-15）。

图10-14

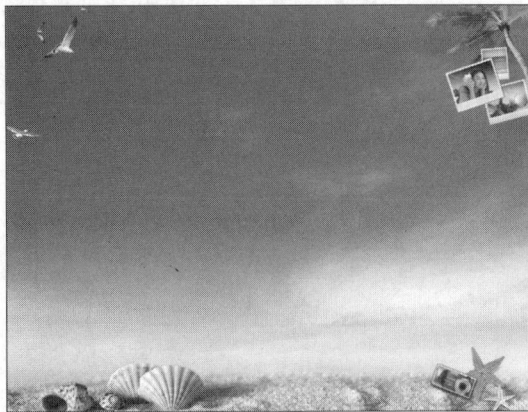

图10-15

10.3 色彩的魅力

在设计PPT的过程中，正确应用色彩和合理设计布局是两个比较重要的因素，对色彩的理解和使用会影响到演示文稿的质量。为了更好地掌握本节内容，具体颜色搭配效果请参考随书光盘中赠送的电子书。

10.3.1 色彩的意象

了解色彩的意象，对设计有很大的帮助；运用色彩意象，可以使设计时尚起来。

1. 红色的色彩意象

红色容易引起注意，在一些媒体中使用比较广泛（见图10-16）。除了具有较好的明视效果之外，也被用来传达有活力、积极、热忱、温暖、前进等含义的企业形象与精神，是党政机关类幻灯片的常用色。另外，红色还可以作为警告、危险、禁止等标志用色。在中国传统文化中，红色更是用来代表节日、喜庆等（见图10-17）。

图10-16

图10-17

2. 绿色的色彩意象

绿色具有和平、宁静、生机勃勃、清爽的意象，象征生命、安全，人类也比较崇尚大自然中的绿色，因此在幻灯片中使用比较广泛（见图10-18和图10-19）。

图10-18

图10-19

3．橙色的色彩意象

橙色象征着富贵、光明、单纯、活泼，在幻灯片中常常会用到（见图10-20和图10-21），因为醒目也常常被用作警示色。

图10-20

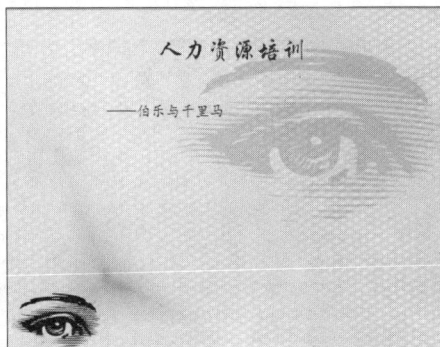
图10-21

4．黑色的色彩意象

黑色象征着高贵、稳重、肃穆的意象，许多科技产品的用色，例如摄像机、电视、轿车等的色彩大多采用黑色。同白色一样，黑色也是永远流行的颜色，可以百搭（见图10-22和图10-23）。

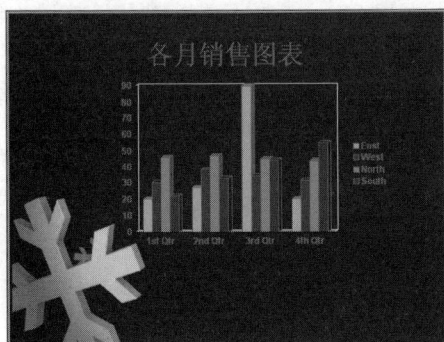
图10-22

图10-23

5．白色的色彩意象

白色象征着纯净、简约，通常需要和其他色彩搭配使用。纯白色会给人带来寒冷、严峻的感觉，所以在使用白色时通常会掺一些其他的色彩，如米白、乳白、银白等。白色是永远流行的颜色，可以百搭（见图10-24和图10-25）。

图10-24

图10-25

6. 蓝色的色彩意象

蓝色是幻灯片设计中使用最广泛的一种颜色，象征着沉稳、理智、准确、博大等。在商业幻灯片的设计中，强调科技、产品或企业形象，大多选中蓝色为企业的标准色（见图10-26和图10-27）；另外，蓝色还有着忧郁的意象，所以在文学作品和感性诉求的幻灯片设计中会用到。

图10-26

图10-27

7. 紫色的色彩意象

紫色象征着华丽、典雅，略带一种神秘感（见图10-28和图10-29），常常用于以梦想、创新、女性心理为主题的幻灯片设计中。

图10-28

图10-29

10.3.2　色彩搭配技巧

演示文稿的丰富生动，离不开色彩，色彩搭配合理，可以使演示文稿效果倍增。同样，如果色彩搭配不合理，演示文稿会显得古板、土气，甚至是混乱。

1. 主题与色彩的关系

演示文稿都有一定的主题性，寓意于色彩中的视觉主题总是能够迅速地表达演示文稿的主题内容，例如介绍儿童用品或化妆品时，可以配置女性化且具有温柔感的色彩，如粉色能比较准确地表达主题内容（见图10-30），而在介绍汽车、家电及机械产品时，则需要配置男性化且具有生硬感的色彩，如深蓝色（见图10-31）。

图10-30

图10-31

2. 巧妙利用强调色

强调色的配色是指通过在平淡且单调的配色中应用强调色而突出整体色彩的配色方法。

用户可以在整体色调保持一致的状态下，使用色相完全不同的颜色，或者使用色相相同但色调不同的颜色来突出强调色（见图10-32和图10-33）。

图10-32

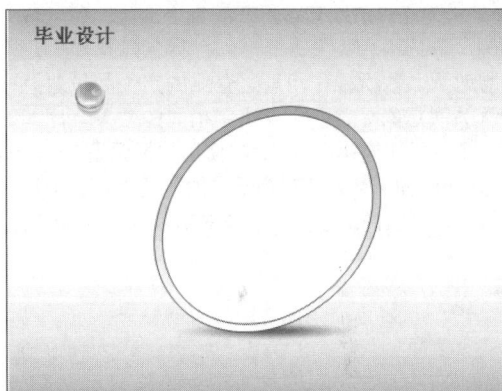

图10-33

3. 渐变效果的丰富运用

在色彩中，通过色相、明度和纯度都可以制作出渐变效果，并且能产生富有层次的美感。

在阶段性变化的演示文稿中使用渐变效果可以呈现出各种丰富的变化效果，图10-34和图10-35所示为纯度渐变和明度渐变的效果。

图10-34

图10-35

10.4 多元素的搭配

在制作演示文稿时,如果只使用文本、图片或者图表,PPT的内容就会显得单一,而且冗长,抓不住观众的眼球,自然也得不到很好的传递效果。此时,可以使用多种元素丰富演示文稿,将图形、表格、图片和文本相互结合,再配合动画、视频及Flash动画,才可以让演示文稿生动起来。

10.4.1 吸引观众的注意力

吸引观众注意力的方法有很多种,使用双关语、将文字意境化,使用卡通图片、对比型或相关型元素等,可以瞬间抓住观众的眼球,传达出必要的信息。

1. 醒目的标题

一个精妙的标题能够迅速地抓住观众的眼球,是赢得掌声的第一步,也会让PPT显得熠熠生辉,而双关联想法,可以使枯燥无味的PPT标题变得生动起来。

双关联想法经常运用在广告语上,比如联想电脑的广告语"人类失去联想,世界会怎样?",借联想对人类的积极作用表达企业的定位和价值。一个双关联想的标题,可以达到相同的效果,比如在做一个关于油的项目PPT时,使用的标题是Burn the Midnight Oil,意为午夜烧干的油,既体现了项目名称,又向老板说明了员工工作的辛苦,如图10-36所示。

图10-36

2. 使用形象的图片

使用卡通的图片可以使PPT生动起来,一些专业的术语配上形象的图片也可以让观众更易于理解,就像汉字中的象形文字,通过文字就可以表达出动作或事物。

在做食品或环保方面的演示文稿时,可以使用拟人的图片代替实物图,以拟人的方式让图片自己说话,使内容丰富起来,如图10-37所示。

在做戏曲方面的演示文稿时,可以使用玩偶、剪贴画等卡通形象,抓住观众的眼球,也可以使枯燥的内容介绍生动起来,如图10-38所示。

图10-37

图10-38

10.4.2 扩展演讲空间

使用多种元素还可以扩展演讲的空间，尤其是专业术语较多时，对于非专业人事而言，就会显得吃力。在制作这一类型PPT时，要想到如何将自己要表达的东西浅显地表达出来，让别人可以接受，就像老师可以将深刻的道理用通俗方式表达出来一样。

比如移动公司在向客户展示GPRS流量问题时，对于KB、MB的专业术语，客户或许不能够很好地去理解，但如果将流量和日常生活中的电量、水量联系在一起，使用水、电等标识代替专业的流量问题，观众就可以更好地接受了。

10.5 设计过程中应避免的问题

在PPT设计过程中，需要避免的问题有很多，作为初学者可能不能完全注意到，下面简单介绍几种常见的需要避免的问题。

1. 应用效果过多

应用过多效果的幻灯片表现形式比较混乱，导致听众很难分清主次（见图10-39和图10-40）。

图10-39

图10-40

2. 文本过多

一张幻灯片中插入过多的文字，不仅很难分辨主次，还会显得非常拥挤（见图10-41和图10-42）。

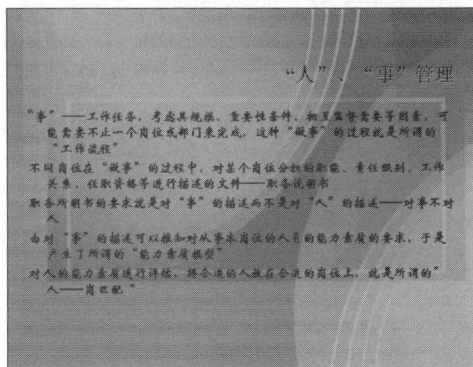

图10-41

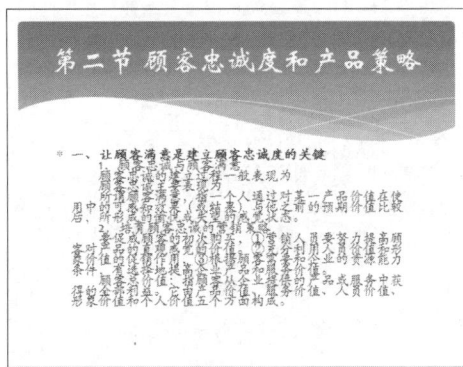

图10-42

3．画面不协调

一张幻灯片中的画面不协调，不仅难以突出中心部分，而且不美观（见图10-43和图10-44）。

图10-43

图10-44

4．滥用渐变效果

在一个幻灯片中不断重复地使用同一种形式，容易使听众感觉乏味，重复使用渐变效果，会使幻灯片中的颜色过多，看上去比较土气（见图10-45和图10-46）。

图10-45

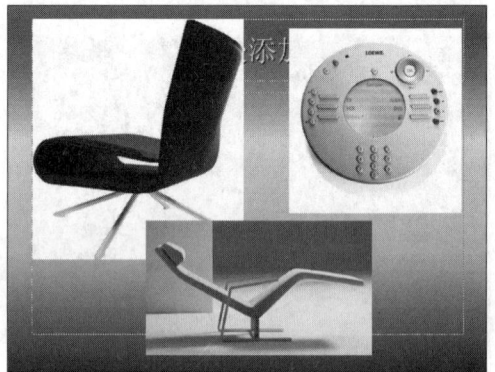

图10-46

5．表现形式单一

在幻灯片中如果只使用一种表现形式，比如单纯的方形框架，感觉会非常拥挤（见图10-47和图10-48）。

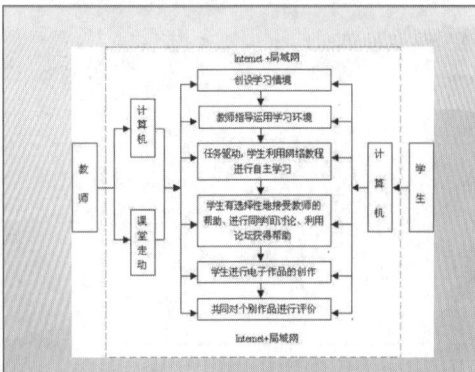

图10-47

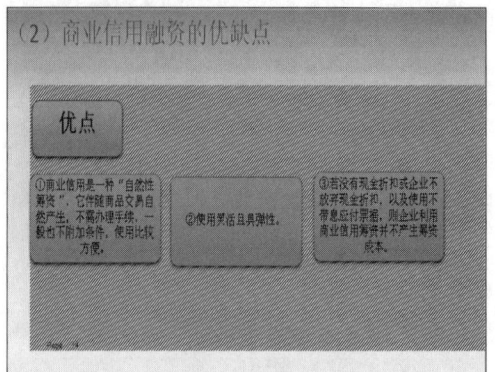

图10-48

Chapter
11

浅相知
——提升PPT的表达效果

∷ 重点知识

- ※ 主题的设计
- ※ 框架、导航与逻辑线索
- ※ 演讲环境和受众的定位
- ※ 风格和亮点的凸显
- ※ 动画的应用

∷ 应用效果

明确主题

篇章逻辑

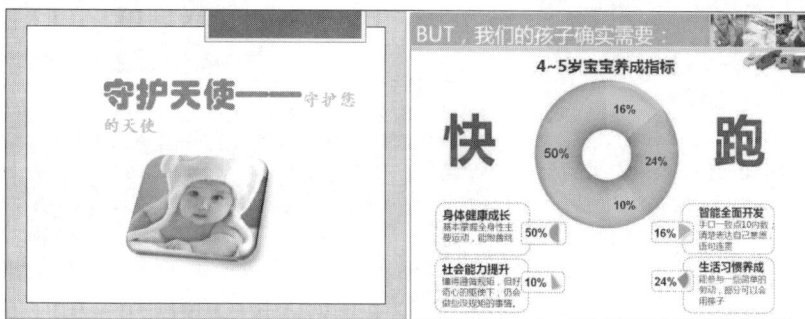

适合客户群体的PPT

∷ 参见光盘

素材路径：随书光盘\素材\第11章

视频路径：随书光盘\视频教程\第11章

11.1 初步目标——主题的设计

在设计PPT之前，必须明确设计（演讲）的目标和主题，这样才能设计出符合实际所需，且能发挥最大效用的PPT。为了更好地掌握本章内容，请参考随书光盘赠送的电子书查看幻灯片效果。

11.1.1 明确PPT设计目的

每一个演示文稿都有它的设计目的，要通过PPT传达给受众什么样的信息？可能是为了演讲、展览或者汇报工作等。只有在充分了解设计演示文稿的目的之后，才能展开有的放矢的设计。

1. PowerPoint作为交流工具

PowerPoint演示文稿是宣讲者的演讲辅助手段。观众所接受的大部分信息是通过宣讲者演讲传递的，所以演示文稿中出现的内容信息量不多，文字段落篇幅较小，常以标题形式出现，作为总结概括。

❶ 作为交流工具的PowerPoint演示文稿可以是由宣讲者在台上讲演，由观众在台下参与的双向交流方式，观众参与的形式可以是提问、练习等多种参与形式，如图11-1所示，也可以是宣讲者完全讲演而没有台下观众参与的单向交流方式，如图11-2所示。

图11-1

图11-2

❷ 当作为交流工具使用时，PowerPoint的设计思路应该侧重于展示画面效果，多以图文结合的排版方式，以高质量的图片替代文字段落，以标题形式总结、概括重点内容。注意细节，如字体大小、行距、图片边框及对齐方式等，如图11-3所示。

图11-3

2．PowerPoint作为决策/提案工具

当PowerPoint用于决策或提案时，其目的是让观众有效接受信息，并最终认同。PowerPoint演示文稿的放映必须具备一定的说服力。

❶ 作为决策/提案工具使用时，PowerPoint设计要体现简洁与专业性，如图11-4所示。

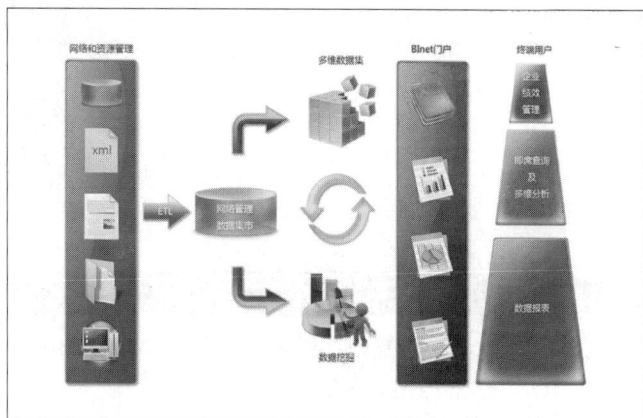

图11-4

❷ 具体做法：模板的简洁，尽量避免对比鲜明的色块出现，避免大量文字段落的涌现，多采用SmartArt图示、图表辅以说明，最好去除不必要的高光效果，版式排列整体严谨而有序，如图11-5所示。

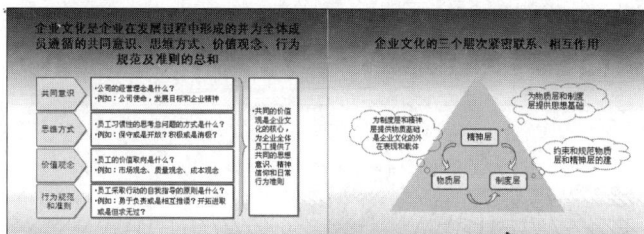

图11-5

3．PowerPoint作为推广工具

同传统媒体一样，演示文稿也能成为宣传企业形象的有效广告手段。在当今新媒体时代的大环境下，PowerPoint演示文稿应该纳入企业视觉识别的范畴领域，并加以重点应用。例如，将体现企业形象的标志非常醒目地表现出来。

❶ 作为推广工具的PowerPoint，在整体上更强调"设计"的味道，当然好的策划和构思也是作为成功认可的先决条件。对模板的设计首先要体现行业特征，并进一步根据企业色指导PowerPoint配色方案，在整个文稿设计中应尽量避免大量色彩的涌现，如图11-6所示。

图11-6

❷ 有时候，设计商务PPT时，需要注意内部使用的标准包。标准包是用来象征公司或产品特性的指定颜色，是标志、标准字体及宣传媒体专用的色彩，如图11-7所示的是作为推广工具的PowerPoint设计。在企业信息传递的整体色彩计划中，具有明确的视觉识别效应，因而具有在市场竞争中制胜的魅力。

图11-7

11.1.2 明确PPT设计主题

明确PPT的设计主题，即弄明白PPT所要表达的内容与思想。在实际办公中，针对不同的目的，可以设计多种风格的PPT。

❶ 工作汇报。此类PPT设计的主要目的是将工作的一些情况直观、形象地反映出来，多用于工作例会、工作报告会议等，如图11-8所示。

❷ 产品演示推广。此类PPT主要用于企业新产品上市推广及产品宣传策划等方面，用于企业与客户之间的交流，如图11-9所示。

图11-8

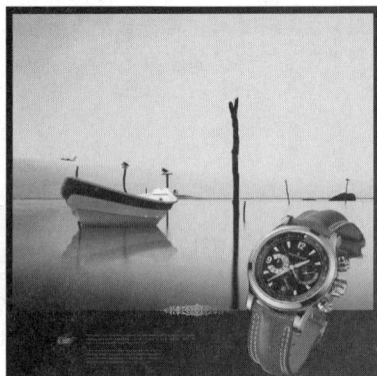

图11-9

❸ 员工培训。此类PPT主要用于企业培训新员工，多用于销售员业务培训及技能培训等，如图11-10所示。

❹ 其他。例如项目招标/投标、竞争对手公司分析、未来战略规划等，如图11-11所示。

图11-10

图11-11

11.2 结构——框架、导航与逻辑线索

在PPT中，框架、导航条与逻辑线索的设计都是吸引观众注意力的重要方面，不容忽视。因此，在设计PPT时，需要了解其应该注意的问题。

11.2.1 为什么要构思框架

做任何事情之前，都需要一个构思、准备的过程，而制作演示文稿也不例外，每一个优秀的演示文稿都需要精心构思。

❶ 框架设计时应该用简洁的语言，准确概括演示文稿所要阐述的内容，不要大量文字及过多图片，做到一目了然，如图11-12所示。

❷ 在框架设计时，尽量要突出显眼，以确保内容可以有效被观众接受并理解，例如可以采用简单的设计，突出框架标题，如图11-13所示。

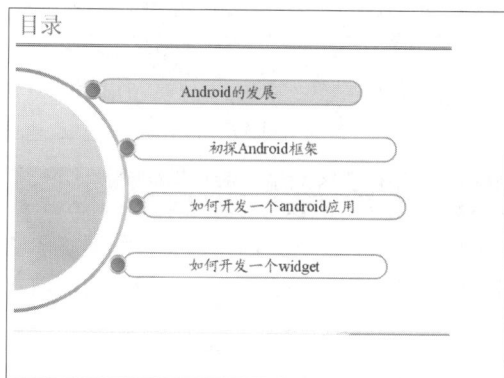

图11-12

图11-13

11.2.2 为什么要使用导航条

导航条可以随时告诉观众现在讲到哪个部分，还有哪些内容没有讲。

❶ 导航条的设计尽量放在上方或者右方，这样可以更容易被观众接受，如图11-14所示。

❷ 但在实际办公中，导航条还可以应用于流程中，常用的主要是用箭头作为引导，如图11-15所示。

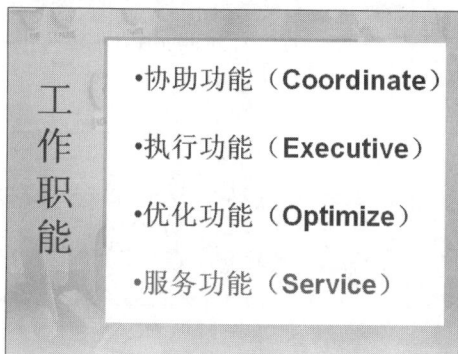

图11-14

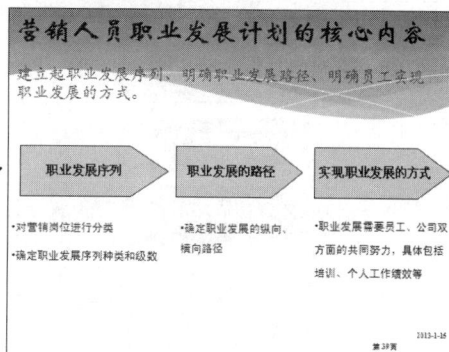

图11-15

11.2.3 可视化显示PPT逻辑线索

幻灯片的说服力是建立在逻辑上的，因此必须认真研究所有素材之间的逻辑，研究这些逻辑能否成为支持演示或汇报的论点。

"金字塔原理"是PPT设计中显示逻辑线索的一个好方法，由美国前麦肯锡国际管理咨询公司的咨询顾问巴巴拉·明托发明，是针对写作思路不清的人提供的一种结构思考的方法。依据该方法可以有效解决幻灯片制作的两个问题，即要表达的是什么及表达得怎样。建立"金字塔"有以下两种途径。

❶ 自上而下法：用于对PPT业务很熟悉的人，如图11-16所示。

❷ 自左而右法：用于对PPT业务还不太熟悉的人，如图11-17所示。

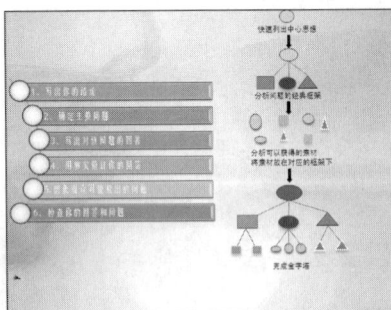

图11-16

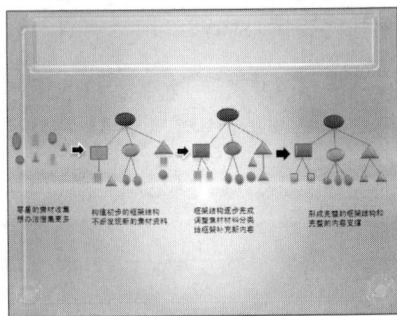

图11-17

11.2.4 明确PPT设计逻辑

逻辑性是PPT设计中最重要的部分，没有逻辑性就没有说服力。一个制作精美、辞藻华丽的演示文稿，为什么实际演示效果总是不尽如人意？问题出在缺乏逻辑性上。PPT中涉及的逻辑包括三方面：篇章逻辑、页面逻辑和文句逻辑。

1. 篇章逻辑

篇章逻辑是制作整个PPT的主线。PPT的好与坏，基本上从目录中就可以看出来。

❶ 不要一开始就急着写每页的内容，先把目录写好，一级目录、二级目录等都写好，把每页的观点和本页内容的核心写在标题框里面，如图11-18所示。

❷ 在"幻灯片浏览"视图中查看演示文稿的整体内容框架，解决诸如字体太小，字数太多等问题，如图11-19所示。

图11-18

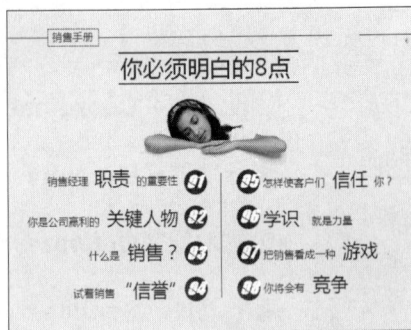

图11-19

2. 页面逻辑

页面逻辑是指演示文稿每页内容的整体逻辑，我们制作演示文稿是按以下4种逻辑设计的。

❶ 并列逻辑。并列逻辑是演示文稿设计中使用最频繁的，标题之间的内容是并列形式的，如图11-20所示。

❷ 因果逻辑。因果逻辑有很多表达方式，简单地说，只要有箭头，就可以表达因果逻辑，如图11-21所示。

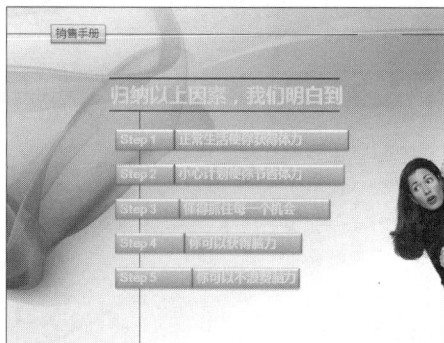

图11-20

图11-21

❸ 总分逻辑。总分结构在工作型PPT中主要使用在两个地方——KPI指标与组织架构，但也存在分总逻辑，在工作中也会用到，如产品创建立项过程，如图11-22所示。

❹ 转折逻辑。这里所说的转折不是狭义的转折，而是语境发生的偏转，例如：自己的公司与竞争对手的公司，如图11-23所示。

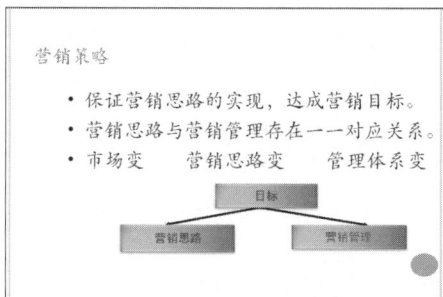

图11-22

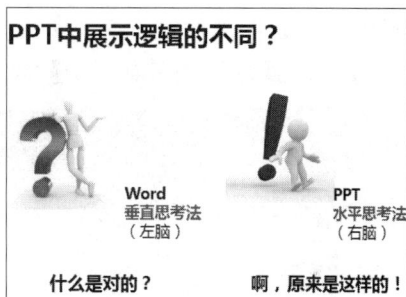

图11-23

3．文句逻辑

文句逻辑主要是指具体每句话的逻辑。

充分理解文章的上下文，以及文章中的每句文字希望表达什么意思。尽量不要出现一些"模棱两可"的句子，因为这样容易造成观众的误解。将演示文稿中的长句多读几遍，细细品味一下，避免造成表达混乱，如图11-24所示。

如果自己收集了一定数量的PPT模板素材，仔细观察就会发现绝大多数的PPT模板均是以不同的形式来展现上述3种逻辑的，如图11-25所示。

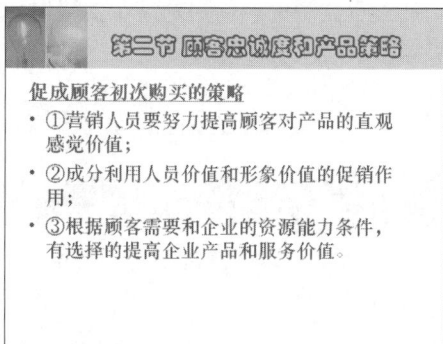

图11-24

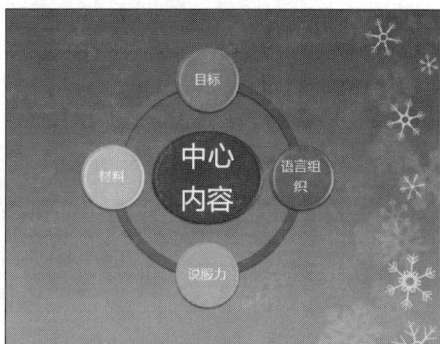

图11-25

145

11.2.5　规划与设计好PPT目录

一个好的目录是一个好的开场白，可以唤起观众的热情，调动观众的积极性，使观众渴望了解PPT的内容。目录设计的关键是展示结构和主要内容。

❶ 传统的目录设计基本是项目符号型的（见图11-26），或者以剪贴画代替项目符号，如图11-27所示。

图11-26

图11-27

❷ 设计的时候也可以打破传统，使用流程图样式设计目录（见图11-28），还可以使用网络上目前流行的思维导图模式来设计PPT的目录，如图11-29所示。

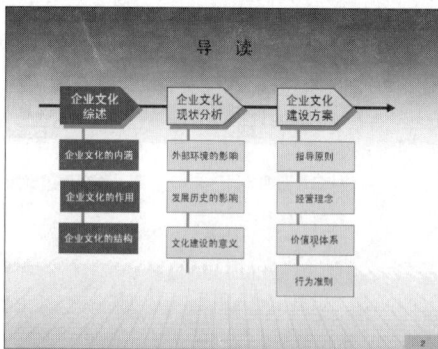

图11-28

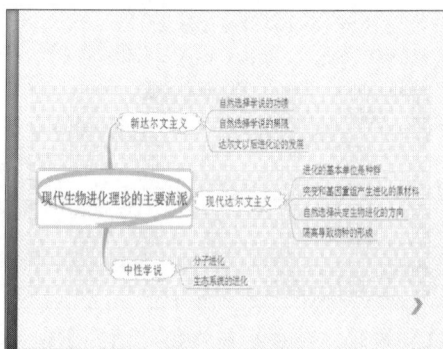

图11-29

11.3　了然于胸——演讲环境和受众的定位

演示文稿的制作目的是为了获得更好的演讲效果。用户在演讲时，便是对演示文稿内容的阐释。因此，在制作演示文稿之前，要明确PPT的演讲场合及对演讲环境和受众进行定位，以便于演讲时达到最佳效果。

11.3.1　明确PPT演讲场合

一般来说，在大型投影环境下，就必须考虑PowerPoint演示文稿中的内容是否能够完整表现，在视觉传达上要尽量照顾大部分在场观众。而在小型投影环境下，如小型会议室、培训教室等，由于观众人数不多，对演示文稿的细节要求比较高。

1．大型投影环境

观众为几十人到几百人的场合为大型投影环境，常见于大型报告厅、展厅等。在大型投影环境下的PowerPoint放映，首先考虑的问题就是如何确定PowerPoint演示文稿中的内容能准确无误地传递给每一位观众。这种目的性需要体现在前期PowerPoint的设计编排中，一般情况下，设计思路上应该充分体现以下内容。

❶ 简洁。去除一切冗繁的文字，尽可能以关键词/句代替段落，这时宣讲人的讲述为信息传递的主要过程，幻灯片内容以关键词代替整段文字，给予内容提示，如图11-30所示。

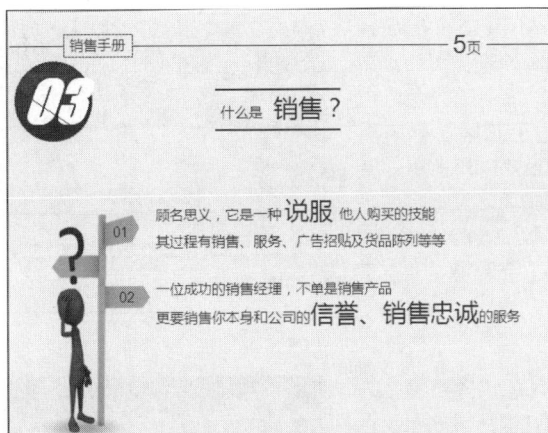

图11-30

❷ 生动。用图片+图表的方式表现文字内容。图片的优势在于色彩的表现，能够吸引视线。一幅精心挑选的图片胜过用文字去描述，当然，在图片的选择上要围绕主题，以简单场景为主，与内容呼应，给观众加深印象，如图11-31所示。

图11-31

❸ 传统而非保守。字体设置选择传统字体，字号以24号以上为主，不可忽视艺术字及其效果的应用，如图11-32所示。在条件允许的情况下，请做字号测试：在目标投影环境下，根据屏幕大小设置最小字号时，应保证让外围的观众也能清晰阅读。

图11-32

147

2．小型投影场合

通常把观众人数在10个人以内的投影环境称为小型投影环境。小型投影环境多见于会议室，观众注意力比较集中，即使在有人宣讲的情况下，PowerPoint放映成为焦点，因此观众有条件阅读到PowerPoint演示文稿中的每一个细节。在小型投影环境下，设计的重点将转变为对细节的诉求。设计思路应体现以下几个方面的内容。

❶ 简洁明朗。文字尽量不要填满页面，适当留白；文字字体不宜过多；背景色彩明朗，不要过于花哨，影响观看，具体如图11-33所示。当然，有时用户为了突出自己个性，可以采取张扬的设计，展现青春的活力与激情。

图11-33

❷ 尽可能选择图示化的表达方式。这里所说的图示化主要是指通过PowerPoint中的SmartArt来改善表达效果，因为PowerPoint 2010自带的图示色彩鲜艳，结构丰富，能够将复杂的概念、流程、框架直观地表达出来，给观众一目了然的效果，如图11-34所示。

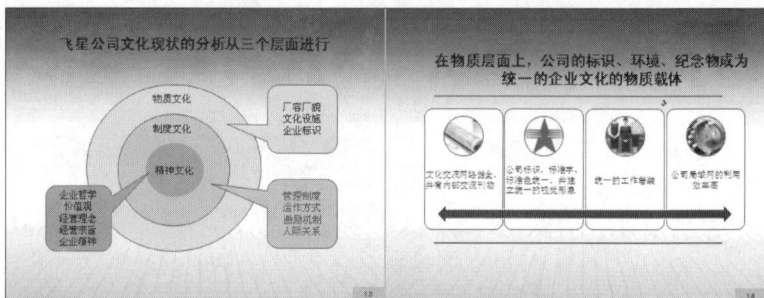

图11-34

11.3.2 明确PPT演讲的目标群体定位

同样内容的PowerPoint演示文稿，在不同的观众群体特征面前，应该采取不同的设计思路和设计方案，这样才能使PowerPoint内容进一步为观众接受与理解，才能确保信息有效传递。按照观众群体对演示文稿的内容关注程度，分为行业外群体、客户群体和公司内部群体。

1．行业外群体

行业外群体，是与PowerPoint演示文稿内容行业不相关的观众群体，也可以理解为大众群体，如面对大众的产品推介会、主题演讲等。

❶ 针对行业外群体的PowerPoint设计传递内容，一般是通过设计的表现形式，使其具备一定的吸引力。通过直观的视觉吸引，进一步引发观众对PowerPoint演示文稿内容的兴趣，如图11-35所示。

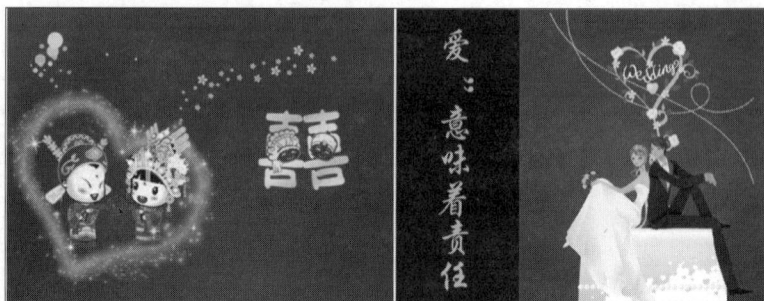

图11-35

❷ 此外，演示文稿的设计应侧重于形式设计。通过色彩、版式、所选图片及动画效果等直观设计，来吸引观众的目光，如图11-36所示。

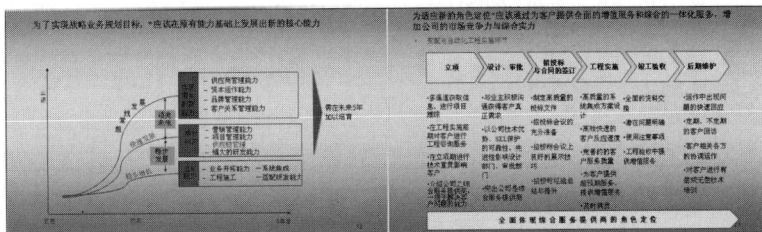

图11-36

2. 客户群体

面对客户群体，PowerPoint演示文稿会附着很强的目的性，即需要得到客户群体的认可。

❶ 在设计之前，需要尽可能地多了解客户群体特征。例如客户的国籍可能影响重大，德国客户需要更多地展现细节，以突出严谨，避免大量使用深蓝色块。如图11-37所示，两张幻灯片中都有需要注意的细节，而这些细节部分都有可能关系到客户接受信息的效果。

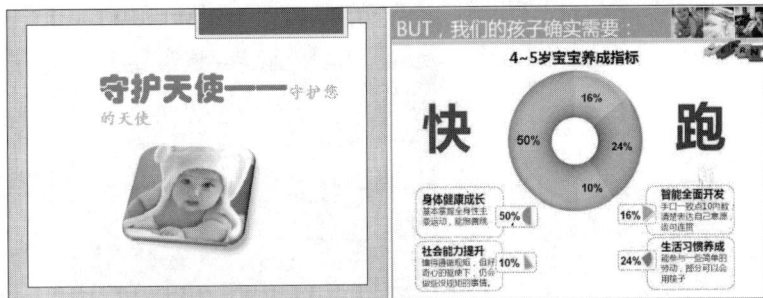

图11-37

❷ 面向于客户群体的PowerPoint，演示的过程也是对企业自身的推广过程，在设计时通过对版式、配色、字体的预设，保持前后统一风格，建立稳固形象，如图11-38所示。

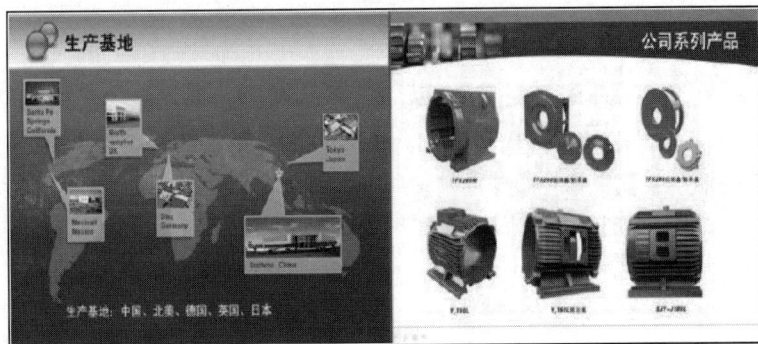

图11-38

3. 公司内部群体

针对公司内部群体的PowerPoint演示文稿多用于公司内部下级对上级领导的汇报，内容比较多，并涉及大量报表数据。对于公司内部群体，更多的是直接关注于演示文稿内容。

对于公司内部群体而言，需要注意形式简约，通过母版保持演示文稿统一的风格是第一位的。同时应当通过图示、插图等表现形式避免大段文本所带来的视觉疲劳。在对文本段落的处理上通过段落间距、项目符号的设置来实现一定的留白，便于阅读，如图11-39所示。

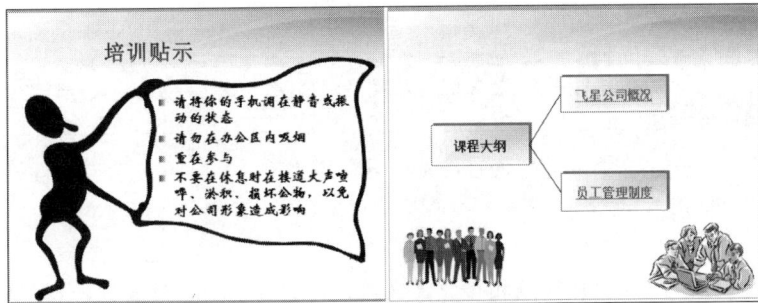

图11-39

11.4 魅力呈现——风格和亮点

风格是一个人或一个事物的标志性特征。如果谈及某个事件，脑海里面第一个呈现出来的，必定是这种风格的代表人物。在PPT中突出亮点，才能显示出PPT的魅力，风格是需要长期积累的，亮点则是PPT的点睛之笔。

11.4.1 好的PPT不能没有风格

风格就是给观众的印象或是综合感觉，PPT用于什么场合？想给观众留下什么样的印象，是亲切的、严肃的还是活泼的，这些都涉及PPT的风格问题。

图11-40分别显示了两种不同风格的PPT，左侧手机属于电子产品，而高端的电子产品会给人一种高贵与神秘的感觉，所以在做高端电子产品宣传的PPT时，可以体现产品的神秘风格；右侧产品属于休闲食品，所以在设计PPT时，要体现它的美味和休闲。

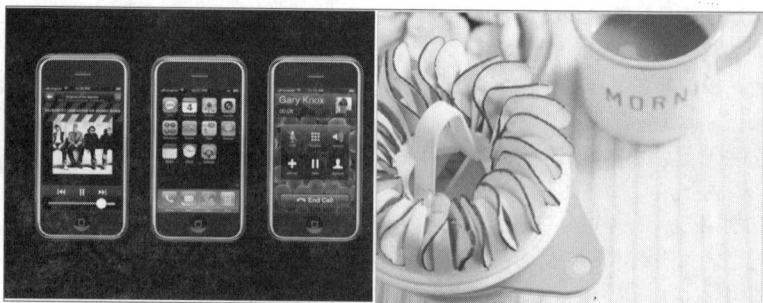

图11-40

11.4.2 突出亮点所在

一个优秀的PPT至少会有1~2个亮点，亮点是演示文稿中抓住眼球的精髓所在，让PPT的亮点更鲜明的主要方法有色彩对比法、动画闪亮法及多媒体法。

色彩学至今没有一套放置四海皆准的标准，各国各地的文化、习俗不同，对不同的颜色都会有不同的把握。在PPT设计中，"好看"和"合适"是唯一的标准。色彩搭配最常用的有单色搭配、类比色设计及对比色设计，如图11-41所示。

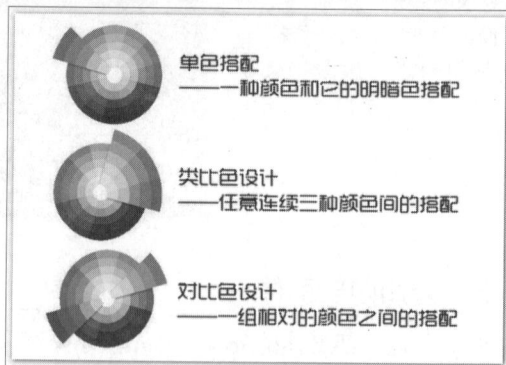

图11-41

11.5 用动画使演讲过程充满惊喜

在幻灯片中插入动画效果，可以大大提高PPT的表现力，在动画展示的过程中可以起到画龙点睛的作用。

在PPT中添加动画和多媒体文件，可以使幻灯片动起来，摆脱冗长的论调，让观众在动态的形式下，接收PPT所要传达的信息。

11.5.1　动画，恰当的惊喜

作为一种多媒体表现艺术，动画用好了会大大提升PPT的表现力，但是用动画要有度，尽量杜绝乱用动画和滥用动画。

1．动画的要素

动画用于给文本等添加特殊视觉或声音效果，动画要素主要包括过渡动画和重点动画。

过渡动画

使用颜色和图片可以引导章节过渡页。学习了动画之后，也可以使用翻页动画来实现章节之间的过渡。

图11-42所示的幻灯片的每一页的章节标题中都使用了过渡动画，这样在播放演示文稿时既起到了过渡的作用，又使幻灯片不显得单调乏味。

图11-42

重点动画

用动画来强调重点内容被普遍运用在PPT的制作中，在日常制作中重点动画能占到PPT动画的80%。使用了相应的动画，在讲到该重点时，用鼠标单击或鼠标经过该重点时通过对重点内容的强调，更容易吸引观众的注意力。

在"进入"、"强调"、"退出"、"动作路径"四大动画分类中，"进入"动画效果被冠以强调动画，图11-43和图11-44所示的是一些可供使用的进入效果。

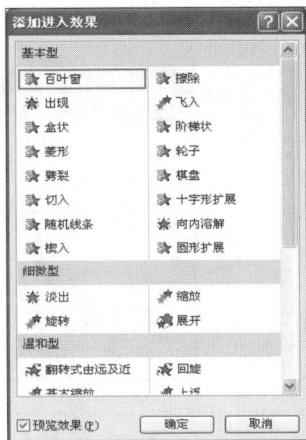

图11-43

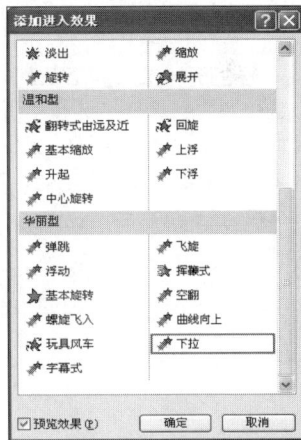

图11-44

2．动画的使用原则

在使用动画的时候，要遵循动画的醒目、自然、简化、适当、创意原则。

❶ 醒目原则：使用动画是为凸显重点内容，因此在使用动画时要遵循醒目原则。

❷ 自然原则：无论是使用的动画样式，还是设置文字、图形元素的出现顺序，都要在设计的使用方式下遵循自然的原则。使用的动画不能显得生硬，也不能不结合具体的演示内容。

❸ 简化原则：当PPT中的构成要素繁杂时，如使用大型的结构图、流程图来表达复杂的内容时，尽量使用简单的文字，清晰的脉络去展示。

❹ 适当原则：在PPT中不可以每一页里面的每一个字都有动画，从而造成动画漫天或滥用动画、错用动画等，当然也不可以不用动画。动画太多容易分散观众的注意力，打乱正常的演示过程，而不用动画又会显得枯燥无味，因此在PPT中使用动画多少要适当，结合演示文稿要表达的意思来使用动画。

❺ 创意原则：为了吸引注意力，在PPT中动画是必不可少的，但并非任何动画都可以吸引观众的注意力，如果质量粗糙或使用不当，观众只会疲于应付，因此使用PPT动画时，要有创意。

11.5.2 链接，交互的媒介

在PowerPoint 2010中，超链接可以是一张幻灯片到同一演示文稿中另一张幻灯片的链接，也可以是从一张幻灯片到不同演示文稿另一张幻灯片，到网页、电子邮件或文件的链接。

1. 链接到不同演示文稿中的幻灯片

❶ 打开PPT文件，选择要用作超链接的文本（如"培训"），切换到"插入"选项卡，在"链接"选项组中单击"超链接"按钮，如图11-45所示。

图11-45

❷ 打开"插入超链接"对话框，在"链接到"列表框中选择"现有文件或网页"选项，选择要链接到幻灯片的演示文稿，单击"书签"按钮，如图11-46所示。

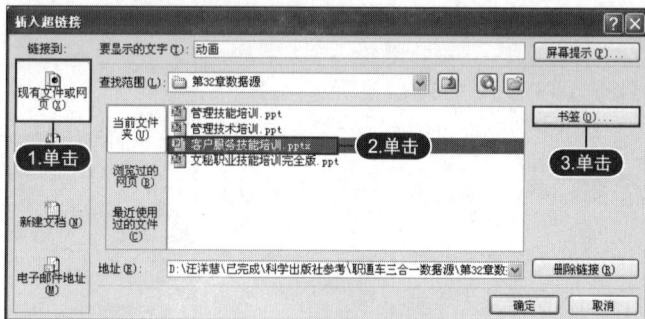

图11-46

❸ 打开"在文档中选择位置"对话框，选择幻灯片标题，单击"确定"按钮，如图11-47所示。

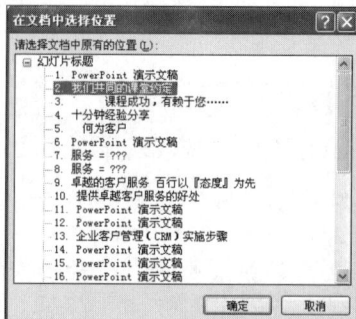

图11-47

❹ 返回"插入超链接"对话框，可以看到选择的幻灯片标题页添加到"地址"文本框中，单击"确定"按钮，即可将选中的文本链接到另一演示文稿的幻灯片，如图11-48所示。

图11-48

❺ 按【F5】键放映幻灯片，单击创建了超链接的文本"培训"，即可将幻灯片链接到另一演示文稿中的幻灯片，如图11-49所示。

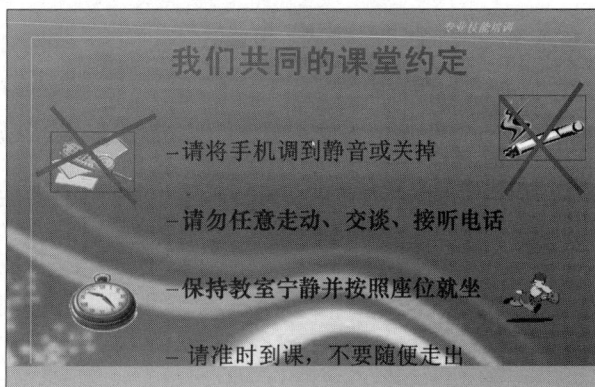

图11-49

2. 链接到网页或文件

❶ 打开PPT文件，选择要用作超链接的文本（如"方针"），切换到"插入"选项卡，在"链接"选项组中单击"超链接"按钮，如图11-50所示。

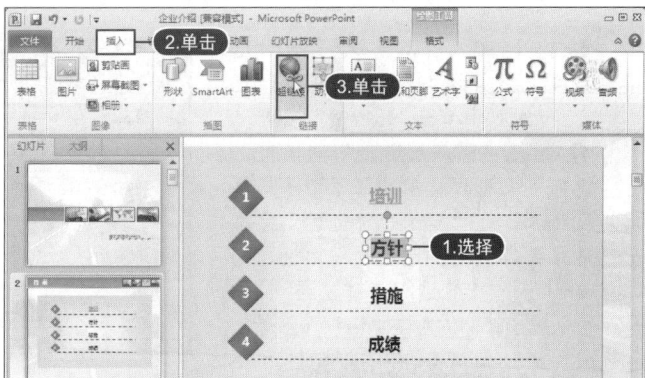

图11-50

❷ 打开"插入超链接"对话框，在"链接到"列表框中选择"现有文件或网页"选项，在"查找范围"文本框右侧单击"浏览Web"按钮，如图11-51所示。

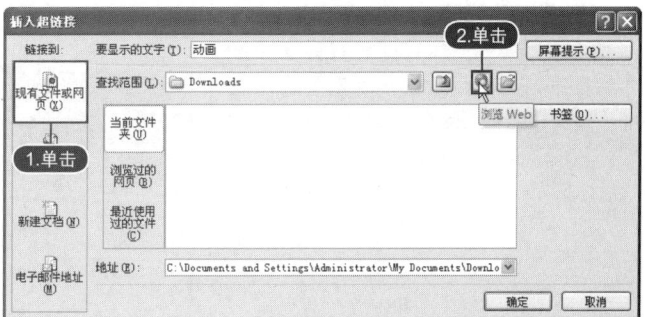

图11-51

❸ 在弹出的网页浏览器中找到并选择要链接到的页面或文件,如搜狗首页,复制网页地址,如图11-52所示。

图11-52

❹ 将网页地址粘贴到"地址"框,单击"确定"按钮,即可将选中的文本链接到网页,如图11-53所示。

图11-53

3. 链接到电子邮件地址

❶ 打开PPT文件,选择要用作超链接的文本,切换到"插入"选项卡,在"链接"选项组中单击"超链接"按钮。

❷ 打开"插入超链接"对话框,在"链接到"列表框中选择"电子邮件地址"选项,在"电子邮件地址"文本框中输入要链接到的电子邮件地址,如wangyanghuihui@126.com,在"主题"文本框中输入电子邮件的主题"培训",单击"确定"按钮,即可将选中的文本链接到指定的电子邮件地址,如图11-54所示。

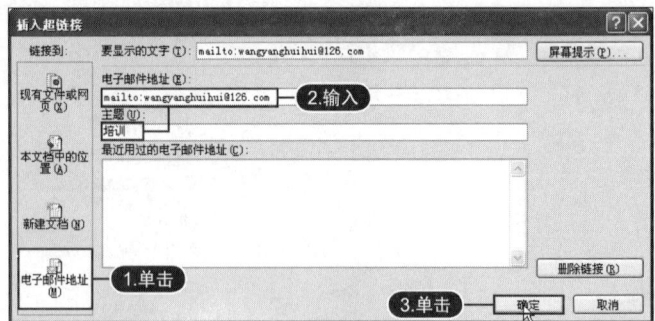

图11-54

❸ 按【F5】键放映幻灯片,单击创建了超链接的文本,即可打开发送邮件的程序,将幻灯片链接到电子邮件地址,如图11-55所示。

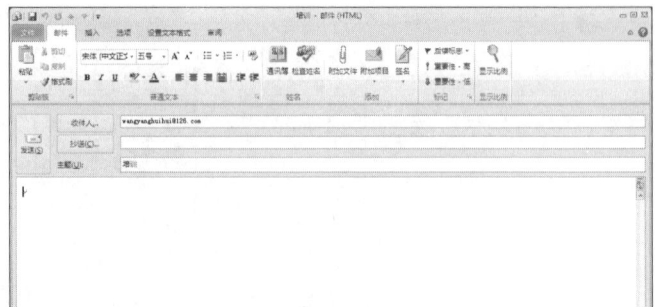

图11-55

联系实际

——PPT的基础操作

∷ 重点知识

- ⋙ 不同类型文本的输入
- ⋙ 文本编辑与设置
- ⋙ 图形、图片设置
- ⋙ 表格与图表的设置

∷ 应用效果

插入文本框并输入文本

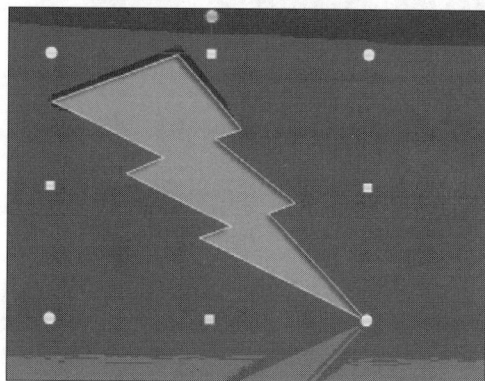

插入图形

图片的编辑

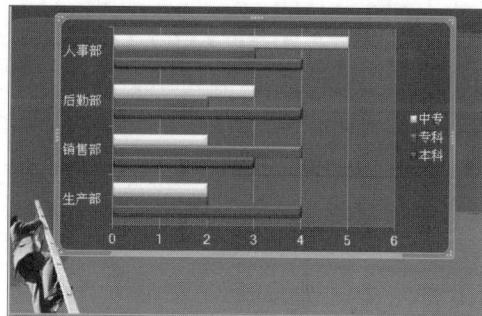

图表的美化

∷ 参见光盘

素材路径：随书光盘\素材\第12章

视频路径：随书光盘\视频教程\第12章

12.1 不同类型文本的输入

在新建幻灯片中添加需要的文字，这是设计演示文稿的基础操作。用户可以通过占位符或文本框输入文字，十分简单。

12.1.1 在占位符中输入文本

占位符就是先占住一个固定的位置，用于幻灯片上，表现为一个虚框，虚框内部往往有"单击此处添加标题"的提示语。一旦鼠标单击之后，提示语会自动消失，并且在其中输入的文字带有固定的格式。

❶ 在打开的PowerPoint演示文档中，占位符如图12-1所示，中间有"单击此处添加标题"的文字。

❷ 将光标置于其中，输入文本，一般而言是标题性文字，如图12-2所示。

图12-1

图12-2

提示

占位符的插入一般是通过单击"开始"标签，在"幻灯片"选项组中单击"版式"按钮，选择合适的版式插入，而后对其进行调整。

12.1.2 在"大纲"窗格中输入文本

"大纲"窗格位于演示文稿主界面的功能区左侧下方，是一种查看幻灯片主要内容的视图方式。有时，为了需要，用户可以在其中输入文本。

❶ 打开演示文稿，在其功能区左侧下方单击"大纲"标签（见图12-3），即可切换到"大纲"窗格。

❷ 在"大纲"窗格中，将光标置于需要输入文本的地方，输入文字即可，如图12-4所示。

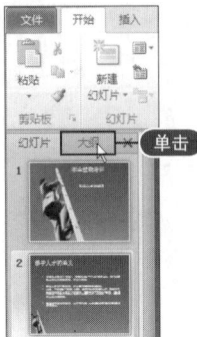

图12-3

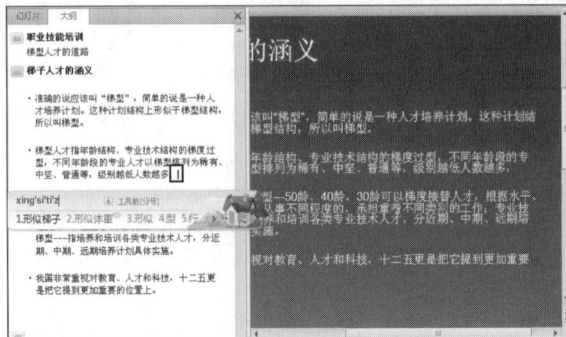

图12-4

12.1.3 通过文本框输入文本

如果占位符位置不符合需要，可以通过文本框输入文本。用户可以通过以下的介绍，通过文本框输入文本。

❶ 在PowerPoint主界面中，单击"插入"标签，在"文本"选项组中单击"文本框"按钮（见图12-5），在其下拉菜单中选择"横排文本框"或"垂直文本框"选项，单击即可插入。

❷ 在文本框中输入文字，如图12-6所示。

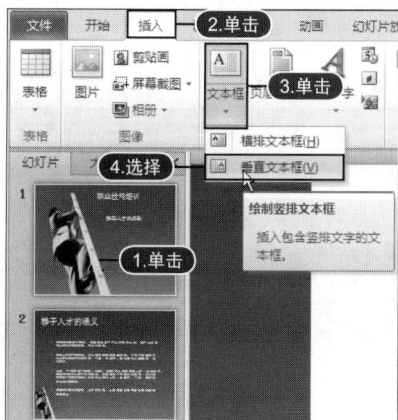

图12-5

图12-6

12.1.4 添加备注文本

备注是指幻灯片下方的系统自带的文本框，其中通常会有"单击此处添加备注"的字样。

在PowerPoint主界面中，将光标置于备注文本框中，输入文字即可，如图12-7所示。

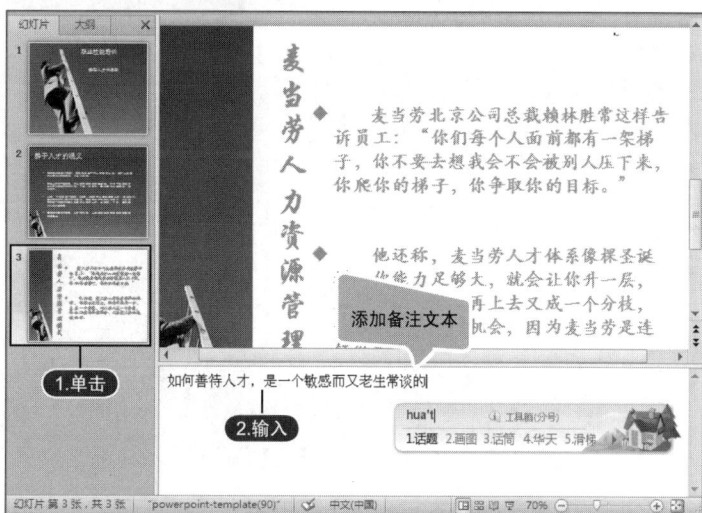

图12-7

12.2 文本编辑与设置

在演示文稿中输入文本后，还需要对文本进行编辑，如移动文本框、调整文字对齐方式等，让文本看起来更加美观、整齐。

12.2.1 文本字体格式设置

在设计PowerPoint演示文稿时，对文本的修饰看似简单，但要做到简约而不简单，十分不易，需要靠用户根据实际情况，灵活应变。

1. 通过"字体"选项组设置文本格式

通过"字体"选项组设置文本格式，方便、快捷，具体操作方法如下。

❶ 在幻灯片中选择需要设置格式的文本，单击"开始"标签，在"字体"选项组中进行设置。

❷ 例如在其中可以选择"加粗，40，黄色"，设置完成后，效果如图12-8所示。

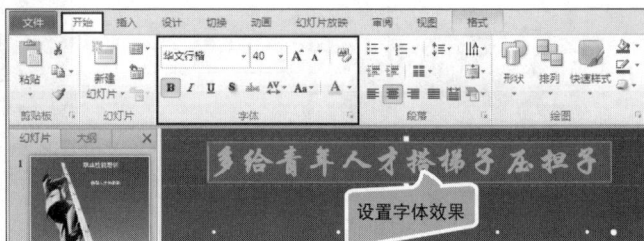

图12-8

2. 通过浮动工具栏设置文本格式

所谓浮动工具栏，是指右击鼠标或选择文本后，鼠标指针在其上停留几秒便可以弹出的工具栏。用户可以在其中设置字体格式。

❶ 在幻灯片中选择需要设置格式的文本，鼠标指针在其上停留几秒，弹出浮动工具栏。

❷ 例如在其中可以选择"加粗，华文楷体，20，淡黄色"，设置完成后，具体效果如图12-9所示。

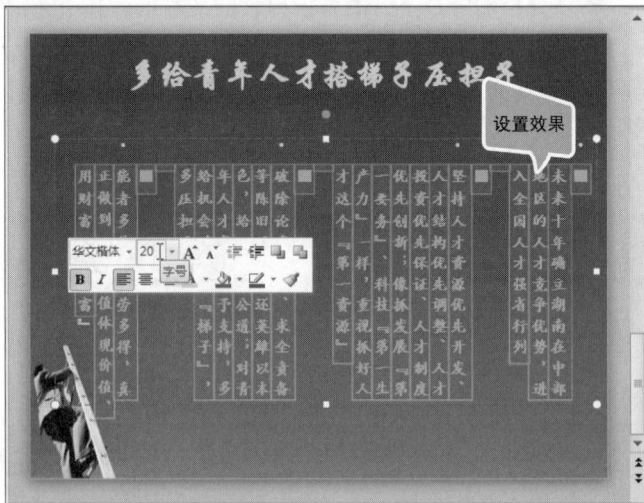

图12-9

3. 通过对话框设置文本格式

选择文本后，右击鼠标，不仅会弹出浮动工具栏，还会弹出快捷菜单。用户可以通过其设置文本格式。

❶ 在幻灯片中选择需要设置格式的文本，右击鼠标，在弹出的快捷菜单中单击"字体"命令，如图12-10所示。

❷ 在弹出的"字体"对话框中进行设置，如在"字体颜色"下拉菜单中选择"深黄色"，单击"确定"按钮，即可完成设置，如图12-11所示。

图12-10

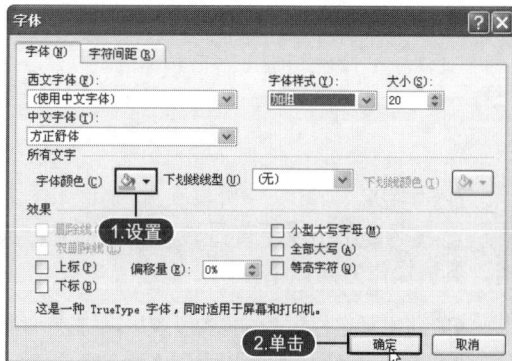

图12-11

12.2.2 文本段落格式设置

文本的段落设置包括对齐方式、缩进及间距等方面的设置，段落设置主要是通过"开始"选项卡的"段落"选项组中的各命令按钮来进行的。

1. 对齐方式设置

在设计演示文稿的过程中，为了让输入的大段文字更加美观，用户可以设置文本的对齐方式。

在幻灯片中，选中需要设置对齐方式的文本，单击"开始"标签，在"段落"选项组中单击合适的对齐方式，例如居中对齐，如图12-12所示。

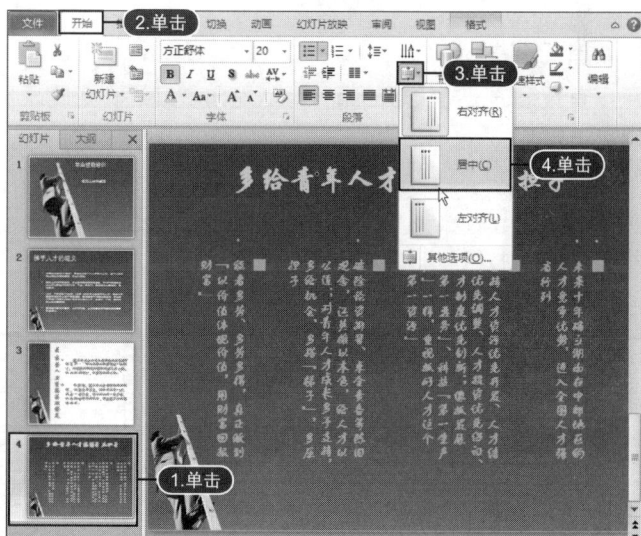

提示

在"段落"选项组中，用户还可以选择文本左对齐、居中对齐、文本右对齐、两端对齐及分散对齐。

图12-12

2. 缩进设置

段落缩进是指段落中的行相对于页面左边界或右边界的位置。

❶ 将光标定位到要设置的段落中，切换到"开始"选项卡，在"段落"选项组中单击 按钮，打开"段落"对话框，切换到"缩进和间距"选项卡，即可进行缩进设置，如图12-13所示。

❷ 单击"确定"按钮，完成缩进设置。

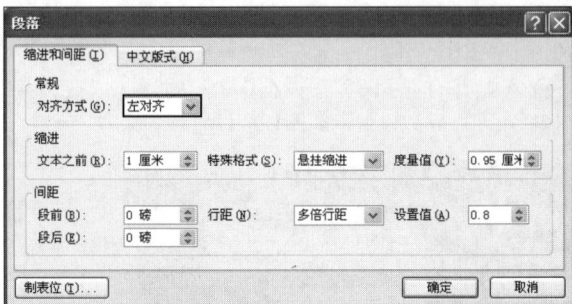

图12-13

悬挂缩进

悬挂缩进是指段落首行的左边界不变，其他各行的左边界相对于页面左边界向右缩进一段距离，具体操作方法如下。

❶ 将光标定位到要设置的段落中，打开"段落"对话框，切换到"缩进和间距"选项卡，在"特殊格式"下拉列表中选择"悬挂缩进"选项，在"文本之前"和"度量值"文本框中分别输入数值，如：1、2，单击"确定"按钮，如图12-14所示。

❷ 完成段落的悬挂缩进设置，效果如图12-15所示。

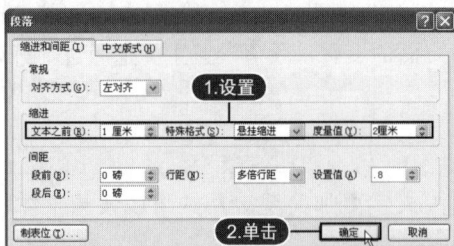

图12-14

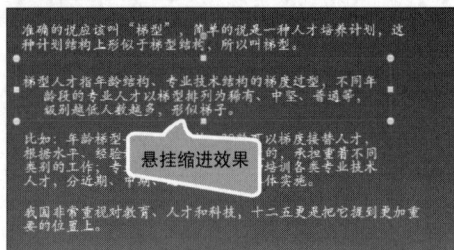

图12-15

首行缩进

首行缩进是指段落的第一行从左向右缩进一定的距离，首行外的其他各行保持不变，具体操作方法如下。

❶ 将光标定位到要设置的段落中，打开"段落"对话框，切换到"缩进和间距"选项卡，在"特殊格式"下拉列表中选择"首行缩进"选项，在"文本之前"和"度量值"文本框中分别输入数值，如：1、2，单击"确定"按钮，如图12-16所示。

❷ 完成段落的首行缩进设置，效果如图12-17所示。

图12-16

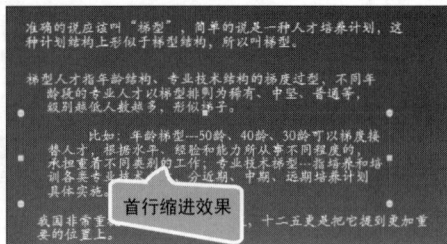

图12-17

3. 行间距设置

在设计演示文稿的过程中，为了让输入的大段文字更加美观，用户除了设置文本的对齐方式以外，还可以设置文本段落行间距。

❶ 在幻灯片中，选中需要设置段落行间距的文本，单击"开始"标签，在"段落"选项组中单击❟按钮，在其下拉菜单中单击"行距选项"选项，如图12-18所示。

图12-18

❷ 在弹出的"段落"对话框中，在"间距"栏下进行设置，单击"确定"按钮，即可完成设置，如图12-19所示。

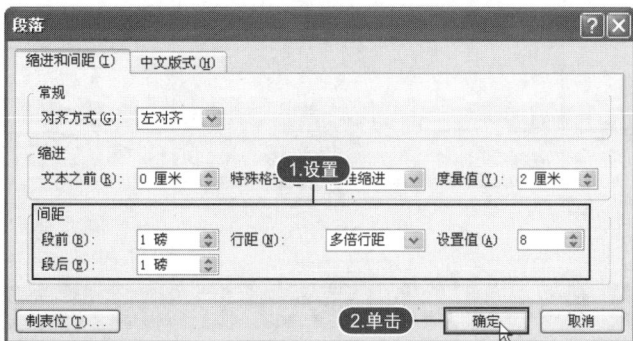

图12-19

12.3 图形、图片设置

在PPT中插入图形、图片和艺术字后，根据实际需要，可以对插入的图形、图片和艺术字进行设置，制作出更出色、漂亮的演示文稿，并可以提高工作效率。

12.3.1 图形的插入与设置

在设计PowerPoint演示文稿时，用户可以自选图形，以增加幻灯片的效果，具体操作方法如下。

1. 图形的插入

PowerPoint内置了很多种类的图形，用户可以根据实际需要插入。

打开文稿，切换到"插入"选项卡，在"插图"选项组中单击"形状"下拉按钮，在其下拉菜单中选择形状即可，如图12-20所示。

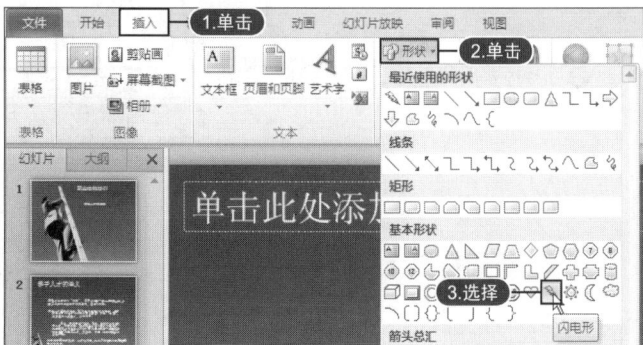

图12-20

2. 图形的编辑

插入图形后，即可在幻灯片中绘制图形。绘制图形后，可以根据实际需要对图形进行更改。

❶ 选中图形后右击，在快捷菜单中选择"设置形状格式"选项，打开"设置形状格式"对话框。在对话框中可以对图形的填充颜色、线条颜色、线型、阴影等进行设置，单击"关闭"按钮，如图12-21所示。

❷ 对图形设置的效果如图12-22所示。

图12-21

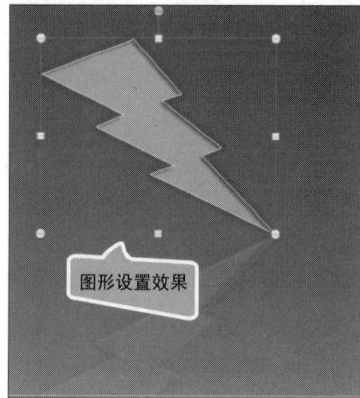

图12-22

12.3.2 图片的插入与设置

在演示文稿中，图片是提升幻灯片视觉传达力的一个重要方面，可以使幻灯片更加美观，因此，幻灯片中图片应用十分有必要。

1. 插入图片

插入图片是在幻灯片中应用图片的基础操作。

❶ 打开PowerPoint演示文稿，单击"插入"标签，在"图像"选项组中单击"图片"按钮。

❷ 在弹出的"插入图片"对话框中，选择合适的图片，单击"插入"按钮，如图12-23所示。

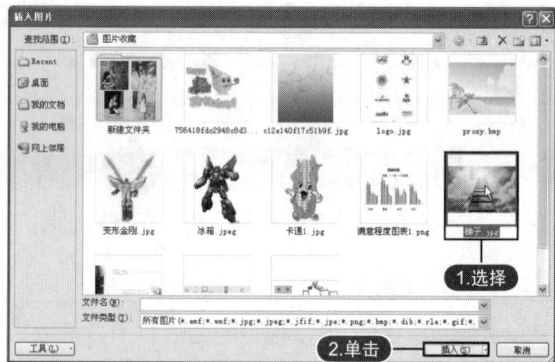

图12-23

❸ 图片插入后，效果如图12-24所示。

图12-24

2. 图片的编辑

在演示文稿中，对插入幻灯片的图片进行编辑是图片处理的重要环节，关系着图片的实际应用效果。

❶ 在幻灯片中选中需要进行编辑的图片，用鼠标指针调整其大小和位置，效果如图12-25所示。

❷ 同样还可以设置图片样式，单击"图片工具"-"格式"标签，在"图片样式"选项组中单击"其他"下拉按钮，在打开的样式库中进行设置，如选择"紧密映像，8pt偏移"，效果如图12-26所示。

图12-25

图12-26

12.4 表格与图表的设置

在PowerPoint中，表格和图表的使用频率很高，尤其是在商业幻灯片中，经常需要将数据以表格和图表的形式表现出来。

12.4.1 绘制表格

在PowerPoint中可以插入图表，也可以根据需要手动绘制表格，具体操作方法如下。

❶ 单击"插入"标签，在"表格"选项组中"表格"按钮，在其下拉菜单中单击"绘制表格"选项，如图12-27所示。

❷ 待鼠标指针变为铅笔形状后，在幻灯片中进行绘制即可，如图12-28所示。

❸ 如果需要继续绘制表格，可以单击"表格工具"-"设计"标签，在"绘图边框"选项组中单击"绘制表格"按钮。

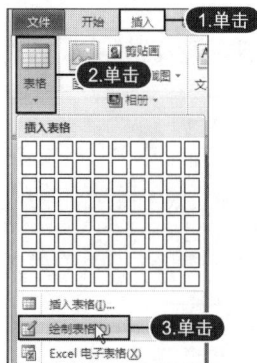

图12-27

图12-28

12.4.2　快速设置表格样式

绘制表格后，用户可以在"表格工具"选项卡中快速更改表格的样式，具体操作方法如下。

❶ 选中绘制的表格，切换到"表格工具"－"设计"选项卡，在"表格样式"选项组中单击"其他"按钮，在打开的库中选择表格样式，如图12-29所示。

❷ 选中表格的样式后，即可应用到演示文稿中，效果如图12-30所示。

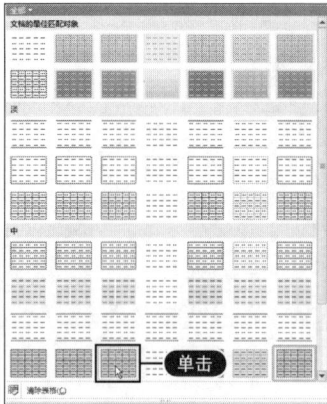

图12-29

图12-30

12.4.3　创建图表

在演示文稿的制作中，插入图表可以提升幻灯片的视觉表现力，十分常用。因此，插入图表与插入表格作为一项基础操作，必须掌握。

❶ 在幻灯片中插入占位符，单击占位符中的"插入图表"图标，如图12-31所示。

图12-31

❷ 在弹出的"插入图表"对话框中，单击"条形图"选项，选择"簇状条形图"选项，如图12-32所示。

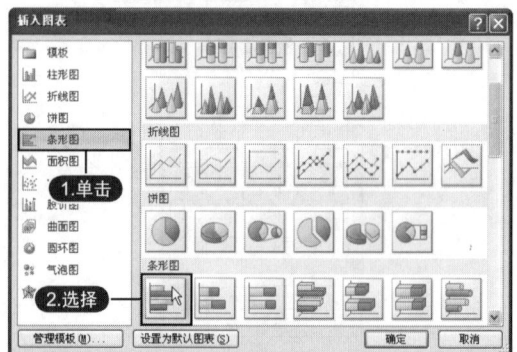

图12-32

❸ 设置完成后，单击"确定"按钮，效果如图12-33所示。

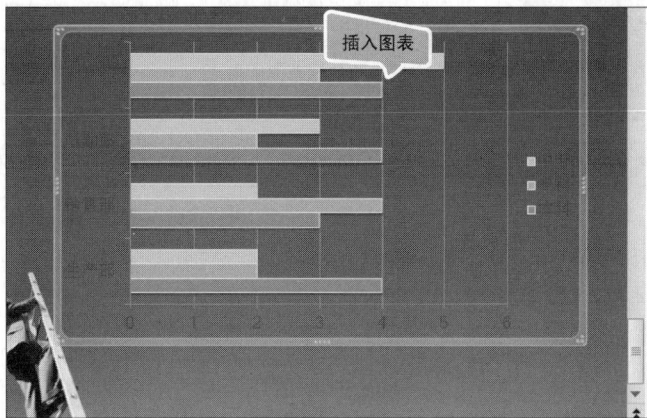

图12-33

12.4.4 快速美化图表

在修饰图表的过程中，用户除了可以更改图表布局以外，还可以设置图表样式，操作同样很简单。

❶ 选中插入的图表，切换到"图表工具-设计"选项卡，单击"快速样式"下拉按钮，在其库中选择一种图表样式，如图12-34所示。

图12-34

❷ 选中图表的样式后，即可应用到演示文稿中，效果如图12-35所示。

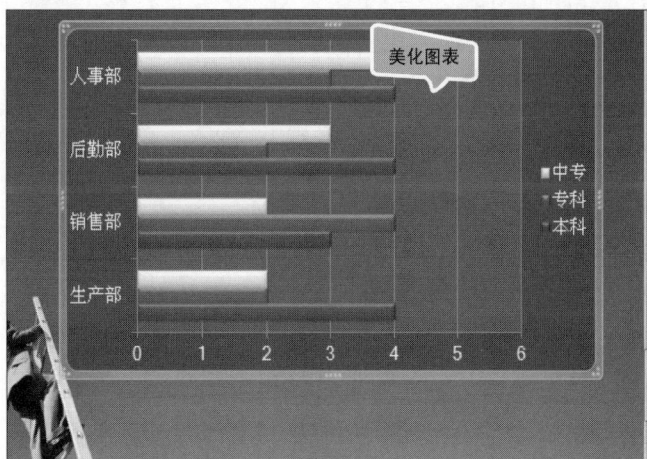

图12-35

165

提升内涵

——PPT的进阶操作

∴ 重点知识

- ▨ 动画设置与处理
- ▨ 多媒体声音设置与处理
- ▨ 幻灯片放映前的设置
- ▨ 开始放映幻灯片

∴ 应用效果

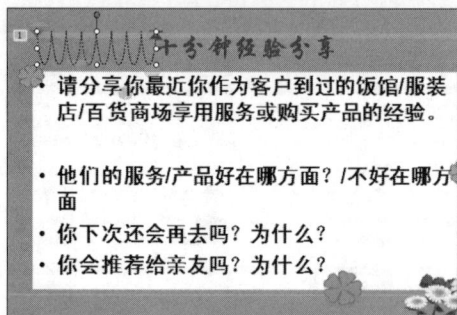

触发动画

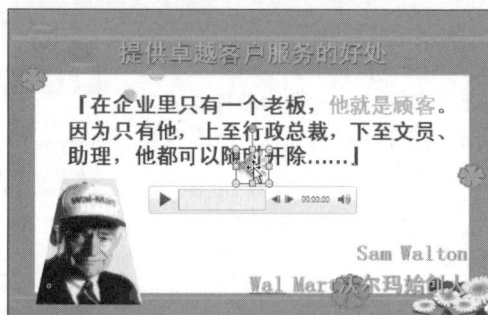

设置音频

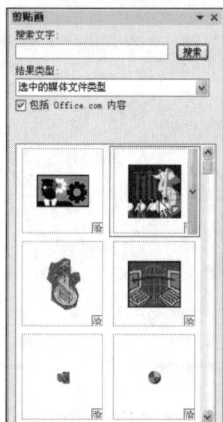

插入剪辑管理器的视频

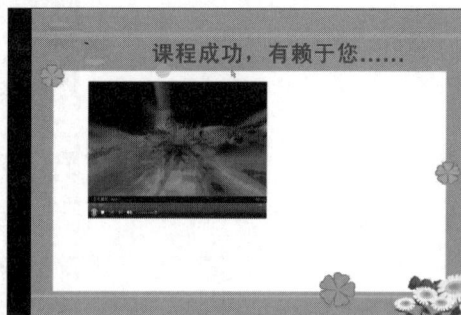

放映演示文稿

∴ 参见光盘

素材路径：随书光盘\素材\第13章

视频路径：随书光盘\视频教程\第13章

13.1 动画设置与处理

在演示文稿中添加适当的动画，可以使演示文稿的播放效果更加形象，也可以通过动画使一些复杂的内容逐步显示出来，以便于观众理解。

13.1.1 可使用的动画元素

我们可以将PowerPoint 2010中的文本、图片、形状、表格、SmartArt图形和其他对象制作成动画，赋予它们进入、退出、强调、颜色变化和移动等视觉效果。

为对象添加了动画后，会在幻灯片上显示出动画的标记。

图13-1和图13-2所示分别为给文本和图片添加了动画效果，并显示出动画编号。

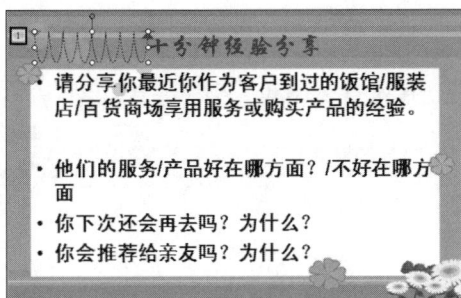

图13-1

图13-2

13.1.2 创建动画

使用动画可以让受众将注意力集中到要点和控制信息流上，还可以提升受众对演示文稿的兴趣。在PowerPoint 2010中可以创建包括进入、强调、退出及路径等不同类型的动画效果。

1. 创建进入动画

❶ 打开演示文稿，选中要设置进入动画效果的文字。

❷ 切换到"动画"选项卡，在"动画"选项组中单击 按钮，在打开的库的"进入"栏下选择进入动画，如"劈裂"，如图13-3所示。

❸ 添加动画效果后，文字对象前面将显示动画编号 1 标记，如图13-4所示。

图13-3

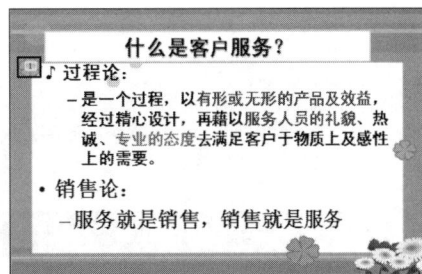

图13-4

2. 创建强调动画

❶ 打开演示文稿，选中要设置强调动画效果的文字，切换到"动画"选项卡，在"动画"选项组中单击 按钮，在打开的库中"强调"栏下选择强调动画，如"对象颜色"，如图13-5所示。

❷ 添加动画效果后，文字对象前面将显示动画编号 2 标记，如图13-6所示。

图13-5

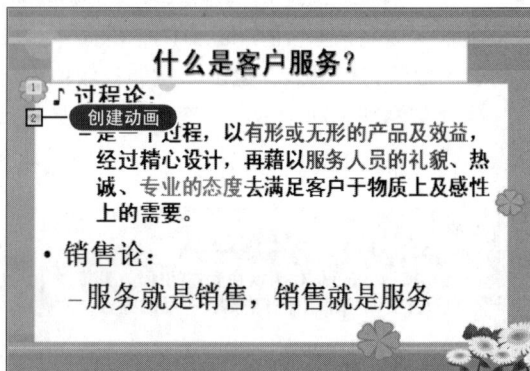

图13-6

3. 创建退出动画

❶ 打开演示文稿，选中要设置退出动画效果的文字，切换到"动画"选项卡，在"动画"选项组中单击 按钮，在打开的库中"退出"栏下选择退出动画，如"旋转"，如图13-7所示。

❷ 添加动画效果后，文字对象前面将显示动画编号 3 标记，如图13-8所示。

❸ 按照相同的方法，可创建动作路径动画。如果想要为不同对象设置相同的动画，可以按住【Shift】键选中对象，再按以上方法设置动画即可。

图13-7

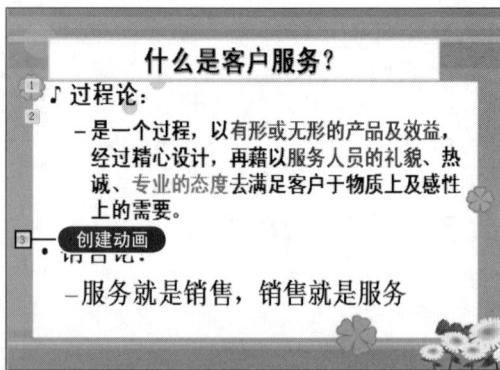

图13-8

13.1.3 设置动画

"动画窗格"显示了有关动画效果的重要信息，例如效果的类型、多个动画之间的顺序等，在动画窗格中可以对动画效果进行设置。

1. 调整动画顺序

❶ 在"动画"选项卡下单击"高级动画"选项组中的"动画窗格"按钮（见图13-9），打开"动画窗格"，如图13-10所示。

图13-9

❷ 选择要调整顺序的动画，如动画2，接着单击窗格下方"重新排序"左侧（或右侧）的"向上"按钮（或"向下"按钮）进行调整，如图13-11所示。

图13-10

图13-11

> **提示**
>
> 用户还可以在"动画"选项卡的"计时"选项组的"对动画重新排序"栏下选择"向前移动"按钮或"向后移动"按钮来调整动画的顺序。

2. 设置动画时间

❶ 开始时间：要为动画设置开始时间，可以在"计时"选项组中单击"开始"右侧的下拉按钮，在其下拉列表中选择开始时间，如图13-12所示。

❷ 持续时间：要为动画设置持续时间，可以在"计时"选项组的"持续时间"文本框中输入所需的秒数，或单击"持续时间"文本框的微调按钮来调整动画要运行的持续时间，如图13-13所示。

❸ 延迟时间：要为动画设置延迟时间，可以在"计时"选项组的"延迟"文本框中输入所需的秒数，或单击"延迟"文本框的微调按钮来调整动画要运行的延迟时间。

图13-12

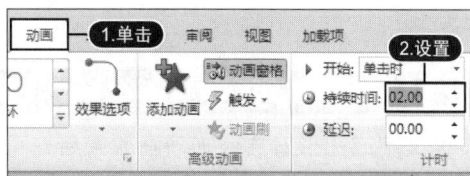

图13-13

13.1.4 触发动画

触发动画就是设置动画的特殊开始条件，具体操作方法如下。

❶ 选中设置动画的字体，如动画3，在"高级动画"选项组中单击"触发"下拉按钮，在其下拉菜单中选择"单击"选项，在弹出的子菜单中选择"矩形1"选项，如图13-14所示。

❷ 设置完成后，即可创建触发动画（见图13-15）。创建触发动画后的动画编号变为 ⚡ ，在放映幻灯片时用鼠标单击设置过的动画的对象后即可显示动画效果。

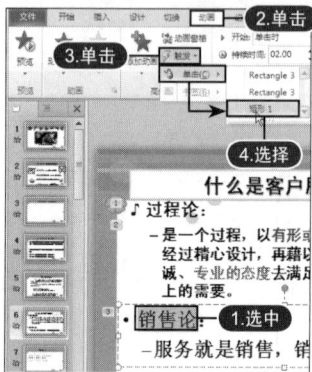

图13-14

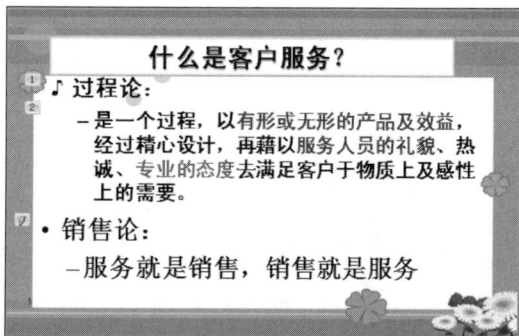

图13-15

13.1.5 复制动画效果

在PowerPoint 2010中，可以使用动画刷复制一个对象的动画应用到另一个对象中，具体操作方法如下。

❶ 选中幻灯片中创建过动画的对象，如"提供卓越客户服务的好处"文本，在"高级动画"选项组中单击"动画刷"按钮，如图13-16所示。

❷ 鼠标指针变为"动画刷"形状，在幻灯片中用动画刷单击演示文稿中的文字，即可复制动画到此对象上，如图13-17所示。

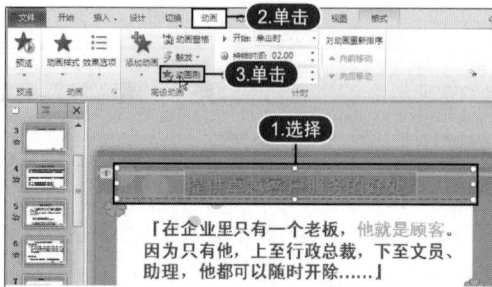

图13-16

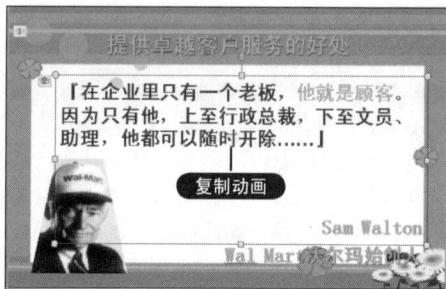

图13-17

13.1.6 测试动画

为文字或图形对象添加动画效果后，可以在"动画"选项卡的"预览"选项组中单击"预览"按钮，验证它们是否起作用。

单击"预览"选项组中的"预览"下拉按钮，在其下拉菜单中可以看到"预览"和"自动预览"两个选项（见图13-18），选中"自动预览"复选项，每次为对象创建动画后，可自动在幻灯片窗口中预览效果。

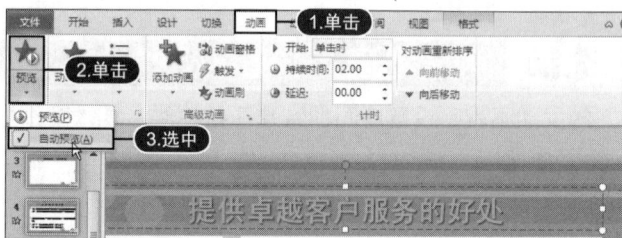

图13-18

13.1.7 移出动画

为对象创建动画效果后，也可以根据需要移出动画，移出动画的方法有两种。

在"动画"选项组中实现

在"动画"选项组中单击"其他"按钮，在其库的"无"栏中选择"无"选项，即可移出动画，如图13-19所示。

在"动画窗格"中实现

在"高级动画"选项组中单击"动画窗格"按钮，打开"动画窗格"，选中要移出动画的选项，单击下拉按钮，在其下拉菜单中选择"删除"选项即可移出动画，如图13-20所示。

图13-19

图13-20

13.2 多媒体声音设置与处理

多媒体是计算机和视频技术的结合体，实际上它是两个媒体：声音和图像，在幻灯片中称为音频和视频。在幻灯片中插入音频和视频，可以使幻灯片生动活泼，使受众更好地理解内容。

13.2.1 添加音频

在幻灯片中，声音的来源主要分为来自文件和来自剪辑管理器，下面简单介绍如何在幻灯片中插入声音。

插入来自文件的音频

❶ 在PowerPoint 2010主界面中，单击"插入"标签，在"媒体"选项组中单击"音频"下拉按钮，在其下拉菜单中单击"文件中的音频"选项，如图13-21所示。

❷ 在打开的"插入音频"对话框中选择合适的音频，单击"插入"按钮，如图13-22所示。

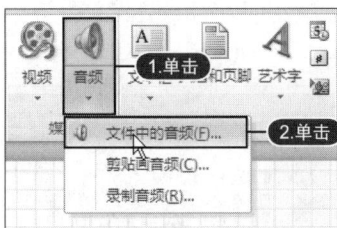

图13-21

图13-22

录制音频并添加

❶ 在PowerPoint 2010主界面中，单击"插入"标签，在"媒体"选项组中单击"音频"下拉按钮，在其下拉菜单中单击"录制音频"选项，如图13-23所示。

❷ 打开"录音"对话框（见图13-24），在"名称"文本框中输入"已录下的声音"，单击"录制"按钮⦿开始录制，单击"停止"按钮■停止录制，单击"确定"按钮，即可将录制的音频添加到当前幻灯片中。

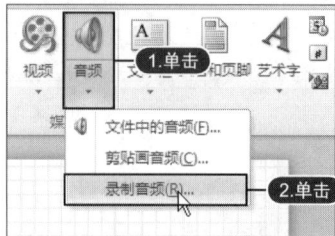

图13-23

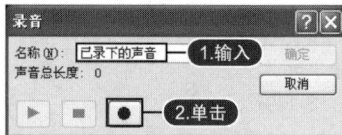

图13-24

13.2.2 播放音频

添加音频后，可以在幻灯片中播放音频，具体操作方法如下。

直接在幻灯片中实现播放

❶ 选中插入的音频文件，单击"音频文件"图标下的"播放"按钮▶即可播放音频，如图13-25所示。

❷ 单击"向前移动"、"向后移动"按钮◀▶可以调整播放速度，也可以使用按钮来调整声音大小。

在"音频工具"中实现播放

切换到"音频工具"-"播放"选项卡，在"预览"选项组中单击"播放"按钮，即可播放插入的音频，如图13-26所示。

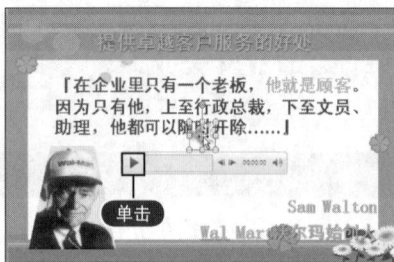

图13-25

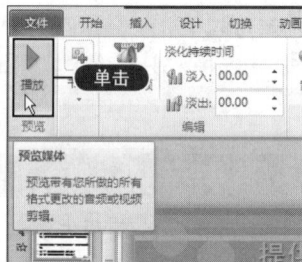

图13-26

13.2.3 设置音频

用户在幻灯片中插入音频后，可以对其进行简单设置，如选择播放方式，是否在播放时隐藏等。

❶ 在幻灯片中，选择需要设置的音频图标，如图13-27所示。

❷ 单击"音频工具"-"播放"标签，在"音频选项"选项组中进行设置，如选择音量为"高"以及"放映时隐藏"复选框，如图13-28所示。

图13-27

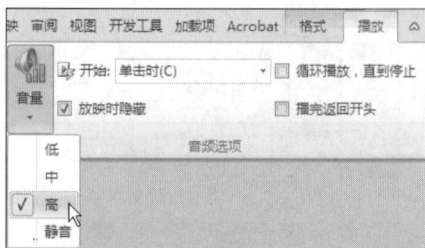

图13-28

13.2.4 添加视频

好的视频，可以帮助用户在放映幻灯片时寓内容于乐。用户可以通过以下介绍插入视频。

插入来自剪辑管理器的视频

❶ 在PowerPoint 2010主界面中，单击"插入"标签，在"媒体"选项组中单击"视频"下拉按钮，在其下拉菜单中单击"剪贴画视频"选项，如图13-29所示。

❷ 在打开的"剪贴画"窗格中选择合适的视频，单击即可插入，如图13-30所示。

提示
在幻灯片中插入视频一般不采用这种方法，因为PowerPoint系统自带的视频往往不符合实际需要。

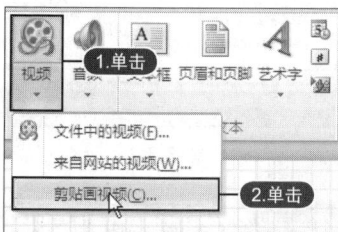

图13-29

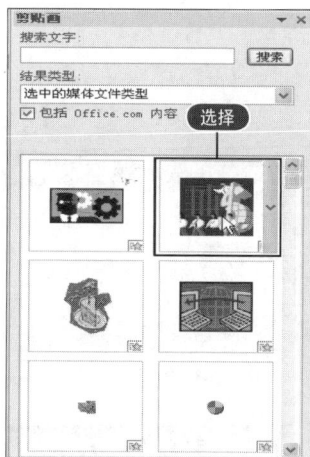

图13-30

插入来自文件的视频

❶ 在PowerPoint 2010主界面中，单击"插入"标签，在"媒体"选项组中单击"视频"下拉按钮，在其下拉菜单中单击"文件中的视频"选项，如图13-31所示。

❷ 在打开的"插入视频文件"对话框中选择合适的视频，单击"插入"按钮，如图13-32所示。

提示
插入视频后还可以进行裁剪，详细方法参考1.3.8小节介绍的方法。

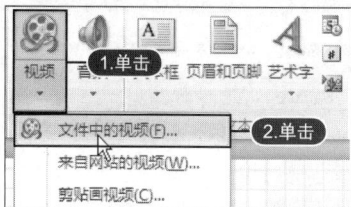

图13-31

图13-32

13.3 放映前的准备

演示文稿制作完成后，接下来就要准备放映了。在放映之前，用户可以设置演示文稿的放映方式和放映时间。

13.3.1 设置幻灯片的放映方式

在PowerPoint 2010中，演示文稿的放映方式包括"演讲者放映（全屏幕）"、"观众自行浏览（窗口）"和"在展台上浏览（全屏幕）"3种。

打开制作完成的演示文稿，切换到"幻灯片放映"选项卡，在"设置"选项组中单击"设置幻灯片放映"按钮（见图13-33），打开"设置放映方式"对话框。在该对话框里可以对幻灯片的放映类型、放映选项、换片方式等进行设置，如图13-34所示。

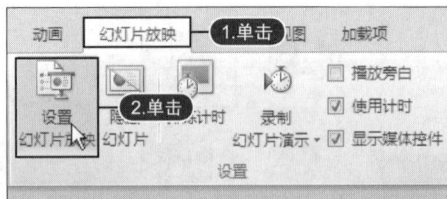

图13-33

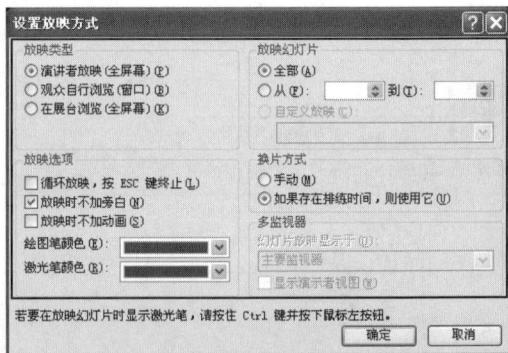

图13-34

13.3.2 设置幻灯片的放映时间

在幻灯片设置排练计时，用户可以通过以下介绍进行操作。

❶ 在PowerPoint主界面中单击"幻灯片放映"标签，在"设置"选项组中单击"排练计时"按钮，如图13-35所示。

图13-35

❷ 随即幻灯片进行全屏放映，并在其左上角会出现"录制"对话框（见图13-36）；录制结束后，弹出Microsoft PowerPoint对话框，单击"是"按钮，即可将排练计时应用到幻灯片中，如图13-37所示。

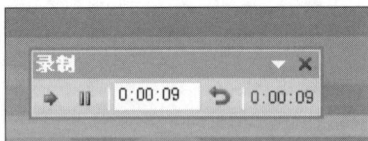

图13-36

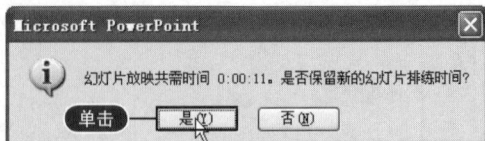

图13-37

13.4 开始放映幻灯片

默认情况下，幻灯片的放映方式为普通手动放映。用户可以根据实际需要，设置幻灯片的放映方式，如自动放映、自定义放映和排列计时放映等。

如果用户需要放映幻灯片，可以通过以下介绍进行操作。

设置从头开始放映或从当前幻灯片开始放映

❶ 在幻灯片主界面中单击"幻灯片放映"标签,在"开始放映幻灯片"选项组中单击"从头开始"按钮或"从当前幻灯片开始"按钮,如图13-38所示。

❷ 进入全屏放映模式,如图13-39所示。

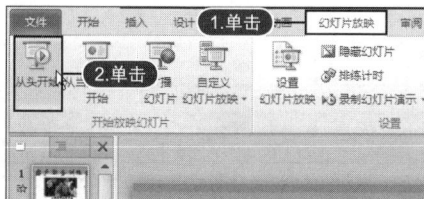

图13-38

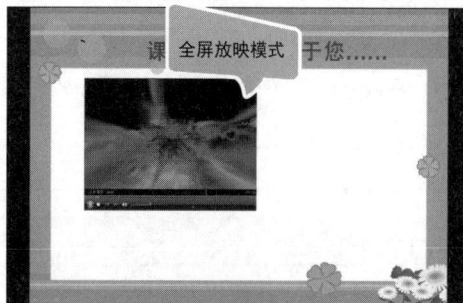

图13-39

设置自定义放映

❶ 在幻灯片主界面中单击"幻灯片放映"标签,在"开始放映幻灯片"选项组中单击"自定义幻灯片放映"按钮,在其下拉菜单中选择"自定义放映"选项,如图13-40所示。

❷ 打开"自定义放映"对话框,单击"新建"按钮,如图13-41所示。

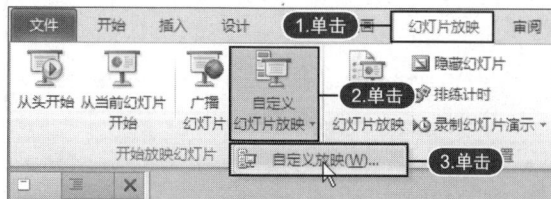

图13-40

图13-41

❸ 打开"定义自定义放映"对话框,选择要设置自定义放映的幻灯片,单击"添加"按钮,如图13-42所示。

❹ 单击"确定"按钮,返回"自定义放映"对话框中,选择需要自定义的放映方式,单击"放映"按钮,如图13-43所示。

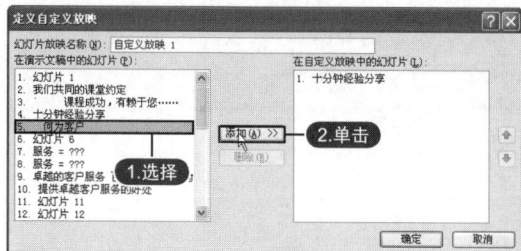

图13-42

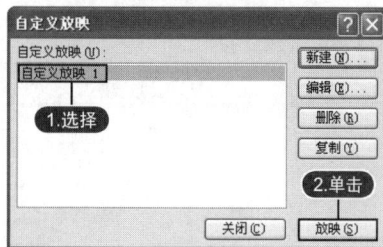

图13-43

Chapter

14 Excel工作表页面布局和打印技巧

:: 重点知识

- Excel工作表页面布局技巧
- Excel工作表打印技巧

:: 应用效果

更改页边距

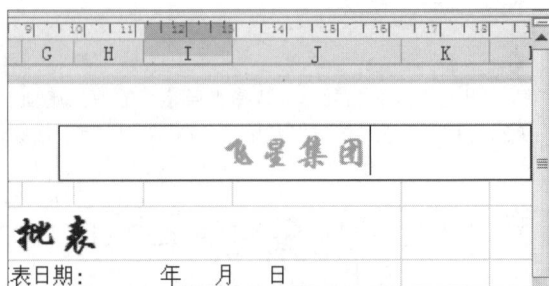

添加页眉

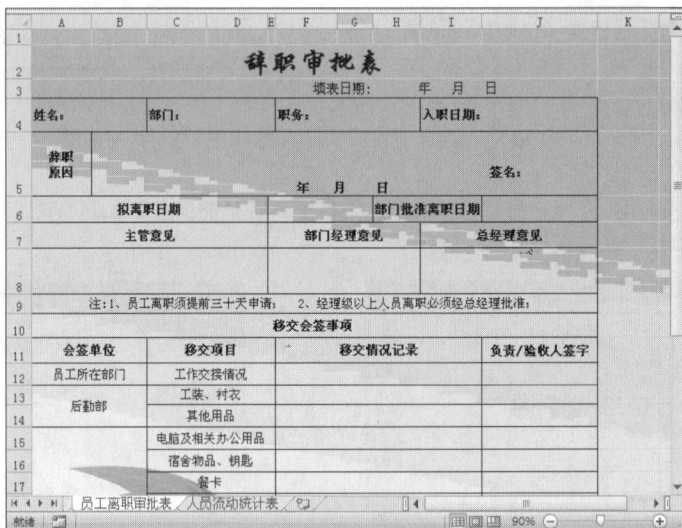

添加图片背景

:: 参见光盘

素材路径：随书光盘\素材\第14章

视频路径：随书光盘\视频教程\第14章

14.1 页面布局技巧

在对Excel工作表进行打印之前，需要设置工作表的页面布局，如调整工作表的页边距、为工作表添加页眉/页脚，以及页码，还可以为工作表插入图片背景等。

1. 根据需要更改表格页边距

Excel 2010默认的页边距是"普通"，如果用户不想使用默认的页边距，可以在工作簿中选择一种预设的页边距，具体操作方法如下。

❶ 打开需要设置页边距的工作表，切换到"页面布局"选项卡，在"页面设置"选项组中单击"页边距"按钮，在其下拉菜单中选择一种需要的页边距，如"窄"，如图14-1所示。

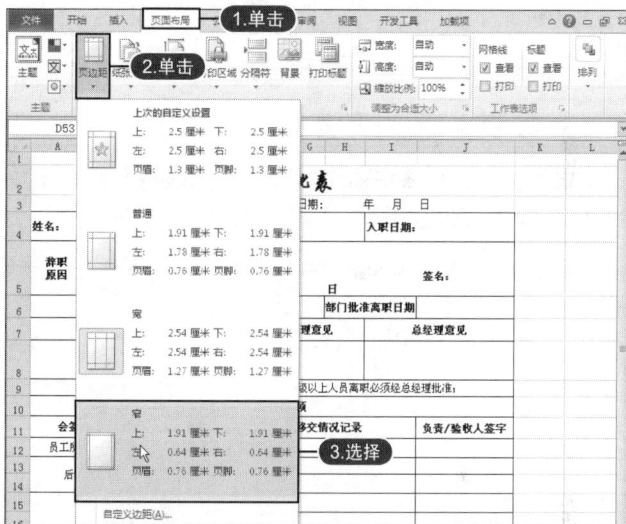

图14-1

❷ 更改表格的页边距后的效果如图14-2所示。

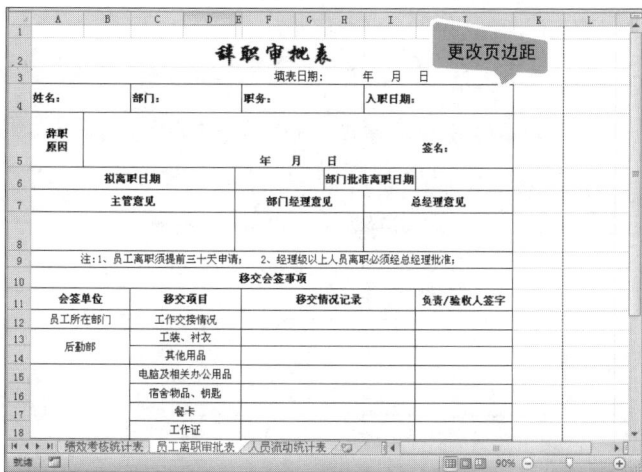

图14-2

2. 手动直观调整页边距

如果在"页边距"下拉菜单中预设的页边距值没有符合要求的，用户还可以通过"自定义边距"命令手动微调页边距，使其满足文档的实际需要。

❶ 打开工作表，在"页面布局"选项卡下单击"页面设置"选项组右下角的 按钮，如图14-3所示。

❷ 打开"页面设置"对话框，切换到"页边距"选项卡，将"上"、"下"、"左"、"右"4个页边距值按照当前文档需要重新设置即可，如图14-4所示。

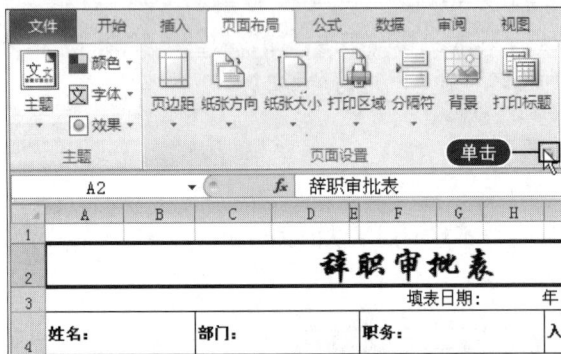

图14-3

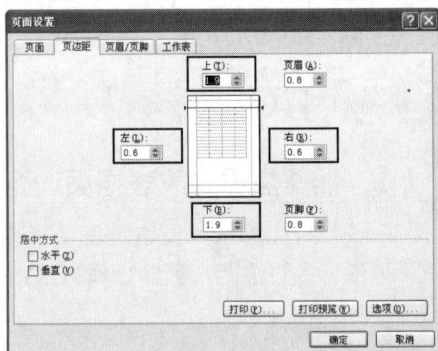

图14-4

3．为表格添加页眉

页眉位于工作表中每个页面的顶部区域，常用于显示工作表的附加信息，如果需要为表格添加页眉，具体操作方法如下。

❶ 打开工作表，单击"插入"标签，在"文本"选项组中单击"页眉和页脚"按钮，如图14-5所示。

图14-5

❷ Excel会切换到"页眉和页脚工具"-"设计"选项卡，在页面上方会出现一个页眉设置区域，在这个区域中共有左、中、右3个文本框可供输入页眉，本例在中间的文本框中输入页眉文字，如图14-6所示。

❸ 页面添加完成后，单击Excel程序状态栏中"普通"按钮，返回到页面视图，如图14-7所示。

图14-6

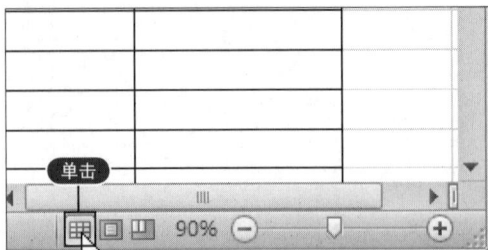

图14-7

4．插入自动页眉/页脚效果

用户如果不想手动设置页眉/页脚，可以插入Excel 文件中自带的页眉、页脚效果，具体操作方法如下。

❶ 打开工作表，单击"插入"标签，在"文本"选项组中单击"页眉和页脚"按钮。

❷ 系统自动将光标定位到页眉设置区域中需要插入页眉的文本框中，单击"页眉和页脚工具"-"设计"标签，单击"页眉"下拉按钮，在下拉菜单中选择一种页眉，如"员工离职审批表，第1页"样式，如图14-8所示。

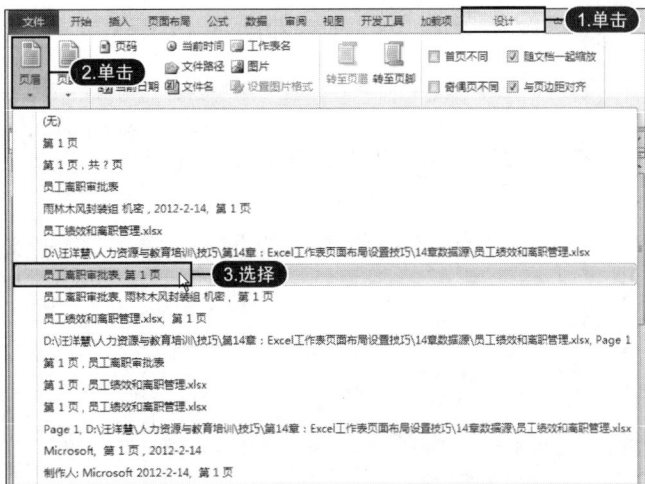

图14-8

❸ 此时"员工离职审批表"页眉样式被插入页眉文本框中，如图14-9所示。

❹ 在"页眉和页脚工具"-"设计"选项卡下，单击"页脚"下拉按钮，按照相同的方法，可以自动设置页脚。

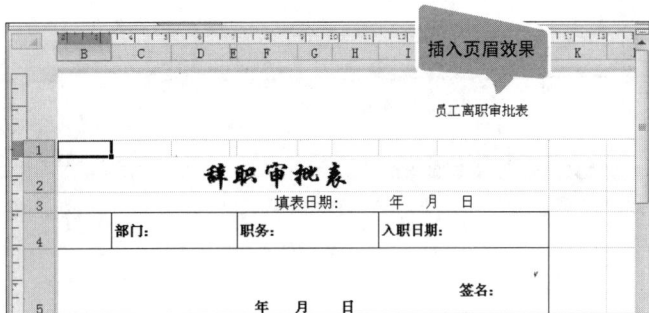

图14-9

5. 调整显示页眉/页脚的预留尺寸

为工作表设置页眉/页脚后，可以在"页面设置"对话框调整页眉/页脚的预留尺寸，具体操作方法如下。

打开工作表，在"页面布局"选项卡下单击"页面设置"选项组右下角的按钮，打开"页面设置"对话框，切换到"页边距"选项卡，分别在"页眉"文本框和"页脚"文本框中手动调整需要预留的尺寸即可，如图14-10所示。

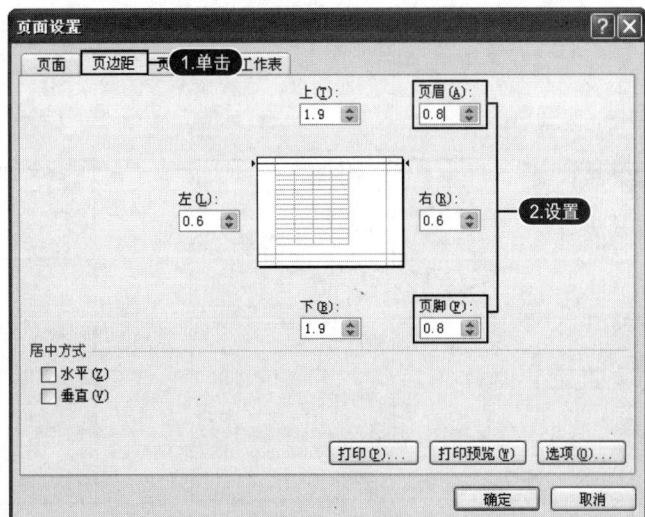

图14-10

179

6. 设置页脚起始页码为所需的页数

❶ 打开工作表,在"页面设置"选项组右下角单击 ▦ 按钮,打开"页面设置"对话框。

❷ 在"页面设置"对话框的"起始页码"文本框中输入起始页码,如"2",如图14-11所示。

❸ 切换到"页眉/页脚"选项卡,接着单击"页脚"下拉按钮,在打开的下拉列表中选择一种页脚样式,如 第1页,共?页,如图14-12所示。

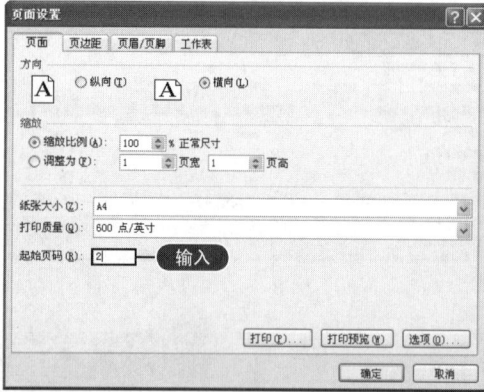
图14-11

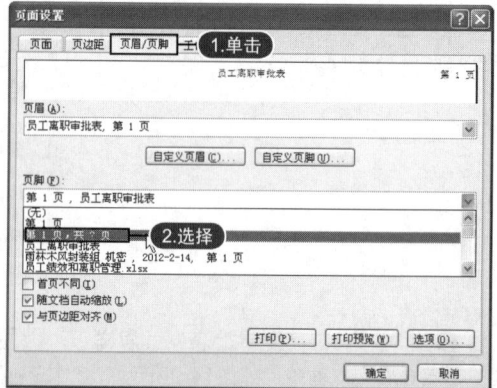
图14-12

❹ 返回到"页面布局"视图,则可看到页脚起始页码为第2 页,如图14-13所示。

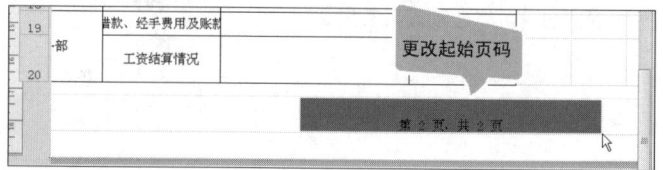
图14-13

7. 添加工作表的图片背景

如果觉得工作表背景单调,可以选择漂亮的图片作为背景。为工作表添加背景图片的具体操作方法如下。

❶ 打开工作表,切换到"页面布局"选项卡,在"页面设置"选项组中单击"背景"按钮,如图14-14所示。

❷ 打开"工作表背景"对话框,选择要添加的背景图片,单击"插入"按钮,即可将背景插入到工作表中,如图14-15所示。

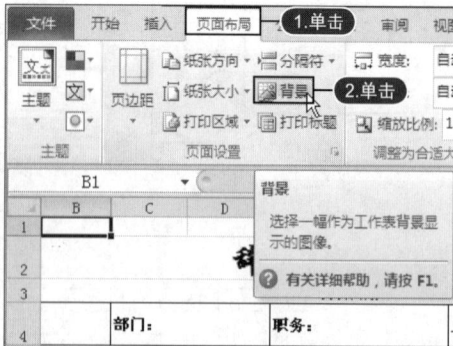
图14-14

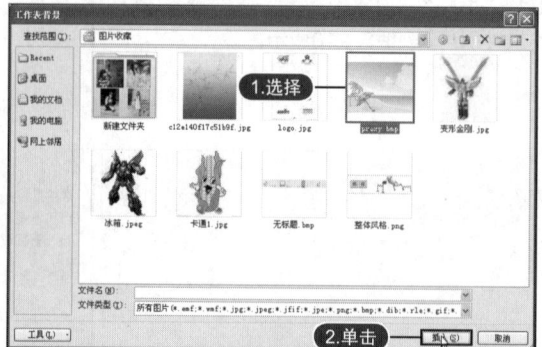
图14-15

❸ 效果如图14-16所示。

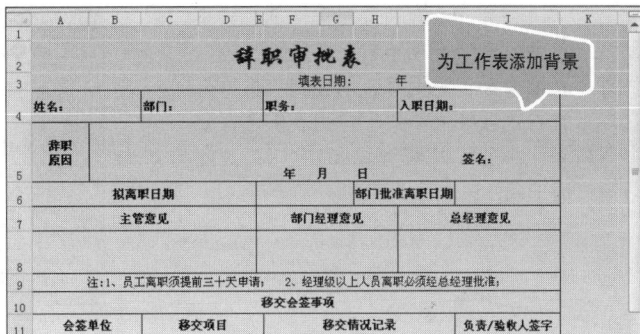

图14-16

8. 删除工作表的图片背景

添加背景后，用户如果觉得背景不适合，或者不想使用背景时，可以将工作表的背景删除，具体操作方法如下。

❶ 打开具有背景的工作表，切换到"页面布局"选项卡，在"页面设置"选项组中单击"删除背景"按钮，如图14-17所示。

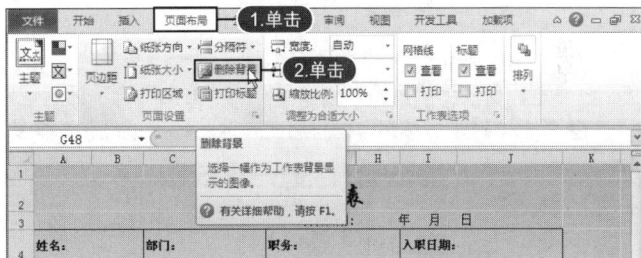

图14-17

❷ 此时工作表中的背景已被删除，恢复成原来的状态，效果如图14-18所示。

图14-18

14.2 Excel工作表打印技巧

在对Excel工作表进行打印时，可以设置打印纸张的大小，以及纸张方向，还可以只打印工作表中的某一页、将行/列号一同打印等。

1. 自定义打印纸张的大小

在打印文档的时候，系统默认设置是A4纸张。用户可以根据工作需要，自定义打印纸张的大小，具体操作方法如下。

打开工作表,在"页面布局"选项卡下单击"页面设置"选项组右下角的 按钮,打开"页面设置"对话框。切换到"页面"选项卡,在"纸张大小"下拉列表中选择要打印的纸张类型,如 **A5**(见图14-19),即可将打印的纸张更改为A5纸张。

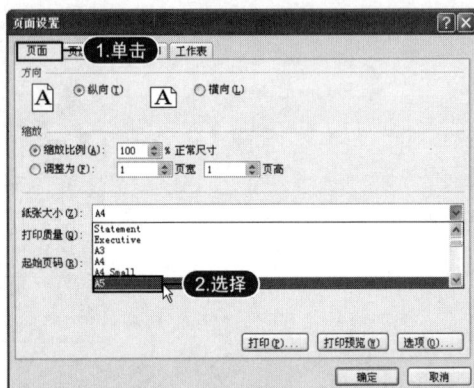

图14-19

2. 设置纸张方向

Excel工作表默认设置的打印纸张方向为"纵向",用户可以根据实际工作需要,将纸张的方向改为"横向",具体操作方法如下。

❶ 打开工作表,在"页面布局"选项卡下单击"页面设置"选项组右下角的 按钮,打开"页面设置"对话框。切换到"页面"选项卡,在"方向"选项区中选中"横向"单选按钮,如图14-20所示。

❷ 单击"确定"按钮,即可将工作表打印时的纸张方向更改为"横向",效果如图14-21所示。

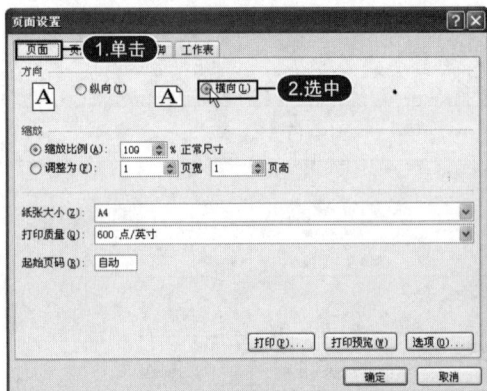

图14-20

图14-21

3. 打印指定的页

如果工作表中包含多页内容,只需打印指定的页面,此时可以按照如下方法进行操作。

❶ 打开要打印的工作表,单击"文件"标签,切换到Backstage视图。

❷ 在左侧单击"打印"选项,在中间"设置"区域中选择要打印的范围,如图14-22所示。

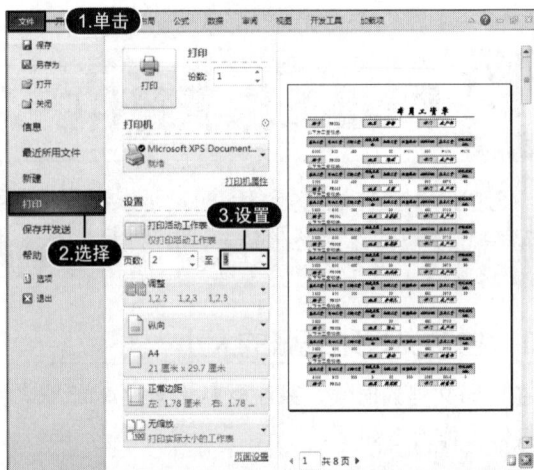

图14-22

4．打印工作表中的某一特定区域

如果只想打印工作表中的某一选定的区域，可以按照如下方法进行设置。

❶ 打开工作表，选中要打印的区
域，切换到"页面布局"选项卡，在"页
面布局"选项组中单击"打印区域"下拉
按钮，在其下拉菜单中选择"设置打印区
域"选项，如图14-23所示。

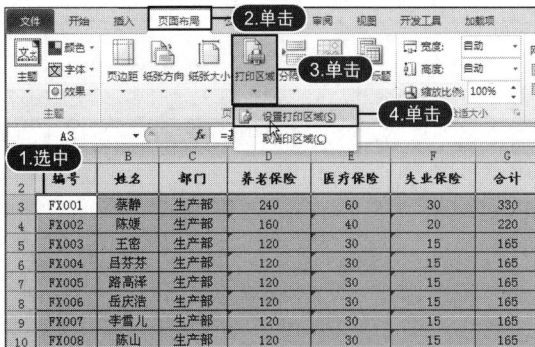

图14-23

❷ 此时可将选中的区域设置为打印
区域，在"打印预览"中只显示出要打
印的区域，如图14-24所示。

图14-24

5．将行号、列标一同打印出来

在默认情况下，执行打印操作后，打印出来的工作表不包含行号和列号。若要使打印的工作
表包含行、列号，可以按如下方法进行设置。

❶ 打开工作表，在"页面布局"选项卡下单击"页面设置"选项组右下角的 按钮，打开"页面设
置"对话框。切换到"工作表"选项卡，在"打印"区域中选中"行号列标"复选框，如图14-25所示。

❷ 单击"打印预览"按钮，可以在"打印预览"区域中看到行号、列标显示出来，如图14-26所示。

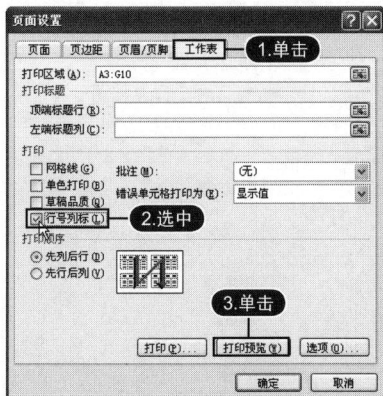

图14-25

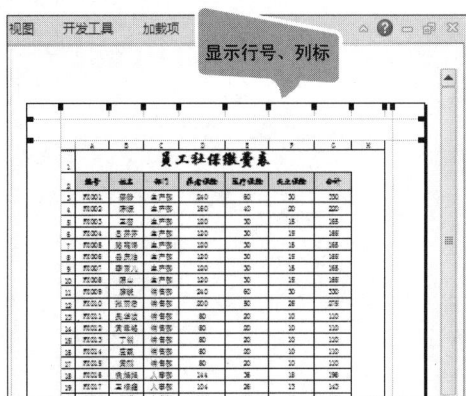

图14-26

183

6. 让表格标题信息在每一页中显示

一个由多页组成的表格，通常需要在每一页上都打印出标题行，但在默认情况下，表格的信息只在第一页中显示，如果想让打印的每一页都显示标题信息，可按如下方法进行操作。

❶ 打开工作表，在"页面布局"选项卡下单击"页面设置"选项组右下角的 █ 按钮，打开"页面设置"对话框（见图14-27）。切换到"工作表"选项卡，单击"打印标题"区域中的"顶端标题行"右侧的"拾取器"按钮，在工作表中选择标题信息所在的单元格或单元格区域，单击"确定"按钮，如图14-28所示。

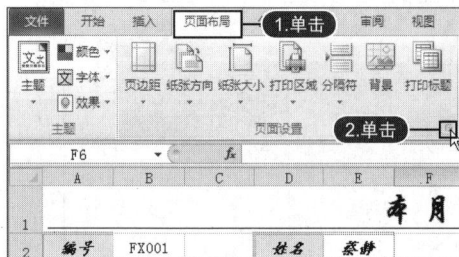

图14-27

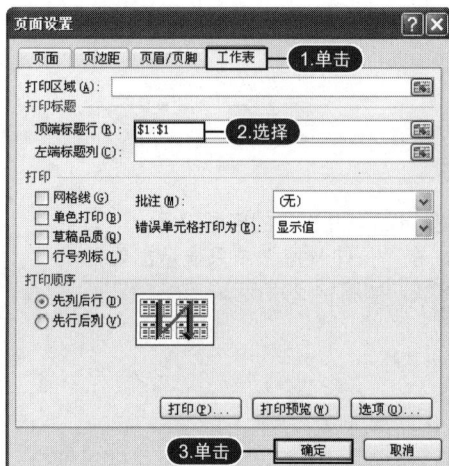

图14-28

❷ 在执行打印操作时，即可自动为每一页添加上标题行，效果如图14-29所示。

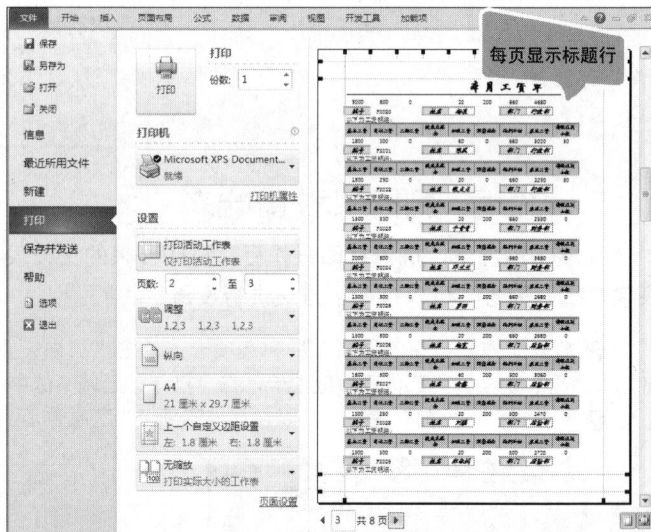

图14-29

15 Excel表格数据编辑技巧

重点知识

- 数据输入技巧
- 数据编辑技巧

应用效果

货币型数据输入

设置竖排数据

粘贴为图片

按工作月填充效果

参见光盘

素材路径：随书光盘\素材\第15章

视频路径：随书光盘\视频教程\第15章

15.1 数据输入技巧

在Excel工作表中可以输入各种类型的数据，如数值型、货币型、分数型、日期和时间型、文本型等，不同类型的数据输入需要不同的方法。

1. 输入数值型数据

直接在单元格中输入数字，系统默认格式为"常规"，实际上它是可以参与运算的数值，但根据实际需要，可以设置数值的其他显示方式，较常用的有特定位数的小数、货币格式、分数和百分比数。下面以"数值"格式为例进行具体说明。

❶ 打开工作表，选中要设置为"数值"格式的单元格区域，切换到"开始"选项卡，在"数字"选项组右下角单击⬜按钮，如图15-1所示。

❷ 打开"设置单元格格式"对话框，在"分类"列表框中选择"数值"选项，并设置小数位数，单击"确定"按钮，如图15-2所示。

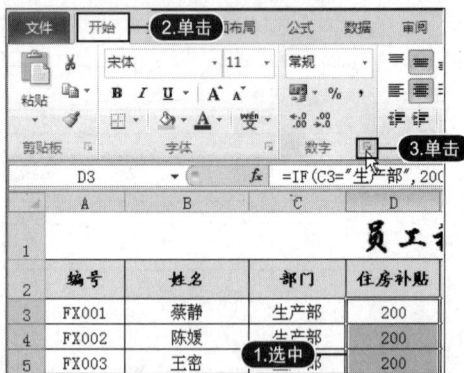

图15-1

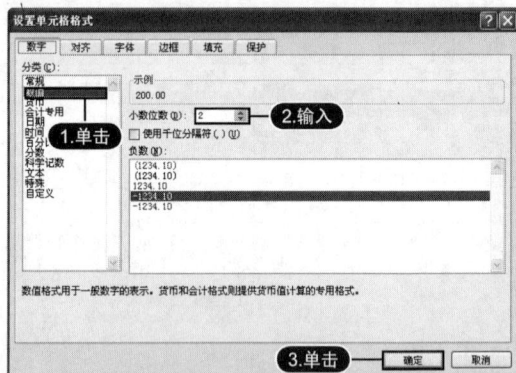

图15-2

❸ 选中的单元格区域格式被更改为新数值格式，效果如图15-3所示。

图15-3

2. 输入货币型数据

用户在创建工作表时，如果经常需要输入带有货币符号的数据，可以快速地输入不同货币符号，具体操作方法如下。

❶ 打开工作表，选中要设置为"货币"格式的单元格区域，切换到"开始"选项卡，在"数字"选项组右下角单击⬜按钮，如图15-4所示。

❷ 打开"设置单元格格式"对话框，在"分类"列表框中选择"货币"选项，并设置小数位数，如图15-5所示。

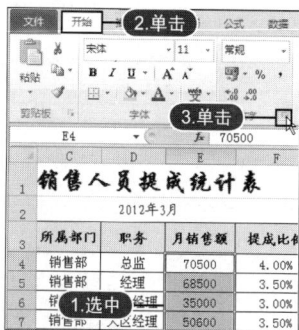
图15-4

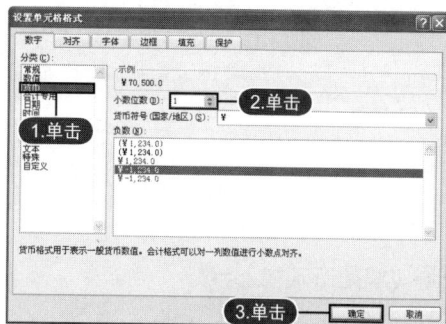
图15-5

❸ 单击"确定"按钮，即可看到选中的单元格区域格式显示为"货币"格式，效果如图15-6所示。

图15-6

3. 输入分数型数据

在单元格中输入1/3、3/5这样的分数形式时，会被自动替换为"1月3日"、"3月5日"的日期形式，如果想要实现分数的输入可以按下面的方法。

通过设置单元格格式

❶ 打开工作表，选中需要输入分数的单元格区域，在右击出现的快捷菜单中选择"设置单元格格式"选项，如图15-7所示。

❷ 打开"设置单元格格式"对话框，在"分类"列表框中选择"分数"选项，在"类型"列表框中选择一种分数样式，如"分母为一位数（1/4）"，单击"确定"按钮，如图15-8所示。

图15-7

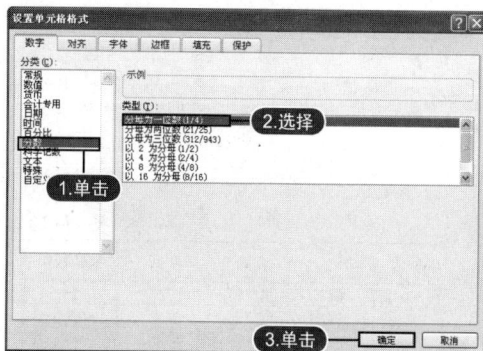
图15-8

❸ 返回工作表，在半角状态下，在设置的单元格内1/3、2/3、3/5这样的数据，便显示为分数形式，如图15-9所示。

图15-9

通过快捷方式输入分数

❶ 打开工作表，在单元格中先输入0，空一格，接着在半角状态下输入"1/7"，如图15-10所示。

❷ 按【Enter】键，即可将"0 1/7"转为"1/7"，如图15-11所示。

图15-10

图15-11

4. 输入日期和时间型数据

要在Excel表格中输入日期，需要以Excel可识别的格式输入，如输入12-2-2，按【Enter】键则显示2012-2-2；输入2-2，按【Enter】键，其默认显示结果为2月2日。如果想以其他状态显示数据，可以先在Excel表格中以可识别的最简易的形式输入日期，然后通过设置单元格格式一次性设置为所需要的格式。

输入日期型数据

❶ 打开工作表，选中要设置为特定日期格式的单元格区域，切换到"开始"选项卡，在"数字"选项组右下角单击 按钮，如图15-12所示。

❷ 打开"设置单元格格式"对话框，在"分类"列表框中选择"日期"选项，并设置小数位数，接着在"类型"列表框中选择需要的日期格式，如图15-13所示。

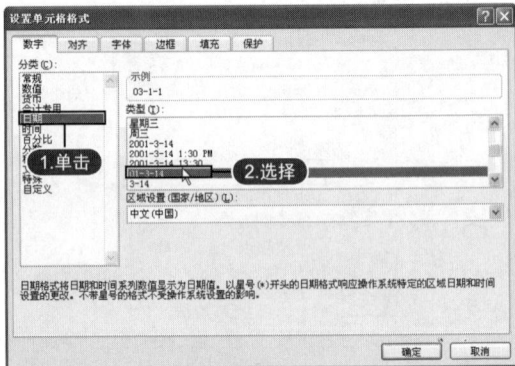

图15-12

图15-13

❸ 单击"确定"按钮，则选中的单元格区域中的日期更改为指定的格式，如图15-14所示。

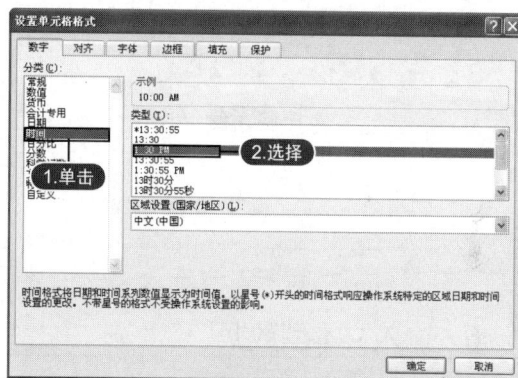

图15-14

输入时间型数据

❶ 打开工作表，选中要设置为特定时间格式的单元格区域，切换到"开始"选项卡，在"数字"选项组右下角单击 按钮，如图15-15所示。

❷ 打开"设置单元格格式"对话框，在"分类"列表框中选择"时间"选项，并设置小数位数，再在"类型"列表框中选择需要的日期格式，如图15-16所示。

图15-15

图15-16

❸ 单击"确定"按钮，则选中的单元格区域中的时间更改为指定的格式，如图15-17所示。

图15-17

5. 输入百分比型数据

编辑单元格时，如果需要将输入的数据变为百分比数，可以通过以下几种方法实现。

通过设置单元格格式

❶ 选中需要设置的单元格,切换到"开始"选项卡,在"数字"选项组右下角单击 ⬜ 按钮。

❷ 打开"设置单元格格式"对话框,在"分类"列表框中选中"百分比"选项,设置小数位数,单击"确定"按钮,如图15-18所示。

❸ 返回工作表中,在设置的单元格内直接输入数值,按【Enter】键,即可看到数值变为百分比数,如图15-19所示。

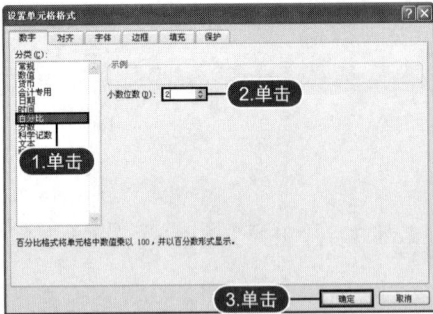

图15-18

图15-19

使用【Shift+5】组合键

❶ 打开工作表,在单元格内输入数据,如"2",如图15-20所示。

❷ 按【Shift+5】组合键,则可以看到单元格内数据变为"2%",如图15-21所示。

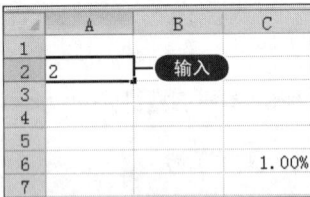

图15-20

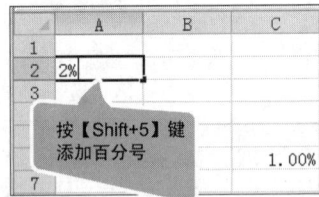

图15-21

6. 输入文本型数据

在输入一串数字的产品编码或身份证号码时,默认显示为科学计数的方式,此时可以选中要输出此类数据的单元格,将其格式设置为"文本",然后再进行数据输入,即可正确显示。

❶ 打开工作表,选中要设置为文本型单元格区域,切换到"开始"选项卡,在"数字"选项组右下角单击 ⬜ 按钮。

❷ 打开"设置单元格格式"对话框,在"分类"列表框中选择"文本"选项,如图15-22所示。

❸ 单击"确定"按钮,即可在所选的单元格区域中输入身份证或者产品编码,如图15-23所示。

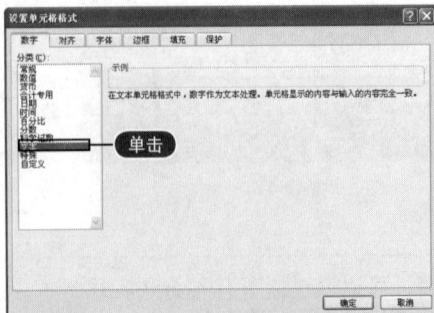

图15-22

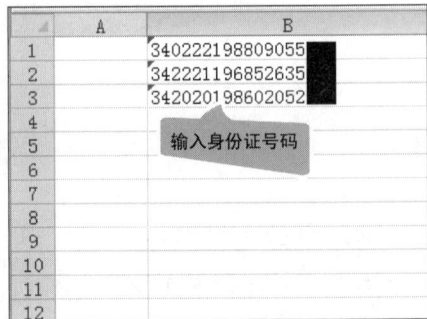

图15-23

7. 输入身份证号

在输入身份证号码时，默认显示为科学计数的方式，如图15-24所示，此时选中要输出此类数据的单元格，将其格式设置为"文本"，即可正确显示身份证。

图15-24

❶ 选中要设置为文本型的单元格区域，切换到"开始"选项卡，在"数字"选项组中单击"数字格式"下拉按钮，在其下拉列表中选择"文本"选项，如图15-25所示。

❷ 双击单元格，按【Enter】键，即可将科学计数的方式转化为文本方式，显示出身份证号码的效果如图15-26所示。

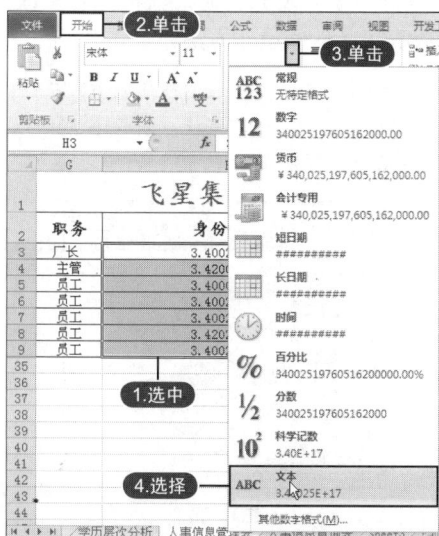

图15-25

图15-26

15.2 数据填充技巧

在Excel工作表中，对于有一定逻辑关系的数据，如等差数列、等比数列、工作日等，可以使用填充的方法输入。用户可以使用填充柄进行填充，也可以使用"系列"命令进行填充。

1. 快速实现数据自动填充

Excel 提供了快速填充数据的功能，用于快速输入有规律的数据。想要实现数据的快速自动填充，具体操作方法如下。

❶ 打开工作表，确定行或列中需要输入相同数据的单元格区域，如A1:A10，在A1单元格内输入数据，切换到"开始"选项卡，在"编辑"选项组中单击"填充"下拉按钮，在其下拉菜单中选择"向下"选项，如图15-27所示。

❷ 选择"向下"选项后，即可完成单元格的填充，效果如图15-28所示。

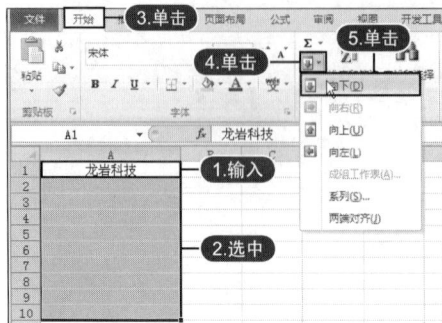

图15-27

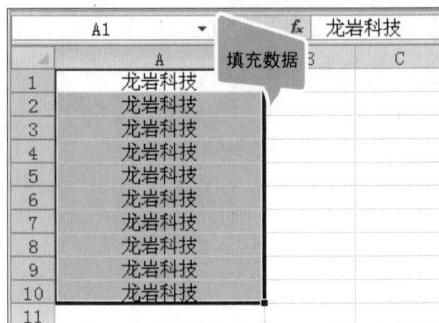

图15-28

2. 巧用填充柄进行数据填充

填充柄是位于选定区域右下角的小黑方块，当鼠标指针移动到填充柄时，鼠标指针更改为黑十字形状。要填充一些简单的数据时，可直接使用填充柄填充，具体操作方法如下。

❶ 打开工作表，在要输入有规律数据的单元格区域的前两个单元格中输入数据内容，如"商品1号"、"商品3号"，选中这两个单元格，将鼠标指针移动到单元格右下角使其变为黑十字形状，如图15-29所示。

❷ 向下拖动鼠标直到填充的终止位置，释放鼠标，即可完成填充，效果如图15-30所示。

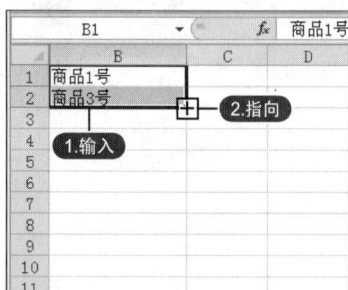

图15-29

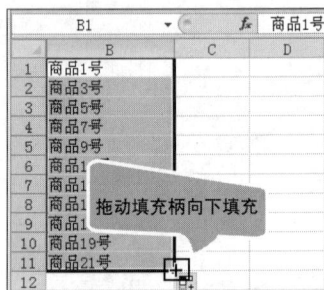

图15-30

3. 按等差数列进行填充

要想输入的数据是以等差数列排列的，可以通过"序列"对话框和鼠标进行填充，具体操作方法如下。

❶ 打开工作表，在C1单元格中输入数据，选中要填充等差数列的单元格区域（如C1:C11），切换到"开始"选项卡，在"编辑"选项组中单击"填充"下拉按钮，在下拉菜单中选择"系列"选项，如图15-31所示。

❷ 弹出"序列"对话框，在"序列产生在"栏中选择"列"单选按钮，在"类型"栏中选择"等差序列"单选按钮，在"步长值"文本框中输入4，在"终止值"文本框中输入50，单击"确定"按钮，如图15-32所示。

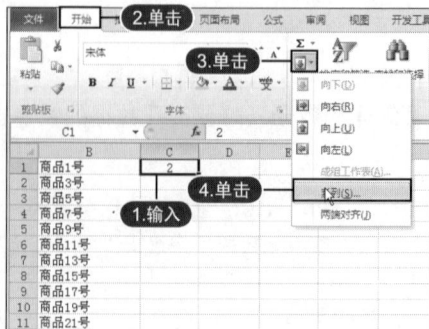

图15-31

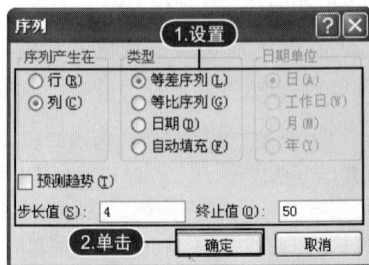

图15-32

❸ 返回工作表中，即可看到单元
格区域中按等差数列进行了填充，如图
15-33所示。

图15-33

4. 按工作日进行填充

用"序列"对话框可以让数据按工作日进行填充，具体操作方法如下。

❶ 打开工作表，在相应的单元格中输入数据："2013年1月1日"，再选中要填充的单元格区域（如
D1:D12），切换到"开始"选项卡，在"编辑"选项组中单击"填充"下拉按钮，在其下拉菜单中选择
"系列"选项，如图15-34所示。

❷ 弹出"序列"对话框，在"类型"栏中选择"日期"单选按钮，在"日期单位"栏中选择"工作
日"单选按钮，单击"确定"按钮，如图15-35所示。

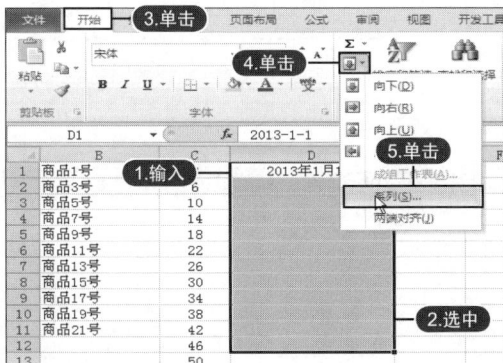

图15-34

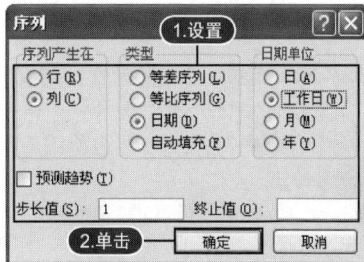

图15-35

❸ 返回工作表中，即可看到单元格
区域中按工作日进行了填充，如图15-36
所示。

图15-36

15.3 **数据编辑技巧**

在工作表中输入了数据后，可以对数据进行编辑，如对数据的复制、移动等，还可以将表
格中的文字以"竖排文字"显示出来。对于数据较多的工作表，可以使用"查找"和"替换"
功能轻松地对数据进行编辑。

1. 快速设置竖排数据

一般情况下，在单元格中输入的数据都是横向排列的，如果用户希望数据竖向排列，可以按如下方法进行操作。

通过功能区的"方向"按钮

❶ 打开工作表，选中要设置竖排数据的单元格或单元格区域，切换到"开始"选项卡，在"对齐方式"选项组中单击"方向"下拉按钮，在其下拉菜单中选择"竖排文字"选项，如图15-37所示。

❷ 选中"竖排文字"选项后，即可将选中区域的数据竖向排列，效果如图15-38所示。

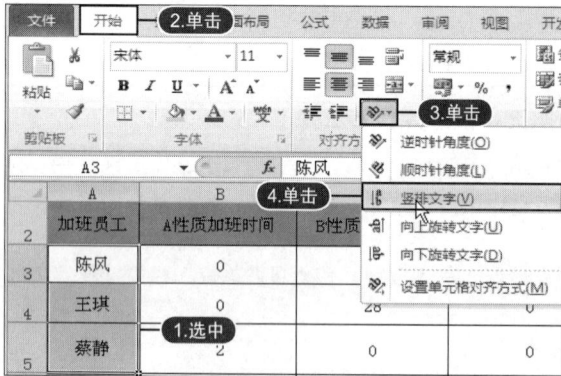

图15-37

图15-38

通过"设置单元格格式"对话框

❶ 打开工作表，选中要设置竖排数据的单元格或单元格区域，切换到"开始"选项卡，在"对齐方式"选项组右下角单击 按钮。

❷ 打开"设置单元格格式"对话框，在"对齐"选项卡下的"方向"选项区中单击竖排的文本项，如图15-39所示。

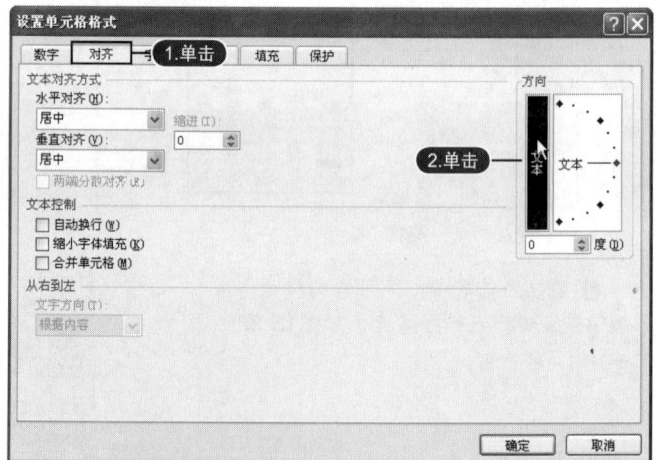

图15-39

❸ 单击"确定"按钮，即可看到选中的单元格区域的文本以竖排方式显示，效果如图15-40所示。

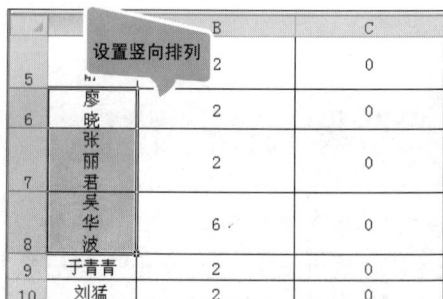

图15-40

2．快速移动单元格

在Excel 2010中可以直接拖动鼠标快速移动或复制单元格，而不必使用"复制"、"剪切"命令，具体操作方法如下。

❶ 打开工作表，选择要移动的单元格或单元格区域，将鼠标指针移动到单元格区域的边框上，鼠标指针变为形状，如图15-41所示。

❷ 按住鼠标左键不放，拖动鼠标到合适的位置，释放鼠标，即可将选中的单元格区域移动到该选定位置，效果如图15-42所示。

图15-41

图15-42

3．在同一行或同一列中复制数据

要在同一行或同一列中输入相同的数据，可以按照如下方法进行快速复制。

❶ 打开工作表，在C3单元格中输入数据30，将光标定位到单元格右下角，当鼠标指针变为黑色十字形状时，向下填充相同的数据，如图15-43所示。

❷ 选中C2:D14单元格区域，按【Ctrl+R】组合键，即可快速复制相同行中的数据，如图15-44所示。

图15-43

图15-44

❸ 要将数据快速复制到同一列中不连续的单元格中，先按【Ctrl】键选择不连续的单元格，接着按【Ctrl+D】组合键，即可将C14单元格中的数据复制到不连续的单元格中，如图15-45所示。

❹ 同样，按【Ctrl】键选中同一行不连续的单元格，然后按【Ctrl+D】组合键，可将数据复制到选中的不连续的单元格中，如图15-46所示。

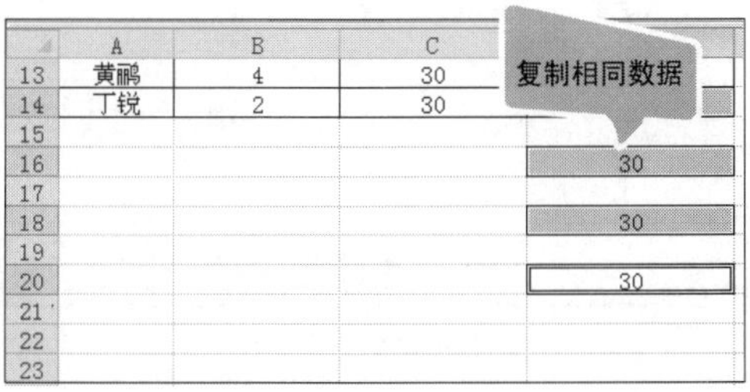

图15-45

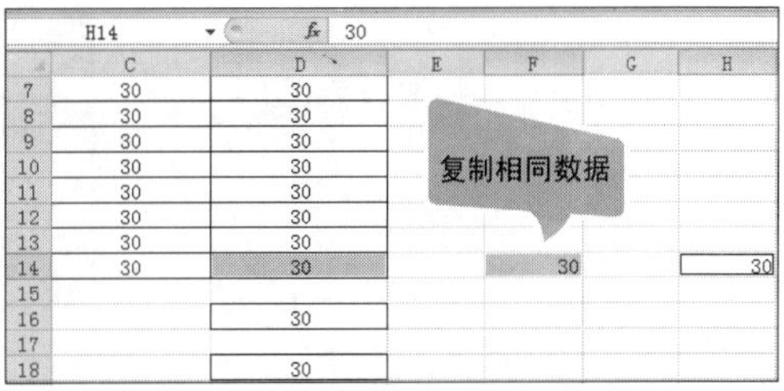

图15-46

4. 定位查找

要快速查找到工作表中的文本型数据，可以使用定位查找的方法快速定位，具体操作方法如下。

❶ 打开工作表，选中A1单元格，按【F5】键，打开"定位"对话框，单击"定位条件"按钮，如图15-47所示。

❷ 打开"定位条件"对话框，选中"常量"单选按钮，接着取消选中"数字"复选框、"逻辑值"复选框、"错误"复选框，单击"确定"按钮，如图15-48所示。

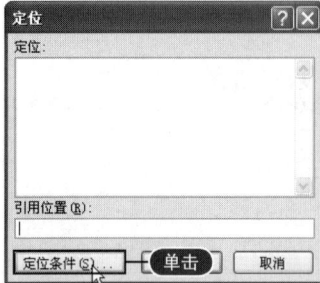

图15-47

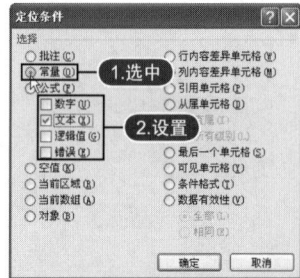

图15-48

❸ 返回工作表中，则将选中工作表中所有文本型数据，效果如图15-49所示。

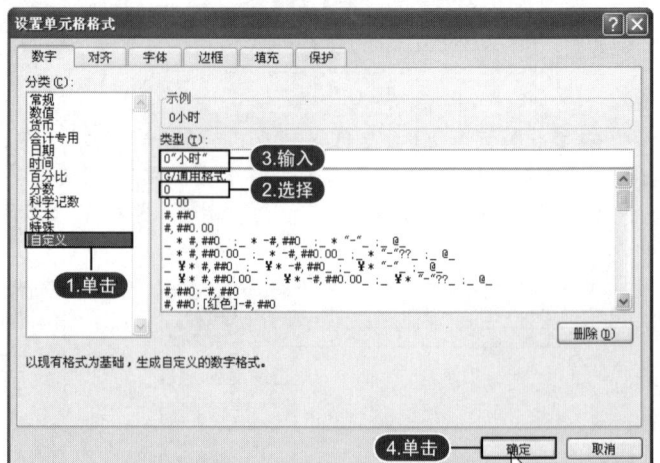

图15-49

5. 批量为数据添加计量单位

要为工作表中的数据添加计量单位，可按照如下方法批量添加。

❶ 打开工作表，选中要添加计量单位的单元格区域，切换到"开始"选项卡，在"数字"选项组右下角单击 按钮。

❷ 打开"设置单元格格式"对话框，在"分类"列表框中选择"自定义"选项，在右侧"类型"列表框中选择"0"选项，在其文本框中输入""小时""，单击"确定"按钮，如图15-50所示。

图15-50

❸ 选中的单元格区域被批量添加单位"小时"后，效果如图15-51所示。

	A	B	C	D
1			员工加班时间统计表和奖金	添加单位
2	加班员工	A性质加班时间	B性质加班时间	C性质加班时间
3	陈风	0小时	28小时	0小时
4	王琪	0小时	28小时	0小时
5	蔡静	2小时	0小时	0小时
6	廖晓	2小时	0小时	0小时
7	张丽君	2小时	0小时	0小时
8	吴华波	6小时	0小时	0小时
9	于青青	2小时	0小时	0小时
10	刘猛	2小时	0小时	0小时
11	张点点	2小时	0小时	0小时
12	庄霞	2小时	0小时	0小时
13	黄鹏	4小时	0小时	0小时
14	丁锐	2小时	0小时	0小时

图15-51

6. 将表格粘贴为图片

创建表格后，可以根据需要，将表格转换为图片来使用，具体操作方法如下。

❶ 选中要转换为表格的单元格区域，选择放置位置，切换到"开始"选项卡，在"剪贴板"选项组中单击"粘贴"下拉按钮，在其下拉菜单中选择"图片"选项，如图15-52所示。

❷ 将选择的区域转换为图片后，效果如图15-53所示。

图15-52

员工加班时间统计表和奖金统计表				粘贴为图片
加班员工	A性质加班时间	B性质加班时间	C性质加班	金
陈风	0小时	28小时	0小时	0
王琪	0小时	28小时	0小时	420
蔡静	2小时	0小时	0小时	20
廖晓	2小时	0小时	0小时	20
张丽君	2小时	0小时	0小时	20
吴华波	6小时	0小时	0小时	60
于青青	2小时	0小时	0小时	20
刘猛	2小时	0小时	0小时	20
张点点	2小时	0小时	0小时	20
庄霞	2小时	0小时	0小时	20
黄鹏	4小时	0小时	0小时	40
丁锐	2小时	0小时	0小时	20

图15-53

读书笔记

16 数据透视表/图使用技巧

- ※ 数据透视表的编辑技巧
- ※ 数据透视表的筛选技巧
- ※ 数据透视图的编辑和筛选技巧

∷ 应用效果

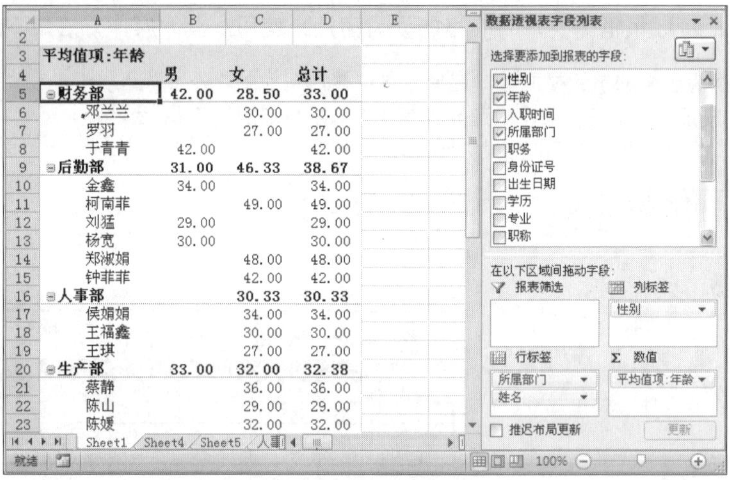

显示字段明细

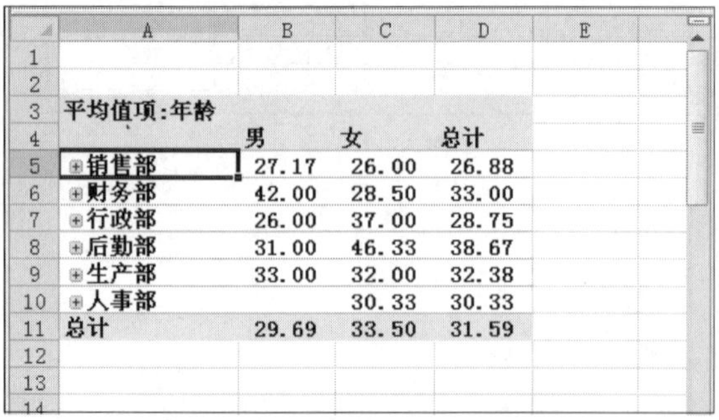

按笔画排序

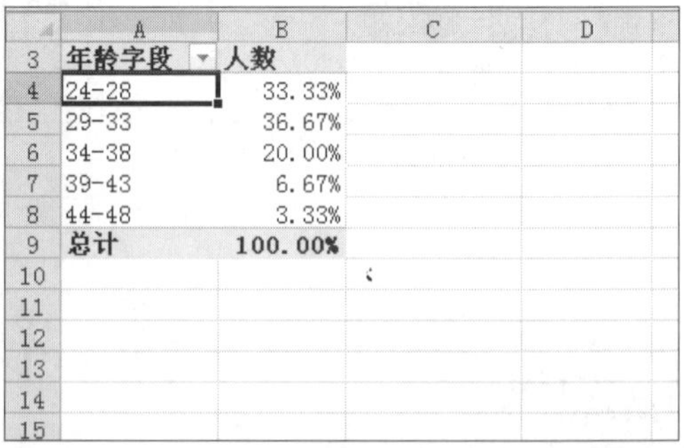

对数据进行分组

∷ 参见光盘

素材路径：随书光盘\素材\第16章

视频路径：随书光盘\视频教程\第16章

16.1 数据透视表的编辑技巧

在创建数据透视表后，可以对数据透视表的字段进行编辑，例如取消字段标题、显示或隐藏明细数据、移动或重命名数据透视表等，下面介绍具体的操作方法。

1. 取消字段标题

数据透视表中会显示"行标签"、"列标签"和"数值"等字段的标题，如果不希望在数据透视表中显示这些标题，可以按如下方法将其取消显示。

❶ 在数据透视表的任意单元格中单击，切换到"数据透视表工具"－"选项"选项卡，在"显示"选项组中单击"字段标题"按钮，如图16-1所示。

❷ 单击"字段标题"按钮后，即可取消数据透视表中的字段标题，效果如图16-2所示。

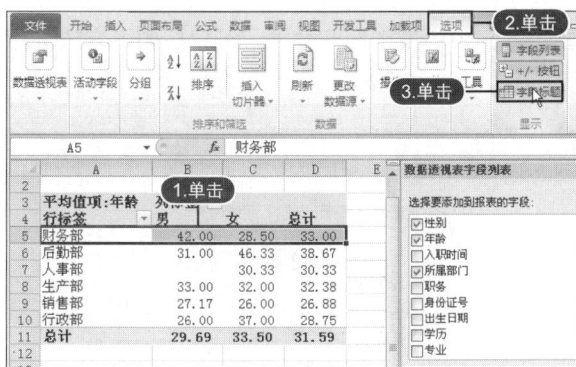

图16-1   图16-2

2. 显示字段的明细数据

通过设置可以在数据透视表中显示字段的明细数据，使数据透视表中的分析结果一目了然，具体操作方法如下。

❶ 选中数据透视表中要显示明细数据的字段下的任意单元格，切换到"数据透视表工具"－"选项"选项卡，在"活动字段"选项组中单击"展开整个字段"按钮，如图16-3所示。

❷ 打开"显示明细数据"对话框，在列表框中选择要显示的明细数据所在的字段，如"姓名"，单击"确定"按钮，如图16-4所示。

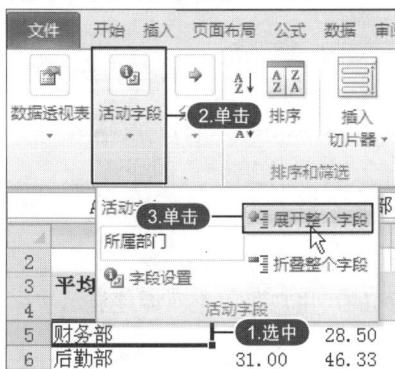

图16-3

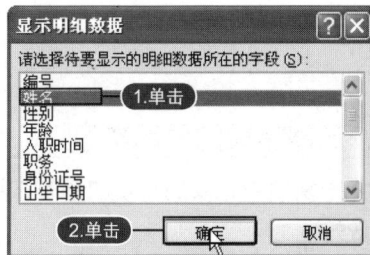

图16-4

❸ 在数据透视表中即可显示"行标签"下所有部门的员工姓名的详细信息，如图16-5所示。

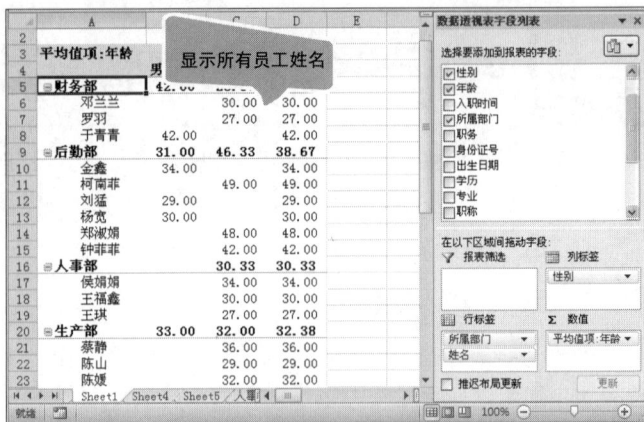

图16-5

3．隐藏字段的明细数据

用户在显示了字段的明细数据后，如果想要隐藏字段的某个明细数据，可以按如下方法进行操作。

❶ 单击要隐藏的某一项目的明细数据前的 ▬ 图标，如图16-6所示。

❷ 单击后 ▬ 图标变为 ➕ 图标，所选项目的明细数据被隐藏，效果如图16-7所示。

图16-6

图16-7

❸ 若要隐藏所有项目的明细数据，在"数据透视表工具"-"选项"选项卡下单击"活动字段"选项组中的"折叠整个字段"按钮即可，如图16-8所示。

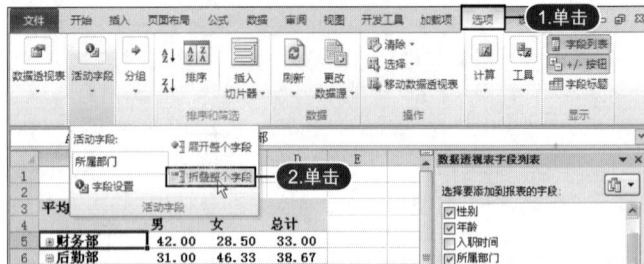

图16-8

4．调整字段的显示次序

数据透视表中记录的显示次序是按照一定的规则排列的，用户可以重新调整显示次序，具体操作方法如下。

❶ 选中行标签或列标签下要调整次序的记录，如"后勤部"，右击，在快捷菜单中选择"移动"选项，在弹出的子菜单中选择要移动的位置，如"将'后勤部'移至末尾"，如图16-9所示。

❷ 选中移动位置后，即可调整所选字段的显示次序，效果如图16-10所示。

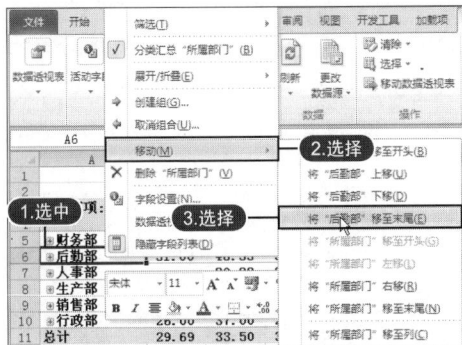

图16-9

图16-10

5. 移动数据透视表

用户可以将创建的数据透视表移动到其他位置上，具体操作方法如下。

❶ 选中数据透视表，切换到"数据透视表工具"-"选项"选项卡，在"操作"选项组中单击"移动数据透视表"按钮，如图16-11所示。

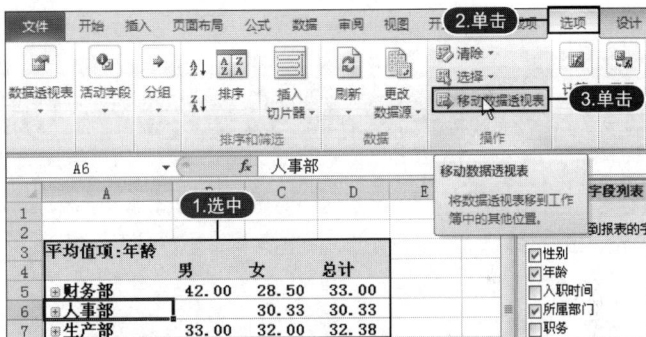

图16-11

❷ 打开"移动数据透视表"对话框，选择要放置数据透视表的位置，如"新工作表"，如图16-12所示。

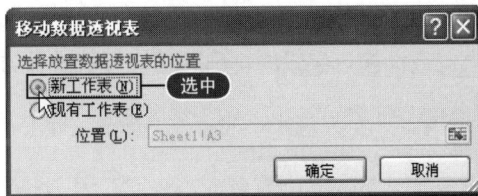

图16-12

❸ 单击"确定"按钮，即可将数据透视表移动到新工作表中，如图16-13所示。如果选择"现有工作表"单选按钮，则要在现有工作表中选取数据透视表要移动到的位置。

图16-13

6. 重命名数据透视表

在默认情况下,新创建的数据透视表的名称为"数据透视表1"、"数据透视表2"等,如图16-14所示。为便于用户快速了解数据透视表的作用,可以根据其特点重命名数据透视表。

选中数据透视表,切换到"数据透视表工具"—"选项"选项卡,在"数据透视表"选项组的"数据透视表名称"编辑框中输入新的名称,如"各部门年龄分析",如图16-15所示。

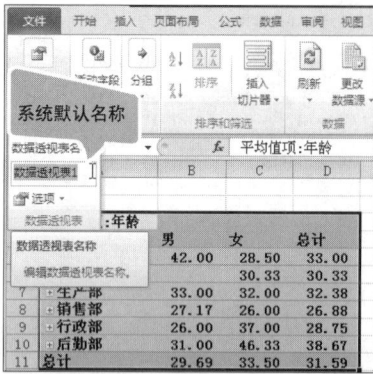

图16-14

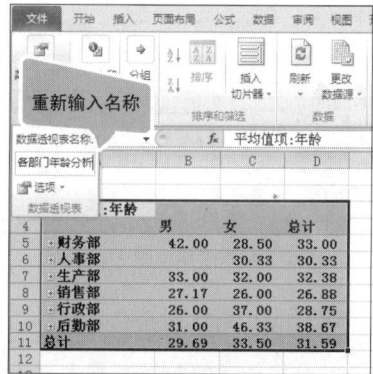

图16-15

16.2 数据透视表的排序和筛选技巧

排序和筛选,是数据分析中常用的方法。在数据透视表中,用户可以轻松地实现对数据透视表的字段进行排序筛选。另外,数据透视表还增添了"切片器"功能,方便用户对数据进行动态分析。

1. 实现行标签排序

在默认情况下,新创建的数据透视表的"行标签"字段是按升序排列的。用户可以根据需要,更改"行标签"字段的排列顺序,具体操作方法如下。

❶ 选中"行标签"字段下的任意单元格,右击,在快捷菜单中选择"排序"选项,在弹出的子菜单中选择"降序"选项,如图16-16所示。

❷ 返回工作表中,即可实现将"行标签"字段按降序排列,效果如图16-17所示。

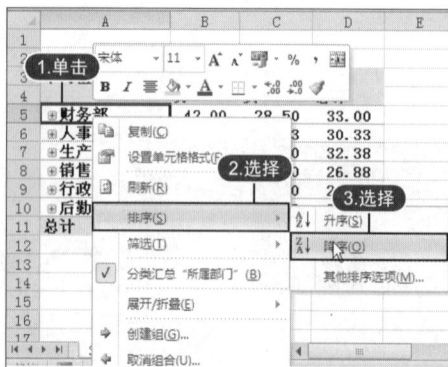

图16-16

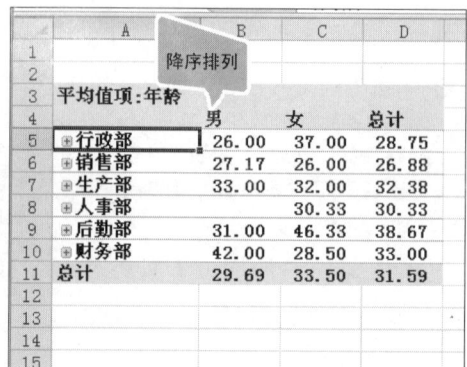

图16-17

❸ 若要使行标签按其他顺序排序，右击，在快捷菜单中选择"排序"选项，在弹出的子菜单中选择"其他排序选项"，如图16-18所示。

❹ 打开"排序（所属部门）"对话框，在"排序选项"区域选中"降序排序（Z到A）依据"单选按钮，单击"其他选项"按钮，如图16-19所示。

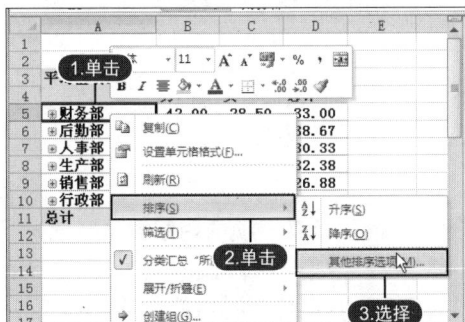

图16-18

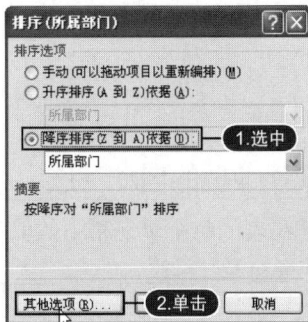

图16-19

❺ 打开"其他排序选项（所属部门）"对话框，在"自动排序"区域中取消选中"每次更新报表时自动排序"复选框，在"方法"区域中选中"笔画排序"单选按钮，如图16-20所示。

❻ 单击"确定"按钮，此时数据透视表中的"行标签"字段即可按照字段的笔画进行降序排列，如图16-21所示。

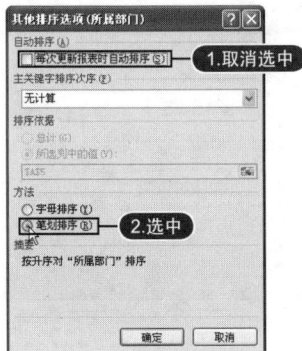

图16-20

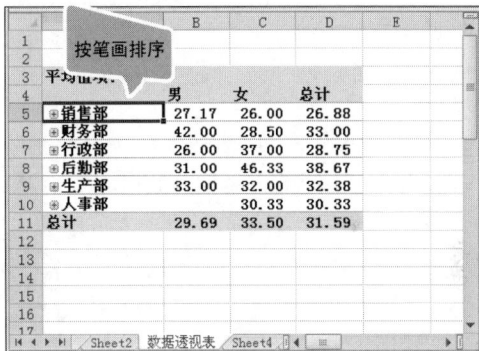

图16-21

2. 实现按数值字段排序

在数据透视表中，用户还可以根据数值字段进行排序，具体操作方法如下。

❶ 选中数据透视表计数项的任意单元格，右击，在快捷菜单中选择"排序"选项，在弹出的子菜单中选择"其他排序选项"，如图16-22所示。

❷ 弹出"按值排序"对话框，在"排序选项"栏下选择排序方式，如"降序"，在"排序方向"栏下选择数值排序的方向，如"从上到下"，单击"确定"按钮，如图16-23所示。

图16-22

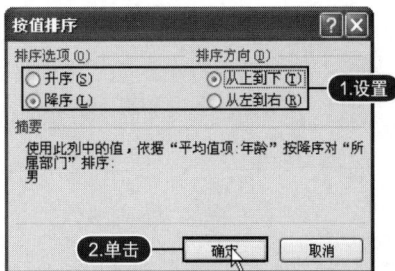

图16-23

❸ 返回工作表中，使用"男"列中的值，依据"平均年龄"按降序对所属部门排序，如图16-24所示。

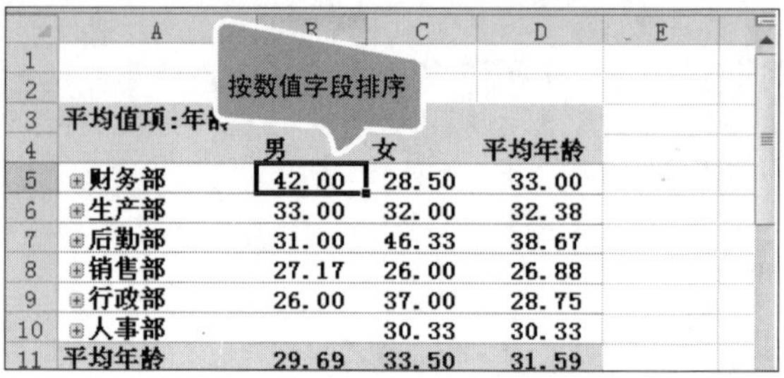

图16-24

3. 实现数据的自动筛选

数据透视表的每个单元格中的值都包含其明细数据，若能显示某一项的明细数据，就等于实现数据的筛选功能。

❶ 要筛选销售部的明细数据，双击B8单元格，如图16-25所示。

图16-25

❷ 此时，即可在工作簿中新建一个工作表，显示"销售部"的明细数据，效果如图16-26所示。

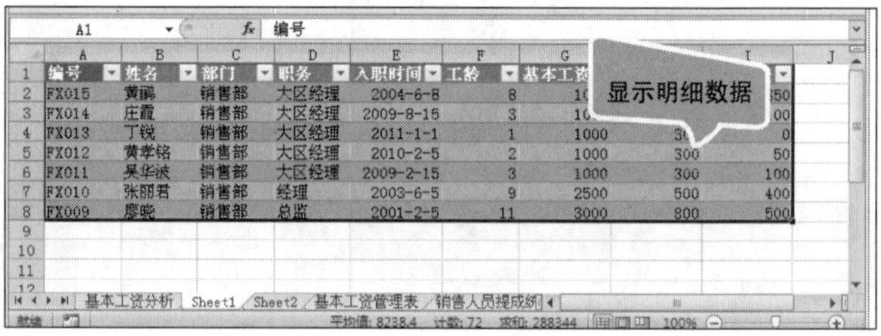

图16-26

4. 按照不同的需求进行筛选

在数据透视表中，用户可以按照不同的需求筛选出符合条件的数据，具体操作方法如下。

❶ 单击"部门"行标签右侧的下拉按钮，在弹出的下拉菜单中取消"全选"复选框，接着选中要在数据透视表中显示的部门名称复选框，如"财务部"、"后勤部"，如图16-27所示。

图16-27

❷ 单击"确定"按钮，则数据透视表中即可筛选出"财务部"、"后勤部"两个部门的信息，如图16-28所示。

图16-28

5. 筛选此处汇总金额小于某个特定值的记录

要在数据透视表中筛选出小于某个特定值的记录，可以按如下方法进行操作。

❶ 单击"部门"行标签右侧的下拉按钮，在弹出的下拉菜单中选择"值筛选"选项，在弹出的子菜单中选择"小于"选项，如图16-29所示。

❷ 打开"值筛选（部门）"对话框，在右侧文本框中输入特定值8000，单击"确定"按钮，如图16-30所示。

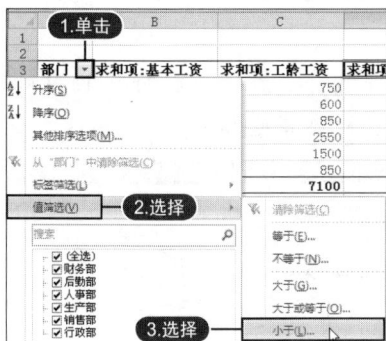

图16-29

图16-30

❸ 此时，即可在数据透视表中显示基本工资小于8000的记录，如图16-31所示。

图16-31

6. 对数据透视表数据进行分组

如果数据透视表中包含的数据比较多，用户可以对数据进行分组显示，具体操作方法如下。

❶ 选中"行标签"下任意单元格，切换到"数据透视表工具"–"选项"选项卡，在"分组"选项组中单击"将所选内容分组"按钮，如图16-32所示。

❷ 打开"组合"对话框，在其中设置"起始于"、"终止于"值和"步长"值分别为24、48和5，单击"确定"按钮，如图16-33所示。

图16-32

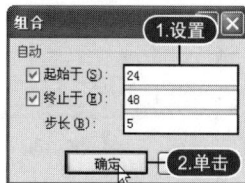

图16-33

❸ 此时，在数据透视表中，即可显示不同年龄段所对应的人数，如图16-34所示。

	A	B
3	年龄字段	人数
4	24-28	33.33%
5	29-33	36.67%
6	34-38	20.00%
7	39-43	6.67%
8	44-48	3.33%
9	总计	100.00%

图16-34

7. 插入切片器对数据透视表进行分析

Excel 2010新增了"切片器"功能。切片器是易于使用的筛选组件，包含一组按钮，使用户可以快速筛选数据透视表中的数据，而无须打开下拉列表以查找要筛选的项目。使用切片器还可以对数据透视表进行动态分析。

❶ 打开数据透视表，切换到"数据透视表工具"-"选项"选项卡，在"排序和筛选"选项组中单击"插入切片器"下拉按钮，在其下拉菜单中选择"插入切片器"选项，如图16-35所示。

图16-35

❷ 打开"插入切片器"对话框，在对话框中选择需要链接的字段，如"所属部门"、"学历"、"职称"，单击"确定"按钮，如图16-36所示。

❸ 返回到数据透视表，则在数据透视表中添加"所属部门"、"学历"和"职称"切片器，如图16-37所示。

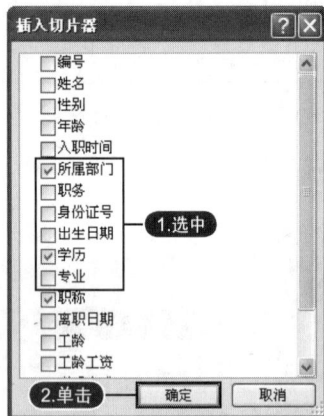

图16-36

图16-37

❹ 单击"所属部门"切片器中的"部门"选项，如"后勤部"，返回到数据透视表，则只显示出后勤部的职称信息，如图16-38所示。

图16-38

❺ 若在"学历"切片器中单击"大专"选项，返回到数据透视表，则只显示出学历为大专的各个部门的职称信息，如图16-39所示。

图16-39

16.3 数据透视图的编辑和筛选技巧

根据数据透视表分析字段，可以创建直观反映字段的数据透视图，数据透视图所含有的功能和图表差不多，会根据字段的变化而改变；另外，数据透视图还可以对图中显示的字段进行筛选，以显示出想要表达的数据。

1. 创建数据透视图

数据透视图是依据数据透视表而创建的，它可以使得数据透视表的表达效果更加直观。在创建数据透视表后，可以快速生成数据透视图，其具体操作方法如下。

❶ 选中数据透视表的任意单元格，切换到"数据透视表工具"-"选项"选项卡，单击"工具"选项组中的"数据透视图"按钮，如图16-40所示。

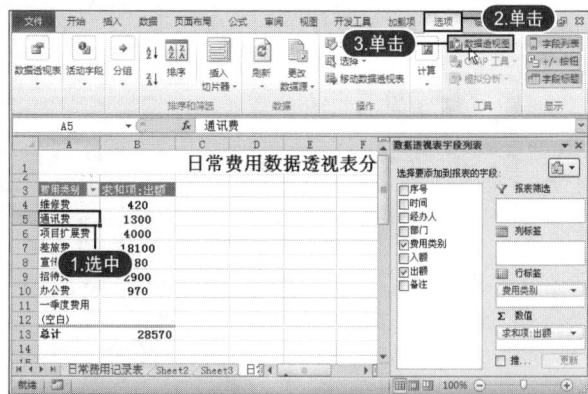

图16-40

❷ 打开"插入图表"对话框，选择图表类型，如"三维饼图"，单击"确定"按钮，如图16-41所示。

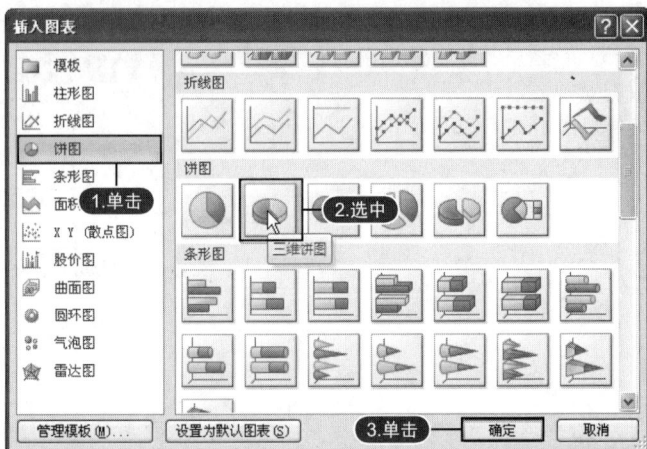

图16-41

❸ 返回数据透视表中，即可创建数据透视图，效果如图16-42所示。

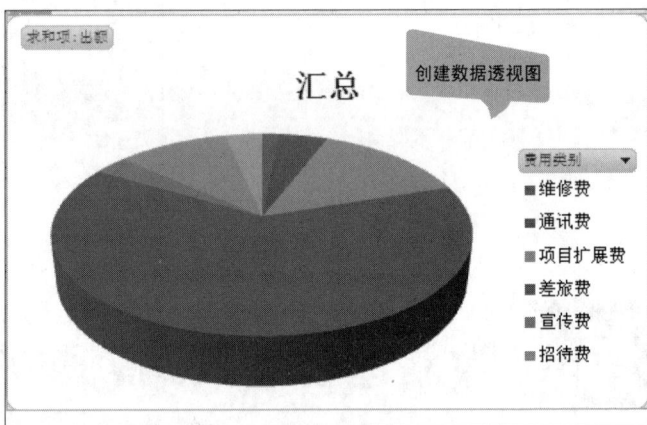

图16-42

2. 通过"图表布局"功能快速设置图表布局

创建了数据透视图后，可以在"设计"选项卡下快速设置图表布局样式，具体操作方法如下。

❶ 选中图表，单击"数据透视表工具"–"设计"选项卡，在"图表布局"选项组中单击 按钮，在打开的库中选择"布局3"选项，如图16-43所示。

图16-43

❷ 选择"布局3"选项后，即可看到图表依据选择的布局发生了变化，效果如图16-44所示。

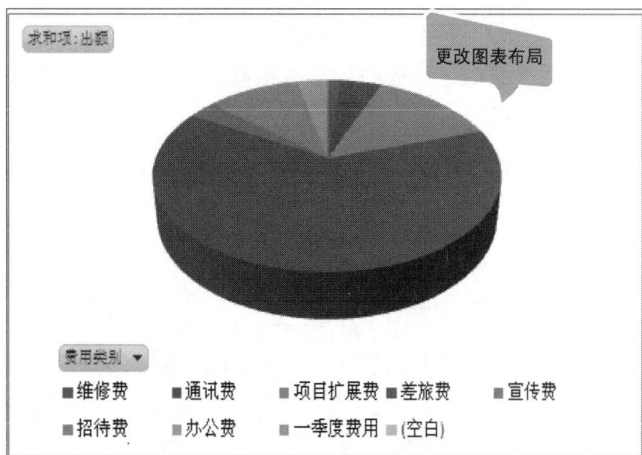

图16-44

3．对数据透视图进行筛选

默认创建的数据透视图显示出数据透视表中所有的数据，如果只查看特定数据，可以对数据透视图进行筛选。

❶ 在创建了数据透视图并选中后，会相应的显示一个"数据透视图筛选窗格"。在"数据透视图筛选窗格"中单击"费用类别"右侧的下拉按钮，打开下拉菜单，从中选择需要显示的项目，单击"确定"按钮，如图16-45所示。

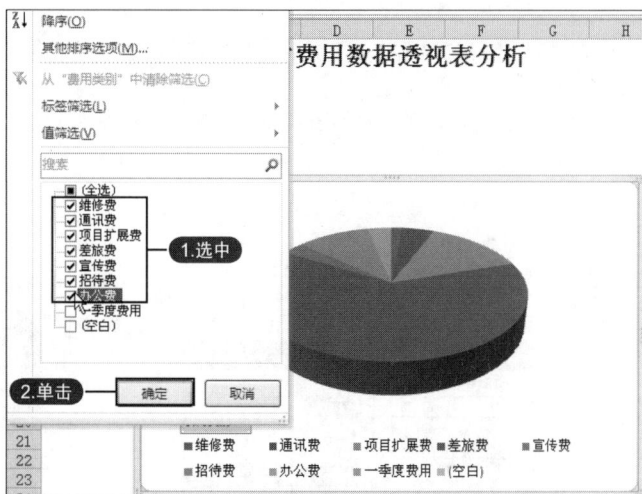

图16-45

❷ 设置完成后，图表即做出相应显示，如图16-46所示。

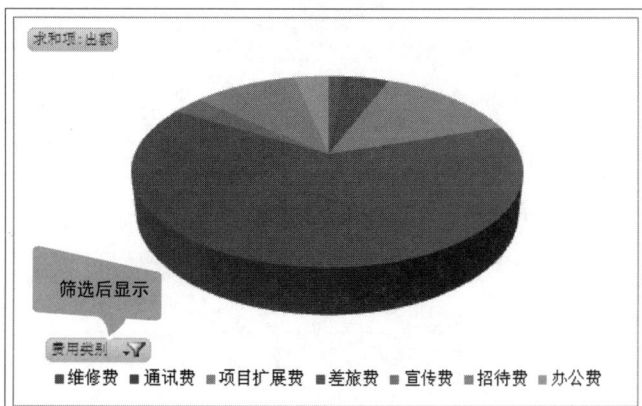

图16-46

4. 对数据透视图进行标签筛选

数据透视图还可以按标签进行筛选，如本例中筛选出类别名称中包含特定文字的记录，具体操作方法如下。

❶ 选中数据透视图，在右侧的"数据透视图筛选窗格"中单击"产品名称"右侧的下拉按钮，打开下拉菜单，从中选择"标签筛选"→"包含"命令，如图16-47所示。

图16-47

❷ 打开"标签筛选（产品名称）"对话框，设置产品名称包含"裙"文字，单击"确定"按钮，如图16-48所示。

❸ 设置完成后，可以看到图表中只绘制类别名称中包含"裙"文字的记录，效果如图16-49所示。

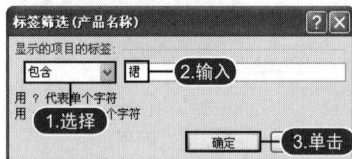

图16-48

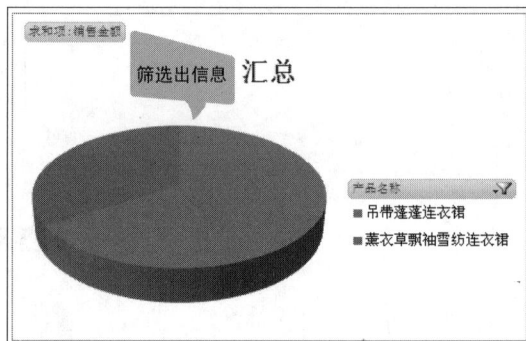

图16-49

读书笔记

Chapter

17 图表的使用技巧

∷ 重点知识

- 图表的编辑技巧
- 图表格式的设置技巧

∷ 应用效果

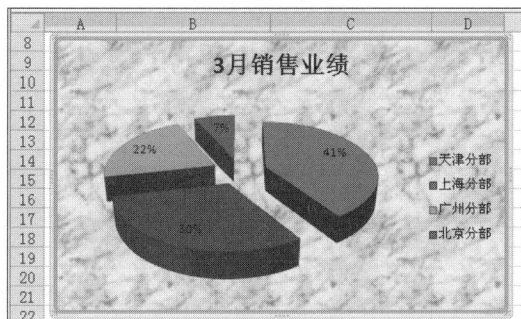

复制图表格式

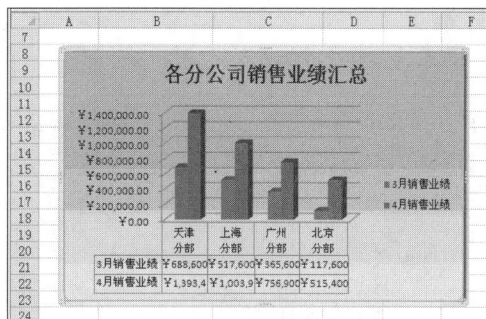

显示数据源

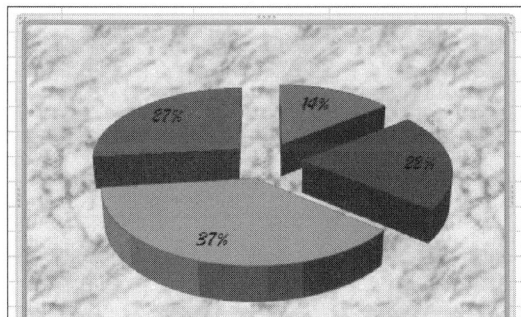

删除图例

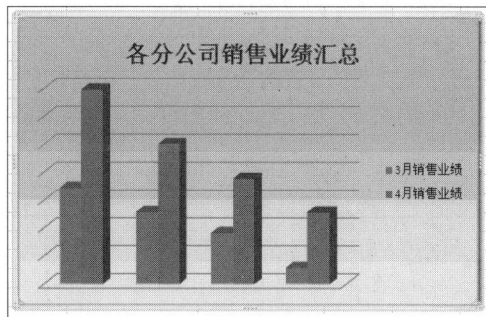

删除坐标轴

∷ 参见光盘

素材路径：随书光盘\素材\第17章

视频路径：随书光盘\视频教程\第17章

17.1 图表的编辑技巧

在Excel中创建图表后，系统是以默认图表样式显示的，此时的图表往往达不到日常工作的要求，因此需要对图表进行编辑，使其更好地对数据进行分析。

1. 更改图表的显示大小

创建图表后，用户可能要根据需要更改图表的大小。下面具体介绍两种更改图表显示大小的方法。

直接拖动鼠标更改

❶ 打开工作表，选中要更改的图表，将光标定位到上、下、左、右控点上，当鼠标指针变成双向箭头时，按住鼠标拖动，即可调整图表宽度或高度，如图17-1所示。

❷ 在光标定位到拐角控点上，当鼠标指针变成双向箭头时，按住鼠标拖动，即可按比例调整图表大小，如图17-2所示。

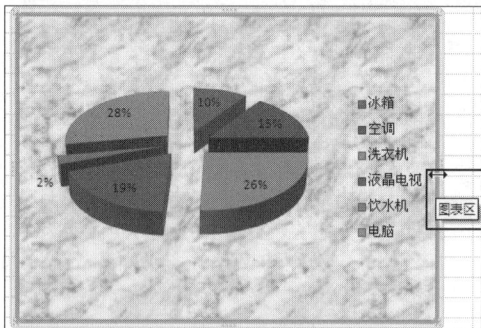

图17-1

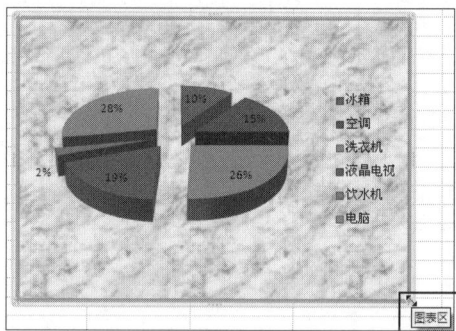

图17-2

在"格式"选项卡下更改

❶ 打开工作表，选中要更改的图表，切换到"图表工具"–"格式"选项卡，在"大小"选项组中输入需要更改图表的高度与宽度，如分别设置为5厘米、10厘米，如图17-3所示。

❷ 设置完成后，返回工作表中，即可看到图表依据设置的宽和高进行了更改，如图17-4所示。

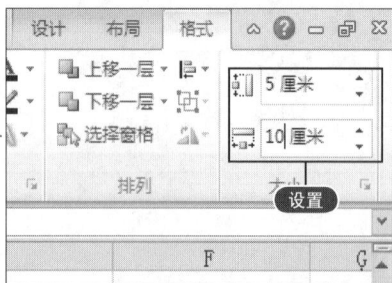

图17-3

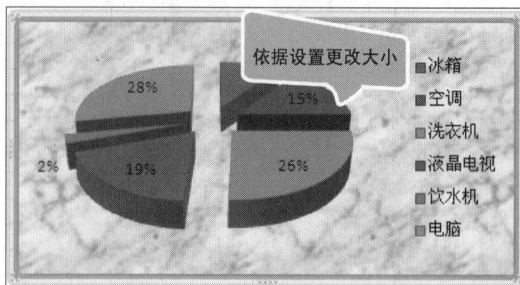

图17-4

2. 更改图表的显示属性

当在工作表中嵌入了图表后，在图表所在位置上改变行高/列宽、插入行/列都会改变图表的位置与大小，用户可以通过设置实现固定图表的大小和位置，下面介绍具体操作方法。

❶ 打开工作表，选中图表，切换到"图表工具"-"格式"选项卡，在"大小"选项组中单击█按钮，如图17-5所示。

图17-5

❷ 弹出"设置图表区格式"对话框，在左侧窗格中单击"属性"选项，在右侧窗格的"对象位置"选项区中选中"大小和位置均固定"单选按钮，如图17-6所示。

❸ 单击"关闭"按钮，返回工作表中，此时删除图表中的数据，图表的大小和位置也不会发生改变，如图17-7所示。

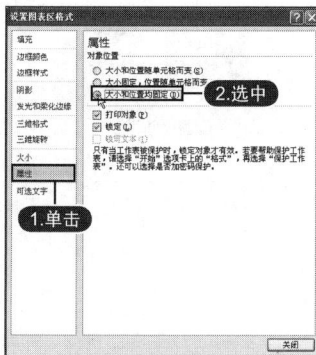

图17-6

图17-7

3. 快速复制图表格式

当创建图表并设置格式后，如果其他图表想使用相同的格式，可以采用复制图表格式的方法来快速实现，而不必重新设置，下面介绍具体操作方法。

❶ 打开工作表，选中设置完成的图表，右击，在快捷菜单中选择"复制"选项，如图17-8所示。

❷ 选中要引用格式的图表，在"开始"选项卡下单击"粘贴"下拉按钮，在下拉菜单中选择"选择性粘贴"命令，如图17-9所示。

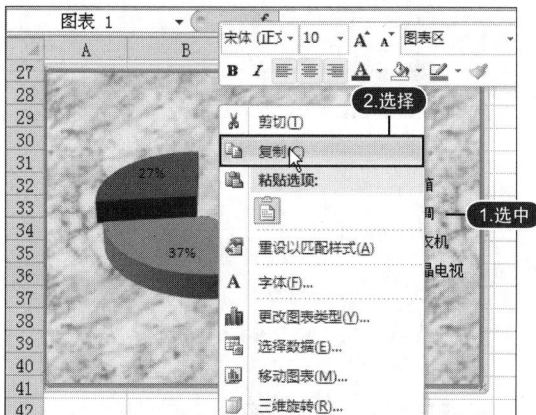

图17-8

图17-9

❸ 弹出"选择性粘贴"对话框，选中"格式"单选按钮，单击"确定"按钮，如图17-10所示。

❹ 返回到工作表中，即可为选中的图表复制格式，如图17-11所示。

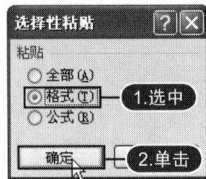

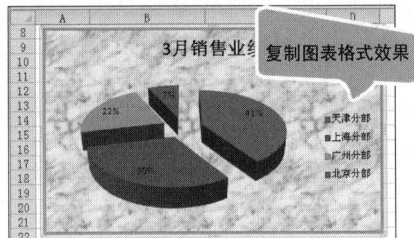

图17-10　　　　　　　图17-11

4．一次性设置图表中所有文字的格式

对于图表数据系列中的数据标签文字、图例名称等文字，用户可以逐一设置其文字格式，也可以一次性设置，下面介绍具体操作方法。

❶ 打开工作表，选中图表区，切换到"开始"选项卡，在"字体"选项组中设置字体，如"华文行楷"，如图17-12所示。

❷ 返回到工作表中，即可看到图表中文字格式全部变为"华文行楷"，如图17-13所示。

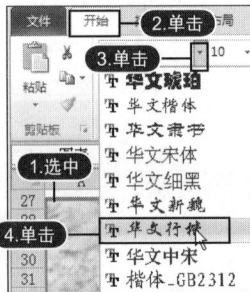

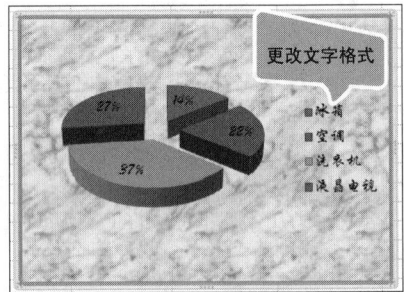

图17-12　　　　　　　图17-13

5．让图表数据源显示在图表中

默认情况下，图表中是不显示数据源的，此时可以通过设置来使数据源显示在图表中，下面介绍具体操作方法。

❶ 打开工作表，选中图表，单击"图表工具"-"布局"标签，在"标签"选项组中单击"模拟运算表"下拉按钮，在弹出的下拉菜单中选择"显示模拟运算表"命令，如图17-14所示。

图17-14

❷ 返回工作表中，即可看到数据源在图表中显示出来，如图17-15所示。

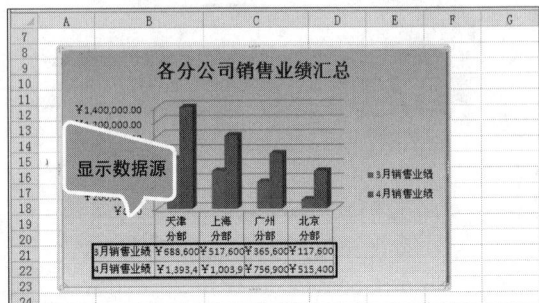

图17-15

6. 将创建的图表转换为静态图片

在Excel 2010中，用户可以将工作表中创建的图表转换为静态的图片，以便于应用到其他地方，下面介绍具体操作方法。

❶ 打开工作表，切换到"开始"选项卡下，单击"剪贴板"选项组中的"复制"下拉按钮，在其下拉菜单中选择"复制为图片"选项，如图17-16所示。

❷ 打开"复制图片"对话框，设置图片的质量，单击"确定"按钮，如图17-17所示。

图17-16

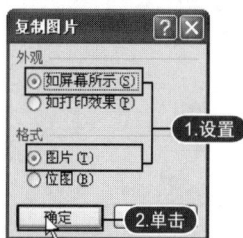

图17-17

❸ 返回工作表中，将光标定位在需要放置的位置上，按【Ctrl+V】组合键，执行粘贴命令，即可将图表转换为静态图片，如图17-18所示。

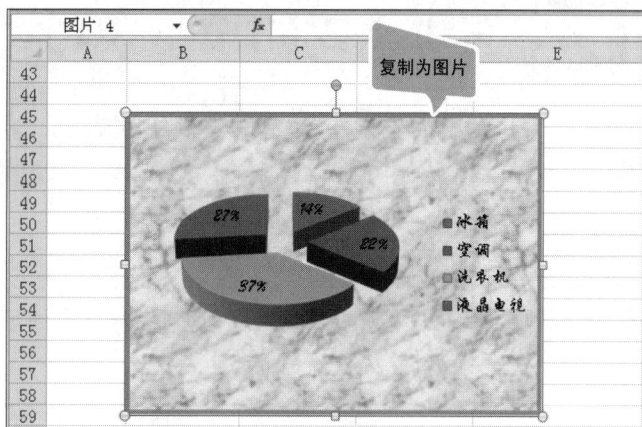

图17-18

7. 隐藏工作表中的图表

在工作表中创建图表后，用户还可以将其隐藏起来，下面介绍具体操作方法。

❶ 打开工作表，选中图表，切换到"图表工具"-"格式"选项卡下，在"排列"选项组中单击"选择窗格"按钮，如图17-19所示。

图17-19

❷ 打开"选择和可见性"任务窗格，选中图表名称右侧的"眼睛"图标，如图17-20所示。

图17-20

❸ 返回工作表中，即可看到选中的图表被隐藏起来，如图17-21所示。

图17-21

17.2 图表格式的设置技巧

　　一个图表中除了包含数据系列外，还包含图例项、坐标轴、网格线等，为其设置不同的格式，可以得到不同的图表效果。

1. 重新调整图例的显示位置

　　图例默认显示在图表的右侧位置，通过图表的布局可以根据实际需要重新设置图例的显示位置，下面介绍具体操作方法。

❶ 打开工作表，选中图表，切换到"布局"选项卡，在"标签"选项组中单击"图例"下拉按钮，在其下拉菜单中选择一种显示方式，如"在左侧显示图例"，如图17-22所示。

图17-22

❷ 返回工作表中，则系统将图例显示在图表的左侧，如图17-23所示。

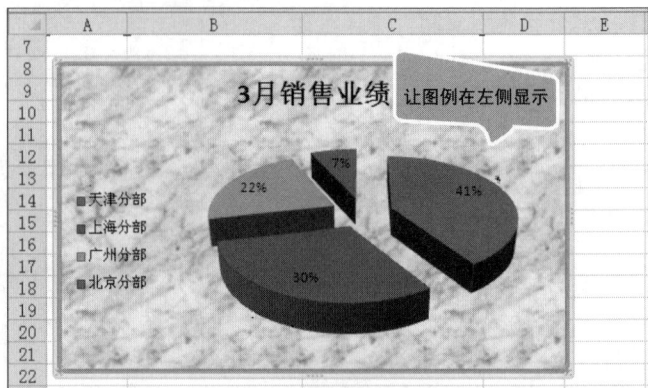

图17-23

2．图例的删除与恢复显示

添加图例后，用户如果觉得图例不适合，或者不想使用图例时，可以将图表中的图例删除，具体操作方法如下。

删除图例

❶ 打开工作表，选中图表中图例，右击，在快捷菜单中选择"删除"命令，效果如图17-24所示。

❷ 返回工作表中，即可删除图表中的图例，效果如图17-25所示。

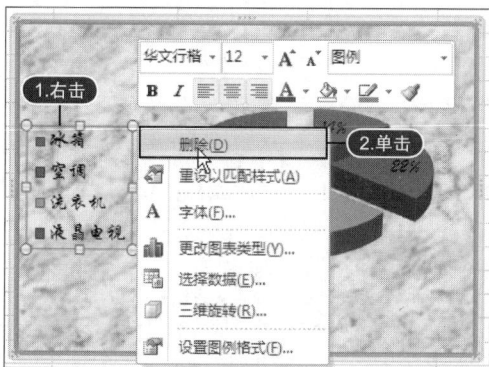

图17-24

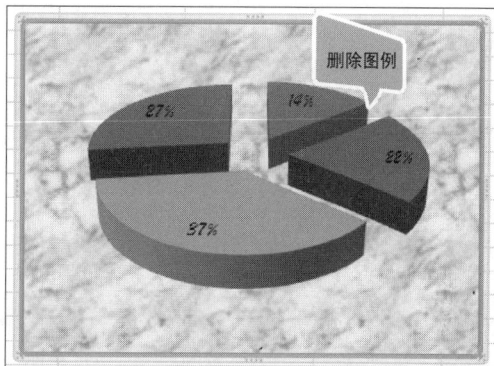

图17-25

恢复图例

❶ 打开工作表，选中图表，切换到"布局"选项卡，在"标签"选项组中单击"图例"下拉按钮，在其下拉菜单中选择一种图例显示的样式，如"在顶部显示图例"，如图17-26所示。

❷ 返回工作表中，即可看到图例依据样式显示在图例中，效果如图17-27所示。

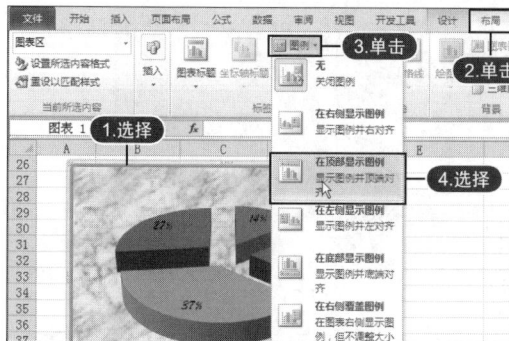

图17-26

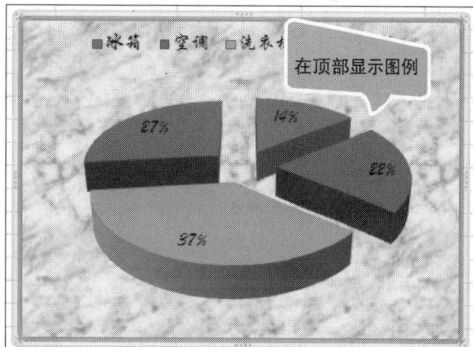

图17-27

3．坐标轴的删除与恢复显示

在图表中，用户可以根据需要决定是否显示水平轴与垂直轴，下面介绍具体操作方法。

删除坐标轴

❶ 打开工作表，选中图表中水平轴，右击，在快捷菜单中选择"删除"命令，如图17-28所示。

❷ 返回工作表中，即可删除图表的水平轴。按照相同的方法，可以删除垂直轴，删除后的效果如图17-29所示。

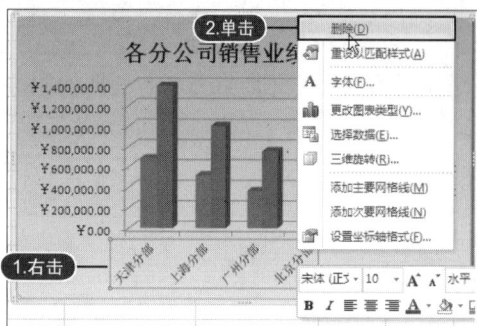
图17-28

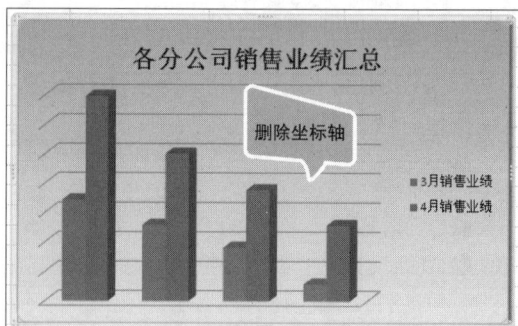
图17-29

恢复垂直轴

❶ 打开工作表，选中图表，切换到"布局"选项卡，在"坐标轴"选项组中单击"坐标轴"下拉按钮，在其下拉菜单中选择"主要纵坐标轴"选项，在弹出的子菜单中选择"显示千单位坐标轴"命令，如图17-30所示。

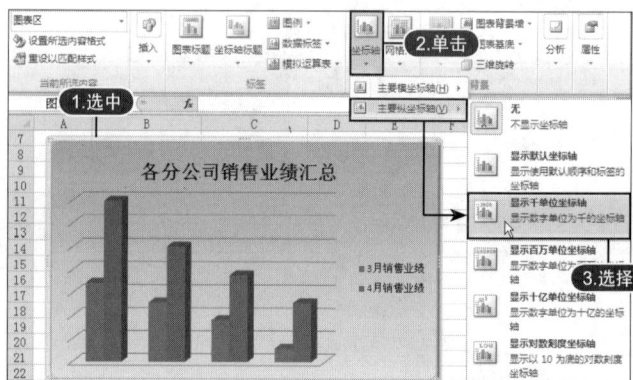
图17-30

❷ 返回工作表中，即可恢复图表的垂直轴，如图17-31所示。

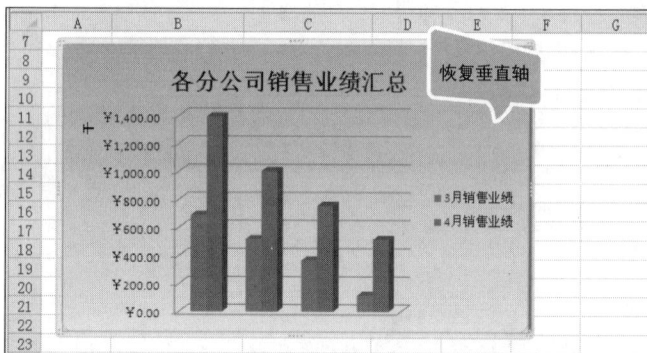
图17-31

恢复水平轴

❶ 打开工作表，选中图表，切换到"布局"选项卡，在"坐标轴"选项组中单击"坐标轴"下拉按钮，在其下拉菜单中选择"主要横坐标轴"选项，在弹出的子菜单中选择"显示从左向右坐标轴"命令，如图17-32所示。

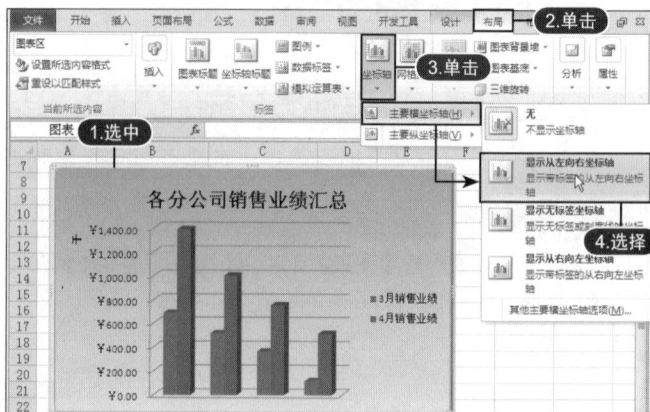
图17-32

❷ 返回工作表中，即可恢复图表的水平轴，如图17-33所示。

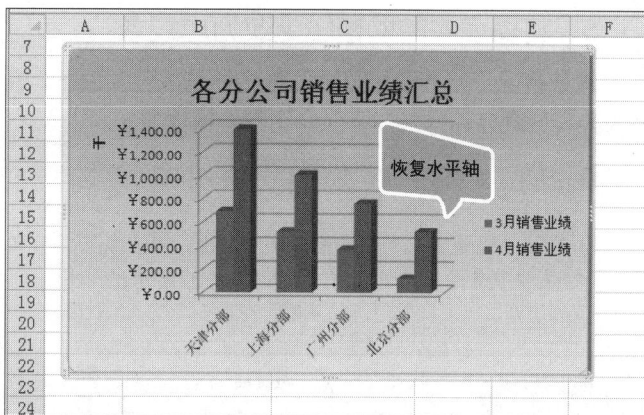

图17-33

4．添加纵网格线

系统默认创建的图表不显示纵网格线，用户可以根据工作需要添加纵网络线，下面介绍具体操作方法。

❶ 打开工作表，选中图表中网格线，切换到"布局"选项卡，在"坐标轴"选项组中单击"网格线"下拉按钮，在其下拉菜单中选择"主要纵网格线"，在弹出的子菜单中选择"主要网格线"（或"次要网格线"）命令，如图17-34所示。

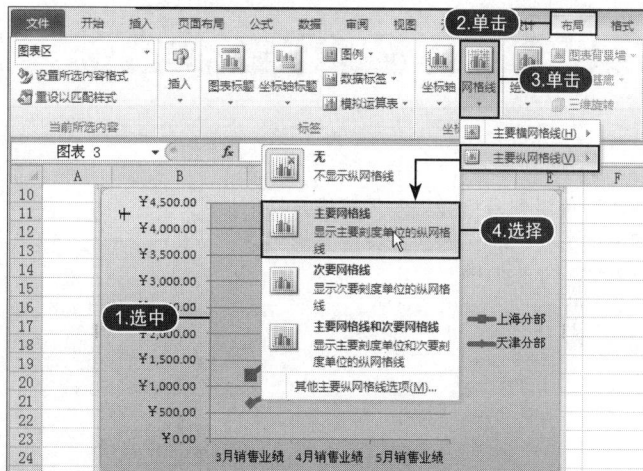

图17-34

❷ 返回工作表中，即可以看到图表中依据设置显示出纵网格线，如图17-35所示。

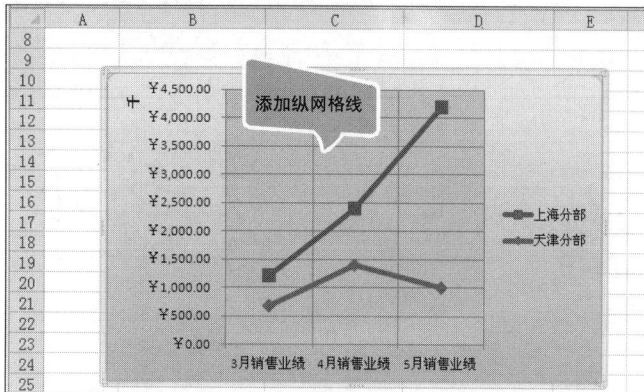

图17-35

5. 将图表中的网格线更改为虚线条

默认情况下，图表中显示的网格线是黑色实线条，用户可以根据工作需要将其改为虚线条，并为其设置颜色和样式，下面介绍具体操作方法。

❶ 打开工作表，选中图表中横网格线，右击，在快捷菜单中选择"设置网格线格式"选项，如图17-36所示。

❷ 打开"设置主要网格线格式"对话框，在左侧窗格中单击"线型"选项，在右侧窗格的"短划线类型"下拉菜单中选择一种虚线样式，如图17-37所示。

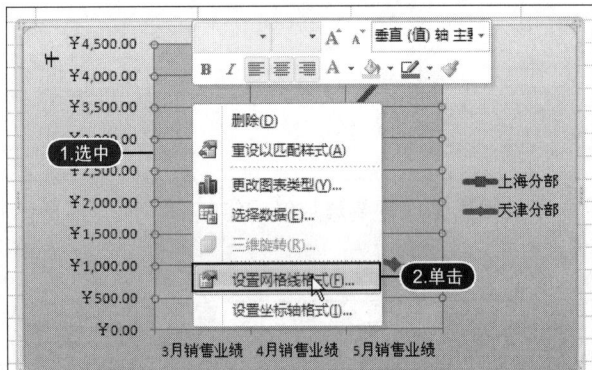

图17-36

图17-37

❸ 单击"关闭"按钮，返回工作表中，即可看到网格线更改为虚线。按照相同的方法，将纵网格线设置为虚线，效果如图17-38所示。

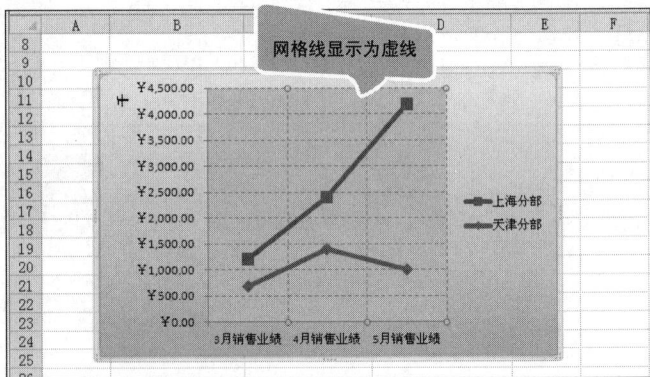

图17-38

读书笔记

18 PowerPoint版式设置技巧

重点知识

- PPT主题设置技巧
- PPT背景设置技巧
- PPT母版设置技巧

应用效果

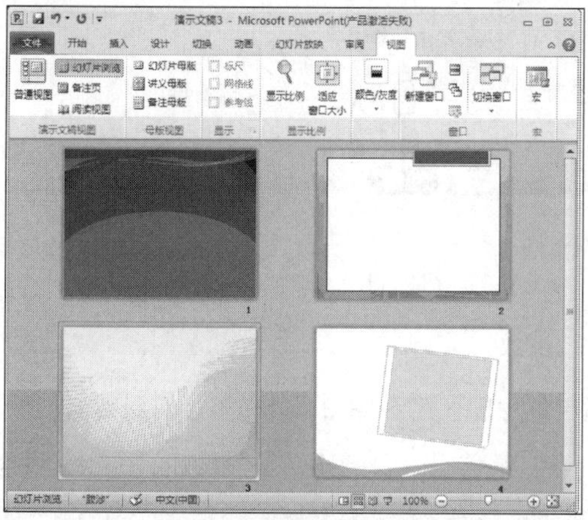

设置不同主题

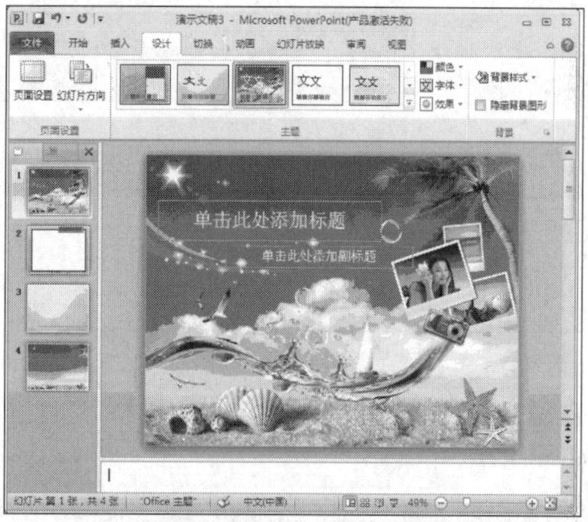

应用其他演示文稿中主题

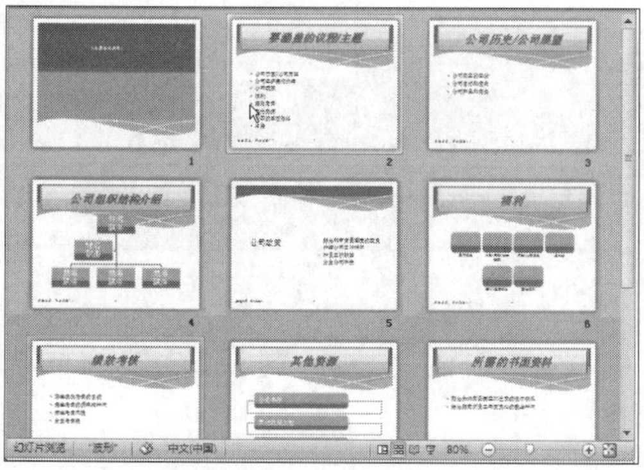

设置幻灯片起始编号

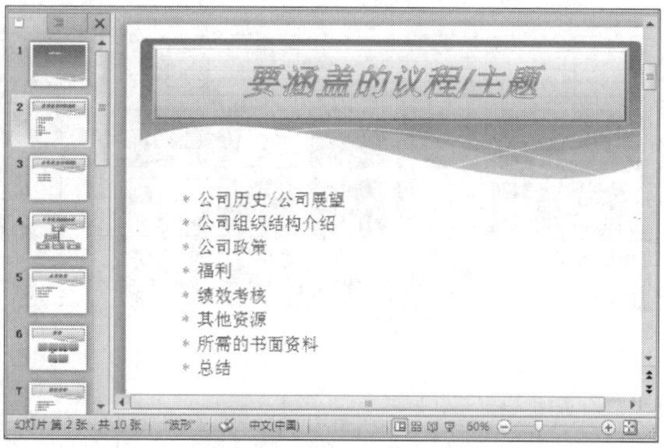

设置母版标题样式

参见光盘

素材路径：随书光盘\素材\第18章

视频路径：随书光盘\视频教程\第18章

18.1 PPT主题设置技巧

主题是PPT中不可或缺的元素。PPT的主题有很多，用户可以根据需要选择软件内置PPT，或者自己设置PPT的主题风格，还可以引用保存的主题。

1. 自定义主题

默认情况下，新建的演示文稿主题是"空白页"，这样显得比较单调和呆板。要快速应用程序内置的主题，具体操作方法如下。

❶ 打开需要应用主题的演示文稿，切换到"设计"选项卡，在"主题"选项组中单击 ▼ 按钮，如图18-1所示。

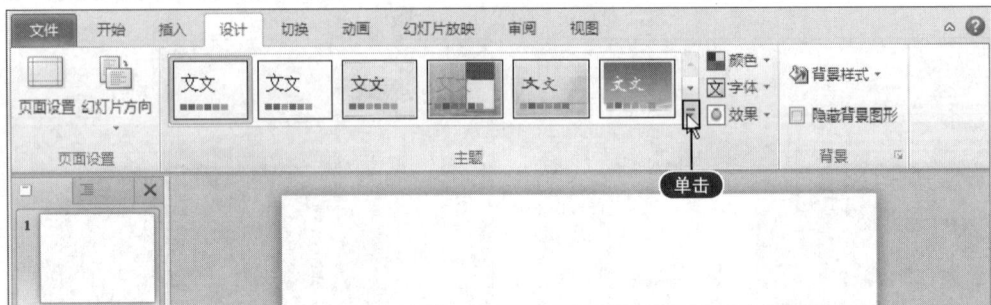

图18-1

❷ 在展开的库中选择合适的主题背景，这里选择适合的主题（见图18-2），即可应用到当前幻灯片中，如图18-3所示。

图18-2

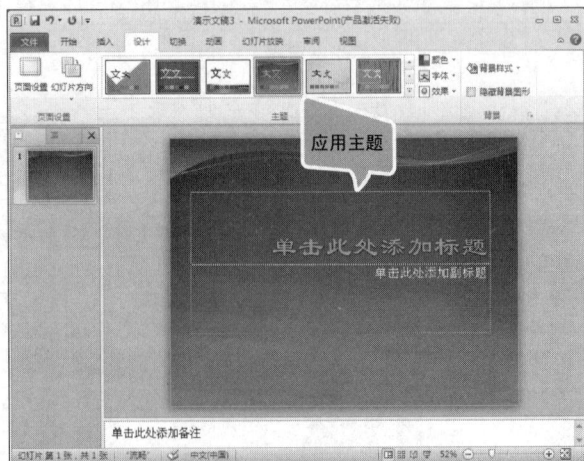

图18-3

2. 为一个演示文稿设置不同的主题

在一个演示文稿中，通常只设置一个主题，但是有些演示文稿由于表达内容的需要，一个主题样式可能不能满足需求，此时可以为演示文稿设置不同的主题，具体操作方法如下。

❶ 选中需要设置主题的幻灯片，切换到"设计"选项卡，在"主题"选项组中单击 按钮，在其库中找到合适的主题，右击鼠标，在快捷菜单中选择"应用于选定幻灯片"命令，如图18-4所示。

❷ 设置完成后，选中的幻灯片就变成了设置的样式。使用相同的方法，将其他需要设置的幻灯片进行相应的设置即可，效果如图18-5所示。

图18-4

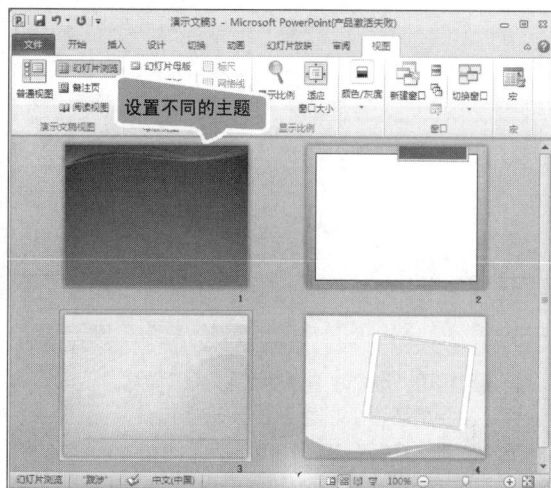

图18-5

3. 更改主题颜色

PowerPoint 2010程序中内置了若干种颜色样式，对于有特殊要求的用户，还可以手动新建颜色样式，更改主题颜色，具体操作方法如下。

❶ 选中幻灯片，切换到"设计"选项卡，在"主题"选项组中单击右上角的"颜色"下拉按钮，在其下拉菜单中选择一种适合的样式，即可更改主题颜色，如图18-6所示。

❷ 如果内置的颜色样式不能满足要求，可以单击"新建主题颜色"命令，在打开的"新建主题颜色"对话框中进行详细的设置，单击"保存"按钮，如图18-7所示。

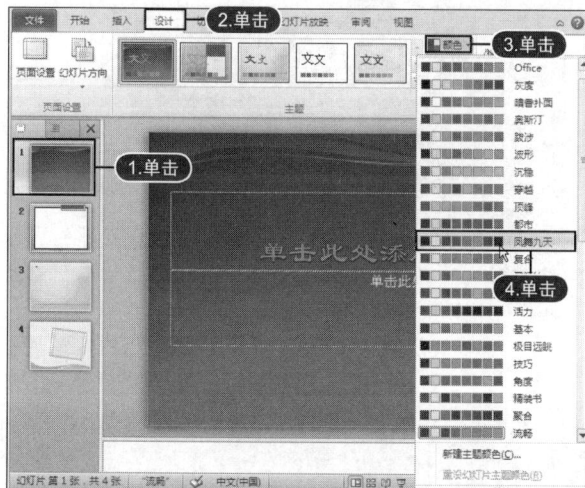

图18-6

图18-7

4. 复制其他演示文稿中的主题

用户还可以将其他演示文稿中的主题复制到当前演示文稿中，具体操作方法如下。

❶ 在演示文稿中切换到"设计"选
项卡，在"主题"选项组中单击按钮，
在其库中选择"浏览主题"选项，如图
18-8所示。

图18-8

❷ 打开"选择主题或主题文档"对
话框，找到需要复制的主题的演示文稿，
单击"应用"按钮，如图18-9所示。

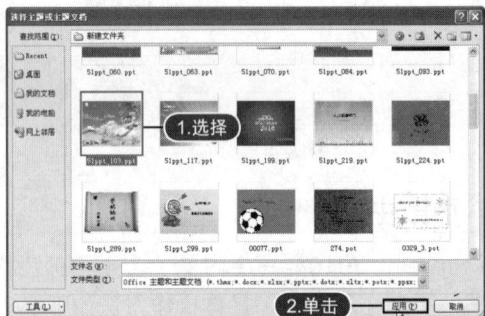

图18-9

❸ 此时，即可将主题应用到当前演
示文稿中，效果如图18-10所示。

图18-10

18.2 PPT背景设置技巧

在选择了主题后，还需要设置PPT的背景样式，背景样式也有很多种，用户可以选择纯色
填充、渐变填充及图案、图形填充等。

1. 设置背景样式

幻灯片的背景颜色要与幻灯片的主题颜色协调，必要时还可以根据需要重新设置幻灯片背景样式，具体操作方法如下。

❶ 选中幻灯片，切换到"设计"选项卡，在"背景"选项组中单击"背景样式"下拉按钮，在其下拉菜单中选择一种适合背景颜色的样式，如图18-11所示。

❷ 设置后，幻灯片的背景发生了改变，效果如图18-12所示。

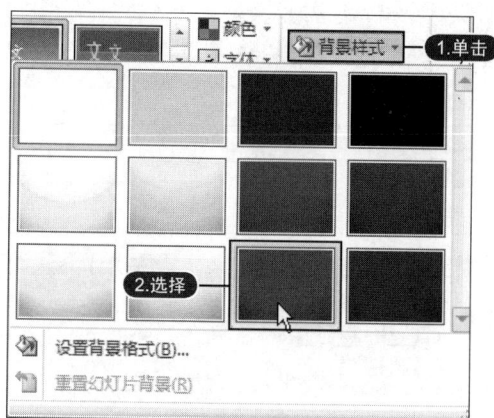

图18-11

图18-12

2. 设置背景填充效果

在制作演示文稿的过程中，用户可以对自定义主题（即设置的背景样式）进行背景填充效果设置，具体操作方法如下。

❶ 在演示文稿中切换到"设计"选项卡，在"背景"选项组中单击"背景样式"按钮，在弹出的下拉菜单中选择"设置背景格式"选项，如图18-13所示。

❷ 打开"设置背景格式"对话框，选中"图片或纹理填充"单选按钮，单击"纹理"按钮，如图18-14所示。

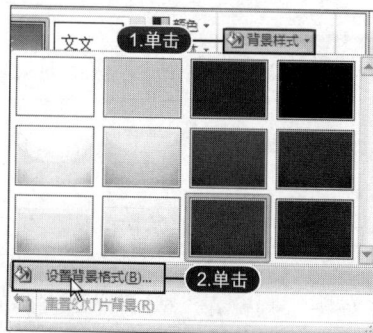

图18-13

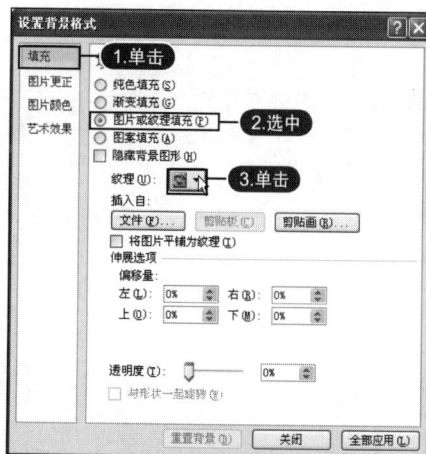

图18-14

❸ 在其下拉菜单中选择一种纹理样式，如图18-15所示。

❹ 设置完成后，单击"全部应用"按钮，即可将设置的填充效果应用到演示文稿中，如图18-16所示。

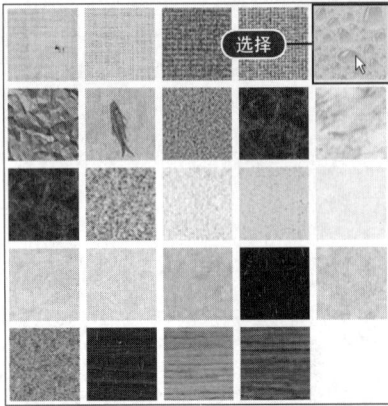

图18-15

图18-16

3. 隐藏背景图形

插入的主题有的含有背景图形，用户还可以根据需要将背景图形隐藏起来，具体操作方法如下。

❶ 选中幻灯片，切换到"设计"选项卡，在"背景"选项组中选中"隐藏背景图形"复选框，如图18-17所示。

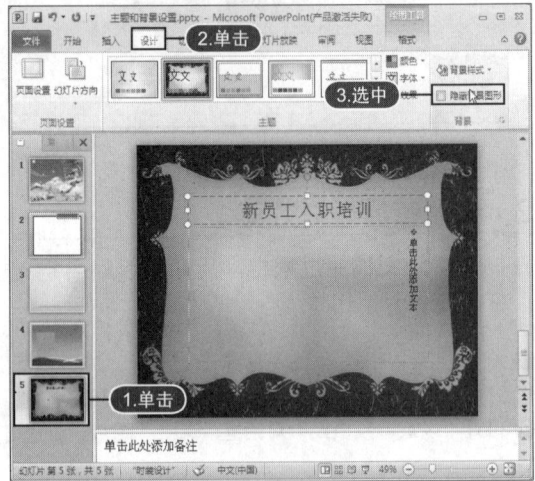

图18-17

❷ 选中"隐藏背景图形"复选框后，即可让背景图形不在幻灯片中显示，效果如图18-18所示。

图18-18

18.3 PPT母版设置技巧

幻灯片母版是用来存储有关应用的设计模板信息的幻灯片，包括字形、占位符大小或位置、背景设计和配色方案。设置好模板后，可以应用到演示文稿中任意一张幻灯片中。

1. 设置母版版式

在设计演示文稿的过程中，为了更好地满足实际需要，用户可以设置母版版式以增添更多的内容。如果需要添加或删除母版中的某些信息，可以通过设置母版版式来实现，具体操作方法如下。

❶ 在演示文稿中切换到"视图"选项卡，在"母版视图"选项组中单击"幻灯片母版"按钮，如图18-19所示。

❷ 在"幻灯片母版"选项卡下，在"母版版式"选项组中进行设置（见图18-20），设置完成后单击"关闭母版视图"按钮即可。

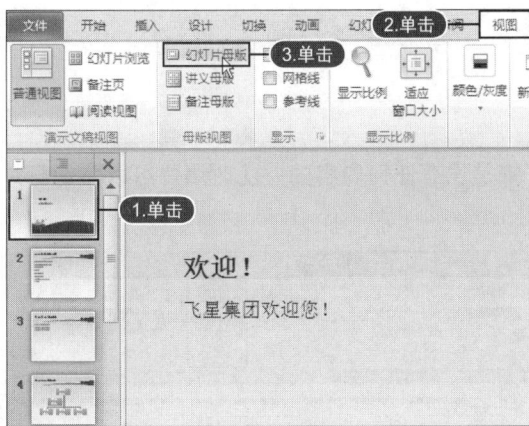

图18-19

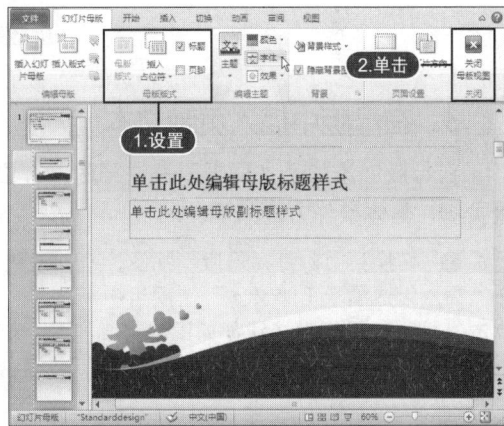

图18-20

2. 设置母版标题样式

如果默认的幻灯片母版标题样式不能满足要求，可以重新设置母版标题样式，具体操作方法如下。

❶ 切换到"幻灯片母版"选项卡，在左侧的窗格中找到并选中需要修改的幻灯片对应的母版，此时会在右侧的窗口中显示出该母版的详细样式，如图18-21所示。

❷ 在右侧窗口中单击"单击此处编辑母版标题样式"占位符，然后单击"开始"标签，在"字体"选项组中单击相应按钮，可以对字体格式进行设置，如图18-22所示。

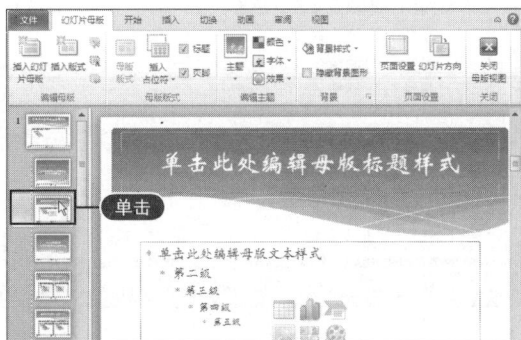

图18-21

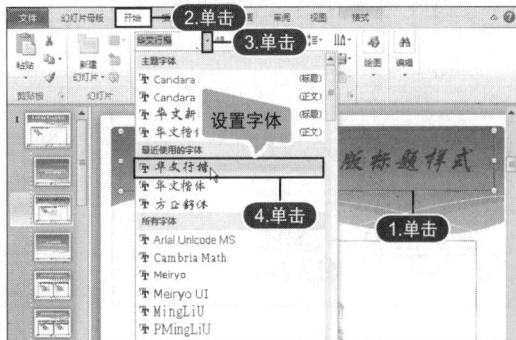

图18-22

❸ 单击"格式"标签，可以设置标题的"形状样式"、"艺术字样式"和"排列方式"等，如图18-23所示。

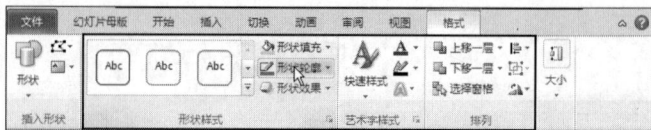

图18-23

❹ 设置完成后，效果如图18-24所示。

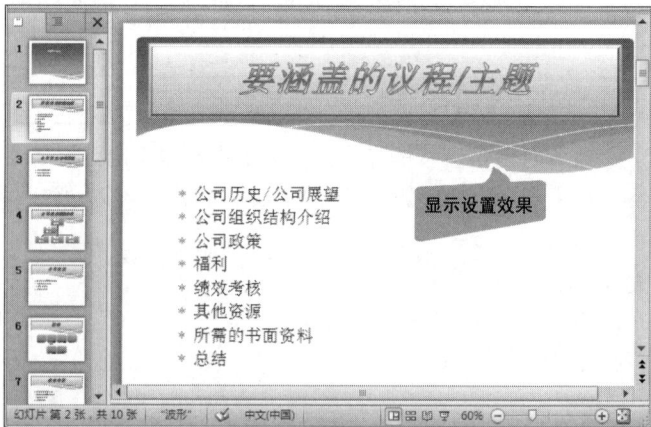

图18-24

3. 在母版中插入页脚文本

在母版中添加了"页脚"占位符后，占位符中是没有任何内容的，此时用户可以为幻灯片设置页脚，具体操作方法如下。

❶ 切换到"幻灯片母版"视图，在"插入"选项卡下"文本"选项组中单击"页眉和页脚"按钮，如图18-25所示。

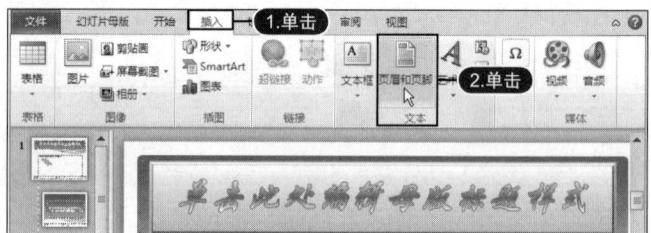

图18-25

❷ 打开"页眉和页脚"对话框，选中"页脚"复选框，在下面的文本框中可以输入公司的相关信息或其他合适的文字，选中"标题幻灯片中不显示"复选框，如图18-26所示。

❸ 单击"全部应用"按钮，在幻灯片的下方就会出现设置的内容，如图18-27所示。

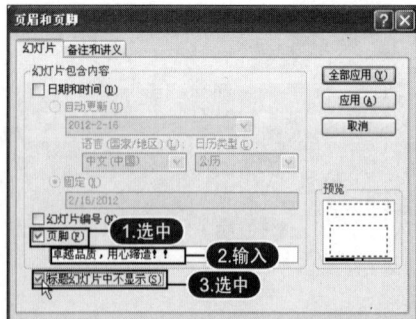

图18-26

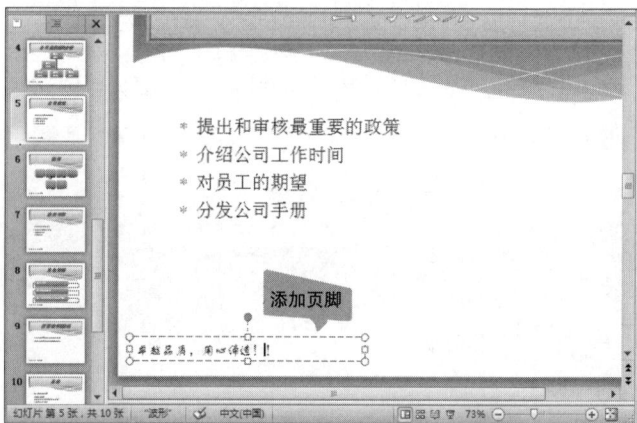

图18-27

4. 设计与更改幻灯片版式

在实际的操作过程中，设计与更改幻灯片版式也比较常用，具体操作方法如下。

❶ 在演示文稿中切换到"开始"选项卡下，在"幻灯片"选项组中单击"重设"按钮，如图18-28所示。

❷ 在"幻灯片"选项组中单击"版式"按钮，在其下拉菜单中选择合适的版式（见图18-29）进行设计即可。

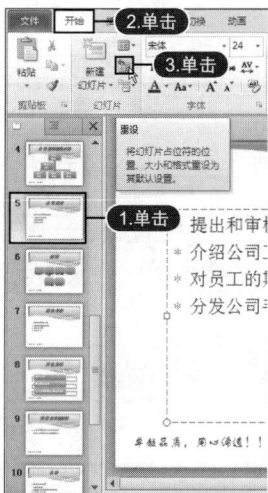

图18-28

图18-29

5. 设置幻灯片起始编号

在制作演示文稿过程中，可以设置幻灯片的起始编号，以便更好地把握内容，具体操作方法如下。

❶ 切换到"视图"选项卡，在"母版视图"选项组中单击"幻灯片母版"按钮。

❷ 切换到"插入"选项卡，在"文本"选项组中单击"插入幻灯片编号"按钮，如图18-30所示。打开"页眉和页脚"对话框，选中"幻灯片编号"复选框，单击"全部应用"按钮（见图18-31）。

图18-30

❸ 插入编号后，效果如图18-32所示。

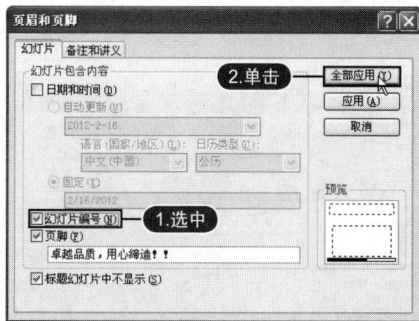

图18-31

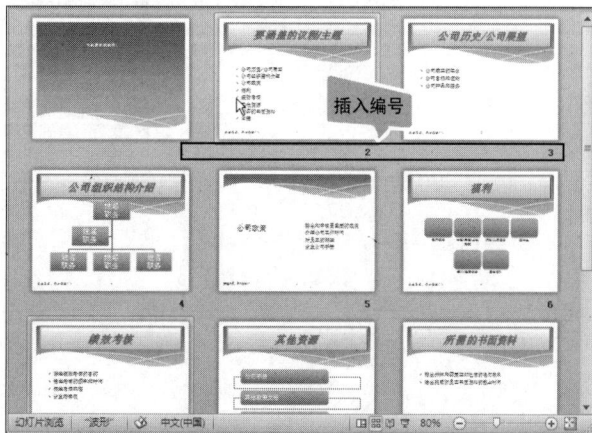

图18-32

6. 以单一灰度色彩预览幻灯片的设计效果

以单一灰度色彩预览幻灯片的设计效果，可以更加直观地把握幻灯片整体的格调，具体操作方法如下。

❶ 在演示文稿中切换到"视图"选项卡，在"颜色/灰度"选项组中单击"灰度"按钮，如图18-33所示。

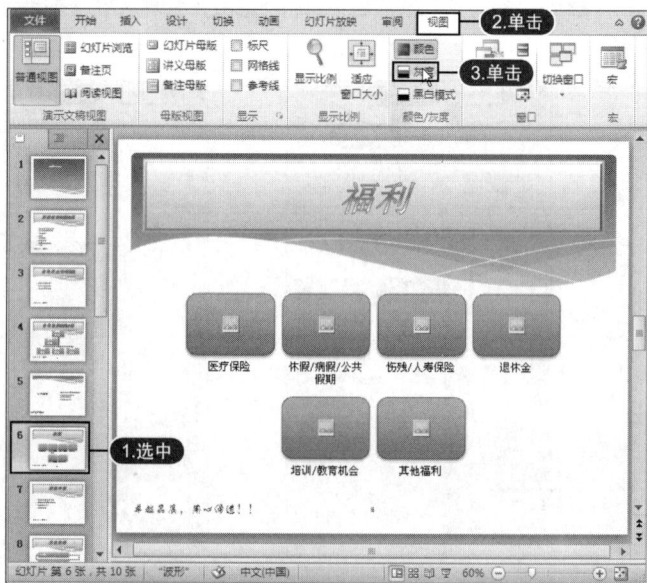

图18-33

❷ 单击"灰度"按钮后，灰度预览效果如图18-34所示。

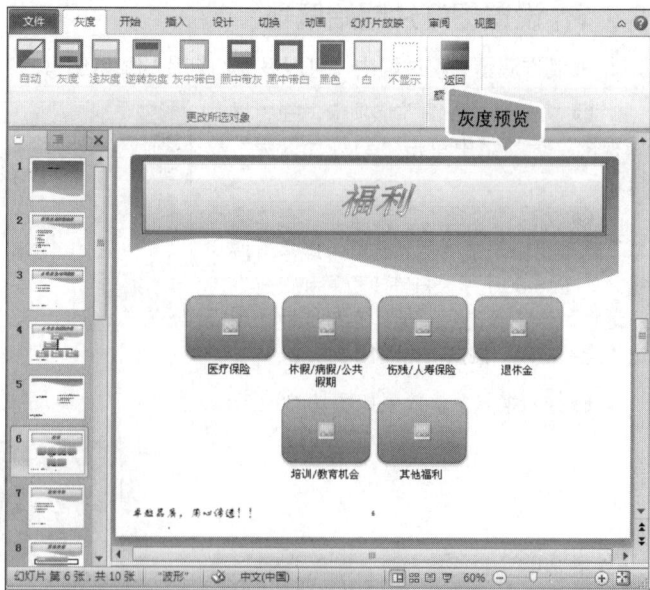

图18-34

19 PowerPoint文本、图形、表格和图表设置技巧

∷ 重点知识

- ≫ 文本和图形设置技巧
- ≫ 图表和表格设置技巧

∷ 应用效果

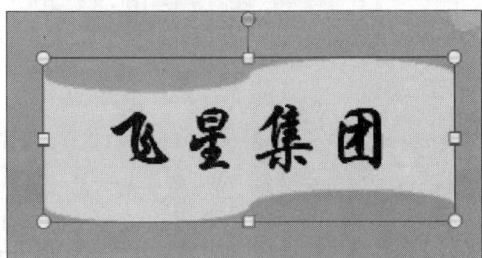

添加形状文本

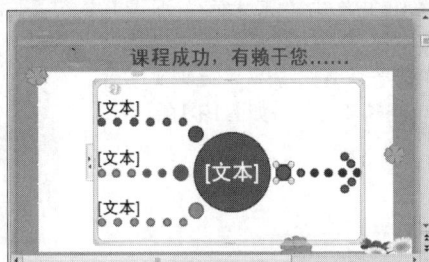

插入SmartArt图形

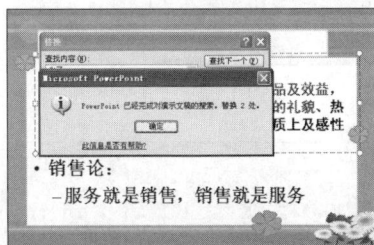

快速替换错误文本内容

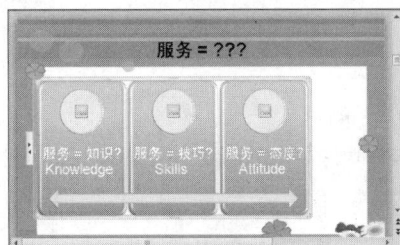

将文本转换为SmartArt图形

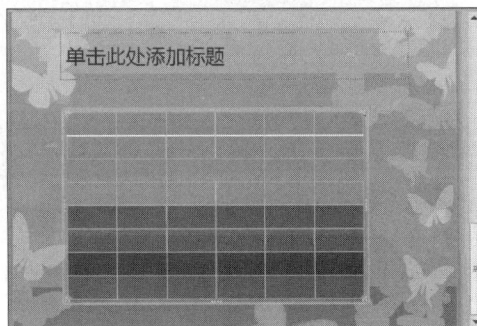

插入表格

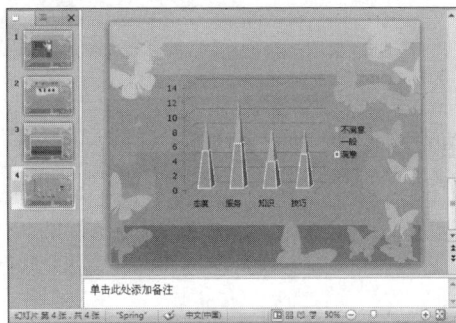

插入图表

∷ 参见光盘

素材路径：随书光盘\素材\第19章

视频路径：随书光盘\视频教程\第19章

19.1 文本与图形设置技巧

文本和图形是幻灯片必备元素。在幻灯片中，文本是在文本框中输入的，用户可以使用艺术字来美化文本，也可以插入形状和图形来替代纯文本。

1. 快速添加艺术字

艺术字的作用是增加文字的可观赏性，增强整体表达效果。如果需要，可以通过如下方法为幻灯片添加艺术字效果。

❶ 切换到"插入"选项卡，在"文本"选项组中单击"艺术字"下拉按钮，在其下拉菜单中选择合适的字体样式，例如选择"填充-淡紫，强调文字颜色6，暖色粗糙棱台"，如图19-1所示。

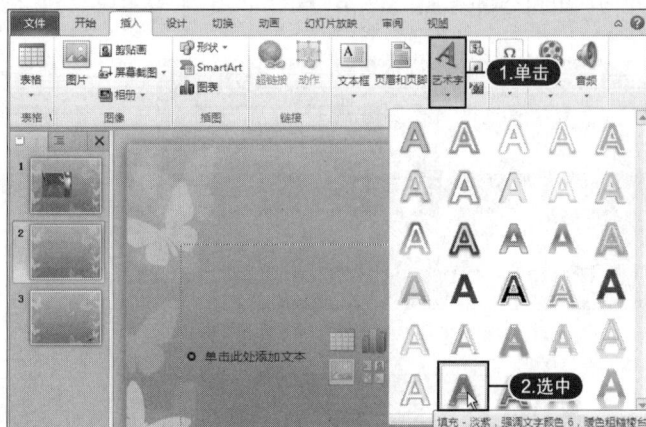

图19-1

❷ 单击即可插入到幻灯片中，如图19-2所示。

图19-2

❸ 输入文字，如"客户服务训练营"，效果如图19-3所示。

图19-3

2. 快速添加形状文本

如果在幻灯片中插入了一些图形，可以在这些图形中添加特定的文字来增强表达效果，具体操作方法如下。

❶ 右击需要添加文本的形状，在弹出的快捷菜单中选择"编辑文字"命令，如图19-4所示。

❷ 此时光标会自动定位到形状内，文本框变为可编辑状态，输入需要的文本内容即可，如图19-5所示。

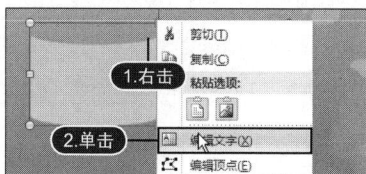

图19-4

图19-5

3．插入符号和特殊字符

当需要输入一些符号和特殊字符时，往往不能使用输入法直接输入。在PowerPoint 2010中，可以通过以下方法快速输入。

❶ 将光标定位到需要输入符号或特殊字符的位置，切换到"插入"选项卡，在"符号"选项组中单击"符号"按钮，如图19-6所示。

图19-6

❷ 打开"符号"对话框，单击"字体"下拉按钮，在弹出的下拉列表中选择一种需要的符号字体，在列表框中找到并选中需要的符号（见图19-7），单击"插入"按钮，在演示文稿中插入符号，效果如图19-8所示。

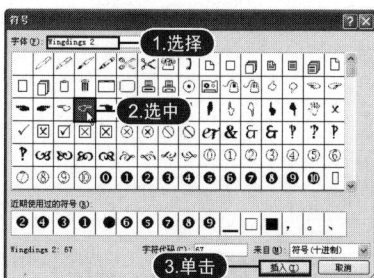

图19-7

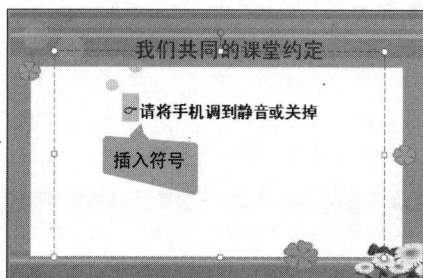

图19-8

4．将字符显示为同样大小

在演示文稿中编辑文字时，可以让字符显示同样大小，禁止系统自动调整字符，具体操作方法如下。

❶ 在演示文稿中单击"字体"选项组右下角的 按钮，打开"字体"对话框。

❷ 在"效果"栏中选中"等高字符"复选框，单击"确定"按钮，如图19-9所示。

❸ 返回到演示文稿中，即可将字体设置为同一大小，效果如图19-10所示。

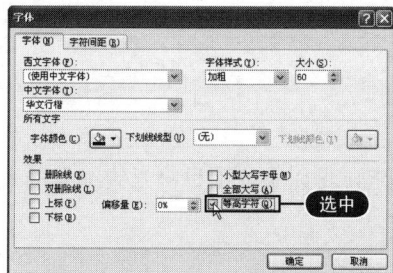

图19-9

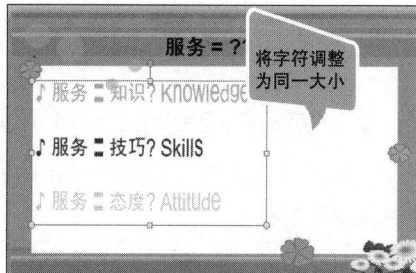

图19-10

5. 快速替换错误文本内容

如果用户在制作演示文稿的过程中，将某个字或者一些内容输入错误，可以通过以下方法快速替换文本内容。

❶ 切换到"开始"选项卡，在"编辑"选项组中单击"替换"选项，或者直接按【Ctrl+H】组合键，调出"替换"对话框。

❷ 在对话框中输入文字，例如将"为了"替换为"就是"，单击"全部替换"按钮，如图19-11所示。

❸ 弹出提示对话框提示替换结果，单击"确定"按钮，如图19-12所示。

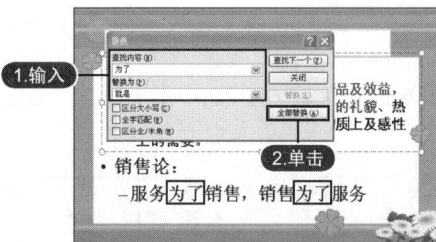

图19-11

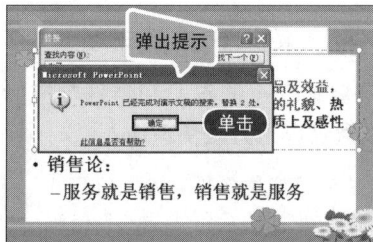

图19-12

6. 快速将连字符改为破折号

在演示文稿中可以通过"自动更正"功能将连字符更改为破折号，不用输入破折号，直接输入一个连字符即可自动替换为破折号，这样可以节省不少的时间，具体的操作方法如下。

❶ 单击"文件"标签，切换到Backstage视图，单击"选项"选项。

❷ 打开"PowerPiont选项"对话框，在左侧窗格中单击"校对"标签，在右侧窗格的"自动更正选项"栏中单击"自动更正选项"按钮，如图19-13所示。

❸ 打开"自动更正"对话框，单击"键入时自动套用格式"标签，选中"连字符 (--) 替换为破折号 (—)"复选框，单击"确定"按钮即可，如图19-14所示。

图19-13

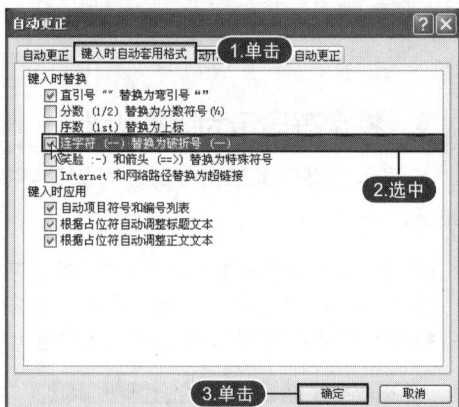

图19-14

7. 更改项目符号或编号的大小和色彩

如果默认的项目符号或编号的大小和颜色不能满足要求，可以更改项目符号或编号的大小和色彩，具体操作方法如下。

❶ 选中需要更改大小和颜色的项目符号文本。

❷ 切换到"开始"选项卡，在"段落"选项组中单击 下拉按钮，在弹出的下拉菜单中选择"项目符号和编号"命令，如图19-15所示。

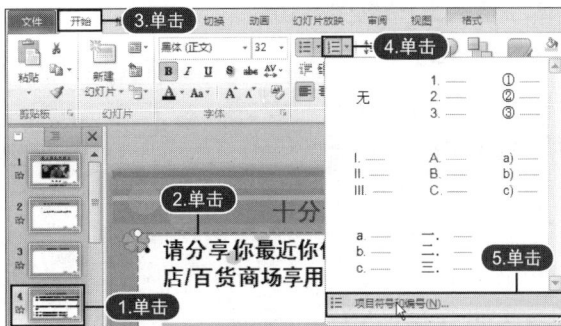

图19-15

❸ 打开"项目符号和编号"对话框，单击"箭头项目符号"选项，在"大小"微调框中输入一个合适的值。单击"颜色"下拉按钮，如图19-16所示，在弹出的下拉菜单中选择一种合适的颜色。

❹ 单击"确定"按钮，即可为选中的项目符号更改大小和色彩，效果如图19-17所示。

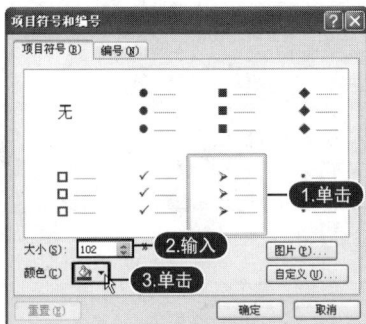

图19-16

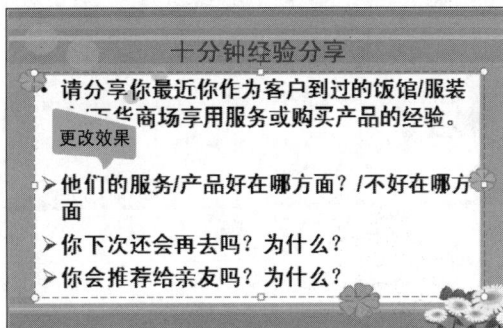

图19-17

8．在备注中添加图形

在备注中添加图形，可以通过对比更好地把握设计脉络。

❶ 选择需要在备注中添加图形的幻灯片，切换到"视图"选项卡，在"演示文稿视图"选项组中单击"备注页"按钮，如图19-18所示。

❷ 切换到"插入"选项卡，在"插图"选项组中单击"形状"下拉按钮，选择图形状，如图19-19所示。

❸ 选择图形后，即可在备注页中插入图形。

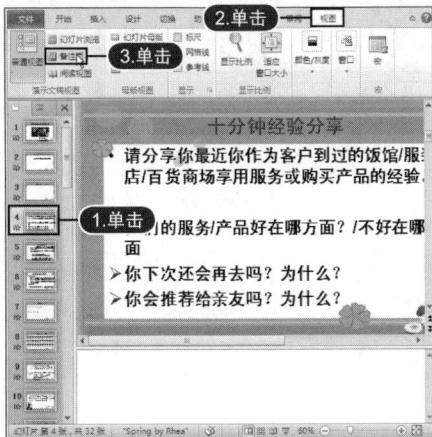

图19-18

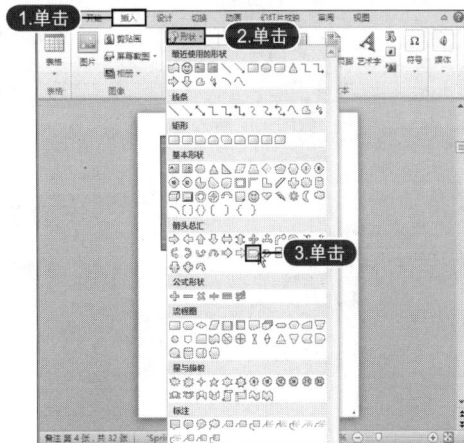

图19-19

9. 插入SmartArt图形

用户可以在演示文稿中插入SmartArt图形来显示列表或流程等，具体操作方法如下。

❶ 选中要插入SmartArt
图形的演示文稿，切换
到"插入"选项卡，在
"插图"选项组中单击
SmartArt按钮，如图19-20
所示。

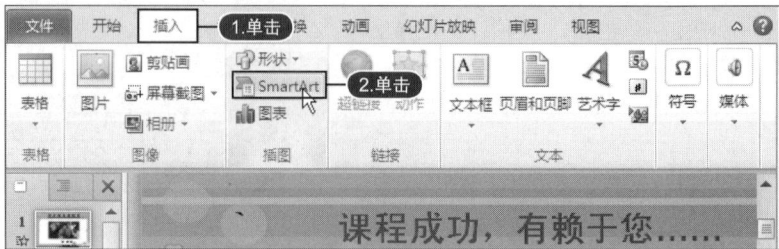

图19-20

❷ 打开"选择SmartArt图形"对话框，选择图形类型，如图19-21所示。
❸ 单击"确定"按钮，即可在演示文稿中插入选择的SmartArt图形，效果如图19-22所示。

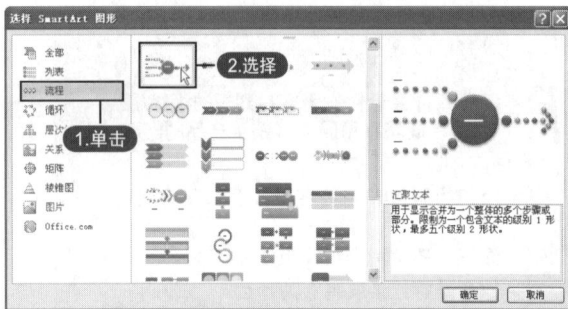

图19-21

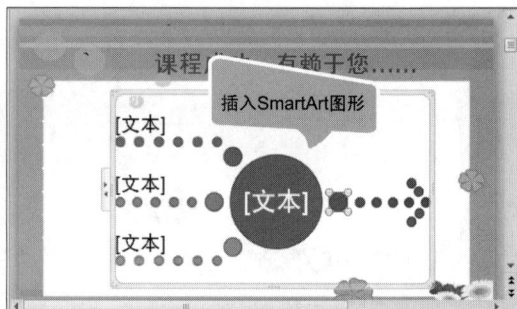

图19-22

10. 在SmartArt图形中输入竖排文字

用户在创建SmartArt图形后，在SmartArt图形中输入的文字为横排显示，用户可以更改文字
方向为竖排，具体操作方法如下。

❶ 选择需要插入竖排文字的SmartArt图形后右击，在快捷菜单中选择"编辑文字"选项，如图19-23
所示。
❷ 此时SmartArt图形进入编辑状态，可以看到光标呈现输入横排文字状态，如图19-24所示。

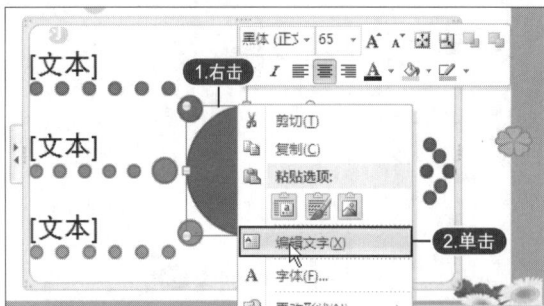

图19-23

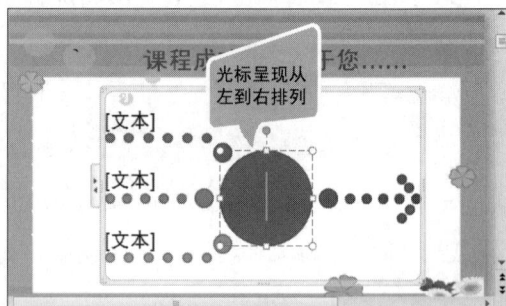

图19-24

❸ 切换到"开始"选项卡,在"段落"选项组中单击"文字方向"下拉按钮,在其下拉菜单中选择"竖排"选项(见图19-25),即可更改文字显示方向,如图19-26所示。

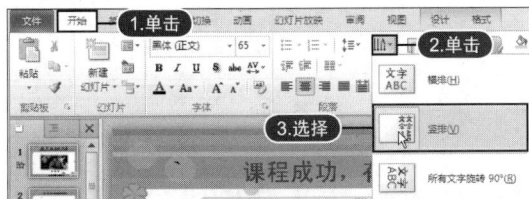

图19-25

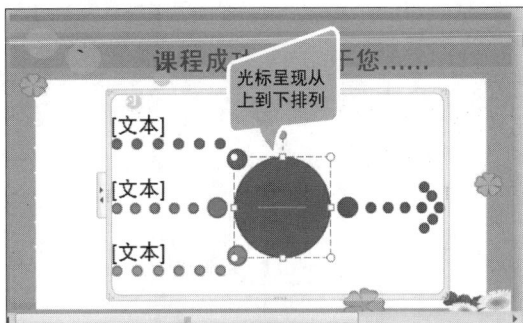

图19-26

11. 将文本转换为SmartArt图形

用户在制作演示文稿的过程中可以将文本转换为SmartArt图形,具体操作方法如下。

❶ 选择需要转换为SmartArt图形的文字后右击,在快捷菜单中选择"转换为SmartArt"选项,如图19-27所示。

❷ 在弹出的子菜单中选择一种SmartArt图形,即可将选择的文本转换为SmartArt图形,效果如图19-28所示。

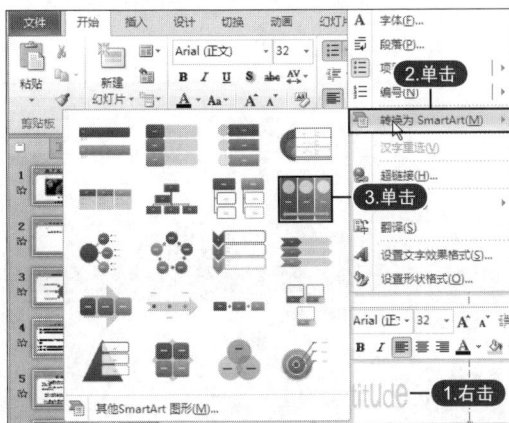

图19-27

图19-28

19.2 表格与图表设置技巧

表格和图表不是幻灯片的必备元素,但在需要对数据进行分析时,需要添加图表和表格进行分析。幻灯片中表格的操作方法与Word类似;图表的操作方法与Excel中类似。

1. 快速插入指定行/列的表格

在制作演示文稿的过程中,用户根据实际工作需要,可以快速插入指定行/列的表格,具体操作方法如下。

❶ 切换到"插入"选项卡，在"表格"选项组中单击"表格"下拉按钮，在其下拉菜单中选择要插入的行/列，如图19-29所示。

❷ 在幻灯片中插入的表格，用户可以根据需要设置表格样式，设置后效果如图19-30所示。

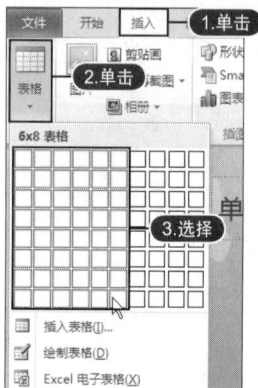

图19-29

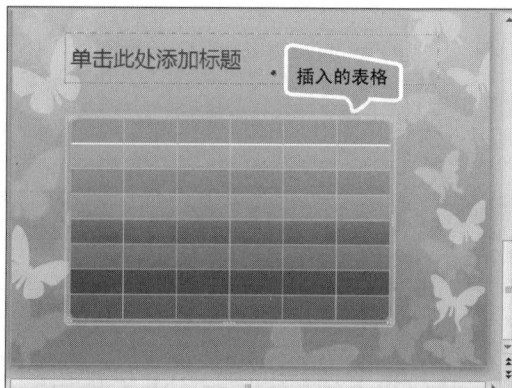

图19-30

2. 合并和拆分单元格

在实际的演示文稿设计过程中，通常需要对插入的表格进行修改，比如合并和拆分单元格等，使其更加符合实际工作需要，具体操作方法如下。

❶ 选择需要合并的单元格后右击鼠标，在快捷菜单中单击"合并单元格"选项，如图19-31所示。

❷ 单击"合并单元格"选项后，即可合并所选单元格，效果如图19-32所示。

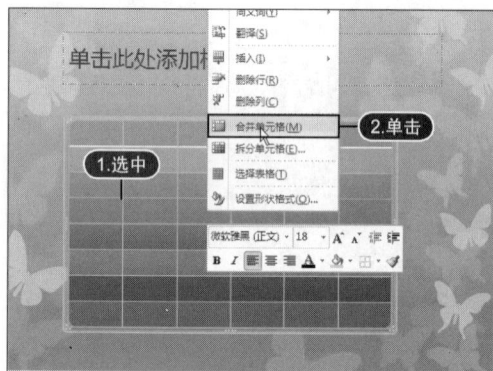

图19-31

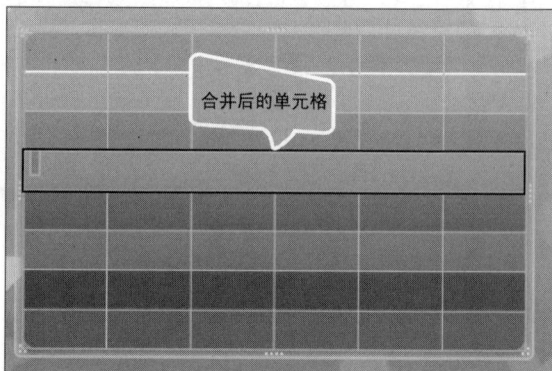

图19-32

提示

用户在选中要合并的单元格后，在"表格工具"-"布局"选项卡中单击"合并"选项组的"合并单元格"按钮，也可以合并单元格。需要拆分单元格时，单击"合并"选项组中的"拆分单元格"按钮或右击单元格，在快捷菜单中选择"拆分单元格"选项即可。

3. 快速插入图表

在制作演示文稿过程中，用户通常需要插入图表，让设计更加美观，更符合实际工作需要，具体操作方法如下。

❶ 在演示文稿中切换到"插入"选项卡，在"插图"选项组中单击"图表"按钮。

❷ 打开"插入图表"对话框，在其中选择适合的图表，单击"确定"按钮，如图19-33所示。

❸ 即可在文稿中插入图表，效果如图19-34所示。

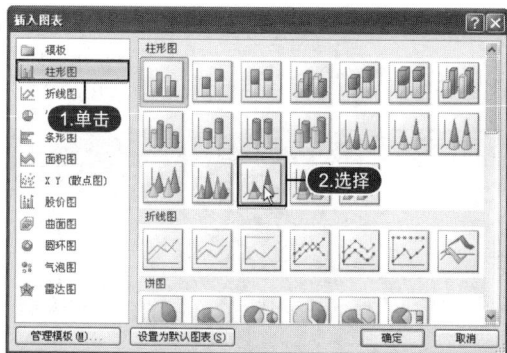

图19-33

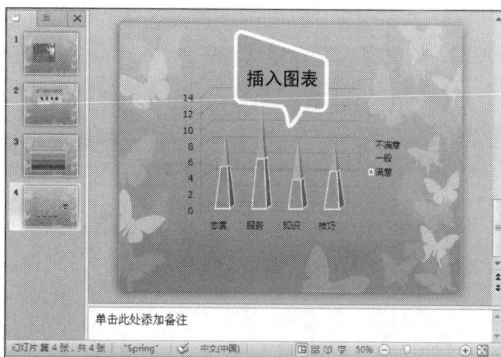

图19-34

4. 更改图表类型

在实际的演示文稿设计过程中，用户对插入的图表不满意，可以改变图表的类型，具体操作方法如下。

❶ 选择需要改变类型的图表后右击，在快捷菜单中选择"更改图表类型"选项，如图19-35所示。

❷ 打开"更改图表类型"对话框，重新选择合适的图表类型以及图表样式，如图19-36所示。

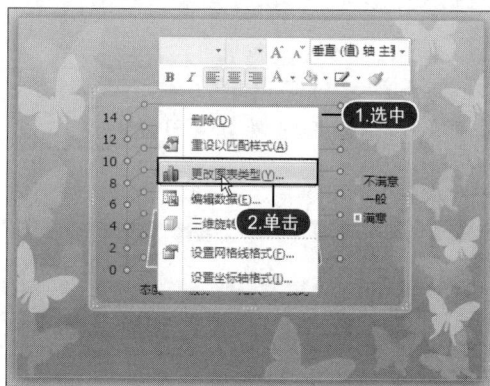

图19-35

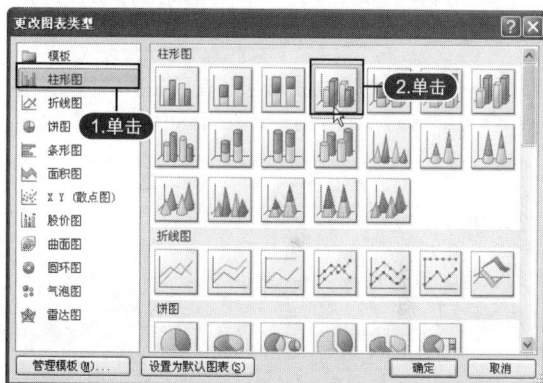

图19-36

❸ 单击"确定"按钮，即可更改所选图表的类型，效果如图19-37所示。

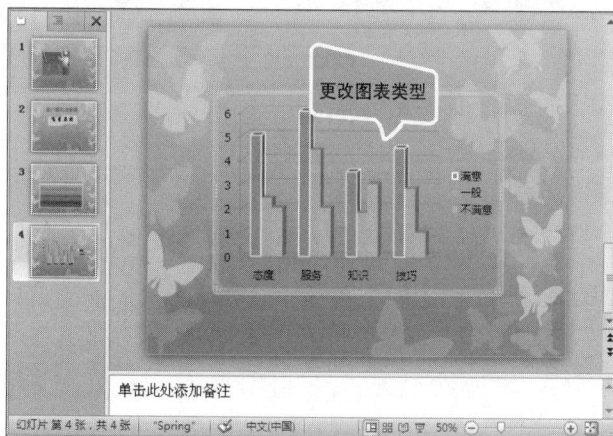

图19-37

5. 更改图表的布局

在演示文稿的图表修改过程中，用户可以根据需要，修改图表的布局，具体操作方法如下。

239

❶ 选择图表，切换到"图表工具"-"设计"选项卡，在"图表布局"选项组中单击"快速布局"下拉按钮，在其下拉菜单中选择一种布局，如图19-38所示。

❷ 在标题文本框中输入文字，修改完成后的效果如图19-39所示。

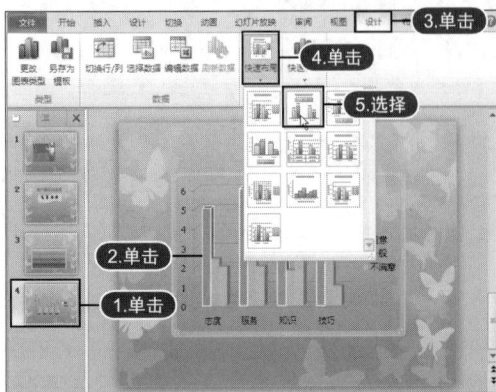
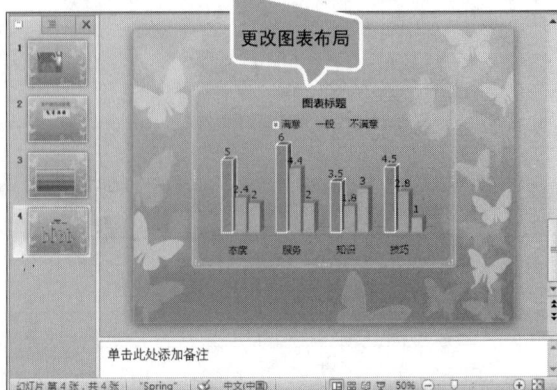

图19-38　　　　　　　　　　　　　　　　　　图19-39

6. 将图表保存为图片

在图表修改完成后，用户如果担心制作好的图表遭到无心破坏，可以将其保存为图片，具体操作方法如下。

❶ 在图表边框上右击鼠标，在弹出的快捷菜单中单击"另存为图片"选项，如图19-40所示。

❷ 在弹出的"另存为图片"对话框中输入文件名，单击"保存"按钮即可，如图19-41所示。

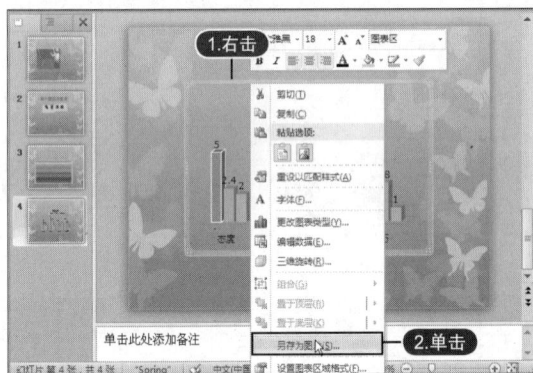
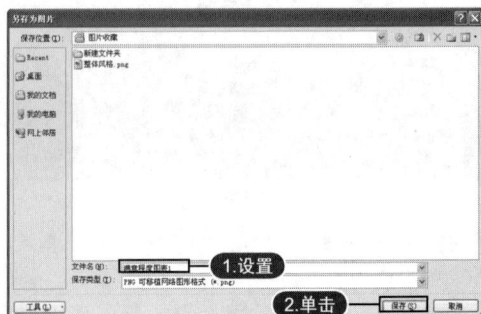

图19-40　　　　　　　　　　　　　　　　　　图19-41

读书笔记

Chapter 20

PowerPoint动画、视频与多媒体声音设置技巧

∷ 重点知识

- ▒ 动画设置技巧
- ▒ 视频及声音设置技巧

∷ 应用效果

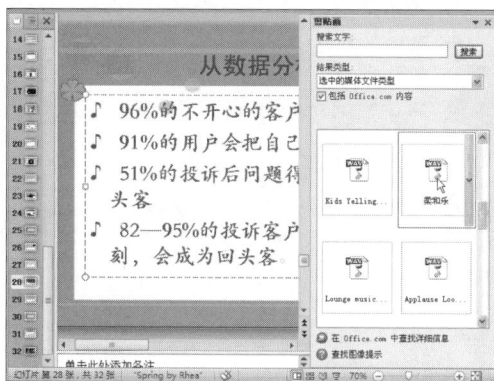

插入剪贴画音频

设置影片窗口大小

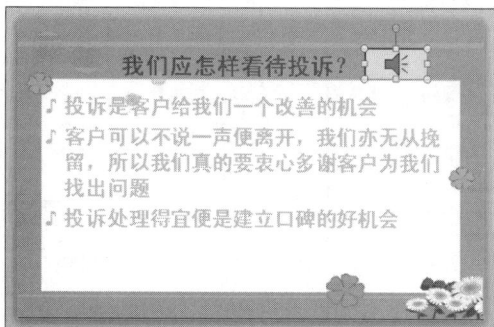

添加动作按钮

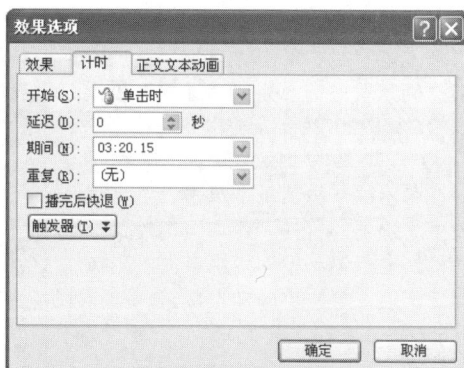

精确设置动画播放时间

∷ 参见光盘

素材路径：随书光盘\素材\第20章

视频路径：随书光盘\视频教程\第20章

20.1 动画、视频设置技巧

在制作好PPT内容后，可以为文本、图形、图表等元素添加动画，并设置不同的动画效果。用户还可以在PPT中插入视频，放映幻灯片时，直接播放视频文件。

1. 为单一对象指定多种动画效果

对于需要重点突出显示的对象，我们可以对其设置多个动画效果，这样既能起到突出显示的作用，又能起到美化对象的作用。

❶ 选中需要添加动画的对象，切换到"动画"选项卡，在"高级动画"选项组中单击"添加动画"下拉按钮，在其下拉菜单中选择"更多进入效果"命令，如图20-1所示。

图20-1

❷ 打开"添加进入效果"对话框，在"基本型"栏中单击"劈裂"选项，单击"确定"按钮，完成"进入"效果的添加，如图20-2所示。

❸ 再次单击"添加动画"下拉按钮，在弹出的下拉菜单中单击"更多强调效果"选项，打开"添加强调效果"对话框，在"温和型"栏中单击"彩色延伸"选项，单击"确定"按钮，即可完成设置，如图20-3所示。

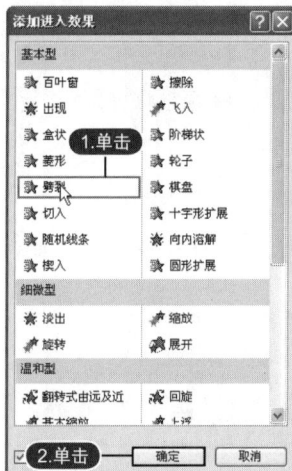

图20-2

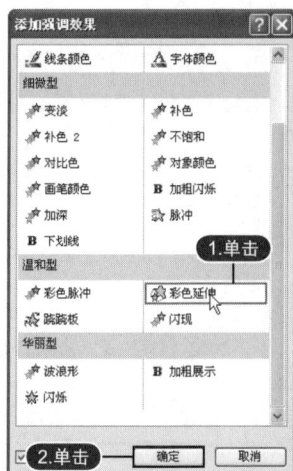

图20-3

2. 重新排列动画效果的顺序

如果默认设置的动画效果播放顺序不符合要求，可以重新对这些动画效果进行排序。

❶ 切换到"动画"选项卡,在"高级动画"选项组中单击"动画窗格"按钮,如图20-4所示。

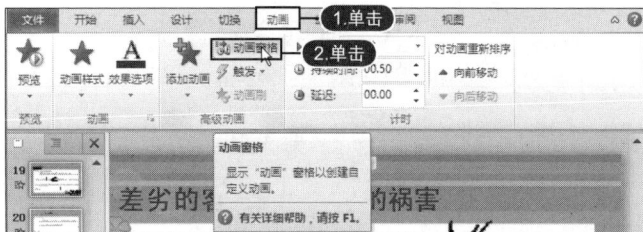

图20-4

❷ 在"动画窗格"中选中需要调整顺序的动画效果,在"计时"选项组中单击"向前移动"按钮或"向后移动"按钮,将动画调整至合适位置即可,如图20-5所示。

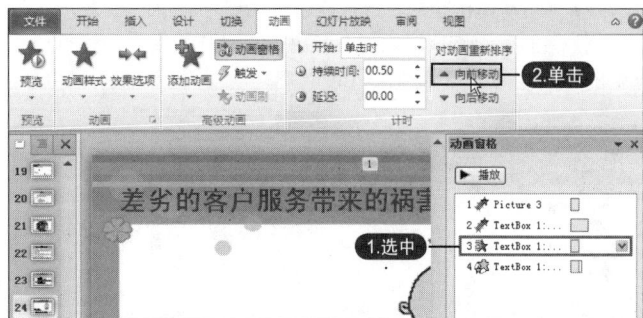

图20-5

3. 删除动画效果

完成动画效果设置后,用户对其不满意,需要删除动画效果,具体操作方法如下。

❶ 在幻灯片中选择需要删除动画效果的对象,切换到"动画"选项卡,在"动画"选项组中单击"动画样式"下拉按钮,在其下拉菜单中选择"无"选项,如图20-6所示。

❷ 选择"无"动画样式后,即可删除选中对象的动画效果,效果如图20-7所示。

图20-6

图20-7

4. 为每张幻灯片添加动作按钮

动作按钮是一个现成的按钮,可将其插入到演示文稿中,也可以为其定义超链接。包含形状(如右箭头和左箭头)以及通常被理解为用于转到下一张、上一张、第一张和最后一张幻灯片和用于播放影片或声音的符号。

❶ 切换到"插入"选项卡,在"插图"选项组中单击"形状"下拉按钮,如图20-8所示。

❷ 在其弹出的下拉菜单中选择合适的动作按钮,如图20-9所示。

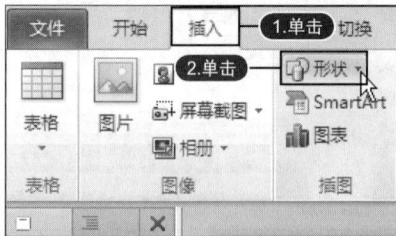

图20-8

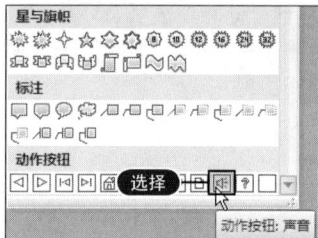

图20-9

❸ 单击动作按钮后，鼠标指针变为十字形状，在演示文稿适当的位置绘制动作按钮，如图20-10所示。

❹ 绘制完动作按钮后，在弹出的"动作设置"对话框中进行设置（见图20-11），设置完成后单击"确定"按钮，即可完成动作按钮的添加。

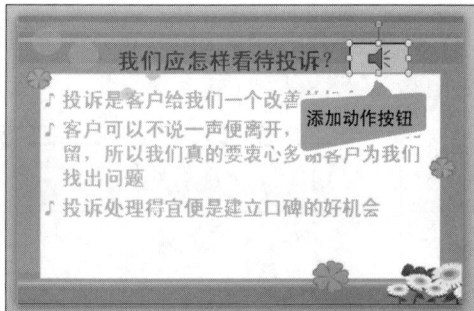

图20-10

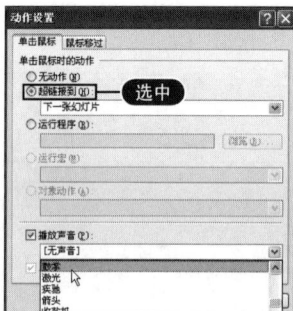

图20-11

5．精确设置动画播放时间

在PowerPoint 2010中，自定义动画的速度默认只有非常慢、慢、中、快、非常快5种，用户还可以精确地设置播放时间，如"03:20.15"。

❶ 在"动画窗格"的列表框中右击需要设置速度的动画效果，在弹出的快捷菜单中选择"计时"命令，如图20-12所示。

❷ 在弹出的对话框中将光标定位到"期间"右侧的文本框中，直接输入所需时间"03:20.15"，如图20-13所示。

❸ 单击"确定"按钮后，即可把这个动画播放时间定为03:20.15秒。

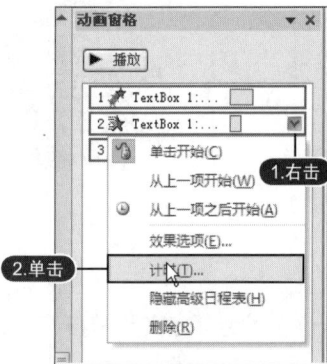

图20-12

图20-13

6．使动画连续播放

在为某个对象设置了动画效果后，在放映时其动画效果只会出现一次。如果想让动画效果出现3次、5次，甚至是无数次，可以通过如下方法来实现。

❶ 在"动画窗格"中右击对象的动画效果，在弹出的下拉菜单中选择"计时"命令，如图20-14所示。

❷ 在打开的对话框中单击"重复"下拉按钮，在弹出的下拉列表中选择合适的次数，如"4"次，如图20-15所示。

❸ 设置完成后，单击"确定"按钮即可。

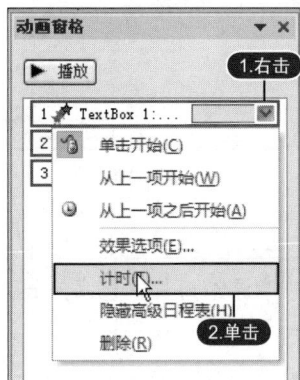

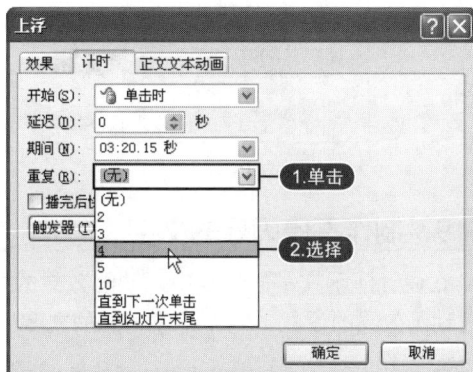

图20-14   图20-15

7. 使动画在播放之后自动隐藏

有时需要将对象在播放动画效果后自动隐藏，这还需要在动画效果中进一步设置。

❶ 在"动画窗格"中右击对象的动画效果，在弹出的快捷菜单中选择"效果选项"命令，如图20-16所示。

❷ 在弹出的对话框中的"增强"栏中单击"动画播放后"下拉按钮，在弹出的下拉列表中选择"播放动画后隐藏"选项，如图20-17所示。

❸ 单击"确定"按钮，即可完成设置。

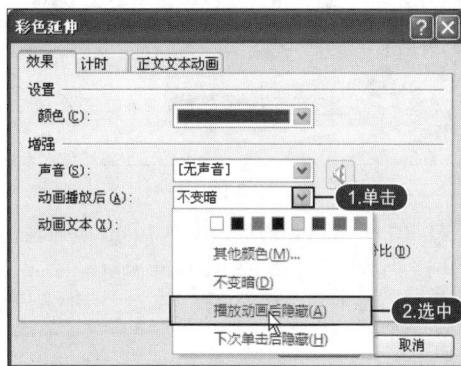

图20-16   图20-17

8. 使动画播放完毕后自动返回

有些动画在播放完毕后，对象会自动消失（如"百叶窗"动画）。如果需要让动画播放后，自动返回到原始状态，可以通过如下方法来实现。

❶ 在"动画窗格"的列表框中右击需要设置速度的动画效果，在弹出的快捷菜单中选择"计时"命令，如图20-18所示。

❷ 在弹出的对话框中选中"播完后快退"复选框，如图20-19所示。

❸ 单击"确定"按钮，即可完成设置。

图20-18

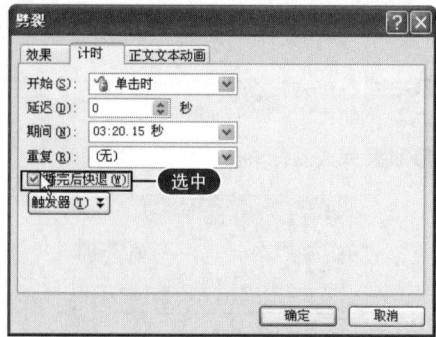

图20-19

9. 制作不停闪烁的文字

在设计演示文稿的过程中，动画效果的合理利用可以有效增添幻灯片的艺术效果。用户可以通过动画效果的设置，制作不停闪烁的文字，具体操作方法如下。

❶ 在幻灯片中选择需要设置动画效果的文字，单击"高级动画"选项组中的"添加动画"按钮，在弹出的下拉菜单中单击"更多强调效果"选项，如图20-20所示。

❷ 在打开的对话框中选择"闪烁"效果，单击"确定"按钮，如图20-21所示。

图20-20

图20-21

❸ 单击"高级动画"选项组中的"动画窗格"按钮，在"动画窗格"中右击"闪烁"效果，在快捷菜单中单击"计时"选项，如图20-22所示。

❹ 在弹出的对话框中打开"重复"下拉列表，选择"直到下一次单击"选项（见图20-23），单击"确定"按钮即可。

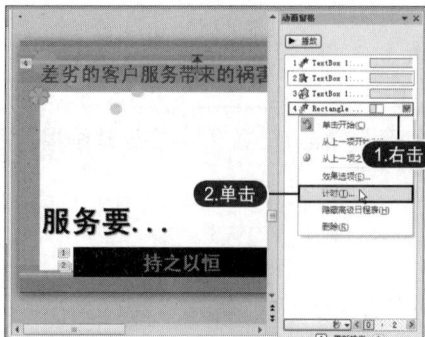

图20-22

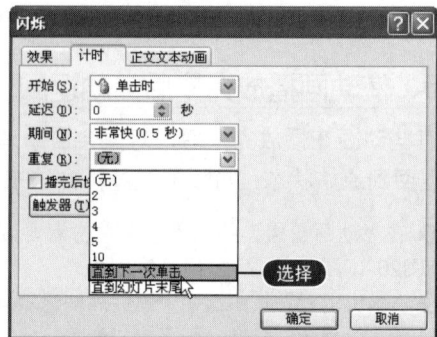

图20-23

20.2 视频及声音设置技巧

在幻灯片中可以添加声音，使得幻灯片达到"有声有色"的效果。用户可以在幻灯片中添加音乐，还可以自行录制声音，或是加入视频声音。

1. 插入剪辑管理器中声音

在制作演示文稿的过程中，为了让幻灯片更加有声有形，用户可以在其中插入剪辑管理器中的声音，具体操作方法如下。

❶ 选择要插入声音的幻灯片，切换到"插入"选项卡，在"媒体"选项组中单击"音频"按钮，在其下拉菜单中单击"剪贴画音频"选项，如图20-24所示。

❷ 在弹出的"剪贴画"窗格中单击合适的声音，如图20-25所示。

❸ 插入声音后，单击声音图标下方"播放"按钮，即可开始播放音频。

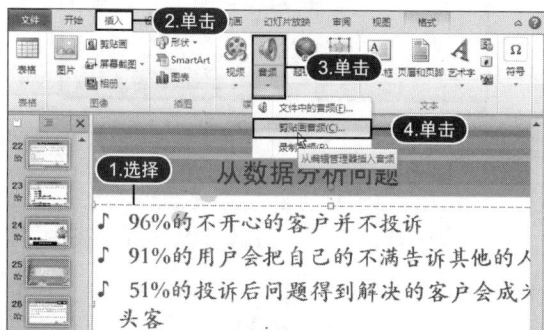

图20-24

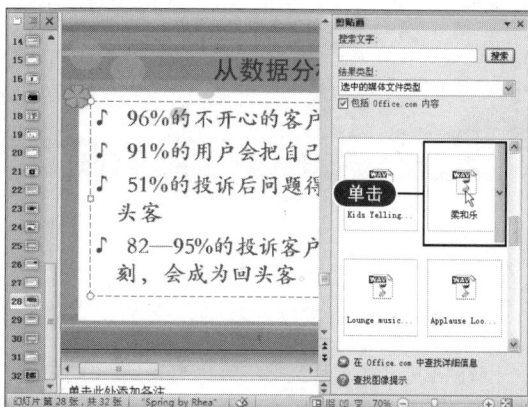

图20-25

2. 自行录制声音

如果用户找不到合适的声音，可以自行录制声音，具体操作方法如下。

❶ 选择需要插入声音文件的幻灯片，切换到"插入"选项卡，在"媒体"选项组中单击"音频"按钮，在其下拉菜单中单击"录制音频"选项，如图20-26所示。

❷ 在弹出的"录音"对话框中单击 ● 按钮，录音完毕，单击"确定"按钮，如图20-27所示。

❸ 插入声音后，单击声音图标下方"播放"按钮，即可开始播放音频。

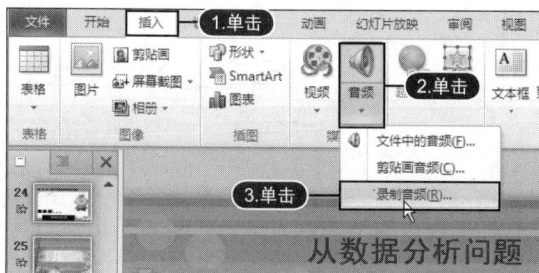

图20-26

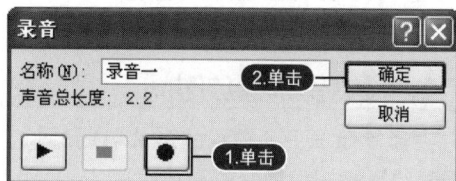

图20-27

3. 在多张幻灯片中播放插入的声音

在演示文稿中插入了声音后，系统默认只在当前幻灯片中播放。要想在多张幻灯片中播放可以按如下方法进行设置。

❶ 插入声音后，选中幻灯片上的喇叭图形，切换到"动画"选项卡，在"动画"选项组右下角单击🔲按钮，如图20-28所示。

❷ 打开"播放音频"对话框，在"停止播放"栏下选择"单击时"单选按钮或选择"在…张幻灯片后"单选按钮，在文本框中输入最后一张幻灯片的序号，如图20-29所示。

❸ 设置完成后，单击"确定"按钮，即可使声音跨多张幻灯片。

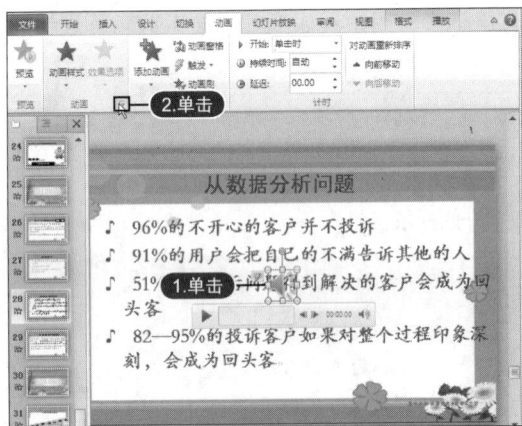

图20-28

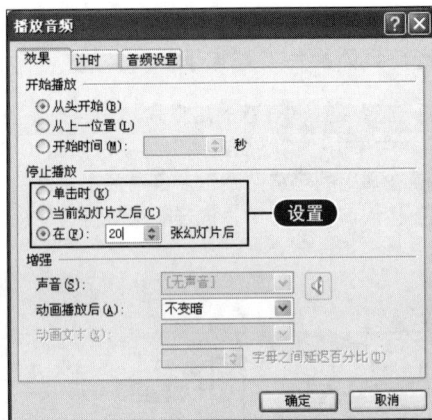

图20-29

4. 插入视频

如果用户觉得某网站视频符合演示文稿的设计，但无法下载，用户可以通过以下方法操作。

❶ 在打开的演示文稿中选择需要插入视频文件的幻灯片，切换到"插入"选项卡，在"媒体"选项组中单击"视频"按钮，在弹出的下拉菜单中选择"来自网站的视频"选项，如图20-30所示。

❷ 在弹出的对话框中输入正确的网址或者代码，单击"插入"按钮即可（见图20-31），这种方法不建议常用，容易发生意外情况。

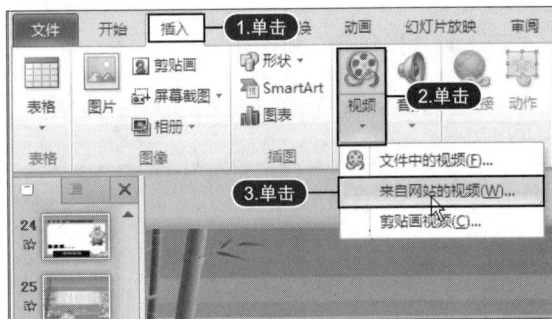

图20-30

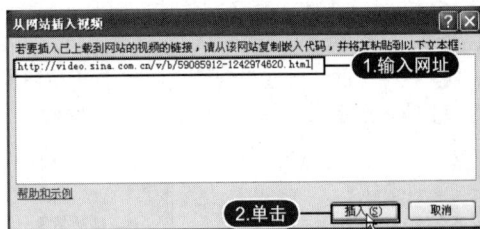

图20-31

5. 设置影片播放时间

在通常情况下，插入的影片可能过长，不利于幻灯片的放映与演讲，这时，用户可以通过剪裁视频的方式把握影片的播放时间。

❶ 选择需要设置的影片，切换到"视频工具"－"播放"选项卡，在"编辑"选项组中单击"剪裁视频"按钮，如图20-32所示。

❷ 在弹出的对话框中进行设置，单击"确定"按钮即可，如图20-33所示。

图20-32

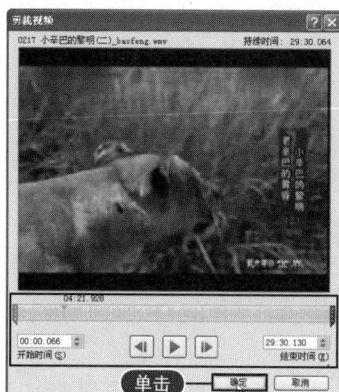

20-33

6. 设置影片窗口大小

在演示文稿中，用户还可以设置影片的窗口大小，以更加符合实际幻灯片的放映环境与场合，具体操作方法如下。

❶ 选择需要设置的影片，单击"视频工具"－"格式"选项卡，在"大小"选项组中进行设置即可，如图20-34所示。

❷ 在幻灯片中最终设置完成后，效果如图20-35所示。

图20-34

图20-35

7. 使用控件插入Flash动画

在演示文稿的设计过程中，用户可以通过插入视频的方式插入Flash动画，从而让自己制作或收集的Flash动画派上用场，具体操作方法如下。

❶ 切换到"插入"选项卡，在"媒体"选项组中单击"视频"按钮，在其下拉菜单中单击"文件中的视频"选项。

❷ 在弹出的对话框中选择要插入的Flash动画，单击"插入"按钮，如图20-36所示。

图20-36

❸ 在幻灯片中插入Flash动画后，效果如图20-37所示。

图20-37

8. 避免Flash动画引发的计算机病毒提示

在实际操作中，插入Flash动画可能会引发计算机病毒提示，用户可以通过以下方式避免病毒出现提示。

❶ 单击"文件"标签，切换到Backstage视图，单击"选项"选项。

❷ 打开"PowerPiont 选项"对话框，在左侧窗格中单击"信任中心"标签，在右侧窗格中单击"信任中心设置"按钮，如图20-38所示。

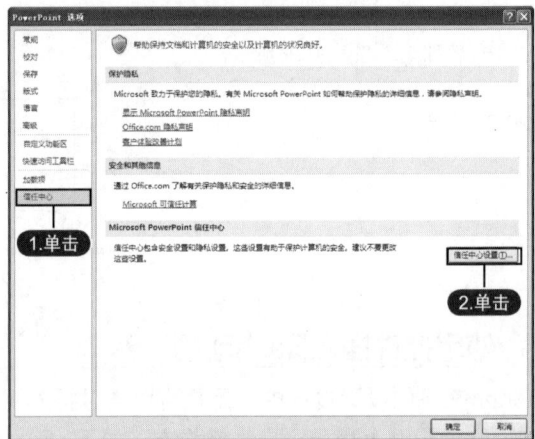

图20-38

❸ 在弹出的"信任中心"对话框中单击左侧窗格中的"宏设置"标签，在右侧窗格中选中"启用所有宏……"单选按钮，如图20-39所示。

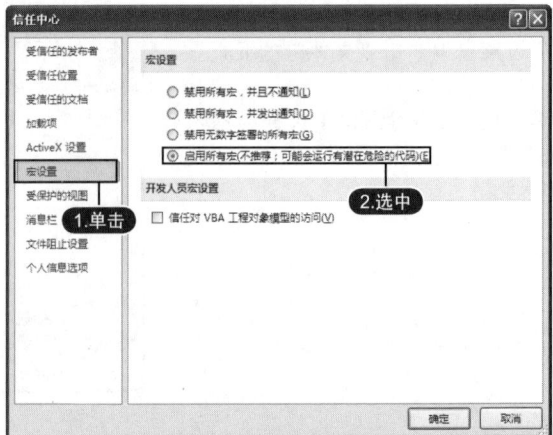

图20-39

Chapter 21 PowerPoint放映、打包与输出设置技巧

重点知识

- 幻灯片放映的设置技巧
- 打包与输出的设置技巧

应用效果

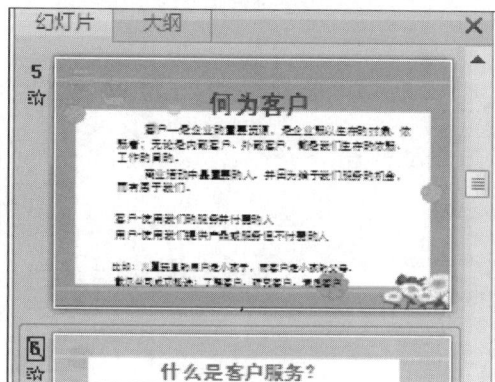

隐藏幻灯片

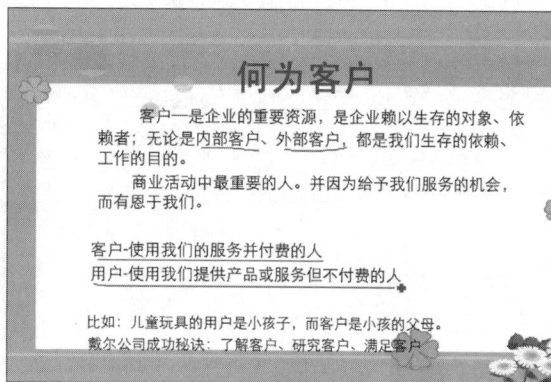

使用绘图笔

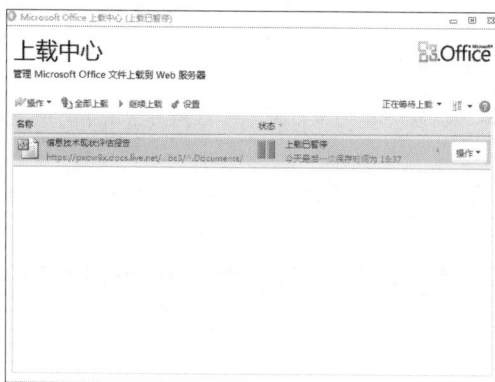

发布为网页

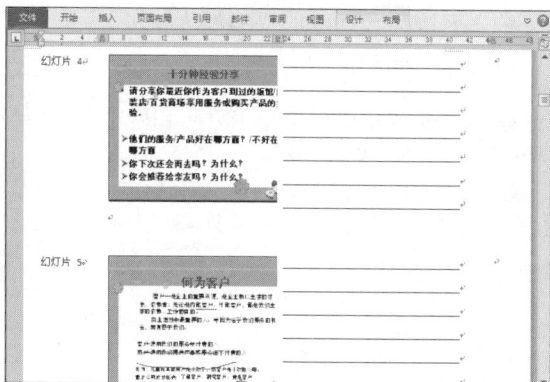

导入Word中

参见光盘

素材路径：随书光盘\素材\第21章

视频路径：随书光盘\视频教程\第21章

21.1 幻灯片放映的设置技巧

在创建演示文稿后，需要对演示文稿的放映进行设置，使其适合演讲环境。对于幻灯片的放映设置，一般包括设置放映类型、换片方式以及调整窗格等，下面一 一介绍。

1. 设置放映类型

在幻灯片中，放映类型主要分为"演讲者放映（全屏幕）"、"观众自行浏览（窗口）"和"在展台浏览（全屏幕）"3种不同的放映类型。在放映时，用户可以根据实际需要进行选择。

❶ 在PowerPoint 2010主界面中，切换到"幻灯片放映"选项卡，在"设置"选项组中单击"设置幻灯片放映"按钮，如图21-1所示。

❷ 在打开的"设置放映方式"对话框中，在"放映类型"栏下进行设置，如选择"演讲者放映（全屏幕）"，单击"确定"按钮即可，如图21-2所示。

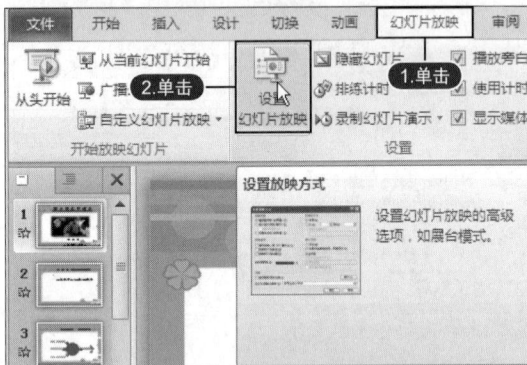

图21-1

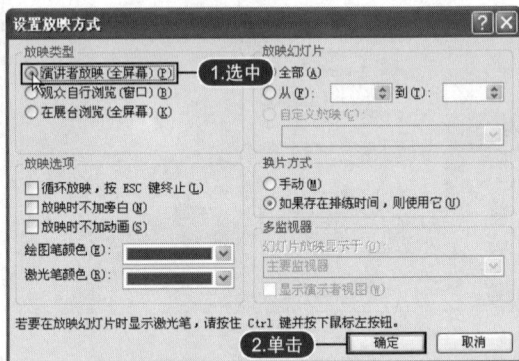

图21-2

2. 设置放映指定的幻灯片

在幻灯片放映中，用户可以设置放映指定的幻灯片，具体操作方法如下。

❶ 在PowerPoint 2010主界面中，切换到"幻灯片放映"选项卡，在"设置"选项组中单击"设置幻灯片放映"按钮，如图21-3所示。

❷ 在打开的"设置放映方式"对话框中，在"放映幻灯片"栏下选择"从…到…"单选按钮进行设置，单击"确定"按钮即可，如图21-4所示。

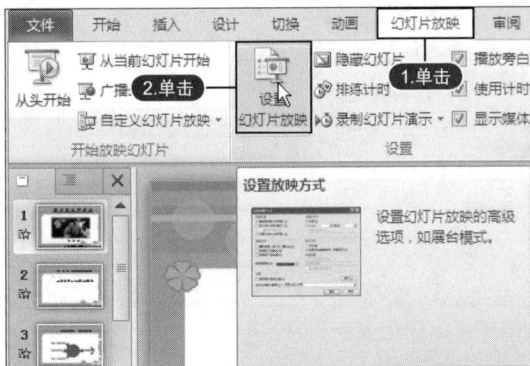

图21-3

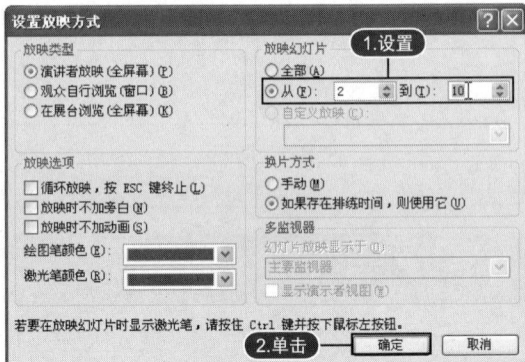

图21-4

3. 隐藏幻灯片

在实际的幻灯片放映中并不是每张幻灯片都需要播放,这时,用户可以隐藏不需要放映的幻灯片。

❶ 选择需要的幻灯片,切换到"幻灯片放映"选项卡,在"设置"选项组中单击"隐藏幻灯片"按钮即可,如图21-5所示。

❷ 在左侧的"幻灯片"窗格下即可看到隐藏的幻灯片,即幻灯片的编号上有一条斜线,如图21-6所示。

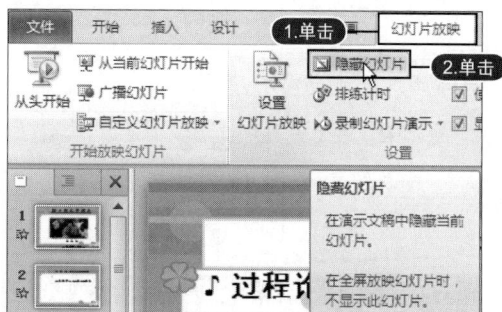

图21-5

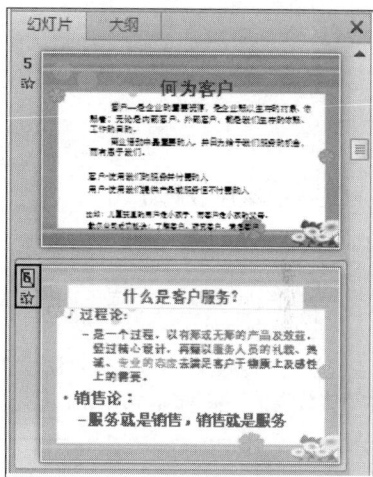

图21-6

4. 放映时不播放动画

如果用户在幻灯片中应用了动画,但在放映时不让动画播放,可以通过以下介绍的方法进行设置。

❶ 在PowerPoint 2010主界面中,切换到"幻灯片放映"选项卡,在"设置"选项组中单击"设置幻灯片放映"按钮。

❷ 在打开的"设置放映方式"对话框中,在"放映选项"栏下选中"放映时不加动画"复选框,单击"确定"按钮,即可完成设置,如图21-7所示。

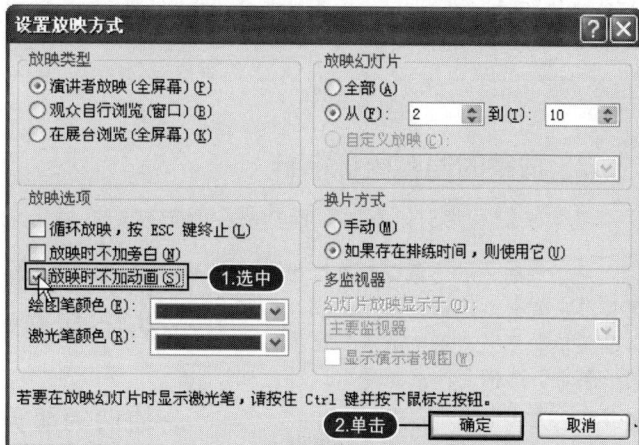

图21-7

5. 设置绘图笔颜色

在幻灯片中,用户可以根据幻灯片的背景与主题颜色等,设置绘图笔颜色。

❶ 在PowerPoint 2010主界面中,切换到"幻灯片放映"选项卡,在"设置"选项组中单击"设置幻灯片放映"按钮。

❷ 在打开的"设置放映方式"对话框中，在"放映选项"栏下"绘图笔颜色"下拉列表中选择合适的颜色，单击"确定"按钮，即可完成设置，如图21-8所示。

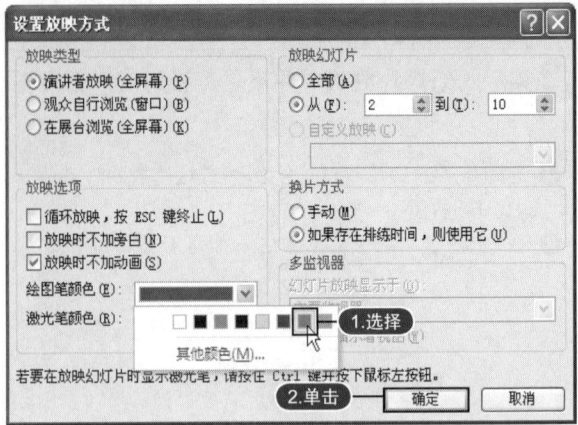

图21-8

6. 设置手动换片方式

用户应用排练计时后，还可以在实际的幻灯片放映时切换回手动幻灯片方式。

❶ 在PowerPoint 2010主界面中，切换到"幻灯片放映"选项卡，在"设置"选项组中单击"设置幻灯片放映"按钮，如图21-9所示。

❷ 在打开的"设置放映方式"对话框中，在"换片方式"栏下选中"手动"单选按钮，单击"确定"按钮，即可完成设置，如图21-10所示。

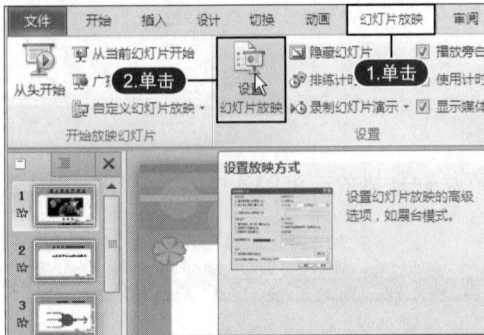

图21-9

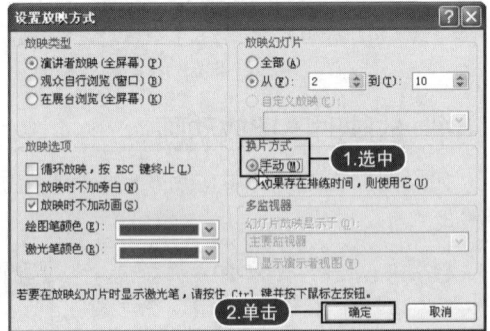

图21-10

7. 放映时隐藏鼠标指针

在放映幻灯片时，有时鼠标指针会给放映幻灯片带来不便，用户可以设置隐藏鼠标指针。

在放映时，右击鼠标，在弹出的快捷菜单中单击"指针选项"选项，在其级联菜单中单击"箭头选项"选项，在其子菜单下选择"永远隐藏"选项，如图21-11所示。

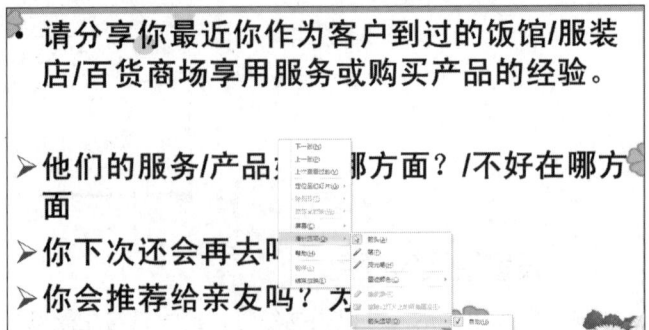

图21-11

8. 使用屏幕绘图笔

在幻灯片放映时，用户可以使用屏幕绘图笔，更好地引导观众视线，展示演示文稿的内容。

❶ 在幻灯片放映时，单击幻灯片左下角的 ✎ 按钮，在其中选择"笔"，如图21-12所示。
❷ 使用屏幕绘图笔，具体效果如图21-13所示。

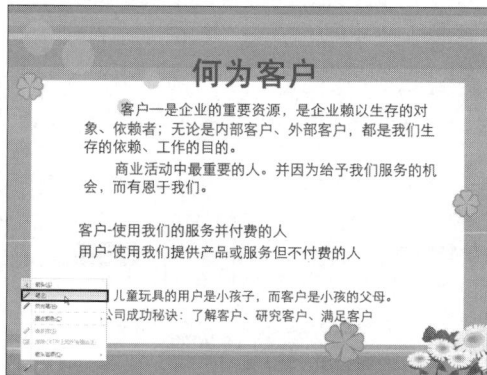

图21-12

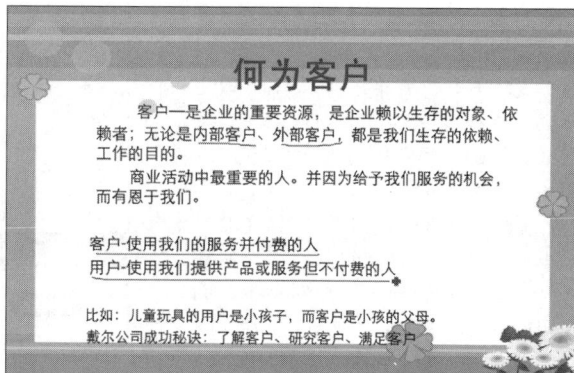

图21-13

9. 随意调整屏幕窗口

在幻灯片放映前，用户可以随意调整放映窗口，以符合实际场合所需。

❶ 切换到"设计"选项卡，在"页面设置"选项组中单击"页面设置"按钮，如图21-14所示。
❷ 在打开的"页面设置"对话框中的"幻灯片大小"下拉列表下选择合适的窗口，如图21-15所示。
❸ 单击"确定"按钮，即可完成设置。

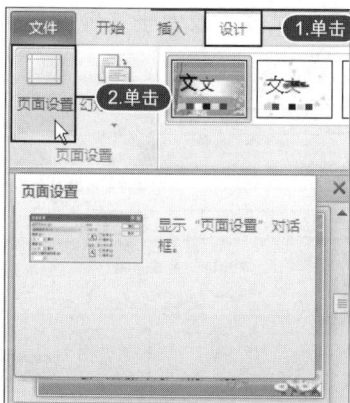

图21-14

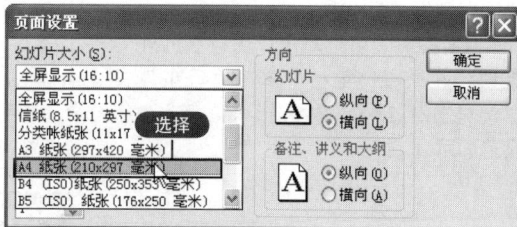

图21-15

21.2 打包与输出的设置技巧

用户可以将创建好的演示文稿打包成CD形式或者以网页、PDF等形式输出，也可以将演示文稿导入到Word中或者输出为图片等。

1. 将演示文稿打包

在演示文稿的制作、放映准备完成后，用户可以将演示文稿打包成CD，以便于携带，具体操作方法如下。

❶ 在幻灯片主界面中，单击"文件"标签，在其选项卡左侧单击"保存并发送"选项。

❷ 在中间窗格的"文件类型"栏下选择"将演示文稿打包成CD"选项，在最右侧的窗格中单击"打包成CD"按钮，如图21-16所示。

❸ 在随即打开的"打包成CD"对话框中，单击"复制到文件夹"按钮，将演示文稿复制到一个文件夹中，即可使用刻录程序将该文件夹复制到CD上。

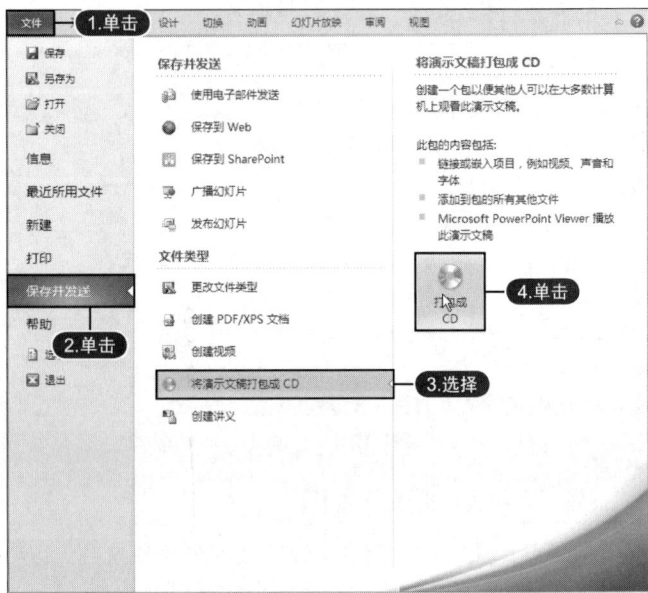

图21-16

2. 将演示文稿发布为网页

在设计完成演示文稿以后，用户可以将演示文稿发布为网页，以便于其他网友进行交流修改。

❶ 在演示文稿主界面中，单击"文件"标签，在其打开的选项卡中单击"保存并发送"选项。

❷ 在中间窗格单击"保存到Web"选项，在最右侧窗格中单击"登录"按钮（见图21-17），输入账号信息，进行设置即可。

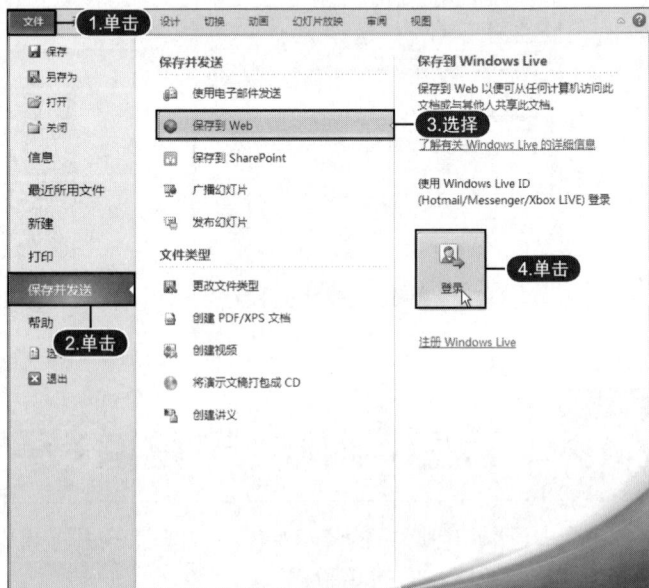

图21-17

❸ 连网登录，单击"另存为"按钮，选择合适位置，即可进行上载，如图21-18（a）所示。

❹ 上载完成后，即将演示文稿发布为Web，并在上载中心中显示出来，如图21-18（b）所示。

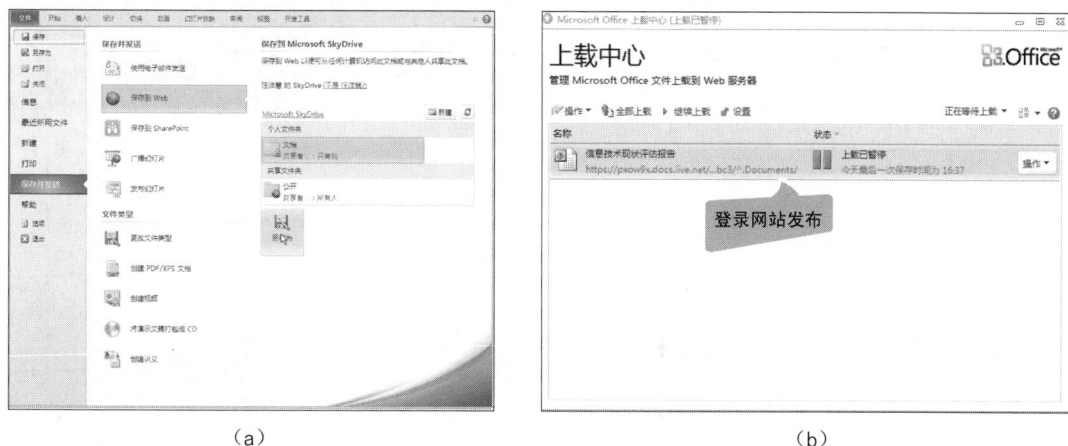

（a）　　　　　　　　　　　　　　　　　（b）

图21-18

3. 将演示文稿输出为PDF格式

在完成演示文稿设计以后，用户可以将演示文稿输出为PDF格式，保持其字体和图片的格式不变。

❶ 在演示文稿主界面中，单击"文件"标签，在其打开的选项卡中单击"保存并发送"选项。

❷ 在中间窗格单击"文件类型"栏下的"创建PDF/XPS文档"选项，在最右侧窗格中单击"创建PDF/XPS"按钮，如图21-19所示。

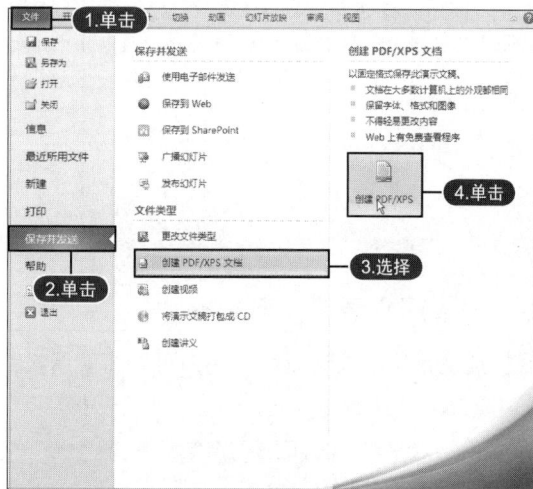

图21-19

❸ 在打开的"发布为PDF或XPS"对话框中进行设置，单击"发布"按钮（见图21-20），即可将演示文稿输出为PDF格式。

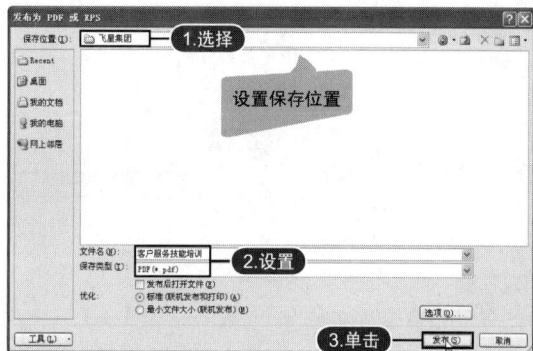

图21-20

4. 将演示文稿输出为自动放映类型

在完成演示文稿设计以后，用户可以将演示文稿输出为自动放映类型的演示文稿。

❶ 在演示文稿主界面中，单击"文件"标签，在其打开的选项卡中单击"另存为"选项，如图21-21所示。

图21-21

❷ 在打开的"另存为"对话框中的"保存类型"下拉列表中选择"PowerPoint 演示文稿（*.pptx）"，单击"保存"按钮，即可将演示文稿保存为自动放映类型，如图21-22所示。

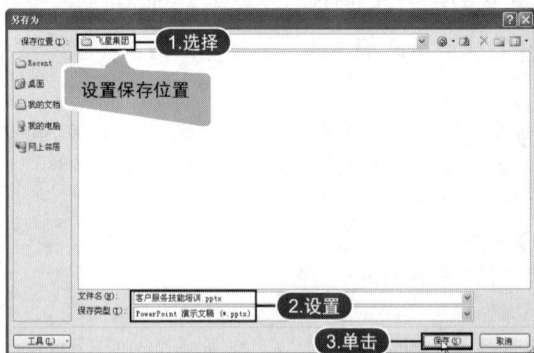

图21-22

5. 将演示文稿输出到Word中

在完成演示文稿设计以后，用户可以将演示文稿输出到Word中，以便于更好地查看和修改其中文字。

❶ 单击"文件"标签，在打开的选项卡中单击"保存并发送"选项。

❷ 单击"文件类型"栏的"创建讲义"选项，在最右侧窗格中单击"创建讲义"按钮，如图21-23所示。

❸ 在"发送到Microsoft Word"对话框的"Microsoft Word使用的版式"栏下选中"空行在幻灯片旁"单选按钮，如图21-24所示。

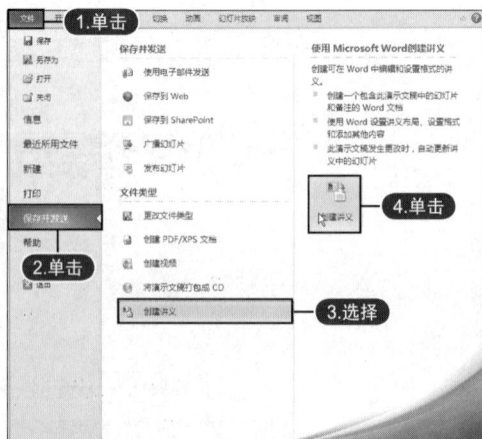

图21-23

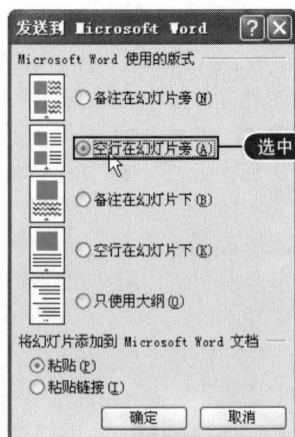

图21-24

❹ 单击"确定"按钮，即可将演示文稿输出到Word中，如图21-25所示。

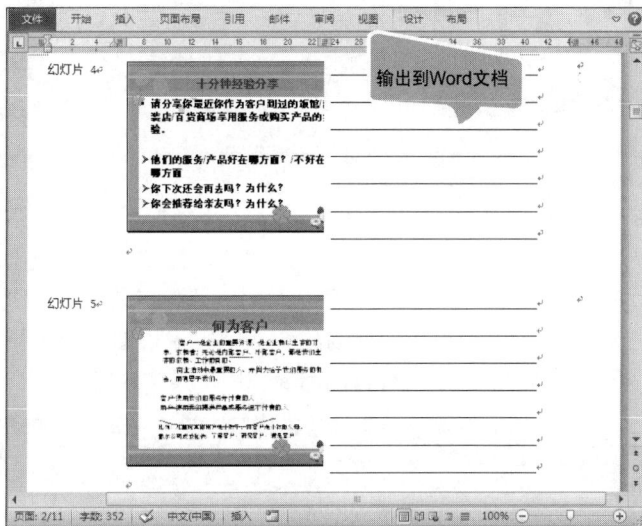

图21-25

6. 将演示文稿中的幻灯片输出为图片

在完成演示文稿设计以后，用户可以将演示文稿输出为图片，如.gif、.png、.jpg等，以便于查看保存幻灯片中的主要设置。

❶ 在演示文稿主界面中，单击"文件"标签，在其打开的选项卡中单击"另存为"选项，如图21-26所示。

❷ 在打开的"另存为"对话框的"保存类型"下拉列表中选择"JPEG 文件交换格式（*.jpg）"，如图21-27所示。

❸ 单击"保存"按钮，即可将演示文稿输出为图片。

图21-26

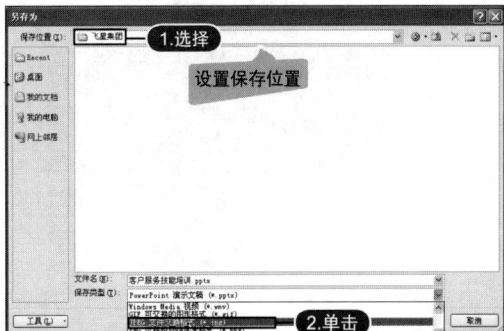

图21-27

提示

参考前面章节的方法录制演示文稿，可以将演示文稿输出为视频格式。

Chapter 22 员工招聘与录用管理

∷ 范例概述

　　员工的招聘和录用管理是人力资源部门重要的工作之一，也是企业得以实现运营和扩张的重要手段。每逢招聘的黄金时期，招聘与录用工作便成为人力资源部门的头等大事。

　　在 Excel 2010中要创建企业招聘流程图、员工招聘登记表、面试评价表、录用通知书等，需要使用Excel 2010的制表功能，具体对应如下。

∷ 范例效果

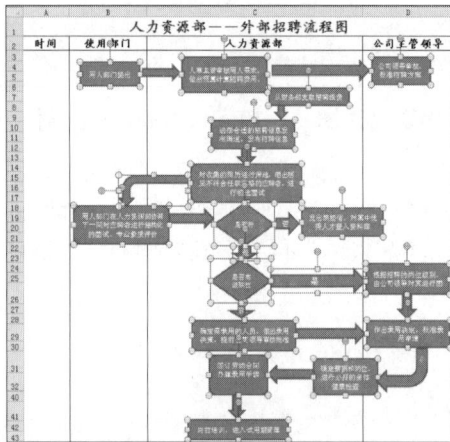

招聘流程图

员工工作证

面试评价表

∷ 本章重点

应用功能	对应章节
单元格设置（单元格合并、行高/列宽）	第2章
单元格美化（字体、对齐方式、边框、底纹）	本章讲解中介绍
插入LOGO	本章讲解中介绍

∷ 参见光盘

　素材路径：随书光盘\素材\第22章

　视频路径：随书光盘\视频教程\第22章

范例制作

22.1 创建企业招聘流程图

招聘是公司人力资源部门重要的工作之一，不管是通过网站、招聘会还是报纸招聘，都需要根据招聘的流程进行，所以创建企业的招聘流程图是人力资源部门做好招聘准备的第一步。

22.1.1 创建"招聘流程图"工作表

Step 01 新建工作簿，并命名为"员工招聘管理表"，将Sheet1工作表重命名为"招聘流程图"

❶ 启动Excel 2010，默认创建了名为Book1的工作簿。单击"保存"按钮，打开"另存为"对话框，设置工作簿保存位置，并设置保存名称为"员工招聘管理表"，单击"保存"按钮，如图22-1所示。

图22-1

❷ 在Sheet1工作表标签上双击鼠标，如图22-2所示。

❸ 重新输入新的工作表名称为"招聘流程图"，如图22-3所示。

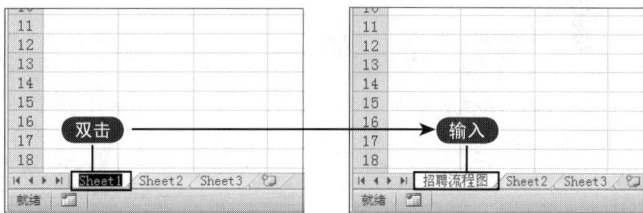

图22-2

图22-3

Step 02 输入表格的标题、表头文字及规划好的列标识

❶ 在A1单元格中输入表格标题"人力资源部——外部招聘流程图"。

❷ 分别在第二行中输入事先规划好的各项列标识，输入效果如图22-4所示。

图22-4

Step 03 设置表头文字格式

❶ 选中第一行中从A1单元格开始直至列标识结束的单元格区域，在"对齐方式"选项组中单击"合并后居中"按钮将表格标题合并居中，如图22-5所示。

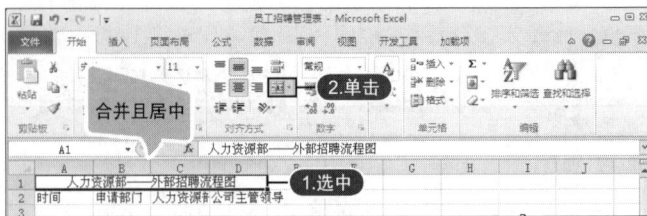

图22-5

❷ 保持对合并后单元格的选中状态，在"字体"选项组中单击"字体"下拉按钮，在下拉列表中选择字体；单击"字号"下拉按钮，在下拉列表中选择字号，如图22-6所示。

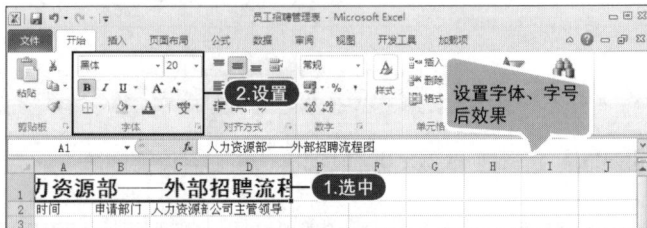

图22-6

22.1.2 招聘流程图的表格绘制

Step 01 根据当前列标识的需要，调整默认列宽

❶ 选中要调整的列，将光标定位在列标右侧边线上，当出现双向箭头时，按住鼠标左键向右拖动增大列宽，向左拖动减小列宽，如图22-7所示。

❷ 选中要调整的行，将光标定位在行号下侧边线上，当出现双向箭头时，按住鼠标左键向下拖动增大行高，向上拖动减小行高，如图22-8所示。

图22-7

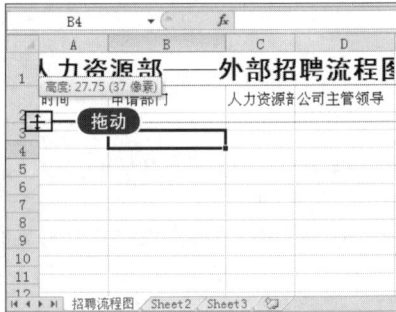

图22-8

❸ 按相同的方法，根据实际需要，依次调整列标识各列的列宽，调整完成后的表头信息如图22-9所示。

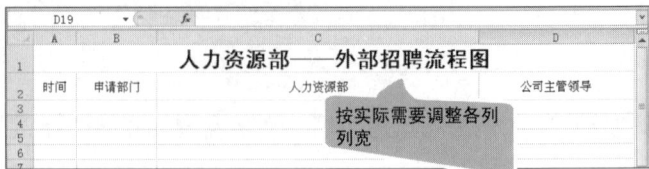

图22-9

Step 02 根据实际需要合并单元格

❶ 选中要合并单元格的列，在"对齐方式"选项组中单击"合并后居中"按钮合并单元格，如图22-10所示。

❷ 将光标定位到合并后单元格的右下角，当鼠标指针变成黑十字形状➕时，拖动鼠标至需要完成合并居中的单元格所在列，效果如图22-11所示。

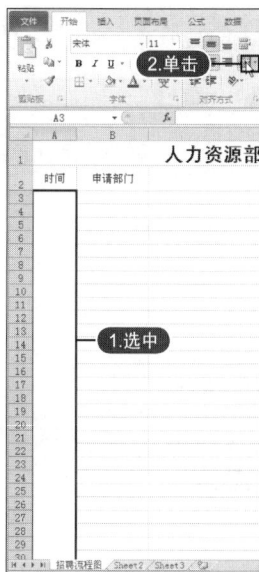

图22-10

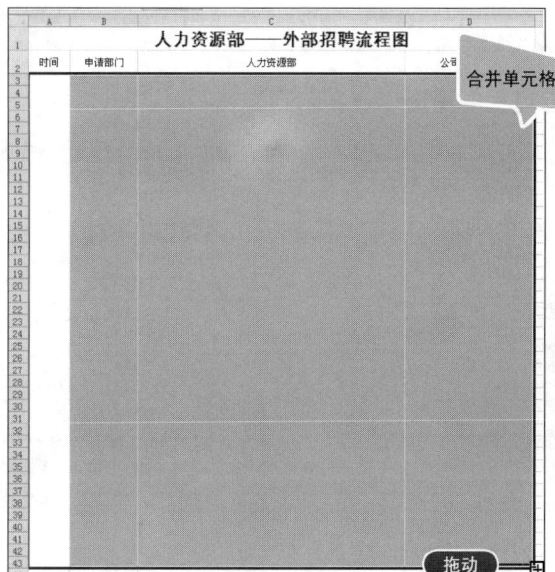

图22-11

提示

在合并单元格时，可以选中单元格，在"对齐方式"选项组中单击"合并后居中"按钮，也可以拖动黑十字形状，复制合并的单元格到其他行或列。

Step 03 设置数据编辑区域的边框与底纹

❶ 选中表格的编辑区域（当前选择的区域为包含列标识及其下的单元格区域），在"开始"选项卡的"数字"选项组中单击 按钮，打开"设置单元格格式"对话框。选择"边框"选项卡，在"样式"列表框中选择线条样式，在"颜色"框中可以设置线条的颜色，单击"外边框"按钮与"内部"按钮可将设置的线条格式应用于选中区域的外边框与内边框，单击"确定"按钮，如图22-12所示。

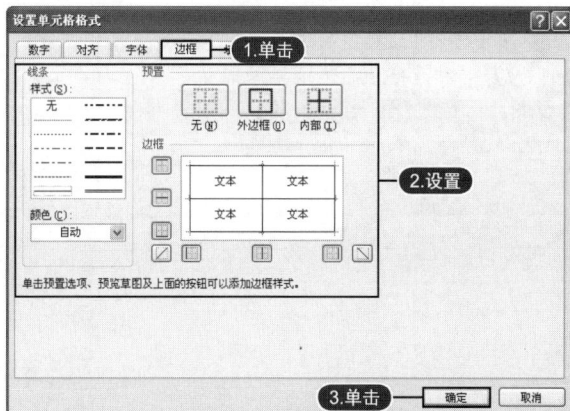

图22-12

❷ 可以看到选中区域设置了边框，效果如图22-13所示。

图22-13

22.1.3 应用自选图形绘制招聘流程图

Step 01 添加"可选过程"图形

❶ 切换到"插入"选项卡，在"插图"选项组中单击"形状"下拉按钮，在其下拉菜单中选择"流程图：可选过程"形状，如图22-14所示。

❷ 选中后光标变为十字形状，在工作表上任意位置单击，即可添加一个"流程图：可选过程"形状，如图22-15所示。

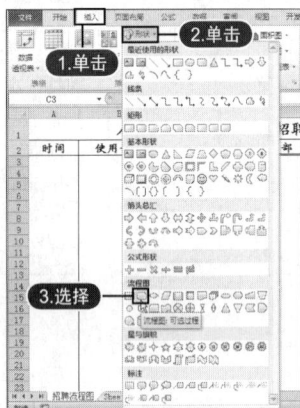

图22-14

图22-15

❸ 按【Ctrl+C】组合键复制，按【Ctrl+V】组合键粘贴，连续复制11个"流程图：可选过程"形状，复制后效果如图22-16所示。

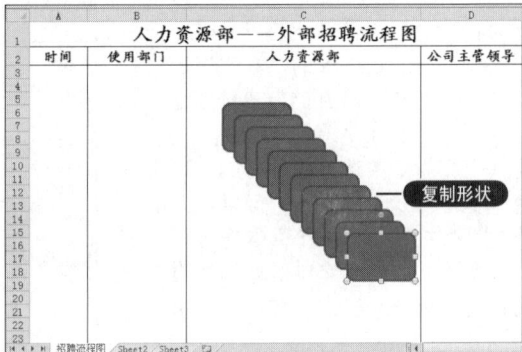

图22-16

Step 02 添加"决策"图形

❶ 在"插图"选项组中单击"形状"下拉按钮，在其下拉菜单中选择"流程图：决策"形状，如图22-17所示。

❷ 选中后光标变为十字形状，在工作表上任意位置单击，即可添加一个"流程图：决策"形状。

❸ 按【Ctrl+C】组合键复制，按【Ctrl+V】组合键粘贴，复制后效果如图22-18所示。

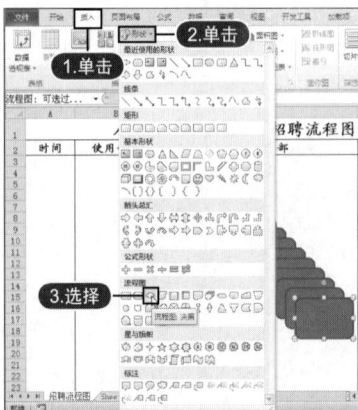

图22-17

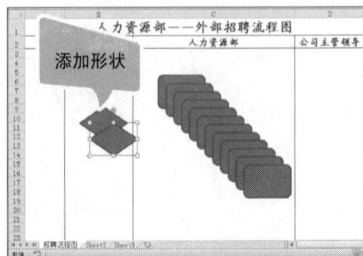

图22-18

Step 03 移动图形、调整图形

❶ 选中图形，按住鼠标左键不放，拖动到需要放置的位置，即可移动图形，效果如图22-19所示。

❷ 选中图形，将鼠标指针移动到右下角的控制点处，鼠标指针变成 形状时，按住鼠标左键，鼠标指针变为十字形状，如图22-20所示。

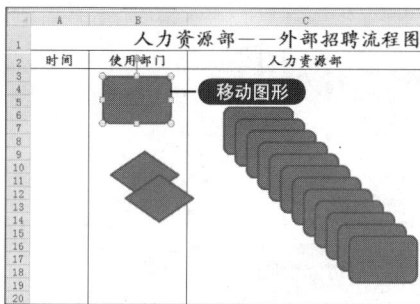

图22-19

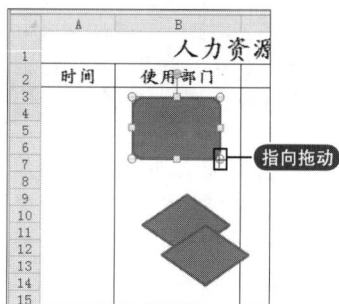

图22-20

❸ 此时按住鼠标左键不放向上或向下拖动，可以调整图形的高度；向左或向右移动，可以调整选中图形的宽度，调整后的显示效果如图22-21所示。

❹ 按需移动所有图形，并对其宽度和高度进行调整，调整后的效果如图22-22所示。

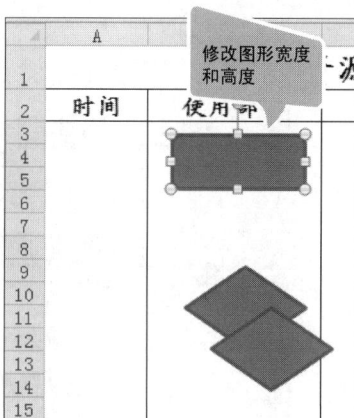

图22-21

图22-22

Step 04 添加常规箭头图形

❶ 在"插图"选项组中单击"形状"下拉按钮，在其下拉菜单中选择"右箭头"图形，如图22-23所示。

❷ 选中后鼠标指针变为十字形状，在工作表上任意位置单击，即可添加一个右箭头图形。

❸ 按【Ctrl+C】组合键复制，按【Ctrl+V】组合键粘贴，连续复制5个右箭头，复制后效果如图22-24所示。

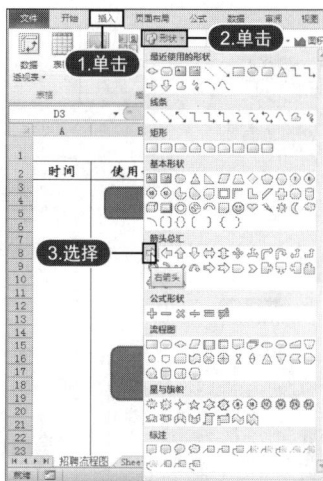

图22-23

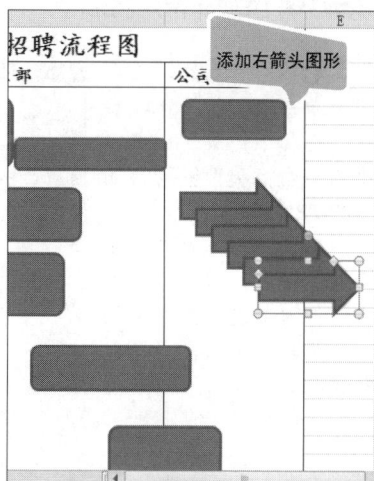

图22-24

❹ 在"插图"选项组中单击"形状"下拉按钮，在下拉菜单中选择"左箭头"图形，选中后鼠标指针变为十字形状，在工作表上任意位置单击，即可添加一个左箭头图形，如图22-25所示。

❺ 按照相同的方法，添加下箭头，并复制5个，复制后效果如图22-26所示。

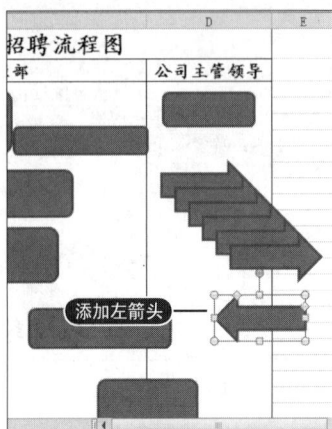

图22-25

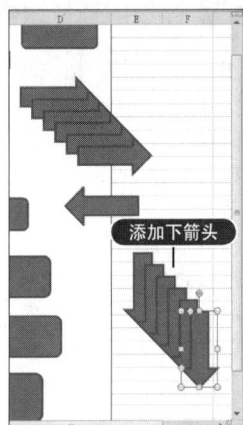

图22-26

❻ 将以上常规的箭头添加完毕后，依次将这些箭头移动，调整到适当的位置，调整后的效果如图22-27所示。

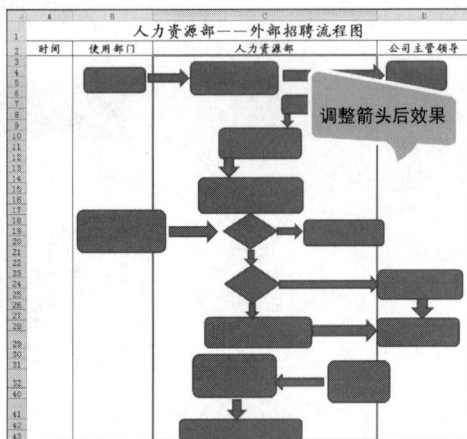

图22-27

Step 05 添加非常规图形

❶ 在"插图"选项组中单击"形状"下拉按钮，在其下拉菜单中选择"圆角右箭头"图形，如图22-28所示。

❷ 选中后鼠标指针变为十字形状，在工作表上任意位置单击，即可添加一个圆角右箭头图形，如图22-29所示。

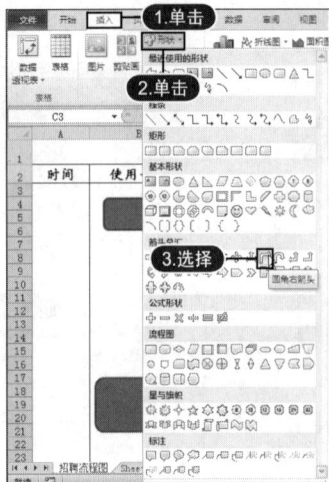

图22-28

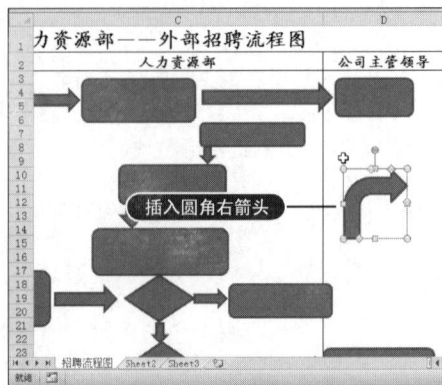

图22-29

❸ 将光标移动到"圆角右箭头"图形的绿色小圆上，鼠标指针在绿色小圆上变成💮形状，按住鼠标左键，鼠标指针变成💠形状后，逆时针旋转90°，如图22-30所示。

❹ 旋转完毕，松开鼠标左键，移动鼠标指针到图形的下边框中间控制点上，鼠标指针会变成➕形状，按住鼠标左键不放，向上适当拖动，使图形呈180°翻转，即可得到最终需要的图形样式，如图22-31所示。

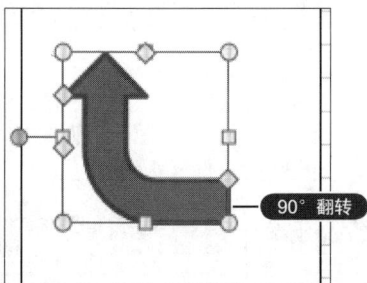

图22-30

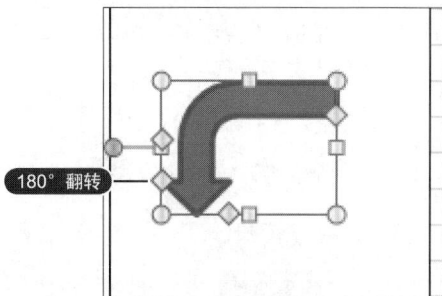

图22-31

❺ 按照相同的方法，继续添加一个"圆角右箭头"图形，将鼠标指针移动到该图形的右边框上，当鼠标指针变成↩️形状时，按住鼠标左键不放拖动，使图形翻转180°，翻转效果如图22-32所示。

❻ 旋转完毕，松开鼠标左键，移动鼠标指针到图形的下边框中间控制点上，鼠标指针会变成💠形状，按住鼠标左键不放，向上适当拖动，使图形呈180°翻转，即可得到最终需要的图形样式，如图22-33所示。

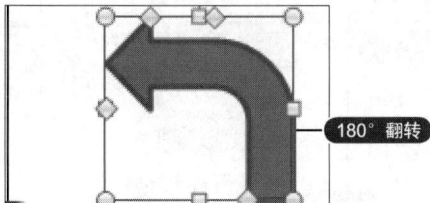

图22-32

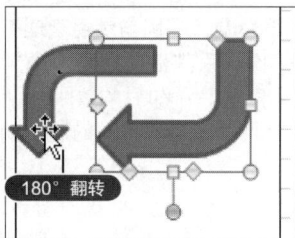

图22-33

❼ 两个非常规图形添加完毕后，将其移动到合适位置并调整它们的大小，如图22-34所示。至此，员工招聘流程图的基本框架就制作完成了。

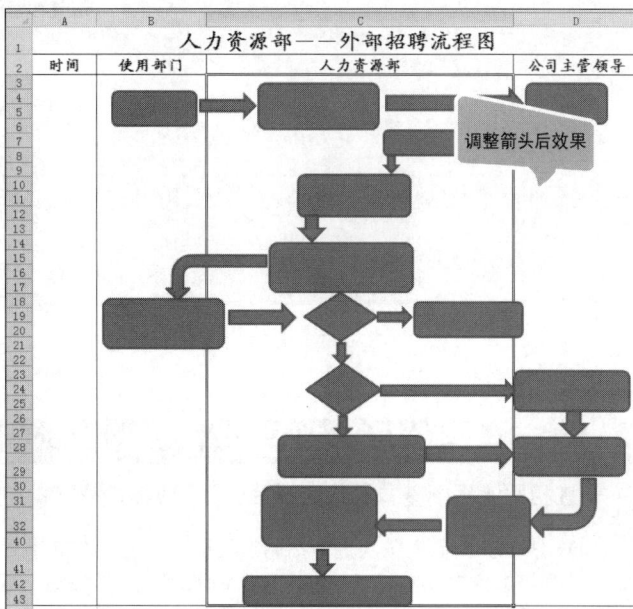

图22-34

22.1.4 为招聘流程图添加文字

在员工招聘流程图的基本框架制作完成后，就可以根据企业招聘员工的需要，为招聘流程图添加文字信息了，具体操作方法如下。

❶ 选中图形，右击，在快捷菜单中选择"编辑文字"选项（见图22-35），该图形就处于文字编辑状态了，可在该图形中输入文字信息，如"用人部门提出人员要求"，如图22-36所示。

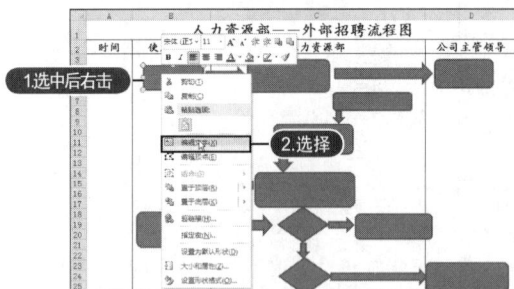

图22-35

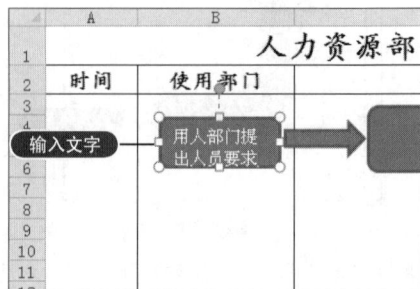

图22-36

❷ 再使用相同方法，参考"随书光盘\素材\第22章\员工招聘与录用管理"工作簿内的工作表为其他自选图形添加所需要的文字信息，添加后的效果如图22-37所示。至此，招聘流程图的制作就基本完成了。

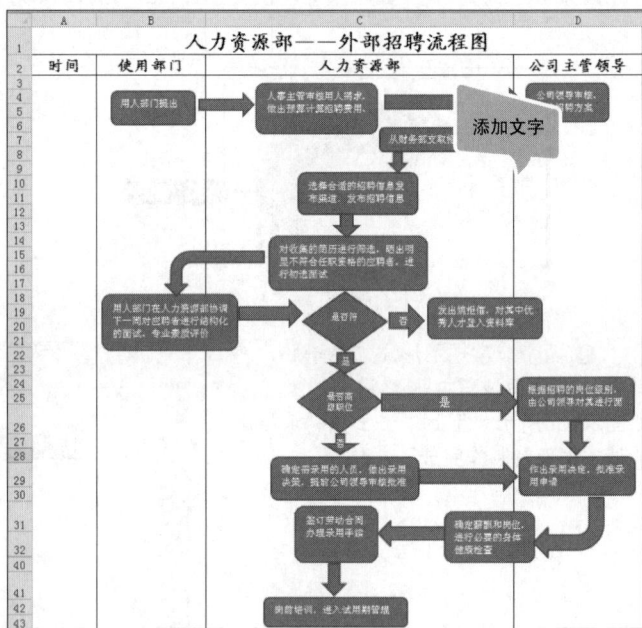

图22-37

22.1.5 美化招聘流程图

在招聘流程图基本制作完成后，还可以对招聘流程中的文字、表格等信息进行美化操作。

❶ 按【Shift】键依次选中招聘流程图中所有添加文字后的自选图形，在"开始"选项卡的"对齐方式"选项组中依次单击"顶端对齐"按钮和"居中"按钮，即可将自选图形中的文字进行顶端对齐和居中对齐，如图22-38所示。

❷ 按【Shift】键依次选中所有图形，切换到"绘图工具"-"格式"选项卡，在"形状样式"选项组中单击"其他"按钮，在弹出的样式库中选择样式，效果如图22-39所示。

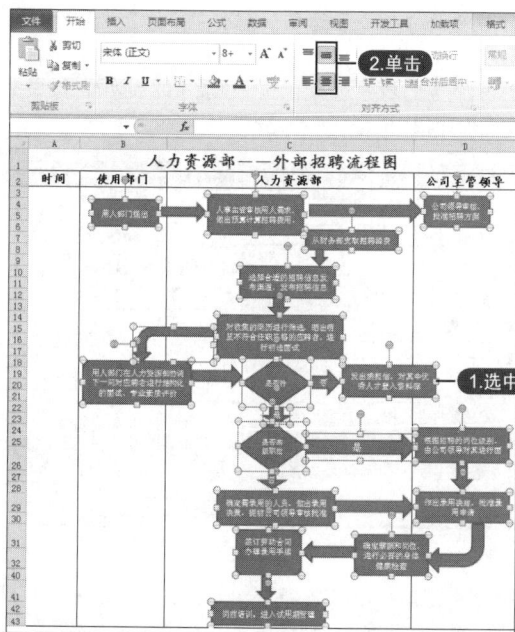

图22-38

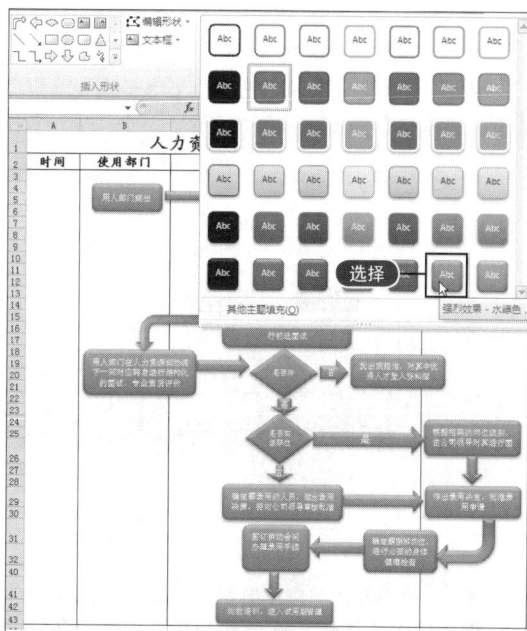

图22-39

提示

　　用户还可以在流程图中添加艺术字，替换工作表标题：在"插入"选项卡下单击"艺术字"下拉按钮，在其下拉菜单中选择艺术字样式，再在插入的艺术字文本框中输入标题，并对其字体、字号进行设置，然后将原表格标题删除，将艺术字标题移动到表格标题的位置即可。

22.2 创建企业人员招聘登记表

　　创建好企业招聘流程图后，还要设置企业人员招聘登记表，由到公司应聘的人员填写。招聘登记表与简历性质差不多，主要显示应聘人员的基本信息。

22.2.1 创建招聘人员登记表

　　❶ 在Sheet2工作表标签上双击鼠标，重新输入工作表名称为"招聘人员登记表"。

　　❷ 输入标题"招聘人员登记表"，接着在工作表中输入相关信息，如：姓名、性别、出生日期、应聘职位等，输入后效果如图22-40所示。

图22-40

❸ 选中B5单元格，将光标定位到"初中"文字前面，切换到"插入"选项卡，在"符号"选项组中单击"符号"按钮，如图22-41所示。

❹ 打开"符号"对话框，单击"子集"下拉按钮，在其下拉列表中选择"几何图形符"选项，接着在图形备选框中选择特殊符号"□"，单击"插入"按钮，如图22-42所示。

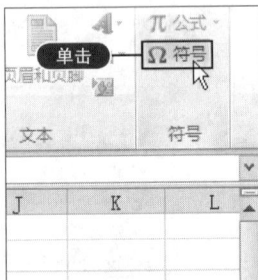

图22-41

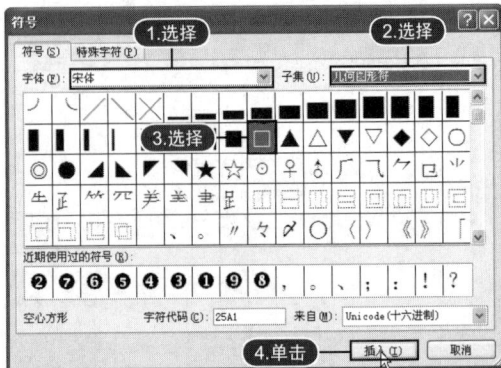

图22-42

❺ 此时"取消"按钮显示为"关闭"按钮，单击"关闭"按钮（见图22-43），即可在单元格中插入符号。选中插入的特殊符号，按【Ctrl+C】组合键进行复制，分别复制到"高中"、"大专"、"本科"文字之前，效果如图22-44所示。

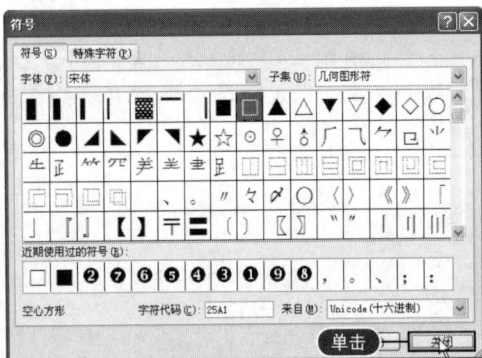

图22-43

	A	B	C
1	招聘人员登记表		
2	姓名		性别
3	出生日期		民族
4	身高		体重
5	最高学历	□初中	□高中	学制
6		□大专	□本科
7	毕业学校			参加工作
8				时间

插入特殊符号

图22-44

22.2.2 美化招聘人员登记表

❶ 选中A1:H1单元格区域，切换到"开始"选项卡，在"对齐方式"选项组中单击"合并后居中"按钮，接着在"字体"选项组中设置字体和字号，设置完成后效果如图22-45所示。

❷ 选中A1:H20单元格区域，在"字体"选项组中单击"边框"下拉按钮，在其下拉菜单中选择"所有边框"选项，即可为选定区域添加框线，接着合并工作表中需要合并的单元格，设置后的效果如图22-46所示。

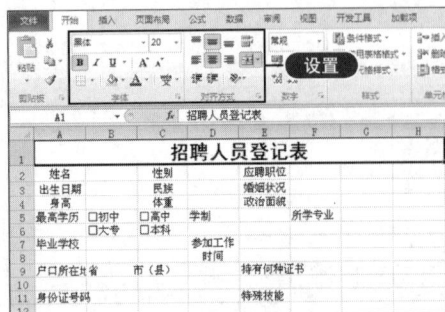

图22-45

图22-46

❸ 选中A2单元格，将光标定位到A列和B列的列标中间，鼠标指针变为╫形状，向左或向右拖动鼠标，即可调整单元格的列宽，如图22-47所示。

❹ 在工作表中选择第二行，将光标定位到该行号下方，当鼠标指针变成╪形状时，向上或向下拖动鼠标，即可调整单元格的行高，如图22-48所示。

图22-47

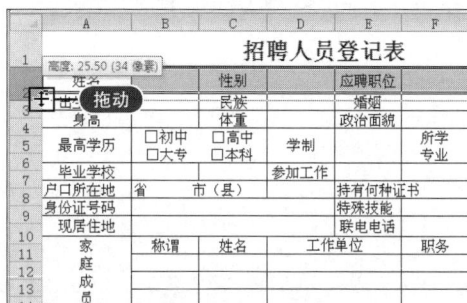

图22-48

❺ 按照上述方法，依次调整工作表中单元格的行高和列宽，调整后的效果如图22-49所示。至此，企业招聘人员登记表的制作基本完成。

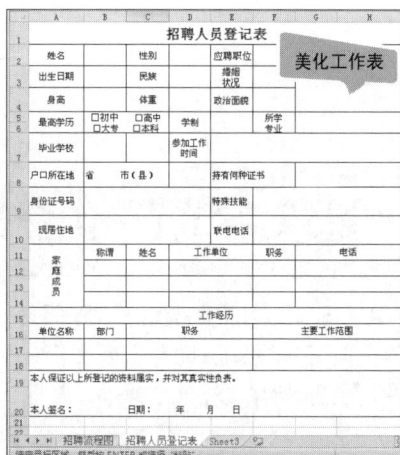

图22-49

22.2.3　插入公司LOGO及相关信息

创建好招聘人员登记表后，还可以将企业LOGO插入到表格中，具体操作方法如下。

❶ 切换到"插入"选项卡，在"插图"选项组中单击"图片"按钮，打开"插入图片"对话框，找到企业LOGO图片，单击"插入"按钮（见图22-50），即可在工作表中插入企业LOGO，如图22-51所示。

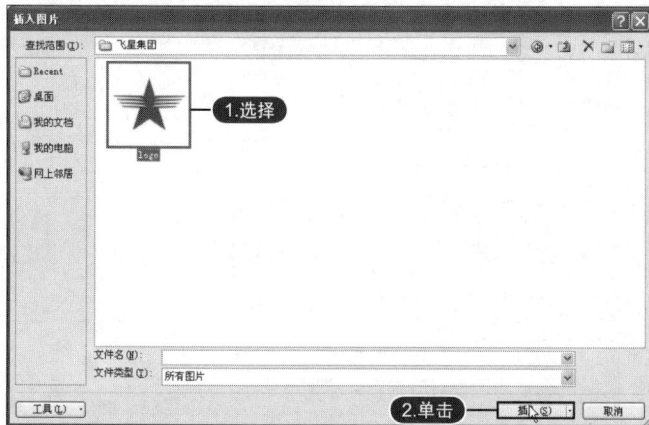

图22-50

图22-51

❷ 将光标定位到LOGO的右下角控制点上，当鼠标指针变为 形状时，拖动鼠标更改图片的大小，将其调整到合适的高度，并在LOGO后输入公司名称，效果如图22-52所示。至此，企业招聘人员登记表创建完成。

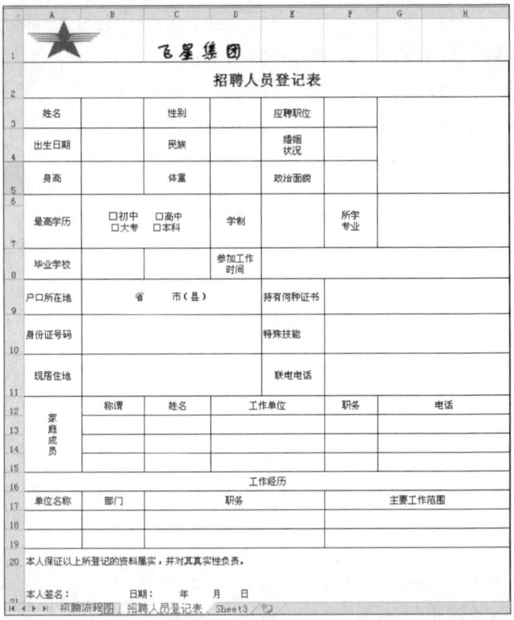

图22-52

22.3 创建面试评价表

在对想要进入公司的人员进行面试时，面试官通常需要对面试者的形象、经验、教育背景、情绪等询问和观察，从而对应聘者的面试状况进行评分，以便于考虑是否予以录用。下面介绍面试评价表的创建。

22.3.1 制作面试评价表

❶ 在Sheet3工作表标签上双击鼠标，重新输入工作表名称为"面试评价表"。

❷ 输入标题"面试评价表"，接着在工作表中输入相关信息，如：姓名、职位、一般印象、判断力等，输入后效果如图22-53所示。

图22-53

❸ 选中I5单元格，将光标定位到"1"前面，切换到"插入"选项卡，在"符号"选项组中单击"符号"按钮，如图22-54所示。

❹ 打开"符号"对话框，单击"子集"下拉按钮，在其下拉列表中选择"几何图形符"，接着在图形备选框中选择特殊符号"□"，单击"插入"按钮，如图22-55所示。

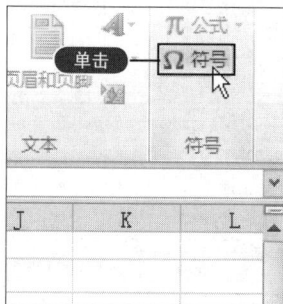

图22-54

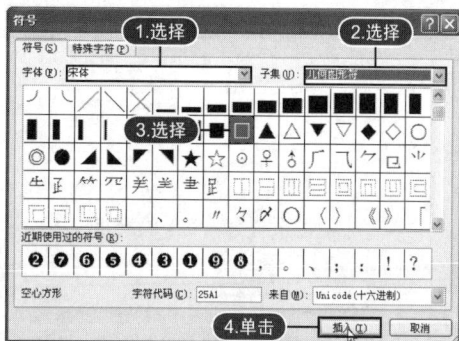

图22-55

❺ 此时"取消"按钮显示为"关闭"按钮，单击"关闭"按钮（见图22-56），即可在单元格中插入符号。选中插入的特殊符号，按【Ctrl+C】组合键进行复制，分别复制到2、3、4、5数字之前，效果如图22-57所示。

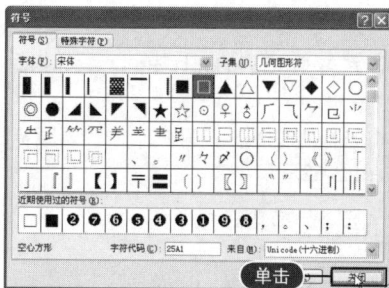

图22-56

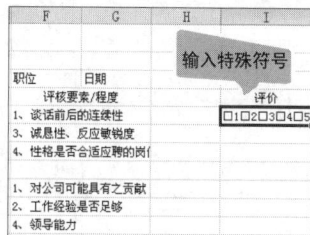

图22-57

❻ 选中I5单元格，将光标定位到单元格右下角，当鼠标指针变为黑十字形状时，拖动鼠标向下进行填充，到适当位置上松开鼠标，即可为选中单元格填充相同的内容，效果如图22-58所示。

图22-58

22.3.2 美化面试评价表

❶ 选中A1:I1单元格区域，切换到"开始"选项卡，在"对齐方式"选项组中单击"合并后居中"按钮，在"字体"选项组中设置字体和字号，设置完成后效果如图22-59所示。在"字体"选项组中设置工作表中其他的字体。

❷ 选中工作表A3:I39单元格区域，在"字体"选项组中单击"边框"下拉按钮，在其下拉菜单中选择"所有边框"选项，即可为选定区域添加框线，接着合并工作表中需要合并的单元格，设置后的效果如图22-60所示。

图22-59

图22-60

❸ 选中B5单元格，将光标定位到A列和B列的列标中间，鼠标指针变为➕形状，向左或向右拖动鼠标，即可调整单元格的列宽，如图22-61所示。

❹ 在工作表中选择第三行，将光标定位到该行号的下方，当鼠标指针变成🔁形状时，向上或向下拖动鼠标，即可调整单元格的行高，如图22-62所示。

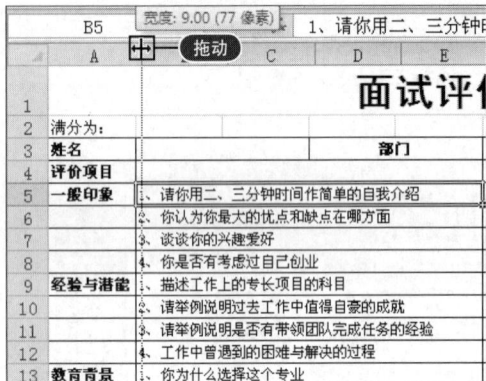

图22-61

图22-62

❺ 按照上述方法，依次调整工作表中单元格的行高和列宽，调整后的效果如图22-63所示。至此，面试评价表的制作基本完成。

图22-63

22.4 创建企业录用通知书

对于经过面试、审查等筛选手段之后所留下的合适人员，企业就需要向其发送录用通知单，通知拟录用者前来公司报到。

Step 01 创建企业录用通知书

❶ 在工作表标签最右侧单击"插入工作表"按钮（见图22-64），插入一个新的工作表，将其命名为"录用通知书"，如图22-65所示。

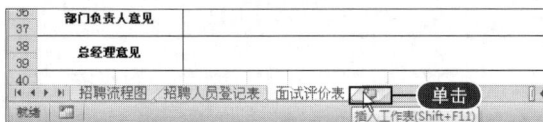

图22-64

图22-65

❷ 输入标题"录用通知书"，接着在工作表中输入相关信息，输入后效果如图22-66所示。

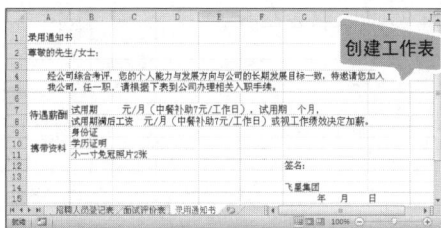

图22-66

❸ 选中A2单元格，将光标定位到"先生"前面，切换到"插入"选项卡，在"符号"选项组中单击"符号"按钮，如图22-67所示。

❹ 打开"符号"对话框，单击"子集"下拉按钮，在其下拉列表中选择"方块元素"，接着在图形备选框中选择特殊符号□，单击"插入"按钮，如图22-68所示。

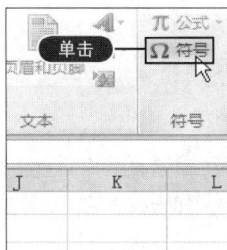

图22-67

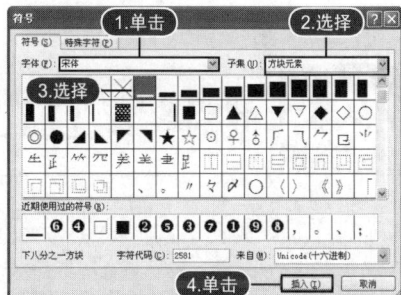

图22-68

❺ 插入4~5个□符号，此时"取消"按钮显示为"关闭"按钮，单击"关闭"按钮（见图22-69），即可在单元格中插入符号，选中插入的特殊符号，效果如图22-70所示。

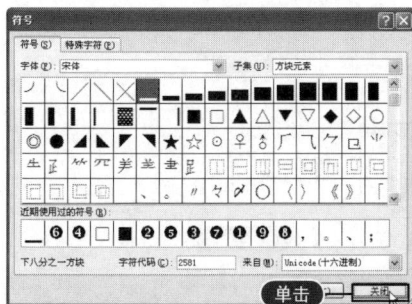

图22-69

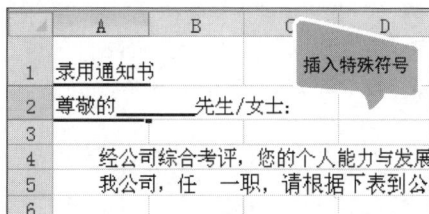

图22-70

❻ 按【Ctrl+C】组合键复制符号，按【Ctrl+V】组合键粘贴符号到其他需要的地方，效果如图22-71所示。至此，企业录用通知书基本制作完成。

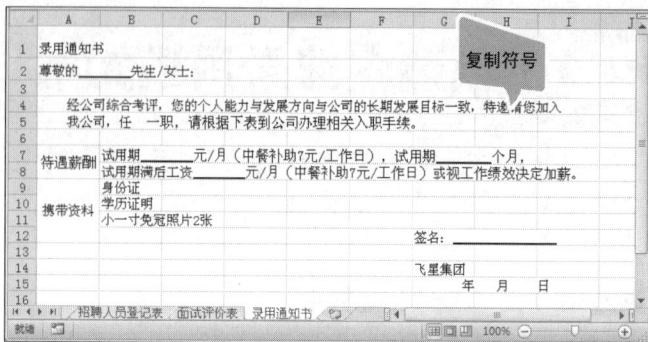

图22-71

Step 02　美化企业录用通知书

按照"美化面试评价表"的方法对"录用通知书"工作表的标题进行美化，为工作表文字区域添加边框线，根据文字需要合并单元格以及调整单元格行高和列宽，最终美化效果如图22-72所示。

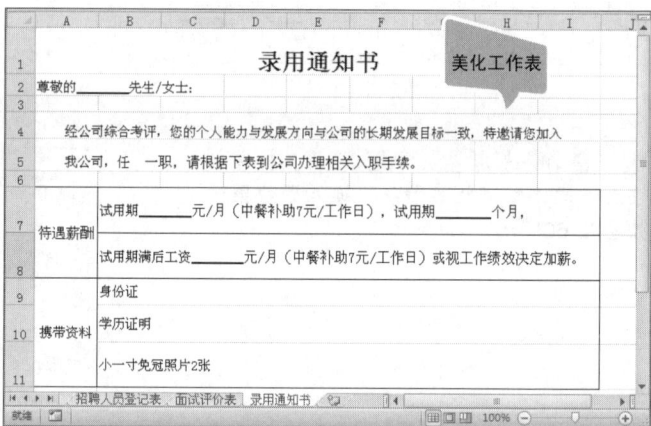

图22-72

22.5　创建员工工作证

新员工办理好入职手续后就成为公司试用期的一员了，此时需要为新员工配备工作证等一些必需品。现在大部分公司的工作证是直接购买的卡片式的，当然人力资源部门也可以手工制作员工工作证。

Step 01　创建员工工作证

❶ 在工作表标签最右侧单击"插入工作表"按钮，插入一个新的工作表，将其命名为"工作证"。

❷ 在工作表中输入相关信息，如证件编号、员工编号、员工姓名、部门、职务等，输入后效果如图22-73所示。

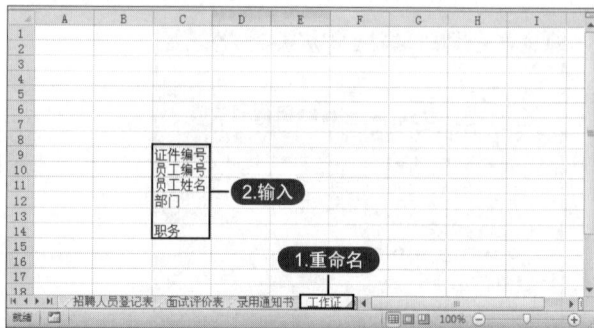

图22-73

Step 02 美化员工工作证

❶ 为单元格区域设置字体和边框以及单元格合并效果，设置完成后效果如图22-74所示。

❷ 选中工作证区域，在"开始"选项卡的"字体"选项组中单击"颜色填充"下拉按钮，在下拉菜单中选择一种填充颜色，如浅蓝，即可为选中区域添加背景色，效果如图22-75所示。

图22-74

图22-75

❸ 切换到"插入"选项卡，在"文本"选项组中单击"艺术字"下拉按钮，在其下拉菜单中选择一种艺术字样式，即可在工作表中添加艺术字，如图22-76所示。

❹ 在"在此处放置您的文字"占位框中输入"员工工作证"字样，接着对字体和大小进行设置，然后将其移动到工作表的表头位置，效果如图22-77所示。至此，员工工作证制作完成。

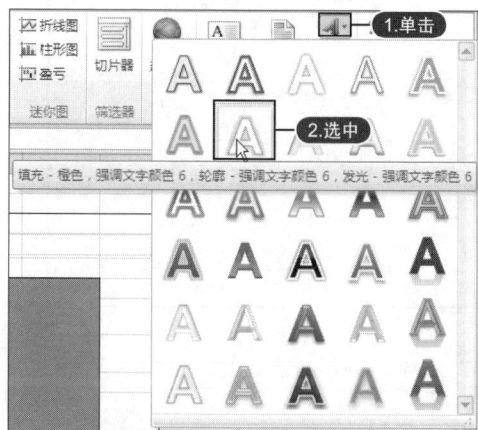

图22-76

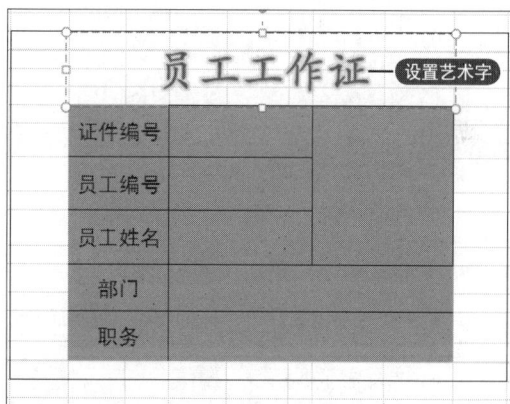

图22-77

范例应用

22.6 打印招聘人员登记表、面试评价表等

招聘人员登记表和面试评价表等在人力资源部招聘过程中经常要用到，通常情况下人力资源部门会将制作好的用于招聘的表格提前打印出来，并且复印多份，以便于随时取用。

❶ 切换到"招聘人员登记表"工作表，单击"文件"标签，切换到Backstage视图，在左侧单击"打印"选项，在右侧打印预览中可以看到预览效果，如图22-78所示。此时工作表处于两页状态，不能完整地打印在一张纸上。

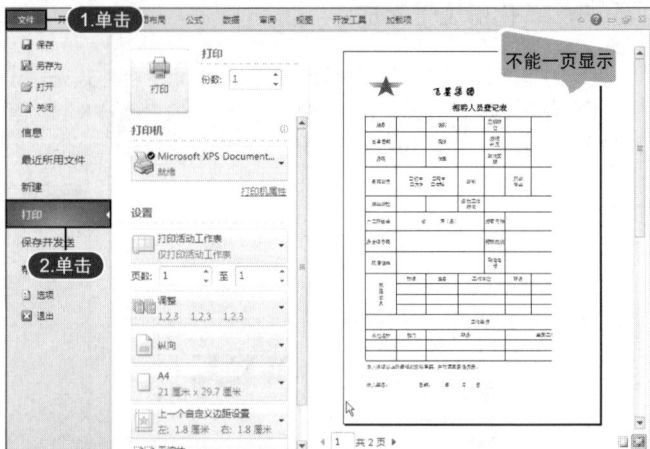

图22-78

❷ 返回工作表中，在"页面布局"选项卡下的"页面设置"选项组中单击"页边距"下拉按钮，在其下拉菜单中选择"自定义边距"选项，如图22-79所示。

❸ 打开"页面设置"对话框，将"左"和"右"页边距分别手动调整为0.8、1.8cm，单击"打印预览"按钮，如图22-80所示，切换到Backstage视图。

图22-79

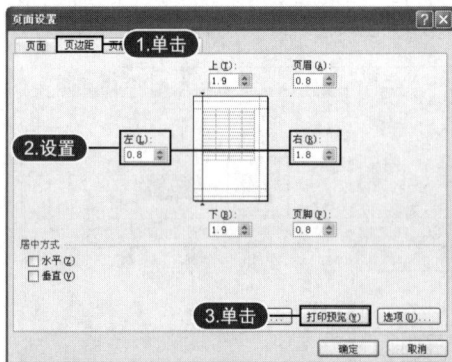

图22-80

❹ 此时在预览窗格中可以看到工作表显示在一页纸张上。

❺ 在"份数"文本框中输入要打印的份数，接着单击"打印"按钮，即可在打印机上打印出招聘人员登记表，如图22-81所示。

❻ 按照相同的方法，可以打印面试评价表、企业录取通知书等。

提示

在打印界面的"设置"选项区下单击"无缩放"下拉按钮，在其下拉菜单中选择"将工作表调整为1页"选项，也可以将工作表放在一页打印。

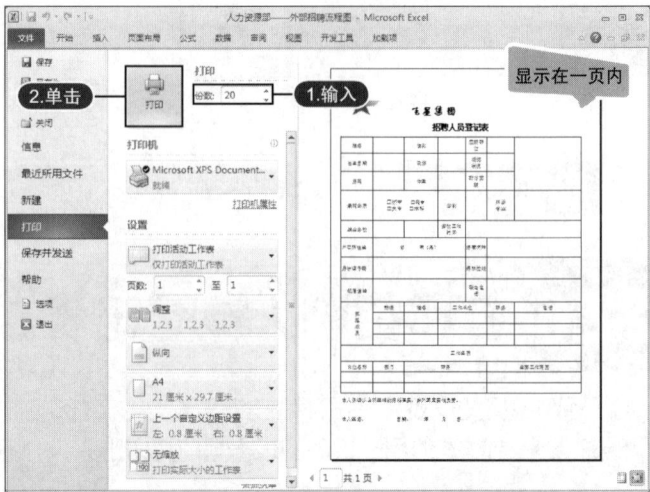

图22-81

22.7 批量制作通知书并以邮件方式发给面试人员

人力资源部在经历过几轮面试之后，可以确定哪些人是适合公司的人才，此时需要向中意的应聘者发送录用通知书，通知其来公司报到。

22.7.1 启用"信函"功能及导入收件人信息

Step 01 将工作表复制到Word文档中

❶ 选中工作表中要复制区域，右击，在快捷菜单中单击"复制"选项，如图22-82所示。

❷ 在新建Word文档中，在"开始"选项卡的"剪贴板"选项组中单击"粘贴"下拉按钮，在下拉菜单中单击"选择性粘贴"选项，如图22-83所示。

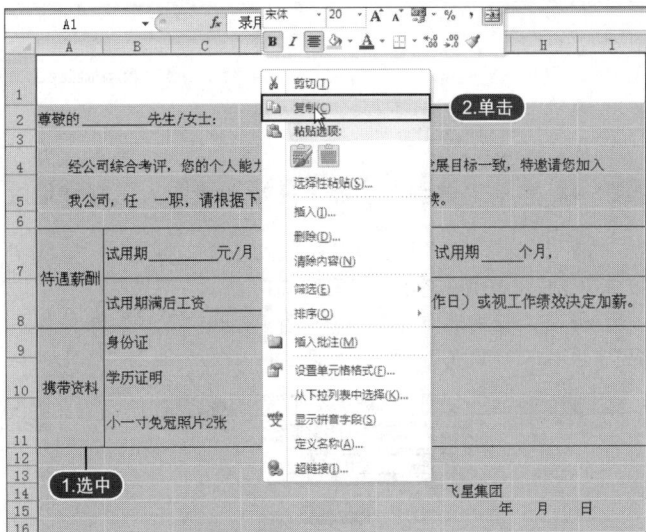

图22-82

❸ 打开"选择性粘贴"对话框，在"形式"列表框中选择"Microsoft Excel 工作表 对象"选项，如图22-84所示。

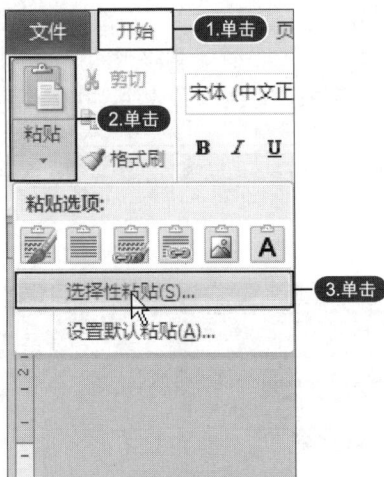

图22-83

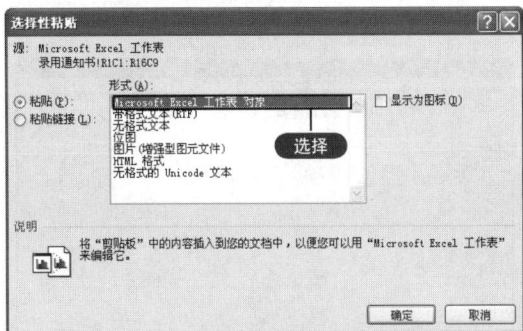

图22-84

❹ 单击"确定"按钮，即可将录用通知复制到Word文档中，效果如图22-85所示。

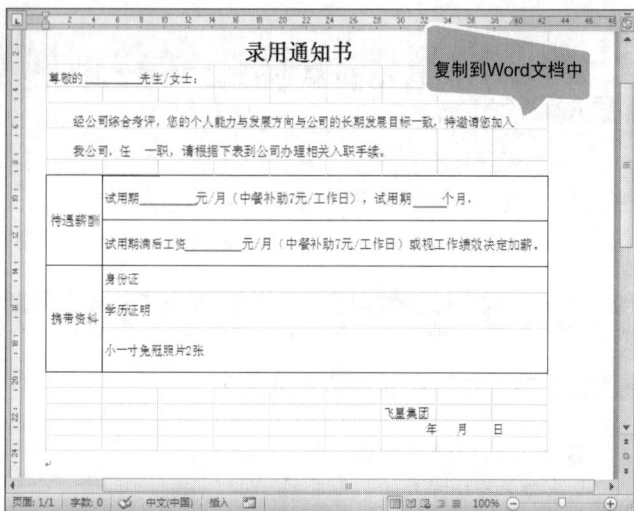

图22-85

Step 02 启动"信函"功能，并导入录取人员邮件地址

❶ 切换到"邮件"选项卡，在"开始邮件合并"选项组中单击"开始邮件合并"下拉按钮，在其下拉菜单中选择"信函"选项，如图22-86所示。

❷ 在"开始邮件合并"选项组中单击"选择收件人"下拉按钮，在其下拉菜单中选择"使用现有列表"选项，如图22-87所示。

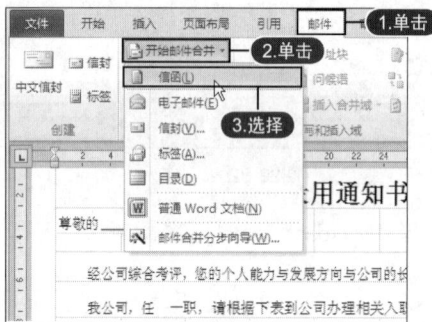

图22-86

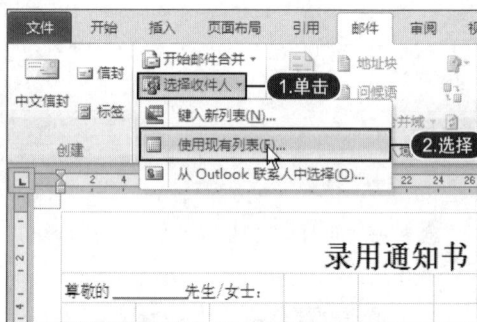

图22-87

❸ 打开"选取数据源"对话框，在"查找范围"下拉列表中选中要插入的收件人的数据源，如"录用人员邮件地址"，单击"打开"按钮，如图22-88所示。

❹ 打开"选择表格"对话框，在对话框中选择要导入的工作表，单击"确定"按钮，如图22-89所示。

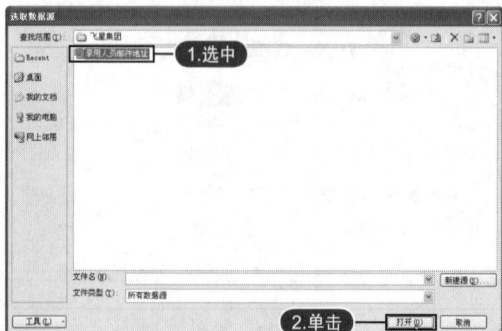

图22-88

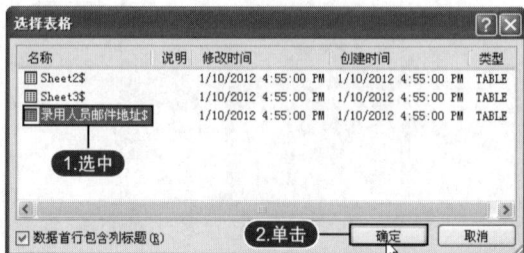

图22-89

❺ 返回文档中，可以看到之前不能使用的"编辑收件人列表"、"地址块"、"问候语"等按钮被激活，如果要编辑导入的数据源，可以单击"编辑收件人列表"按钮，打开"邮件合并收件人"对话框，如图22-90所示。

❻ 在"邮件合并收件人"对话框中，可以重新编辑收件人的信息，设置完成后，单击"确定"按钮。

提示

只有之前导入各录取人员地址后，才可以使用"插入合并域"功能，并且"插入合并域"列表中的选项是根据导入的录用人员邮件地址的标识项来确定的。

图22-90

22.7.2 批量生成通知

❶ 在复制的录用通知单上双击，即可进入Excel编辑页面，在其中填写内容，效果如图22-91所示。

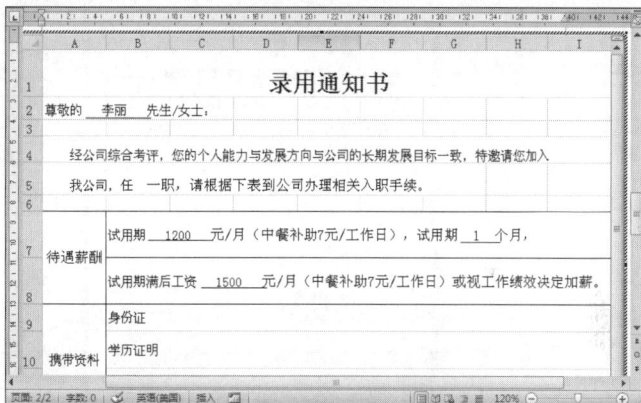

图22-91

❷ 填写好内容后，单击文档空白界面，返回文档编辑界面，按【Ctrl+C】组合键复制通知书，按【Ctrl+V】组合键粘贴，接着进入Excel编辑页面更改名称，如图22-92所示。

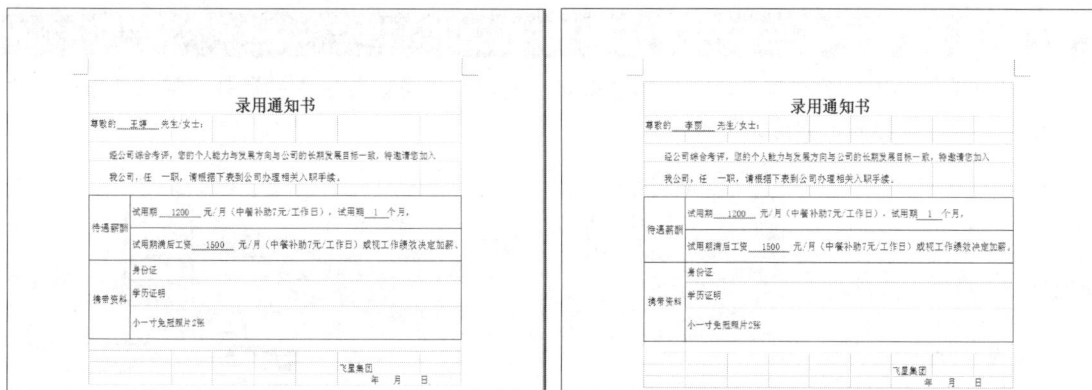

图22-92

❸ 按照相同的方法，复制需要份数的通知书，并更改其名称。

❹ 打开文档，切换到"邮件"选项卡，在"完成"选项组中单击"完成并合并"下拉按钮，在其下拉菜单中选择"编辑单个文档"选项，如图22-93所示。

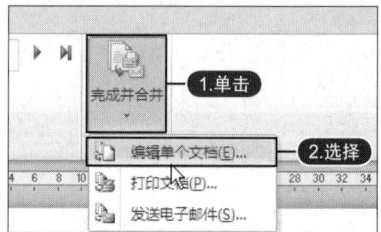

图22-93

❺ 打开"合并到新文档"对话框，如果要合并全部记录，则选中"全部"单选按钮（见图22-94）；如果要合并当前记录，则选中"当前记录"单选按钮；如果要指定合并记录，则可以选中底部的单选按钮，并从中设置要合并的范围。选中"全部"单选按钮，直接单击"确定"按钮，即可生成"信函"文档，并将所有记录逐一显示在文档中，效果如图22-95所示。

图22-94

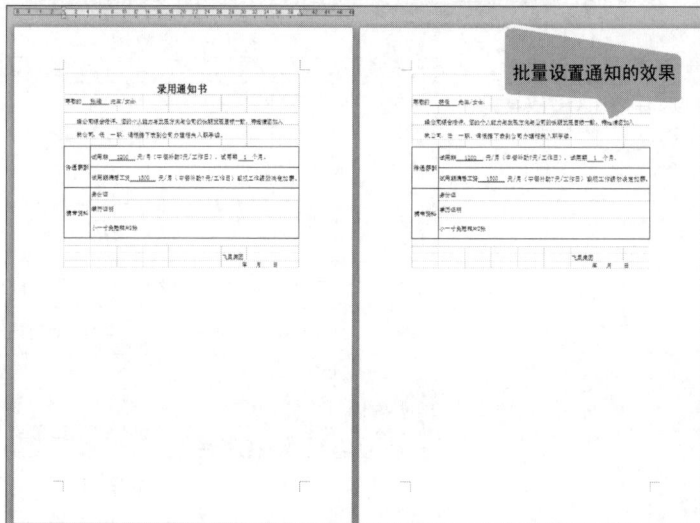

图22-95

22.7.3 以电子邮件方式发送通知

电子邮件作为重要的交流工具，使用越来越普遍。用户可以将制作的通知直接通过电子邮件发送到各公司，具体操作方法如下。

❶ 在文档中"邮件"选项卡下的"完成"选项组中单击"完成并合并"下拉按钮，在其下拉菜单中选择"发送电子邮件"选项，如图22-96所示。

图22-96

❷ 打开"合并到电子邮件"对话框（见图22-97），在"邮件选项"栏下的"收件人"下拉列表中选中"王婷"，在"主题行"文本框中输入邮件主题，如"录用通知书"，单击"确定"按钮，如图22-98所示。

❸ 设置完成后，即可启用Outlook 2010，按照录用通知书中的人员邮件地址，逐一向对象发送制作的通知。

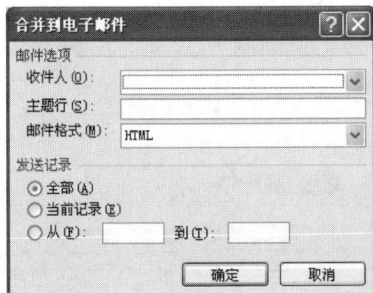

图22-97

图22-98

22.8 统计面试人员录取率

一个阶段的招聘结束后，人力资源部门需要统计通知面试人员人数，以及面试通过人数和最终入职人数。

❶ 在工作表标签最右侧单击"插入工作表"按钮，插入一个新的工作表，将其命名为"面试人员录取统计"，输入标题和表头信息，并输入数据，效果如图22-99所示。

	面试录取统计			
月份	通知面试人数	实到面试人数	面试通过人数	实际入职人数
1月	100	50	10	8
2月	180	150	60	40
3月	600	500	200	180
4月	450	400	120	100
5月				
6月				
7月				
8月				
9月				
10月				

输入表头信息及数据

重命名

图22-99

❷ 选中F3单元格，在公式编辑栏中输入公式"=D3/B3*100%"，按【Enter】键，即可计算出一月份面试通过率，如图22-100所示。

❸ 选中G3单元格，在公式编辑栏中输入公式"=E3/B3*100%"，按【Enter】键，即可计算出一月份入职率，如图22-101所示。

图22-100

图22-101

❹ 选中F3:G3单元格区域，切换到"开始"选项卡，在"数字"选项组中单击"常规"下拉按钮，在其下拉列表中选择"百分比"选项（见图22-102），即可将数值以百分比显示出来。

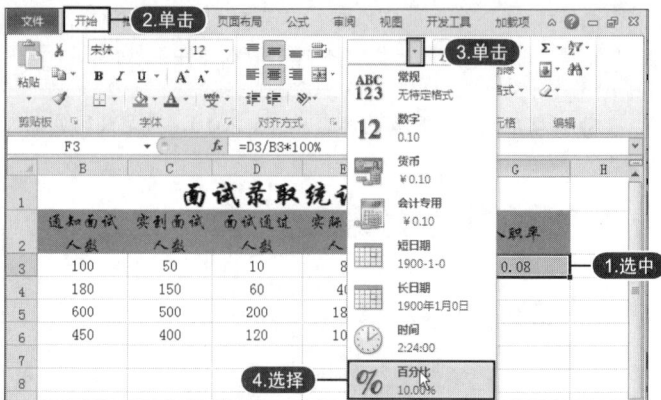

图22-102

❺ 选中F3:G3单元格区域，将光标定位到单元格区域右下角，当鼠标指针变为黑十字形状时，拖动鼠标向下填充，即可得出各个月份的面试通过率以及入职率，如图22-103所示。

图22-103

提示

　　统计面试通过率和入职率是人力资源日常工作中的一项重要内容，每家公司的统计时间不同，为了方便讲述，所以一次性输入了4个月的面试以及入职情况，实际工作中是每一个阶段都需要进行一次统计和计算的。

❻ 选中A2:A6、F2:G6单元格区域，切换到"插入"选项卡，在"图表"选项组中单击"柱形图"下拉按钮，在其下拉菜单中选择一种柱形图，如图22-104所示。

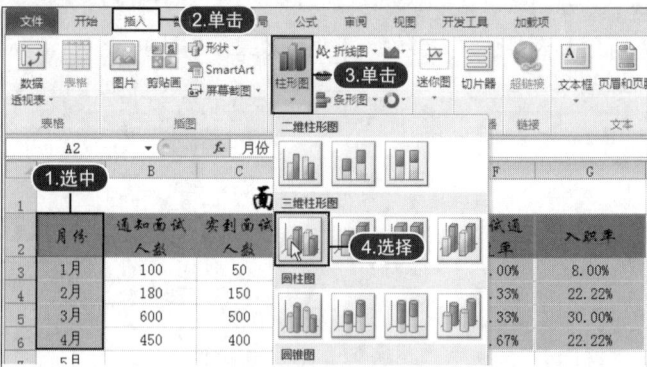

图22-104

❼ 选择需要的图表后，即可插入图表，显示出各个月份的面试通过率和入职率，并对图表进行美化，效果如图22-105所示。

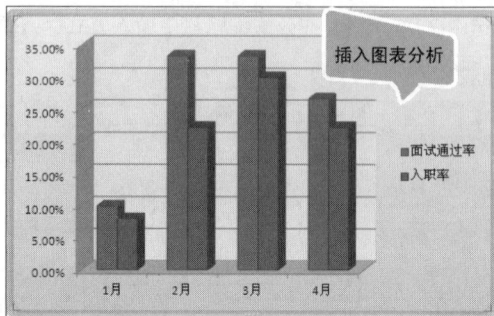

图22-105

范例扩展

通过学习企业招聘人员登记表、面试评价表以及录用通知书等，可以掌握人力资源工作中一些基本表格的设计和制作。掌握了如上的内容后，那么用户可以使用以上的操作方法来创建相关的表格，如：招聘费用预算表、新员工试用评核转正表等。

1. 招聘费用预算表

招聘预算是企事业单位在招聘过程中对于未来一定时期内产生的招聘支出（成本）的计划。人力资源部在进行招聘活动之前，需要先对招聘的成本进行计算，以呈报上级，最终做出招聘预算方案。图22-106所示为制作完成的企业招聘费用预算表。

招聘费用预算表		
招聘时间		
招聘地点		
负责部门		
具体负责人		
招聘费用预算表		
序号	项目	预算金额
1	企业宣传海报及广告制作费用	1200.00
2	招聘场地租用费	2000.00
3	会议室租用费	800.00
4	交通费	100.00
5	食宿费	100.00
6	招聘资料复印打印费	60.00
合计		4260.00
预算审核人（签字）：	公司主管领导审批（签字）：	
制表人：	制表日期： 年 月 日	

图22-106

2. 新员工试用评核转正表

员工入职之后便进入试用期，试用期考核则是对试用期内员工的工作内容、绩效考核、薪酬定位等进行设计、规划和控制，以确定新员工能否胜任所应聘工作岗位。图22-107所示为创建完成的新员工试用评核转正表。

新员工试用评核转正表（员工上司填用）						
姓 名		部 门			职 位	
入职日期			拟满试用日期			
部门经理评价		优	良	普通	劣	
	1、工作表现	□	□	□	□	
	2、工作态度	□	□	□	□	
	3、提升潜力	□	□	□	□	
	员工试用期表现评价：					
	员工需要改进的地方：					
	对员工协助需求/意见建议的反馈：					
	试用期员工职位：__________，试用期员工工资为：					
	建议从 年 月 日起转正为 职位，转正后工资为：					
	建议提前转正，从 年 月 日起执行。					
	建议按拟满试用期日期： 年 月 日转正。					
	建议延长试用期至 年 月 日。					
	终止试用。					
	签名：			日期： 年 月 日		
总经办意见	签名：			日期： 年 月 日		
总经理审批	签名：			日期： 年 月 日		
备注						

图22-107

Chapter

23 员工培训管理与 岗位评定等级

∷ 范例概述

　　员工培训管理是企业提升员工技能的有效手段，也是员工岗位等级评定的考核依据，是人力资源部门日常工作中的重要部分。

　　在Excel 2010中要创建员工培训计划表、考核统计表，需要使用Excel 2010的制表功能，以及相关的函数才可以实现，具体对应如下。

∷ 范例效果

员工培训计划表

培训达标情况

员工培训考核统计表

∷ 本章重点

应 用 功 能	对 应 章 节
单元格设置（单元格合并、行高/列宽）	第2章
单元格美化（字体、对齐方式、边框、底纹）	本章讲解中介绍
应 用 函 数	对 应 章 节
RANK函数	第5章
IF函数	第5章

∷ 参见光盘

素材文件：随书光盘\素材\第23章

视频路径：随书光盘\视频教程\第23章

范例制作

23.1 创建员工培训管理表

员工培训是公司对员工自身能力的一种考核与提高，人力资源部门经常要根据公司的实际需要指定培训管理计划，呈报公司管理层决策，从而开展对员工的培训。

23.1.1 创建企业员工培训计划表

Step 01 新建"员工培训计划表"工作表

新建工作簿，并命名为"企业员工培训管理"，将Sheet1工作表重命名为"员工培训计划表"。

❶ 启动Excel 2010程序，默认创建了名为Book1的工作簿。单击"保存"按钮，打开"另存为"对话框，设置工作簿保存位置，并设置保存名称为"企业员工培训管理"，单击"保存"按钮，如图23-1所示。

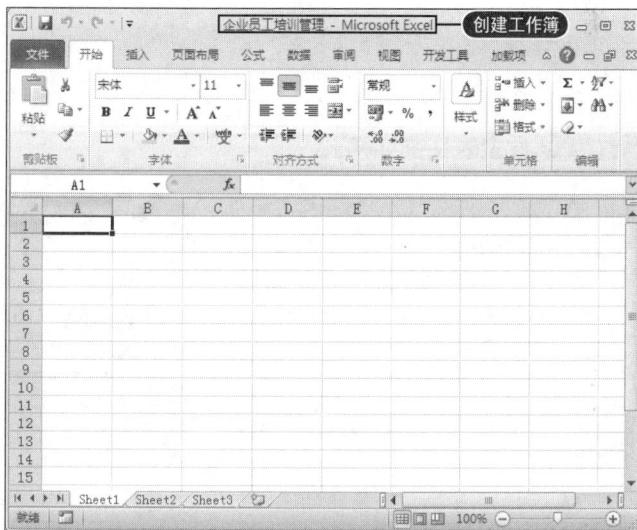

图23-1

❷ 在Sheet1工作表标签上双击鼠标，如图23-2所示。

❸ 重新输入新的工作表名称为"员工培训计划表"，如图23-3所示。

图23-2

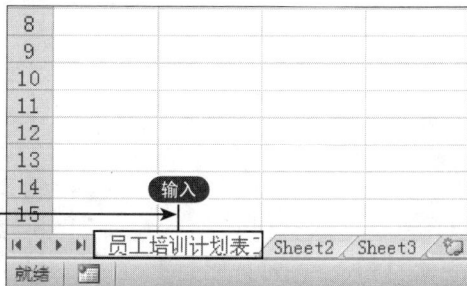

图23-3

Step 02 输入表格的标题、表头文字及规划好的列标识

❶ 在A1单元格中输入表格标题。

❷ 分别在工作表中输入事先规划好的各项列标识，如图23-4所示。

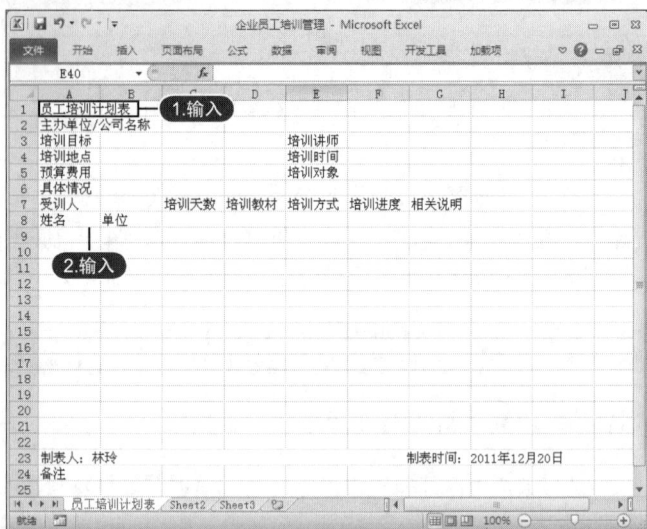

图23-4

Step 03 设置表头文字格式

❶ 选中第一行中从A1单元格开始直至列标识结束的单元格区域，在"对齐方式"选项组中单击"合并后居中"按钮以将表格标题合并居中，如图23-5所示。

图23-5

❷ 保持对合并后单元格的选中状态，在"字体"选项组中单击"字体"右侧下拉按钮，在下拉列表中选择字体；单击"字号"右侧下拉按钮，在下拉列表中选择字号，如图23-6所示。

图23-6

❸ 按照与上面相同的方法，分别在"开始"选项卡的"字体"选项组中设置表头文字与列标识的文字格式，如图23-7所示。

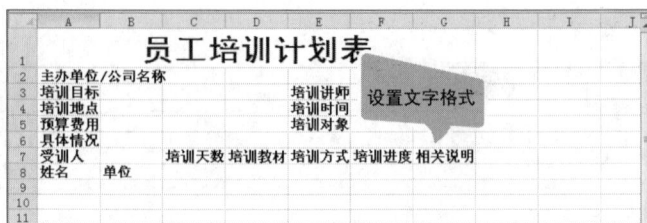

图23-7

23.1.2 美化企业员工培训计划表

Step 01 根据需要，合并单元格

❶ 选中A2:B2单元格区域，在"对齐方式"选项组中单击"合并后居中"按钮（见图23-8），即可合并单元格。

❷ 选中C2:G2单元格区域，在"对齐方式"选项组中单击"合并后居中"按钮，合并单元格，如图23-9所示。

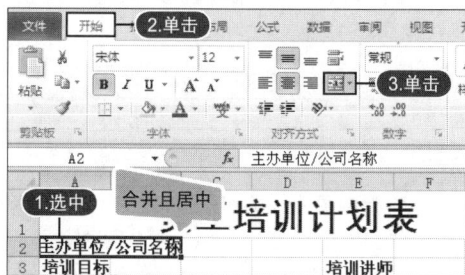

图23-8

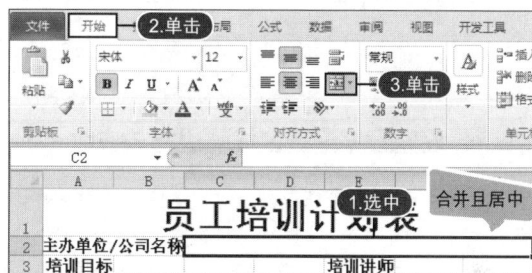

图23-9

❸ 按相同的方法，根据实际需要，依次合并需要合并的单元格，合并完成后的效果如图23-10所示。

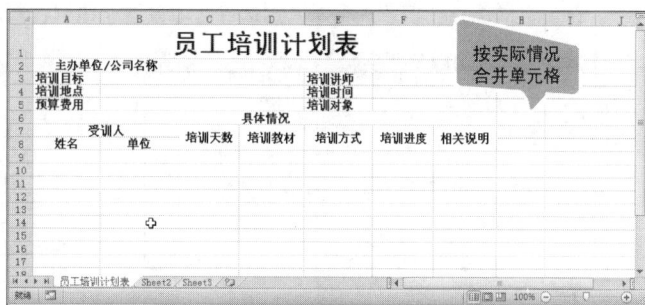

图23-10

Step 02 根据当前列标识的需要，调整默认列宽

❶ 选中要调整的列，将光标定位在B列标的右侧边线上，当出现双向箭头时，按住鼠标左键，向右拖动增大列宽，向左拖动减小列宽，如图23-11所示。

❷ 选中要调整的行，将光标定位在第二行的行号下侧边线上，当出现双向箭头时，按住鼠标左键，向下拖动增大行高，向上拖动减小行高，如图23-12所示。

图23-11

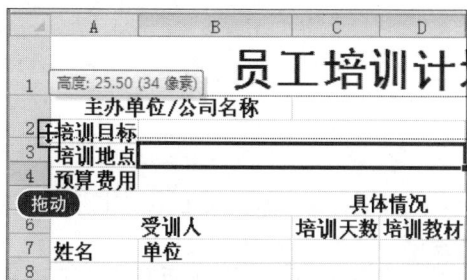

图23-12

❸ 按相同的方法，根据实际需要，依次调整列标识各列的列宽，调整完成的表头信息如图23-13所示。

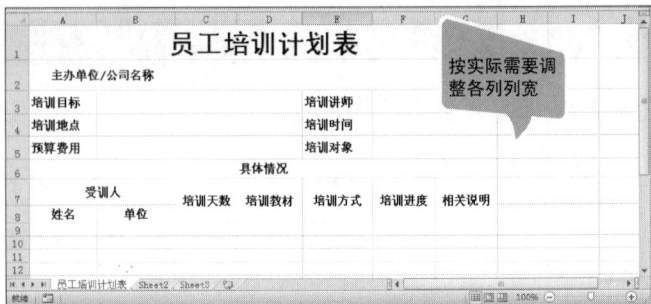

图23-13

Step 03 设置数据编辑区域的边框与底纹

❶ 选中表格的编辑区域，在"开始"选项卡的"数字"选项组中单击 按钮，打开"设置单元格格式"对话框。切换到"边框"选项卡，在"样式"列表框中选择线条样式，在"颜色"框中可以设置线条的颜色，单击"外边框"按钮与"内部"按钮可将设置的线条格式应用于选中区域的外边框与内边框，如图23-14所示。

❷ 单击"确定"按钮，可以看到选中区域设置了边框，如图23-15所示。

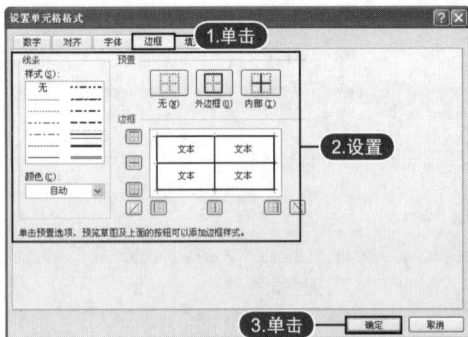

图23-14

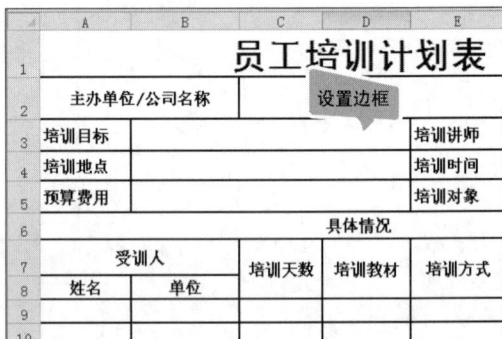

图23-15

❸ 选中标题单元格区域，在"开始"选项卡的"字体"选项组中单击"填充颜色"按钮，打开下拉菜单，从中可以选择填充颜色，如图23-16所示。

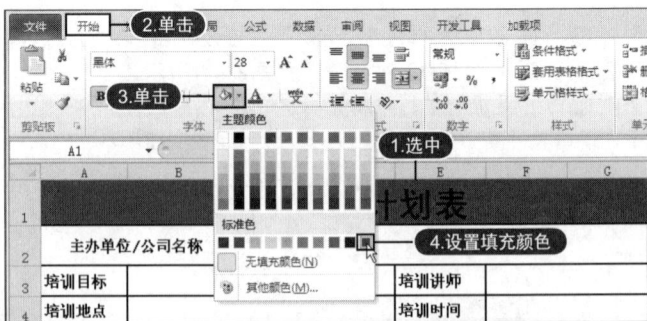

图23-16

23.2 创建员工培训考核统计表

在对员工进行培训时，需要对员工培训情况有一个有效的记录，创建一个员工考核统计表有助于培训讲师给培训员工一个考评，便于人力资源部了解员工培训情况。

23.2.1 设计企业员工考核统计表

Step 01 将Sheet2工作表重命名为"员工考核统计表"

❶ 在Sheet2工作表标签上双击鼠标，如图23-17所示。

❷ 重新输入新的工作表名称为"员工考核统计表"，如图23-18所示。

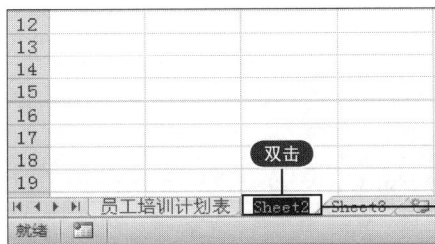
图23-17

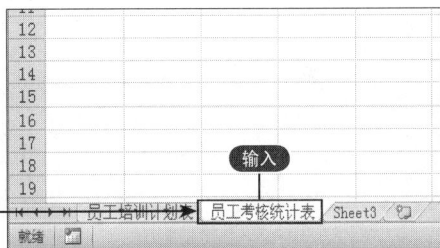
图23-18

Step 02 输入表格的标题、表头文字及规划好的列标识

❶ 在A1单元格中输入表格标题。

❷ 分别在工作表中输入事先规划好的各项列标识，如图23-19所示。

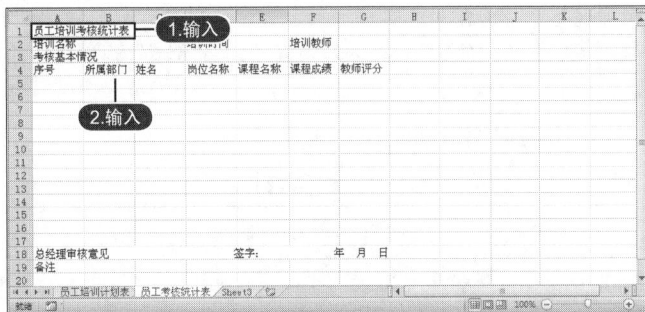
图23-19

Step 03 设置表头文字格式

❶ 选中第一行中从A1单元格开始直至列标识结束的单元格区域，在"对齐方式"选项组中单击"合并后居中"按钮以将表格标题合并居中，如图23-20所示。

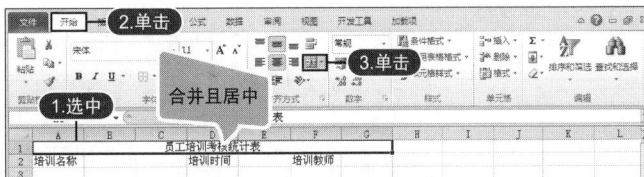
图23-20

❷ 保持对合并后单元格的选中状态，在"字体"选项组中单击"字体"右侧下拉按钮，在下拉列表中选择字体；单击"字号"右侧下拉按钮，在下拉列表中选择字号，如图23-21所示。

图23-21

❸ 按照与上面相同的方法，分别在"开始"选项卡的"字体"选项组中设置表头文字与列标识的文字格式，如图23-22所示。

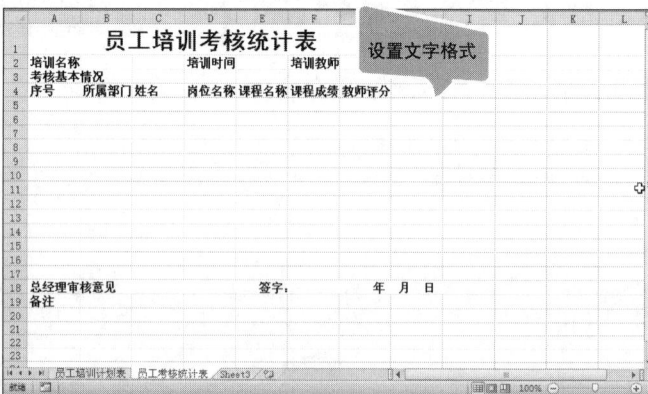

图23-22

23.2.2 美化企业员工考核统计表

Step 01 合并单元格

❶ 选中B2:C2单元格区域，在"对齐方式"选项组中单击"合并后居中"按钮（见图23-23），即可合并单元格。

❷ 选中A3:G3单元格区域，在"对齐方式"选项组中单击"合并后居中"按钮，合并单元格，如图23-24所示。

图23-23

图23-24

❸ 按相同的方法，根据实际需要，依次合并需要合并的单元格，合并完成后的效果如图23-25所示。

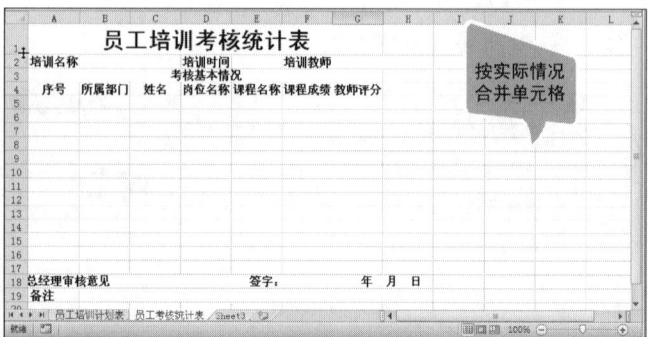

图23-25

Step 02　根据当前列标识的需要，调整默认列宽

❶　选中要调整的列，将光标定位在A列标的右侧边线上，当出现双向箭头时，按住鼠标左键，向右拖动增大列宽，向左拖动减少列宽，如图23-26所示。

❷ 选中要调整的行，将光标定位在第二行的行号下侧边线上，当出现双向箭头时，按住鼠标左键，向下拖动增大行高，向上拖动减少行高，如图23-27所示。

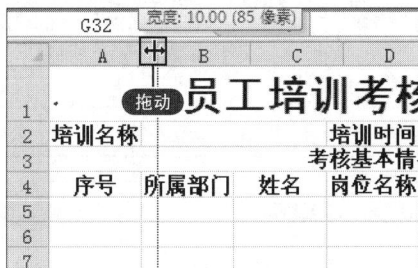

图23-26

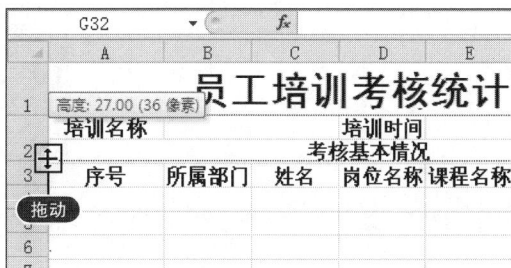

图23-27

❸ 按相同的方法，根据实际需要，依次调整列标识各列的列宽，调整完成的表头信息如图23-28所示。

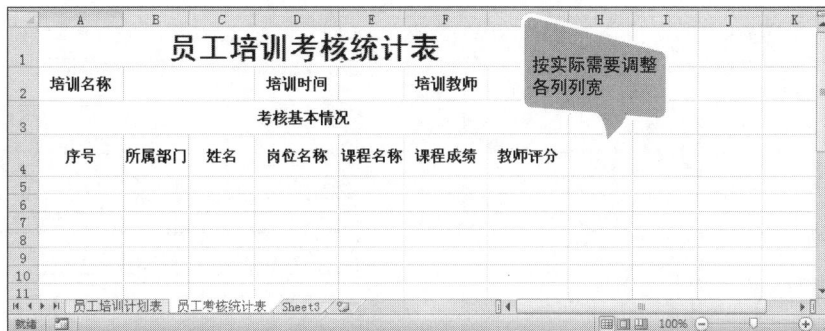

图23-28

Step 03　设置数据编辑区域的边框与底纹

❶　选中表格的编辑区域，在"开始"选项卡的"数字"选项组中单击▣按钮，打开"设置单元格格式"对话框。切换到"边框"选项卡，在"样式"列表框中选择线条样式，在"颜色"框中可以设置线条的颜色，单击"外边框"按钮与"内部"按钮可将设置的线条格式应用于选中区域的外边框与内边框，如图23-29所示。

❷ 单击"确定"按钮，可以看到选中区域设置了边框，如图23-30所示。

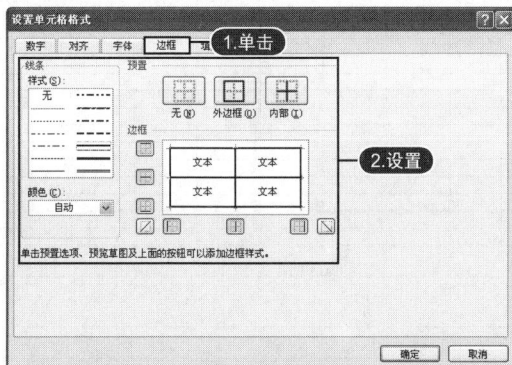

图23-29

图23-30

❸ 选中标题单元格区域，在"开始"选项卡的"字体"选项组中单击"填充颜色"按钮，打开下拉菜单，从中可以选择填充颜色，如图23-31所示。

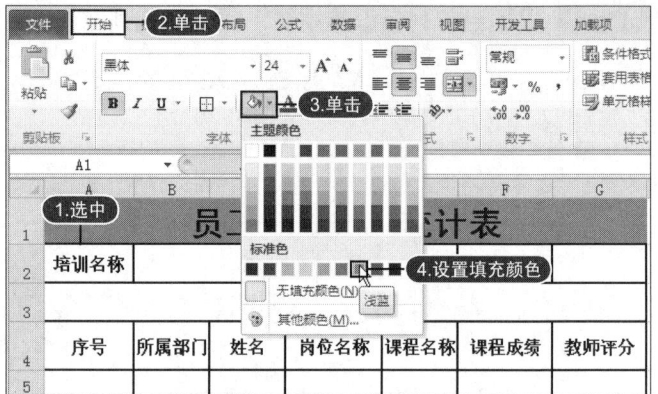

图23-31

Step 04 添加、删除行/列

❶ 编辑好表格后，如果发现表格需要添加标识项，可以选中要添加的位置，如在G列单元格之前添加一列，右击，在快捷菜单中选择"插入"选项（见图23-32），即可在G列单元格之前插入一列单元格，如图23-33所示。

图23-32

图23-33

❷ 如果需要删除行/列，选中要删除的行/列，右击，在快捷菜单中选择"删除"选项即可。

❸ 按照相同的方法，添加或删除行/列，设置后的效果如图23-34所示。

图23-34

范例应用

23.3 根据考核成绩编制排名

在员工培训结束后，根据员工课程培训成绩和教师评分成绩，计算出员工的综合成绩。利用Excel工作表的排序与筛选选项，可以根据员工的考核成绩进行排名，本例设定总分为100分，课程成绩占总成绩的60%，教师评分占总成绩的40%。

❶ 在工作表中输入员工信息以及课程成绩和教师评分成绩，输入后效果如图23-35所示。

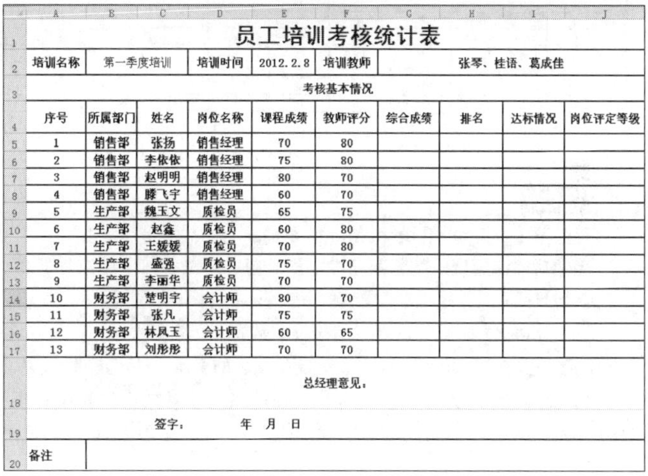

员工培训考核统计表

培训名称	第一季度培训		培训时间	2012.2.8	培训教师	张琴、桂语、葛成佳			
考核基本情况									
序号	所属部门	姓名	岗位名称	课程成绩	教师评分	综合成绩	排名	达标情况	岗位评定等级
1	销售部	张扬	销售经理	70	80				
2	销售部	李依依	销售经理	75	80				
3	销售部	赵明明	销售经理	80	70				
4	销售部	滕飞宇	销售经理	60	70				
5	生产部	魏玉文	质检员	65	75				
6	生产部	赵鑫	质检员	60	80				
7	生产部	王媛媛	质检员	70	80				
8	生产部	盛强	质检员	75	70				
9	生产部	李丽华	质检员	70	70				
10	财务部	楚明宇	会计师	80	70				
11	财务部	张凡	会计师	75	75				
12	财务部	林凤玉	会计师	60	65				
13	财务部	刘彤彤	会计师	70	70				
总经理意见：									
签字： 年 月 日									
备注									

图23-35

❷ 选中G5单元格，在公式编辑栏中输入公式：=E5*0.6+F5*0.4，按【Enter】键，即可得出序号为1的员工在此次培训中的综合成绩，如图23-36所示。

❸ 选中G5单元格，将鼠标指针移动到单元格右下角，鼠标指针变为十字形状，拖动鼠标，向下填充到G17单元格，即可复制G5单元格公式并得出所有培训人员的综合成绩，如图23-37所示。

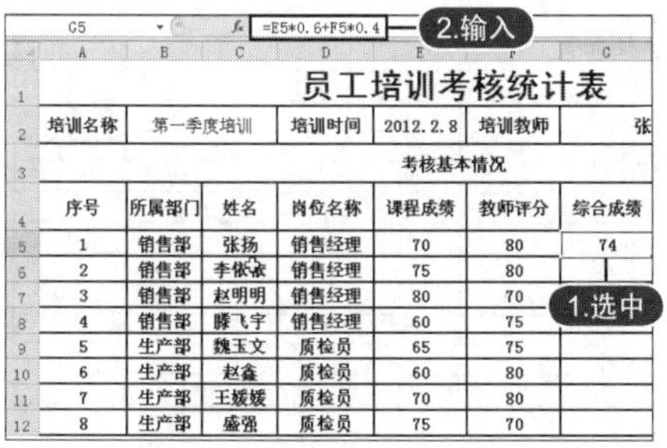

员工培训考核统计表

培训名称	第一季度培训		培训时间	2012.2.8	培训教师	张
考核基本情况						
序号	所属部门	姓名	岗位名称	课程成绩	教师评分	综合成绩
1	销售部	张扬	销售经理	70	80	74
2	销售部	李依依	销售经理	75	80	
3	销售部	赵明明	销售经理	80	70	
4	销售部	滕飞宇	销售经理	60	75	
5	生产部	魏玉文	质检员	65	75	
6	生产部	赵鑫	质检员	60	80	
7	生产部	王媛媛	质检员	70	80	
8	生产部	盛强	质检员	75	70	

图23-36

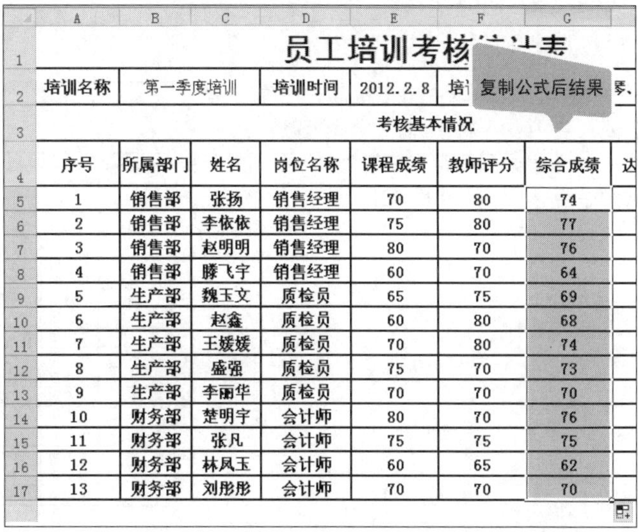

员工培训考核统计表

培训名称	第一季度培训		培训时间	2012.2.8	培	
考核基本情况						
序号	所属部门	姓名	岗位名称	课程成绩	教师评分	综合成绩
1	销售部	张扬	销售经理	70	80	74
2	销售部	李依依	销售经理	75	80	77
3	销售部	赵明明	销售经理	80	70	76
4	销售部	滕飞宇	销售经理	60	70	64
5	生产部	魏玉文	质检员	65	75	69
6	生产部	赵鑫	质检员	60	80	68
7	生产部	王媛媛	质检员	70	80	74
8	生产部	盛强	质检员	75	70	73
9	生产部	李丽华	质检员	70	70	70
10	财务部	楚明宇	会计师	80	70	76
11	财务部	张凡	会计师	75	75	75
12	财务部	林凤玉	会计师	60	65	62
13	财务部	刘彤彤	会计师	70	70	70

图23-37

❹ 选中H5单元格区域，在公式编辑栏中输入公式：=RANK(G5,$G$5:$G$17)，按【Enter】键，即可得序号为1的员工的成绩在本次培训中的名次，如图23-38所示。

❺ 选中H5单元格，将鼠标指针移动到单元格右下角，鼠标指针变为十字形状，拖动鼠标，向下填充到H17单元格，即可复制H5单元格公式并得出所有培训人员的排名，如图23-39所示。

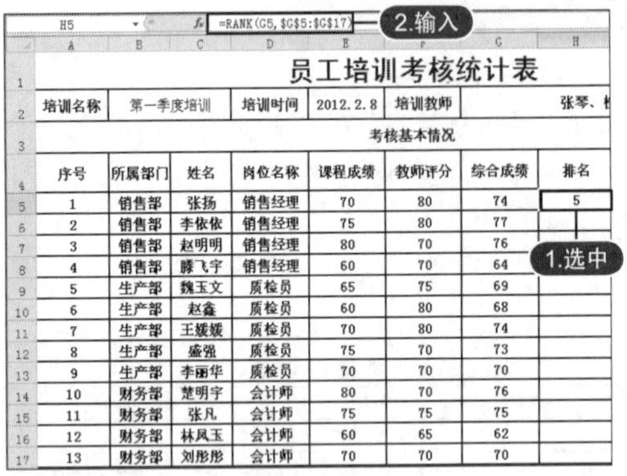

图23-38

图23-39

函数说明

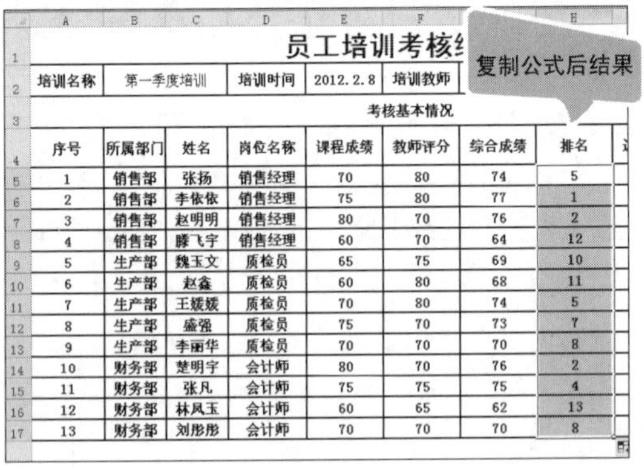

函数语法：RANK(number,ref,[order])

函数功能：返回一个数字在数字列表中的排位，数字排位是其大小与列表中其他值的比值。

参数说明：

❶ number为必需，需要找到排位的数字。

❷ ref必需，表示数字列表或对数字列表的引用，ref的非数值型值将被忽略。

❸ 如果order为0或省略，Microsoft Excel对数字的排位基于ref为按照降序排列的列表；如果order不为0，Microsoft Excel对数字的排位基于ref为按照升序排列的列表。

23.4 根据考核成绩分析达标与未达标人数

根据考核成绩，还可以利用公式判断出成绩是否达标，设定综合成绩在70分以上为达标，在70分以下为不达标。

❶ 选中I5单元格，在编辑栏中输入公式：=IF(G5>=70,"达标","不达标")，按【Enter】键，即可得知序号为1的员工的成绩是否达标，如图23-40所示。

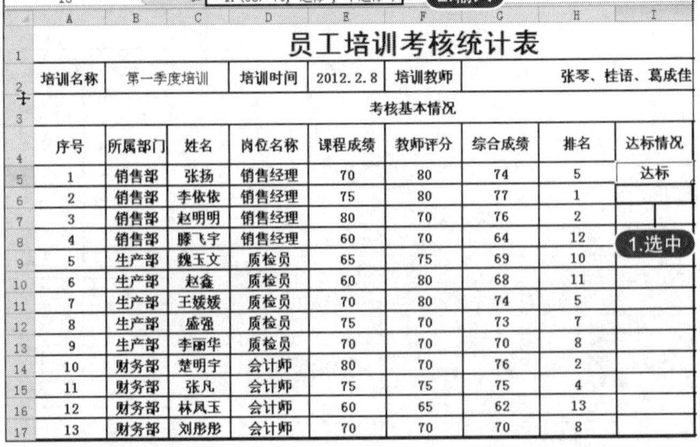

图23-40

❷ 选中I5单元格，将光标移动到单元格右下角，鼠标指针变为十字形状，拖动鼠标向下填充到I17单元格，即可复制I5单元格公式并判断出所有培训人员成绩是否达标，如图23-41所示。

序号	所属部门	姓名	岗位名称	课程成绩	教师评分	综合成绩	排名	达标情况
1	销售部	张扬	销售经理	70	80	74	5	达标
2	销售部	李依依	销售经理	75	80	77	1	达标
3	销售部	赵明明	销售经理	80	70	76	2	达标
4	销售部	滕飞宇	销售经理	60	70	64	12	不达标
5	生产部	魏玉文	质检员	65	75	69	10	不达标
6	生产部	赵鑫	质检员	60	80	68	11	不达标
7	生产部	王媛媛	质检员	70	80	74	5	达标
8	生产部	盛强	质检员	75	70	73	7	达标
9	生产部	李丽华	质检员	70	70	70	8	达标
10	财务部	楚明宇	会计师	80	70	76	2	达标
11	财务部	张凡	会计师	75	75	75	4	达标
12	财务部	林凤玉	会计师	60	65	62	13	不达标
13	财务部	刘彤彤	会计师	70	70	70	8	达标

图23-41

❸ 选中I5:I17单元格区域，切换到"开始"选项卡，在"样式"选项组中单击"条件格式"下拉按钮，在其下拉菜单中选择"突出显示单元格规则"选项，在弹出的子菜单中选择"等于"选项，如图23-42所示。

❹ 打开"等于"对话框，将光标定位到"为等于以下值的单元格设置格式"文本框中，单击"拾取器"按钮，拖动鼠标在工作表中选择"不达标"单元格并给予确定，接着在"设置为"下拉列表中选择相应的样式，如"浅红填充色深红色文本"，如图23-43所示。

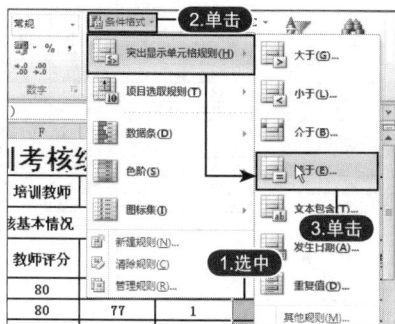

图23-42

图23-43

❺ 单击"确定"按钮，即可将"不达标"单元格以"浅红填充色深红色文本"的样式显示，便于查看不达标的培训人员，设置后效果如图23-44所示。

员工培训考核统计表

序号	所属部门	姓名	岗位名称	课程成绩	教师评分	综合成绩	排名	达标情况	岗位评定等级
1	销售部	张扬	销售经理	70	80	74	5	达标	
2	销售部	李依依	销售经理	75	80	77	1	达标	
3	销售部	赵明明	销售经理	80	70	76	2	达标	
4	销售部	滕飞宇	销售经理	60	70	64	12	不达标	
5	生产部	魏玉文	质检员	65	75	69	10	不达标	
6	生产部	赵鑫	质检员	60	80	68	11	不达标	
7	生产部	王媛媛	质检员	70	80	74	5	达标	
8	生产部	盛强	质检员	75	70	73	7	达标	
9	生产部	李丽华	质检员	70	70	70	8	达标	
10	财务部	楚明宇	会计师	80	70	76	2	达标	
11	财务部	张凡	会计师	75	75	75	4	达标	
12	财务部	林凤玉	会计师	60	65	62	13	不达标	
13	财务部	刘彤彤	会计师	70	70	70	8	达标	

图23-44

23.5 根据课程成绩与教师评分得出岗位评定等级

根据员工培训的课程成绩与教师评分，可以利用公式得出岗位的评定等级，设定课程成绩大于70分且教师评分大于75分评定为一级，课程成绩大于70分且教师评分在65分和75分之间评定为二级，课程成绩小于70分且教师评分小于65分为不合格。

❶ 选中J5单元格，在编辑栏中输入公式：=IF(AND(E5>=70,F5>75)=TRUE,"一级",IF(AND(E5>=70,65<F5>=75)=TRUE,"二级",IF(AND(E5>70,F5>65)=FALSE,"不合格")))"，按【Enter】键，即可得知序号为1的员工的岗位评定等级，如图23-45所示。

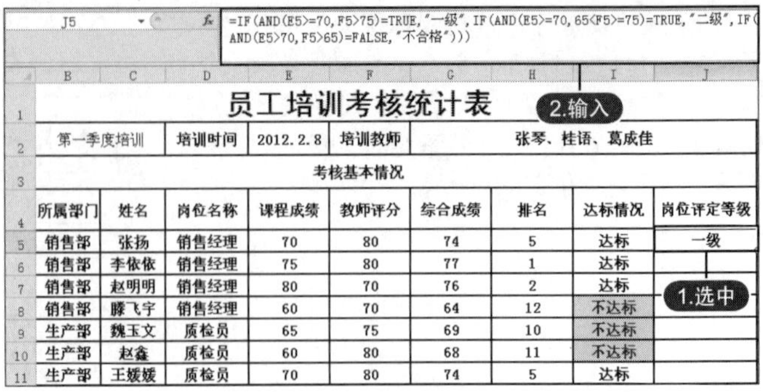

图23-45

❷ 选中J5单元格，将光标移动到单元格右下角，鼠标指针变为十字形状，拖动鼠标向下填充到J17单元格，即可复制J5单元格公式并判断出所有培训人员的岗位评定等级，如图23-46所示。

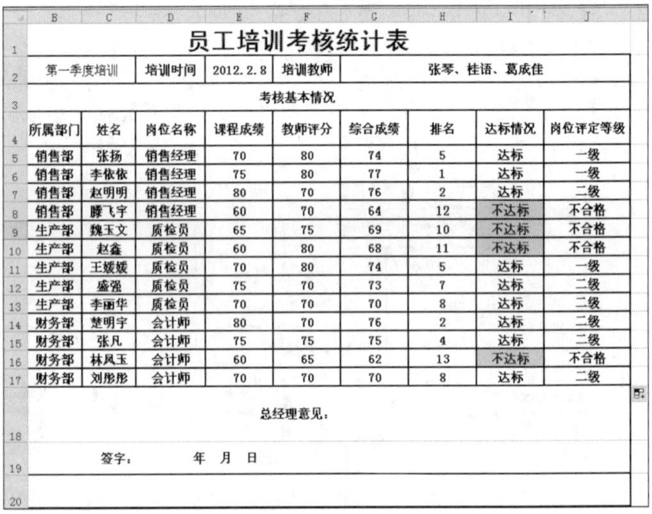

图23-46

函数说明

函数语法：IF(logical_test,value_if_ture,value_if_false)

函数功能：根据对指定的条件计算结果为TURE或FALSE，返回不同的结果，可以使用IF函数对数值和公式执行条件检测。

参数说明：

❶ logical_test必需，表示计算结果为 TRUE 或 FALSE 的任何值或表达式。

❷ value_if_true可选，表示logical_test参数的计算结果为 TRUE 时所要返回的值。

❸ value_if_false可选，表示logical_test参数的计算结果为 FALSE 时所要返回的值。

范例扩展

通过学习员工培训管理表以及培训考核统计表的制作，用户已经基本掌握人力资源工作中培训所需要的一些表格。掌握了以后，还可以按照所学知识新建培训中的其他表格，如：培训申请表、学员意见调查表等。

1. 培训申请表

企业开展员工培训的时候，有很多的员工会报名参与培训，人力资源部门需要制作培训申请表，以发给需要参加培训的人，并从申请表中确定最终培训人员的名单，展开培训管理工作。图23-47所示为创建完成的“培训申请表”。

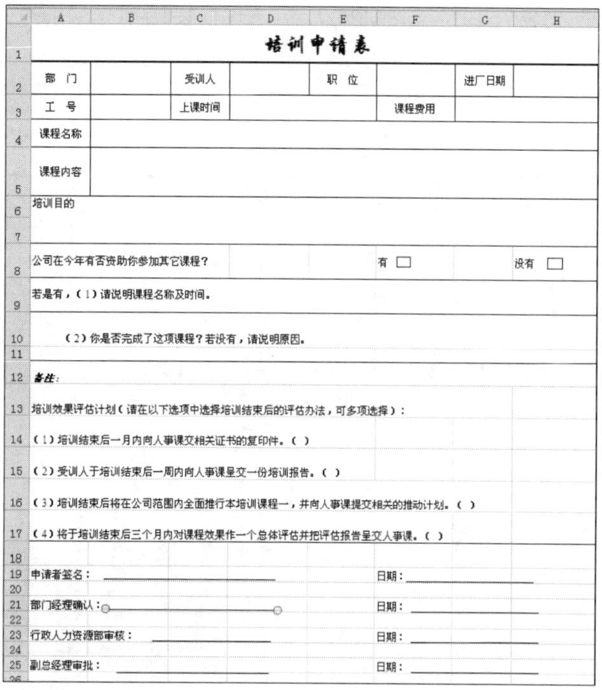

培训申请表

部 门 | 受训人 | 职 位 | 进厂日期

工 号 | 上课时间 | 课程费用

课程名称

课程内容

培训目的

公司在今年有否资助你参加其它课程？ 有 □ 没有 □

若是有，（1）请说明课程名称及时间。

（2）你是否完成了这项课程？若没有，请说明原因。

备注:

培训效果评估计划（请在以下选项中选择培训结束后的评估办法，可多项选择）：

（1）培训结束后一月内向人事课交相关证书的复印件。（ ）

（2）受训人于培训结束后一周内向人事课呈交一份培训报告。（ ）

（3）培训结束后将在公司范围内全面推行本培训课程一，并向人事课提交相关的推动计划。（ ）

（4）将于培训结束后三个月内对课程效果作一个总体评估并把评估报告呈交人事课。（ ）

申请者签名：______ 日期：______

部门经理确认：______ 日期：______

行政人力资源部审核：______ 日期：______

副总经理审批：______ 日期：______

图23-47

2. 学员意见调查表

培训结束后，人力资源部门还需要接受培训的人员对培训效果进行反馈。此时可以创建学员意见调查表，对参加培训的人员进行调查，以反馈培训的效果以及培训对员工工作的帮助。图23-48所示为创建完成的“学员意见调查表”。

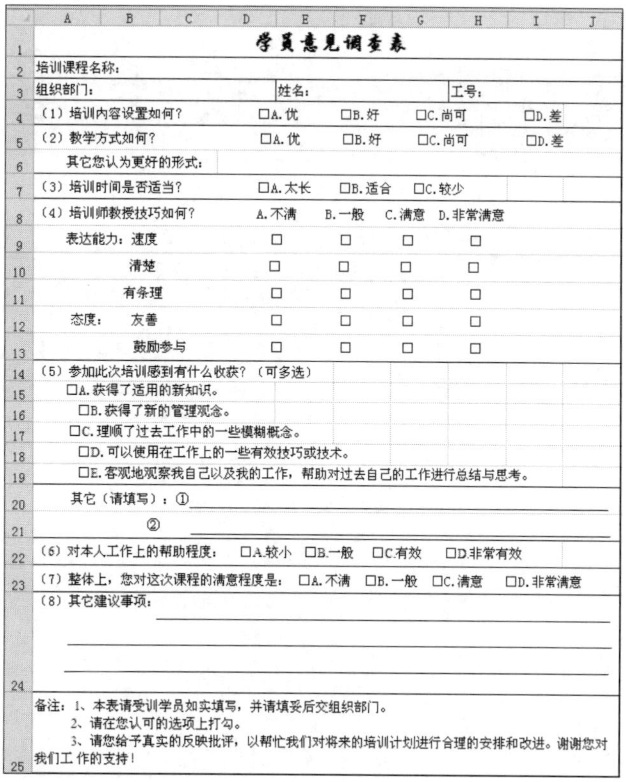

学员意见调查表

培训课程名称：

组织部门： 姓名： 工号：

（1）培训内容设置如何？ □A.优 □B.好 □C.尚可 □D.差

（2）教学方式如何？ □A.优 □B.好 □C.尚可 □D.差

其它您认为更好的形式：

（3）培训时间是否适当？ □A.太长 □B.适合 □C.较少

（4）培训师教授技巧如何？	A.不满	B.一般	C.满意	D.非常满意
表达能力：速度	□	□	□	□
清楚	□	□	□	□
有条理	□	□	□	□
态度： 友善	□	□	□	□
鼓励参与	□	□	□	□

（5）参加此次培训感到有什么收获？（可多选）

□A.获得了适用的新知识。

□B.获得了新的管理观念。

□C.理顺了过去工作中的一些模糊概念。

□D.可以使用在工作上的一些有效技巧或技术。

□E.客观地观察我自己以及我的工作，帮助对过去自己的工作进行总结与思考。

其它（请填写）：①______

②______

（6）对本人工作上的帮助程度： □A.较小 □B.一般 □C.有效 □D.非常有效

（7）整体上，您对这次课程的满意程度是： □A.不满 □B.一般 □C.满意 □D.非常满意

（8）其它建议事项：______

备注：1、本表请受训学员如实填写，并请填妥后交组织部门。

2、请在您认可的选项上打勾。

3、请您给予真实的反映批评，以帮忙我们对将来的培训计划进行合理的安排和改进。谢谢您对我们工 作的支持！

图23-48

3. 培训效果图

企业开展员工培训的时候，有很多的员工会报名参与培训，也会有员工不参加培训，再对员工进行考核时，参加过培训的员工和未参加培训的员工的考核成绩可以反映出培训是否有效。图23-49所示为创建完成的"培训效果图"。

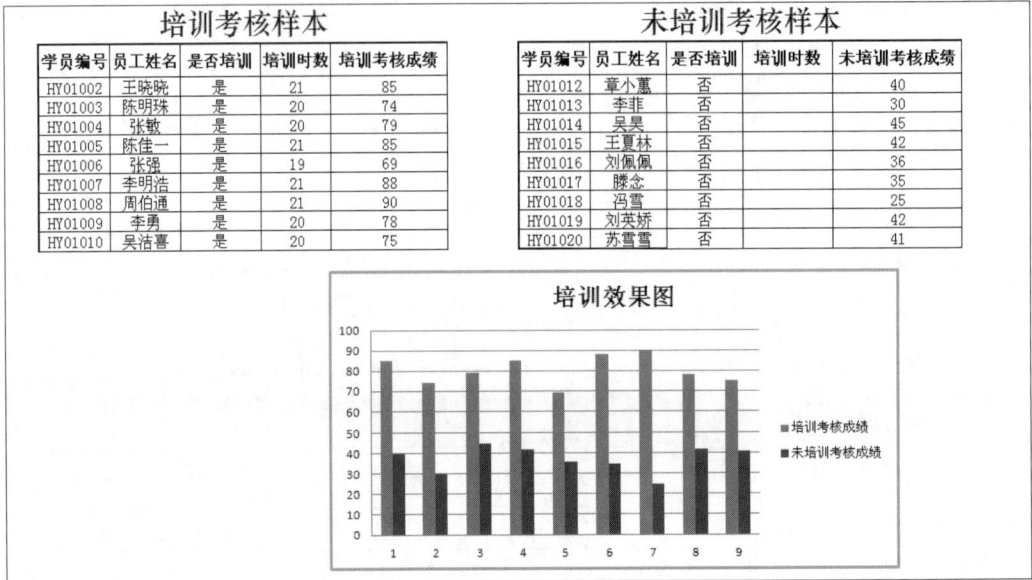

培训考核样本

学员编号	员工姓名	是否培训	培训时数	培训考核成绩
HY01002	王晓晓	是	21	85
HY01003	陈明珠	是	20	74
HY01004	张敏	是	20	79
HY01005	陈佳一	是	21	85
HY01006	张强	是	19	69
HY01007	李明浩	是	21	88
HY01008	周伯通	是	21	90
HY01009	李勇	是	20	78
HY01010	吴洁喜	是	20	75

未培训考核样本

学员编号	员工姓名	是否培训	培训时数	未培训考核成绩
HY01012	章小蕙	否		40
HY01013	李菲	否		30
HY01014	吴昊	否		45
HY01015	王夏林	否		42
HY01016	刘佩佩	否		36
HY01017	滕念	否		35
HY01018	冯雪	否		25
HY01019	刘英娇	否		42
HY01020	苏雪雪	否		41

图23-49

读书笔记

24 人事信息管理与分析

∴ 范例概述

　　作为企业的行政管理人员，必须对企业人事信息进行有效的管理，在办公中可以利用 Excel软件来创建一个人事信息管理库。创建了这样的人事信息管理库后，一方面可以系统地管理员工档案，另一方面也可以实现对员工档案数据的查询，进行相关年龄层次分析或学历层次分析等操作。

　　在 Excel 2010中要创建员工档案管理、查询、分析表，需要使用Excel 2010的制表功能，以及相关的函数才可以实现，具体对应如下。

∴ 范例效果

员工档案查询系统

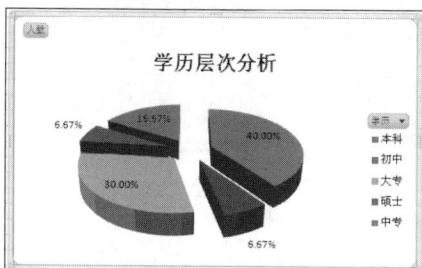

学历层次分析数据透视图

∴ 本章重点

应用功能	对应章节
工作表操作（重命名）	第2章
单元格设置（单元格合并、行高/列宽）	第2章
单元格美化（字体、对齐方式、边框、底纹）	本章讲解中介绍
数据有效性	第4章
数据透视表创建、数据透视表设置	第7章
图表创建、图表设置	第8章
应用函数	**对应章节**
IF函数	第5章
YEAR函数	第5章
VLOOKUP函数	第5章

∴ 参见光盘

素材文件：随书光盘\素材\第24章

视频路径：随书光盘\视频教程\第24章

范例制作

24.1 创建人事信息管理表

人事信息通常包括：员工编号、姓名、性别、年龄、所属部门、所在职位、技术职务、户口所在地、出生日期、身份证号、学历、入职时间、离职时间、工龄等，因此在创建人事管理表前需要将该张表格要包含的要素拟订出来，以完成表格框架的规划。

24.1.1 新建工作簿并输入表头和标识项信息

Step 01 新建"人事信息表"工作簿，以及"人事信息管理表"工作表

❶ 启动Excel 2010程序，默认创建了名为Book1的工作簿。单击"保存"按钮，打开"另存为"对话框，设置工作簿保存位置，并设置保存名称为"人事信息表"，单击"保存"按钮，如图24-1所示。

图24-1

❷ 在Sheet1工作表标签上双击鼠标，如图24-2所示。

❸ 重新输入新的工作表名称为"人事信息管理表"，如图24-3所示。

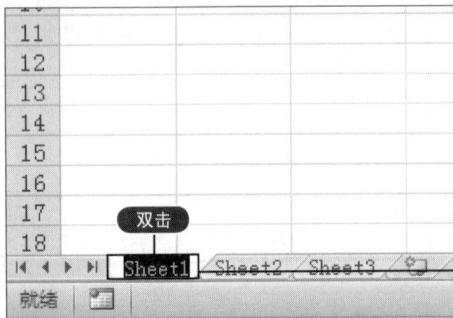

图24-2

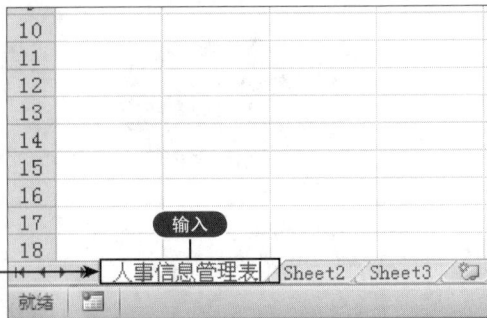

图24-3

Step 02 输入表格的标题、表头文字及规划好的列标识

❶ 在A1单元格中输入表格标题。
❷ 在第二行中分别输入事先规划好的各项列标识，如图24-4所示。

图24-4

Step 03 设置表头文字格式

❶ 选中第一行中从A1单元格开始直至列标识结束的单元格区域，在"对齐方式"选项组中单击"合并后居中"按钮以将表格标题合并居中，如图24-5所示。

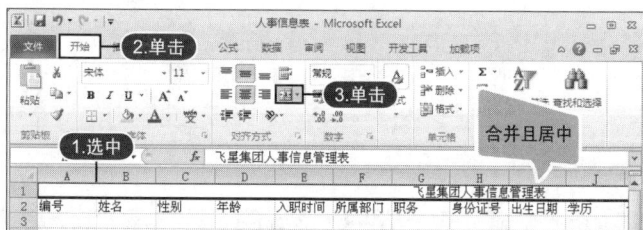

图24-5

❷ 保持对合并后单元格的选中状态，在"字体"选项组中单击"字体"右侧下拉按钮，在下拉列表中选择字体；单击"字号"右侧下拉按钮，在下拉列表中选择字号，如图24-6所示。

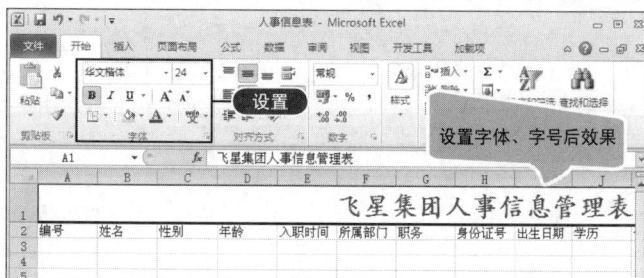

图24-6

❸ 按照与上面相同的方法，分别在"开始"选项卡的"字体"选项组中设置第二行列标识的文字格式以及对齐方式，设置后效果如图24-7所示。

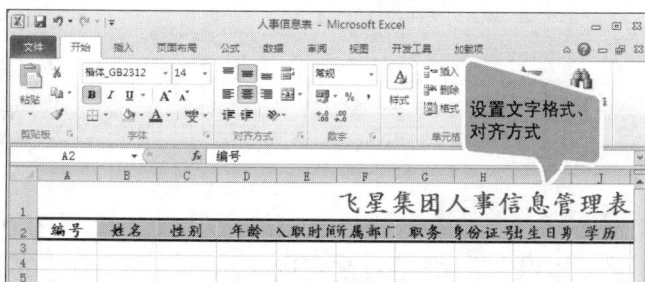

图24-7

Step 04 根据当前列标识的需要，调整默认列宽

❶ 选中要调整的列，将光标定位在A列标的右侧边线上，当出现双向箭头时，按住鼠标左键，向右拖动增大列宽，向左拖动减小列宽，如图24-8所示。

❷ 选中要调整的行，将光标定位在第二行的行号下侧边线上，当出现双向箭头时，按住鼠标左键，向下拖动增大行高，向上拖动减小行高，如图24-9所示。

图24-8

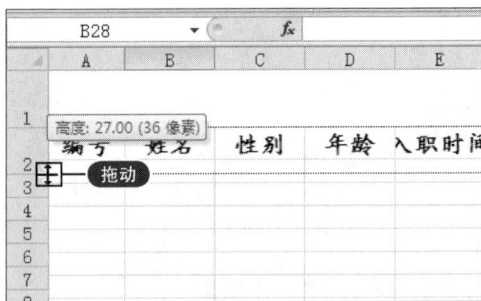

图24-9

❸ 按相同的方法，根据实际需要，依次调整列标识各列的列宽，调整完成的表头信息如图24-10所示。

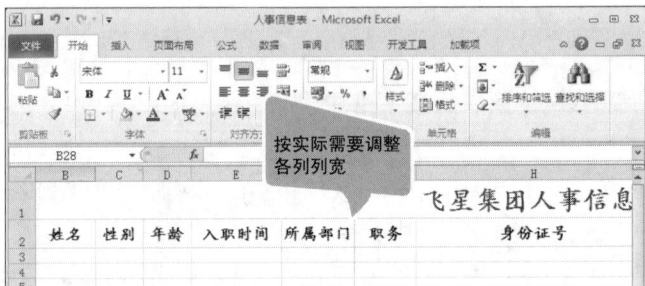

图24-10

24.1.2 设置单元格数据的输入格式

Step 01 快速填充员工编号

❶ 在A列中输入前两个编号（如FX001、FX002），如图24-11所示。

❷ 选中A3:A4单元格区域，将光标定位到右下角，当出现黑色十字形状时，按住鼠标向下拖动（见图24-11），释放鼠标，即可实现快速填充员工编号，如图24-12所示。

图24-11

图24-12

Step 02 设置"所属部门"列数据有效性，实现选择性输入

❶ 选中"所属部门"列单元格区域，在"数据"选项卡的"数据工具"选项组中单击"数据有效性"按钮（见图24-13），打开"数据有效性"对话框。

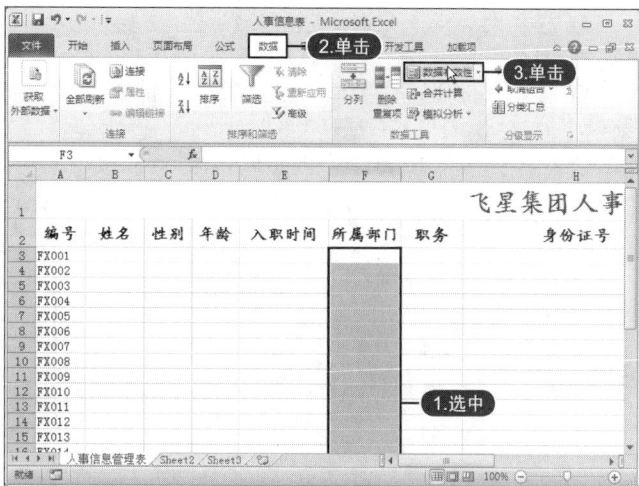

图24-13

❷ 在"允许"下拉列表中选择"序列"选项，设置"来源"为"生产部,销售部,人事部,行政部,财务部,后勤部"，如图24-14所示。

❸ 切换到"输入信息"选项卡下，在"输入信息"框中输入提示信息（该提示信息用于当选中单元格时显示的提示文字），如图24-15所示。

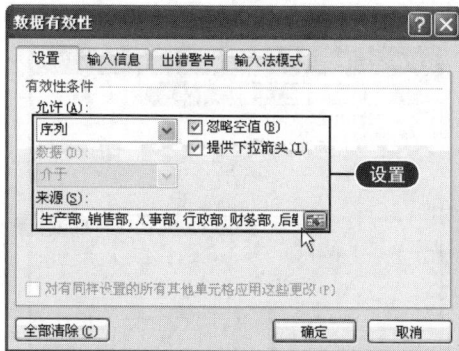

图24-14

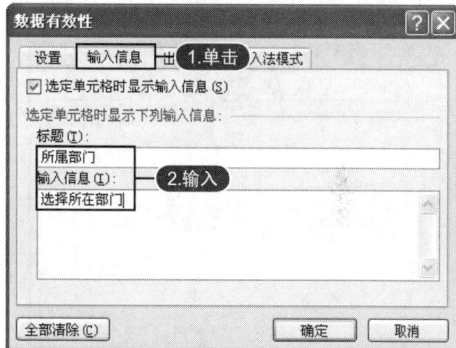

图24-15

❹ 设置完成后，关闭"数据有效性"对话框。在工作表中选中设置了数据有效性的单元格时会显示提示信息并出现下拉按钮（见图24-16）；单击下拉按钮，可显示出可供选择的部门，如图24-17所示。

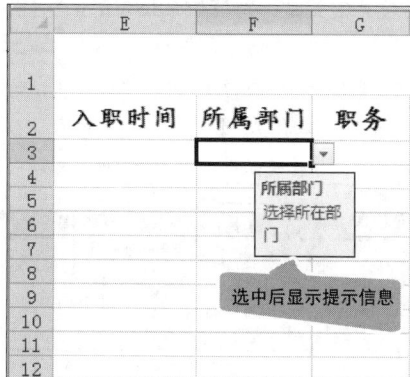

图24-16

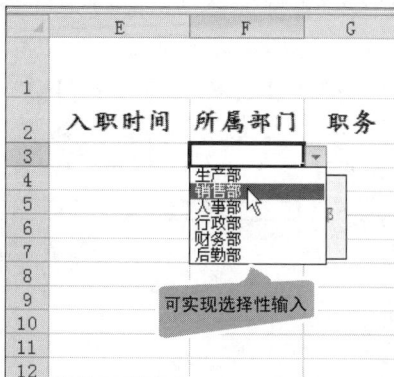

图24-17

305

Step 03 设置"身份证号"列单元格格式与数据有效性

❶ 选中"身份证号"列单元格区域,在"开始"选项卡的"数字"下拉列表中选择"文本",即设置该列单元格的格式为"文本"格式,如图24-18所示。

❷ 保持"身份证号"列单元格区域的选中状态,在"数据"选项卡的"数据工具"选项组中单击"数据有效性"按钮,打开"数据有效性"对话框。在"允许"下拉列表中选择"自定义"选项,在"公式"文本框中输入"=OR(LEN(H4)=15,LEN(H4)=18)",如图24-19所示。

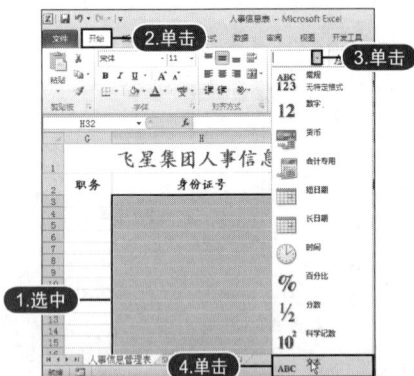

图24-18

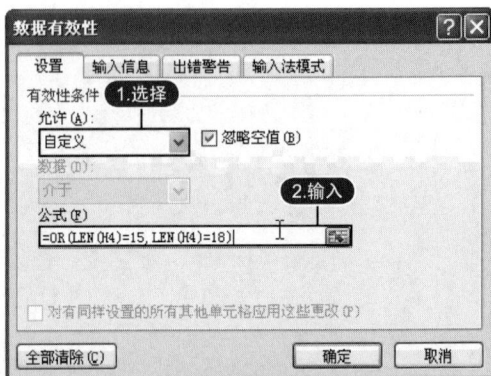

图24-19

❸ 切换到"输入信息"选项卡,设置选中该单元格显示的提示文字,如图24-20所示。

❹ 切换到"出错警告"选项卡,设置当输入了不满足条件的身份证号码时,弹出的错误提示信息,如图24-21所示。

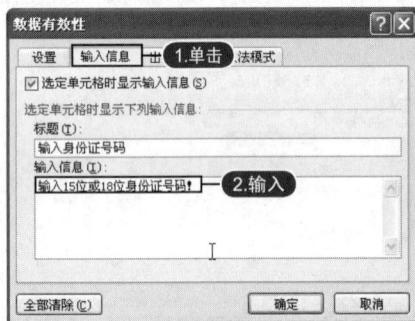

图24-20

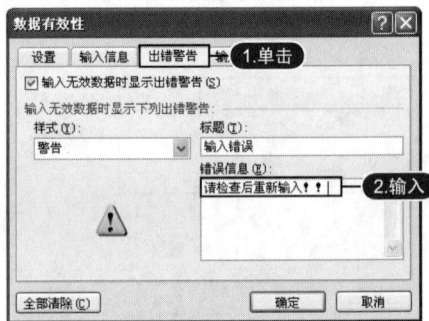

图24-21

❺ 设置完成后,单击"确定"按钮,返回到工作表中,选中"身份证号"列中设置了数据有效性的任意单元格,都会显示提示文字,如图24-22所示。

❻ 当在"身份证号"列设置了数据有效性的任意单元格中输入的位数不为15位或18位时,则会弹出错误提示对话框,如图24-23所示。

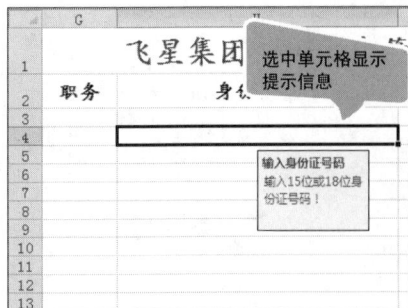

图24-22

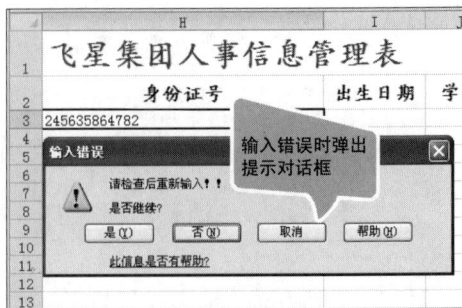

图24-23

24.1.3 输入员工相关档案信息

完成表格的相关设置后，还需要手工输入一些基本数据，包括员工姓名、性别、年龄、入职时间、所属部门、所在职位、身份证号、学历、联系方式等数据，输入后如图24-24所示。

图24-24

24.1.4 对"人事信息管理表"进行美化设置

输入信息后，用户可以对表格进行美化设置，为表格添加边框和底纹等。

Step 01 设置数据编辑区域的边框

❶ 选中表格的编辑区域（当前选择的区域为包含列标识及其下的单元格区域），在"开始"选项卡的"字体"选项组中单击"框线"下拉按钮，在其下拉菜单中选择一种适合的框线，如图24-25所示。

❷ 返回工作表中，即可设置表格框线，如图24-26所示。

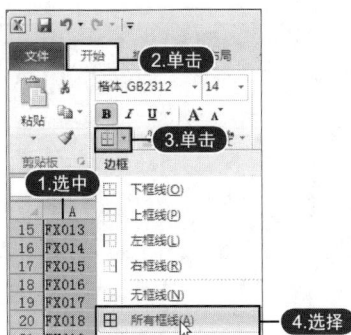

图24-25

图24-26

Step 02 设置列标识单元格的填充

❶ 选中列标识单元格区域，在"开始"选项卡的"样式"选项组中单击"单元格样式"下拉按钮。

❷ 在下拉菜单中选择想要的填充颜色，如"强调文字颜色1"，如图24-27所示。

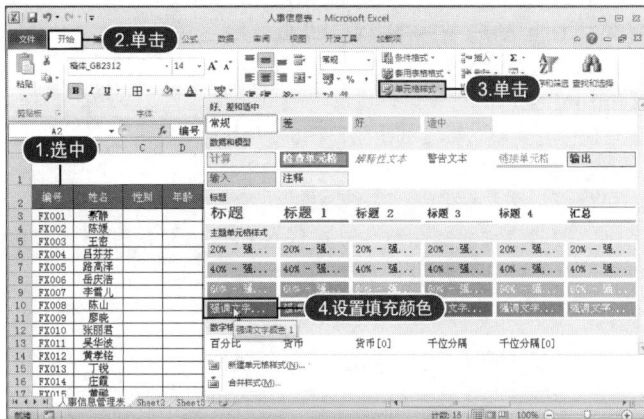

图24-27

24.1.5 利用公式获取对应员工信息

为了体现出表格的自动化功能，通过前面创建的人事信息管理表验证信息可以返回性别、出生日期等信息，通过入职日期可以计算工龄等。

1. 设置返回性别、年龄、出生日期的公式

Step 01 根据身份证号码自动返回性别

❶ 选中C3单元格，在编辑栏中输入公式：=IF(LEN(H3)=15, IF(MOD(MID(H3,15,1),2)=1,"男","女"), IF(MOD(MID(H3,17,1),2)=1,"男","女"))，按【Enter】键，即可从第一位员工的身份证号码中判断出该员工的性别。

❷ 选中C3单元格，将鼠标指针移至单元格右下角，鼠标指针变成黑色十字形时，按住鼠标左键，向下拖动进行公式填充，从而快速得出每位员工的性别，如图24-28所示。

图24-28

公式分析

=IF(LEN(H3)=15,IF(MOD(MID(H3,15,1),2)=1,"男","女"),IF(MOD(MID(H3,17,1),2)=1,"男","女"))

❶ LEN(H3)=15判断身份证号码是否为15位。如果是，执行IF(MOD(MID(H3,15,1),2)=1,"男","女")；反之，执行IF(MOD(MID(H3,17,1),2)=1,"男","女")。

❷ IF(MOD(MID(H3,15,1),2)=1,"男","女")判断15位身份证号码的最后一位是否能被2整除，即判断其是奇数还是偶数。如果不能整除返回"男"，否则返回"女"。

❸ IF(MOD(MID(H3,17,1),2)=1,"男","女")判断18位身份证号码的倒数第二位是否能被2整除，即判断其是奇数还是偶数。如果不能整除返回"男"，否则返回"女"。

Step 02 根据身份证号码自动返回出生日期

❶ 选中I3单元格，输入公式：=IF(LEN(H3)=15,CONCATENATE("19",MID(H3,7,2)),"-",MID(H3,9,2),"-",MID(H3,11,2)),CONCATENATE(MID(H3,7,4),"-",MID(H3,11,2),"-",MID(H3,13,2)))，按【Enter】键，即可从第一位员工的身份证号码中判断出该员工的出生日期。

❷ 选中I3单元格，将鼠标指针移至单元格右下角，鼠标指针变成黑色十字形时，按住鼠标左键向下拖动进行公式填充，从而快速得出每位员工的出生日期，如图24-29所示。

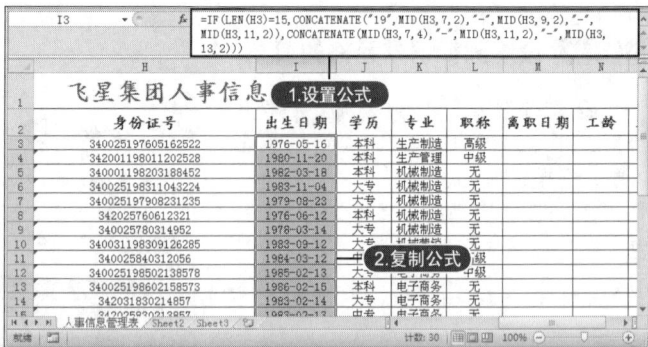

图24-29

公式分析

=IF(LEN(H3)=15,CONCATENATE("19",MID(H3,7,2),"-",MID(H3,9,2),"-",MID(H3,11,2)),CONCATENATE(MID(H3,7,4),"-",MID(H3,11,2),"-",MID(H3,13,2)))

❶ LEN(H3)=15，判断身份证号码是否为15位。如果是，执行CONCATENATE("19",MID(H3,7,2),"-",MID(H3,9,2),"-",MID(H3,11,2))；反之，执行"CONCATENATE(MID(H3,7,4),"-",MID(H3,11,2),"-",MID(H3,13,2))。

❷ CONCATENATE("19",MID(H3,7,2),"-",MID(H3,9,2),"-",MID(H3,11,2))，对"19"和从15位身份证号码中提取的"年份"、"月"、"日"进行合并。因为15位身份证号码中出生年份不包含"19"，所以使用CONCATENATE函数将"19"与函数求得的值合并。

❸ CONCATENATE(MID(H3,7,4),"-",MID(H3,11,2),"-",MID(H3,13,2))，对从18位身份证中提取的"年份"、"月"、"日"进行合并。

Step 03 根据出生日期计算年龄

❶ 选中D3单元格，输入公式：=YEAR(TODAY())-YEAR(I3)，按【Enter】键，即可计算出第一位员工的年龄。

❷ 选中D3单元格，向下复制公式，即可得到所有员工的年龄，如图24-30所示。

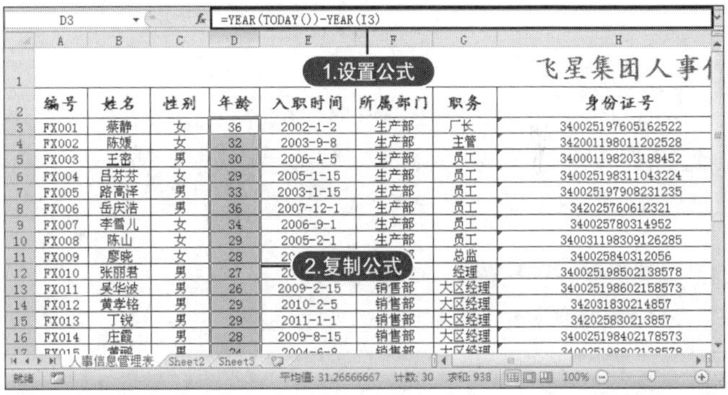

图24-30

2. 设置计算工龄及工龄工资的公式

Step 01 根据入职时间、离职日期计算工龄

其计算要求是，如果该员工离职，其工龄为离职日期减去入职时间；如果该员工未离职，其工龄为当前时间减去入职时间。

❶ 选中N3单元格，输入公式：=IF(M3<>"",YEAR(M3)-YEAR(E3),(YEAR(TODAY())-YEAR(E3)))，按【Enter】键，即可计算出第一位员工的工龄。

❷ 选中N3单元格，向下复制公式，即可得到所有员工的工龄，如图24-31所示。

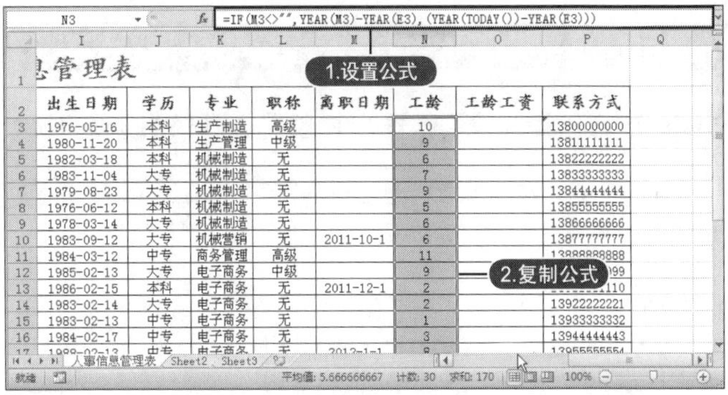

图24-31

公式分析

=IF(M3<>"",YEAR(M3)-YEAR(E3),(YEAR(TODAY())-YEAR(E3)))

如果M3单元格中填入了离职日期，那么其工龄为"离职日期-入职时间"；如果未填入离职日期，表示当前在职，其工龄为"当前时间-入职时间"。

Step 02 根据入职时间、离职日期自动追加工龄工资

其计算要求是，每达到一整年即追加50元工龄工资。

❶ 选中O3单元格，输入公式：
=IF(M3<>"",(DATEDIF(E3,M3,"y")*50),
(DATEDIF(E3,TODAY(),"y")*50))，按
【Enter】键，即可计算出第一位员工的
工龄工资。

❷ 选中O3单元格，向下复制公式，
即可得到所有员工的工龄工资，如图
24-32所示。

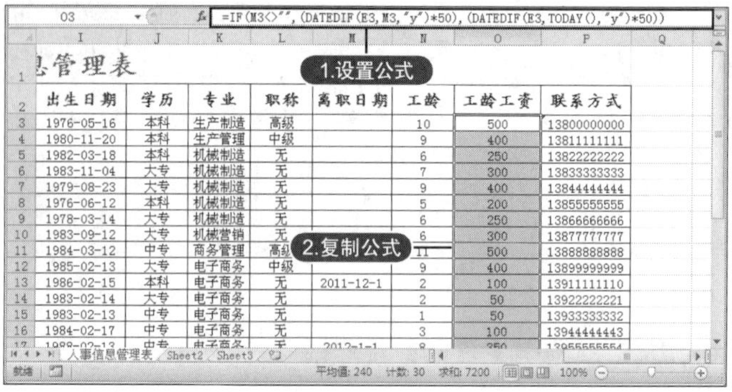

图24-32

公式分析

=IF(M3<>"",(DATEDIF(E3,M3,"y")*50),(DATEDIF(E3,TODAY(),"y")*50))

如果M3单元格中填入了离职日期，其工龄工资为"(离职日期-入职时间)×50"；如果未填入离职日期，表示当前
在职，其工龄工资为"(当前时间-入职时间)×50"。

范例应用

24.2 创建人事信息查询表

创建了人事信息管理表后，通常需要查询某位员工的档案信息，如果企业员工较多，那么
查找起来则会非常不便。我们利用Excel中的函数功能可以创建一个查询表，当需要查询某位员
工的档案时，只需要输入其编号即可快速查询。

24.2.1 创建人事信息查询表框架

Step 重命名Sheet2工作表，并创建人事信息查询表

❶ 在Sheet2工作表标签上双
击鼠标，重新输入工作表名称为
"人事信息查询表"。

❷ 在工作表中输入标题为
"人事信息查询表"，并用"人事
信息管理表"中的各项列标识填
充，如图24-33所示。

❸ 设置表格中的文字格式，并
设置特定区域的边框底纹效果（读
者可参照24.1.1小节的方法设置，此
处不再重复讲解其设置方法），设
置完成后，表格如图24-34所示。

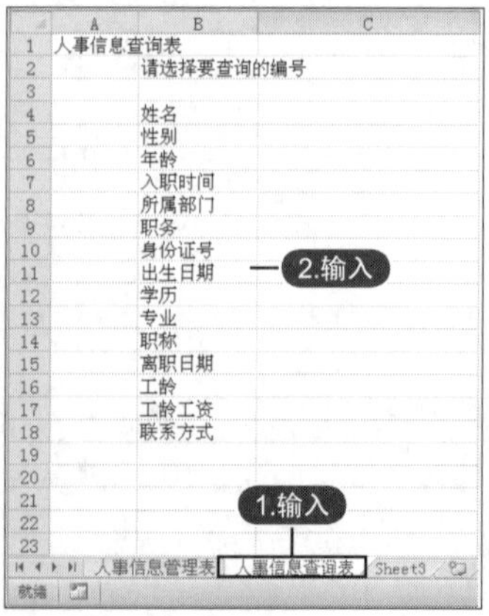

图24-33

图24-34

小知识 从人事信息管理表中复制列标识到人事信息查询表中

人事信息查询表中包含的查询标识可以直接从人事信息管理表中复制得到，此时复制需要使用到"选择性粘贴"中的"转置"功能。在人事信息管理表中一次性选中列标识，按【Ctrl+C】组合键进行复制，切换到人事信息查询表中，选中要显示复制列标识的起始单元格，在"开始"选项卡下单击"粘贴"下拉按钮，在打开的下拉菜单中单击"选择性粘贴"命令，打开"选项性粘贴"对话框，选择"转置"复选框，单击"确定"按钮，即可实现转置粘贴。

24.2.2 设置员工编号选择列表

Step 设置从下拉列表中选择要查询员工编号

❶ 选中D2单元格，在"数据"选项卡下单击"数据有效性"按钮，打开"数据有效性"对话框。设置序列的来源为"=人事信息管理表!A3:A500"（需要手工输入），如图24-35所示。

❷ 切换到"输入信息"选项卡下，设置选中该单元格时所显示的提示信息，单击"确定"按钮，如图24-36所示。

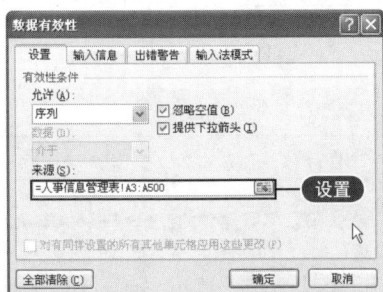

图24-35

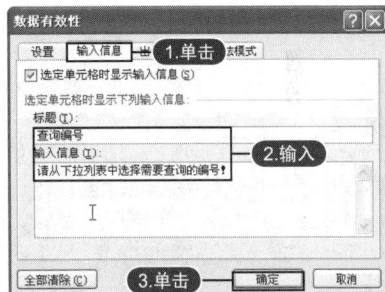

图24-36

❸ 设置完成后，选中单元格会显示提示信息，如图24-37所示；单击下拉按钮，即可实现在下拉列表中选择员工的编号，如图24-38所示。

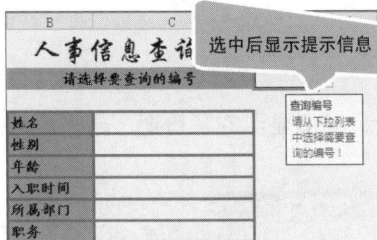

图24-37

图24-38

注意

由于当前要设置为填充序列的数据源不在当前工作表中，所以无法通过单击"来源"后的"拾取器"按钮进行选择，而只能采用手工输入的方式来设置来源。

24.2.3 设置员工档案信息查询公式

Step 01 通过员工编号返回姓名

选中C4单元格，输入公式：=VLOOKUP($D$2,人事信息管理表!$A$3:$T$500,ROW(A2))，按【Enter】键即可根据选择的员工编号返回员工姓名，如图24-39所示。

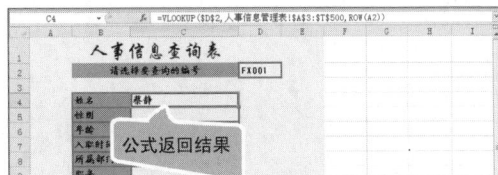

图24-39

Step 02 通过复制公式返回指定编号员工的其他信息

选中C4单元格,将光标定位到单元格右下角,当出现黑色十字形状时,向下拖动至C18单元格中,释放鼠标,即可返回各项对应的信息,如图24-40所示。

图24-40

公式分析

=VLOOKUP($D$2,人事信息管理表!$A$3:$T$500,ROW(A2))

❶ ROW(A2),返回A2单元格所在的行号,因此返回结果为2。

❷ =VLOOKUP($D$2,人事信息管理表!$A$3:$T$500,ROW(A2)),在人事信息管理表的$A$3:$T$500单元格区域的首列中寻找与D2单元格中相同的编号,找到后返回对应在第二列中的值,即对应的姓名。

❸ 此公式中的查找范围与查找条件都使用了绝对引用方式,即在向下复制公式时都是不改变的,唯一要改变的是用于指定返回人事信息管理表中$A$3:$T$500单元格区域哪一列值的参数,本例中使用了ROW(A2)来表示,当公式复制到C5单元格时,ROW(A2)变为ROW(A3),返回值为3;当公式复制到C6单元格时,ROW(A2)变为ROW(A4),返回值为4,依此类推。

Step 03 设置显示日期的单元格格式为日期格式

单元格默认的格式为常规格式,因此利用公式返回的日期值显示成了日期序号,还需要重新设置显示日期的单元格格式。

选中显示日期的单元格区域,在"开始"选项卡的"数字"选项组中单击"常规"下拉按钮,在下拉列表中选择"短日期"选项,如图24-41所示。

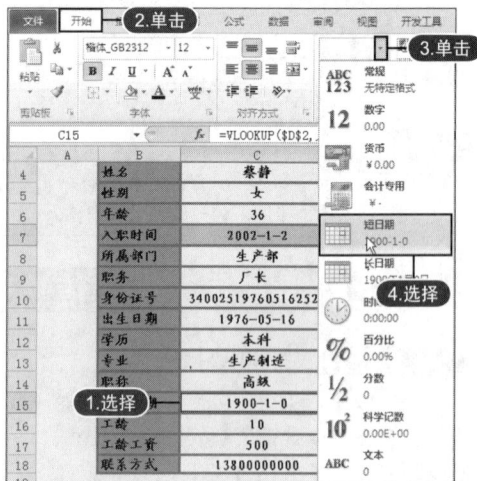

图24-41

24.2.4 任意查询员工档案信息

完成公式设置后，只要在"请选择要查询的编号"下拉列表中选择员工编号，即可查询出指定员工的详细信息。

❶ 选择编号为FX007，按【Enter】键，查询出该编号员工的详细信息，如图24-42所示。

❷ 选择编号为FX015，按【Enter】键，查询出该编号员工的详细信息，如图24-43所示。

图24-42

图24-43

24.3 年龄和职称分析

创建了人事信息管理表后，还可以进行相关的分析操作，例如本节中使用数据透视表与数据透视图分析企业员工的年龄层次和职称分析。

24.3.1 创建数据透视表分析员工年龄层次

Step 01 选择数据源，创建数据透视表

❶ 在"人事信息管理表"中选中"年龄"列单元格区域，在"插入"选项卡下单击"数据透视表"→"数据透视表"命令，如图24-44所示。

❷ 打开"创建数据透视表"对话框，在"选择一个表或区域"下的"表/区域"框中显示了选中的单元格区域，如图24-45所示。

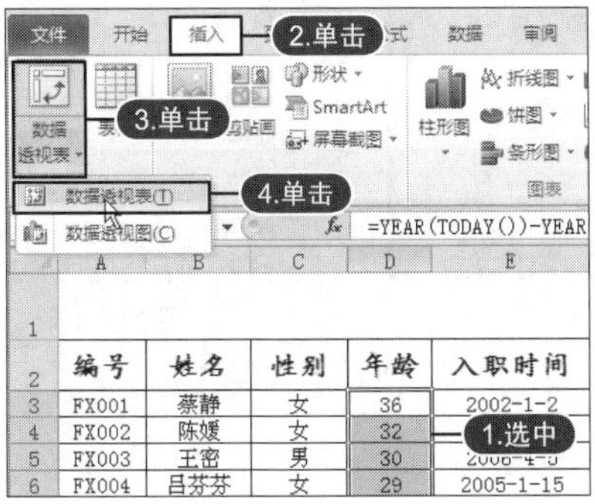

图24-44

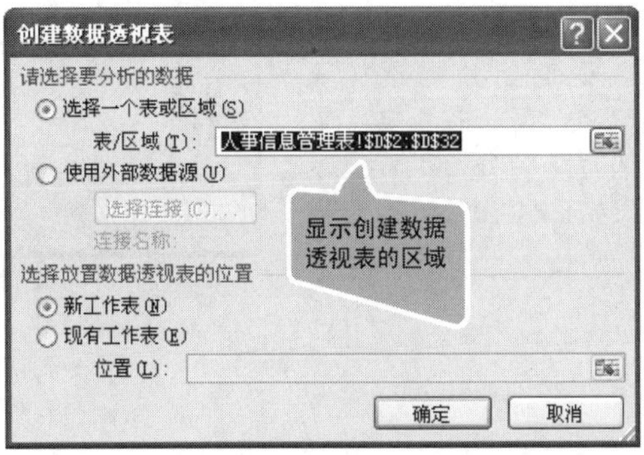

图24-45

313

❸ 单击"确定"按钮，即可新建工作表并显示数据透视表；在工作表标签上双击鼠标，然后输入新名称为"年龄层次分析"，如图24-46所示。

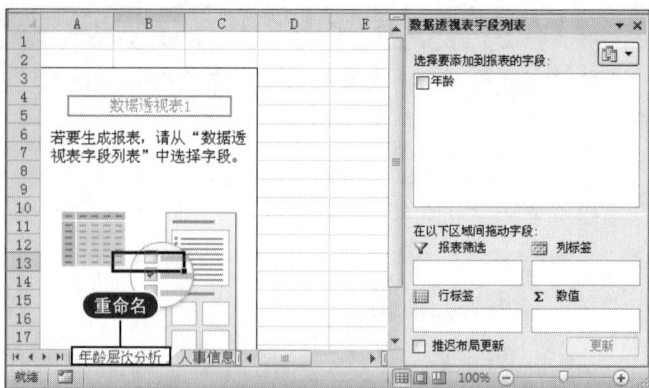

图24-46

Step 02 添加字段统计各个年龄的人数

❶ 设置"年龄"为行标签字段；设置"年龄"为数值字段（默认汇总方式为求和），如图24-47所示。

❷ 在"数值"列表框中单击字段，在打开的下拉菜单中单击"值字段设置"选项，如图24-48所示。

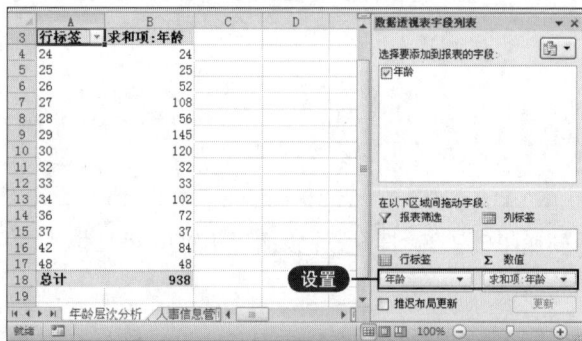

图24-47

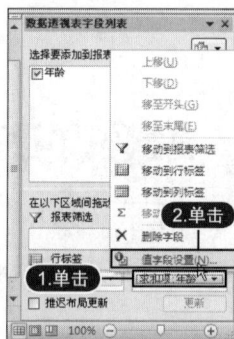

图24-48

❸ 打开"值字段设置"对话框，重新设置计算类型为"计数"，在"自定义名称"框中重新输入名称为"人数"，如图24-49所示。

❹ 单击"确定"按钮，返回到数据透视表中，将"行标签"文字更改为"年龄分段"，显示效果如图24-50所示。

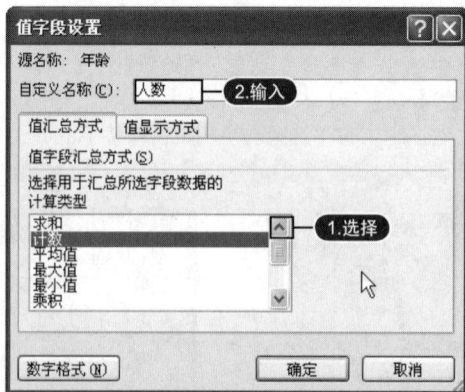

图24-49

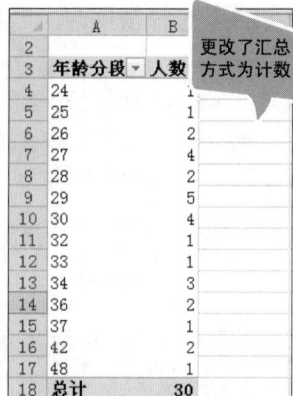

图24-50

Step 03 将年龄分段显示，以统计出各个年龄段的人数

❶ 选中"年龄分段"字段下任意单元格，在"数据透视表工具"-"选项"选项卡的"分组"选项组中单击"将所选内容分组"按钮，如图24-51所示。

❷ 打开"组合"对话框，根据需要设置步长（本例中设置为5），如图24-52所示。

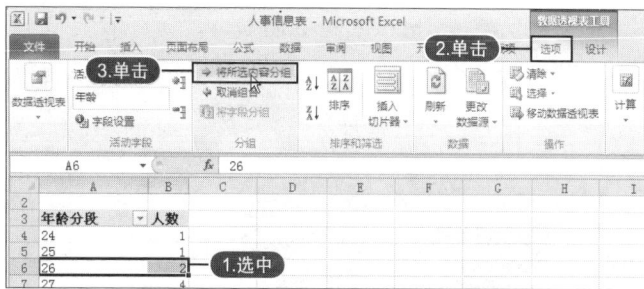

图24-51

❸ 设置完成后，单击"确定"按钮，即可按指定步长分段显示年龄，如图24-53所示。

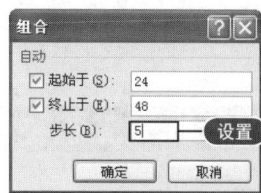

图24-52

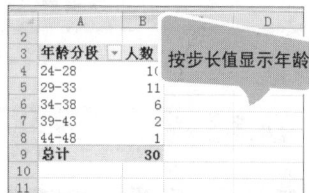

图24-53

Step 04 设置值字段的显示方式为"全部汇总百分比"，直观查看各个年龄段的占比情况

❶ 在"数值"框中单击字段，在打开的下拉菜单中单击"值字段设置"选项，打开"值字段设置"对话框，切换到"值显示方式"选项卡，选择"全部汇总百分比"显示方式，如图24-54所示。

❷ 单击"确定"按钮，返回到数据透视表中，可以看到各个年龄段人数占总人数的百分比，如图24-55所示。

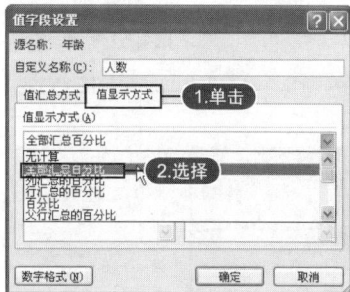

图24-54

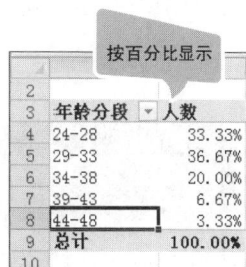

图24-55

24.3.2 创建数据透视图显示各个年龄段人数所占比例

❶ 选中数据透视表的任意单元格，切换到"选项"选项卡，在"工具"选项组中单击"数据透视图"按钮（见图24-56），打开"插入图表"对话框，选择"分离型三维饼图"类型，如图24-57所示。

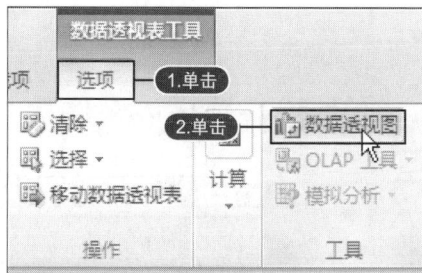

图24-56

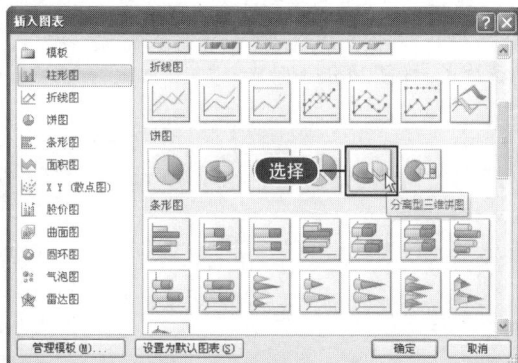

图24-57

❷ 单击"确定"按钮，即可在数据透视表中插入数据透视图，如图24-58所示。

❸ 在图表标题框中重新输入图表标题，并添加"值"数据标签，如图24-59所示。从图表中，可以直观看到企业员工年龄主要分布在29~33区域内。

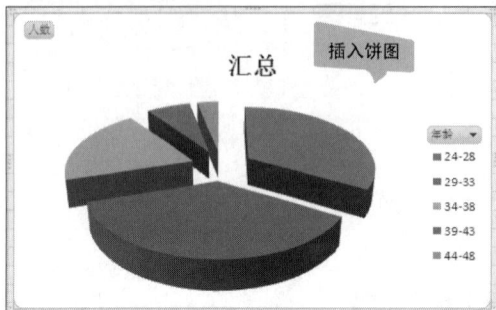

图24-58

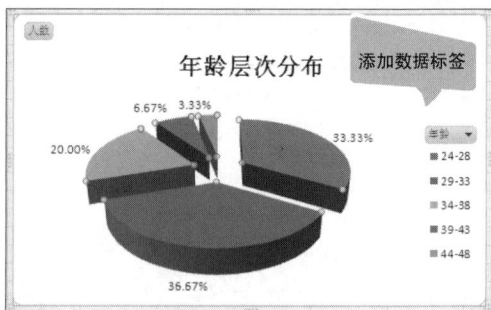

图24-59

24.3.3 创建数据透视表分析员工职称级别

Step 选择数据源，创建数据透视表

❶ 在"人事信息管理表"中选中"职称"列单元格区域，在"插入"选项卡下单击"数据透视表"→"数据透视表"命令。

❷ 打开"创建数据透视表"对话框，在"选择一个表或区域"下的"表/区域"框中显示了选中的单元格区域，如图24-60所示。单击"确定"按钮，即可新建工作表并显示数据透视表。在工作表标签上双击鼠标，然后输入新名称为"职称级别分析"，如图24-61所示。

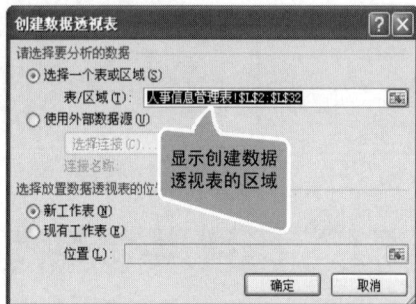

图24-60

图24-61

❸ 设置"职称"为行标签字段；设置"职称"为数值字段（默认汇总方式为计数），如图24-62所示。

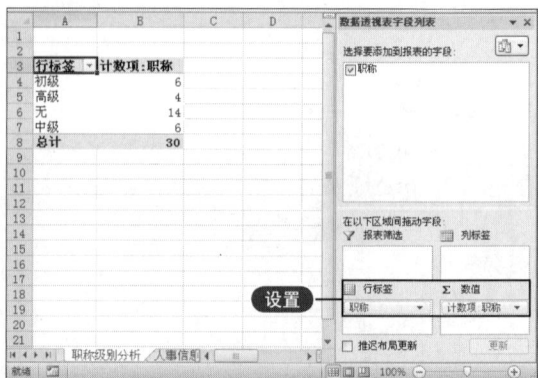

图24-62

❹ 在"数值"框中单击字段，在打开的下拉菜单中单击"值字段设置"选项，打开"值字段设置"对话框，切换到"值显示方式"选项卡，选择"全部汇总百分比"显示方式，如图24-63所示。

❺ 单击"确定"按钮，返回到数据透视表中，可以看到各个年龄段人数占总人数的百分比，将行标签更改为"职称级别"，如图24-64所示。

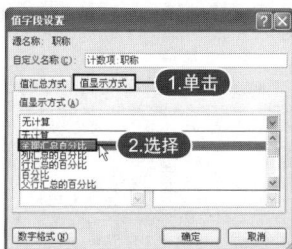

图24-63

图24-64

24.3.4 创建数据透视图直观显示各级别职称的占比情况

❶ 选中数据透视表的任意单元格，切换到"选项"选项卡，在"工具"选项组中单击"数据透视图"按钮，打开"插入图表"对话框，选择"三维饼图"类型，如图24-65所示。

❷ 单击"确定"按钮，即可在数据透视表中插入数据透视图，如图24-66所示。

图24-65

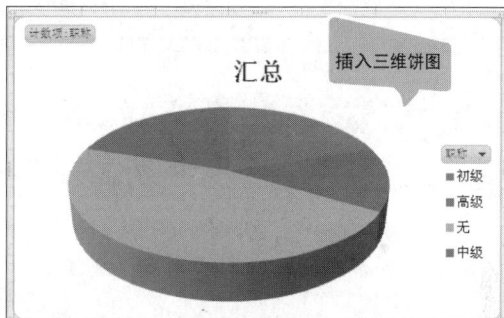

图24-66

❸ 在图表标题框中重新输入图表标题，并添加"值"数据标签，如图24-67所示。从图表中，可以直观看到企业员工无职称的所占比例最多。

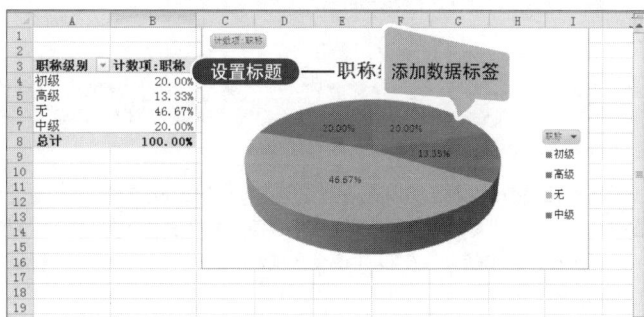

图24-67

24.4 学历层次分析

通过使用人事信息管理表中学历数据创建数据透视表和数据透视图，还可以分析员工的学历层次。

24.4.1 创建数据透视表分析员工学历层次

❶ 在"人事信息管理表"中选中"学历"列单元格区域，在"插入"选项卡下单击"数据透视表"→"数据透视表"命令。

❷ 打开"创建数据透视表"对话框，在"选择一个表或区域"下的"表/区域"框中显示了选中的单元格区域，如图24-68所示。

❸ 单击"确定"按钮，即可新建工作表并显示数据透视表；在工作表标签上双击鼠标，然后输入新名称为"学历层次分析"，如图24-69所示。

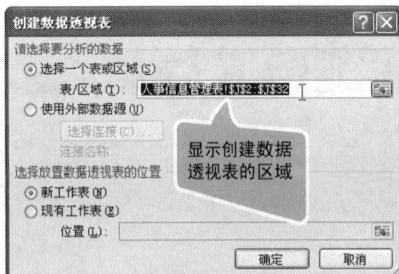

图24-68

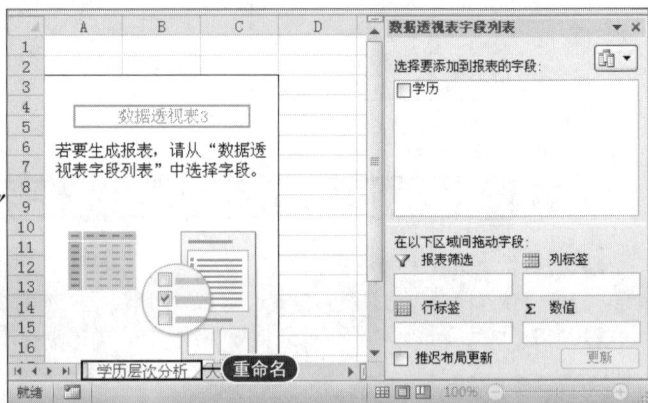

图24-69

❹ 设置"学历"为行标签字段；设置"学历"为数值字段（默认汇总方式为计数），如图24-70所示。

图24-70

❺ 在"数值"框中单击字段，在打开的下拉菜单中单击"值字段设置"选项，打开"值字段设置"对话框，在"自定义名称"框中输入名称为"人数"，如图24-71所示。

❻ 单击"确定"按钮，返回到数据透视表中，将"行标签"文字更改为"学历分类"，显示效果如图24-72所示。

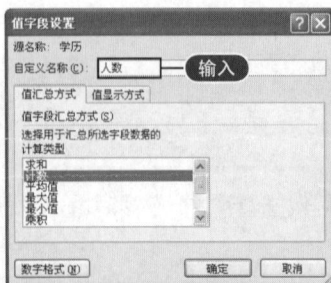

图24-71

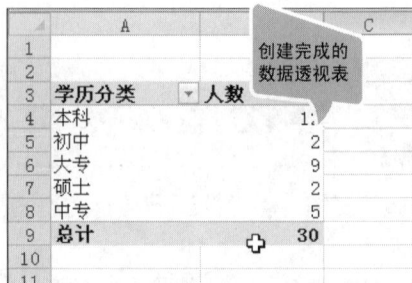

图24-72

❼ 在"数值"框中单击字段，在打开的下拉菜单中单击"值字段设置"选项，打开"值字段设置"对话框，切换到"值显示方式"选项卡，选择"全部汇总百分比"显示方式，如图24-73所示。

❽ 单击"确定"按钮，返回到数据透视表中，可以看到各个学历段人数占总人数的百分比，如图24-74所示。

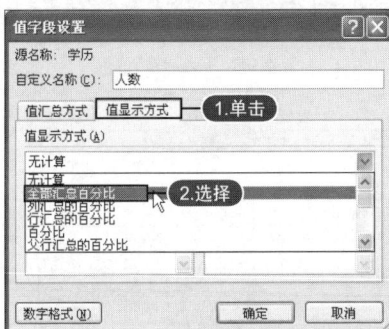

图24-73

图24-74

24.4.2 创建数据透视图分析员工学历层次

❶ 选中数据透视表的任意单元格，切换到"选项"选项卡，在"工具"选项组中单击"数据透视图"按钮，打开"插入图表"对话框，选择"分离型三维饼图"类型，如图24-75所示。

❷ 单击"确定"按钮，即可新建数据透视图，如图24-76所示。

图24-75

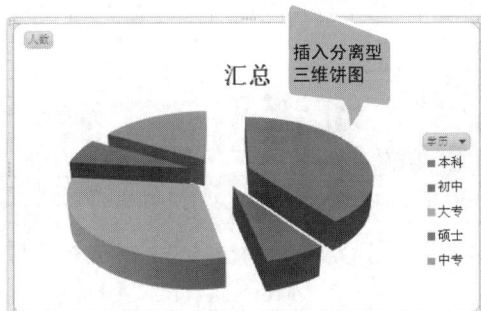

图24-76

❸ 在图表标题框中重新输入图表标题，并添加"值"数据标签，如图24-77所示。从图表中，可以直观看到企业员工学历主要分布在本科这一区域内。

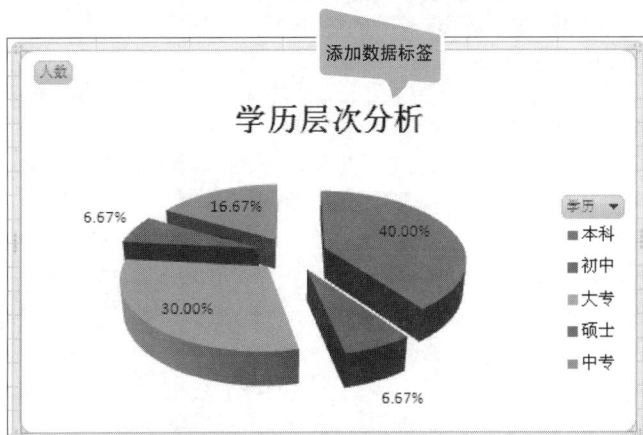

图24-77

24.5 根据员工工龄计算出本年的带薪年假天数

设定公司规定员工工作时间每满365天就可以享受3天年假，即工龄满一年有3天带薪年假，工作时间每满一年年假数随即增加1天，依此类推。

❶ 选中Q3单元格，在编辑栏输入公式：=IF(N3>=1,N3+2))，按【Enter】键，即可从第一位员工的工龄中判断出该员工的本年的带薪年假天数。

❷ 选中Q3单元格，将鼠标指针移至单元格右下角，鼠标指针变成黑色十字形时，按住鼠标左键向下拖动进行公式填充，从而快速得出每位员工本年的带薪年假天数，如图24-78所示。

图24-78

公式分析

=IF(N3>=1,N3+2))

N3>=1，判断员工工龄是否满一年。如果是，执行N3+2，即满一年带薪年假为3天，每增加1年则工龄年假增加1天。

24.6 根据员工工龄设置退休提醒信息

国家法律相关规定企业职工退休年龄是男年满60周岁，女年满55周岁，根据退休年龄规定，可以利用公式计算出各员工的退休年龄，并设置提醒信息。

❶ 选中R3单元格，在编辑栏中输入公式：=EDATE(I3,12*((C3="男")*5+55))+1，按【Enter】键，即可返回数值。

❷ 选中R3单元格，将鼠标指针移至单元格右下角，鼠标指针变成黑色十字形时，按住鼠标左键向下拖动进行公式填充，即可返回其他数值，如图24-79所示。

图24-79

❸ 选中"退休日期"单元格区域，切换到"开始"选项卡，在"数字"选项组中单击"常规"下拉按钮，在下拉列表中选择"短日期"选项，即可根据员工年龄自动显示退休日期，如图24-80所示。

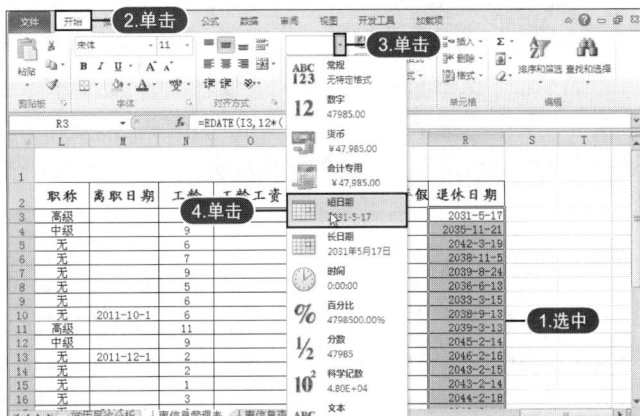

图24-80

公式分析

=EDATE(I3,12*((C3="男")*5+55))+1

I3表示员工的出生日期；12*((C3="男")*5+55))+1，如果C3单元格显示为男性，则表示出生日期到距离他60岁退休的月份数。

24.7 根据员工工龄设置自动生日提醒信息

人力资源部门可以根据员工年龄设置自动生日提醒信息，以提前为员工准备生日礼物，让员工感受到企业的人文关怀，如设置公式在生日前10天提醒员工的生日。

❶ 在S2单元格中输入生日提醒列标识，选中S3单元格，在编辑栏中输入公式：**=TEXT(10-DATEDIF(I3-10, TODAY(),"yd"),"0天后生日;;今天生日")**，按【Enter】键，即可完成设置。

❷ 选中S3单元格，将鼠标指针移至单元格右下角，鼠标指针变成黑色十字形状时，按住鼠标左键向下拖动进行公式填充，即可显示出在10天内过生日的员工信息，如图24-81所示。

图24-81

公式分析

=TEXT(10-DATEDIF(I3-10,TODAY(),"yd"),"0天后生日;;今天生日")

I3表示员工的出生日期；10-DATEDIF(I3-10,TODAY(),"yd")表示当前日期与出生日期前10天的日期相差天数。

范例扩展

通过学习人事信息管理表和人事信息查询表的制作，大家是否已经掌握了常用表格的制作方法呢？如果已经掌握了，那么可以使用以上的操作方法来创建相关的表格，如：人员档案记录表、人事变动申请表、合同到期提醒表等。

1. 人员档案记录表

人力资源部门对在职工作人员都需要创建档案，以保管员工的资料，员工的档案一般包括入职登记表、身份证复印件、学历证书复印件，以及所获奖项复印件等。创建人员档案记录表有利于人力资源部门及时更新和查找员工档案。图24-82（a）和图24-82（b）所示为制作完成的"人员档案记录表"。

（a） 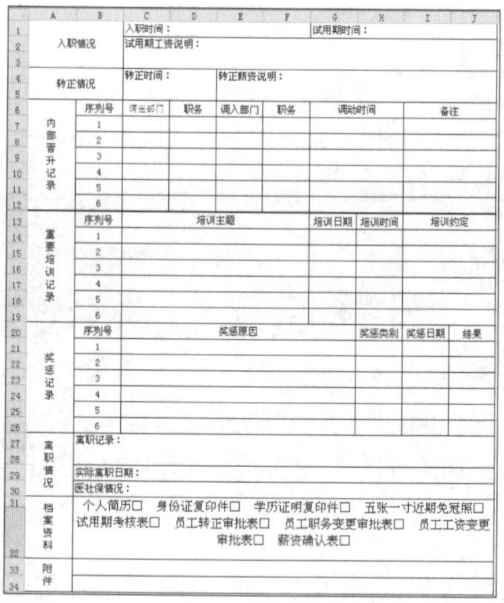　　　　　　　　　　　　　（b）

图24-82

2. 人事变动申请表

人力资源部门对员工培训和考核后，或员工根据自身情况，可以申请人事变动，此时人力资源部门需要创建人事变动申请表，将人事变动呈报给上级审批。图24-83所示为创建完成的"人事变动申请表"。

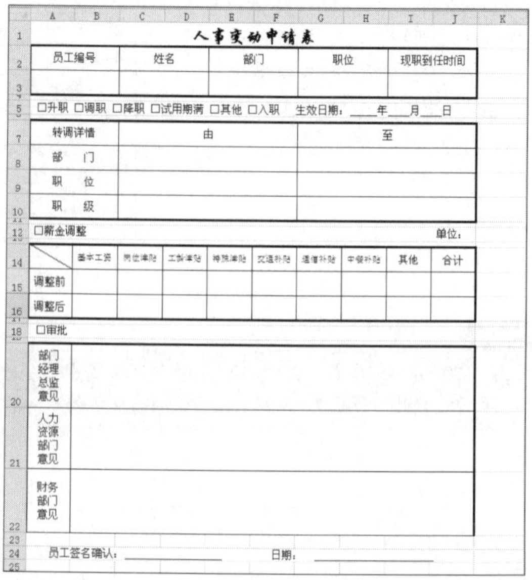

图24-83

3. 合同到期提醒表

人力资源部门会与每位新入职员工签订劳动合同，一般情况是一年。对于超过一年的老员工，需根据情况续签劳动合同，人力资源部门可以创建合同到期提醒表（见图24-84），在合同到期前几天设置提醒，以方便与到期的员工续签劳动合同。

员工姓名	性别	身份证号码	职位	合同到期时间	提前1天	提前2天	提前3天
张云	女	340222198805065000	行政助理	2013-1-10	提醒		
蔡静	女	340025197605162522	厂长	2013-1-12			提醒
陈媛	女	342013198011202000	主管	2013-1-20			
王密	男	340001198203088452	员工	2013-9-8			
吕芬芬	女	340025198311043224	员工	2013-1-11		提醒	
路高泽	男	340025197902281235	员工	2013-4-5			
陈山	女	340031198303026285	总监	2013-1-10	提醒		
廖晓	女	340025840312056	经理	2013-6-18			
张丽君	男	340025198502138578	大区经理	2013-1-12			提醒
吴华波	男	340025198603058573	大区经理	2013-7-5			
黄孝铭	男	342031830214857	大区经理	2013-5-4			
丁锐	男	342025830213857	大区经理	2013-5-3			
庄霞	女	340025198402288563	大区经理	2013-11-5			
黄祸	女	340025198802138548	主管	2013-7-1			
侯娟娟	女	340025197803170540	人事专员	2013-4-8			
王福鑫	男	340042198210160517	人事专员	2013-7-8			

图24-84

读书笔记

Chapter
25 员工考勤、值班与加班管理

∷ 范例概述

　　考勤是获取员工在特定时间和特定场所内的出勤情况，是人力资源部门必须开展的一项工作。使用Excel 2010创建考勤表具有很大的便利性，一是可以方便对所有员工日常的考勤，二是当本月考勤结束后，还可以利用相关函数对本月各个部门的出勤状况进行统计分析，从而得出对企业决策有帮助的数据。

　　在 Excel 2010中要创建员工考勤记录、统计、分析表，需要使用Excel 2010的制表功能，以及相关的函数才可以实现，具体对应如下。

∷ 范例效果

值班安排表

加班统计表

∷ 本章重点

应用功能	对应章节
工作表操作（重命名）	第2章
单元格设置（单元格合并、行高/列宽）	第2章
单元格美化（字体、对齐方式、边框、底纹）	本章讲解中介绍
数据有效性、条件格式	第4章
数据透视表创建、数据透视表设置	第7章
图表创建、图表设置	第8章
应用函数	对应章节
IF函数	第5章
WEEKDAY函数	第5章
COUNTIF函数	第5章
SUM函数	第5章

∷ 参见光盘

　素材文件：随书光盘\素材\第25章

　视频路径：随书光盘\视频教程\第25章

范例制作

25.1 创建员工考勤记录表

考勤是人事部门必须开展的一项工作，考勤表是公司员工每天上班的凭证，也是员工领工资的凭证，因为它是记录员工上班的天数、迟倒、早退、旷工、病假、事假、休假的有文本的"证据"。

25.1.1 设计员工考勤记录表

在Excel中创建考勤表，为的是达到一劳永逸的目的，因此我们需要在表头部分设置年份与月份的可选择区域，并创建相关公式根据当前年份与月份自动返回表格标题，以及自动计算出指定月份的实际工作日。

Step 01 创建员工考勤记录表

❶ 新建工作簿并保存名称为"考勤管理表"。

❷ 在Sheet1工作表标签上双击鼠标，将其重命名为"考勤表"。

❸ 空出前两行，在第三行中创建两个区，其中"基本信息"区包含"编号"、"姓名"、"所属部门"列标识，"考勤区"需要包含31列（因为一个月中最多有31天），此处需要调整"考勤区"中31列的宽度，调整完成后如图25-1所示。

图25-1

Step 02 在第一行中添加年份与月份的可选择序列

❶ 在第一行中输入文字，设置文字格式，并以合理显示为目标，合并某些单元格，如图25-2所示。

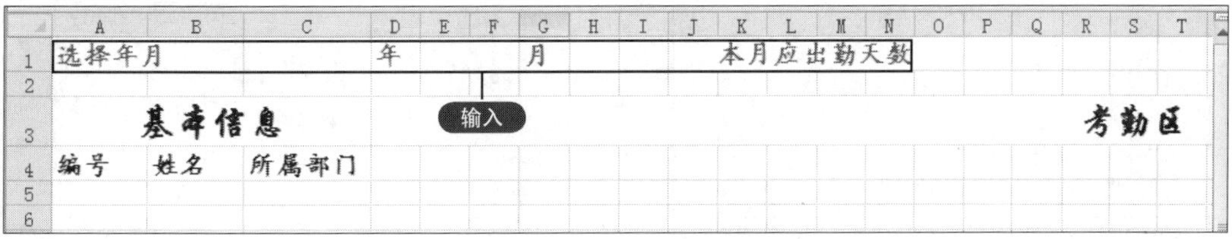

图25-2

❷ 在当前工作表的空白区域中输入多个年份（本例中输入年份为2010~2050）及1~12月份，如图25-3所示。

❸ 选中C1单元格，在"数据"选项卡的"数据工具"选项组中单击"数据有效性"按钮（见图25-4），打开"数据有效性"对话框。

图25-3

图25-4

❹ 在"允许"下拉列表中选择"序列"选项，在"来源"框右侧单击▦按钮（见图25-5），返回到工作表中可选择序列的来源，本例中选择之前输入年份的单元格区域，如图25-6所示。

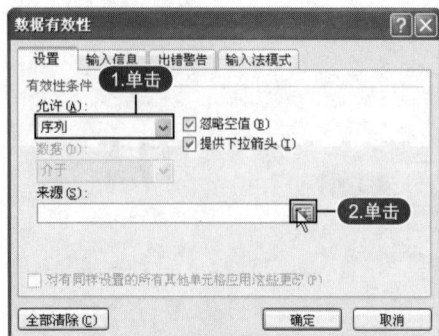

图25-5

图25-6

❺ 选择后单击▦按钮，返回到"数据有效性"对话框，可以看到显示的序列来源，如图25-7所示。

❻ 单击"确定"按钮，返回到工作表中，选中C1单元格可出现下拉按钮，单击可展开下拉列表，实现年份的选择，如图25-8所示。

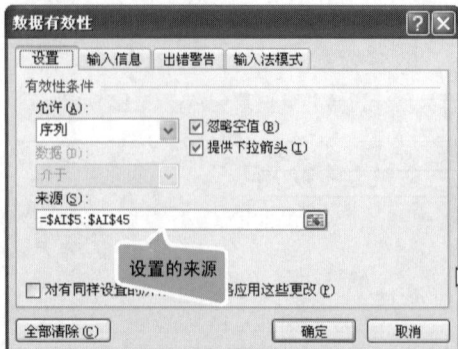

图25-7

图25-8

❼ 选中E1单元格，打开"数据有效性"对话框，按相同的方法，将之前在空白区域内输入日期的单元格区域设置为序列来源，如图25-9所示。

❽ 单击"确定"按钮，返回到工作表中，选中E1单元格可出现下拉按钮，单击可展开下拉列表，实现月份的选择，如图25-10所示。

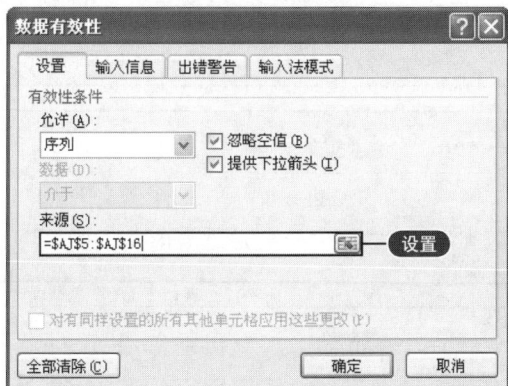

图25-9

图25-10

Step 03　设置计算当月工作日天数的公式

❶ 选中P1单元格，输入公式：=NETWORKDAYS (DATE($C$1,$E$1,1),EOMO NTH(DATE($C$1,$E$1,1),0))，按【Enter】键，即可计算出当前指定年、月的工作日天数，如图25-11所示。

图25-11

❷ 更改C1、E1单元格中的年份或月份，可自动重新计算指定年、月的工作日的天数，如图25-12所示。

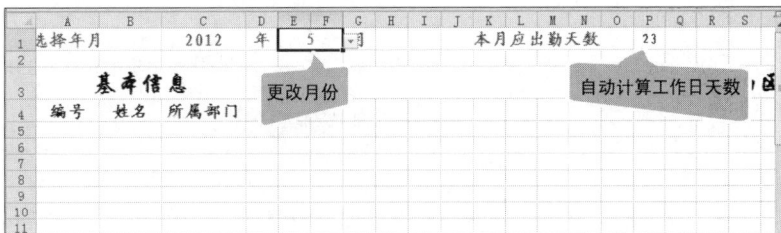

图25-12

公式分析

=NETWORKDAYS(DATE($C$1,$E$1,1),EOMONTH(DATE($C$1,$E$1,1),0))

NETWORKDAYS函数用于计算两个指定日期间的工作日天数。这两个指定日期分别为"DATE($C$1,$E$1,1)"与"EOMONTH(DATE($C$1,$E$1,1),0)"的返回值。

❶ "DATE($C$1,$E$1,1)"表示将C1、E1、1转换为日期。

❷ "EOMONTH(DATE($C$1,$E$1,1),0)"表示先用"DATE($C$1,$E$1,1)"将C1、E1、1转换为日期，然后使用EOMONTH函数返回该日期对应的本月的最后一天。

Step 04 根据当前年份与月份自动显示标题

❶ 合并且居中A2:AH2单元格区域，在"开始"选项卡的"字体"选项组中设置好文字格式，如图25-13所示。

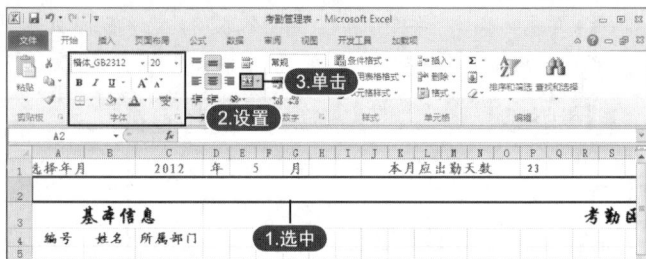

图25-13

❷ 选中A2单元格，在公式编辑栏中输入公式：=TEXT(DATE(C1,E1,1),"e年M月份考勤表")，按【Enter】键，即可输入当月的考勤表字样，如图25-14所示。

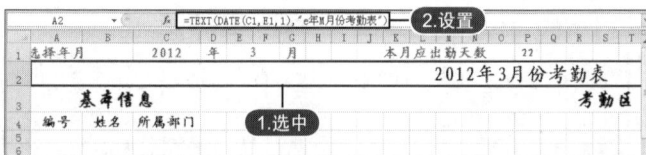

图25-14

25.1.2 设置单元格的条件格式

考勤表需要逐日考勤，因此要显示出当前月份下的每个日期。不同的月份有30天与31天之分，2月份还有可能出现28年或29天的情况，因此根据在C1与E1单元格中选择的年份与月份的不同，各月对应的天数不同，且不同日期下对应的星期数也各不相同，下面将通过设置公式实现自动根据当前年、月自动显示当月日期及对应星期数。

1. 创建公式返回指定月份中对应的日期与星期数

Step 01 设置公式返回指定年、月对应的日期

❶ 选中D4单元格，输入公式：=IF(MONTH(DATE($C$1,$E$1,COLUMN(A1)))=$E$1,DATE($C$1,$E$1,COLUMN(A1)),"")，按【Enter】键，返回当前指定年、月下第一日对应的日期序号，如图25-15所示。

图25-15

❷ 选中D4单元格，在"开始"选项卡的"数字"选项组中单击 按钮，打开"设置单元格格式"对话框。在"分类"列表框中选中"自定义"选项，设置"类型"为"d"，表示只显示日，如图25-16所示。

❸ 单击"确定"按钮，可以看到D4单元格显示出指定年、月下的第一日，如图25-17所示。

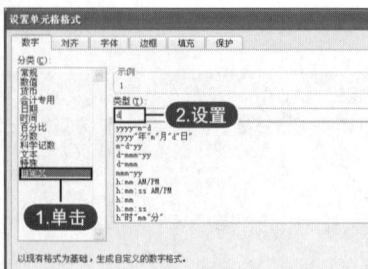

图25-16

图25-17

❹ 选中D4单元格，将光标定位到右下角，当出现黑色十字形状时，按住鼠标左键向右拖动至AH单元格，可以返回指定年、月下的所有日期，如图25-18所示。

图25-18

公式分析

=IF(MONTH(DATE($C$1,$E$1,COLUMN(A1)))=$E$1,DATE($C$1,$E$1,COLUMN(A1)),"")

判断DATE($C$1,$E$1,COLUMN(A1))中的月份数是否等于E1单元格的月份数，如果等于，返回DATE($C$1,$E$1,COLUMN(A1))；否则，返回空值。

此公式关键在于COLUMN(A1)的应用，当公式由D4复制到D5时，COLUMN(A1)变为COLUMN(A2)，返回值为"2"；当公式复制到D6时，COLUMN(A1)变为COLUMN(A3)，返回值为"3"，从而实现依次返回指定月份的日期数。

Step 02 设置公式返回各日期对应的星期数

❶ 选中D5单元格，在公式编辑栏中输入公式：=IF(MONTH(DATE($C$1,$E$1,COLUMN(A1)))=$E$1, DATE($C$1,$E$1,COLUMN(A1)),"")，按【Enter】键，返回当前指定年、月下第一日对应的日期序号，如图25-19所示。

图25-19

❷ 将返回的日期序号的单元格格式设置为显示星期数。选中D5单元格，在"开始"选项卡的"数字"选项组中单击 按钮，打开"设置单元格格式"对话框。在"分类"列表框中选中"日期"选项，设置"类型"为"周三"，表示显示星期数，如图25-20所示。

❸ 单击"确定"按钮，可以看到D5单元格显示出指定年、月下第一日对应的星期数，如图25-21所示。

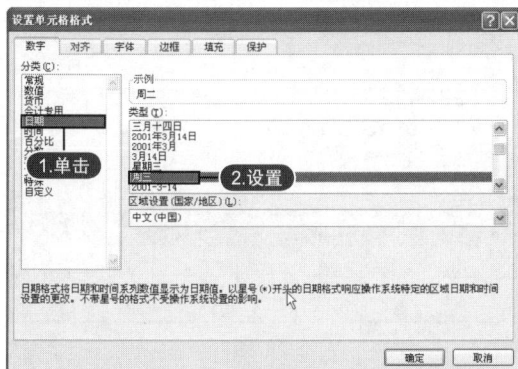

图25-20

图25-21

❹ 选中D5单元格，将光标定位到右下角，当出现黑色十字形状时，按住鼠标左键向右拖动至AH单元格，可以返回指定年、月下的所有日期对应的星期数，如图25-22所示。

图25-22

2. 设置"周六"、"周日"显示为特殊颜色

通过以下操作可以实现让周六、周日显示为特殊的颜色。

Step 01 设置"周六"显示格式

❶ 选中D4:AH5单元格区域，切换到"开始"选项卡，在"样式"选项组中单击"条件格式"下拉按钮，在其下拉菜单中单击"新建规则"选项，如图25-23所示。

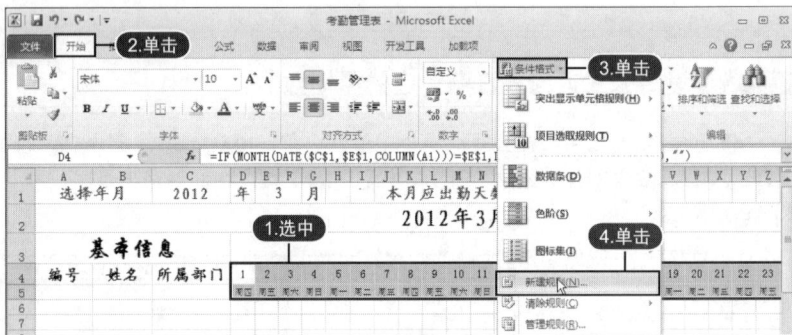

图25-23

❷ 打开"新建格式规则"对话框，选择"使用公式确定要设置格式的单元格"规则类型，设置公式为：=WEEKDAY(D4,2)=6，单击"格式"按钮，如图25-24所示。

❸ 打开"设置单元格格式"对话框，切换到"填充"选项卡，设置特殊背景色，如图25-25所示；切换到"字体"选项卡下，设置特殊字体（此处设置字体为白色且加粗），如图25-26所示。

❹ 单击"确定"按钮，返回到"新建格式规则"对话框中，可以看到格式预览，如图25-27所示。

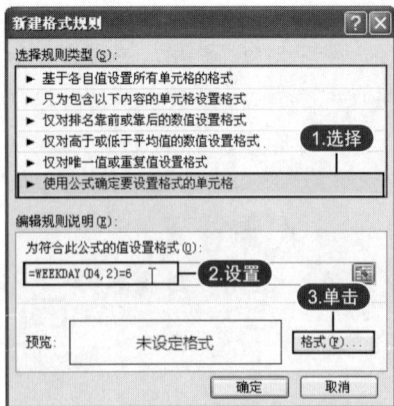

图25-24

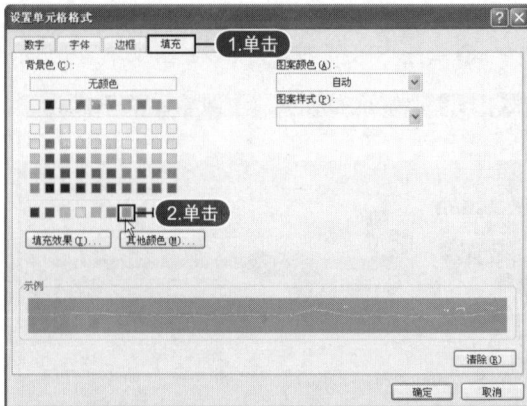

图25-25

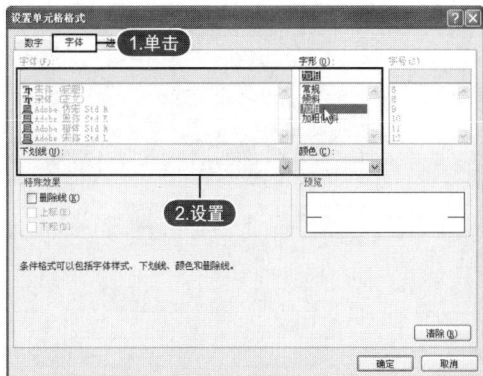

图25-26

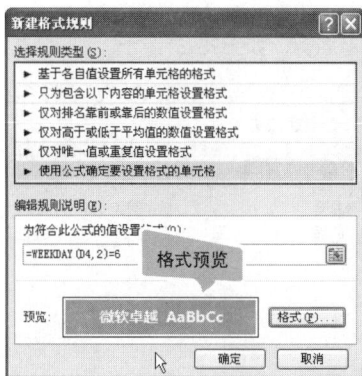

图25-27

Step 02 设置"周日"显示格式

❶ 选中D4:AH5单元格区域,打开"新建格式规则"对话框。选择"使用公式确定要设置格式的单元格"规则类型,设置公式为:=WEEKDAY(D4,2)=7,单击"格式"按钮,如图25-28所示。

❷ 按相同的方法设置格式(此处设置红色背景,白色、加粗字体),设置完成后返回到"新建格式规则"对话框中,可以看到格式预览,如图25-29所示。

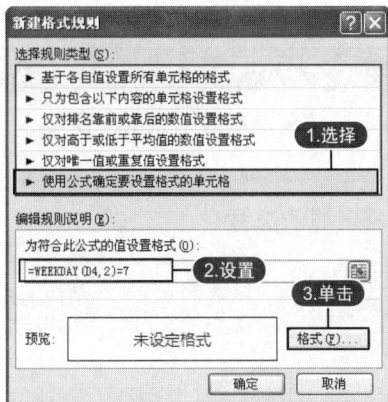

图25-28

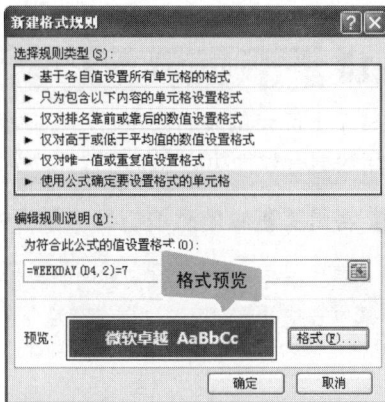

图25-29

❸ 设置完成后,可以看到周六显示绿色,周日显示红色,如图25-30所示。

	D	E	F	G	H	I	J	K	L	M	N	O	P	Q	R	S	T	U	V	W	X	Y	Z	AA	AB	AC	AD	AE	AF	AG	AH
1	年		3		月			本月应出勤天数				22																			
2								2012年3月份考勤表												周六、日的显示效果										
3											考勤区																				
4	1	2	3	4	5	6	7	8	9	10	11	12	13	14	15	16	17	18	19	20	21	22	23	24	25	26	27	28	29	30	31
5	周四	周五	周六	周日	周一	周二	周三	周四	周五	周六	周日	周一	周二	周三	周四	周五	周六	周日	周一	周二	周三	周四	周五	周六	周日	周一	周二	周三	周四	周五	周六

图25-30

3. 验证考勤表的表头

完成了考勤表表头的创建后,可以在C1与E1单元格中重新选择年份与月份,以验证本月应出勤天数、表格标题、指定年/月的所有日期、各日期对应的星期数。

❶ 更改E1单元格中的月份为7，可分别查看本月应出勤天数、表格标题、指定年/月的所有日期、各日期对应的星期数，如图25-31所示。

图25-31

❷ 更改E1单元格中的月份为"11"，可分别查看本月应出勤天数、表格标题、指定年/月的所有日期、各日期对应的星期数，如图25-32所示。

图25-32

25.1.3 填制每位员工的考勤记录

完成了上面考勤表的创建后，可以根据本月的实际情况来填制考勤表。为了方便实际考勤，可以使用数据有效性功能添加可选择序列。

Step 01 将员工基本信息填制到考勤表中并设置表格编辑区域的边框

❶ 将员工编号、姓名、所属部门的信息填制到工作表中（可以从企业员工档案中获取）。

❷ 选中表格的编辑区域，在"开始"选项卡的"数字"选项组中单击 按钮，打开"设置单元格格式"对话框，切换到"边框"选项卡，设置选中区域的边框，设置完成后如图25-33所示。

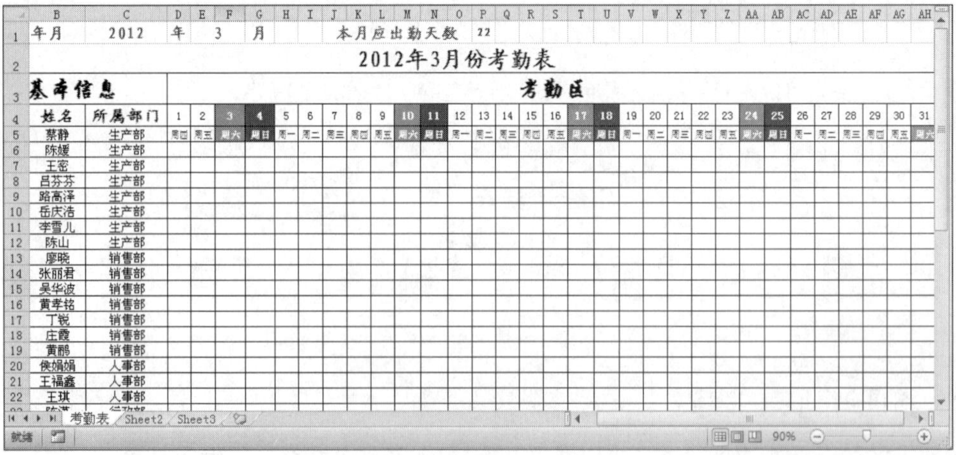

图25-33

Step 02 设置考勤区域数据有效性

设置考勤区的数据有效性的目的是为了让记录考勤更加便利。

❶ 选中考勤区域，在"数据"选项卡的"数据工具"选项组下单击"数据有效性"按钮（见图25-34），打开"数据有效性"对话框。

❷ 在"允许"下拉列表中选择"序列"，设置"来源"为"√,事,病,旷,差,年,婚,迟1,迟2,迟3"（此处只针对于本例设置），如图25-35所示。

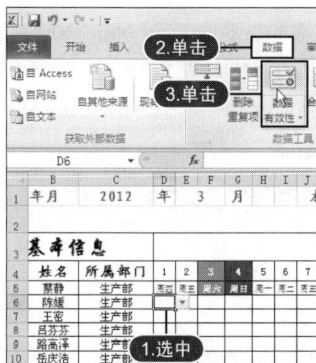

图25-34

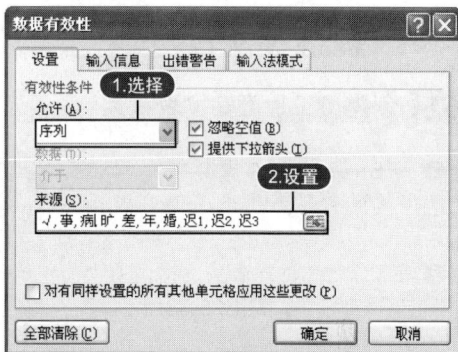

图25-35

❸ 设置完成后，单击"确定"按钮，返回到工作表中，选中考勤区域的任意单元格，即可从下拉列表中选择请假或迟到类别，如图25-36所示。

注意

根据企业设置的假别不同，考勤区中关于考勤选项的设置会稍有不同。如本例中用"事"表示"事假"、用"差"表示"出差"、用"迟"表示迟到半小时以内、用"迟1"表示迟到1小时以内、用"迟2"表示迟到1小时以上（算事假半天）等。

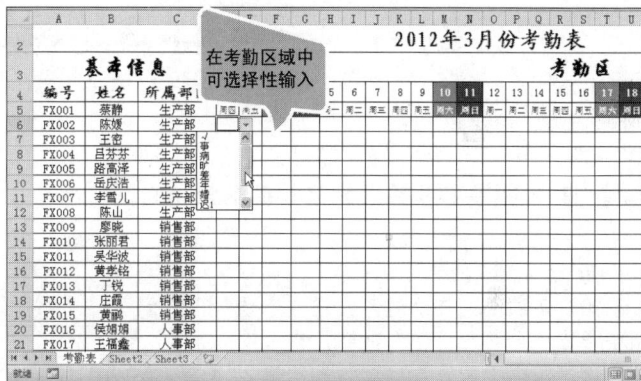

图25-36

Step 03 根据每日员工的实际出勤情况，进行考勤

本月考勤完成后，考勤表如图25-37所示。

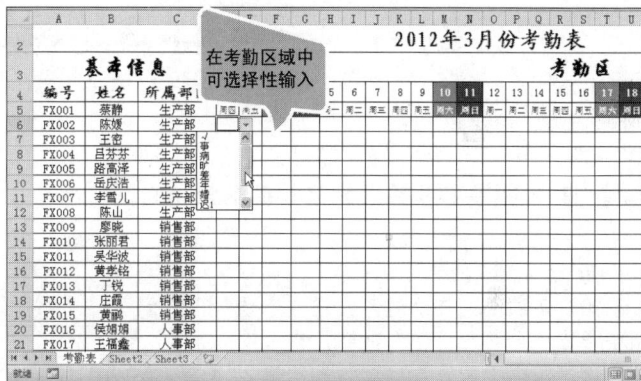

图25-37

25.2 创建员工值班安排表

为了保障工作的正常运营，在特定的假期，人力资源部需要安排一些员工正常上班，这种上班称为值班。

25.2.1 设计员工值班安排表

Step 01 创建员工加班安排表框架

❶ 在Sheet2工作表标签上双击鼠标，将其重命名为"员工值班安排表"。

❷ 在工作表中输入表头、标识项以及安排值班员工姓名，如图25-38所示。

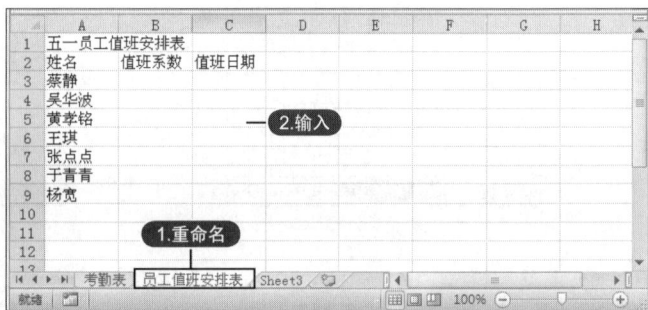

图25-38

Step 02 根据需要合并单元格并调整单元格列宽

❶ 选中A1:C1单元格区域，切换到"开始"选项卡，在"对齐方式"选项组中单击"合并后居中"按钮，在"字体"选项组中设置表头的字体、字号，设置完成后效果如图25-39所示，还可以在"对齐方式"选项组中设置表格行/列标识的对齐方式。

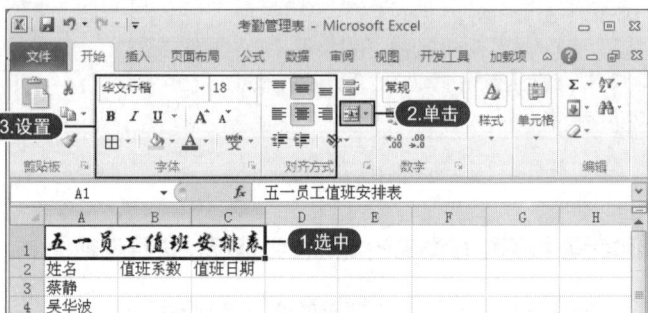

图25-39

❷ 选中要调整的列，将光标定位在B列标右侧边线上，当出现双向箭头时，按住鼠标左键，向右拖动增大列宽，向左拖动减小列宽，如图25-40所示。

❸ 选中要调整的行，将光标定位在第二行的行号下侧边线上，当出现双向箭头时按住鼠标左键，向下拖动增大行高，向上拖动减小行高，如图25-41所示。

图25-40

图25-41

❹ 按相同的方法，根据实际需要，依次调整列标识各列的列宽，调整完成的表头信息如图25-42所示。

图25-42

Step 03 设置数据编辑区域的边框与底纹

❶ 选中表格的编辑区域，在"开始"选项卡的"数字"选项组中单击 按钮，打开"设置单元格格式"对话框。切换到"边框"选项卡，在"样式"列表框中选择线条样式，在"颜色"框中可以设置线条的颜色，单击"外边框"按钮与"内部"按钮可将设置的线条格式应用于选中区域的外边框与内边框，如图25-43所示。

❷ 单击"确定"按钮，可以看到选中的区域设置了边框，如图25-44所示。

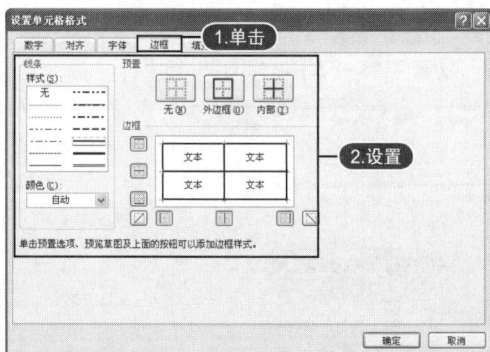

图25-43

图25-44

❸ 选中标题单元格区域，在"开始"选项卡的"字体"选项组中单击"填充颜色"按钮，打开下拉菜单，从中可以选择填充颜色，如图25-45所示。

图25-45

25.2.2 创建员工值班安排表求解模型

创建好员工值班安排表后，可以根据某些员工的特殊要求来安排值班员工的值班时间，使得每个员工值班时间不冲突。

Step 01 设计求解模型框架

❶ 选中E3和E4单元格，分别输入"变量"和"目标值"，并设置E3:E4单元格区域的对齐方式、边框和底纹，如图25-46所示。

❷ 在H3和H4单元格中分别输入数值"1"和"2"，并选中H3:H4单元格区域，将光标移动到H4单元格右下角，当鼠标指针变为十字形状时，拖动向下填充，如图25-47所示。

图25-46

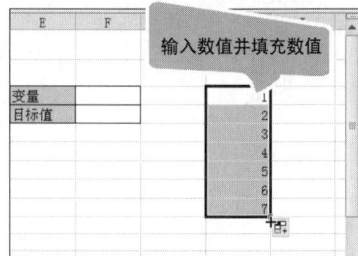

图25-47

Step 02 根据姓名的假设条件，在对应单元格中输入对应公式和数值

❶ 根据员工"蔡静"的假设条件，在B3单元格中输入数值"3"。

❷ 根据员工"吴华波"的假设条件，在B4单元格中输入数值"B5+2"。

❸ 根据员工"黄孝铭"的假设条件，在B5单元格中输入数值"B3-1"。

❹ 根据员工"王琪"的假设条件，在B6单元格中不输入任何内容。

❺ 根据员工"张点点"的假设条件，在B7单元格中输入数值"B9+1"。

❻ 根据员工"于青青"的假设条件，在B8单元格中输入数值"B3-F3"。

❼ 根据员工"杨宽"的假设条件，在B9单元格中输入数值"B3+F3"，如图25-48所示。

图25-48

Step 03 确定求解模型的目标值

❶ 在H10单元格中输入公式：=SUMSQ(H3:H9)，按【Enter】键，即可求出H3:H9单元格区域中的一组数的平方和，如图25-49所示。

❷ 在F4单元格中输入公式：=SUMSQ(B3:B9)，按【Enter】键，即可求出B3:B9单元格区域中的一组数的平方和，如图25-50所示。

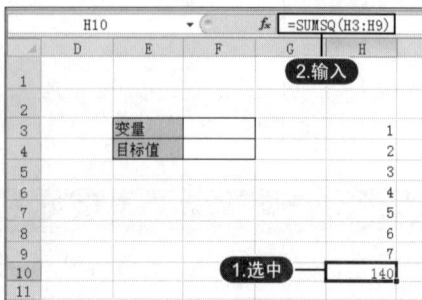

图25-49

图25-50

公式分析

=SUMSQ(H3:H9)

SUMSQ函数用于返回指定一组数值的平方和。 "=SUMSQ(H3:H9)"表示求出H3:H9单元格区域中的一组数值的平方和。

25.2.3 利用"规划求解"求出员工具体值班时间

Step 01 加载"规划求解加载项"

❶ 单击"文件"标签,切换到Backstage视图,单击"选项"选项,如图25-51所示。

❷ 打开"Excel选项"对话框,在左侧窗格中单击"加载项"标签,在右侧"加载项"列表框中选择"规划求解加载项"选项,单击"转到"按钮,如图25-52所示。

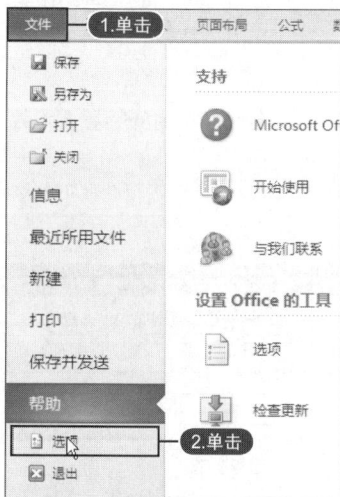

图25-51

图25-52

❸ 打开"加载宏"对话框,在"可用加载宏"列表框中选中"规划求解加载项"复选框,如图25-53所示。

❹ 单击"确定"按钮,即可在"数据"选项卡的"分析"选项组中添加"规划求解"按钮,如图25-54所示。

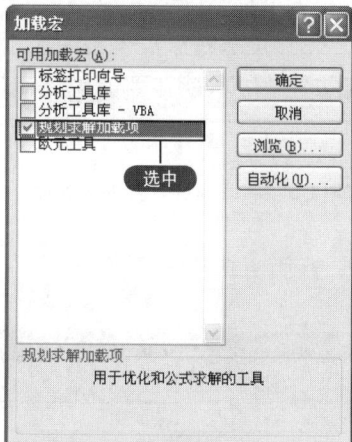

图25-53

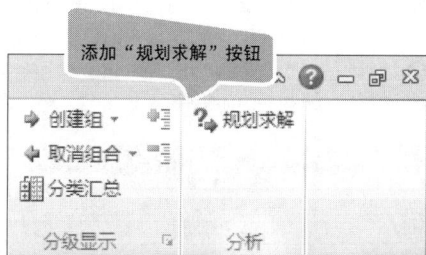

图25-54

Step 02 设置约束条件

❶ 单击"规划求解"按钮，打开"规划求解参数"对话框，设置"设置目标"单元格为"$F$4"。

❷ 在"到"栏中选中"目标值"单选按钮，并将值设置为H10单元格的值，即140，设置"通过更改可变单元格"为"$F$3,$B$6"，单击"添加"按钮，如图25-55所示。

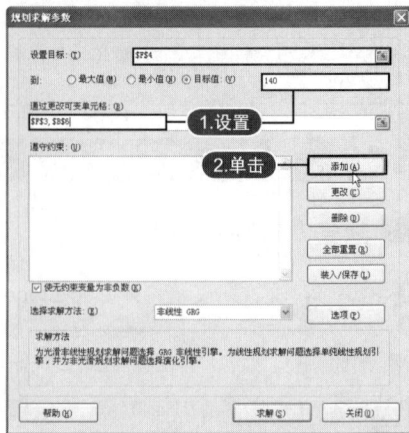

图25-55

❸ 打开"添加约束"对话框，设置"单元格引用"位置为"$B$6"，选择运算符为int，接着设置"约束"值为"整数"，单击"添加"按钮，如图25-56所示。

❹ 打开"添加约束"对话框，设置"单元格引用"位置为"$B$6"，选择运算符为"＞＝"，接着设置"约束"值为1，单击"添加"按钮，如图25-57所示。

图25-56

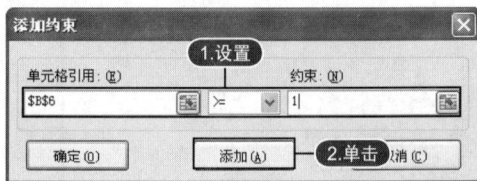

图25-57

❺ 继续设置"单元格引用"位置为"$B$6"，选择运算符为"＜＝"，接着设置"约束"值为7，单击"添加"按钮，如图25-58所示。

❻ 继续设置"单元格引用"位置为"$F$3"，选择运算符为int，接着设置"约束"值为"整数"，单击"添加"按钮，如图25-59所示。

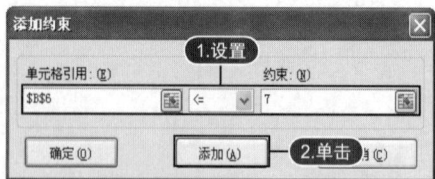

图25-58

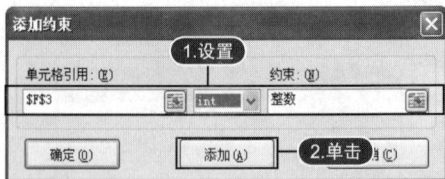

图25-59

❼ 打开"添加约束"对话框，设置"单元格引用"位置为"$F$3"，选择运算符为"＞＝"，接着设置"约束"值为1，单击"添加"按钮，如图25-60所示。

❽ 继续设置"单元格引用"位置为"$F$3"，选择运算符为"＜＝"，接着设置"约束"值为7，单击"添加"按钮，如图25-61所示。

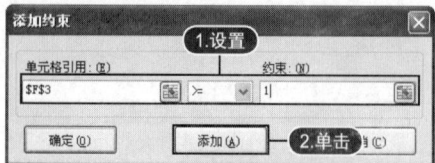

图25-60

图25-61

Step 03 进行规划求解

❶ 设置完成后，单击"确定"按钮，返回到"规划求解参数"对话框，在"遵守约束"列表框中可以看到添加的约束条件，单击"求解"按钮，如图25-62所示。

❷ 打开"规划求解结果"对话框，保持默认选项，单击"确定"按钮，如图25-63所示。

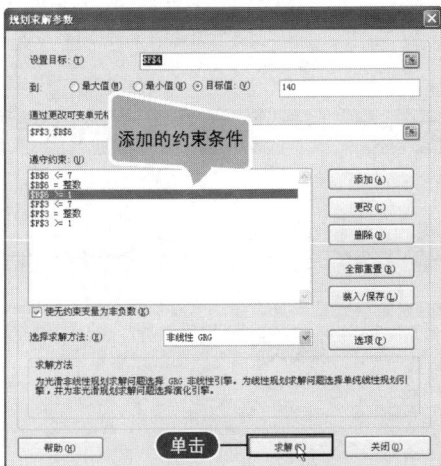

图25-62

图25-63

❸ 返回工作表中，即可求出"五一"放假期间7位值班人员的具体值班日期系数，如图25-64所示。

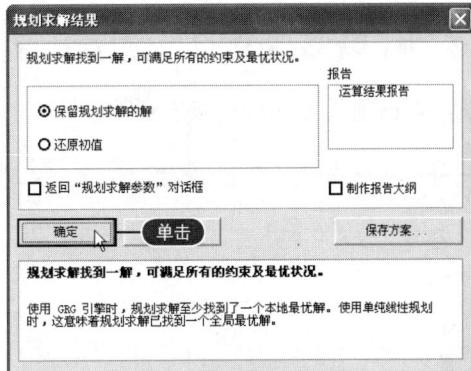

图25-64

Step 04 利用公式得到员工值班日期

❶ 选中C3单元格，在编辑栏中输入公式：="5月"&B3&"日"，按【Enter】键即可得到第一位员工值班的值班日期，如图25-65所示。

❷ 将光标移动到C3单元格右下角，当鼠标指针变为十字形状时，拖动鼠标向下填充到C9单元格，即可得到7位员工的值班日期，如图25-66所示。

	C3	fx	="5月"&B3&"日"
	A	B	C
1	五一员工值班安排表		
2	姓名	值班系数	值班日期
3	蔡静	3	5月3日
4	吴华波	4	
5	黄孝铭	2	
6	王琪	7	
7	张点点	6	
8	于青青	1	
9	杨宽	5	
10			

图25-65

	C3		
	A	B	C
1	五一员工值班安排表		
2	姓名	值班系数	值班日期
3	蔡静	3	5月3日
4	吴华波	4	5月4日
5	黄孝铭	2	5月2日
6	王琪	7	5月7日
7	张点点	6	5月6日
8	于青青	1	5月1日
9	杨宽	5	5月5日
10			

图25-66

25.3 创建员工月加班安排表

月加班安排表是统计本月所有员工加班情况，并经过人事部审核批准再送到财务部，为计算加班奖金提供原始数据。

25.3.1 创建员工加班记录表

Step 01 创建员工加班记录表框架

❶ 在Sheet3工作表标签上双击鼠标，将其重命名为"员工月加班记录表"。

❷ 在工作表中输入表头，以及"加班日期"、"加班员工"、"加班性质"等标识项，如图25-67所示。

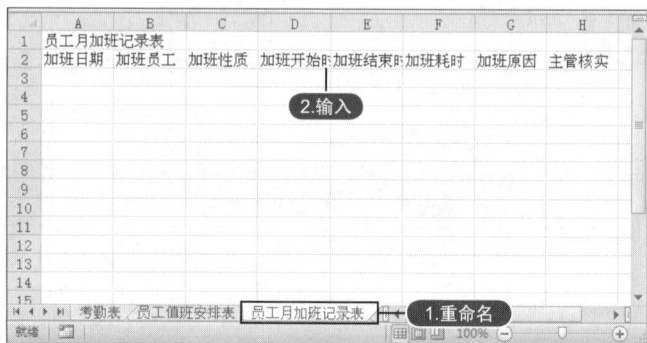

图25-67

Step 02 根据需要合并单元格并调整单元格列宽

❶ 选中A1:H1单元格区域，切换到"开始"选项卡，在"对齐方式"选项组中单击"合并后居中"按钮，在"字体"选项组中设置表头的字体、字号，设置完成后效果如图25-68所示，还可以在"对齐方式"选项组中设置表格行/列标识的对齐方式。

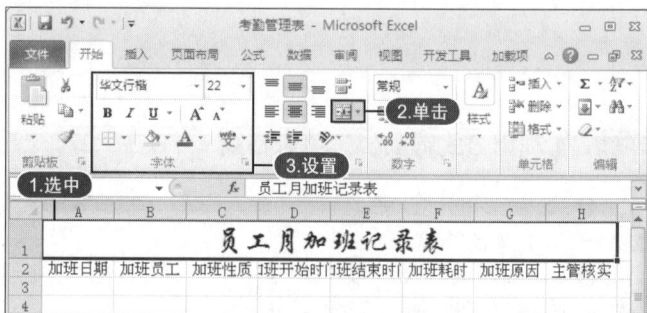

图25-68

❷ 选中要调整的列，将光标定位在A列标右侧边线上，当出现双向箭头时，按住鼠标左键，向右拖动增大列宽，向左拖动减小列宽，如图25-69所示。

❸ 选中要调整的行，将光标定位在第二行的行号下侧边线上，当出现双向箭头时，按住鼠标左键，向下拖动增大行高，向上拖动减小行高，如图25-70所示。

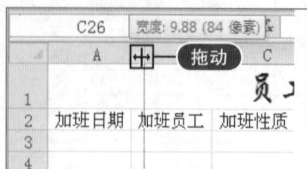

图25-69

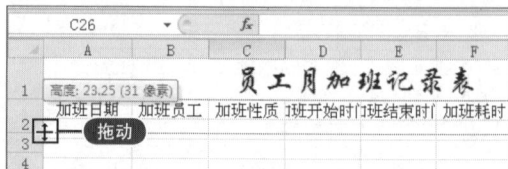

图25-70

❹ 按相同的方法，根据实际需要，依次调整列标识各列的列宽，调整完成的表头信息如图25-71所示。

图25-71

Step 03 设置数据编辑区域的边框与底纹

❶ 选中表格的编辑区域，在"开始"选项卡的"数字"选项组中单击 按钮，打开"设置单元格格式"对话框。切换到"边框"选项卡，在"样式"列表框中选择线条样式，在"颜色"框中可以设置线条的颜色，单击"外边框"按钮与"内部"按钮可将设置的线条格式应用于选中区域的外边框与内边框，如图25-72所示。

❷ 单击"确定"按钮，可以看到选中的区域设置了边框，如图25-73所示。

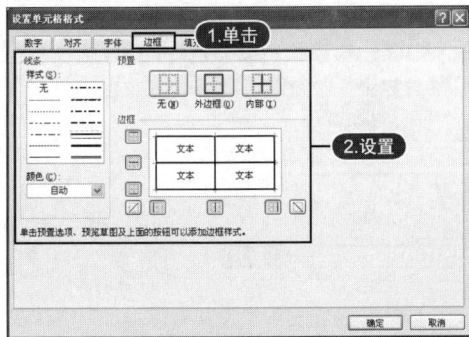

图25-72

图25-73

❸ 选中标题单元格区域，在"开始"选项卡的"字体"选项组中单击"填充颜色"按钮，打开下拉菜单，从中可以选择填充颜色，如图25-74所示。

图25-74

341

Step 04 输入员工加班记录信息

❶ 将加班日期、加班员工、加班原因、主管核实标识项内容输入到对应的单元格中。

❷ 选中"加班开始时间"和"加班结束时间"标识项下的单元格，在"开始"选项卡的"数字"选项组中单击"常规"下拉按钮，在下拉表中选择"时间"选项，接着输入时间，输入完成后如图25-75所示。

图25-75

❸ 在工作表数据编辑区域之外的单元格中创建"加班性质"条件，如图25-76所示。

❹ 选中C3:C24单元格区域，切换到"数据"选项卡，在"数据工具"选项组中单击"数据有效性"选项。

❺ 打开"数据有效性"对话框，设置"有效性条件"为"序列"，将光标定位到"来源"文本框中，单击右侧的"拾取器"按钮，在工作表中拖动鼠标选中K3:K5单元格区域，单击"确定"按钮，如图25-77所示。

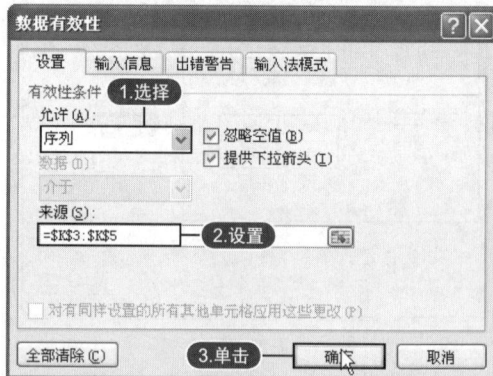

图25-76　　　　　　　　　　　　　　　图25-77

❻ 设置完成后，选中"加班性质"区域的任意单元格，即可从下拉列表中选择加班性质，如图25-78所示。

图25-78

Step 05 计算加班耗时

❶ 在F3单元格中输入公式：=(E3-D3)*24，按【Enter】键，即可算出第一位员工的加班耗时，如图25-79所示。

❷ 将光标定位到F3单元格的右下角，当鼠标指针变为十字形状时，向下填充到F24单元格中，即可复制公式计算出每位员工的加班耗时，如图25-80所示。

图25-79

图25-80

25.3.2 创建员工月加班时间和奖金统计表

不同的加班性质，所应发的加班费用不同。设定平时加班为10元/小时，双休日加班为15元/小时，法定假日加班为20元/小时，根据不同加班性质的加班，计算总加班奖金。

Step 01 创建员工加班时间统计表

❶ 在工作表标签最右侧单击"插入工作表"按钮，新建工作表Sheet4（见图25-81），接着重命名Sheet4工作表为"加班时间统计表"，如图25-82所示。

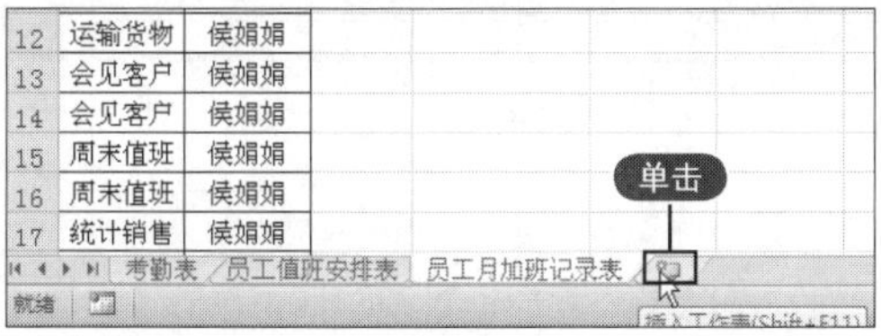

图25-81

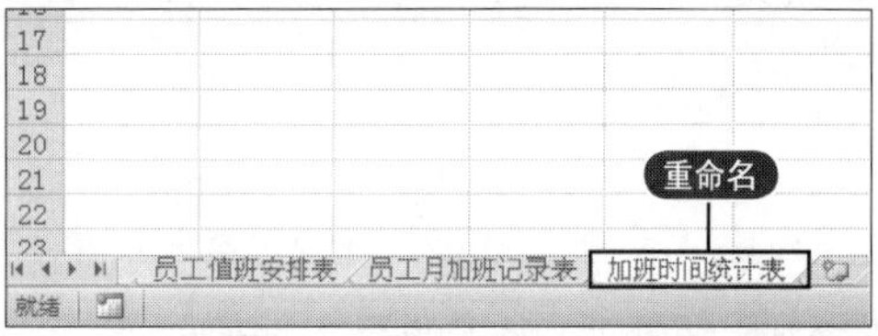

图25-82

❷ 在工作表中输入表头，以及"加班员工"、"A性质加班时间"、"总加班奖金"等标识项，如图25-83所示。

图25-83

Step 02 美化和设置加班时间统计表

❶ 使用合并及居中、字体、字号、对齐方式等功能，设置表头和各项列标识。

❷ 使用填充颜色和边框功能，设置单元格的边框和底纹，设置后的效果如图25-84所示。

图25-84

Step 03 统计A性质下的员工加班时间

❶ 在B3单元格中，在公式编辑栏中输入公式：=SUMIFS(员工月加班记录表!$F$3:$F$24,员工月加班记录表!$B$3:$B$24,A3,员工月加班记录表!$C$3:$C$24,"A")，按【Enter】键，即可从"员工月加班记录表"中统计出"陈风"的平时加班时长。

❷ 将光标移动到B3单元格右下角，当鼠标指针变为十字形状时，按住鼠标向下填充到B14单元格，即可复制公式统计出其他员工的平时加班时间，如图25-85所示。

图25-85

Step 04 统计B性质下的员工加班时间

❶ 在C3单元格中，在公式编辑栏中输入公式：=SUMIFS(员工月加班记录表!$F$3:$F$24,员工月加班记录表!$B$3:$B$24,A3,员工月加班记录表!$C$3:$C$24,"B")，按【Enter】键，即可从"员工月加班记录表"中统计出"陈风"的双休日加班时长。

❷ 将光标移动到C3单元格右下角，当鼠标指针变为十字形状时，按住鼠标向下填充到C14单元格，即可复制公式统计出其他员工的双休日加班时间，如图25-86所示。

图25-86

Step 05 统计C性质下的员工加班时间

❶ 在D3单元格中，在公式编辑栏中输入公式：=SUMIFS(员工月加班记录表!$F$3:$F$24,员工月加班记录表!$B$3:$B$24,A3,员工月加班记录表!$C$3:$C$24,"C")，按【Enter】键，即可从“员工月加班记录表”中统计出“陈风”的法定假日加班时长。

❷ 将光标移动到D3单元格右下角，当鼠标指针变为十字形状时，按住鼠标向下填充到D14单元格，即可复制公式统计出其他员工的法定假日加班时间，如图25-87所示。

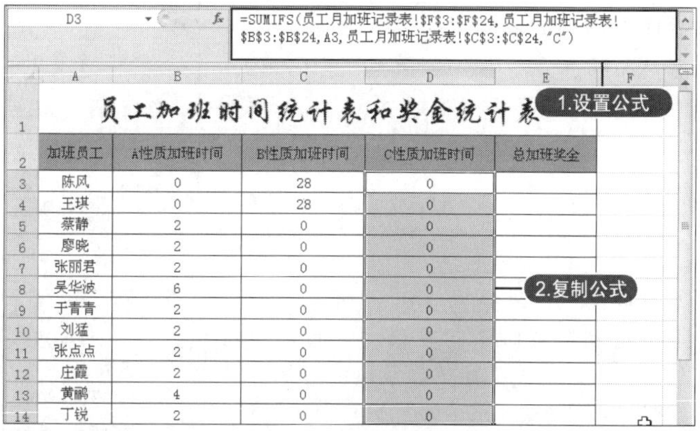
D3　=SUMIFS(员工月加班记录表!$F$3:$F$24,员工月加班记录表!$B$3:$B$24,A3,员工月加班记录表!$C$3:$C$24,"C")

员工加班时间统计表和奖金统计表

加班员工	A性质加班时间	B性质加班时间	C性质加班时间	总加班奖金
陈风	0	28	0	
王琪	0	28	0	
蔡静	2	0	0	
廖晓	2	0	0	
张丽君	2	0	0	
吴华波	6	0	0	
于青青	2	0	0	
刘猛	2	0	0	
张点点	2	0	0	
庄霞	2	0	0	
黄鹂	4	0	0	
丁锐	2	0	0	

图25-87

Step 06 统计员工的总加班奖金

❶ 在E3单元格中，在公式编辑栏中输入公式：=B3*10+C3*15+D3*20，按【Enter】键，即可从“员工月加班记录表”中统计出“陈风”的总加班奖金。

❷ 将光标移动到E3单元格右下角，当鼠标指针变为十字形状时，按住鼠标向下填充到E14单元格，即可复制公式统计出其他员工的总加班奖金，如图25-88所示。

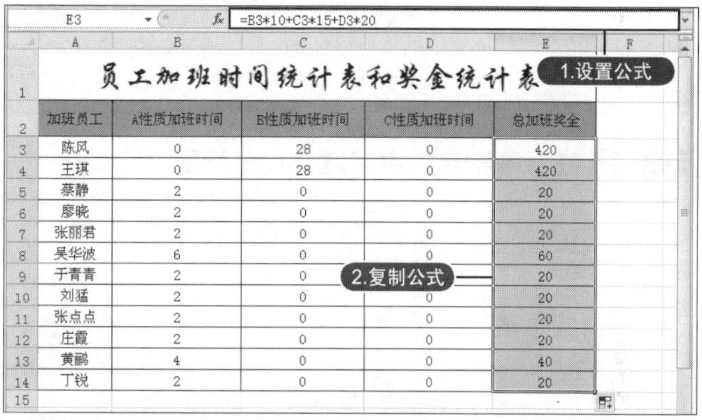
E3　=B3*10+C3*15+D3*20

员工加班时间统计表和奖金统计表

加班员工	A性质加班时间	B性质加班时间	C性质加班时间	总加班奖金
陈风	0	28	0	420
王琪	0	28	0	420
蔡静	2	0	0	20
廖晓	2	0	0	20
张丽君	2	0	0	20
吴华波	6	0	0	60
于青青	2	0	0	20
刘猛	2	0	0	20
张点点	2	0	0	20
庄霞	2	0	0	20
黄鹂	4	0	0	40
丁锐	2	0	0	20

图25-88

范例应用

25.4 统计员工请假情况及扣款

对员工的本月出勤情况进行统计后，接着需要对当前的考勤数据进行统计分析，如：统计各员工本月请假天数、迟到次数、出勤率，以及对各部门员工的出勤情况进行分析等。

25.4.1 创建员工本月请假天数与应扣罚款基本表格

Step 01 冻结窗格，便于数据的查看

由于当前工作表中包含的数据比较多（占用列数非常多），为了便于数据的查看，可以使用冻结窗格功能。

❶ 选中D6单元格，在"视图"选项卡的"窗口"选项组中单击"冻结窗格"按钮，在打开的下拉菜单中单击"冻结拆分窗格"选项，如图25-89所示。

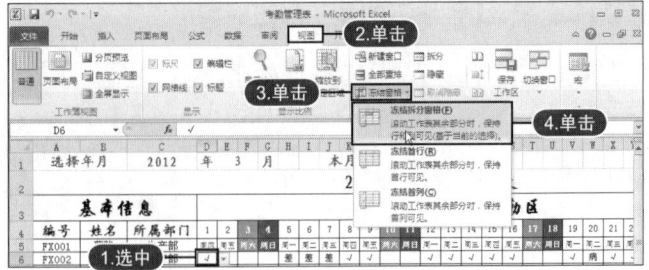

图25-89

❷ 执行"冻结拆分窗格"命令后，可以看到在窗口中向右移动查看数据时，"基本信息"始终显示，而考勤区数据则可以隐藏起来，如图25-90所示。

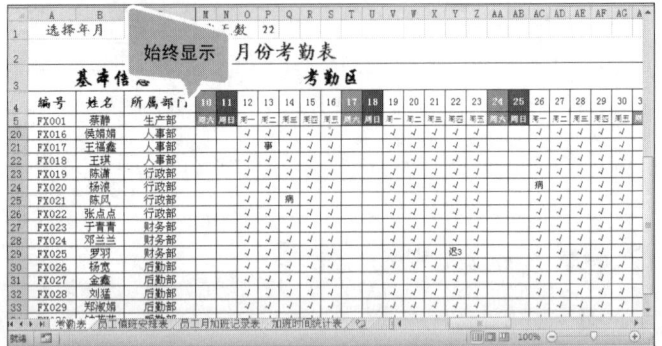

图25-90

Step 02 在"考勤表"中创建统计分析区

在"考勤区"后面创建"统计分析区"，并输入规划好的统计列标识，如图25-91所示。

图25-91

Step 03 在"考勤表"中创建奖罚金额统计区

在"统计分析区"后面创建"奖罚金额统计区"，并输入规划好的统计列标识，如图25-92所示。

图25-92

注意

本例在创建统计标识时分两行显示，其中第二行中显示的是在“考勤区”中使用的代号，之所以这样设计是因为接下来需要使用COUNTIF函数统计出每位员工各个假别的天数、迟到次数，创建了这个代号，则方便对数据源的引用。

25.4.2 统计各请假类别的天数和应扣罚款

Step 01 第一位员工各个假别的天数统计及迟到次数统计

❶ 选中AI6单元格输入公式：=COUNTIF($D6:$AH6,AI$5)，按【Enter】键，即可统计出员工本月没有任何迟到记录的出勤天数，如图25-93所示。

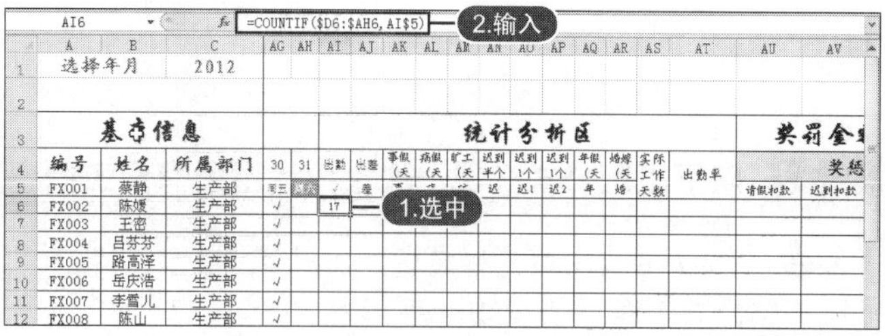

图25-93

公式分析

=COUNTIF($D6:$AH6,AI$5)

统计出$D6:$AH6单元格区域中，出现AI5单元格中显示符号的次数。注意此处公式对单元格的引用方式，这是为了方便向下复制公式，实现一次性返回所有员工的出勤天数。

❷ 选中AI6单元格，将光标定位到右下角，当出现十字形状时，按住鼠标左键向右拖动至AR单元格，如图25-94所示。

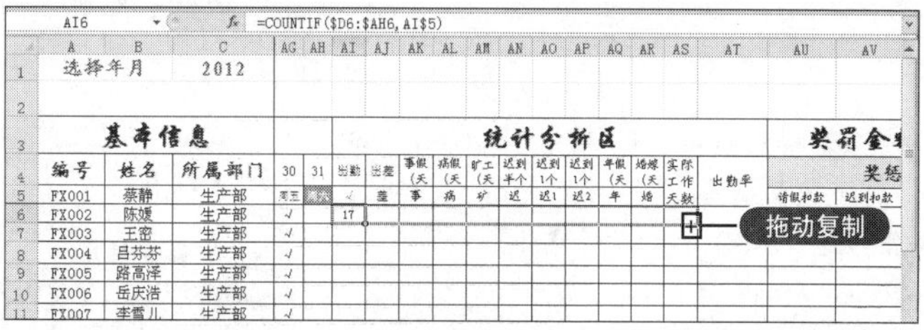

图25-94

❸ 释放鼠标，即可一次性统计出第一位员工其他假别、迟到的天数与次数，如图25-95所示。

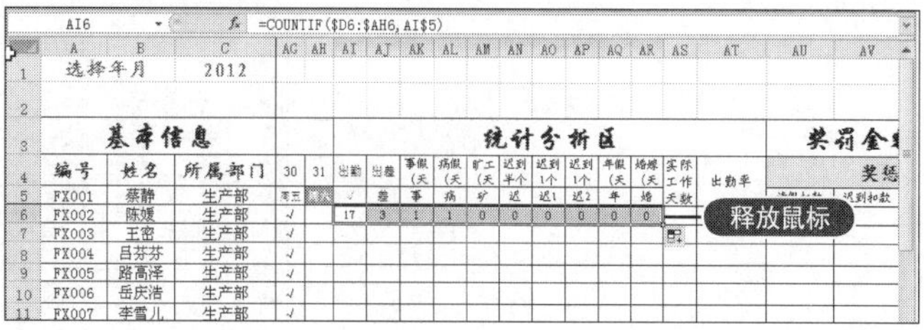

图25-95

Step 02 计算实际工作天数（无任何迟到记录的出勤天数+出差天数）

选中AS6单元格，在公式编辑栏中输入公式：=AI6+AJ6，按【Enter】键，即可统计出员工“蔡静”本月没有任何迟到记录的实际工作天数，如图25-96所示。

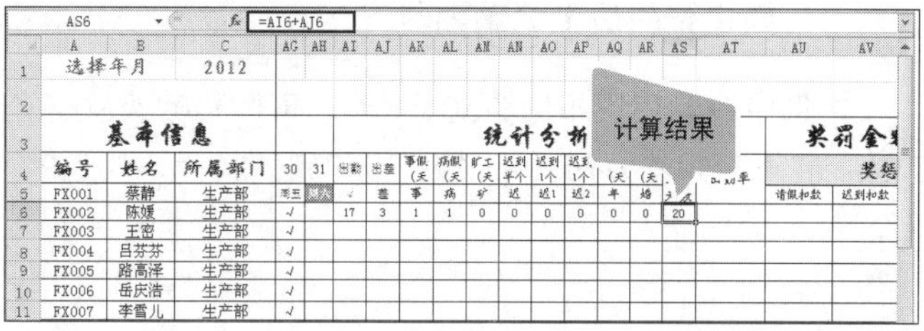

图25-96

Step 03 计算个人出勤率（出勤率=实际工作天数/本月工作日）

选中AT6单元格，在公式编辑栏中输入公式：=AS6/$P$1，按【Enter】键，显示为小数值，在"开始"选项卡的"数字"选项组中设置其格式为百分比值，如图25-97所示。

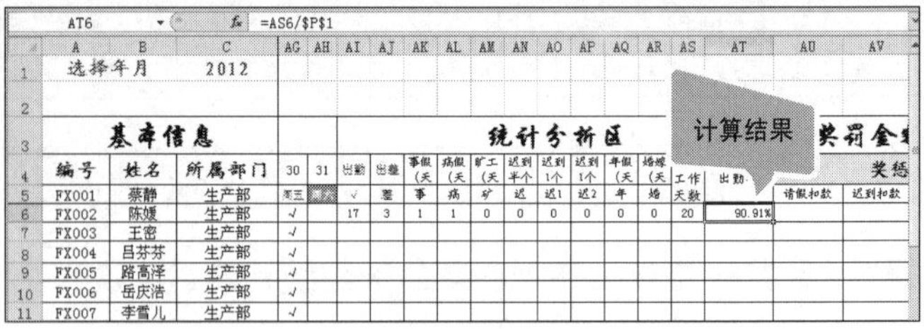

图25-97

Step 04 向下复制公式实现一次性统计出所有员工的出勤天数、各假别天数、出勤率等

❶ 选中AI6:AT6单元格区域，将光标定位到右下角，当出现十字形状时，按住鼠标左键向下拖动，如图25-98所示。

图25-98

❷ 释放鼠标，即可一次性统计出所有员工出勤天数、各假别天数、出勤率等，如图25-99所示。

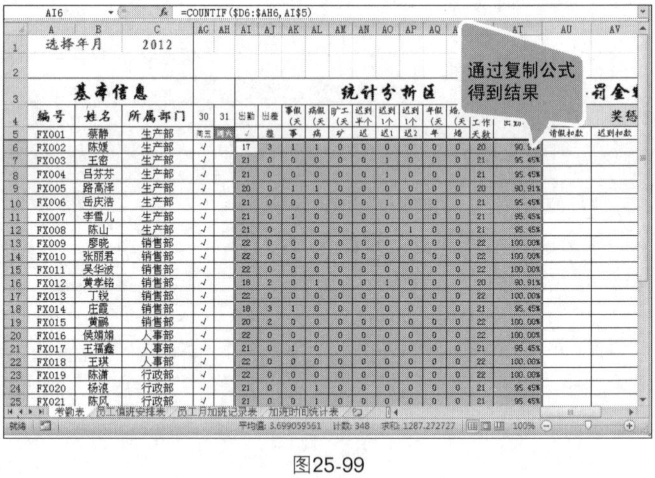

图25-99

Step 05 根据约定的各个假别及迟到种类的扣款金额，计算扣款金额，并对未出现请假、迟到记录的员工记满勤奖

本例中约定病假扣款为30元/天、事假扣款为50元/天、旷工扣款为100元/天，其他假别不扣款，"迟"扣款为10元，"迟1"扣款为20元，"迟2"扣款为30元。

❶ 选中AU6单元格，在编辑栏中输入公式：**=AK6*50+AL6*30+AM6*100**，按【Enter】键，计算出第一位员工请假扣款，如图25-100所示。

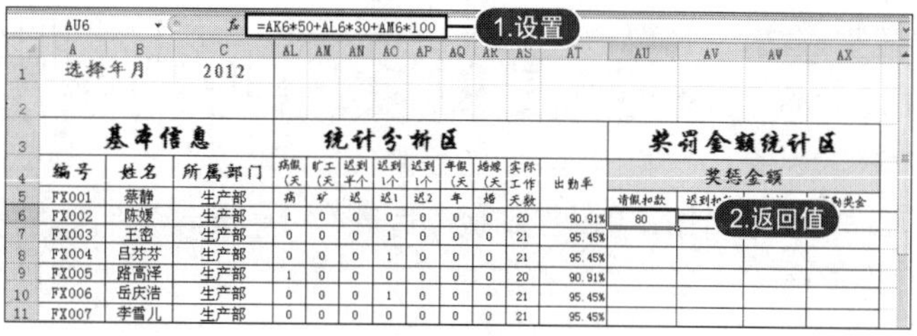

图25-100

❷ 选中AV6单元格，在公式编辑栏中输入公式：**=AN6*10+AO6*20+AP6*30**，按【Enter】键，计算出第一位员工迟到扣款，如图25-101所示。

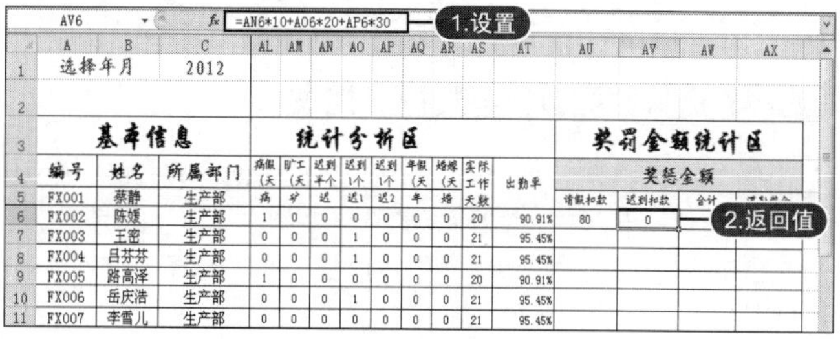

图25-101

❸ 选中AW6单元格，在公式编辑栏中输入公式：**=AU6+AV6**，按【Enter】键，计算出第一位员工扣款合计，如图25-102所示。

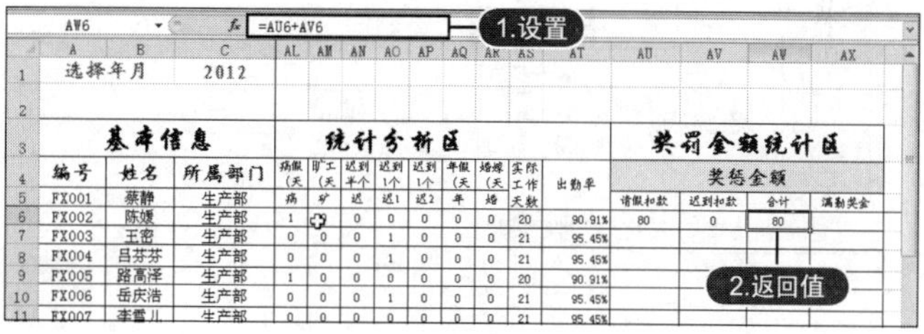

图25-102

❹ 选中AX6单元格，在公式编辑栏中输入公式：**=IF(AND(AK6:AP6=0), 200,0)**，同时按【Ctrl+Shift+Enter】组合键，即可根据第一位员工是否有请假或迟到记录，判断是否给予满勤奖金，如图25-103所示。

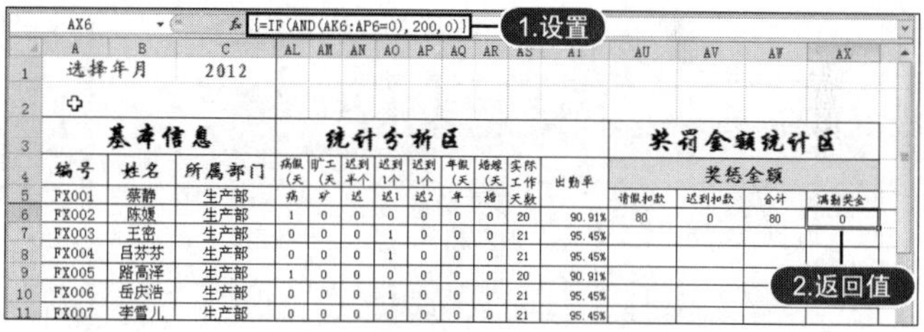

图25-103

❺ 同时选中AU6:AX6单元格区域，将光标定位到右下角，当出现十字形状时，按住鼠标左键向下拖动，即可一次性统计出所有员工请假扣款、迟到扣款、扣款合计、满勤奖金，如图25-104所示。

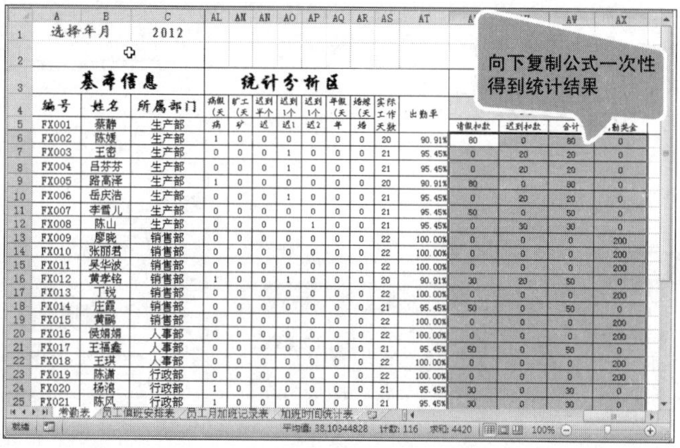

图25-104

25.5 对员工的实际考勤情况进行统计分析

在统计出每位员工本月请假天数、迟到次数等数据后，可以利用数据透视表来分析各部门请假情况。

25.5.1 创建数据透视表分析各部门出勤情况

Step 01 选择数据源创建数据透视表

❶ 在"考勤表"中选中列标识及以下编辑区域，包括"基本信息"、"考勤区"、"统计分析区"，切换到"插入"选项卡，在"数据透视表"选项组中单击"数据透视表"→"数据透视表"命令，如图25-105所示。

❷ 打开"创建数据透视表"对话框，在"选择一个表或区域"下的"表/区域"文本框中显示了选中的单元格区域，如图25-106所示。

图25-105

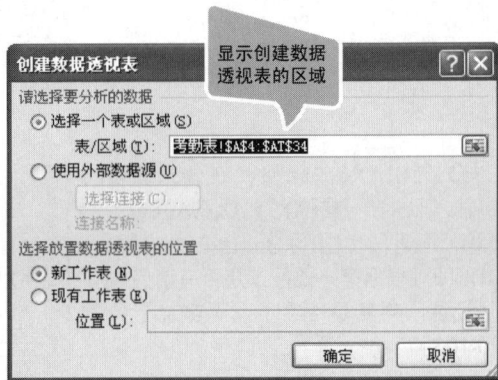

图25-106

❸ 单击"确定"按钮，即可在新工作表中显示数据透视表，重命名工作表为"各部门出勤情况分析"，如图25-107所示。

提示

由于当前表格中行/列非常多，所以在字段列表中显示了很多的字段，向下拖动鼠标可以看到用户统计分析的字段。

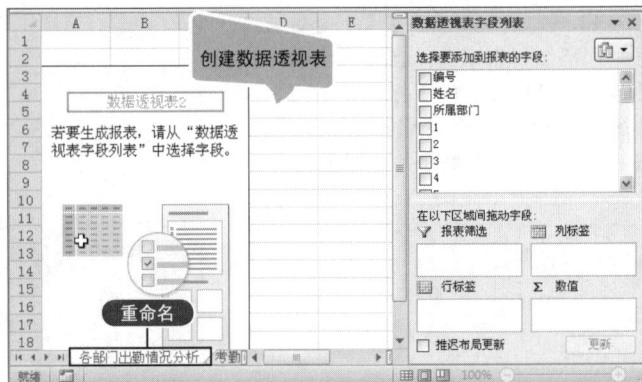

图25-107

Step 02 添加字段，统计各个部门各个假别的天数合计

❶ 设置"所属部门"为行标签字段，然后设置"事假（天）"为数值字段，如图25-108所示。

❷ 在"数值"列表框中单击添加的数值字段，在打开的下拉菜单中选择"值字段设置"选项，如图25-109所示。

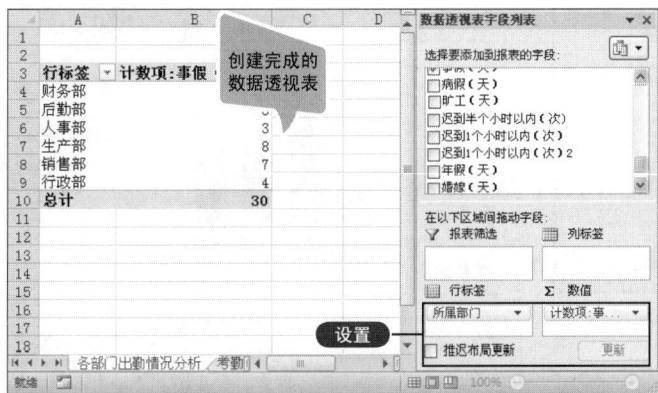

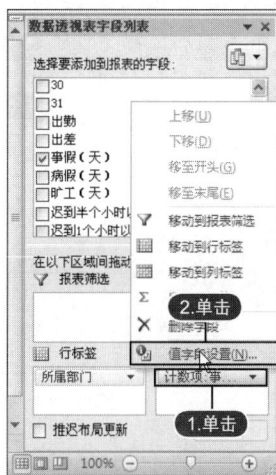

图25-108　　　　　　　　　　　　　　　　　图25-109

❸ 打开"值字段设置"对话框，重新设置计算类型为"求和"，如图25-110所示。

❹ 单击"确定"按钮，即可统计出各个部门事假的总天数，如图25-111所示。

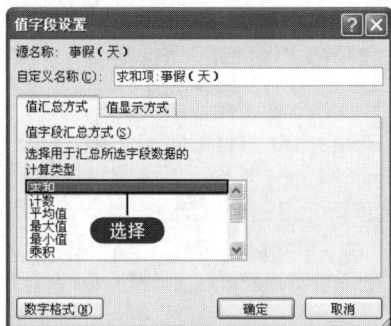

图25-110　　　　　　　　　　　　　　　　图25-111

❺ 按同样的方法，添加"病假（天）"、"旷工（天）"字段为数值字段，并更改其汇总方式为"求和"，数据透视表的统计效果如图25-112所示。

图25-112

25.5.2 创建数据透视图直观比较各部门缺勤情况

❶ 选中数据透视表的任意单元格，切换到"数据透视表工具"-"选项"选项卡，在"工具"选项组中单击"数据透视图"按钮，打开"插入图表"对话框，选择"堆积柱形图"类型，如图25-113所示。

❷ 单击"确定"按钮，即可新建数据透视图，如图25-114所示。

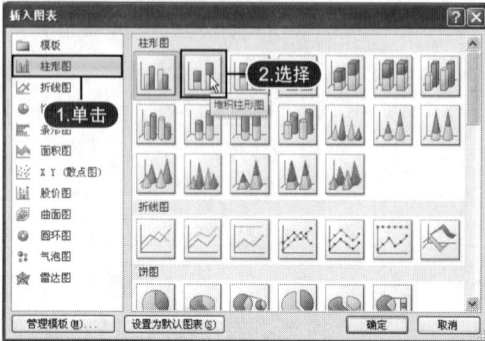

图25-113

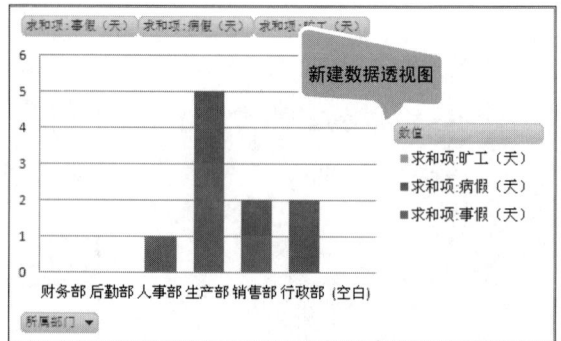

图25-114

❸ 选中图表，切换到"设计"选项卡，在"图表布局"选项组中选择一种布局样式，如图25-115所示。

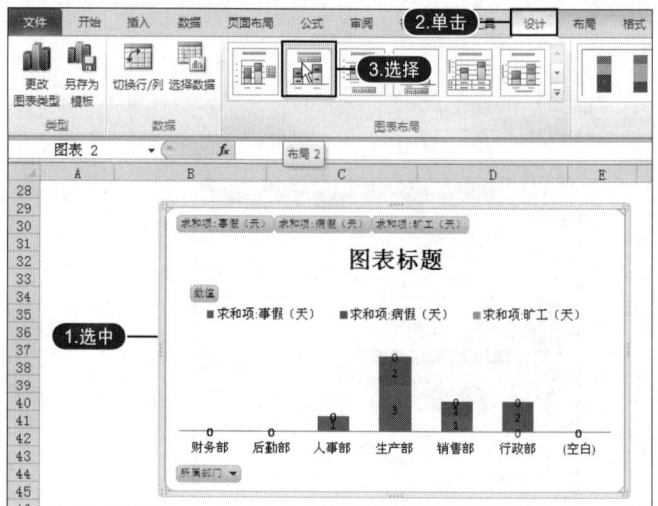

图25-115

❹ 在图表标题编辑框中输入图表标题并对图表进行文字格式设置，效果如图25-116所示。从图表中，可以直观地看到各部门缺勤的情况。

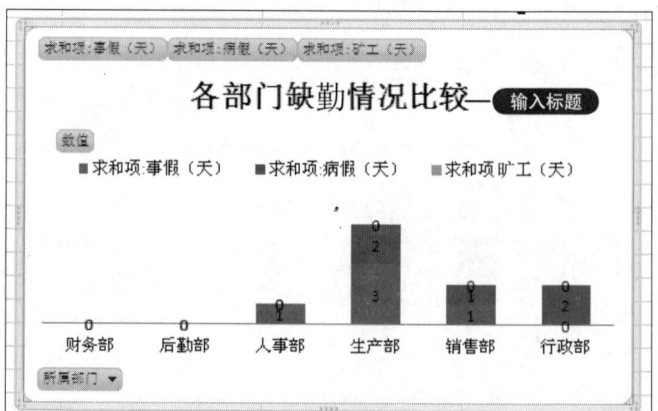

图25-116

范例扩展

通过学习员工考勤记录表的创建、统计和分析后，大家是否已经掌握了基本方法呢？如果已经掌握，那么可以使用这些操作方法创建相关的表格，如：员工请假单、员工加班申请单等。

1. 员工请假单

员工日常工作中遇到特殊情况不能按时上班，需要向人力资源部门递交员工请假单，所以人力资源部门需要创建员工请假单，并在月末将请假假别和请假时间录入考勤表中。图25-117所示为创建的“员工请假单”。

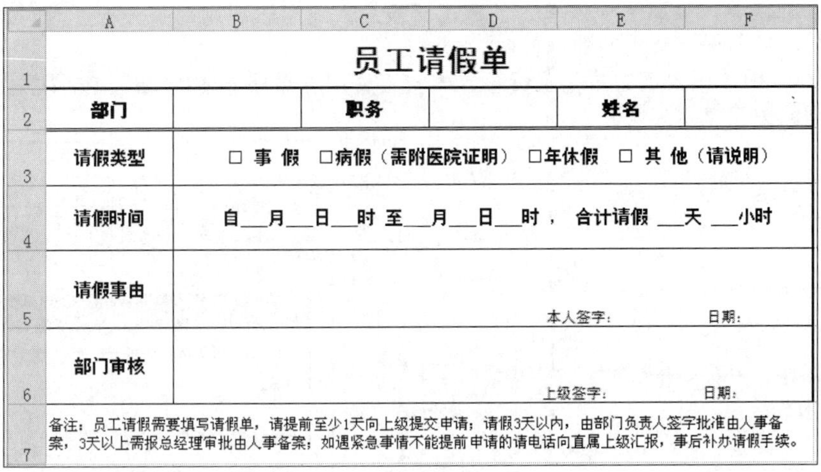

员工请假单

部门		职务		姓名	
请假类型	□ 事 假 □病假（需附医院证明） □年休假 □ 其 他（请说明）				
请假时间	自___月___日___时 至___月___日___时， 合计请假 ___天 ___小时				
请假事由	本人签字： 日期：				
部门审核	上级签字： 日期：				

备注：员工请假需要填写请假单，请提前至少1天向上级提交申请；请假3天以内，由部门负责人签字批准由人事备案，3天以上需报总经理审批由人事备案；如遇紧急事情不能提前申请的请电话向直属上级汇报，事后补办请假手续。

图25-117

2. 员工加班申请单

在法定假期或由于工作需要，员工可以申请加班，人力资源部门需要创建加班申请表，并统计记录员工加班情况，在月末录入考勤表中。图25-118所示为创建的“加班申请单”。

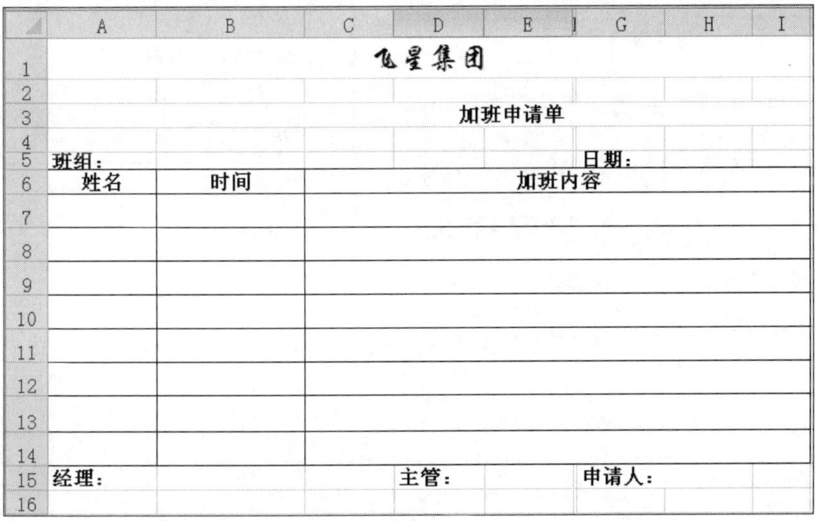

飞星集团

加班申请单

班组： 日期：

姓名	时间	加班内容

经理： 主管： 申请人：

图25-118

Chapter

26 员工薪酬、福利与社保管理

∷ 范例概述

　　薪酬是员工因向所在的组织提供劳务而获得的各种形式的酬劳。薪酬的构成部分有很多，如员工的基本工资、岗位工资、考勤扣款、加班工资、福利补贴、社会保险等。在Excel中利用函数来构建一个工资管理系统，实现工资的自动化管理，在规模较大的公司中可以解决手工计算的误差，提高工作效率。创建工资表后，还可以利用相关分析工具对本期工资数据进行分析，从而得出有用的数据资料。

　　在 Excel 2010中要创建员工工资统计表与工资汇总，需要使用Excel 2010的综合功能，以及相关的函数才可以实现。

∷ 范例效果

员工月度工资表

快速生成工资条

∷ 本章重点

应用功能	对应章节
工作表操作（新建、重命名）	第2章
单元格美化（字体、对齐方式、边框、底纹）	本章讲解中介绍
单元格格式设置（时间格式、数值格式）	第15章
数据复制、数据引用	第5章
应用函数	对应章节
IF函数	第5章
VLOOKUP函数	第5章
COUNTIF函数	第5章
SUM函数、SUMIF函数	第5章

∷ 参见光盘

素材文件：随书光盘\素材\第26章

视频路径：随书光盘\视频教程\第26章

范例制作

26.1 创建员工基本工资记录表

员工基本工资记录表用于记录员工的编号、姓名、部门、职务、基本工资等信息。在后面创建的各张管理表格中都需要得到这张工作表中的数据，这张工作表中的数据可变性不大，一旦发生变动，我们都需要进入此表中进行修改，从而让后面引用其值的工作表都能返回修改后的正确值。

Step 01 新建工作簿并命名为"工资核算管理表"，重命名Sheet1工作表

❶ 新建工作簿，并将其命名为"工资核算管理表"。

❷ 在Sheet1工作表标签上双击鼠标，将其重命名为"基本工资管理表"，如图26-1所示。

图26-1

Step 02 创建表格中的标识项

在表格中创建相应的列标识，包括编号、姓名、部门、职务、基本工资等，并设置表格的文字格式、边框、底纹格式等，设置后如图26-2所示。

图26-2

Step 03 输入基本数据到工作表中

从"人事信息管理表"中复制"编号"、"姓名"、"所属部门"、"职务"、"入职时间"到"基本工资管理表"中，手动输入"基本工资"、"岗位工资"等标识项，设置后效果如图26-3所示。

图26-3

Step 04 根据进入公司的日期计算工龄

❶ 选中F3单元格，在公式编辑栏中输入公式：=--(YEAR(TODAY())-YEAR(E3))，按【Enter】键，可根据该员工进入公司的日期计算工龄，如图26-4所示。

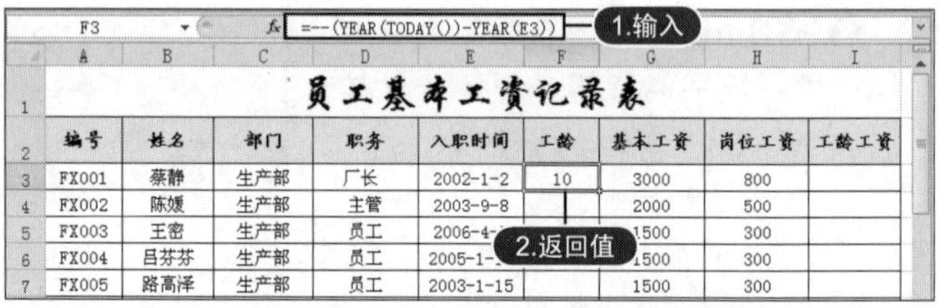

图26-4

❷ 选中F3单元格，将光标定位到该单元格右下角，当出现十字形状时，向下拖动填充柄复制公式，可一次性得出所有员工的工龄，如图26-5所示。

图26-5

Step 05 根据员工工龄计算工龄工资

'设定工龄工资的计算标准为：小于一年不计工龄工资，工龄大于一年时按每年50元递增。

❶ 选中I3单元格，在公式编辑栏中输入公式：=IF(F3<=1,0,(F3-1)*50)，按【Enter】键，可根据该员工工龄计算出其工龄工资，如图26-6所示。

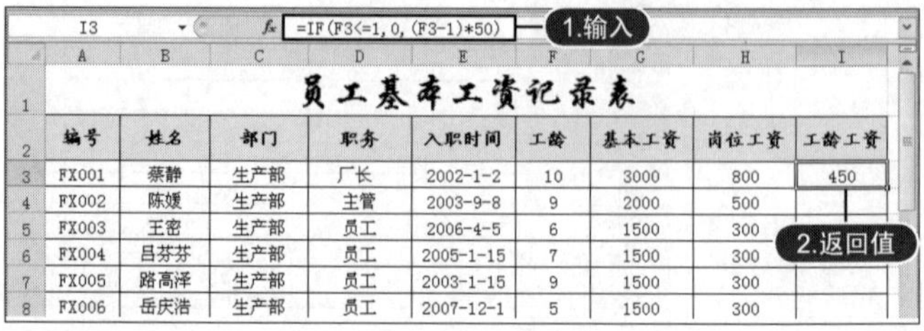

图26-6

❷ 选中I3单元格，将光标定位到该单元格右下角，当出现黑色十字形状时，向下拖动复制公式，可一次性得出所有员工的工龄工资，如图26-7所示。

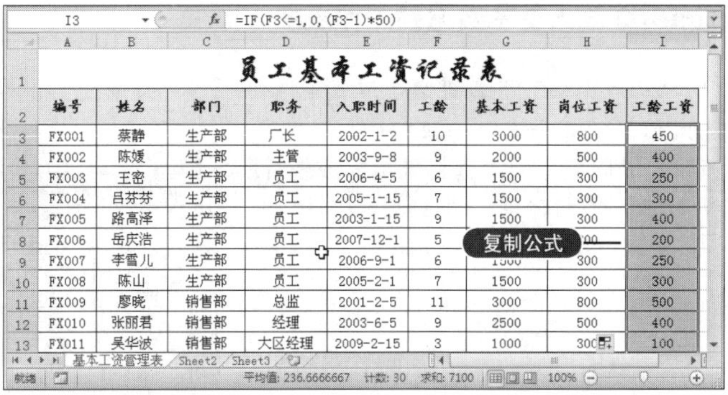

编号	姓名	部门	职务	入职时间	工龄	基本工资	岗位工资	工龄工资
FX001	蔡静	生产部	厂长	2002-1-2	10	3000	800	450
FX002	陈媛	生产部	主管	2003-9-8	9	2000	500	400
FX003	王密	生产部	员工	2006-4-5	6	1500	300	250
FX004	吕芬芬	生产部	员工	2005-1-15	7	1500	300	300
FX005	路高泽	生产部	员工	2003-1-15	9	1500	300	400
FX006	岳庆浩	生产部	员工	2007-12-1	5	[illegible]	[illegible]	200
FX007	李霄儿	生产部	员工	2006-9-1	6	[illegible]	300	250
FX008	陈山	生产部	员工	2005-2-1	7	1500	300	300
FX009	廖晓	销售部	总监	2001-2-5	11	3000	800	500
FX010	张丽君	销售部	经理	2003-6-5	9	2500	500	400
FX011	吴华波	销售部	大区经理	2009-2-15	3	1000	300	100

图26-7

提示

创建完成“基本工资管理表”后，当员工的基本工资、岗位工资有所变化（工龄工资可以按所设计的公式自动计算），或企业有新增（减少）人员时，都需要到该工作表中进行编辑备案。

26.2 创建员工销售提成统计表

销售人员的工资除去基本工资和岗位工资外，还有销售提成，这是对销售人员业绩的一种肯定，也是为了激励销售人员的工作积极性，从而为公司创造出更大的利润。人力资源部在计算销售人员月工资时，需要按照一定的比例计算销售人员的提成。

26.2.1 创建销售人员提成统计表

销售人员提成统计表主要用来统计销售人员提成金额，主要包括两方面内容，一是销售提成评定标准，二是销售提成的计算。

Step 01 重命名Sheet2工作表，创建销售人员提成统计表

❶ 在Sheet2工作表标签上双击鼠标，将其重命名为“销售人员提成统计表”。

❷ 输入表格标题、列标识，并对表格字体、对齐方式、底纹和边框等进行设置，设置后效果如图26-8所示。

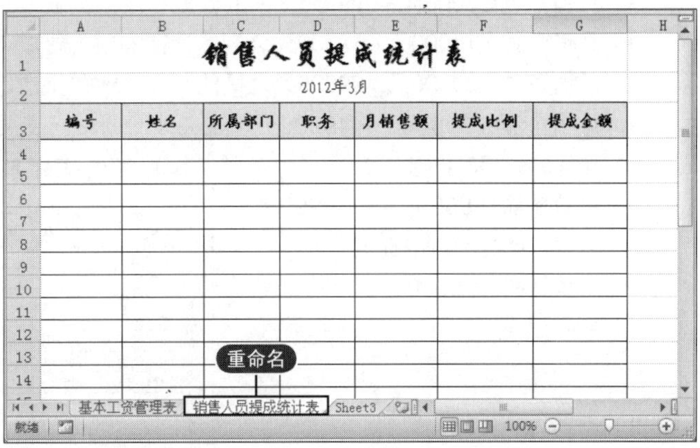

图26-8

Step 02 输入基本数据到工作表中

从"基本工资管理表"中复制销售人员的"编号"、"姓名"、"部门"、"职务"到"销售人员提成统计表"中，手动输入"月销售额"标识项，设置后效果如图26-9所示。

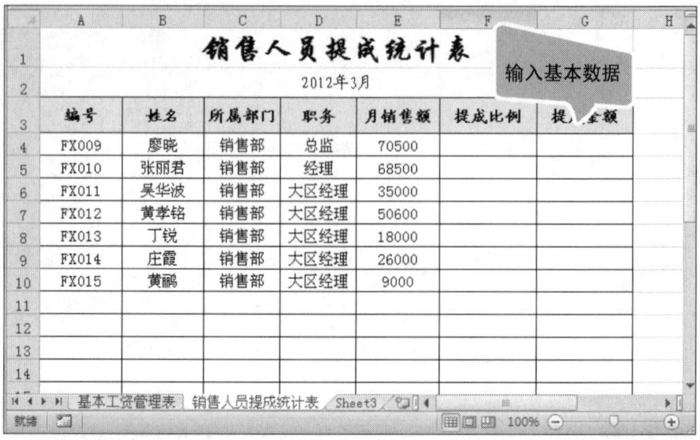

销售人员提成统计表

2012年3月

编号	姓名	所属部门	职务	月销售额	提成比例	提成金额
FX009	廖晓	销售部	总监	70500		
FX010	张丽君	销售部	经理	68500		
FX011	吴华波	销售部	大区经理	35000		
FX012	黄孝铭	销售部	大区经理	50600		
FX013	丁锐	销售部	大区经理	18000		
FX014	庄霞	销售部	大区经理	26000		
FX015	黄鹂	销售部	大区经理	9000		

图26-9

Step 03 设置提成评定标准

❶ 在工作表空白区域中创建提成评定标准，设置字体、字号、边框和底纹等，设置完成后的效果如图26-10所示。

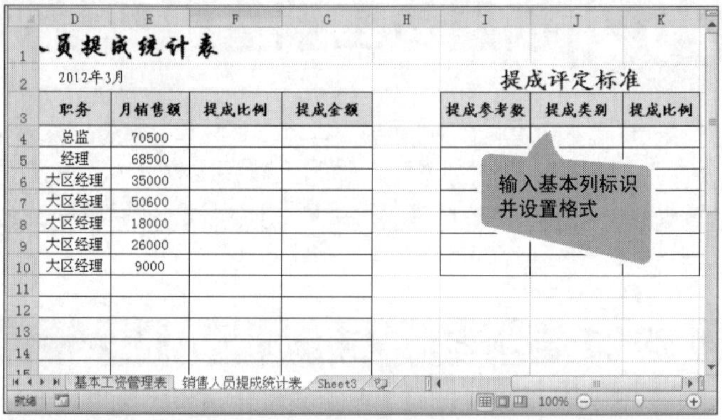

图26-10

❷ 设置提成，提成类别分为7个档次，设置效果如图26-11所示。

- 月销售额低于5000元的没有提成。
- 月销售额在5000元~9999元之间的计提1.5%的提成。
- 月销售额在10000元~19999元之间的计提2.0%的提成。
- 月销售额在20000元~29999元之间的计提2.5%的提成。
- 月销售额在30000元~49999元之间的计提3%的提成。
- 月销售额在50000元~69999元之间的计提3.5%的提成。
- 月销售额在70000元以上的计提4%的提成。

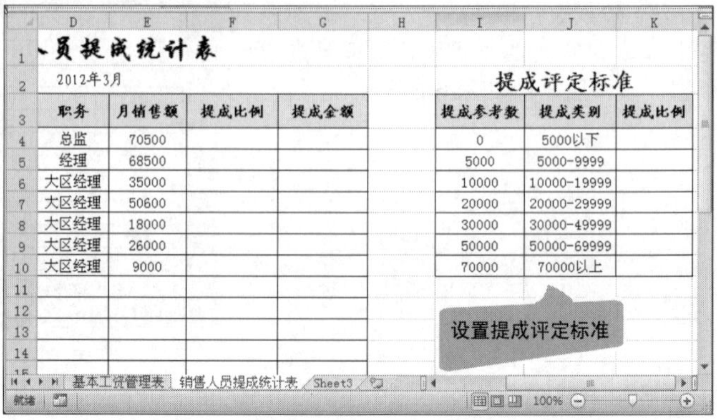

提成评定标准

提成参考数	提成类别	提成比例
0	5000以下	
5000	5000-9999	
10000	10000-19999	
20000	20000-29999	
30000	30000-49999	
50000	50000-69999	
70000	70000以上	

图26-11

❸ 选中"提成比例"列标识下的单元格区域,在"开始"选项卡的"数字"选项组中单击 按钮,打开"设置单元格格式"对话框,在"分类"列表框中选中"百分比"并设置小数位数为2,如图26-12所示。

❹ 设置为"百分比"格式后,在"提成比例"列标识下的单元格中输入各类别的提成比例,效果如图26-13所示。

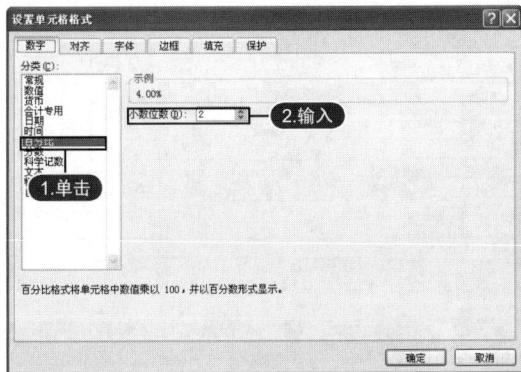

图26-12

图26-13

26.2.2 巧用VLOOKUP函数模糊查找相应提成比例

设置好提成评定标准后,可以使用VLOOKUP函数查找出不同销售额对应的提成比例。

❶ 选中F4单元格,在编辑栏中输入公式:=VLOOKUP(E4,$I$4:$K$10,3),按【Enter】键,根据提成评定标准计算出第一位员工的提成比例,如图26-14所示。

图26-14

❷ 将光标定位到F4单元格右下角,当鼠标指针变为十字形状时,拖动鼠标向下填充到F10单元格区域,即可复制公式,得到所有员工的提成比例,如图26-15所示。

图26-15

359

❸ 在"开始"选项卡的"数字"选项组中单击"常规"下拉按钮，在其下拉列表中选择"百分比"选项，即可将F4:F10单元格区域的数值以百分比形式表现出来，如图26-16所示。

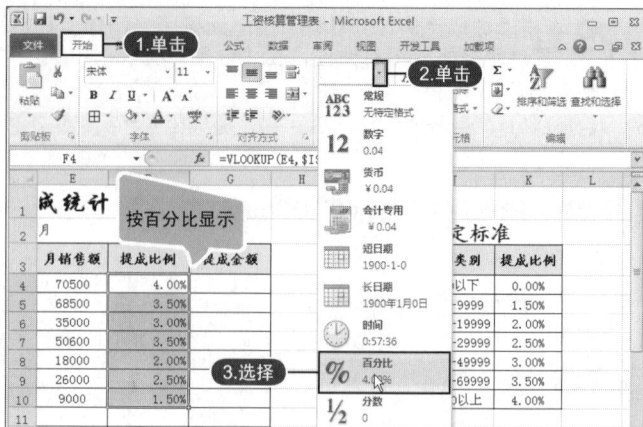

图26-16

26.2.3 借助函数嵌套编制提成计算公式

在查找到员工的销售提成比例后，可以按照提成比例计算出每位员工本月的提成金额。

❶ 选中G4单元格，在编辑栏中输入公式：=E4*F4，按【Enter】键，根据E4单元格的销售业绩计算出其提成金额，如图26-17所示。

图26-17

❷ 将光标定位到G4单元格右下角，当出现十字形状时向下拖动，复制公式到G10单元格中，可一次性计算出所有提成金额，如图26-18所示。

图26-18

26.3 创建员工福利统计表

员工福利是薪酬体系的重要组成部分，是企业以福利的形式提供给员工的报酬。福利是对员工生活的照顾，是企业为员工提供的除工资与奖金之外的一些物质待遇，是劳动的间接回报。

26.3.1 创建员工福利表

员工福利统计表包括编号、姓名、部门以及各项福利补贴，如住房补贴、交通补贴、伙食补贴、话费补贴、医疗补贴等。

Step 01 创建和美化员工福利表

❶ 在Sheet3工作表标签上双击鼠标，将其重命名为"员工福利统计表"。

❷ 输入表格标题、列标识，并对表格字体、对齐方式、底纹和边框等进行设置，设置后效果如图26-19所示。

图26-19

Step 02 自动获取员工基本信息

❶ 选中A3单元格，在编辑栏中输入公式"=基本工资管理表!A3"，按【Enter】键，即可从"基本工资管理表"中自动提取员工的编号，如图26-20所示。

❷ 将光标定位到A3单元格右下角，当鼠标指针变为十字形状时，向下填充，即可从"基本工资管理表"中自动提取其他员工的编号，如图26-21所示。

图26-20

图26-21

❸ 选中B3单元格，在编辑栏中输入公式"=基本工资管理表!B3"，按【Enter】键，即可从"基本工资管理表"中自动提取员工的姓名。将光标定位到B3单元格右下角，当鼠标指针变为十字形状时，向下填充，即可从"基本工资管理表"中自动提取其他员工的姓名，如图26-22所示。

图26-22

❹ 选中C3单元格，在编辑栏中输入公式"=基本工资管理表!C3"，按【Enter】键，即可从"基本工资管理表"中自动提取员工的所属部门。将光标定位到C3单元格右下角，当鼠标指针变为十字形状时，向下填充，即可从"基本工资管理表"中自动提取其他员工的所属部门，如图26-23所示。

图26-23

26.3.2 使用公式计算员工各项福利

企业部门不同，所设置的补贴情况也不同，具体约定如下。

- 生产部：住房补贴200元；交通补贴0元；伙食补贴150元；话费补贴0元；医疗补贴300元。
- 销售部：住房补贴300元；交通补贴200元；伙食补贴150元；话费补贴200元；医疗补贴240元。
- 人事部：住房补贴250元；交通补贴50元；伙食补贴180元；话费补贴50元；医疗补贴180元。
- 行政部：住房补贴250元；交通补贴0元；伙食补贴180元；话费补贴50元；医疗补贴180元。
- 财务部：住房补贴250元；交通补贴50元；伙食补贴180元；话费补贴0元；医疗补贴180元。
- 后勤部：住房补贴200元；交通补贴0元；伙食补贴150元；话费补贴0元；医疗补贴150元。

Step 01 获取所有员工的住房补贴

❶ 选中D3单元格，输入公式：=IF(C3="生产部",200,IF(C3="销售部",300,IF(C3="人事部",250,IF(C3="行政部",250,IF(C3="财务部",250,200)))))，按【Enter】键，即可根据第一位员工所在部门获取对应的住房补贴。

❷ 将光标移到D3单元格的右下角，当鼠标指针变为十字形状时，向下填充，即可根据其他员工所在部门获取对应的住房补贴，如图26-24所示。

图26-24

Step 02 获取所有员工的交通补贴

❶ 选中E3单元格，在编辑栏中输入公式：=IF(C3="生产部",0,IF(C3="销售部",200,IF(C3="人事部",50,IF(C3="行政部",0,IF(C3="财务部",50,0))))))，按【Enter】键，即可根据第一位员工所在部门获取对应的交通补贴。

❷ 将光标移到E3单元格的右下角，当鼠标指针变为十字形状时，向下填充，即可根据其他员工所在部门获取对应的交通补贴，如图26-25所示。

图26-25

Step 03 获取所有员工的伙食补贴

❶ 选中F3单元格，在编辑栏中输入公式：=IF(C3="生产部",150,IF(C3="销售部",150,IF(C3="人事部",180,IF(C3="行政部",180,IF(C3="财务部",180,150))))))，按【Enter】键，即可根据第一位员工所在部门获取对应的伙食补贴。

❷ 将光标移到F3单元格的右下角，当鼠标指针变为十字形状时，向下填充，即可根据其他员工所在部门获取对应的伙食补贴，如图26-26所示。

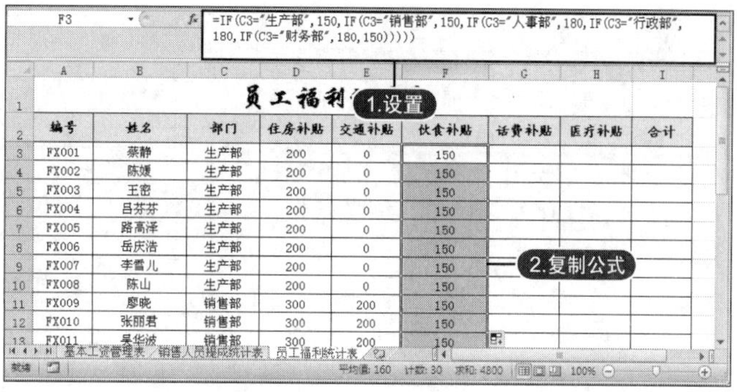

图26-26

Step 04 获取所有员工的话费补贴

❶ 选中G3单元格，在编辑栏中输入公式：=IF(C3="生产部",0,IF(C3="销售部",200,IF(C3="人事部",50,IF(C3="行政部",50,IF(C3="财务部",0,0))))))，按【Enter】键，即可根据第一位员工所在部门获取对应的话费补贴。

❷ 将光标移到G3单元格的右下角，当鼠标指针变为十字形状时，向下填充，即可根据其他员工所在部门获取对应的话费补贴，如图26-27所示。

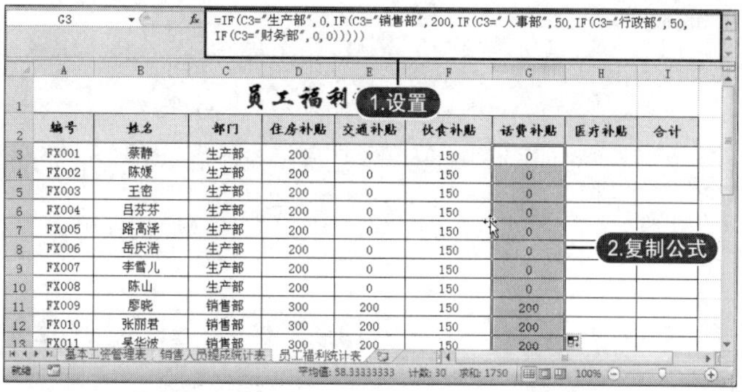

图26-27

Step 05 获取所有员工的医疗补贴

❶ 选中H3单元格，在编辑栏中输入公式：=IF(C3="生产部",300,IF(C3="销售部",240,IF(C3="人事部",180,IF(C3="行政部",180,IF(C3="财务部",180,150)))))，按【Enter】键，即可根据第一位员工所在部门获取对应的医疗补贴。

❷ 将光标移到H3单元格的右下角，当鼠标指针变为十字形状时，向下填充，即可根据其他员工所在部门获取对应的医疗补贴，如图26-28所示。

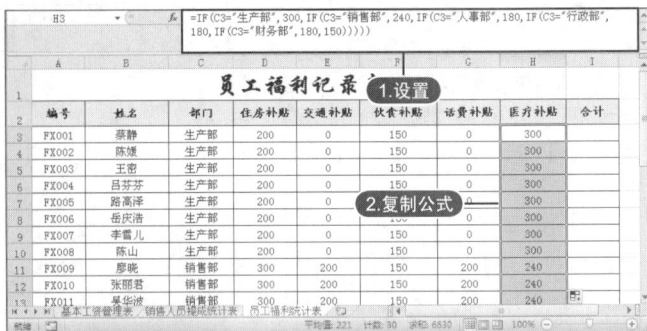

图26-28

Step 06 合计每位员工福利补助总额

❶ 选中I3单元格，在编辑栏中输入公式：=SUM(D3:H3)，按【Enter】键，即可计算第一位员工的各项福利补助总额。

❷ 将光标移到I3单元格的右下角，当鼠标指针变为十字形状时，向下填充，即可计算其他员工的各项福利补助总额，如图26-29所示。

图26-29

26.4 创建员工社会保险统计表

社会保险是一种为丧失劳动能力、暂时失去劳动岗位或由于健康原因造成损失的人口提供收入或补偿的一种社会和经济制度。目前我国初步创建了城镇企业职工基本养老保险制度、基本医疗保险制度、失业保险制度和城市居民最低生活保障制度。对于企业而言，主要是为员工提供养老保险、医疗保险和失业保险。

26.4.1 创建员工社会保险缴费表

Step 01 创建和美化员工社保缴费表

❶ 新建Sheet4工作表，并将其重命名为"员工社保缴费表"。

❷ 输入表格标题、列标识，并对表格字体、对齐方式、底纹和边框等进行设置，设置后效果如图26-30所示。

图26-30

Step 02　自动获取员工基本信息

❶ 选中A3单元格，在编辑栏中输入公式：=基本工资管理表!A3，按【Enter】键，即可从"基本工资管理表"中自动提取员工的编号。将光标定位到A3单元格右下角，当鼠标指针变为十字形状时，向下填充，从"基本工资管理表"中自动提取其他员工的编号。

❷ 选中B3单元格，在编辑栏中输入公式：=基本工资管理表!B3，按【Enter】键，从"基本工资管理表"中自动提取员工的姓名。将光标定位到B3单元格右下角，当鼠标指针变为十字形状时，向下填充，从"基本工资管理表"中自动提取其他员工的姓名。用同样方法填充"部门"列的信息，如图26-31所示。

图26-31

26.4.2　设置工作表保护防止修改

❶ 切换到"审阅"选项卡，单击"更改"选项组中的"保护工作表"按钮，如图26-32所示。

❷ 打开"保护工作表"对话框，选中"保护工作表及锁定的单元格内容"复选框，在"取消工作表保护时使用的密码"文本框中输入密码，单击"确定"按钮，如图26-33所示。

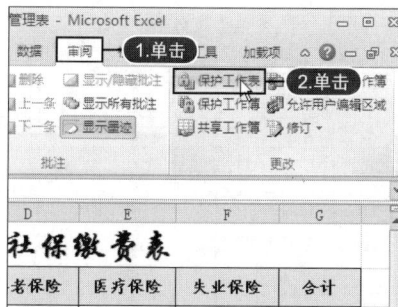

图26-32

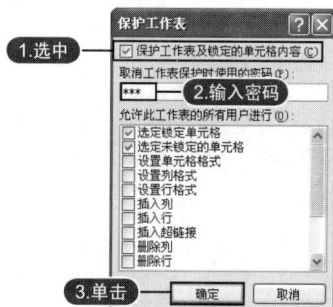

图26-33

❸ 弹出"确认密码"对话框，在"重新输入密码"文本框中再次输入密码，单击"确定"按钮即可，如图26-34所示。

❹ 返回工作簿中，单击工作表的单元格时，系统会弹出提示对话框，如图26-35所示。

图26-34

图26-35

26.5 创建员工月度工资统计表

工资统计表用于对本月工资金额进行全面结算，也是我们创建的工资管理系统中最重要的一张工作表。这张工作表的数据需要引用前面各项数据，但一经创建完成，每月都可使用，而不需要更改。

26.5.1 创建员工月度工资表

Step 01 新建工作表并重命名

创建统计加班工资的相关列标识并设置表格格式。

❶ 新建工作表，并将其重命名为"工资统计表"。

❷ 创建工资统计表中的各项列标识（这些列标识的拟订需要根据当前企业的实际情况来确定），并设置表格编辑区域的文字格式、对齐方式、边框和底纹等，如图26-36所示。

图26-36

Step 02 从"基本工资管理表"工作表中返回员工基本信息

❶ 分别在A3、B3、C3单元格中输入公式：=基本工资管理表!A3，=基本工资表管理!B3，=基本工资表管理!C3。

❷ 返回第一位职员的编号、姓名、部门后，选中A3:C3单元格区域，向下复制公式，即可得到每位职员的编号、姓名、部门，如图26-37所示。

图26-37

26.5.2 计算工资表中应发金额

工资表中数据包括应发工资和应扣工资两部分，应发工资合计减去应扣工资合计即可得到实发工资金额。

Step 01 计算第一位员工的基本工资、岗位工资、工龄工资

员工的基本工资、岗位工资、工龄工资都来自"基本工资管理表"。

❶ 选中D3单元格，输入公式：=基本工资管理表!G3，按【Enter】键，即可从"基本工资管理表"中返回第一位员工的基本工资，如图26-38所示。

❷ 选中D3单元格，向右复制公式到F3单元格中，即可返回第一位员工的岗位工资与工龄工资，如图26-39所示。

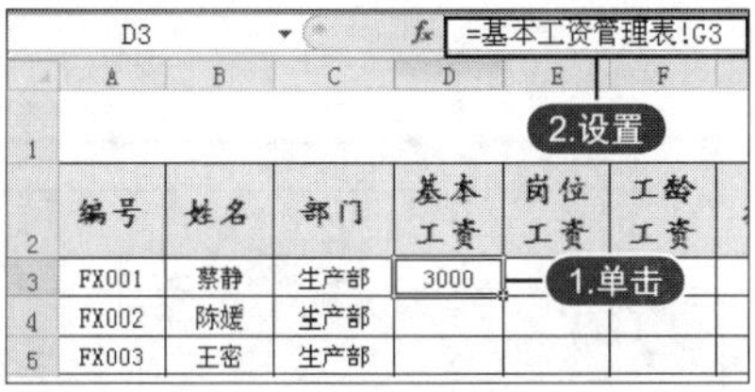

图26-38

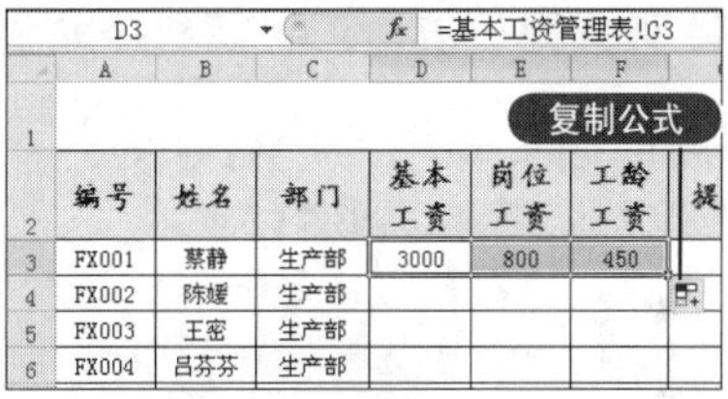

图26-39

Step 02 计算第一位员工的提成或奖金

选中G3单元格，在编辑栏中输入公式：=IF(ISERROR(VLOOKUP(A3,销售人员提成统计表!$A$4:$G$21,7,FALSE)),"",VLOOKUP(A3,销售人员提成统计表!$A$4:$G$10,7,FALSE))，按【Enter】键，即可从"销售人员提成统计表"中返回第一位员工的提成或奖金，如图26-40所示，因为在销售人员提成统计表中没有其他部门员工的基本信息，所以无返回值。

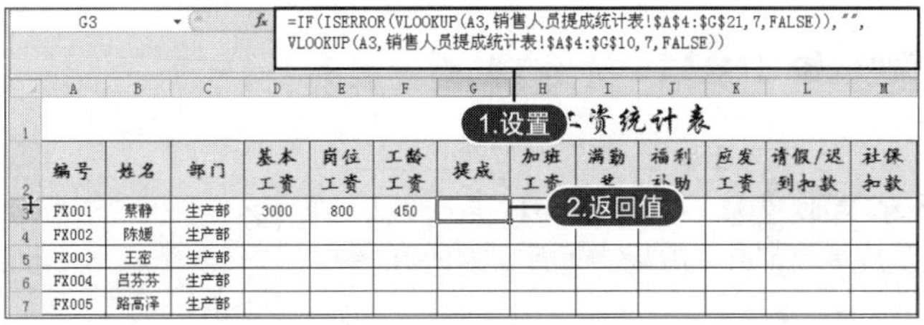

图26-40

Step 03 计算第一位员工的加班工资

上一章已经制作了员工加班时间统计表，打开"考勤管理表"工作簿的"加班时间统计表"工作表。

选中H3单元格，在编辑栏中输入公式：=VLOOKUP(B3,[考勤管理表.xlsx]加班时间统计表!$A$3:$E$14,5)，按【Enter】键，即可从"加班时间统计表"中返回第一位员工的加班工资，如图26-41所示。

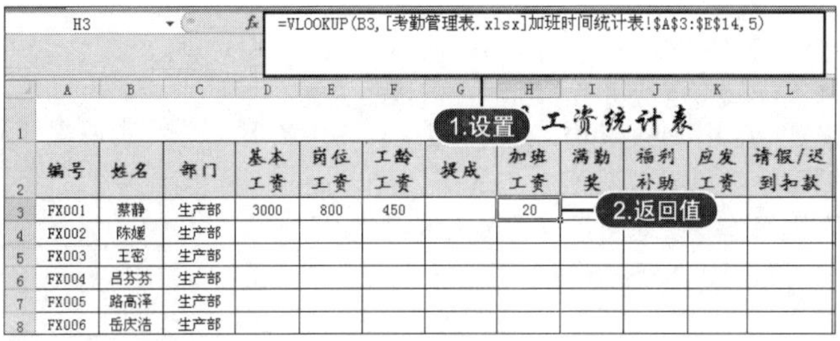

图26-41

Step 04 计算第一位员工的满勤奖金

上一章已经制作了考勤管理表及奖罚金额统计表，打开"考勤表"。

选中I3单元格，在编辑栏中输入公式：=VLOOKUP(A3,[考勤管理表.xlsx]考勤表!$A$6:$AX$35,50)，按【Enter】键，即可从"考勤管理表"工作簿的"考勤表"工作表中返回第一位员工的满勤奖金，如图26-42所示。

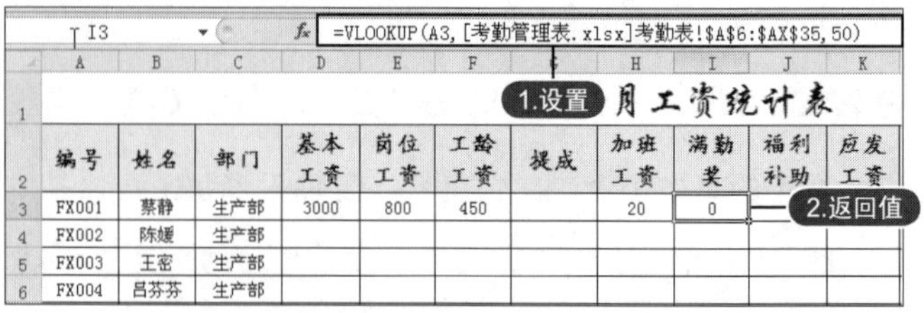

图26-42

Step 05 计算第一位员工的福利补助金额

选中J3单元格，输入公式：=VLOOKUP(A3,员工福利统计表!$A$3:$I$32,9)，按【Enter】键，即可从"员工福利统计表"中返回第一位员工的福利补助金额，如图26-43所示。

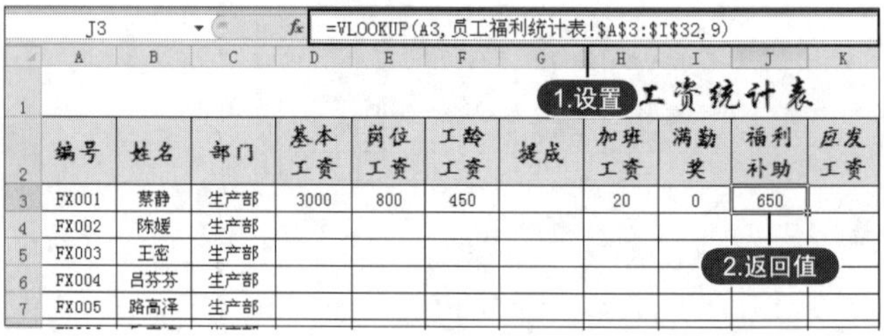

图26-43

Step 06 计算第一位员工的应发工资

选中K3单元格，输入公式：=SUM(D3:J3)，按【Enter】键，即可计算出第一位员工的应发工资，如图26-44所示。

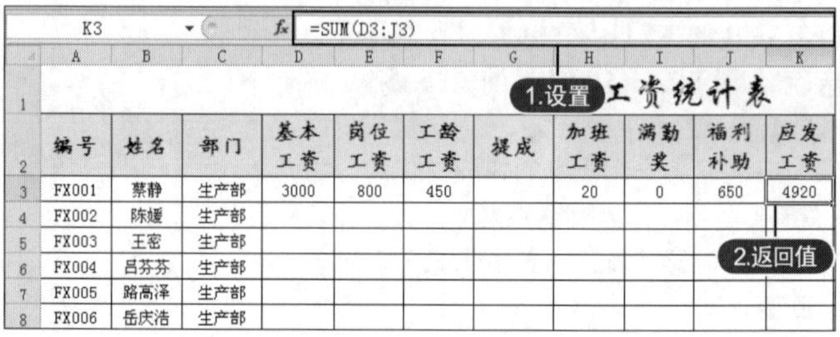

图26-44

26.5.3 计算工资表中应扣金额并生成完整工资表

Step 01 计算第一位员工的请假/迟到扣款

选中L3单元格，输入公式：=VLOOKUP(A3,[考勤管理表.xlsx]考勤表!$A$6:$AX$35,49)，按【Enter】键，即可从"考勤管理表"工作簿的"考勤表"工作表中返回第一位员工的请假/迟到扣款，如图26-45所示。

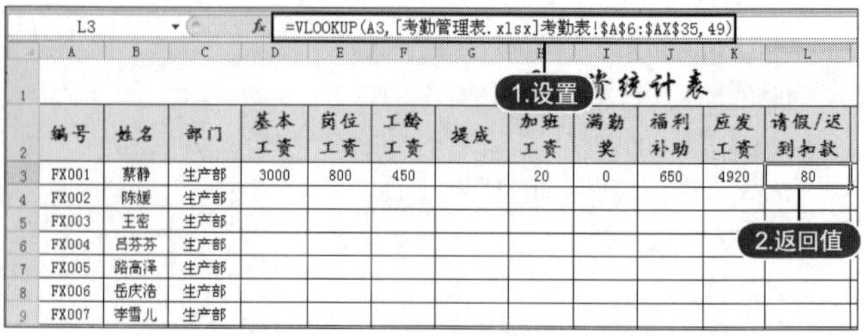

图26-45

Step 02 计算第一位员工的社保扣款

本例中约定扣除养老保险、医疗保险、失业保险金额的比例如下。

- 养老保险个人缴纳比例为：（基本工资＋岗位工资＋工龄工资）×8%
- 医疗保险个人缴纳比例为：（基本工资＋岗位工资＋工龄工资）×2%
- 失业保险个人缴纳比例为：（基本工资＋岗位工资＋工龄工资）×1%

选中M3单元格，输入公式：=(D3+ E3+F3)*0.08+(D3+E3+F3)*0.02+(D3+E3+ F3)*0.01，按【Enter】键，计算出第一位职员的社保扣款，如图26-46所示。

图26-46

Step 03 计算第一位员工的个人所得税

选中N3单元格，输入公式：=IF(K3<=500,ROUND((K3-1000)*0.05,2), IF(K3<=2000,ROUND(((K3-1000)*0.1- 25),2),IF(K3<=5000,ROUND((K3-1000)*0.15- 125,2),IF(K3<=20000,ROUND((K3-1000)*0.2- 375,2),IF(K3<=40000,ROUND((K3-1000)*0.25- 1375,2),ROUND((K3-1000)*0.3-3375,2)))))))，按 【Enter】键计算出第一位员工的个人所得税，如图26-47所示。

图26-47

小知识　关于个人所得税计算中的速算扣除数

速算扣除数是采用超额累进税率计税时，简化计算应纳税额的一个数据。

速算扣除数实际上是在级距和税率不变条件下，全额累进税率的应纳税额比超额累进税率的应纳税额多纳的一个常数。因此，在超额累进税率条件下，用全额累进的计税方法，只要减掉这个常数，就等于用超额累进方法计算的应纳税额，故称速算扣除数。

采用速算扣除数法计算超额累进税率的所得税时的计税公式是：应纳税额=应纳税所得额×适用税率－速算扣除数。

速算扣除数的计算公式是：本级速算扣除额=上一级最高所得额×（本级税率－上一级税率）+上一级速算扣除数。表26-1所示为个人所得税税率表。

表26-1　个人所得税税率表（2012年以前）

级　　数	全月应纳税所得额（含税）	税　率（%）	速算扣除数
1	不超过500元	5	0
2	超过500元至2 000元的部分	10	25
3	超过2 000元至5 000元的部分	15	125
4	超过5 000元至20 000元的部分	20	375
5	超过20 000元至40 000元的部分	25	1 375
6	超过40 000元至60 000元的部分	30	3 375
7	超过60 000元至80 000元的部分	35	6 375
8	超过80 000元至100 000元的部分	40	10 375
9	超过100 000元的部分	45	15 375

Step 04 计算第一位员工的应扣合计

选中O3单元格，在编辑栏中输入公式：**=SUM(L3:N3)**，按【Enter】键，即可计算出第一位员工的应扣合计，如图26-48所示。

图26-48

Step 05 完成工资表的制作

完成第一位员工的各项应发工资与应扣工资计算后，可以利用复制公式的方法来快速生成完整的工资表。

❶ 选中P3单元格，在编辑栏中输入公式：**=K3-O3**，按【Enter】键，即可计算出第一位员工的实发工资，如图26-49所示。

图26-49

❷ 选中D3:P3单元格区域，将光标定位到该单元格区域右下角，出现黑色十字形状时，按住鼠标左键向下拖动，如图26-50所示。

图26-50

❸ 释放鼠标，即可一次性统计出所有员工的工资金额，如图26-51所示。

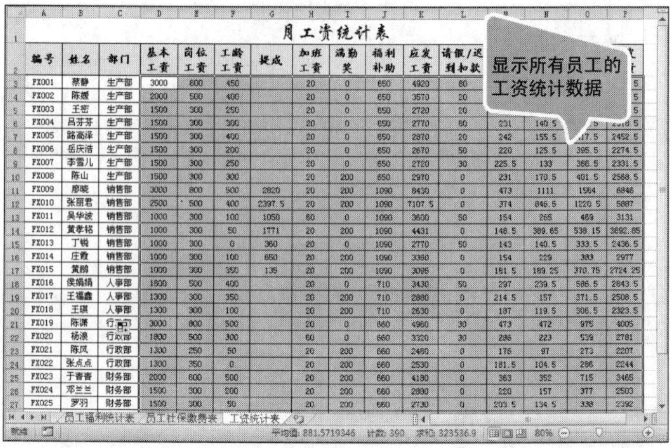

图26-51

范例应用

26.6 汇总与分析各部门员工工资发放情况

创建好员工月度工资统计表后，可以根据员工月度工资统计表来汇总和分析各部门员工工资的发放情况。

26.6.1 按部门汇总员工工资

按部门汇总工资数据可以查阅每个部门工资明细值。要实现这一统计工作，主要借助于SUMIF函数来计算。

Step 01 新建工作表并重命名，输入各项列标识，并设置表格格式

❶ 新建工作表，并将其重命名为"各部门工资明细汇总"。

❷ 从"工资统计表"中复制相关列标识，"部门"列中显示当前所有部门名称。设置好编辑区域的文字格式、边框和底纹等，如图26-52所示。

图26-52

Step 02 统计"生产部"人数

选中B3单元格，在编辑栏中输入公式：=COUNTIF(工资统计表!$C$4:$C$50,A3)，按【Enter】键，即可计算出生产部的人数，如图26-53所示。

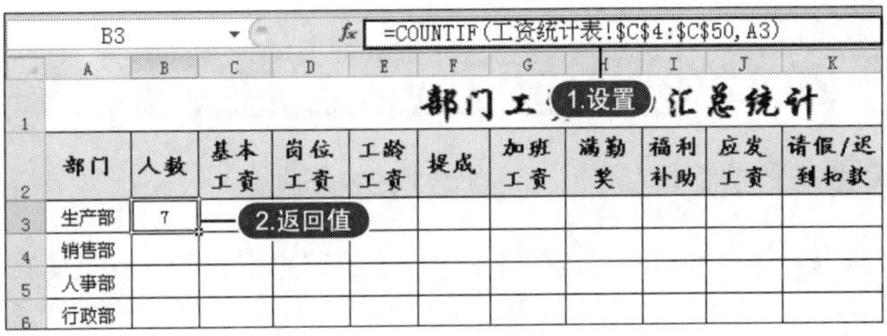

图26-53

Step 03 统计"生产部"基本工资总和

选中C3单元格，在编辑栏中输入公式：=SUMIF(工资统计表!$C$4:$C$50,$A3,工资统计表!D$4:D$35)，按【Enter】键，即可计算出生产部基本工资总和，如图26-54所示。

图26-54

Step 04 通过复制C3单元格的公式快速返回"生产部"的各项汇总值

❶ 选中C3单元格，将光标定位到该单元格右下角，出现黑色十字形状时，按住鼠标左键向右拖动至O3单元格。

❷ 释放鼠标，可以得出生产部的各项汇总值，如图26-55所示。

图26-55

Step 05 通过复制公式快速得出每个部门的各项汇总值

❶ 选中B3:O3单元格区域，将光标定位到该单元格右下角，出现黑色十字形状时，按住鼠标左键向下拖动至O8单元格，如图26-56所示。

图26-56

❷ 释放鼠标，可以得出每个部门各个项目的汇总值，如图26-57所示。

图26-57

26.6.2 按部门查询工资额

Step 01 选择数据源，创建数据透视表

❶ 在"各部门工资明细汇总"表中选中列标识及以下编辑区域，切换到"插入"选项卡，在"表格"选项组中单击"数据透视表"下拉按钮，在其下拉菜单中选择"数据透视表"选项（见图26-58），打开"创建数据透视表"对话框。

❷ 在"选择一个表或区域"下的"表/区域"框中显示了选中的单元格区域，如图26-59所示。

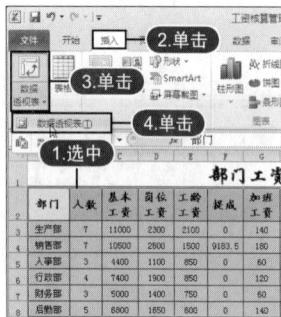

图26-58

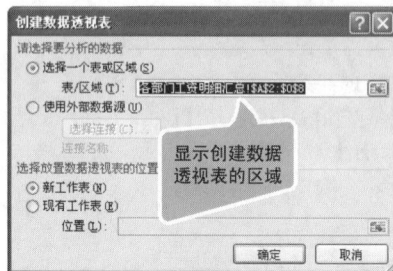

图26-59

❸ 单击"确定"按钮，即可新建工作表并显示数据透视表。在工作表标签上双击鼠标，然后输入新名称为"各部门的工资发放情况分析"，如图26-60所示。

图26-60

Step 02 添加字段，统计各个部门工资平均额

❶ 设置"部门"为行标签字段；设置"基本工资"为数值字段，如图26-61所示。

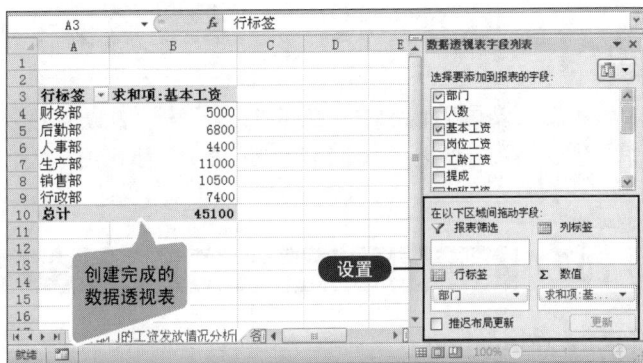

图26-61

❷ 在"数值"列表框中单击添加的数值字段，在打开的下拉菜单中单击"值字段设置"选项（见图26-62），打开"值字段设置"对话框。

❸ 重新设置计算类型为"平均值"，如图26-63所示。

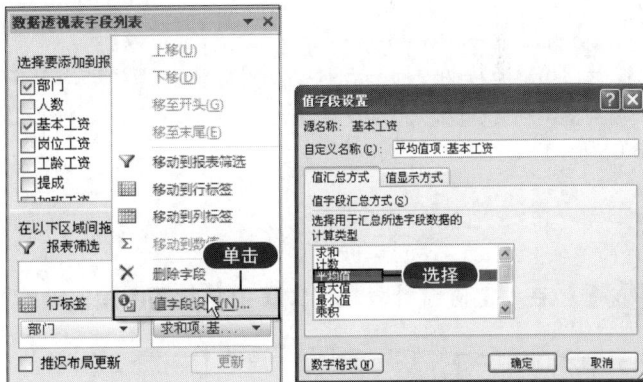

图26-62　　　　　　图26-63

❹ 单击"确定"按钮，即可统计出各个部门基本工资的平均值，如图26-64所示。

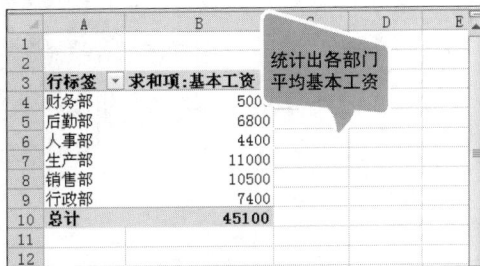

图26-64

Step 03 添加字段，统计各个部门实发工资总额

设置"部门"为行标签字段；设置"实发工资"为数值字段（见图26-65），即可统计出各个部门实发工资总额。

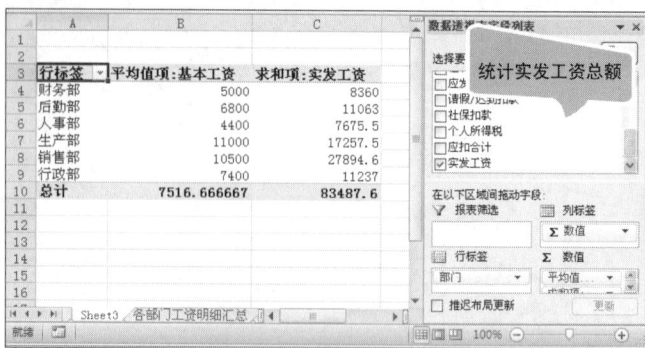

图26-65

提示

添加不同的字段，还可以分析出各部门"社保扣款"、"加班工资"、"福利补助"、"迟到扣款"等金额。

26.7 批量创建员工工资条

完成工资表的创建后，生成工资条是一项必要的工作。工资条是员工领取工资的一个详单，便于员工详细地了解本月应发工资明细与应扣工资明细。

26.7.1 创建起始编号员工的工资条

Step 01 新建工作表并重命名，规划好工资条的结构，并创建相关标识与预留出填写区域

❶ 新建工作表，并将其重命名为"工资单"。

❷ 规划好工资单的结构，创建标识并预留出显示值的区域，设置好编辑区域的文字格式、边框和底纹等，如图26-66所示。

图26-66

Step 02 在"工资统计表"工作表中将数据编辑区域定义为名称，以方便公式的引用

❶ 切换到"工资统计表"工作表中，选中从第三行开始的数据编辑区域，在名称编辑框中定义其名称为"工资统计表"，如图26-67所示。

❷ 按【Enter】键，即可完成名称的定义。

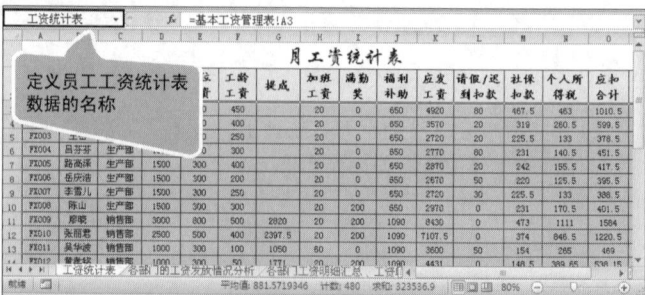

图26-67

Step 03 输入第一位员工的编号并设置返回姓名的公式

❶ 切换到"工资单"工作表中，在B2单元格中输入第一位员工的编号。

❷ 选中E2单元格，在编辑栏中输入公式：=VLOOKUP(B2,工资统计表,2)，按【Enter】键，即可返回第一位员工的姓名，如图26-68所示。

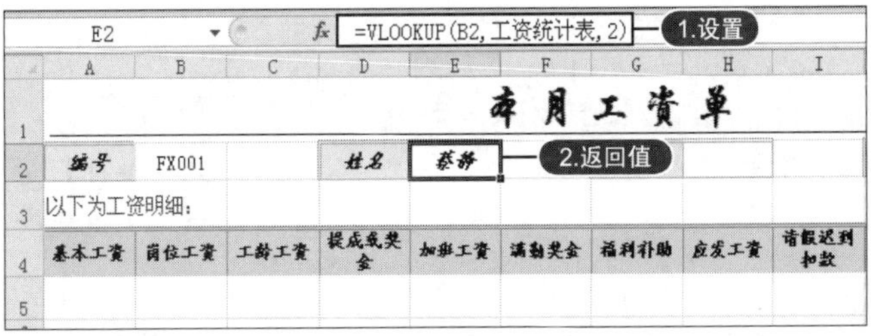

图26-68

Step 04 返回第一位员工的部门

选中H2单元格，输入公式：=VLOOKUP(B2,工资统计表,3)，按【Enter】键，即可返回第一位员工的所属部门，如图26-69所示。

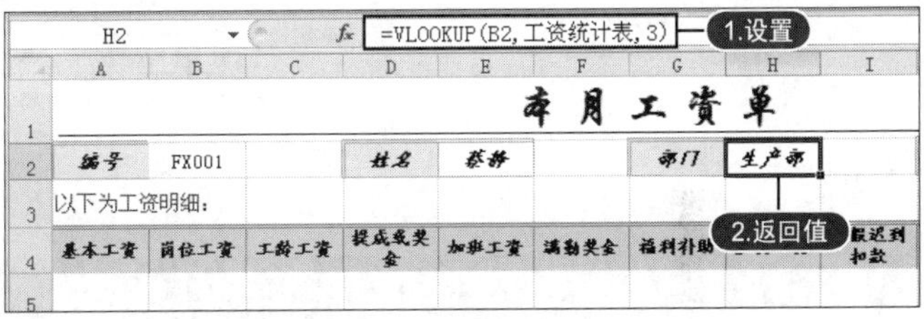

图26-69

Step 05 返回第一位员工的实发工资

选中K2单元格，在编辑栏中输入公式：=VLOOKUP(B2,工资统计表,16)，按【Enter】键，即可返回第一位员工的实发工资，如图26-70所示。

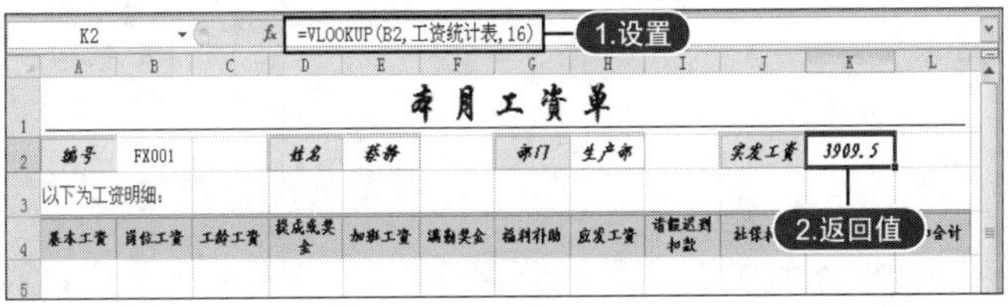

图26-70

Step 06 返回第一位员工的基本工资

选中A5单元格，在编辑栏中输入公式：=VLOOKUP($B2,工资统计表,COLUMN(D1))，按【Enter】键，即可返回第一位员工的基本工资，如图26-71所示。

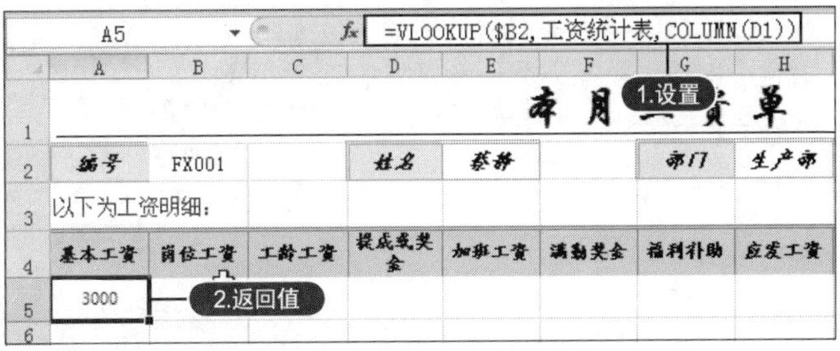

图26-71

提示

在设置A5单元格的公式时，将公式更改为：=VLOOKUP($B2,工资统计表,COLUMN(D1))，COLUMN(D1)的返回值为4，而基本工资额正处于"工资统计表"单元格区域的第四列中。之所以这样设置，是为了接下来复制公式的方便，当复制A5单元格的公式到B5单元格中时，公式更改为：=VLOOKUP($B2,工资统计表,COLUMN(E1))，COLUMN(E1)返回值为5，而岗位工资额正处于"工资统计表"单元格区域的第五列中，依此类推。如果不采用这种办法来设置公式，则需要依次手动更改返回值所在的列数。

Step 07 通过复制A5单元格的公式快速返回第一位员工的岗位工资、工龄工资、提成或奖金等

❶ 选中A5单元格，将光标定位到该单元格右下角，出现十字形状时，按住鼠标左键向右拖动至L5单元格，如图26-72所示。

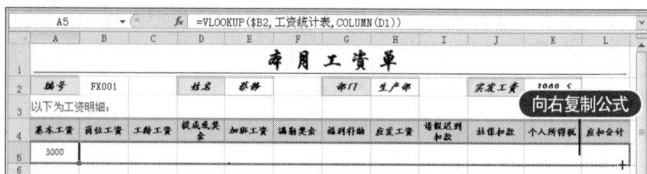

图26-72

❷ 释放鼠标，即可一次性返回第一位员工的岗位工资、工龄工资、提成或奖金等，如图26-73所示。

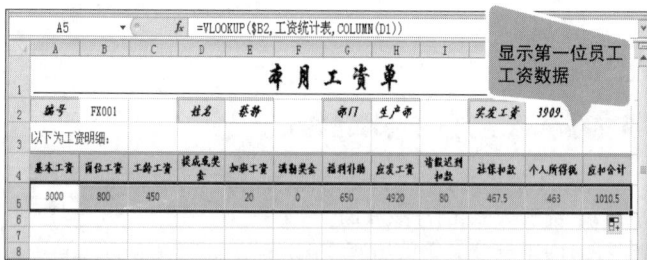

图26-73

26.7.2 快速生成每位员工的工资条

当生成了第一位员工的工资条后，则可以利用填充的办法来快速生成每位员工的工资条。

❶ 选中A2:L5单元格区域，将光标定位到该单元格区域右下角，出现十字形状时（见图26-74），按住鼠标左键向下拖动。

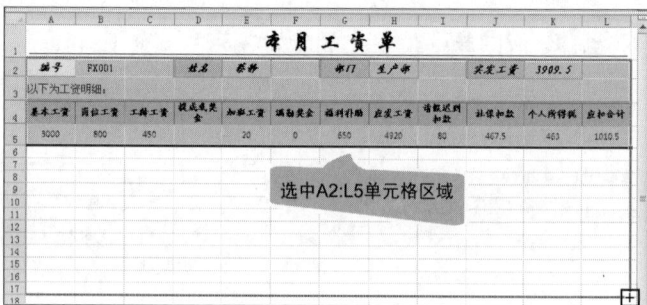

图26-74

❷ 释放鼠标，即可得到每位员工的工资条，如图26-75所示。拖动到什么位置释放鼠标，要根据当前员工的人数来决定，即通过填充得到所有员工的工资条后释放鼠标。

图26-75

范例扩展

通过学习如何创建企业员工工资统计表、生成工资条、分析汇总各部门员工工资后，读者是否已经掌握其中涉及的公式、函数及制表方法了呢？如果已经掌握，那么可以使用以上的操作方法来创建相关的表格，如员工医疗费用登记表、工资调整审批表等。

1. 员工医疗费用登记表

医疗费用报销是企业一项基本的福利制度，它为员工的生活提供了最基本保障，但医疗费用的报销也受一些因素的制约，如员工的基本工资、医疗费用的种类，以及报销单据是否齐全等，只有加强对员工医疗费用管理，才能降低企业的行政开支。在Excel 2010中创建工作表统计医疗费用，便于数据的计算、统计。如图26-76所示为创建完成的"员工医疗费用登记表"。

日期	编号	姓名	性别	所属部门	工资情况	医疗报销种类	费用金额
2011-2-3	YL001	蔡丽暖	女	生产部	4396.82	药品费	655.91
2011-3-6	YL002	陈家磊	女	生产部	3258.18	注射费	266.36
2011-3-5	YL003	王力	男	生产部	3088.64	注射费	245.36
2011-5-6	YL004	吕从英	女	生产部	3777.27	住院费	438.73
2011-6-5	YL005	吕路平	男	生产部	2836.82	体检费	156.18
2011-6-5	YL006	岳书馨	男	销售部	4370	体检费	100
2011-6-5	YL007	李雪儿	女	销售部	5095	体检费	100
2011-6-5	YL008	陈慧珊	女	销售部	13570	体检费	100
2011-6-5	YL009	廖笑	男	销售部	2325	体检费	100
2011-6-5	YL010	张威平	男	销售部	3450	体检费	100
2011-6-5	YL011	吴小华	男	销售部	2020	体检费	100
2011-4-1	YL012	黄永明	男	销售部	2415	手术费	85.27
2011-7-8	YL013	丁锐	男	销售部	2955	药品费	254.77
20--17-15	YL014	庄尹良	男	销售部	2695	药品费	85
2011-7-13	YL015	黄利	男	销售部	3195	药品费	318.45
2011-7-25	YL016	侯淑媛	女	人事部	2680	药品费	220.27

图26-76

2. 工资调整审批表

根据制度和企业实际运营情况以及员工的实际表现，企业可以调整员工的工资；或在人事变动后，变动人员的工资和职位都需要进行相关的调整。如图26-77所示为创建好的"工资调整审批表"。

图26-77

Chapter

27 员工绩效考核与离职管理

∷ 范例概述

　　绩效考核是人力资源管理六大版块中的一个部分，不同的企业以及不同工作岗位所制定的绩效标准也不一样，但毫无疑问的是绩效考核可以提高员工的积极性，也是员工自我肯定与自我认知的表现方式。

　　一个企业有新员工的入职，自然也有老员工的离职。离职管理是人力资源部门对要离开企业员工所要办理的一些事务。

　　在 Excel 2010中要根据统计的数据分析绩效考核情况和分析员工离职原因，需要使用 Excel 2010的综合功能，以及相关的函数才可以实现，具体对应如下。

∷ 范例效果

辞职审批表

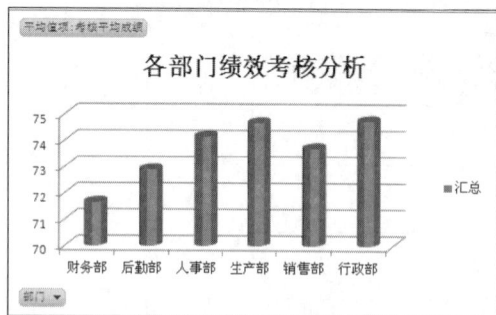

绩效考核分析

∷ 本章重点

应用功能	对应章节
工作表操作、单元格设置	第2章和第15章
数据透视表	第7章和第16章
图表创建、图表设置	第8章和第17章
应用函数	**对应章节**
SUM函数	第5章
AVERAGE函数	第5章
CHOOSE函数	第5章

∷ 参见光盘

素材文件：随书光盘\素材\第27章

视频路径：随书光盘\视频教程\第27章

范例制作

27.1 创建员工绩效考核统计表

绩效考核是人力资源部的核心工作内容，它是将中长期的目标分解成年度、季度、月度指标，不断督促员工工作实现、完成的过程，有效的绩效考核能帮助企业达成目标。

Step 01 新建工作簿并命名为"员工绩效和离职管理"

❶ 新建工作簿，并将其命名为"员工绩效和离职管理"。

❷ 在Sheet1工作表标签上双击鼠标，将其重命名为"绩效考核统计表"如图27-1所示。

图27-1

Step 02 输入表格标题、列标识，设置表格字体、对齐方式、底纹和边框

设置后效果如图27-2所示。

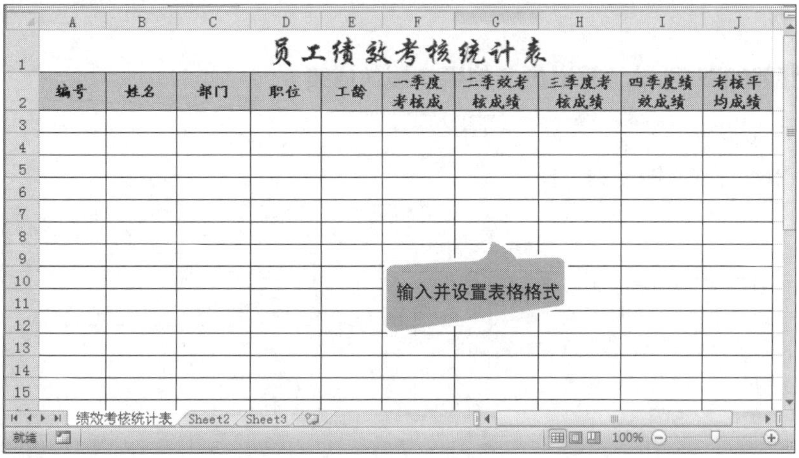

图27-2

Step 03 从"人事信息管理表"工作表中返回员工基本信息

❶ 分别在A3、B3、C3、D3和E3单元格中输入公式为：=[人事信息表.xlsx]人事信息管理表!A3，=[人事信息表.xlsx]人事信息管理表!B3，=[人事信息表.xlsx]人事信息管理表!F3，=[人事信息表.xlsx]人事信息管理表!G3，=[人事信息表.xlsx]人事信息管理表!N3。

❷ 返回第一位职员的编号、姓名、部门、职位和工龄。选中A3:E3单元格区域，向下复制公式，即可得到每位职员的编号、姓名、部门、职位和工龄，如图27-3所示。

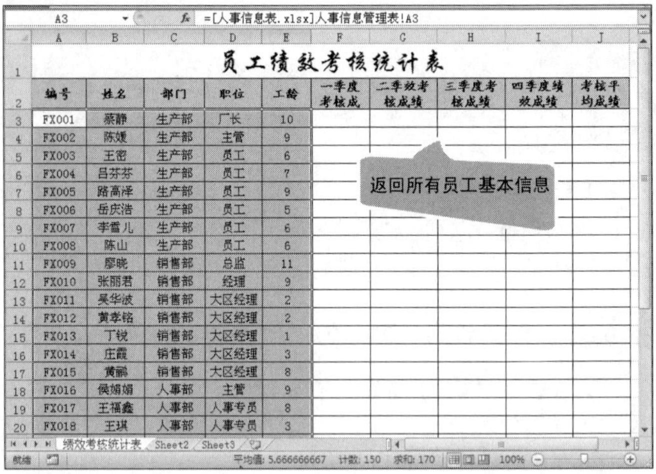

员工绩效考核统计表

编号	姓名	部门	职位	工龄	一季度考核成	二季效考核成绩	三季度考核成绩	四季度绩效成绩	考核平均成绩
FX001	蔡静	生产部	厂长	10					
FX002	陈媛	生产部	主管	9					
FX003	王密	生产部	员工	6					
FX004	吕芬芬	生产部	员工	7					
FX005	路高泽	生产部	员工	9					
FX006	岳庆浩	生产部	员工	5					
FX007	李雪儿	生产部	员工	6					
FX008	陈山	生产部	员工	6					
FX009	廖晓	销售部	总监	11					
FX010	张丽君	销售部	经理	9					
FX011	吴华波	销售部	大区经理	2					
FX012	黄孝铭	销售部	大区经理	2					
FX013	丁锐	销售部	大区经理	1					
FX014	庄霞	销售部	大区经理	3					
FX015	黄鹂	销售部	大区经理	8					
FX016	侯娟娟	人事部	主管	9					
FX017	王福鑫	人事部	人事专员	8					
FX018	王琪	人事部	人事专员	3					

图27-3

Step 04 手动输入每位员工各个季度考核成绩

输入效果如图27-4所示。

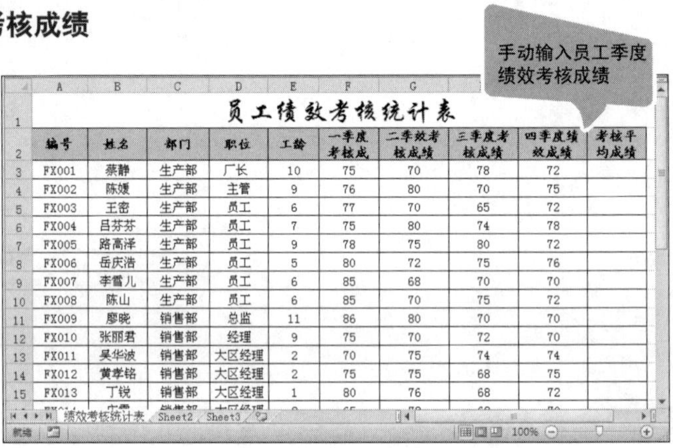

员工绩效考核统计表

编号	姓名	部门	职位	工龄	一季度考核成	二季效考核成绩	三季度考核成绩	四季度绩效成绩	考核平均成绩
FX001	蔡静	生产部	厂长	10	75	70	78	72	
FX002	陈媛	生产部	主管	9	76	80	70	75	
FX003	王密	生产部	员工	6	77	70	65	72	
FX004	吕芬芬	生产部	员工	7	75	80	74	78	
FX005	路高泽	生产部	员工	9	78	75	80	72	
FX006	岳庆浩	生产部	员工	5	80	72	75	76	
FX007	李雪儿	生产部	员工	6	85	68	70	70	
FX008	陈山	生产部	员工	6	85	70	75	72	
FX009	廖晓	销售部	总监	11	86	80	70	70	
FX010	张丽君	销售部	经理	9	75	70	72	70	
FX011	吴华波	销售部	大区经理	2	70	75	74	74	
FX012	黄孝铭	销售部	大区经理	2	75	75	68	75	
FX013	丁锐	销售部	大区经理	1	80	76	68	72	

图27-4

注意

对不同岗位的员工的绩效考核标准是不一样的，但绩效考核一般分为平常成绩和专长学识，平常成绩基本是从考勤和平时对工作的态度方面考核；专长学识包括专业技能和知识、经验和见解以及对公司的特殊贡献等。

Step 05 使用AVERAGEA函数计算出员工的平均绩效成绩

❶ 选中J3单元格，在编辑栏中输入公式：=AVERAGEA(F3:I3)，按【Enter】键，即可计算出第一位员工的考核平均成绩。

❷ 将鼠标指针定位到J3单元格右下角，当鼠标指针变为十字形状时，向下填充到最后一个员工考核平均成绩所在单元格，即可复制公式计算出所有员工的考核平均成绩，如图27-5所示。

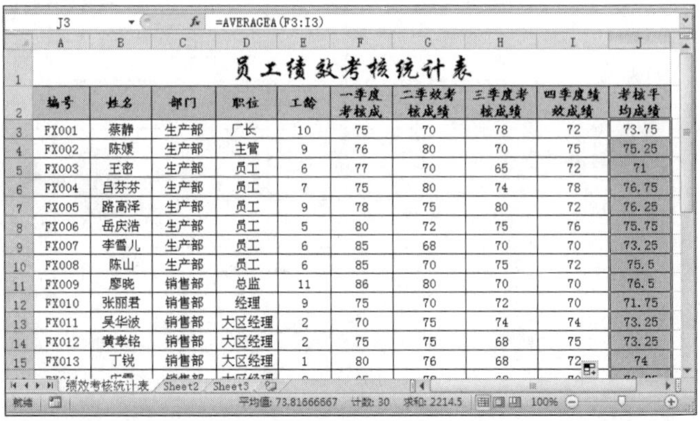

员工绩效考核统计表

编号	姓名	部门	职位	工龄	一季度考核成	二季效考核成绩	三季度考核成绩	四季度绩效成绩	考核平均成绩
FX001	蔡静	生产部	厂长	10	75	70	78	72	73.75
FX002	陈媛	生产部	主管	9	76	80	70	75	75.25
FX003	王密	生产部	员工	6	77	70	65	72	71
FX004	吕芬芬	生产部	员工	7	75	80	74	78	76.75
FX005	路高泽	生产部	员工	9	78	75	80	72	76.25
FX006	岳庆浩	生产部	员工	5	80	72	75	76	75.75
FX007	李雪儿	生产部	员工	6	85	68	70	70	73.25
FX008	陈山	生产部	员工	6	85	70	75	72	75.5
FX009	廖晓	销售部	总监	11	86	80	70	70	76.5
FX010	张丽君	销售部	经理	9	75	70	72	70	71.75
FX011	吴华波	销售部	大区经理	2	70	75	74	74	73.25
FX012	黄孝铭	销售部	大区经理	2	75	75	68	75	73.25
FX013	丁锐	销售部	大区经理	1	80	76	68	72	74

图27-5

27.2 创建员工离职审批表

企业有新员工入职，也会有老员工离职，入职与离职的办理也是人力资源部门日常工作之一。按照劳动合同法规定：劳动者提前30日以书面形式通知用人单位，可以解除劳动合同。劳动者在试用期以内提前3日通知用人单位的，可以解除劳动合同。

Step 01 新建"员工离职审批表"

在Sheet2工作表标签上双击鼠标，将其重命名为"员工离职审批表"，输入表格标题、列标识，对表格字体、对齐方式、底纹和边框等进行设置，设置后效果如图27-6所示。

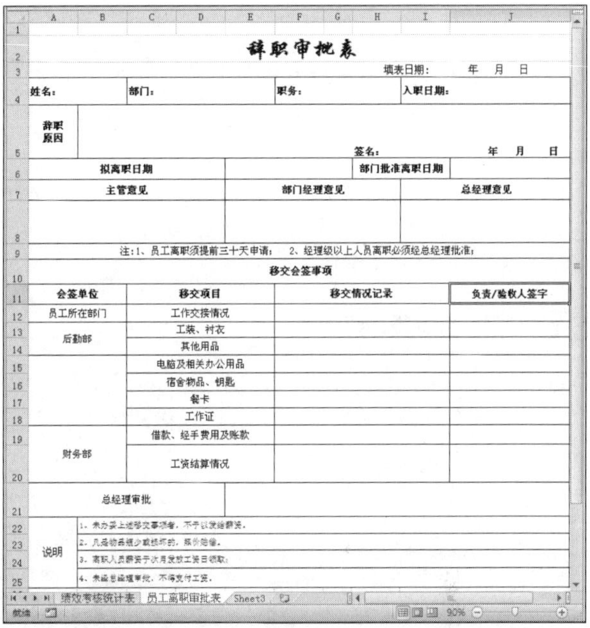

图27-6

Step 02 插入企业LOGO

❶ 切换到"插入"选项卡，在"插图"选项组中单击"图片"按钮，打开"插入图片"对话框，找到企业LOGO图片，单击"插入"按钮，如图27-7所示。

❷ 在工作表中插入企业LOGO，效果如图27-8所示。

图27-7

图27-8

❸ 将光标定位到LOGO的右下角控制点，当鼠标指针变为 形状时，拖动鼠标更改图片的大小，将其调整到合适的高度，并在LOGO后输入公司名称，效果如图27-9所示。

图27-9

Step 03 美化企业LOGO

❶ 选中企业LOGO图片，切换到"图片工具"-"格式"选项卡，在"图片样式"选项组中单击 按钮，在其库中选择一种适合的样式。

❷ 选择好样式后，即可更改企业LOGO的样式，效果如图27-10所示。

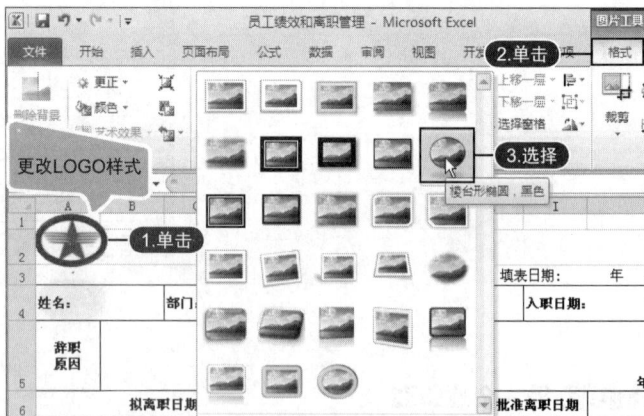

图27-10

❸ 在"图片样式"选项组中单击"图片边框"下拉按钮，在其下拉菜单中选择一种适合的颜色，即可更改企业LOGO的边框颜色，设置效果如图27-11所示。

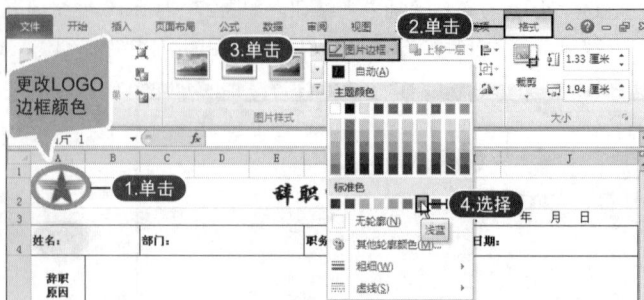

图27-11

❹ 在 "图片样式" 选项组中单击 "图片效果" 下拉按钮，在其下拉菜单中选择 "发光" 选项，在弹出的子菜单中选择一种发光样式，即可设置企业LOGO的图片效果，如图27-12所示。

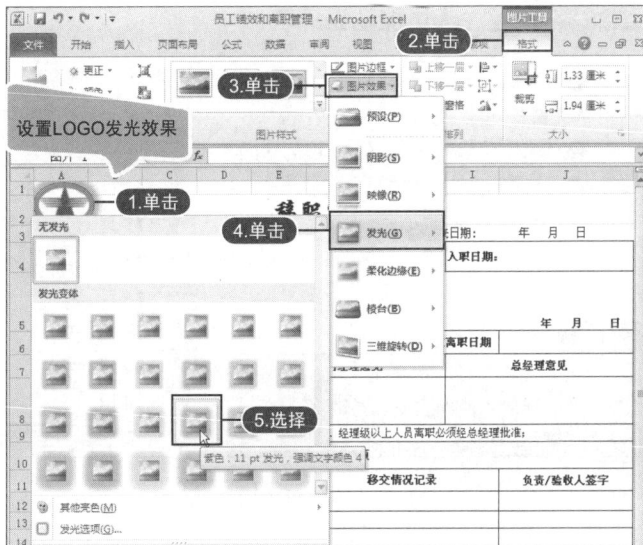

图27-12

❺ 设置完成后的 "员工离职审批表"，效果如图27-13所示。

图27-13

27.3 创建员工流入与流出统计分析表

人员流动是企业发展过程中的正常现象，每年三四月份是员工流动率最高峰，人力资源部不仅要做好招聘工作、绩效以及离职工作，还需要对员工流动情况做一个系统的统计。

Step 01 创建"人员流动设计表"

❶ 在Sheet3工作表标签上双击鼠标，将其重命名为"人员流动统计表"。

❷ 输入表格标题、列标识，对表格字体、对齐方式、底纹和边框进行设置，效果如图27-14所示。

注意

创建好"人员流动统计表"后，根据每个月各部门入职和离职人员情况，输入流入人数与流出人数。

图27-14

Step 02 根据"人员流动统计表"计算出每月流动人数总计

❶ 选中C15单元格，在编辑栏中输入公式：=SUM(C3,C5,C7,C9,C11,C13)，按【Enter】键，即可算出1月份流入人员总数，如图27-15所示。

❷ 选中C16单元格，在编辑栏中输入公式：=SUM(C4,C6,C8,C10,C12,C14)，按【Enter】键，即可算出1月份流出人员总数，如图27-16所示。

图27-15

图27-16

❸ 选中C15:C16单元格区域，将光标移动到单元格区域的右下角，当鼠标指针变为十字形状时，拖动鼠标向右填充到"12月份"单元格，即可计算出其他月份流入与流出员工人数，如图27-17所示。

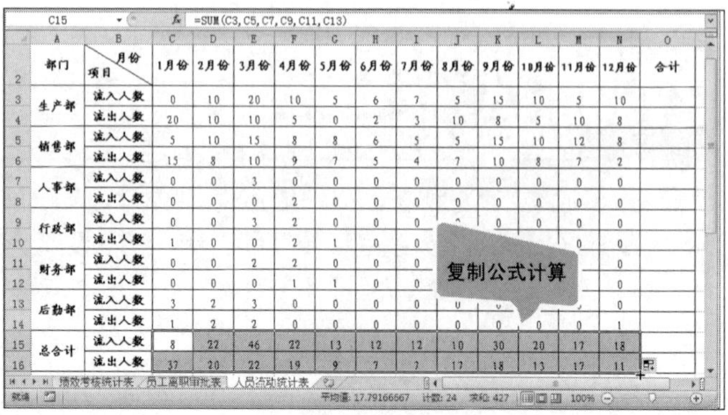

图27-17

Step 03 根据"人员流动统计表"计算出年度流动人数总计

❶ 选中O3单元格，在编辑栏中输入公式：=SUM(C3:N3)，按【Enter】键，即可算出生产部一年流入人员总数，如图27-18所示。

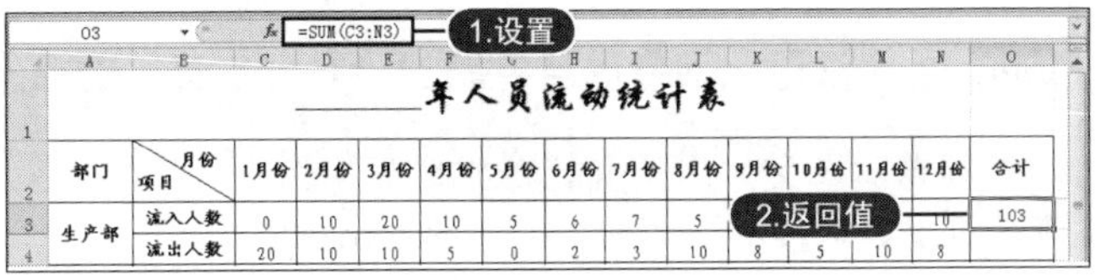

图27-18

❷ 将光标定位到O3单元格右下角，当鼠标指针变为十字形状时，拖动鼠标向下填充，即可复制公式，计算出各个部门每年的流入与流出员工人数以及总计流入与流出员工人数，如图27-19所示。

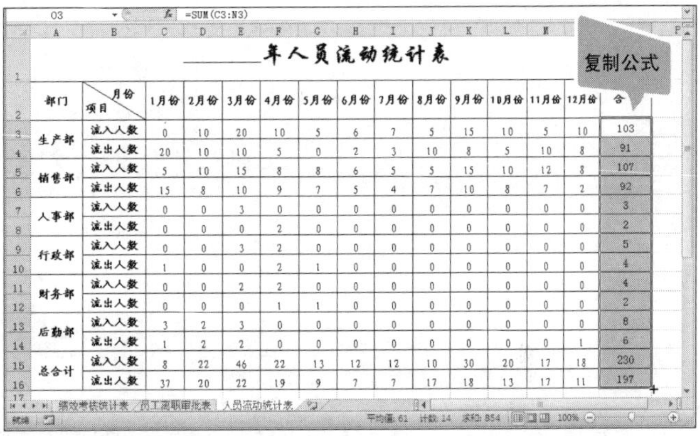

图27-19

27.4 创建员工离职原因调查问卷

在员工离职的时候，人力资源部门可以设计离职原因调查问卷，让离职人员填写离职的原因，方便人力资源部门统计离职原因，并对此提出一些改变方案。

27.4.1 创建表头信息

设计调查问卷的目的是更好地收集员工离职原因，因此在问卷设计过程中，首先要把握调查的目的和要求。

❶ 新建工作簿，并将其命名为"员工离职原因调查问卷"，重命名Sheet1工作表为"调查问卷"。

❷ 合并单元格，输入表格标题，接着输入表头信息，如员工"姓名"、"编号"、"部门"等，并对其字体、字号进行设置，设置后效果如图27-20所示。

图27-20

27.4.2 设计调查问卷主体

Step 01 手动输入问卷题目并添加"开发工具"选项卡

问卷调查主体是调查问卷最重要的部分，其内容需要事先规划并拟定好。问卷一般由相关问题和可选答案组成，从而方便调查者填写。

❶ 在"调查问卷"工作表中输入问卷题目，如图27-21所示。

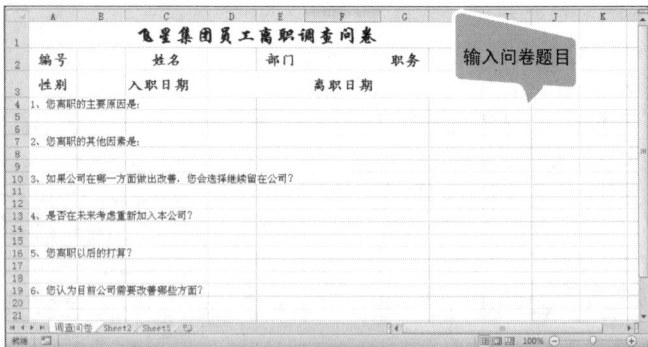

图27-21

❷ 单击"文件"标签，切换到Backstage视图，在左侧单击"选项"选项，打开"Excel选项"对话框。

❸ 单击"自定义功能区"标签，在"自定义功能区"右侧的列表框中选中"开发工具"复选框，如图27-22所示。

图27-22

❹ 单击"确定"按钮，即可将"开发工具"添加到功能区中。切换到"开发工具"选项卡，单击"控件"选项组的"插入"下拉按钮，在下拉菜单下可以选择不同的控件，如图27-23所示。

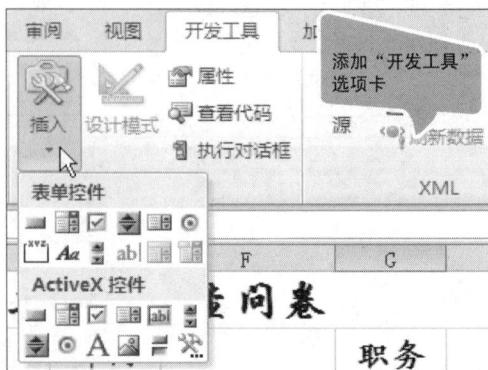

图27-23

Step 02 绘制复选框

❶ 在"插入"下拉菜单中单击"复选框（窗体控件）"选项，如图27-24所示。

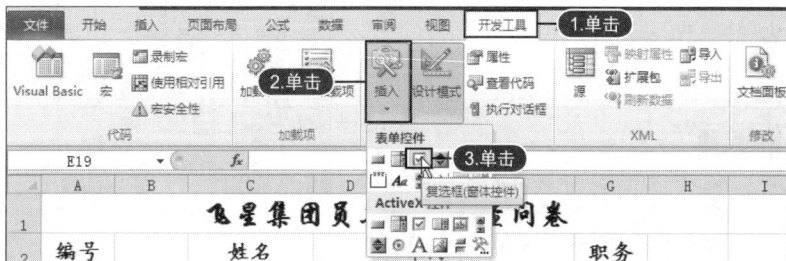

图27-24

❷ 在"您离职的主要原因是："问题下绘制复选框，如图27-25所示。

❸ 选中"复选框1"文字，然后直接输入"个人或家庭原因"，如图27-26所示。

❹ 按照相同的方法，绘制其他复选框。

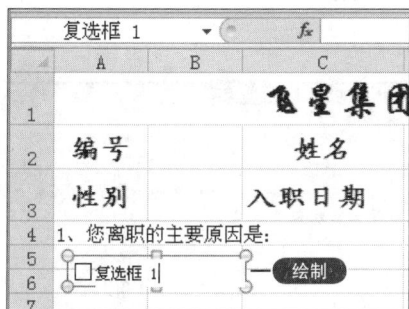

图27-25

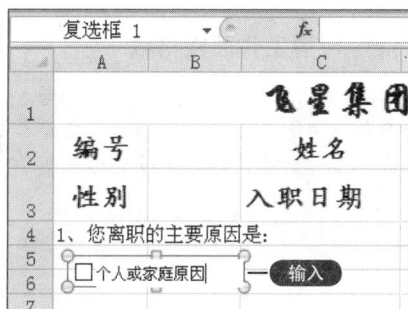

图27-26

Step 03 绘制单选按钮

❶ 在"插入"下拉菜单中单击"选项按钮（窗体控件）"选项，如图27-27所示。

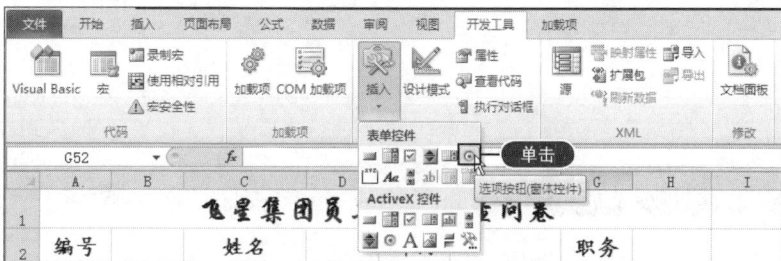

图27-27

❷ 在"是否在未来考虑重新加入本公司？"问题下绘制选项按钮，如图27-28所示。

❸ 选中"选项按钮43"文字，然后直接输入"是"，如图27-29所示。

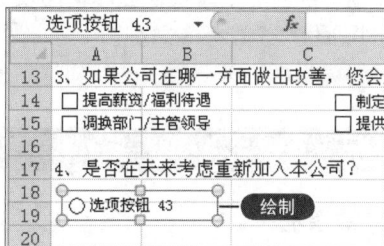

图27-28

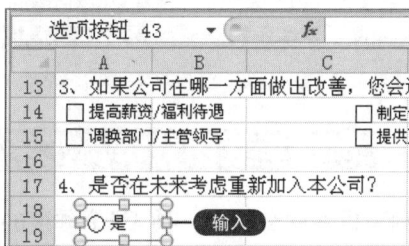

图27-29

❹ 按照相同的方法，绘制其他选项按钮和复选框，设置完成后的效果如图27-30所示。

图27-30

提示

通常一个题目会有多个选择答案，因此需要绘制多个单选按钮或是复选框，此时可以按住【Ctrl】键不放，选中之前已经绘制的按钮，按住鼠标左键拖动实现快速复制，然后更改其名称即可。或者在选中按钮后执行"复制"和"粘贴"命令来实现快速绘制。

Step 04 取消工作表网格线

切换到"视图"选项卡，在"显示"选项组中取消选中"网格线"复选框，即可取消显示工作表的网格线，如图27-31所示。

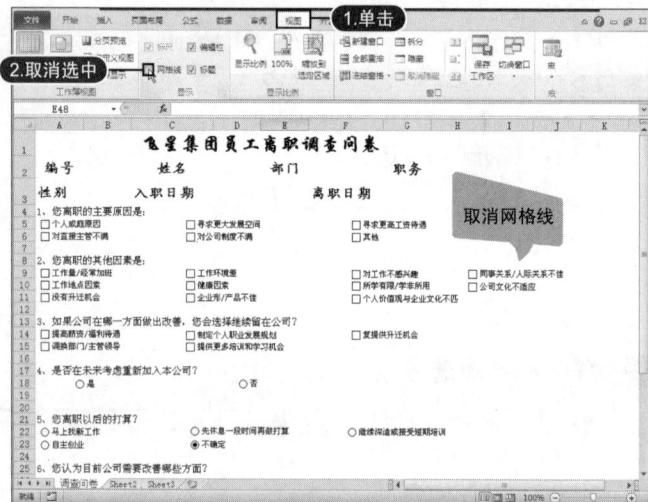

图27-31

范例应用

27.5 利用趋势图分析员工绩效考核情况

利用图表可以直观地看出数据的分布情况，利用趋势图可以直观地显示每位员工一个年度绩效考核的情况，也可以直观地看出每个部门一个时间段的绩效考核情况。

27.5.1 创建折线图分析员工考核情况

Step 01 创建折线图分析某一员工4个季度的绩效考核情况

❶ 选中任意员工姓名和4个季度的考核成绩，如"蔡静"及其4个季度的考核成绩。

❷ 切换到"插入"选项卡，在"图表"选项组中单击"折线图"下拉按钮，在其下拉菜单中选择一种折线图，如"折线图"，如图27-32所示。

❸ 选择好要插入的图形后，即可为选中的数据插入折线图，如图27-33所示。

❹ 通过插入的折线图可以直观地看出员工这4个季度的考核情况，即：第一和第三季度的绩效考核成绩比第二和第四季度的考核成绩要好很多。

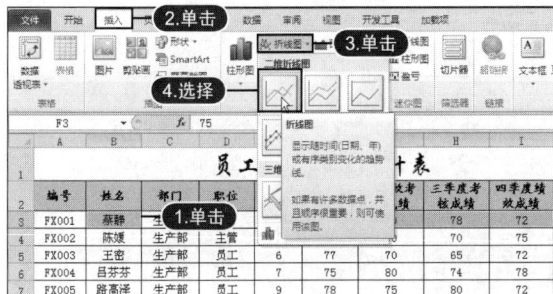

图27-32

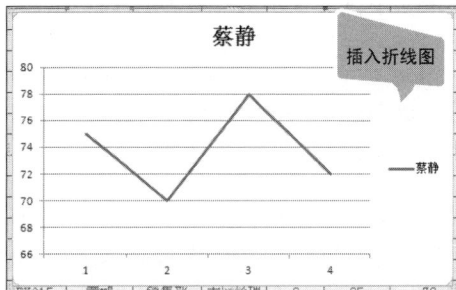

图27-33

Step 02 快速更改数据源查看其他员工绩效考核情况

❶ 选中图表，可以在工作表中看到图表数据源被显示出来，将光标定位到数据源上，鼠标指针变为形状，如图27-34所示。

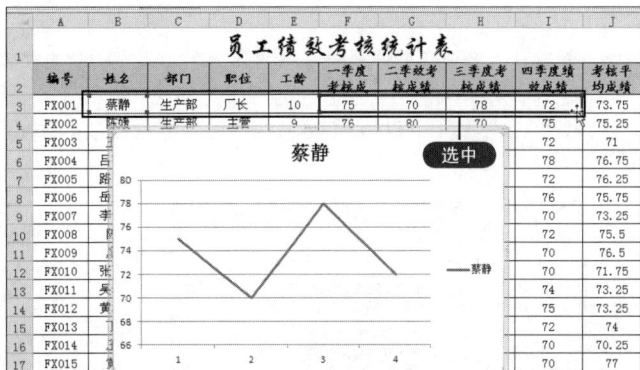

图27-34

❷ 按住鼠标左键向下移动到需要在图表中显示的数据源上，释放鼠标，即可更改图表数据源，如图27-35所示。

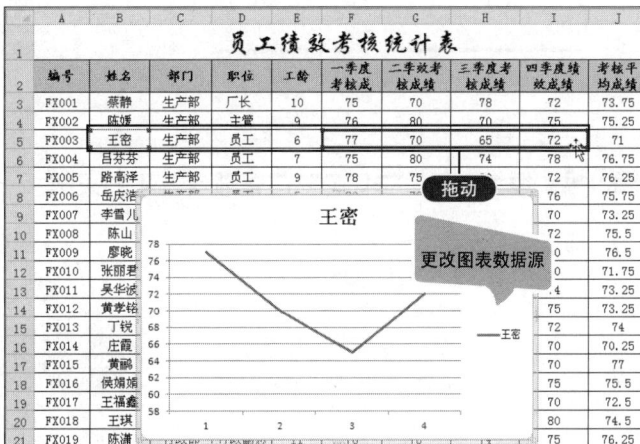

图27-35

27.5.2 创建数据透视表分析各部门绩效考核情况

Step 01 创建数据透视表

❶ 选中工作表标题下的数据编辑区域，切换到"插入"选项卡，在"表格"选项组中单击"数据透视表"下拉按钮，在其下拉菜单中选择"数据透视表"选项，如图27-36所示。

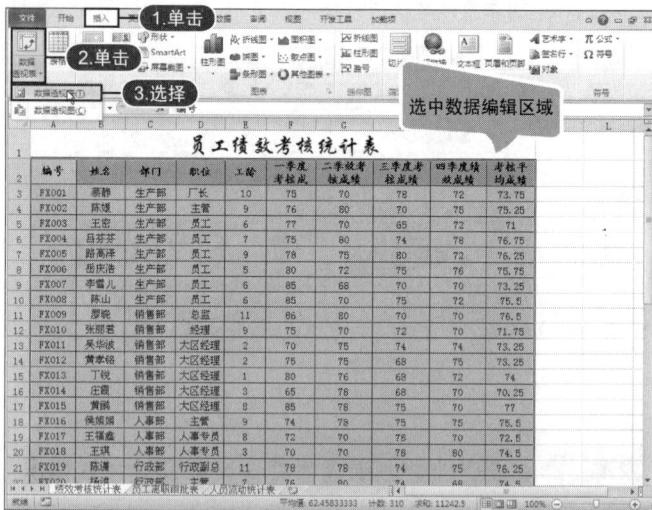

图27-36

❷ 打开"创建数据透视表"对话框，在"选择一个表或区域"下的"表/区域"文本框中可以看到选中的区域，如图27-37所示。

❸ 单击"确定"按钮，即可为选择的区域创建数据透视表，将数据透视表重命名为"员工绩效考核分析"，如图27-38所示。

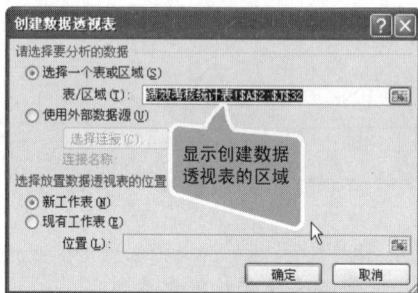

图27-37

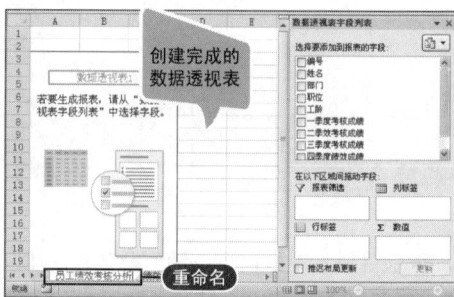

图27-38

Step 02 添加字段，统计各部门绩效考核平均成绩

❶ 设置"部门"为行标签字段；设置"考核平均成绩"为数值字段，如图27-39所示。

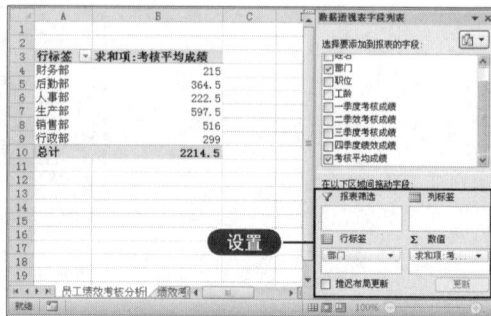

图27-39

❷ 在"数值"列表框中单击添加的数值字段，在打开的下拉菜单中单击"值字段设置"选项（见图27-40），打开"值字段设置"对话框。

❸ 重新设置计算类型为"平均值"，如图27-41所示。

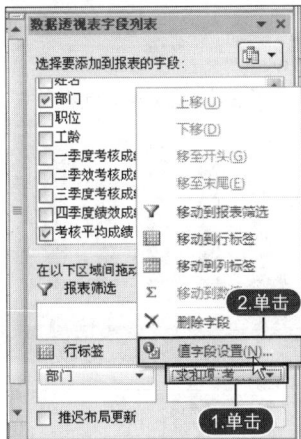

图27-40

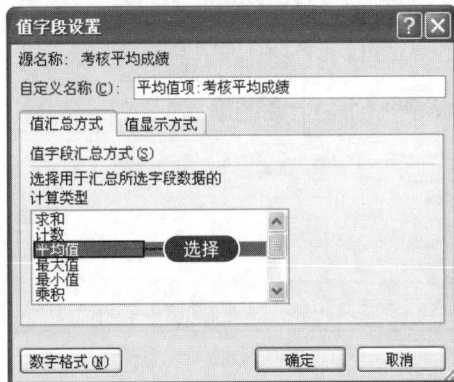

图27-41

❹ 单击"确定"按钮，即可统计出各个部门绩效考核的平均值，手动将行标签更改为"部门"，效果如图27-42所示。

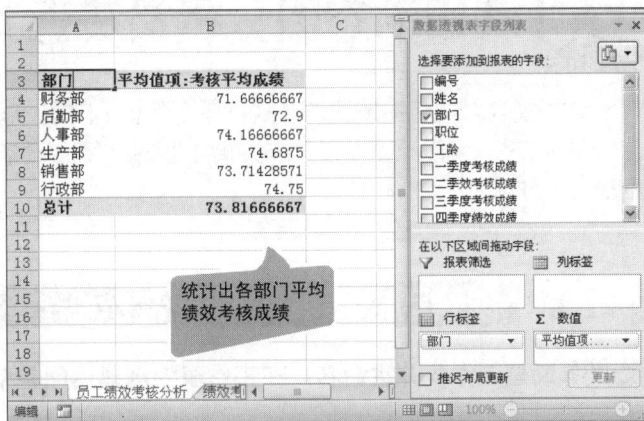

图27-42

Step 03 创建数据透视图分析部门绩效考核

❶ 选中行标签下的任意单元格，切换到"选项"选项卡，在"工具"选项组中单击"数据透视图"按钮，如图27-43所示。

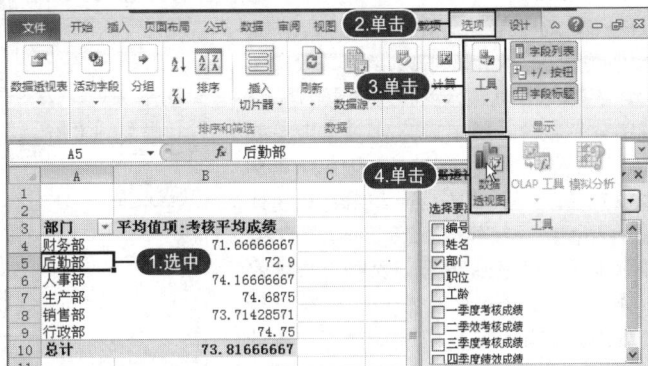

图27-43

❷ 打开"插入图表"对话框，在左侧选择一种图表类型，接着在右侧图表区选择一种图表样式，如
"簇状圆柱图"，如图27-44所示。

❸ 单击"确定"按钮，即可创建数据透视图分析各部门员工绩效考核情况，将图表标题更改为"各部
门绩效考核分析"，效果如图27-45所示。

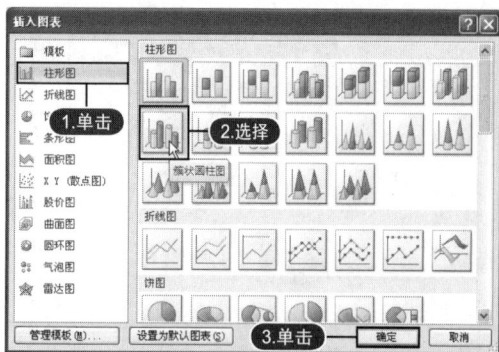

图27-44

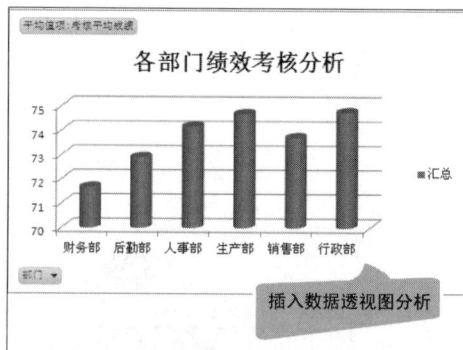

图27-45

27.6 利用动态图分析员工近几年的绩效评定情况

动态图表一般包括按钮调节式、单/多选项卡式、滚动条式、下拉菜单等形式，通过灵活
使用各种控件，可以创建以上形式的动态图表。利用动态图表可以对数据的描述分析和比较起
到极大的作用。

27.6.1 创建动态图表数据源

Step 01 新建工作表并重命名，在工作表中创建返回各个员工名称的公式

❶ 在工作表标签最右侧单击 🔲 按钮，新建工作表，并将其重命名为"选择员工对各年考核成绩比较"。

❷ 在B2单元格中输入数值1，选中A2单元格，在公式编辑栏中输入公式：=CHOOSE(B2,年度绩效考核
统计表!B3,年度绩效考核统计表!B4,年度绩效考核统计表!B5,年度绩效考核统计表!B6,年度绩效考核统计表!B7,
年度绩效考核统计表!B8,年度绩效考核统计表!B9,年度绩效考核统计表!B10,年度绩效考核统计表!B12,年度绩
效考核统计表!B13,年度绩效考核统计表!B14,年度绩效考核统计表!B15,年度绩效考核统计表!B16,年度绩效考

核统计表!B17,年度绩效考核统计表!B18,
年度绩效考核统计表!B19,年度绩效考核
统计表!B20,年度绩效考核统计表!B21,年
度绩效考核统计表!B22,年度绩效考核统
计表!B23,年度绩效考核统计表!B24,年度
绩效考核统计表!B25,年度绩效考核统计
表!B26,年度绩效考核统计表!B27,年度
绩效考核统计表!B28,年度绩效考核统计
表!B29,年度绩效考核统计表!B30,年度
绩效考核统计表!B31,年度绩效考核统计
表!B32)，按【Enter】键，即可返回第一
名员工的名称，如图27-46所示。

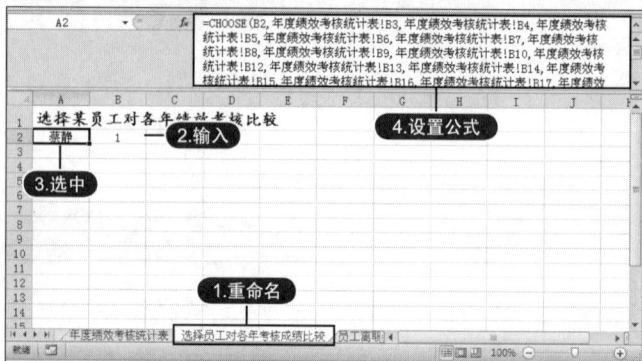

图27-46

Step 02 返回指定员工各年的绩效考核数据

❶ 在第四行中创建各年份标识。

❷ 选中A5单元格，在公式编辑栏中输入公式：=A2，按【Enter】键，即可返回A2单元格的值，如图27-47所示。

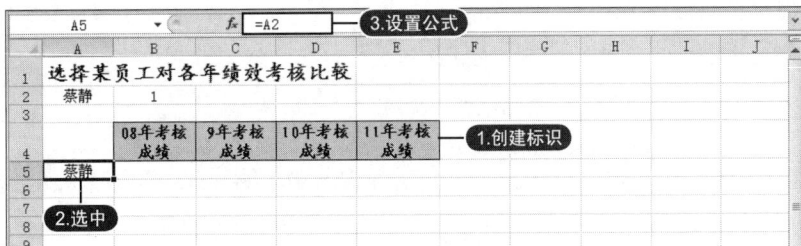

图27-47

❸ 选中B5单元格，在公式编辑栏中输入公式：=VLOOKUP($A$5,年度绩效考核统计表!$B$2:$F$32,COLUMN(B1),2)，如图27-48所示。

图27-48

❹ 选中B5单元格，将光标定位在右下角，出现黑色十字形状时，向右复制公式到E5单元格。释放鼠标，依次可以得到A5单元格中指定员工的各年的绩效考核数据，如图27-49所示。

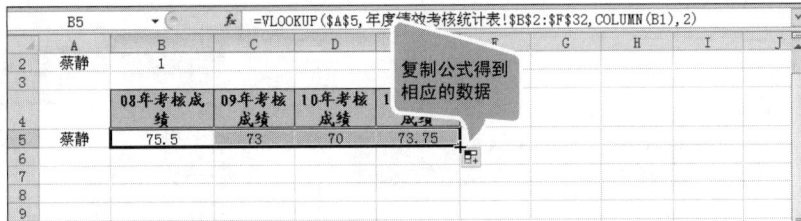

图27-49

Step 03 更改B2单元格的数值，实现快速在第4、5行中显示不同员工的各年绩效考核成绩

❶ 在B2单元格中输入数值3，第4行、第5行的显示结果如图27-50所示。

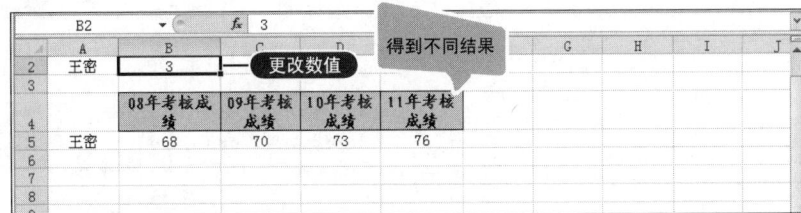

图27-50

❷ 在B2单元格中输入数值10，第4行、第5行的显示结果如图27-51所示。

图27-51

提示

由于员工各年的绩效考核成绩分布在不同的工作表中，所以在创建"选择员工对各年考核成绩比较"前需要将员工几年来的绩效考核成绩统计到一个新的工作表中，成为数据源，以方便公式和函数的引用。

27.6.2 添加控件按钮

❶ 切换到"开发工具"选项卡，在"控件"选项组中单击"插入"下拉按钮，在其下拉菜单中选择"数值调节钮（窗体控件）"，如图27-52所示。

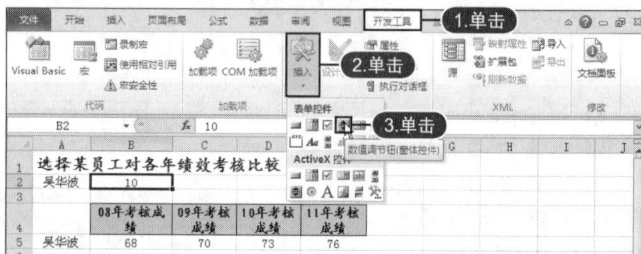

图27-52

❷ 在B2单元格中绘制数值调节钮，绘制完成后右击，在弹出的快捷菜单中选择"设置控件格式"命令，如图27-53所示。

❸ 设置最小值为1、最大值为30、步长值为1、单元格链接为B2，单击"确定"按钮，如图27-54所示。

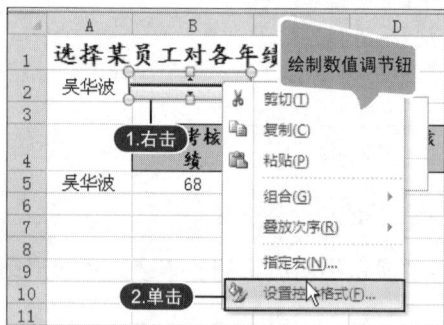

图27-53

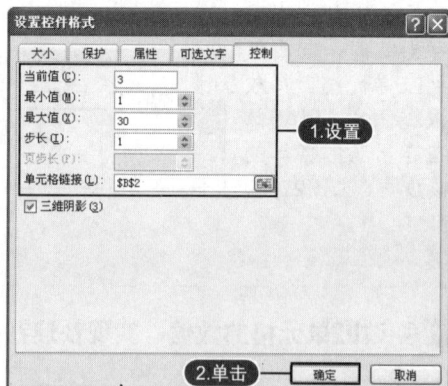

图27-54

❹ 返回工作表中，通过单击数值调节钮即可实现不同员工姓名的调整，同时第4、5行的数据源会发生相应的变化，如图27-55所示。

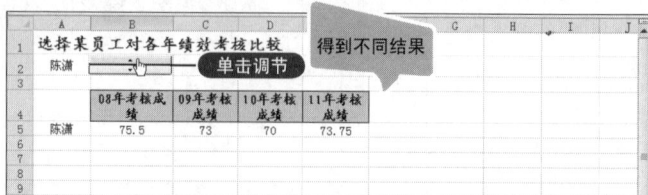

图27-55

27.6.3 创建按钮调节式动态图表

创建后动态图表和控件按钮后，即可添加图表来显示数据源。创建图表后，可以调节控件按钮，更改图表数据源。

Step 01 创建图表

❶ 选中A4:E5单元格区域，切换到"插入"选项卡，在"图表"选项组中单击"柱形图"下拉按钮，在其下拉菜单中选择"三维簇状柱形图"，如图27-56所示。

❷ 选择好柱形图后，即可为选择的数据区域插入三维簇状柱形图，效果如图27-57所示。

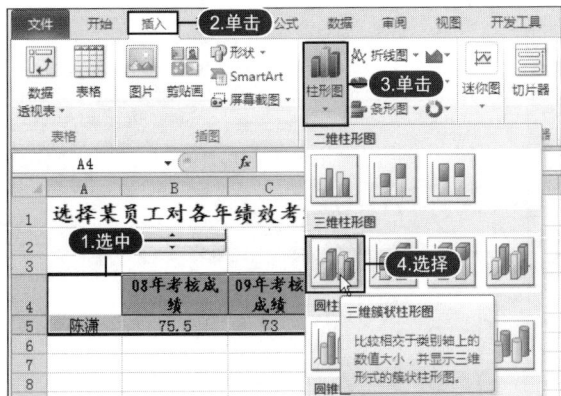

图27-56

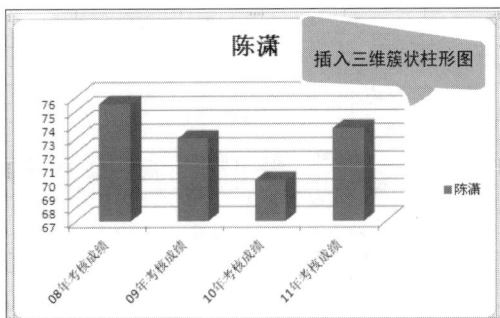

图27-57

Step 02 设置表格格式

❶ 选中图表，切换到"图表工具"-"设计"选项卡，在"图表样式"选项组中选择样式，可以快速修饰图表，如图27-58所示。

❷ 选中图表，在"开始"选项卡的"字体"选项组中可以设置图表的字体和字号。

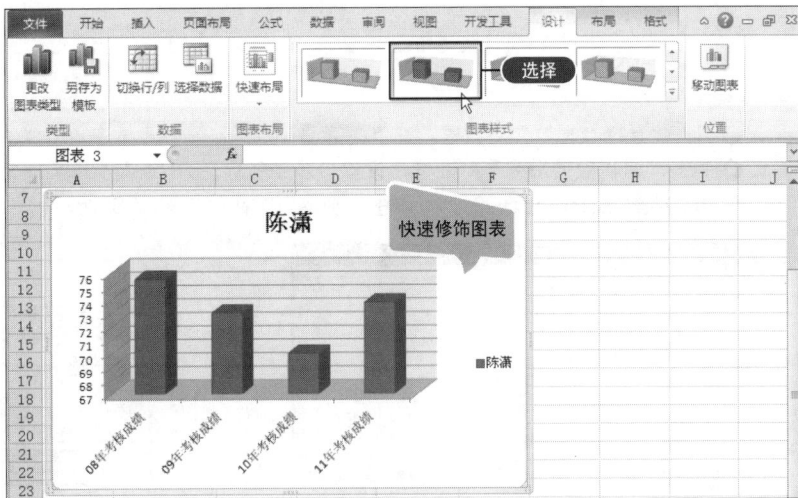

图27-58

27.7 利用饼图分析员工流入与流出比例

人员流动统计是人力资源部门工作的重要部分之一，利用饼图还可以快速地分析出各个部门每年人员流动情况，也可以分析出整个公司一年的人员流入与流出比例。

Step 01 分析销售部一年的员工流入与流出情况

❶ 切换到"人员流动统计表",打开"插入"选项卡,在"图表"选项组中单击"饼图"下拉按钮,在其下拉菜单中选择"分离型三维饼图(见图27-59),即可在工作表中插入空白图表,如图27-60所示。

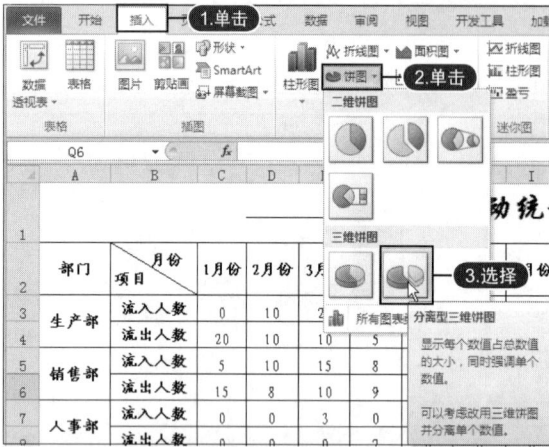

图27-59

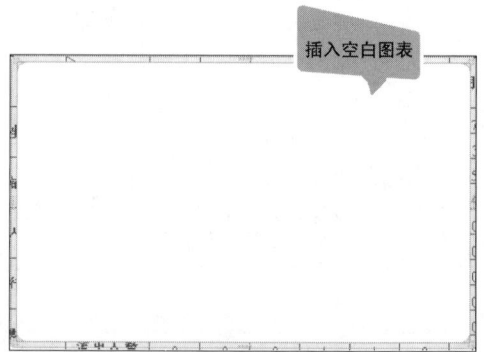

图27-60

❷ 选中图表,切换到"设计"选项卡,在"数据"选项组中单击"选择数据"按钮,如图27-61所示。

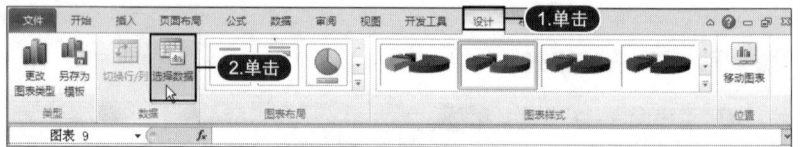

图27-61

❸ 打开"选择数据源"对话框,在"图例项(系列)"列表框中单击"添加"按钮,如图27-62所示。

❹ 打开"编辑数据系列"对话框,设置"系列名称"为"=人员流动统计表!$A$5",设置"系列值"为"=人员流动统计表!$O$5:$O$6",单击"确定"按钮,如图27-63所示。

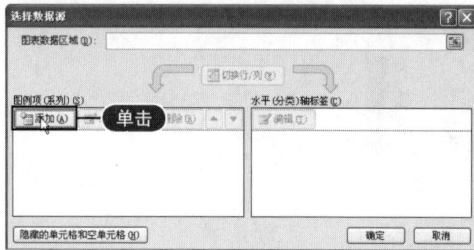

图27-62

图27-63

❺ 返回"选择数据源"对话框,可以看到在"图例项(系列)"列表框中添加了"销售部"数据,在"水平(分类)轴标签"列表框中单击"编辑"按钮,如图27-64所示。

❻ 打开"轴标签"对话框,设置"轴标签区域"值为"=人员流动统计表!$B$5:$B$6",如图27-65所示。

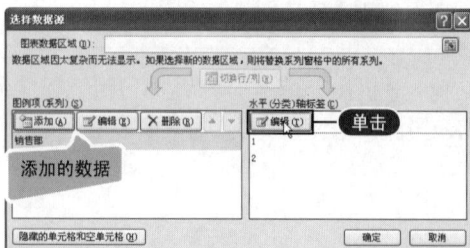

图27-64

图27-65

❼ 单击"确定"按钮，即可添加数据到"水平（分类）轴标签"列表框中（见图27-66），单击"确定"按钮，即可为图表添加数据源，如图27-67所示。

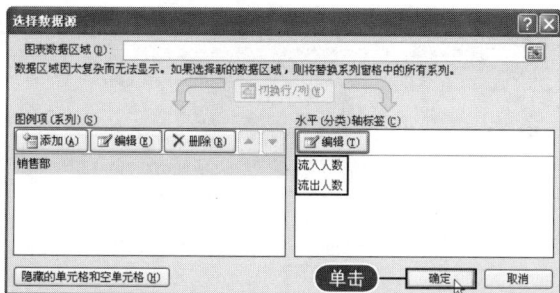

图27-66

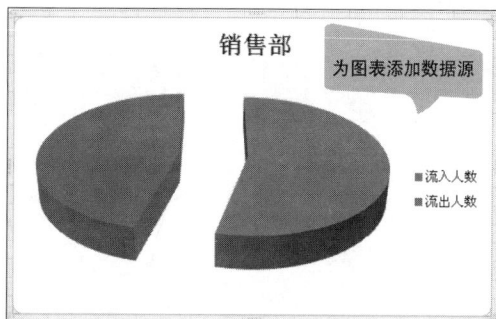

图27-67

Step 02 为图表添加数据标签

❶ 选中图表，切换到"图表工具"-"布局"选项卡，在"标签"选项组中单击"数据标签"下拉按钮，在其下拉菜单中选择一种数据标签的样式，如"居中"，如图27-68所示。

❷ 选择好要设置的数据标签样式后即可为图表添加数据标签，如图27-69所示。

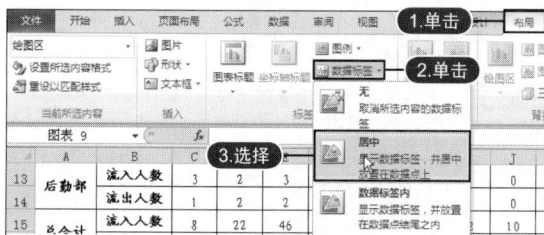

图27-68

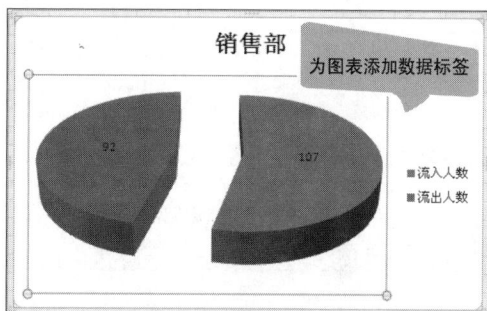

图27-69

❸ 选中图表，在快捷菜单中单击"设置数值标签格式"命令，如图27-70所示。

❹ 取消选中"值"复选框，接着选中"百分比"复选框，如图27-71所示。

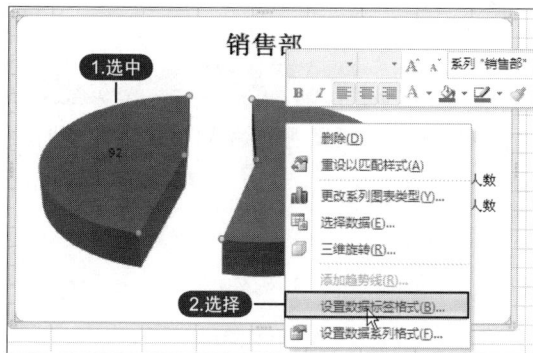

图27-70

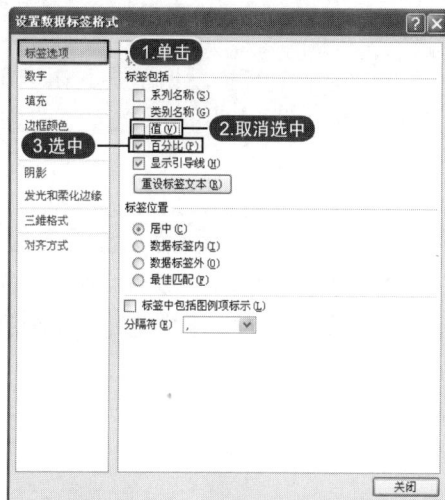

图27-71

❺ 单击"关闭"按钮，即可以百分比的方式显示数据标签，效果如图27-72所示。

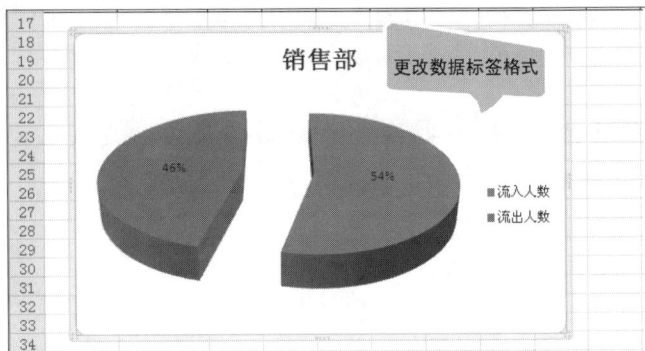

图27-72

Step 03 美化图表

选中图表后，切换到"图表工具"-"格式"选项卡，在"形状样式"选项组中单击 ▾ 按钮，在其库中选择一种样式，即可快速美化图表，如图27-73所示。

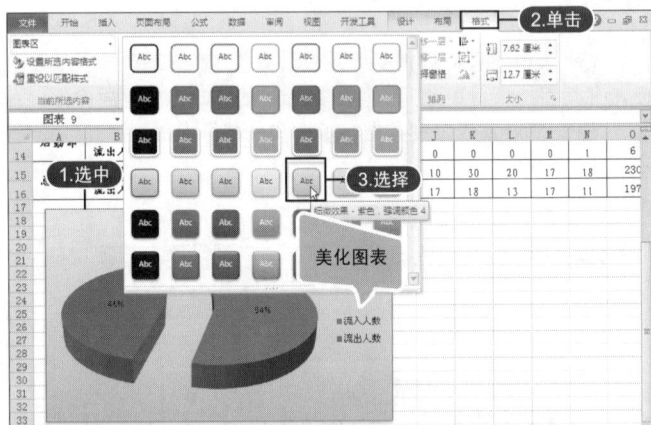

图27-73

提示

用户还可以在"形状样式"选项组中设置图表的形状填充、形状轮廓以及形状效果，为图表添加不同的效果。

27.8 利用调查问卷分析员工离职时间与原因

调查问卷设计完成后，在员工办理离职手续时填写调查问卷，这样可以收集员工离职原因，并便于统计调查结果。

27.8.1 设置编码、定义名称方便后期统计

创建好调查问卷后，需要为调查问卷的选项设置编码，并定义各个编码的名称，方便在对调查问卷进行统计分析时直接快递引用调查选项。

Step 01 设置编码

❶ 重命名"员工离职原因调查问卷"工作簿的Sheet2工作表为"编码设置"。

❷ 在工作表中依次输入关于问卷问题的各项列标识，如图27-74所示。

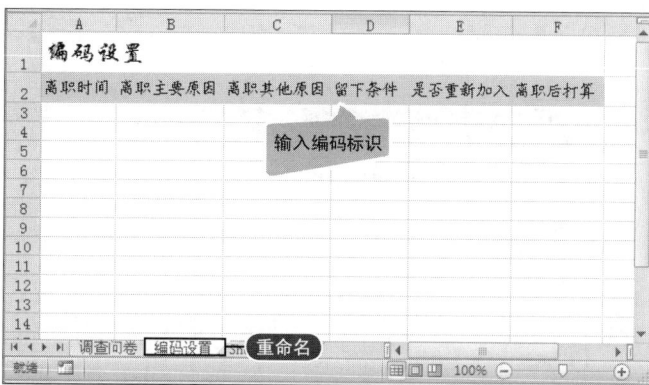

图27-74

❸ 此处以1~9来代替问卷中各个备选答案，分别将各题目的备选答案输入到表格中，如图27-75所示。

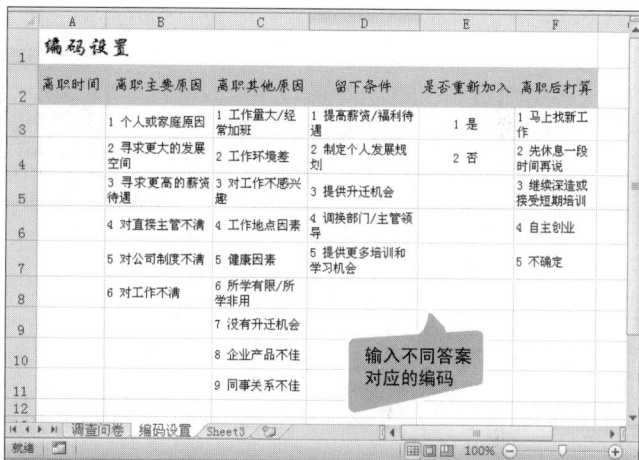

图27-75

Step 02 定义名称

❶ 选中B3:B8单元格区域，切换到"公式"选项卡，在"定义的名称"选项组中单击"定义名称"下拉按钮，在其下拉菜单中选择"定义名称"选项，如图27-76所示。

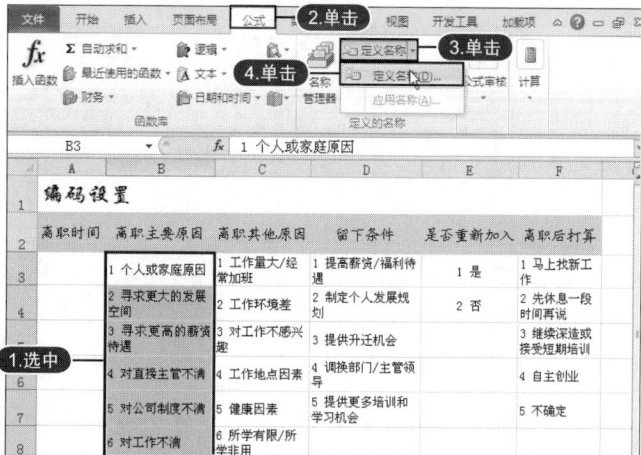

图27-76

❷ 打开"新建名称"对话框，在"名称"文本框中重命名为"离职主要原因"，单击"确定"按钮，如图27-77所示。

❸ 设置完成后，返回工作表中，可以看到B3:B8单元格区域显示定义的名称，如图27-78所示。

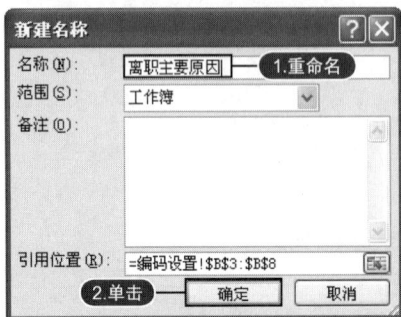

图27-77

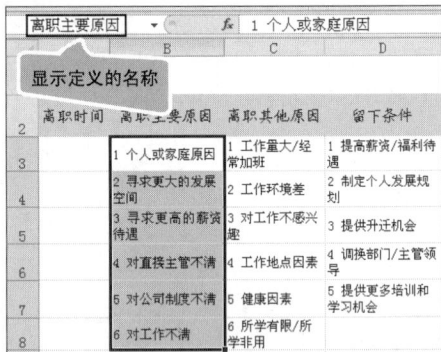

图27-78

❹ 按照相同的方法，定义其他列的名称。定义完成后，单击"定义的名称"选项组中的"名称编辑器"按钮，可以显示出所有定义的名称，如图27-79所示。

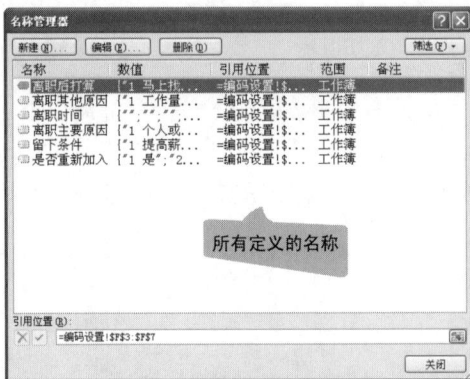

图27-79

27.8.2 设置数据的有效性并填制代码

❶ 重命名Sheet3工作表为"调查结果统计"，并在工作表中依次输入关于问卷问题的各项列标识，如图27-80所示。因为有些选项为多项，需要多列来处理，所以"离职主要原因"和"离职其他原因"使用多项来显示。

图27-80

❷ 选中C3:C36单元格区域，切换到"数据"选项卡，在"数据工具"选项组中单击"数据有效性"按钮，如图27-81所示。

❸ 打开"数据有效性"对话框，在"允许"下拉列表中选中"序列"选项，接着在"来源"文本框中输入"=离职主要原因"，单击"确定"按钮，如图27-82所示。

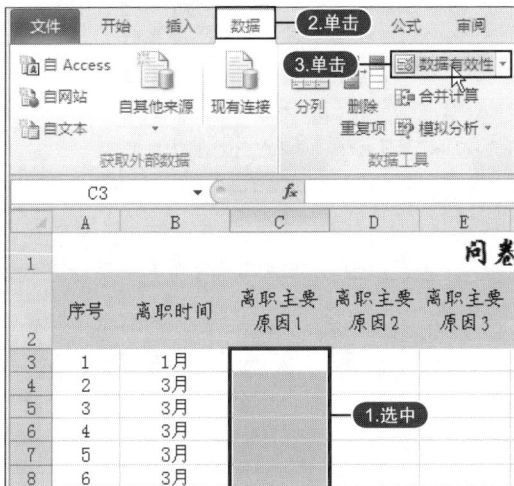

图27-81

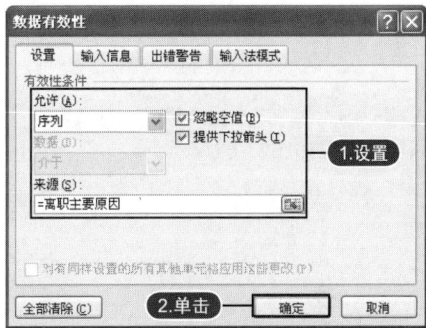

图27-82

❹ 返回工作表中，在C3:C36单元格区域内单击任意单元格，该单元格右侧会出现下拉按钮和可以输入的编码，如图27-83所示。

图27-83

❺ 按相同的方法，设置各列的数据有效性，从而实现在统计问卷结果时，直接从下拉列表中选择性输入。设置完成后，即可进行问卷结果的统计，效果如图27-84所示。

图27-84

27.8.3　使用分列功能生成结果数据库

Step 01　插入列及清除数据有效性

❶ 选中D列，在右键快捷菜单中单击"插入"命令，如图27-85所示。

❷ 选择"插入"命令后，即可在选中的列前插入一列，如图27-86所示。

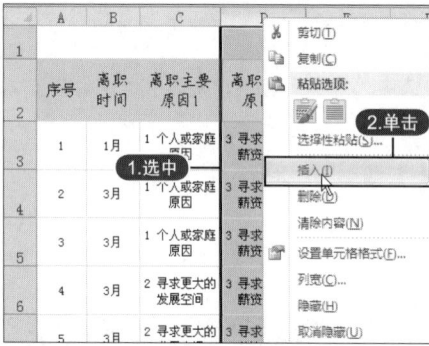

图27-85

图27-86

❸ 按照相同的方法插入多列，并输入标识项，效果如图27-87所示。

图27-87

❹ 此时插入的列自动套用了设置的数据有效性，如果直接在插入的列出中输入值，则会弹出如图27-88所示的提示对话框，提示输入错误。

❺ 按住【Ctrl】键依次选中插入的列，切换到"数据"选项卡，在"数据工具"选项组中单击"数据有效性"按钮，会弹出如图27-89所示的对话框，单击"确定"按钮，即可清除数据有效性。

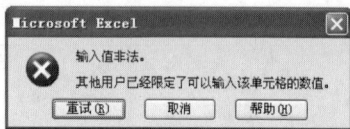

图27-88

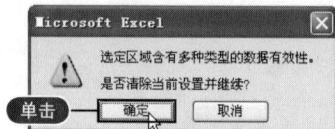

图27-89

Step 02 使用数据分列功能进行分列操作

❶ 选中"离职主要原因1"列，切换到"数据"选项卡，在"数据工具"选项组中单击"分列"按钮，如图27-90所示。

❷ 打开"文本分列向导—第1步，共3步"对话框，选中"分隔符号"单选按钮，单击"下一步"按钮，如图27-91所示。

图27-90

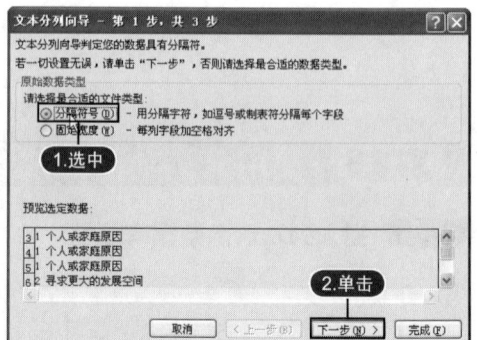

图27-91

❸ 打开"文本分列向导—第2步，共3步"对话框，选中"空格"复选框，单击"下一步"按钮，如图27-92所示。

❹ 打开"文本分列向导—第3步，共3步"对话框，在"数据预览"列表框中可以看到分列情况，单击"完成"按钮，即可实现所选列的分列，如图27-93所示。

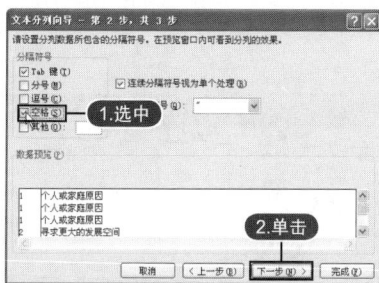

图27-92

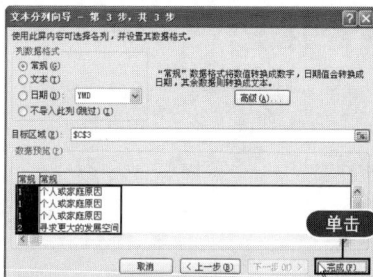

图27-93

❺ 分列效果如图27-94所示。

图27-94

❻ 按照相同的方法，将"离职其他原因"、"留下条件"、"是否重新加入"等的编码与具体内容分列，分列后效果如图27-95所示。

图27-95

Step 03 新建工作表，用于保存最终统计结果

❶ 单击"插入工作表"按钮，创建新工作表，将新工作表重命名为"结果数据库"。

❷ 在"调查结果统计"工作表中依次选中显示具体内容的各列，然后将其复制到"结果数据库"工作表中，如图27-96所示。

图27-96

27.8.4 样本组成分析

完成了问卷调查结果的统计后，首先要对样本的组成进行分析，比如分析员工离职时间和离职原因等。

Step 01 统计数据

❶ 单击"插入工作表"按钮，创建新工作表，并将其重命名为"员工离职时间和原因分析"，然后输入如图27-97所示的信息。

图27-97

❷ 切换到"结果数据库"工作表中，选中B2单元格，切换到"数据"选项卡，在"排序和筛选"选项组中单击"筛选"按钮（见图27-98），即可为列标识添加筛选按钮。

❸ 单击"离职时间"筛选按钮，在打开的下拉菜单中取消选中"全部"复选框，接着选中"1月"复选框，如图27-99所示。

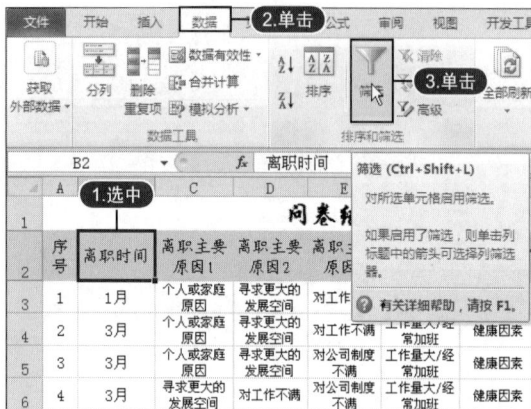
图27-98

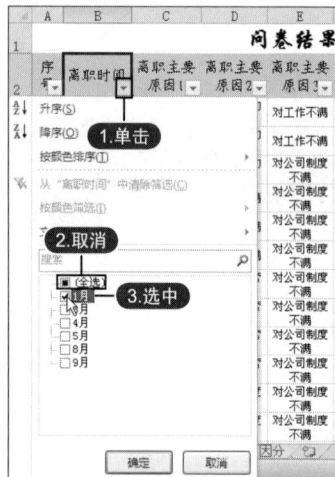
图27-99

❹ 单击"确定"按钮，即可筛选出"1月"的记录，同时在状态栏中显示出找到的记录条数，如图27-100所示。

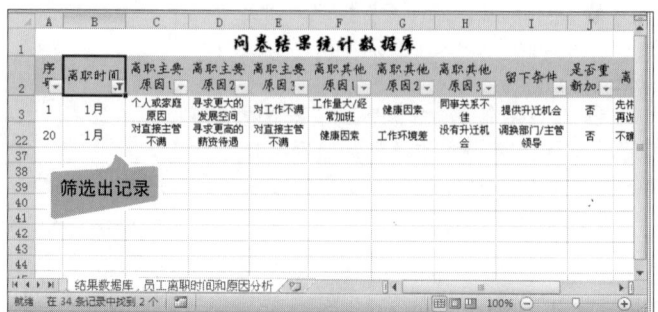
图27-100

❺ 切换到"员工离职时间和原因分析"工作表中，按统计结果，各月离职人员人数如图27-101所示。

图27-101

Step 02 创建饼图显示员工离职月份比例

❶ 选中A3:B8单元格区域，切换到"插入"选项卡，在"图表"选项组中单击"饼图"下拉按钮，在其下拉菜单中选择一种饼图样式，如"分离型三维饼图"，如图27-102所示。

❷ 选择饼图样式后，即可为选择的数据源创建饼图，接着美化饼图，效果如图27-103所示。

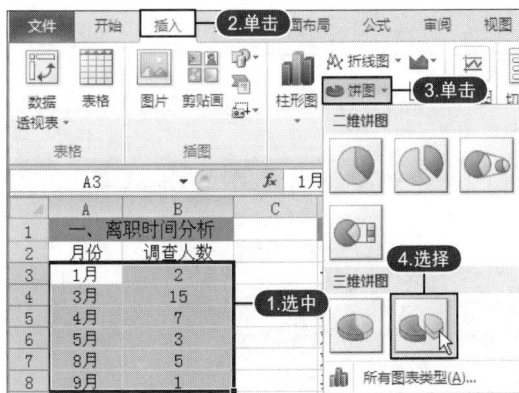

图27-102

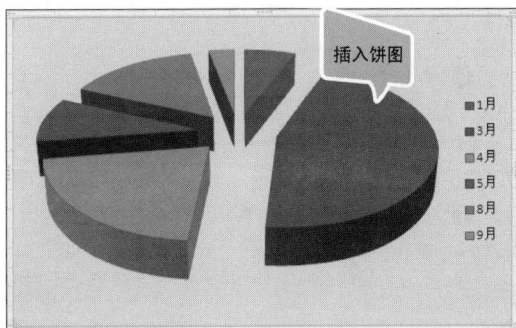

图27-103

❸ 选中图表，右击，在快捷菜单中选择"添加数据标签"命令（见图27-104），即可为饼图添加数据标签，如图27-105所示。

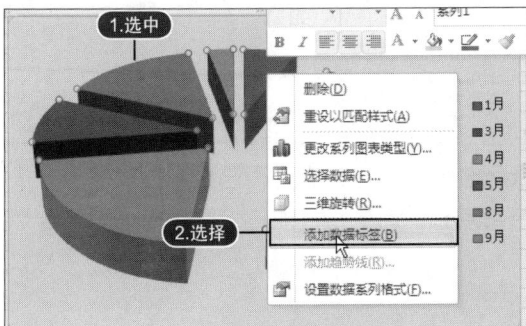

图27-104

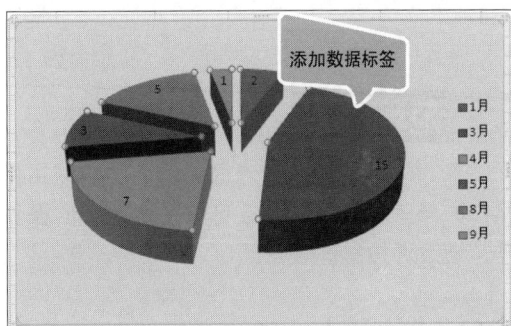

图27-105

❹ 选中图表，在右键快捷菜单中选择"设置数据标签格式"命令，如图27-106所示。

❺ 打开"设置数据标签格式"对话框，取消选中"值"复选框，接着选中"百分比"复选框，如图27-107所示。

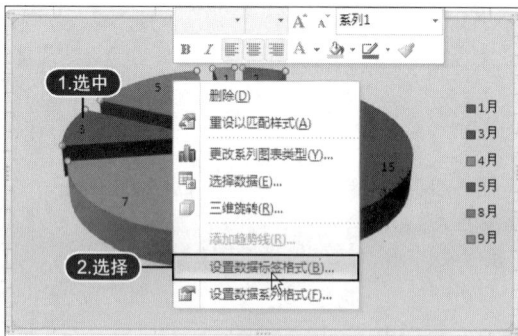

图27-106

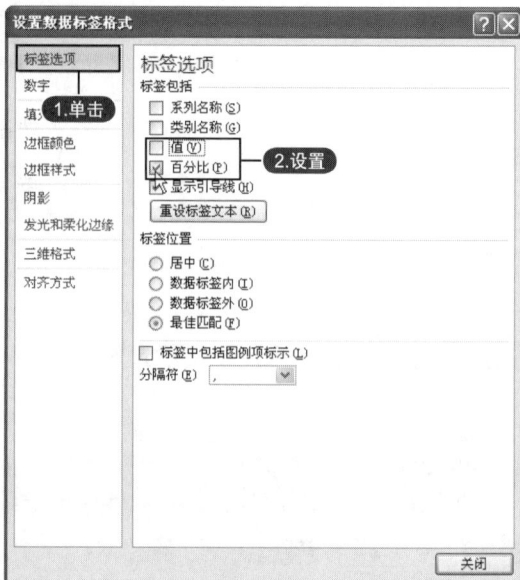

图27-107

❻ 单击"关闭"按钮，即可在扇面上以百分比形式显示出各月离职人数所占比例，接着设置标题，显示效果如图27-108所示。

❼ 按照相同的方法，可以对离职主要原因等进行分析。

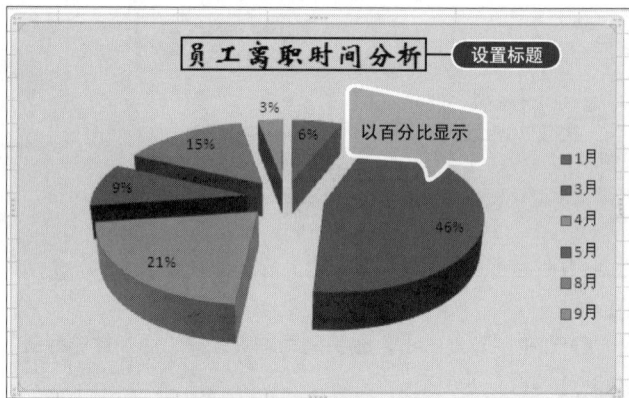

图27-108

范例扩展

通过学习创建绩效考核统计表、离职审批表以及调查问卷后，大家是否已经掌握了基本方法呢？如果已经掌握，那么可以使用以上的操作方法来创建相关的表格，如：主管级人员绩效考核表、绩效考核面谈表等。

1. 主管级人员绩效考核表

对于企业而言，主管人员是企业的管理层，好的管理对一个企业有着极大的推动作用。在对主管级人员进行考核时，不仅要考核主管的工作能力，还要考核领导能力。图27-109所示为创建完成的“主管级人员绩效考核表”。

主管级人员绩效考核表

□直接上级　　□间接上级

被考核人姓名		部门		职务		考核期间	

评定标准：所有考核项目均采用10分制标准

A	10-9.5	优秀	—— 超出预计标准，令人非常满意的完成工作
B	9.4-8.0	良好	—— 达到预计标准，保质保量完成工作
C	7.9-7.0	合格	—— 能够按要求完成工作，但能力、业绩需提高
D	7.0以下	不合格	—— 不能胜任本职工作

第一部分：态度/素质指标，权重50%

目标计划工作	衡量标准	权重	评分（每项0分--10分）
忠诚度与立场	忠诚，值得信赖，始终以公司利益为重，坚守原则和立场，具有主人翁责任感。	30%	9.9
责任心与态度	具有高度责任心，工作态度端正，时刻以工作为重，不计个人得失。	30%	8
公允度与进取心	处理问题公平公正，以德服人，能够正确的接受批评与意见，并通过学习，不断提升能力、业绩	15%	8
奉献精神与团队配合	勤于奉献，爱司如家，以维护公司利益为前提，积极配合各部门开展工作，注重与各部门的配合	15%	8
纪律性	严格要求自己，遵守公司各项规章制度，无违纪情况，保证按时到岗。	10%	7
态度/素质指标小计得分：			8.47

第二部分：能力/业绩指标，权重50%

目标计划工作		衡量标准	权重	评分（每项0分--10分）
工作能力	执行力	独立并提前完成各项上级交办或计划内工作，工作表现出色，一次性通过上级审核。	15%	9.4
	沟通协调能力	沟通能力强，具有很好的组织协调能力，对内外公共关系进行很好的维护。	15%	9
	专业素养及语言表达能力	逻辑思维清晰，文笔优秀，语言表达能力强。	10%	9.5
	分析创新能力	分析能力强，能够发现工作中的问题，及时提出建议并实施改革，提高工作效率。	10%	9.4
管理能力	人员管理能力	能够发掘下属潜力，合理安排工作并给予指导，综合利用人员，提升工作效率。	30%	8
	培训指导能力	合理安排下属工作，能够及时发现下属问题并指出，通过培训提升下属工作技能、工作业绩。	20%	7.9
能力/业绩指标小计得分：				8.63
总分：				8.55

第三部分：整体评价

优势：

图27-109

2. 绩效考核面谈表

在对企业员工进行绩效考核后，通常需要对考核人员进行面谈，以确定被考核人员是提升、提薪、续签劳动合同，还是转岗、降职等。图27-110所示为创建完成的“绩效考核面谈表”。

绩效考核面谈表

部门	职位	姓名	考核日期
			年　月　日
工作成功的方面			
工作中需要改善的地方			
是否需要接受一定的培训			
本人认为自己的工作在本部门和全公司中处于什么状况			
本人认为本部门工作最好、最差的是谁？全公司呢？			
对考核有什么意见			
希望从公司得到怎样的帮助			
下一步的工作和绩效的改进方向			
面谈人签名：		日期：	
备注：			

注：以下部分为行政人事部及总经理填写。

人事部评定：

1. 评语：________________________________

____

图27-110

Chapter
28

入职必备
——公司新员工入职培训PPT

∷ 范例概述

　　为了让企业招聘录用的新员工可以尽快适应新的工作环境，了解公司的各项规定，因此有必要对他们进行入职培训。新员工通过入职培训还可以了解企业的发展情况、企业文化、业务流程、管理制度等，同时入职培训也可以有效地激励新员工，使员工的工作热情增强。因此，对于企业来说，新员工的入职培训显得特别重要。本章就详细讲解新员工入职培训PPT的制作过程，以便在实际的操作过程中可以灵活地应用。

∷ 应用效果

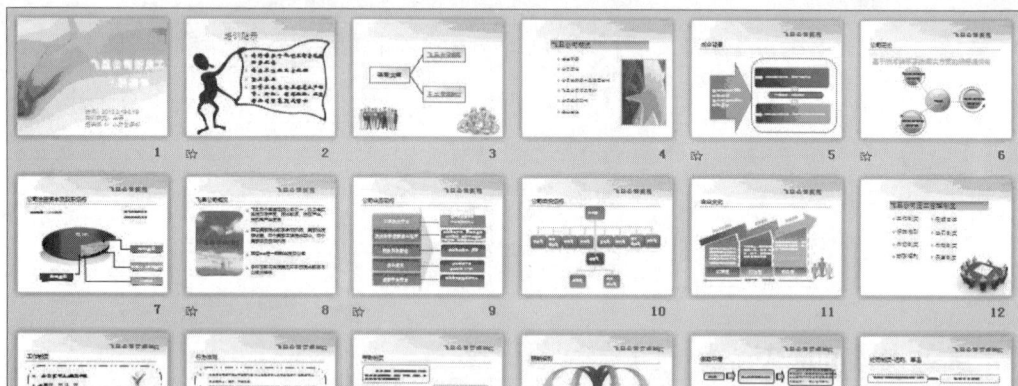

最终设计效果

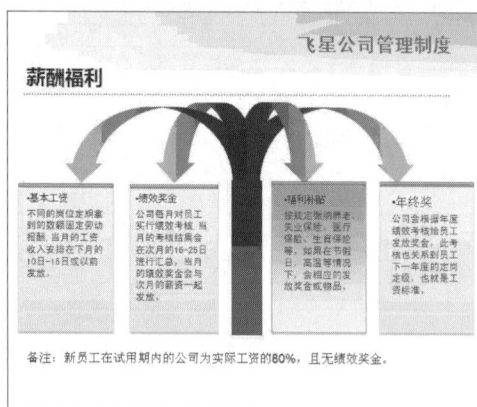

薪酬福利

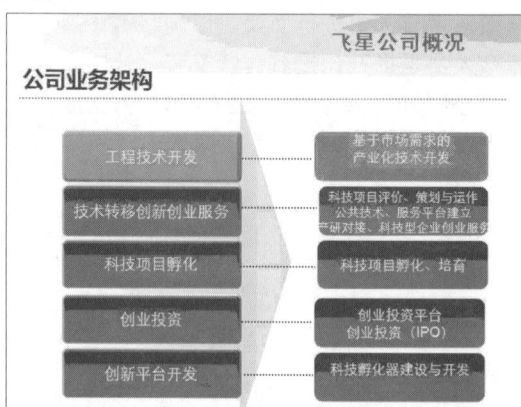

公司业务架构

∷ 参见光盘

素材文件：随书光盘\素材\第28章

视频路径：随书光盘\视频教程\第28章

28.1 新建幻灯片和设计背景版式

新建演示文稿和设置合适的背景样式是创建幻灯片的最初步骤，这其中包括添加适当数量的新幻灯片、设置幻灯片背景、修改幻灯片布局版式等。本节以新员工入职时的入职培训PPT为例来进行详细的介绍。

28.1.1 创建新员工入职培训PPT

创建一个新的PPT演示文稿并将其命名为实际所需的文件名，完成新建演示文稿的操作。

❶ 在"工作资料"文件夹中右击鼠标，在展开的菜单中选择"新建"→"Microsoft PowerPoint演示文稿"命令，如图28-1所示，新建演示文稿。

❷ 选中文件夹中的"新建Microsoft PowerPoint演示文稿"图标并修改其名称，或者右击鼠标，在弹出的快捷菜单中单击"重命名"命令，将其演示文稿命名为"新员工入职培训PPT"，效果如图28-2所示。

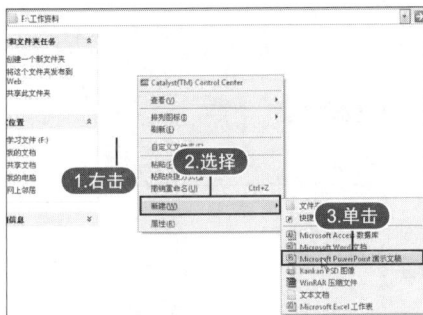

图28-1

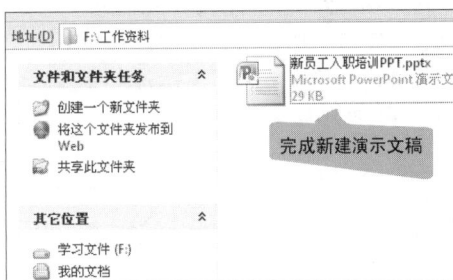

图28-2

> **提示**
>
> 新建演示文稿，还可以通过单击任务栏上"开始"按钮，选择"所有程序"→Microsoft Office→Microsoft PowerPoint 2010选项，实现并可对新建演示文稿进行编辑。

28.1.2 添加幻灯片

打开新建的"新员工入职培训PPT"，根据需要，可以继续添加新的幻灯片。

❶ 切换到"开始"选项卡，在"幻灯片"选项组中单击"新建幻灯片"下拉按钮，在其下拉菜单中选择合适的版式（见图28-3），如选择"标题和内容"版式，单击即可在演示文稿中新建该版式的幻灯片。

图28-3

❷ 按照相同的方法，继续给"新员工入职培训PPT"中添加适量的幻灯片，最终完成如图28-4所示的23张效果。

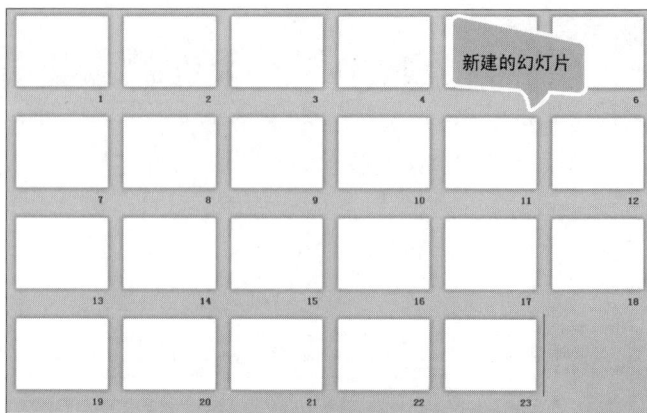

新建的幻灯片

提示

在演示文稿中，用户可以在主界面左侧的"幻灯片"窗格中选中幻灯片，按【Enter】键，在其后快速新建幻灯片。

图28-4

28.1.3 设置幻灯片背景

幻灯片的背景设置可以直接体现该幻灯片的主题风格，选择合适的背景可以使幻灯片的整体效果得到较高的提升，所以幻灯片背景的设置非常重要，下面就具体介绍。

❶ 在PowerPoint 2010主界面中，切换到"视图"选项卡，在"母版视图"选项组中单击"幻灯片母版"按钮，如图28-5所示。

图28-5

❷ 切换到"幻灯片母版"选项卡，在"背景"选项组中选中"隐藏背景图形"复选框，再单击"背景样式"下拉按钮（见图28-6），在下拉菜单中选择"设置背景格式"选项。

图28-6

❸ 在弹出的"设置背景格式"对话框中选中"图片或纹理填充"单选按钮，在"插入自"栏下单击"文件"按钮，如图28-7所示。

❹ 打开"插入图片"对话框，选择合适的图片作为背景，再单击"插入"按钮，如图28-8所示，即可插入图片。

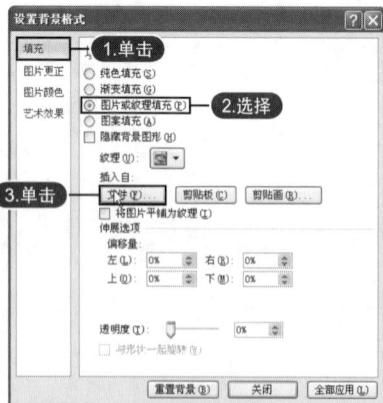

图28-7

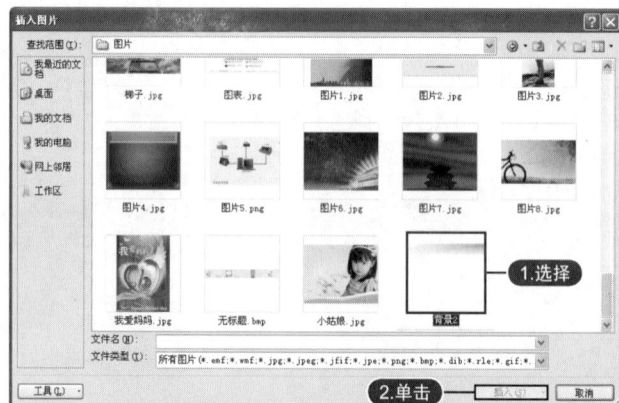

图28-8

❺ 返回到"设置背景格式"对话框（见图28-7），单击"全部应用"按钮，即可对所有的幻灯片应用该背景图片，再单击"关闭"选项组中的"关闭母版视图"按钮，通过"幻灯片浏览"视图即可查看设置好的幻灯片背景效果，如图28-9所示。

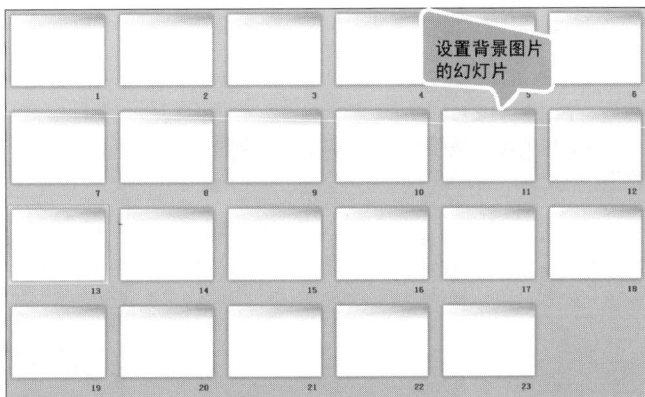

图28-9

28.1.4 修改幻灯片布局版式

充分利用占位符的位置进行文本的输入，可以实现合理的文本布局。在PPT中，通过修改幻灯片的布局版式可以达到该目的，具体操作方法如下。

❶ 单击"开始"菜单，在"幻灯片"选项组中单击"版式"按钮，如图28-10所示。

❷ 在其下拉菜单选择合适的版式，如"两栏内容"，单击即可插入，如图28-11所示。

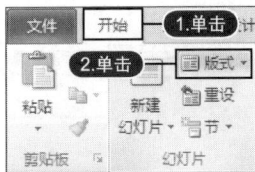

提示

用户如果需要新建各种不同版式的幻灯片，在新建的过程中就可以进行逐个不同版式的新建，避免了新建所有幻灯片之后再进行重新修改的操作。

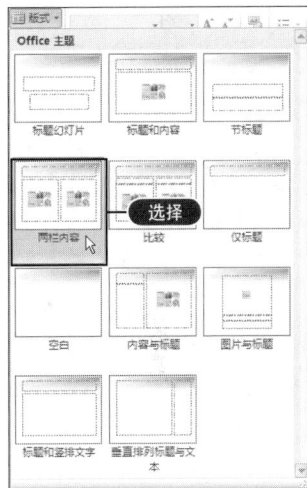

图28-10

图28-11

28.2 文本编辑和图形设计

在新建完成新员工入职培训演示文稿后，用户可以在其中输入所需要的文本内容，然后进行编辑，如设置文本字体、颜色、项目符号及插入艺术字等。

28.2.1 输入文本

幻灯片的基础性操作是文本的输入，文本是最直接传递所要表达信息的方式。输入文本的方式有很多种，下面就具体介绍。

通过占位符输入文本

❶ 在第2、4、12、13、14、21等张幻灯片中将鼠标指针置于占位符内，原占位符内的文本内容自动隐藏，如图28-12（a）所示。

❷ 根据实际需要输入文本内容，例如在第14张幻灯片中，输入"行为准则"等文本内容，完成后最终效果如图28-12（b）所示。

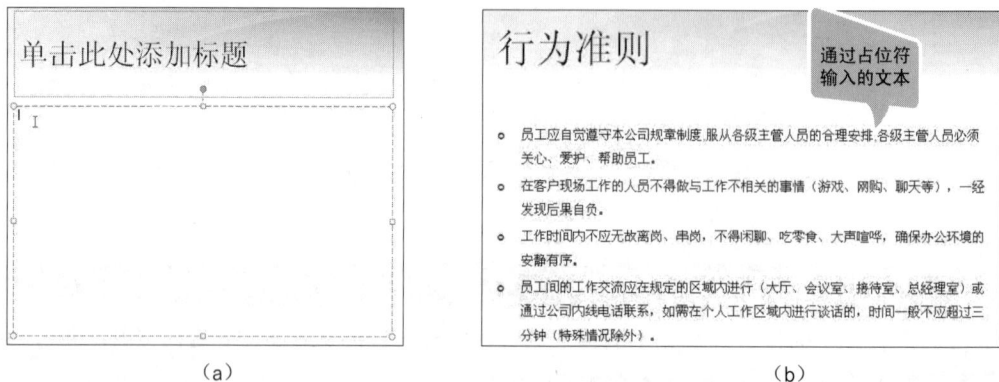

（a）　　　　　　　　　　　　　　（b）

图28-12

通过文本框输入文本

❶ 在第15、16、17、18、22等张幻灯片中，均是通过文本框输入文本内容。在演示文稿的主界面中切换到"插入"选项卡，在"文本"选项组中单击"文本框"下拉按钮，在其下拉菜单中选择合适的选项，如"横排文本框"，如图28-13所示。

❷ 在插入的文本框中输入文本，例如在第8张幻灯片的文本框中输入公司概况的文本内容，如图28-14所示。

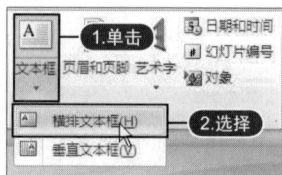

图28-13

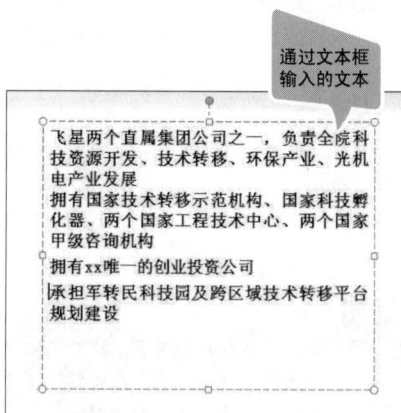

图28-14

28.2.2 设置文本格式

无论是通过占位符还是通过文本框输入的文本内容，都是按照默认的字体进行显示的，并不能满足PPT实际的设置需要。用户需要在文本输入后再进行对文本格式的修改，以达到最佳的显示效果，具体的操作参照接下来的步骤。

1. 设置演示文稿的主题字体或颜色

当用户在占位符中输入文本时，需要统一调整占位符文本格式，最简单、快捷的方法是通过修改主题字体格式来实现，如下面对"新员工入职培训PPT"输入的占位符文本格式进行设置。

❶ 在PowerPoint 2010主界面中，切换到"设计"选项卡，在"主题"选项组中单击"字体"或"颜色"下拉按钮进行设置，如图28-15所示。

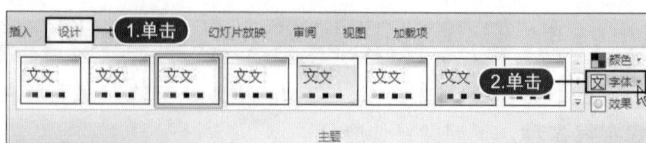

图28-15

❷ 例如单击"字体"下拉按钮，在其下拉菜单中选择"Office经典2 黑体"，单击即可将修改的字体样式应用到所有的幻灯片中，如图28-16所示。

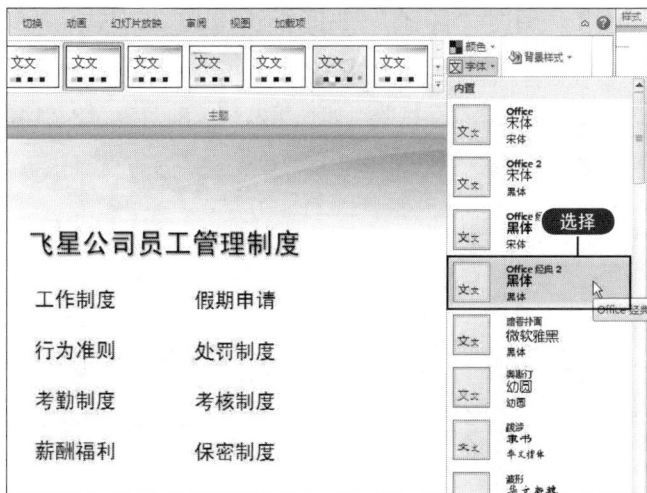

提示

主题字体的设置是针对所有幻灯片的。从PPT的整体来看，字体的格式还是较为单一，用户在实际应用中需要灵活调整。

图28-16

2. 通过"字体"选项组设置文本格式

在PPT的制作过程中，较为常用的修改文本格式的方法是通过"字体"选项组设置的，如下以第15张幻灯片为例进行讲解，其余幻灯片同样可以按照以下操作方法进行设置。

❶ 选中幻灯片中要设置格式的文本，切换到"开始"选项卡，在"字体"选项组中对文本的字体、字号、颜色等格式进行设置，如将文字"考勤制度"设置为"微软雅黑，加粗，28号，颜色为靛蓝"，如图28-17所示。

❷ 或者选择文本内容，将鼠标指针移动到文本上，弹出浮动工具栏，再进行设置，如将"飞星公司管理制度"文本设置为"黑体，28号，加粗，黑色，文字1颜色35%"，效果如图28-18所示。

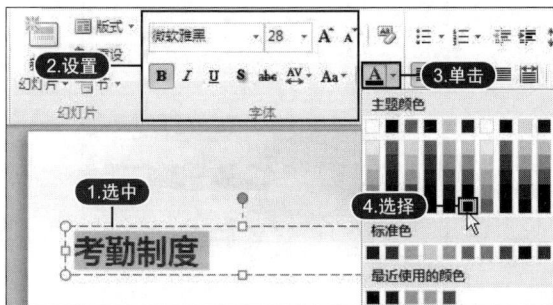

图28-17

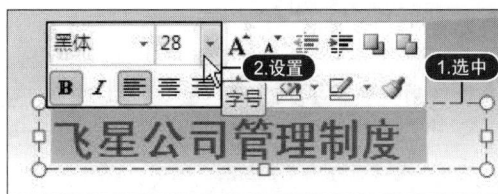

图28-18

❸ 重复操作，完成其他文本格式的调整，最终第15张幻灯片的显示效果如图28-19所示。

提示

如果"字体"选项组中的功能按钮不能满足需要，可以单击右下角的 按钮，打开"字体"对话框，在该对话框中可以对字体的格式进行更详细的设置。

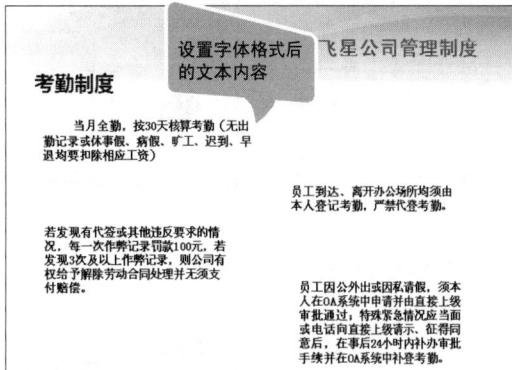

图28-19

3. 通过"段落"选项组设置文本格式

在设计"新员工入职培训PPT"时，为了使文本达到整齐的显示效果，用户需要通过"段落"选项组设置文本段落格式，如在第2、4、8、12、13、14、15、16、21等张幻灯片设置段落格式。

❶ 在第8张幻灯片中，选中需要设置对齐方式的文本，切换到"开始"选项卡，在"段落"选项组中提供了左对齐、居中、右对齐、两端对齐和分散对齐5种对齐方式，选择一种对齐方式，例如单击"文本左对齐"按钮，如图28-20所示。

❷ 此时即可将对齐方式应用到文本中，效果如图28-21所示。

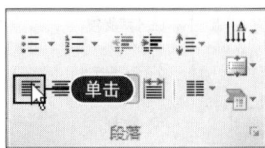

图28-20

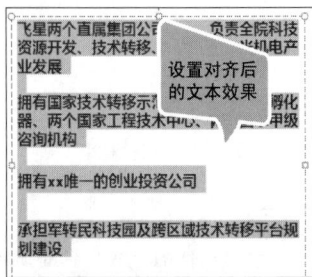

图28-21

4. 为文本添加项目符号

在"新员工入职培训PPT"中必然会介绍公司的各种制度。对于这种大段的文本内容，合理应用项目符号不仅可以增强文本内容的逻辑性，还可以提升观众的阅读兴趣，具体的操作参照接下来的步骤。

❶ 在第2、4、8、12、13、14、21张幻灯片中添加项目符号，例如在第2张幻灯片中，选择"请将你的手机调在静音……"等内容，切换到"开始"选项卡，在"段落"选项组中单击"项目符号"按钮 ⋮⋮˅，在打开的下拉菜单中选择"项目符号和编号"选项，如图28-22所示。

❷ 打开"项目符号和编号"对话框，单击"图片"按钮，如图28-23所示。

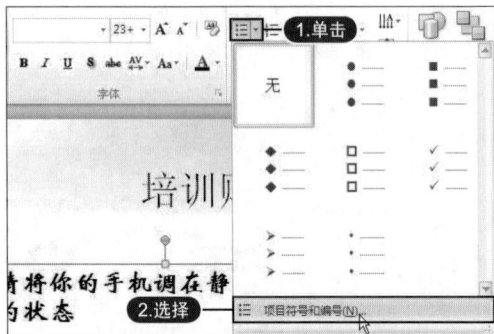

图28-22

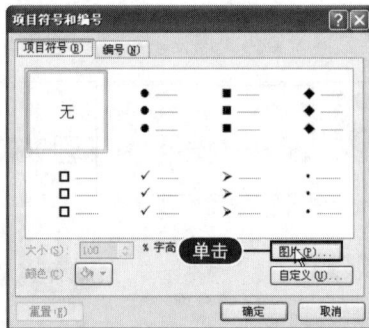

图28-23

❸ 打开"图片项目符号"对话框，拖动滚动条，选择合适的项目符号图片，再单击"确定"按钮，如图28-24所示。

❹ 返回至演示文稿中，可以看到所选的文本内容已完成项目符号的添加操作，效果如图28-25所示。

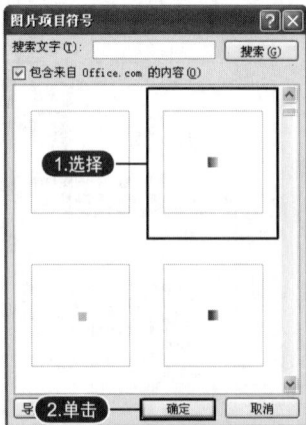

图28-24

图28-25

提示

如果用户不需要设置特殊的图片作为项目符号，可以直接在"项目符号"下拉菜单中单击合适的样式，从而实现快速地完成项目符号的添加。

5. 通过"艺术字样式"选项组设置文本格式

在幻灯片中输入文本后，可以设置艺术字样式，让文本看起来更加炫目。

❶ 选中需要设置的文本，如第2张幻灯片中的"培训贴示"，切换到"绘图工具"-"格式"选项卡，在"艺术字样式"选项组中单击 下拉按钮（见图28-26），在其库中选择合适的艺术字字体。例如选择"渐变填充-靛蓝，强调文字颜色6，内部阴影"艺术字字体，如图28-27所示。

提示

"艺术字样式"库中提供的艺术字颜色和幻灯片的主题颜色设置有关，并不是所有的颜色都有提供，用户可以在设置完艺术字样式后，通过字体选项组进行颜色的调整。

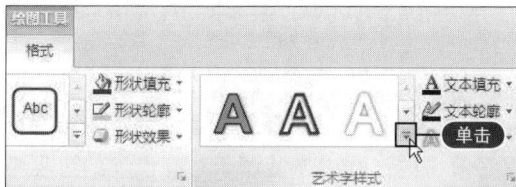

图28-26

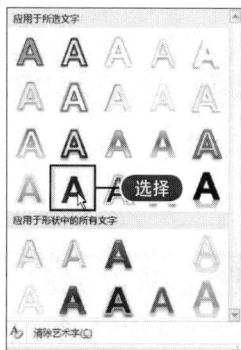

图28-27

❷ 切换到"开始"选项卡，在"字体"选项组中对文本的大小进行设置，最终的效果如图28-28所示。

图28-28

28.2.3 插入艺术字

在设计"新员工入职培训PPT"时，用户可以在第1、23张幻灯片中插入艺术字，以突出输入的文字，美化演示文稿。

❶ 在幻灯片的主界面中切换到"插入"选项卡，在"文本"选项组中单击"艺术字"下拉按钮，在打开的下拉菜单中选择合适的艺术字样式，如选择"渐变填充-黑色-强调文字颜色4，映像"选项，如图28-29所示。

❷ 自动插入文本框后，再单击"艺术字样式"选择组中的"文本轮廓"按钮和"文字效果"按钮等，继续进行艺术字样式的修改，如单击"文本轮廓"下拉按钮，设置轮廓颜色为"白色"，如图28-30所示。

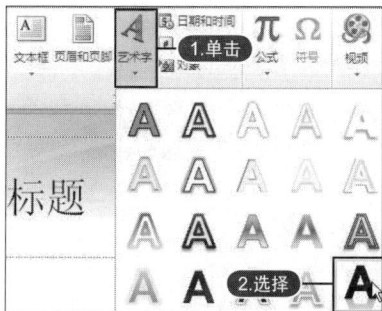

图28-29

图28-30

❸ 单击"文本效果"下拉按钮，在下拉菜单中选择"发光"选项，在子菜单中选择"其他亮色"选项，设置发光填充色为"白色，背景1，深度25%"，如图28-31所示。

❹ 最后在文本框中输入文本内容，如输入"飞星公司新员工入职培训"，效果如图28-32所示。

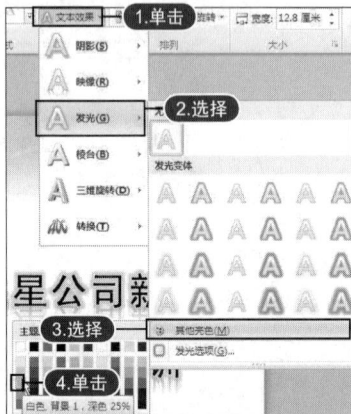

图28-31

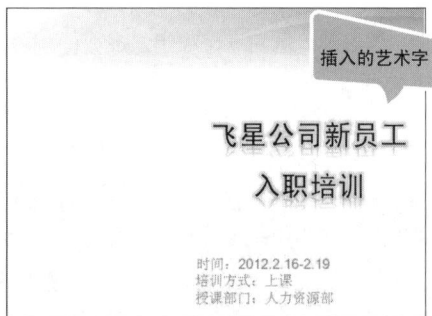

图28-32

28.2.4 为文本建立超链接

利用超链接可以有效地将文本相互关联，不仅在演讲的过程中方便演示，在设计的过程中也可以快速进行阅览，下面就详细介绍如何为文本建立链接。

❶ 选中幻灯片中需要设置的文本，切换到"插入"选项卡，在"链接"选项组中单击"超链接"按钮，如图28-33所示。

图28-33

❷ 在弹出的"插入超链接"对话框中，单击"链接到"栏下的"本文档中的位置"选项，在"请选择文档中的位置"栏下选择需要链接的幻灯片，单击"确定"按钮，如图28-34所示。

提示

不仅可以超链接到同一演示文稿中的内容，也可以超链接到其他演示文稿的内容，包括Word、Excel等各种形式的文档，但在复制或移动演示文稿时，需要对链接的文档进行同步保存，以免无法链接。用户还可以超链接到网页。

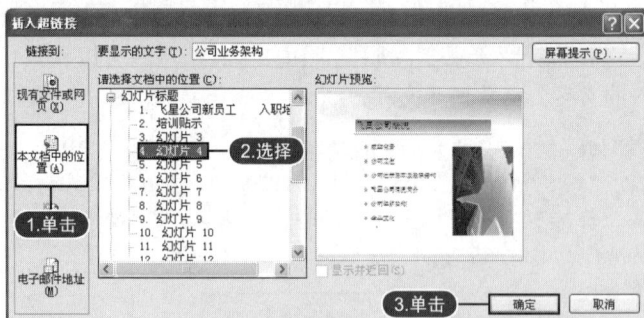

图28-34

❸ 在第3张幻灯片中，为"飞星公司概况"和"员工管理制度"设置超链接。设置完成后，可以看到所设置的文本内容下增加了下划线，文本颜色也发生了更改，效果如图28-35所示。

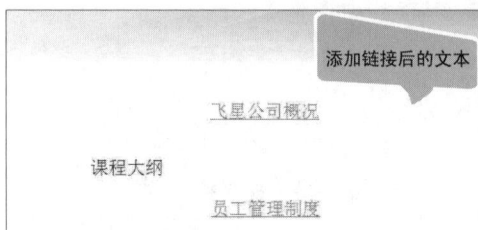

图28-35

28.2.5 套用快速样式修饰文本

文本框的修饰可以加强幻灯片的整体显示效果，不仅可以套用快速样式进行美化，也可以根据需要，用户自行设置文本框的各种显示效果，下面就具体介绍。

套用快速样式修改文本框

❶ 选中第3、4、12、22张幻灯片中应用了快速样式修饰的文本框，例如在第4张幻灯片中选中"飞星公司概况"的文本框，切换到"绘图工具"-"格式"选项卡，在"形状样式"选项组中单击下拉按钮，在打开的库中选择合适的样式，如图28-36所示。

❷ 完成快速样式的应用后，还可以对样式的颜色等进行修改，例如单击"形状填充"下拉按钮，在下拉菜单中选择"渐变"选项，在右侧的子菜单中选择"其他渐变"选项，如图28-37所示。

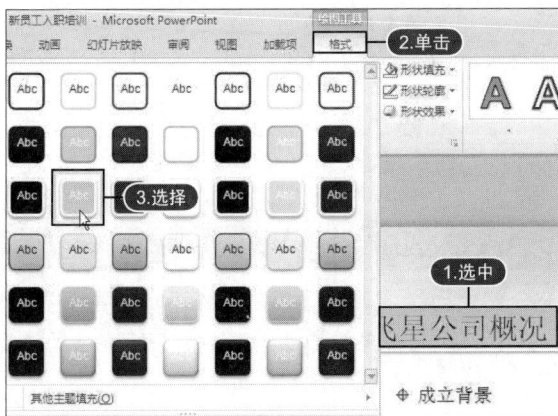

图28-36

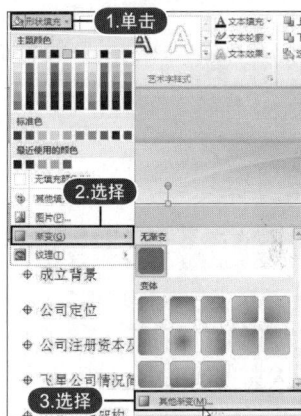

图28-37

❸ 打开"设置形状格式"对话框，选中"渐变填充"单选按钮，在"渐变光圈"栏下调整渐变颜色，完成后单击"关闭"按钮，如图28-38所示。

❹ 设置完成后，效果如图28-39所示。

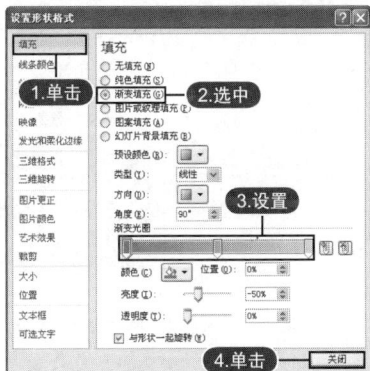

图28-38

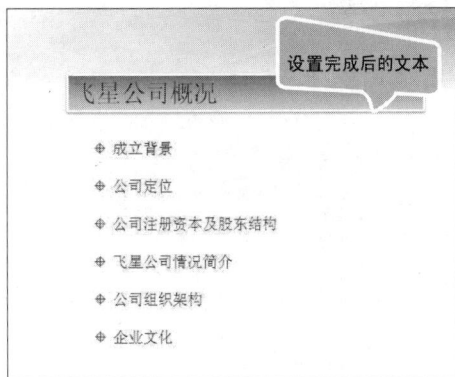

图28-39

修改文本框边框样式

❶ 在第13、14、15、18张幻灯片中，修改文本框的边框样式。选中文本内容，切换到"绘图工具"-"格式"选项卡，单击"形状轮廓"下拉按钮，在下拉菜单中选择"虚线"选项，在右侧的子菜单中选择合适的虚线样式，如选择"长划线-点-点"，如图28-40所示。

❷ 单击样式即可完成应用，效果如图28-41所示。

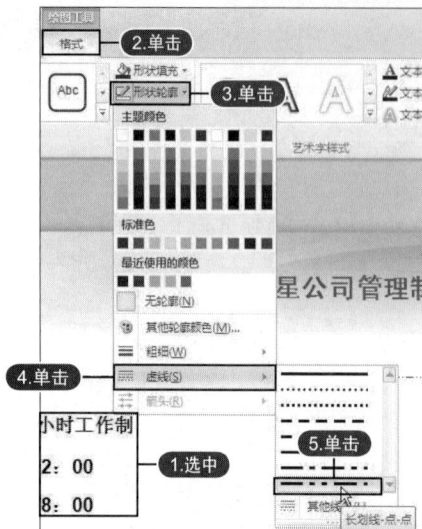

图28-40

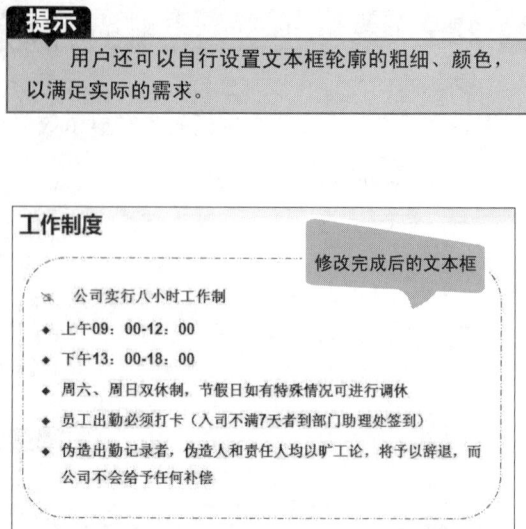

图28-41

28.2.6 插入并美化自选图形

在设计"新员工入职培训PPT"时，充分利用自选图形的插入功能，不仅丰富了显示内容，还简单明了地说明了各种问题，避免了大段文字的使用带来的烦躁感。本节在第5~11、13~21张幻灯片中插入自选图形。

❶ 在幻灯片主界面中，切换到"插入"选项卡，在"插图"选项组中单击"形状"下拉按钮，如图28-42所示。

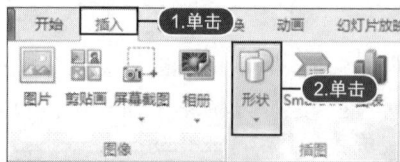

图28-42

❷ 在其下拉菜单中选择合适的形状（见图28-43），如在第5张幻灯片中插入5个"箭头"、3个"圆角矩形"和1个"六边形"，调整其大小并输入文字，如图28-44所示。

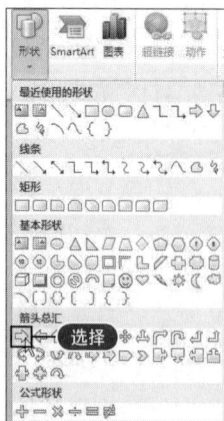

图28-43

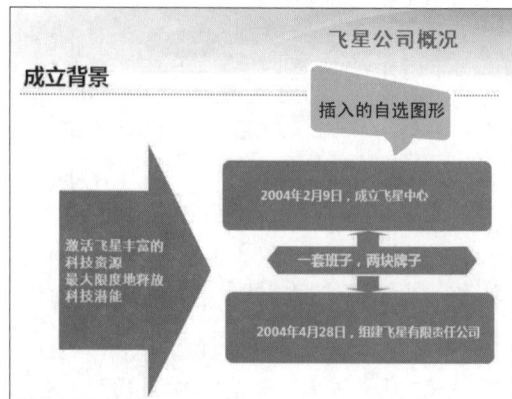

图28-44

❸ 切换到"绘图工具"-"格式"选项卡，在"形状样式"选项组中单击"形状效果"下拉按钮，在下拉菜单中选择"预设"下的"预设2"样式，如图28-45所示。选择后，图形的效果如图28-46所示。

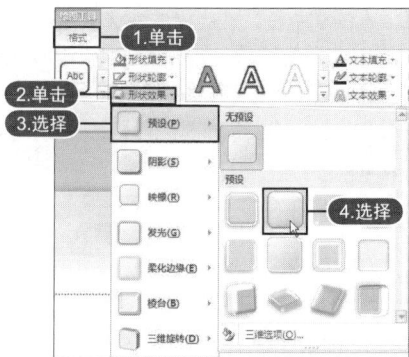

图28-45

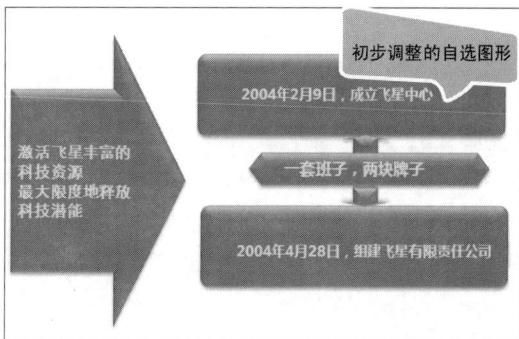

初步调整的自选图形

图28-46

❹ 在"形状样式"下调整各自选图形的颜色填充效果和边框轮廓，最终的显示效果如图28-47所示。

❺ 重复操作，在各幻灯片中插入自选图形，如第16张，得到如图28-48所示的显示效果。

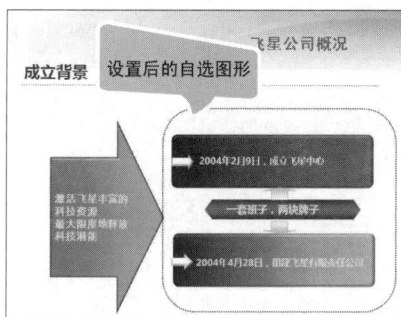

图28-47

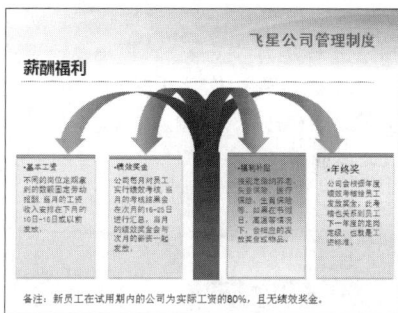

图28-48

28.2.7 插入SmartArt图形

SmartArt图形是PowerPoint中系统自带的一种默认的图形，样式丰富，形式多变。在实际设计演示文稿时，插入SmartArt图形可以通过以下步骤进行操作。

❶ 在幻灯片主界面中，切换到"插入"选项卡，在"插图"选项组中单击SmartArt按钮，如图28-49所示。

图28-49

❷ 在弹出的"选择SmartArt图形"对话框中选择合适的SmartArt图形，如选择"垂直V形列表"样式，单击"确定"按钮，如图28-50所示。

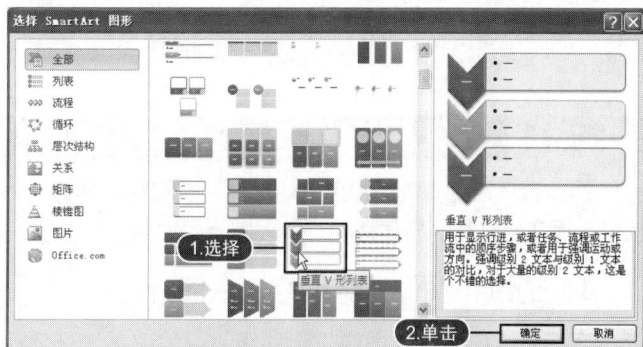

图28-50

❸ 在默认插入的文本框不够使用的情况下，用户可以右击任意插入的文本框，在弹出的快捷菜单中选择"添加形状"选项，在右侧的子菜单中选择插入位置，如单击"在后面添加形状"选项，即可快速完成添加新文本框的操作，如图28-51所示。重复操作，添加适当数量的文本框，完成SmartArt图形的雏形，如图28-52所示。

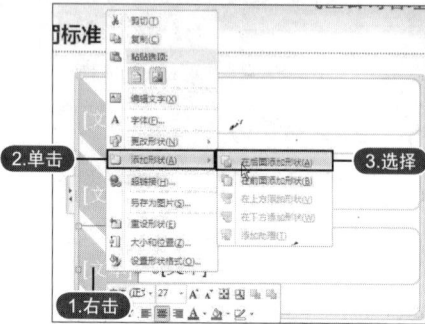

图28-51

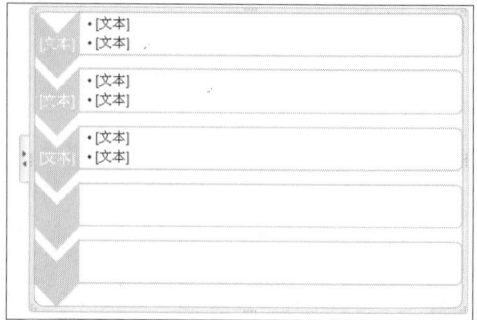

图28-52

❹ 保持SmartArt图形的选择状态，切换到"SmartArt工具"-"设计"选项卡，在"SmartArt样式"选项组中设置样式为"优雅"，再单击"更改颜色"下拉按钮，在下拉菜单中选择合适的颜色，如选择"彩色"下的"彩色范围-强调文字颜色5至6"样式，如图28-53所示。

❺ 在SmartArt图形中输入文本内容，调整文字的大小，最终的效果如图28-54所示。

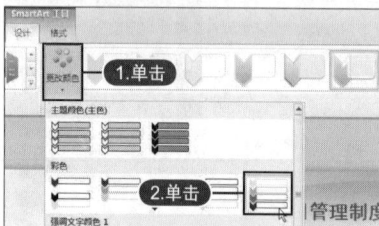

图28-53

图28-54

> **提示**
>
> SmartArt图形在插入后，如果不满意当前的布局状态，还可以在"SmartArt工具"-"设计"选项卡下"布局"选项组中，重新调整布局状态，直至最佳的显示效果。

28.3 图片与表格的优化设计

在幻灯片设计中，图片与表格的合理应用可以为幻灯片增色，也提高了整个幻灯片的可观性，是实际演示文稿制作过程必不可少的要素之一。

28.3.1 插入图片

插入合理、优美的图片可以让幻灯片更加绚丽夺目，不仅可以展现出设计者的独特个性与魅力，也可以提高幻灯片的整体档次。插入图片的方式多种多样，下面就具体介绍，用户可以自由选择。

1. 通过"图像"选项组插入图片

在幻灯片中通过"图像"选项组可以快速插入任意图片，如本节演示文稿的第2、3、4、8、12、15、21、22张幻灯片等便是通过这种方式插入图片的。

在幻灯片中插入剪贴画

❶ 在第15张幻灯片中，切换到"插入"选项卡，在"图像"选项组中单击"剪贴画"按钮，如图28-55所示。

❷ 在幻灯片右侧打开的"剪贴画"窗格中的搜索框中输入文字，如输入"人物"，单击"搜索"按钮，在下方列表框中选择合适的剪贴画，单击即可插入，如图28-56所示。

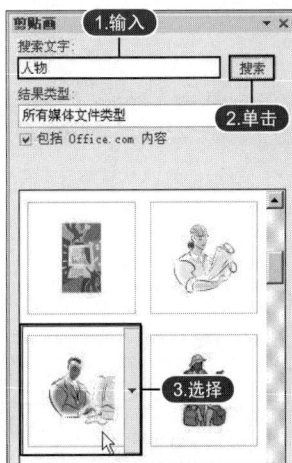

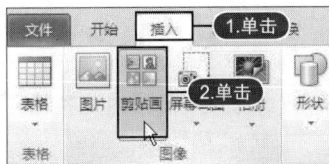

图28-55　　　　　　　图28-56

❸ 在第15张幻灯片中调整剪贴画的位置和大小，最终效果如图28-57所示。

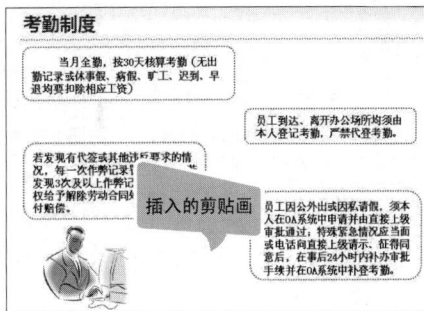

图28-57

在幻灯片中插入图片文件

❶ 相比插入剪贴画的局限性，插入外部图片文件的灵活性较强，是最常使用的插入图片方式。例如在第2张幻灯片中，切换到"插入"选项卡，在"图像"选项组中单击"图片"按钮，如图28-58所示。

❷ 在打开的"插入图片"对话框中选择合适的图片，单击"插入"按钮，如图28-59所示。

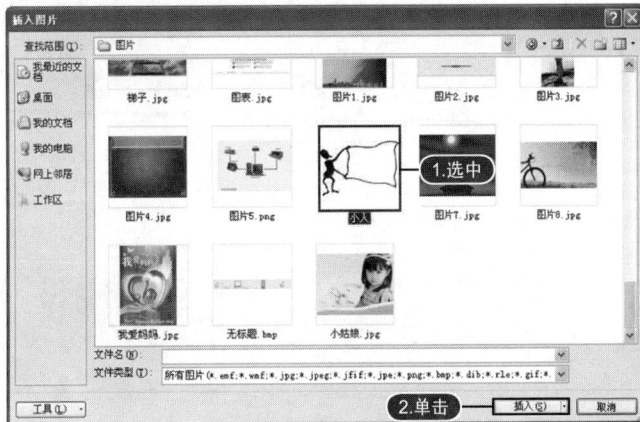

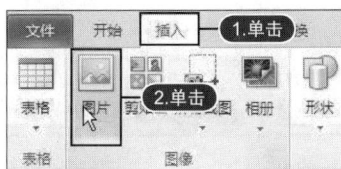

图28-58　　　　　　　　　　　　　图28-59

❸ 用鼠标调整图片位置与大小，设置完成后，最终效果如图28-60所示。

图28-60

2. 插入背景图片

通过"背景"选项组插入图片，可以直接将图片设置成背景，但图片插入后，不可对图片进行任何修改和移动，例如第1张和第23张幻灯片便应用了该种方法插入图片。

❶ 分别选择第1张和第23张幻灯片，右击鼠标，在弹出的快捷菜单中选择"设置背景格式"选项，如图28-61所示。

❷ 在弹出的"设置背景格式"对话框中选中"图片或纹理填充"单选按钮，在"插入自"栏下单击"文件"按钮，如图28-62所示。

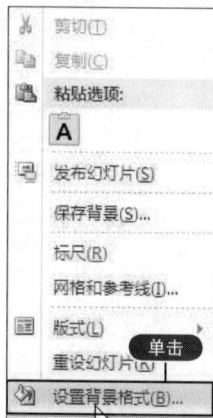

图28-61

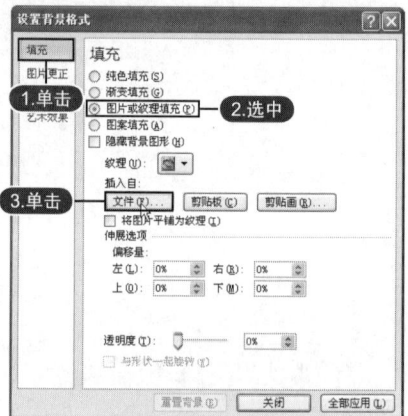

图28-62

❸ 在弹出的"插入图片"对话框中选择合适的图片，单击"插入"按钮，如图28-63所示。

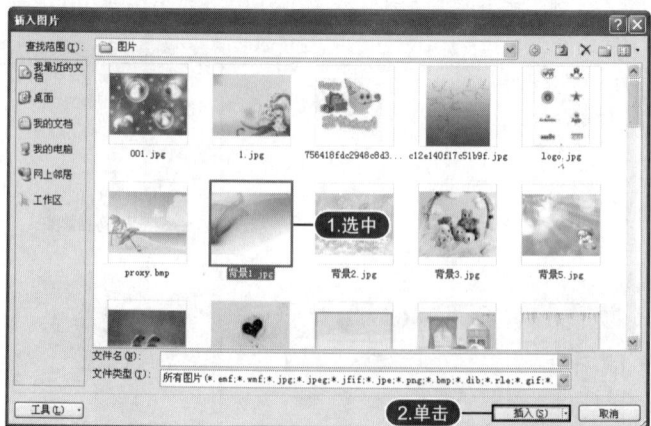

图28-63

❹ 插入图片作为背景的效果如图28-64所示。

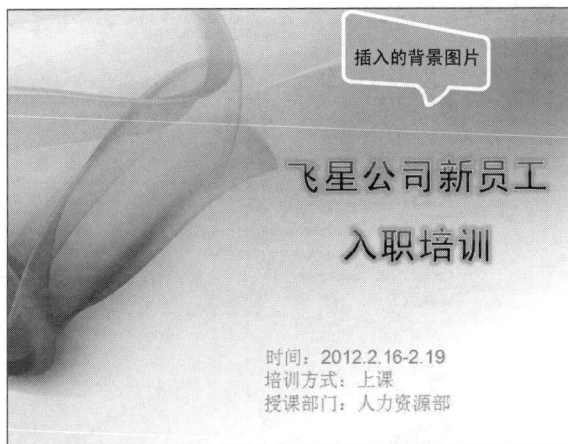

插入的背景图片

飞星公司新员工
入职培训

时间：2012.2.16-2.19
培训方式：上课
授课部门：人力资源部

图28-64

提示

图片插入后，需要注意图片格式的选择，有时需要插入的图片没有背景颜色，可以利用Photoshop软件修改图片，另存为可保存图层，同时PPT也支持插入的.tiff格式。

28.3.2 美化图片

在第4、8、13、21、22张幻灯片中插入图片后，可以针对幻灯片的实际显示风格合理美化图片，达到整体的最佳搭配效果。

套用图片样式修饰图片

❶ 切换到"图片工具"－"格式"选项卡，在"图片样式"选项组中选择合适的图片样式，如选择"金属框架"样式，如图28-65所示。

图28-65

❷ 单击即可将选择的图片样式迅速套用到图片上，效果如图28-66所示。

套用样式修改的图片

飞星公司概况

✦ 成立背景
✦ 公司定位
✦ 公司注册资本及股东结构
✦ 飞星公司情况简介
✦ 公司组织架构
✦ 企业文化

图28-66

柔化图片边缘

❶ 切换到"图片工具"－"格式"选项卡，在"图片样式"选项组中单击"图片效果"按钮，如图28-67所示。

图28-67

❷ 在其下拉菜单选择"柔化边缘"选项，在右侧的子菜单中选择"25磅"（见图28-68），最终图片的显示效果如图28-69所示。

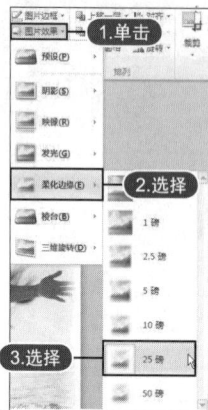

图28-68

图28-69

裁剪图片

❶ 切换到"格式"选项卡，在"大小"选项组中单击"裁剪"按钮，如图28-70所示。

图28-70

❷ 所插入的图片进入到裁剪状态，在控制点处按住鼠标左键分别进行拖动，调整需要裁剪的区域，如图28-71所示。调整完成后，在其他任意区域右击鼠标，即可完成裁剪，例如第13张幻灯片的最终显示效果如图28-72所示。

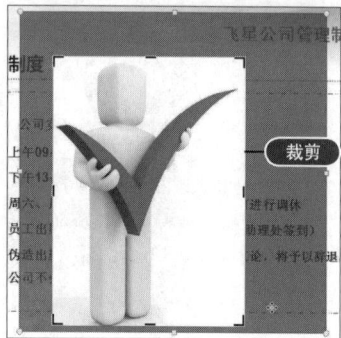

图28-71

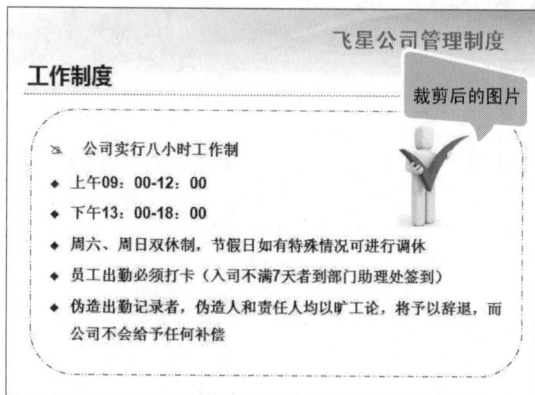

图28-72

提示

在实际的图片美化过程中还可以修改图片的版式，在"图片样式"选项组中的"图片版式"下拉菜单中，可以进行版式设置。版式的样式还自带了文本的输入，用户可以自行进行尝试应用，本例中第8张幻灯片就应用了图片版式效果。

28.3.3 插入表格

插入表格在设计演示文稿过程中会被经常应用到，在本小节中将以第20张幻灯片为例对插入表格做简单介绍。

❶ 在幻灯片主界面中切换到"插入"选项卡，在"表格"选项组中单击"表格"下拉按钮，在下拉菜单中用鼠标拖动选择需要插入的表格行数和列数，例如插入2×3表格，如图28-73所示。

❷ 在演示文稿中插入表格，并输入合适的文本内容，最终显示效果如图28-74所示。

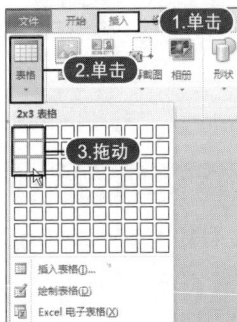

图28-73

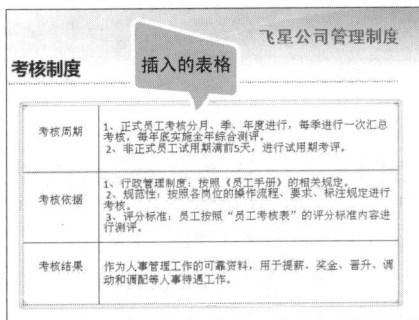

图28-74

提示

在实际操作中，如果"表格"下拉菜单下的表格不能满足插入的表格需要，只需单击"插入表格"选项，在打开的"插入表格"对话框中直接输入合适的行数和列数值，单击"确定"按钮，即可完成表格的插入。

28.3.4 修饰表格

默认状态下插入的表格通常不能够和幻灯片的整体显示风格更好的融合，色彩上也较为单一，这时用户可以通过"表格工具"选项卡来修饰、美化表格，以达到最佳的显示效果。

❶ 选中需要修改样式的表格，切换到"表格工具"–"设计"选项卡，在"表格样式"选项组中单击"底纹"按钮，在下拉菜单中选择"表格背景"选项，在右侧的子菜单中选择"图片"选项，如图28-75所示。

❷ 打开"插入图片"对话框，选择合适的表格背景图片，单击"插入"按钮，如图28-76所示。

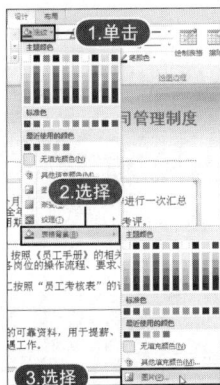

图28-75

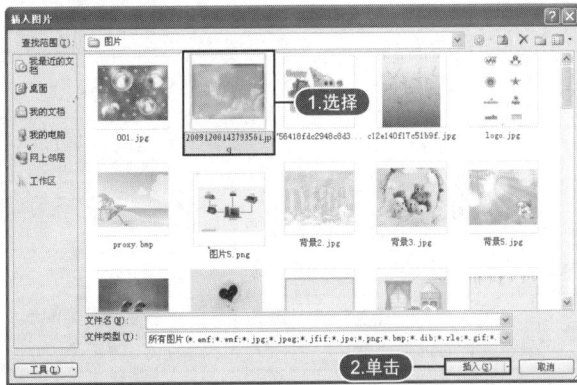

图28-76

❸ 插入背景图片后，表格的最终显示效果如图28-77所示。

提示

美化表格还可以通过"设计"选项卡下"表格样式"选项组中自带的各种表格样式进行快速套用，用户也可以自己定义表格的轮廓、底纹与颜色等，通过多种方式达到修饰、美化的效果。

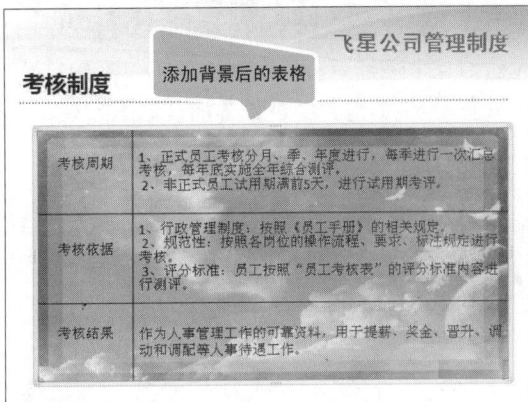

图28-77

28.4 动画与多媒体的应用

动画效果是PowerPoint演示文稿中具有"浓墨重彩"的一笔，栩栩如生的动画效果是其他办公软件无法表现出的效果，但在实际的应用过程中需要注意的是合理地添加，切忌多而杂。

28.4.1 设置幻灯片的切换动画效果

在幻灯片制作过程中，可以对幻灯片的换片方式进行设置。切换方式按照其类型可以分为细微型、华丽型与动态内容。在本例中，主要为第5、6、8、9、13、15、17、22等张幻灯片设置切换动画效果。

❶ 选中第6张幻灯片，切换到"切换"选项卡，在"切换到此幻灯片"选项组中选择合适的切换方式，如选择"华丽型"下的"棋盘"样式，如图28-78所示。

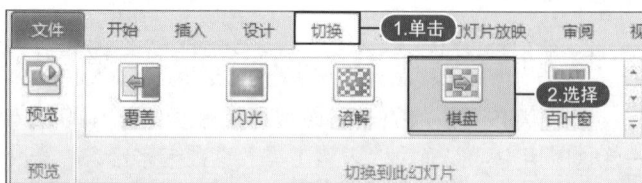

图28-78

❷ 在"切换到此幻灯片"选项组中单击"效果选项"按钮，在下拉菜单中选择"自顶部"选项，在"计时"选项组中设置换片方式和换片声音，如"单击鼠标时"与"风铃"（见图28-79），即可将幻灯片切换效果应用于幻灯片放映中。

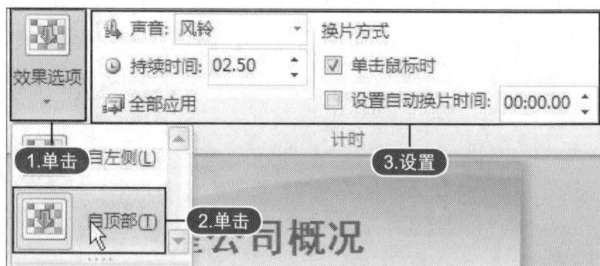

图28-79

> **提示**
>
> "动态内容"栏中"平移"、"摩天楼"、"传送带"等效果，在PowerPoint 97-2003格式的幻灯片中不存在，因此，用户在设计时需要注意。

28.4.2 设置幻灯片中对象的动画效果

在幻灯片中添加对象的动画效果不仅为幻灯片的播放加分，也提高了观众的观看兴趣，在本例中为第2、22张幻灯片的对象添加了动画效果。

1. 为幻灯片对象添加动画效果

幻灯片中的动画效果添加可以通过在"动画"选项组中设置实现。

❶ 在第2张幻灯片中选中需要设置动画效果的对象，切换到"动画"选项卡，在"动画"选项组中选择合适的动画效果，如选择"进入"栏下的"百叶窗"，如图28-80所示。

图28-80

❷ 在"动画"选项组中单击"效果选项"下拉按钮，在下拉菜单中分别选择"垂直"、"按段落"选项，在"计时"选项组中设置动画效果的开始方式为"单击时"、持续时间为1秒，如图28-81所示。

❸ 在第2张幻灯片中完成对象动画的效果设置，如图28-82所示。

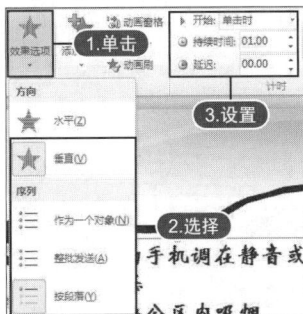

图28-81

图28-82

2. 在幻灯片中重新排序动画效果

如果默认设置的动画效果播放顺序不符合要求，可以重新对这些动画效果进行排序。

❶ 在幻灯片主界面中，切换到"动画"选项卡，在"高级动画"选项组中单击"动画窗格"按钮，如图28-83所示。

图28-83

❷ 在右侧"动画窗格"中选择需要调整的动画对象，单击其底部"重新排序"左右两侧的▲按钮和▼按钮，即可重新排序。图28-84和图28-85所示为调整前后的动画窗格中的顺序。

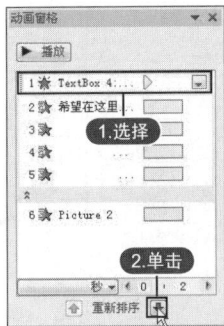

图28-84

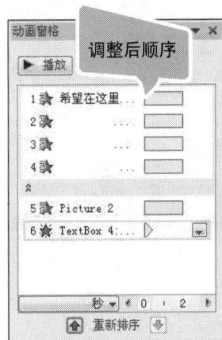

图28-85

❸ 调整完成后可以发现在该幻灯片中添加了动画对象前的数字编码，查看当前的动画播放顺序，如图28-86所示。

提示

调整动画效果的顺序，还可以在动画窗格中选择需要设置的动画对象，右击鼠标，在弹出的快捷菜单中选择"从上一项开始"命令或"从上一项之后开始"命令，进行设置。

图28-86

28.4.3　插入音频

在幻灯片中可以为演示文稿添加音频效果，音频对象可以来自剪贴画的音频，也可以来自外部的文件，选择多样性，用户可以根据需要自行选择。本例中在第22张幻灯片中插入了音频对象，下面就具体介绍。

❶ 在PowerPoint 2010主界面中，切换到"插入"选项卡，在"媒体"选项组中单击"音频"按钮，在打开的下拉菜单中选择"文件中的音频"选项，如图28-87所示。

❷ 打开"插入音频"对话框，选择合适的音频文件，单击"插入"按钮，如图28-88所示。

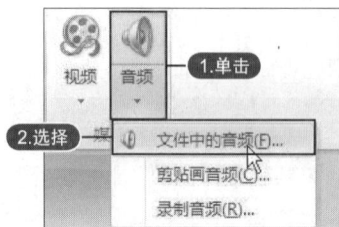

图28-87

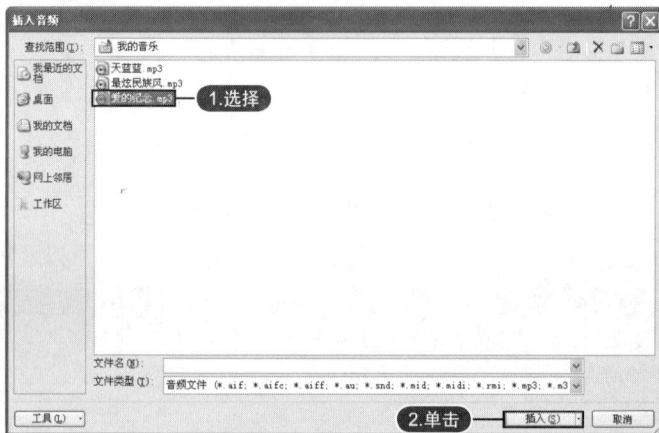

图28-88

❸ 插入音频后，幻灯片中插入一个"喇叭"图标。选中该图标，在下方打开工具栏，单击"播放"按钮，可进行预览查看，如图28-89所示。

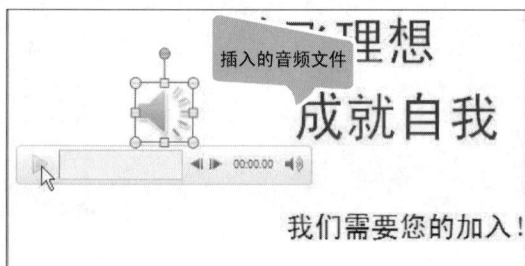

图28-89

28.5　放映设置和输出

在设计完成幻灯片后，用户可以对幻灯片的放映、输出方式等进行设置。在保存时，用户可以将其输出为图片。

28.5.1　调整幻灯片放映方式

新员工入职培训一般是在大型演讲报告厅或者小型会议室进行播放的，所以放映类型可以设置为"演讲者放映（全屏幕）"。

❶ 在PowerPoint 2010主界面中，切换到"幻灯片放映"选项卡，在"设置"选项组中单击"设置幻灯片放映"按钮，如图28-90所示。

❷ 在弹出的"设置放映方式"对话框中，在"放映类型"栏下选择"演讲者放映（全屏幕）"单选按钮，同时也可以在"换片方式"栏下选择"手动"单选按钮，调整换片方式，单击"确定"按钮，如图28-91所示。

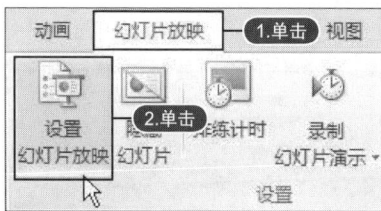

图28-90

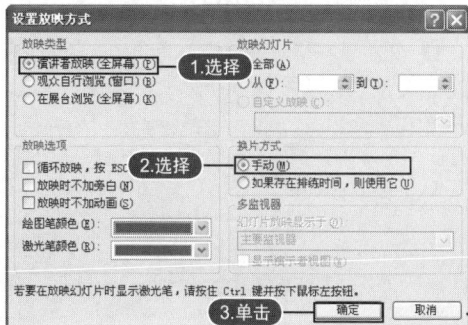

图28-91

28.5.2 使用屏幕绘图笔

在进行新员工入职培训幻灯片演讲的过程中，用户还可以使用屏幕绘图笔，突出重点，引导观众进行浏览，下面就具体介绍。

❶ 采用上例的操作，在弹出的"设置放映方式"对话框中，在"放映选项"栏下设置屏幕绘图笔的颜色，如"蓝色"，单击"确定"按钮，如图28-92所示。

❷ 在幻灯片放映时，单击幻灯片左下角的 ▱ 按钮，在其下拉菜单中选择"笔"选项，然后按住鼠标左键在需要标注的位置进行圈画，如图28-93所示。

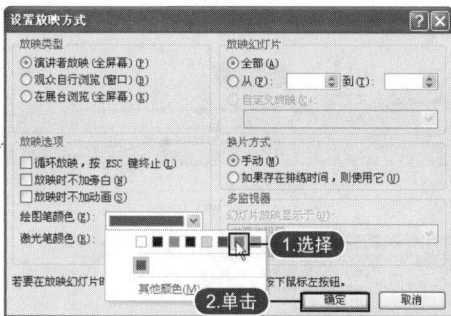

图28-92

图28-93

28.5.3 放映时隐藏鼠标指针

在放映幻灯片时，为了有一个统一的画面效果，鼠标指针可以进行隐藏设置，下面就具体介绍操作方法。

在放映幻灯片的过程中，右击鼠标，在弹出的快捷菜单中单击"指针选项"选项，在其级联菜单中单击"箭头选项"选项，而后继续在其子菜单中选择"永远隐藏"选项（见图28-94），即可在放映的过程中隐藏指针。

提示

如果需要恢复指针的可见状态，只需要重复本例的操作，在最后的子菜单中选择"可见"状态即可。

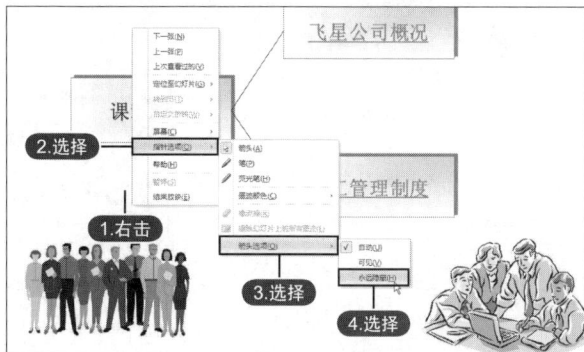

图28-94

28.5.4 将演示文稿输出为图片

在设计完成"新员工入职培训PPT"后，用户可以将演示文稿转存为图片形式，以便于快速浏览，也可以在相互传阅的过程中保证了不被他人窃取部分资料，有效地保证了文档的安全性。

❶ 在演示文稿主界面中，单击"文件"选项卡下的"另存为"选项，如图28-95所示。

图28-95

❷ 在弹出的"另存为"对话框中，单击"保存类型"下拉按钮，在下拉列表中选择"GIF可交换的图形格式（*.gif）"，再单击"保存"按钮，如图28-96所示。

图28-96

❸ 弹出提示对话框，提示"想要导出演示文稿中的所有幻灯片还是只导出当前幻灯片"，在这里单击"每张幻灯片"按钮，如图28-97所示。

图28-97

❹ 选择完成后，PPT开始进行图片的转换。转换完成后，保存的位置新建一个文件夹，打开文件夹，即可看到转换后的GIF格式的幻灯片图片，效果如图28-98所示。

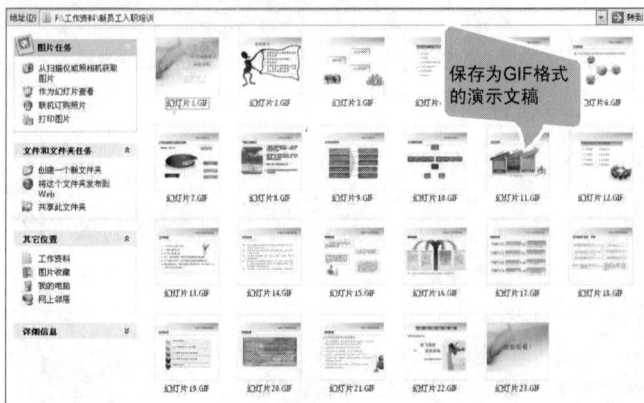

图28-98